■材料科学经典著作选译

FENMO YANSHE LILUN YU SHIJIAN

粉末衍射理论与实践

Powder Diffraction Theory and Practice

［德］R. E. Dinnebier

［美］S. J. L. Billinge　　主编

陈昊鸿　雷芳　译

陈昊鸿　校

高等教育出版社·北京

图字：01-2014-0725 号

Powder Diffraction Theory and Practice, edited by Robert E. Dinnebier and Simon J. L. Billinge, first published by Royal Society of Chemistry in 2008.

图书在版编目(ＣＩＰ)数据

粉末衍射理论与实践/（德）丁尼拜（Dinnebier，R. E.），（美）比林格（Billinge，S. J. L.）主编；陈昊鸿，雷芳译. －－北京：高等教育出版社，2016.9

书名原文：Powder Diffraction Theory and Practice

ISBN 978－7－04－044970－9

Ⅰ.①粉…　Ⅱ.①丁…　②比…　③陈…　④雷…

Ⅲ.①粉末衍射法－研究　Ⅳ.①O722

中国版本图书馆 CIP 数据核字(2016)第 035149 号

策划编辑	刘剑波	责任编辑	卢艳茹	封面设计	杨立新	版式设计	童　丹
插图绘制	杜晓丹	责任校对	胡美萍	责任印制	韩　刚		

出版发行	高等教育出版社	网　　址	http://www. hep. edu. cn
社　　址	北京市西城区德外大街 4 号		http://www. hep. com. cn
邮政编码	100120	网上订购	http://www. hepmall. com. cn
印　　刷	北京汇林印务有限公司		http://www. hepmall. com
开　　本	787mm×1092mm　1/16		http://www. hepmall. cn
印　　张	38.75		
字　　数	700 千字	版　　次	2016 年 9 月第 1 版
购书热线	010－58581118	印　　次	2016 年 9 月第 1 次印刷
咨询电话	400－810－0598	定　　价	98.00 元

本书如有缺页、倒页、脱页等质量问题，请到所购图书销售部门联系调换

版权所有　侵权必究

物 料 号　44970－00

译 者 序

结构(组成及原子排列)是性能和应用的基础,凡是涉及化合物、材料或产品,都需要明确相应的结构,尤其是原子或分子基团结构。到目前为止,只有波长与原子间距大小相当的 X 射线、中子束和电子束能充当观看原子结构的"眼睛",而衍射(或者更广泛地说,散射)技术则是将它们看到的"图像"转为人类眼睛能看到的图像的技术。根据研究体系可以粗略地将衍射分为单晶衍射和多晶(粉末)衍射。由于绝大多数材料要么难于获得单晶,要么本身的形态就要求不是单晶,例如纳米材料、复合材料、合金、超结构材料等,因此都需要使用粉末衍射技术来认识各自的结构,从而完成各类科研院所、教育机构、医疗机构、工矿企业乃至政府机关所需的各种多晶材料的物相和结构鉴定。

很多行业,例如钢铁、石油、化工、考古、公安、海关等,其粉末衍射设备管理人员及有粉末衍射测试需求的人员并不具有晶体学或者晶体衍射的专业背景,也不可能要求他们重新全面、系统地修习这些专业知识。这些人员迫切需要的是如何正确使用这门技术,具体包括了解该技术已有的实践手段、运用相关软件及设备、懂得实际使用的要点以及分析结果的可靠性,从而圆满完成测试表征任务。同样的需要也适用于迫切希望能够尽快完成当前表征分析任务的科研人员。然而,由于没有名师指点,再加上技术类著作的缺乏,他们大多数情况下只能基于偏理论的书籍,依靠自己长期的摸索和领悟,而对于短期需要完成的任务也只好粗略应用相关技术给出不知对错的结果,这就降低了工作效率。

由 Robert 和 Simon 联合其他国际知名粉末衍射专家编写的这本教材,是针对如何正确使用粉末衍射技术来解决实际问题而量身定做的。本书首先介绍了粉末衍射原理,然后分别详细介绍了仪器设置、数据收集、线形分析、定性与定量物相分析、结构解析和精修、非周期性结构处理、应变或应力分析、非常规条件测试、微结构及其效应分析等技术和实践过程,最后给出了可选用的软件以及网络资源,从而使得本书成为拿来就可用的技术著作。

英文原著成书于 2008 年,因此,书中包含了现代甚至近年才有的技术,例如二维衍射、全谱拟合微结构分析、反向蒙特卡罗模拟等。更重要的是,撰写各章的作者本身就是各自技术领域的开拓者,他们要么是相关理论的建立者，要么是相关软件的作者，有的甚至是两者兼而有之。例如，负责撰写提取衍射强度的作者 Armel Le Bail 是应用最为广泛的分峰提取衍射强度的 Le Bail 法的提出者；负责撰写精修的作者 R. B. Von Dreele 是著名的 Rietveld 精修软件 GSAS 的作者；介绍软件的 Lachlan M. D. Cranswick 是晶体学软件综合性论坛——CCP14 论坛的创建者和管理者……两位主编，Robert 和 Simon，也是其各自负责章节有关技术的专家，前者致力于二维衍射数据处理，后者专注发展从散射数据逆推原子结构的方法与技术，其免费发放的 PDFFIT 软件和 PDF-getX 软件已经广泛用于处理原子对分布函数(PDF)数据。总之，这些作者对于各自所属领域的著述不是纯粹使用相关技术发表几篇论文的学者可以相比的——这也是本书最大的亮点。

除此之外，考虑到理论和算法可以通过设备与软件的封装(黑箱)来体现，用户面对的并需要关心的问题是如何操作设备与软件以及如何判读所得结果，因此，各章在简要介绍技术原理后，都注重讨论技术的使用要点、适用范围以及发展前景。最可贵的是基于作者对技术理论和软件的谙熟，还进一步给出了有关技术的可靠性知识，从而使读者除了使用这些技术，还能对所得结果赖以存在的理论前提、准确性和精确性做到心中有数。

对于想靠这本书入门或者急于应用技术来解决实际问题的读者，建议先通读第 1 章，再转入第 17 章，根据自己感兴趣的或者面临的问题找几个合适的软件，接着利用该章提供的网络教程资源或者软件自身的实例学习一下软件的使用，然后到其余各章中查看所需的诀窍。这样就能在掌握相关技术和解决实际问题上做到事半功倍。如前所述，第 17 章的作者 Lachlan 就是著名晶体学软件综合性网站 CCP14 的创建者和管理者，他不但为各类软件撰写评测和入门教程，还免费邮寄内含精选软件的 Xtal Nexus 光盘(这些也是译者当年学习衍射技术的"捷径")。遗憾的是，Lachlan 在原书出版后不久就意外身亡(2010年)，因此，他以多年积累和评测软件的经验撰写的第 17 章可算是"绝唱"了，弥足珍贵。

本书既属于入门的简单教材，也属于高级的学术专著——因为各章的作者都是各自领域的国际级别的专家，有的甚至是该领域的"开山祖师"！正如爱因斯坦既能幽默地以美女和火炉来比喻，也能罗列一大堆复杂公式来说明相对论一样，这些作者对各自的专业知识已经达到了既可以深入，也可以浅出的地步，因此，就出现了这样一本深浅难分、亦深亦浅的著作。要想一口气真正掌握书中的所有内容，读者应当能将各门技术融会贯通才行。这在实际上是很困难的，也没有这个必要——读者只要根据自己的专业程度和实际要解决的问题，从中摘取对自己有用的内容即可，否则，反而容易被书中深奥的、需要专业基础和反复推敲的论述和公式耗尽了阅读的兴趣，正所谓"贪多嚼不烂"。

因此，这本书更适合于放在案头，随用随阅，不时翻翻。同时，也可以作为一本面向本科生和研究生的优秀教材。

这本书的出版，首先要感谢刘剑波编辑的提议和支持，同时也要感谢卢艳茹编辑等高等教育出版社人员的辛勤工作，以及中国科学院物理研究所陈小龙研究员和中南大学黄继武教授对出版译著的肯定和推荐。另外，还要感谢中国科学院上海硅酸盐研究所李江研究员和上海大学施鹰研究员对译者的支持与帮助。这本书停笔时恰好是儿子瑞琨的 5 岁生日，希望他一生平安快乐！但愿今后他能通过本书领会父辈们的奋斗与追求！

囿于译者见识，书中固陋在所难免，还请各位专家学者不吝赐教，便于再版时加以修正。

译者

陈昊鸿　雷芳

2016 年 4 月

E – mail：chen – h – h@ mail. sic. ac. cn

leif@ shu. edu. cn

谨以此书献给我们的家人：
Natalia，Alexander，Maximilian，
Debby，Ian，Isabel 和 Sophie

前　言

要了解与预测材料的性能，从而体现其在科学与技术领域中的意义，就需要知道物质在原子层次上的几何结构。这种几何结构不仅包括理想晶体点阵中原子在时间和空间层次的平均周期性排列，而且包括缺陷、位错和各种无序产生的微结构——这些通常是所研究的材料具有各类独特性能的根源。

最常用于确定晶体结构的技术是单晶分析。不过，如果单晶的尺寸和质量不符合要求，那么就需要借助于粉末衍射。另外，单晶分析并不能给出有关块体材料的信息，同时也不善于分析微结构的性质，甚至通常不能用于材料的无序研究。这些问题同样需要粉末衍射来解决。同多晶材料中的织构研究一样，材料组分中的宏观应力，不管是加工后的残余应力，还是原位负载产生的应力，也是采用粉末衍射进行研究的。总之，粉末衍射从诞生到现在一直是材料表征的关键手段，而且随着设备、方法、数据分析和建模的日益强大和日趋定量化，这项技术越来越重要，其应用范围也在逐渐扩大。

从图 1 中可以看出，实际上除了纯粹的晶体结构，粉末衍射谱图还包含了大量的其他信息。

虽然早在 1916 年，德拜（Debye）和谢乐（Scherrer）就发明了粉末衍射法，但是其后的 50 多年，它的应用几乎局限于定性和半定量物相分析以及宏观应力测试。最主要的原因其实也是粉末衍射的主要缺点，那就是相对于单晶数据而言，粉末衍射在三维倒易空间投影到一维 2θ 坐标轴时产生的偶然的和系统性的谱峰重叠，从而严重减少了信息数量。不过，一般来说，就算是没有角度信息，这套一维数据还是可以用来重建三维结构的。事实上，利用现代计算机和软件的谱图定量分析，已经可以得到如图 1 所示的其他大量有关样品结构的信息。现代化的设备和光源正在产生前所未有的高质量数据，与此同时，现代化分析方法也在不断增强从这些数据中提取有用信息的能力——粉末衍射技术在走向百年诞辰的征途中，从没有像现在这样能够对材料研究做出如此多样和重要的贡献。

本书是面向科研领域的有关现代粉末衍射方法和应用的高级教材。读者应当具有一定的衍射和晶体学实践知识。本书不涉及有关晶体学和晶体衍射的基础性介绍，因为这些知识已经散见于很多教程和其他相关书籍。其中，Pecharsky 和 Zavalij 编写的 *Fundamentals of Powder Diffraction*（Kluwer Academic

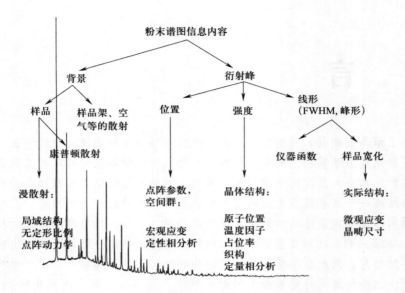

图 1　粉末衍射谱图可提供的一般信息内容

Publishers，Boston，2003）就是一个优秀的代表。总体上说，本书全面描述了现有的粉末衍射技术和应用，内容涵盖了它们各自的理论和实践，以及逐步实施这些方法的有用信息。另外，本书的各章均由相应技术领域的著名专家负责撰写。

　　当前粉末衍射技术的热点是数据的定量分析。因此，本书根据方便读者理解数据所包含的信息内容以及掌握定量分析所需的、最佳的数据收集和分析操作来安排内容：首先非常简短地综述了关于晶体和粉末衍射的基础理论；接着介绍了实验数据收集的策略，包括使用同步光源在内的各种现代化仪器设备进行 X 射线、中子和电子衍射实验时会碰到的配置问题；然后阐述定量分析所需要的关键的数据校正步骤；最后就是各种分析方法的讨论。

　　1969 年发展起来的 Rietveld 方法是粉末衍射法能够作为定量分析工具使用的里程碑式的突破。它既是一种用于晶体结构精修的方法，也是第一次使用整张粉末谱图而不是分别考虑独立的、非重叠布拉格（Bragg）衍射的方法。这种技术利用包含各种与实验和样品相关的谱峰宽化效应在内的某个晶体模型来计算整张粉末谱图，从而最大限度减小谱峰重叠及其数量退化的影响。实施这种技术的时候，原子位置、点阵参数和影响峰形与背景的实验因素等模型参数值不断改变，通过最小二乘运算直到计算与测试的衍射谱图的一致性达到最佳化。Rietveld 方法是一种精修方法：一方面它需要合理猜测初始结构或者有关这个结构的知识，另一方面它属于对所用模型进行小范围调整的精修。文献中报道的 Rietveld 精修结构数量的飞速增长已经证明这种方法是非常成功的。自从面世后，这种方法很快就从符合高斯（Gauss）线形但是缺乏原子形状因子（atomic form factor）的反应堆中子数据扩展到常规 X 射线粉末衍射、同步 X 射线粉末衍射和脉冲散裂源提供的飞行时间中子数据，同时精修的结构也扩展到无公度和磁性结构。

在早期阶段，寻找最佳实验条件乃至理解和分析线形测试结果都需要付出艰苦的劳动，并且拥有优秀的头脑。前人努力所得的一个成果就是认识到线形包含了丰富的信息内容，从而催生了现代的全谱线形拟合。目前线形可以通过第一性原理，即基于颗粒尺寸分布、非一致性应变和织构等样品状态以及实验设置和像差直接计算。线形拟合分析的一个好处就是更准确的线形描述能够获得更准确的布拉格峰强度，从而实现更细致的结构精修。

与线形分析的发展类似，背景包含的丰富信息内容也逐渐被认识。相比于传统 Rietveld 精修中常做的扣除并扔掉参数化后所得背景的做法，精细的背景校正可以通过考虑康普顿（Compton）散射、荧光、多重散射和样品所处环境的散射等实验效应来完成，最后得到的这些经过校正的位于布拉格峰底下或者之间的背景数据就是来自样品的并且富含信息的漫散射。它描述了局域结构以及这些局域结构通过缺陷及其相关的点阵动力学（声子）偏离平均晶体结构的方式。至于现阶段能实现同时考虑布拉格散射和漫散射两个部分的全散射法，则要归功于正空间中使用原子对分布函数（pair distribution function，PDF）法和倒易空间中采用蒙特卡罗（Monte Carlo）模拟退火建模法这些定量分析方法的发展。

在 20 世纪 80 年代的早期——差不多在 Rietveld 精修技术面世 10 年后，出现了一批使用从头法从粉末衍射数据解析出晶体结构的成果。虽然这些成果使用了单晶技术，但是所需的布拉格峰的强度却是克服种种困难从重叠的粉末衍射数据中提取出来的。尽管在当时，需要结构足够简单并且数据的质量足够高才可能取得成功，但是现阶段随着同步辐射 X 射线源提供的数据质量的提高以及直接法或者正空间全局优化法等各种优秀算法的应用，从粉末衍射数据解析晶体结构，甚至复杂的晶体结构正日益成为一种常规性工作，其适用范围几乎涵盖了所有自然科学和工程的分支。具体成功率主要取决于三个因素：测试设备的选择、谱峰线形的描述和结构解析算法。高度单色化的平行同步辐射光的使用，是原子参数达到能够解释成键条件和反应机制所需精确度的必由之路。这已成为日益明显的事实。有些时候，甚至更为详尽的结构信息，例如旋转无序等，在联用最大熵法和高分辨率同步辐射数据后，也能够从粉末衍射数据中被提取出来。

通常，粉末衍射测试直截了当（不需要调整样品），并且能够快速完成——特别是在采用了一维和二维探测器等并行数据收集措施之后。这种并行数据收集使得非常规(non-ambient)环境下的参数研究成为可能,即在温度、压力、电磁场或者流动气体组分等各种参数变化的同时,能够实现样品状态(包括物相组成、结构、局域结构、颗粒尺寸分布和应变等)的动态定量监测。新的二维探测器与同步辐射联用后,测试所需要的曝光时间很短,从而能以时间分辨的方式解析和精修化学反应中的原位或者在某个扰动后的结构。所有这些成果为粉末衍射法开辟了新的应用领域。

同步辐射 X 射线粉末衍射的应用远远不止纯粹的晶体结构解析。它还可以实现药物研究和混凝土产业最感兴趣的少量多晶相的定量分析,而且利用波长在宽广能量范围内的可调性,可以实现反常散射实验和薄膜或者假肢的纵深线形分析。除此之外还有其他许多应用,这里就不再赘述了。总之,粉末衍射的未来是美好的。与某些人预期粉末衍射技术正显得多余的观点恰恰相反,通过在微米尺度晶体上采用基于同步辐射的单晶研究方法[显微晶体学(micro-crystallography)],并且凭借结构解析和精修方面的便利和广泛应用性,粉末衍射正在涉足某些传统使用单晶样品的领域——图 2 具体描述了单晶法和粉末

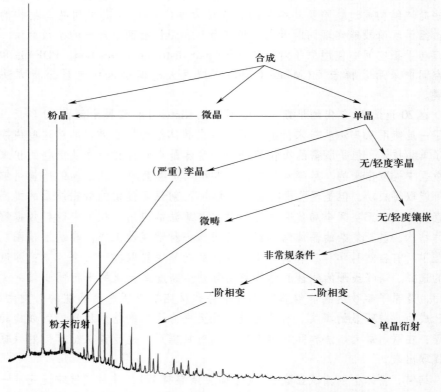

图 2　单晶法和粉末衍射在结构解析领域各个应用方向之间的关系

衍射在结构解析领域的关系。

　　实际上，这两种技术高度互补，各有各的优缺点以及专属应用方向，永远无法相互取代。不过，粉末衍射起作用的领域的日益扩大和多样化是不争的事实。我们希望本书能对有志于这个前景美好的领域的学生和其他学者们有所裨益。

致　谢

　　感谢花费时间和精力撰写这些高质量并且最前沿成果的各位作者。毋庸置疑，如果没有他们，本书就丧失了两层意义——不仅是因为所有章节均由他们亲笔撰写，更在于这些作者同时也是所涉及学术方向的奠基者。

Robert E. Dinnebier
斯图加特，德国
Simon J. L. Billinge
东兰辛，密歇根

Robert E. Dinnebier
马普固体研究所，斯图加特，德国
Simon J. L. Billinge
物理与天文系，密歇根州立大学，美国

目　录

第1章

粉末衍射原理

Robert E. Dinnebier[a] 和 *Simon J. L. Billinge*[b]

[a] Max-Planck-Institute for Solid State Research,
Heisenbergstrasse 1, D-70569 Stuttgart, Germany;
[b] Department of Physics and Astronomy, 4268
Biomed. Phys. Sci. Building, Michigan State
University, East Lansing, MI 48824, USA

1.1 引言

本章将介绍一些有关晶体衍射几何的非常基础的知识。虽然这些内容在许多教材中有更详细的说明，但是预先概括一下基础概念可以方便读者对后续章节更高阶内容的理解，因此这里就再次强调一下。由于这些结论已经是常识，因此没有给出原始文献。不过，本章结尾精选的有关粉末衍射的书籍可供参考。

1.2 基本原理

X 射线是一种波长在 Å($1\ \text{Å} = 1 \times 10^{-10}\ \text{m}$)级别，比可见光短很多的电磁波。有关电磁波的物理理论已经成熟，相关的详尽介绍散见于任何一本关于光学的教材。因此，这里只是简单介绍一下有助于理解晶体衍射几何的最重要的理论。经典电磁波可以看作以 2π 弧度为一个周期不断重复的正弦波。每一周期跨过的空间长度就是波长 λ。如果两列相同的波并不重叠，就说它们彼此之间存在着"相移"（参见图1.1）。相移既可以基于长度标准，以波长为单位，通过线性位移 Δ 来描述，也可以改用等价的基于角度标准的相角偏移来描述，即

$$\frac{\Delta}{\lambda} = \frac{\delta\varphi}{2\pi} \Rightarrow \delta\varphi = \frac{2\pi}{\lambda}\Delta \tag{1.1}$$

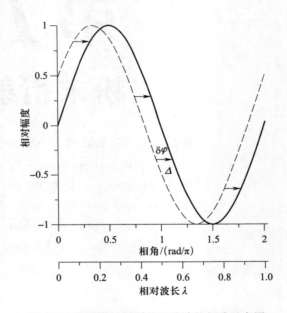

图1.1　两列振幅相同的正弦波的相移示意图

实验所得的强度 I 等于正弦波振幅 A 的平方。对于两列波的情形，所得振幅不一定恰好是两者各自振幅的和，而是取决于相移 $\delta\varphi$。它们叠加所得的振幅有两种极端的情况。一种是 $\delta\varphi = 0$（相长干涉），此时 $I = (A_1 + A_2)^2$；另一种则是 $\delta\varphi = \pi$（相消干涉），$I = (A_1 - A_2)^2$。通常则是 $I = [A_1 + A_2\exp(\mathrm{i}\delta\varphi)]^2$。类似地，在多于两列波的时候，公式就变为

$$I = \left[\sum_j A_j\exp(\mathrm{i}\varphi_j)\right]^2 \tag{1.2}$$

这个加和操作遍历所有的正弦波，而相角 φ_j 的取值是以某个原点作为基准的。

　　X射线衍射实验测试的是被原子外围电子所散射的X射线的强度。不同位置原子所散射的波到达探测器时彼此之间具有不同的相对相移，这就意味着所测试的强度包含了原子相对位置的信息（参见图1.2）。

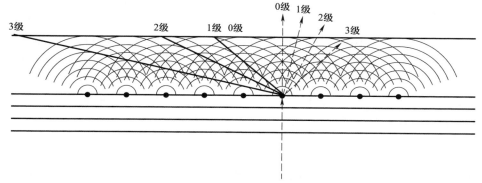

图 1.2　平面波被一维原子链所散射的效果图。图中示出了不同级次的波前和波矢。虚线代表入射波和散射波的传播方向。衍射的级数反映了散射波发生相长干涉，从而获得了最大强度值的方向

在 X 射线衍射领域可以采用 Fraunhofer 近似来计算所测得的强度。它属于远场近似，即从光源到散射物（样品）的距离 L_1 和散射物到探测器的距离 L_2 都要远大于散射物之间的距离 D。X 射线衍射能够很好地满足这个近似，因为此时 $D/L_1 \approx D/L_2 \approx 10^{-10}$。采用 Fraunhofer 近似极大简化了数学处理过程。此时，入射 X 射线可以通过等相位的波前是平面的波动形式，即平面波来处理。同样地，虽然被单电子散射的 X 射线以球面波形式出射，但是在远场时又可按平面波来处理。这就允许采用公式（1.2）来计算被衍射 X 射线的强度。

公式（1.2）中的相角 φ_j 以及实验所得的强度 I 都依赖于原子的位置以及入射与散射平面波的方向（参见图 1.2）。既然入射波和散射波的波矢是已知的，那么就能够从所测的强度求出原子的相对位置。

基于光学的知识，衍射仅仅在波长大小与散射体间距相差不远的时候才能发生。1912 年，Friedrich、Knipping 和 Max von Laue 利用硫酸铜和硫酸锌单晶完成了第一个 X 射线衍射实验，证实了如下猜想：X 射线属于一种波长极短的电磁波，并且波长的数量级与晶体点阵中原子的间距一致。4 年后（1916年），德拜和谢乐给出了第一个粉末衍射谱图以及后来以他们名字命名的粉末衍射测试方法。

1.3　布拉格方程的推导

著名的布拉格方程（W. L. Bragg，1912）是由粉末衍射获取结构信息的最简捷途径。它通过一系列点阵平面上 X 射线"反射"的概念来描述 X 射线"衍射"的原理。点阵平面是晶体学面，以 3 个指数，即所谓的 Miller 指数（hkl）来表

示。彼此平行的平面具有相同的指数，并且以同样的间距值 d_{hkl} 相分隔。布拉格分析是将 X 射线看作在镜面上反射的可见光，即认为 X 射线在点阵平面上发生了镜面反射。不过，与低能可见光不同，X 射线能够深入材料的内部，从而在成千上万个连续平行的点阵平面上又产生了其他反射。由于所有 X 射线的反射方向都一样，因此这些被反射的 X 射线会叠加在一起。由图 1.3 可知，第 2 列波反射前和反射后分别比第 1 列波多走了 PN 和 NQ 的距离。只有当 $\Delta = PN + NQ$ 是波长的 $n = 0, \pm 1, \pm 2, \cdots$ 倍时才会发生相长干涉

$$\Delta = n\lambda \qquad (1.3)$$

其他时候则发生相消干涉。因为总能够找到这样一个更深的平面 p，使得 $p\Delta = n\lambda$，$n = \pm 1/2, \pm 3/2, \cdots$（即完全的相消干涉）绝对成立。因此，样品产生尖锐强度极大值只能存在于满足公式（1.3）的特定的方向，而这些方向之间不会存在非零的强度值。从图 1.3 可以简单得到如下的几何关系式：

$$\Delta = 2d \sin \theta \qquad (1.4)$$

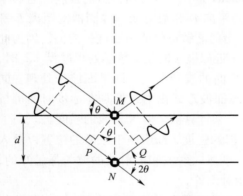

图 1.3　简化推导布拉格方程的平面几何示意图

其中 d 表示平行点阵面的面间距，2θ 就是衍射角，即入射和出射 X 射线束所夹的角度。联合公式（1.3）和公式（1.4）可以得到著名的布拉格方程

$$n\lambda = 2d \sin \theta \qquad (1.5)$$

关于布拉格方程的这种简化推导虽然可以得到正确的结果，但是却存在一个严重的缺陷。因为现实中的 X 射线并不是被平面反射，而是被原子周围的电子散射；同时晶体平面和光亮的光学镜面不同，是由离散的原子构成的，原子之间的区域，其电子密度要低得多。另外，一般情况下，某一平面的原子也不会正好位于下一平面原子的上方。那么图 1.3 所示的简化图像为什么能给出正确的结果呢？现在考虑一下更一般的情况（Bloss，1971），即假定图 1.3 中下面点阵平面的原子平行于该平面但是却随意移动了一个距离（参见图 1.4），据此进行如下推导，所得的结果表明公式（1.5）仍然是有效的。

由图 1.4 就可以得到相移的大小

$$
\begin{aligned}
n\lambda &= MN \cos \left[180° - (\alpha + \theta)\right] + MN \cos (\alpha - \theta) \\
&= MN\left[-\cos (\alpha + \theta) + \cos (\alpha - \theta)\right]
\end{aligned}
\qquad (1.6)
$$

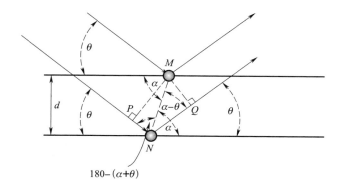

图 1.4　相邻平面上的原子发生一般性散射的平面几何示意图

随便找一本有关三角学的课本就可以知道

$$\cos (\alpha + \theta) = \cos \alpha \cos \theta - \sin \alpha \sin \theta$$
$$\cos (\alpha - \theta) = \cos \alpha \cos \theta + \sin \alpha \sin \theta \tag{1.7}$$

从而公式(1.6)可以转化为

$$n\lambda = MN(2 \sin \alpha \sin \theta) \tag{1.8}$$

考虑到

$$d = MN \sin \alpha \tag{1.9}$$

这就可以得到已知的布拉格方程

$$n\lambda = 2d \sin \theta \tag{1.10}$$

布拉格方程的另一个等价的并且很有用的表达式是

$$Ed = \frac{6.199}{\sin \theta} \text{ 并且 } \lambda = \frac{12.398}{E} \tag{1.11}$$

其中 X 射线的能量 E 以 keV 作为单位；λ 的单位为 Å。

　　上述推导布拉格方程的过程中引入了镜面反射的概念，这是受实验现象启发而产生的结果。总之，除了满足公式(1.5)的方向，其他方向上发生的都是相消干涉，完全得不到衍射强度。当然，如果材料无序，那么这一结论就不再成立，此时各个方向上的倒易点阵阵点都可以观测到衍射强度，这种现象被称为漫散射，将在第 16 章中进行讨论。

1.4　基于倒易点阵的布拉格方程

　　接下来的讨论需要引入一个前提，这就是所谓的倒易点阵概念。需要说明的是，虽然本书不打算重复基础的晶体学知识，但是为了叙述的完整性，某些贯穿全书的重要理论仍然会简单地做一下介绍。

倒易点阵(参见图1.5)是晶体学家发明的一种简单且方便于描述晶体衍射物理的工具,尤其有助于说明粉末衍射中的各种衍射现象。

假定有一个"正"晶体点阵,其相应晶胞的参数与体积分别为 a、b、c、α、β、γ 和 V,现在与其共用原点建立第二个点阵,参数和体积分别为 a^*、b^*、c^*、α^*、β^*、γ^* 和 V^*,并且满足下列关系:

$$a \cdot b^* = a \cdot c^* = b \cdot c^* = a^* \cdot b = a^* \cdot c = b^* \cdot c = 0 \text{[①]} \tag{1.12}$$
$$a \cdot a^* = b \cdot b^* = c \cdot c^* = 1$$

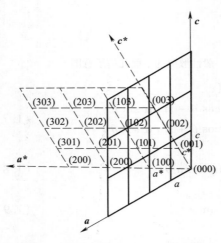

图 1.5　二维单斜点阵及其相应的倒易点阵

那么这个点阵就称为倒易点阵,它存在的空间就是所谓的倒易空间。后面将可以看到,倒易点阵的阵点与定义晶体学平面的矢量是相关联的,即每一个晶体学平面(hkl)都对应一个倒易点阵阵点。从现在开始,假定 h、k 和 l 是某个倒易点阵阵点的整数坐标,而一个倒易点阵矢量 h_{hkl} 就是从倒易空间原点指向倒易点阵阵点(hkl)的矢量[②]

$$h_{hkl} = ha^* + kb^* + lc^*, h, k, l \in \mathbf{Z} \tag{1.13}$$

倒易基矢的长度定义如下:

$$a^* = x(b \times c) \tag{1.14}$$

其中的比例因子 x 很容易可以由公式(1.12)求得

$$a^* a = x(b \times ca) = xV \Rightarrow x = \frac{1}{V} \tag{1.15}$$

从而可以进一步得到

$$a^* = \frac{1}{V}(b \times c), b^* = \frac{1}{V}(c \times a), c^* = \frac{1}{V}(a \times b) \tag{1.16}$$

反过来则是

$$a = \frac{1}{V^*}(b^* \times c^*), b = \frac{1}{V^*}(c^* \times a^*), c = \frac{1}{V^*}(a^* \times b^*) \tag{1.17}$$

由上述关系可以得到如下倒易点阵参数与正点阵参数之间的关系:

$$a^* = \frac{bc \sin \alpha}{V}$$

---

① 矢量用黑斜体表示。

② 倒易点阵在固体物理中普遍应用,不过采用的是另一种归一化规则:$a \cdot a^* = 2\pi$。

$$b^* = \frac{ac \sin \beta}{V}$$

$$c^* = \frac{ab \sin \gamma}{V}$$

$$\cos \alpha^* = \frac{\cos \beta \cos \gamma - \cos \alpha}{\sin \beta \sin \gamma}$$

$$\cos \beta^* = \frac{\cos \alpha \cos \gamma - \cos \beta}{\sin \alpha \sin \gamma}$$

$$\cos \gamma^* = \frac{\cos \alpha \cos \beta - \cos \gamma}{\sin \alpha \sin \beta}$$

(1.18)

$$V = abc\sqrt{1 + 2 \cos \alpha \cos \beta \cos \gamma - \cos^2\alpha - \cos^2\beta - \cos^2\gamma}$$

需要指出的是，对于具有更高对称性的晶系，公式(1.18)中的表达式可以进一步简化。

下面通过矢量符号来复习一下布拉格法则。假定入射波矢和出射波矢分别标记为 s_0 和 s（参见图 1.6）。它们代表了光波的平移方向并且其长度取决于波长 λ。对于弹性散射（散射时波长不变），s_0 和 s 的长度一样。

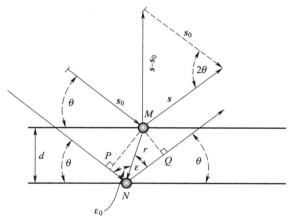

图 1.6 布拉格弹性散射中基本的波矢和散射矢量示意图

散射矢量定义如下：

$$\boldsymbol{h} = \boldsymbol{s} - \boldsymbol{s}_0$$

(1.19)

对于镜面反射，这个散射矢量垂直于散射平面，从而 $\boldsymbol{h}$ 的长度是

$$\frac{h}{s} = 2 \sin \theta$$

(1.20)

对比布拉格方程[公式(1.5)]

$$\frac{n\lambda}{d} = 2 \sin \theta$$

(1.21)

就可以得到如下的等式

$$\frac{n\lambda}{d} = \frac{h}{s} \tag{1.22}$$

设定 s 的大小为 $1/\lambda$，就可以得到用散射矢量 $\boldsymbol{h}$ 的大小表达的布拉格方程

$$h = \frac{n}{d} \tag{1.23}$$

这个公式表明，当散射矢量 $\boldsymbol{h}$ 的大小是倒易点阵间距 $1/d$ 的整数倍时，就会发生衍射现象。因此可以定义一个矢量 $\boldsymbol{d}^*$，令其垂直于点阵平面并且长度为 $1/d$。既然垂直于散射平面，那么就有

$$\boldsymbol{h} = n\boldsymbol{d}^* \tag{1.24}$$

对于同一个晶体学平面，衍射可以在不同的散射角 2θ 方向出现，这就产生了 n 级衍射，其中 n 取不同的整数值。为了简化，可以将 n 值合并到点阵平面的指标中，即

$$d^*_{nh,nk,nl} = nd^*_{hkl} \tag{1.25}$$

例如，$d^*_{222} = 2d^*_{111}$，这就产生了布拉格方程的另一种表达式

$$\boldsymbol{h} = \boldsymbol{d}^*_{hkl} \tag{1.26}$$

其中矢量 $\boldsymbol{d}^*_{hkl}$ 所指的方向垂直于某个正空间点阵的平面。接下来介绍一下如何使用倒易点阵基矢 $\boldsymbol{a}^*$、$\boldsymbol{b}^*$、$\boldsymbol{c}^*$ 来表示这个矢量。

首先用正空间基矢 $\boldsymbol{a}$、$\boldsymbol{b}$、$\boldsymbol{c}$ 来表示 $\boldsymbol{d}_{hkl}$，根据图 1.7，可以得到如下关系：

$$\boldsymbol{OA} = \frac{1}{h}\boldsymbol{a}, \quad \boldsymbol{OB} = \frac{1}{k}\boldsymbol{b}, \quad \boldsymbol{OC} = \frac{1}{l}\boldsymbol{c} \tag{1.27}$$

其中点阵的周期性决定了 h、k 和 l 必须取整数。这 3 个整数作为 Miller 指数可以唯一确定一组平行的平面。

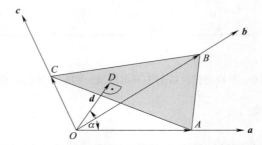

图 1.7　以正空间基矢表示某点阵平面的几何示意图

垂直于该组平面的矢量 $\boldsymbol{d}_{hkl}$ 由某个平面出发并终止于下一个平行的平面，从而满足 $\boldsymbol{OA} \cdot \boldsymbol{d} = (OA)d\cos\alpha$。由图 1.7 所示的几何关系可以得到 $(OA)\cos\alpha = d$，因此，$\boldsymbol{OA} \cdot \boldsymbol{d} = d^2$，联用公式(1.27)进一步推出

$$\frac{1}{h}\boldsymbol{a} \cdot \boldsymbol{d} = d^2 \tag{1.28}$$

从而有

$$h = \boldsymbol{a} \cdot \frac{\boldsymbol{d}}{d^2}, \quad k = \boldsymbol{b} \cdot \frac{\boldsymbol{d}}{d^2}, \quad l = \boldsymbol{c} \cdot \frac{\boldsymbol{d}}{d^2} \tag{1.29}$$

根据定义，h、k 和 l 要成为 Miller 指数就必须除以三者的最大公约数。因此，根据布拉格方程[公式(1.26)]可以知道矢量 $\boldsymbol{d}_{hkl}^*$ 与 $\boldsymbol{d}$ 平行，都是指向垂直于该平面的方向，但是长度改为 $1/d$。因此，现在可以利用矢量 $\boldsymbol{d}$ 来表示 $\boldsymbol{d}_{hkl}^*$

$$\boldsymbol{d}_{hkl}^* = \frac{\boldsymbol{d}}{d^2} \tag{1.30}$$

从而有

$$\boldsymbol{d}_{hkl}^* = h\boldsymbol{a} + k\boldsymbol{b} + l\boldsymbol{c} \tag{1.31}$$

或者改用倒易基矢写成

$$\boldsymbol{d}_{hkl}^* = h\boldsymbol{a}^* + k\boldsymbol{b}^* + l\boldsymbol{c}^* \tag{1.32}$$

上式的导出依据就是如下的一组关系式：

$$\boldsymbol{d}_{hkl}^* \cdot \boldsymbol{a}^* = h\boldsymbol{a}^* \cdot \boldsymbol{a}^* + k\boldsymbol{b}^* \cdot \boldsymbol{a}^* + l\boldsymbol{c}^* \cdot \boldsymbol{a}^* = h$$

$$\boldsymbol{d}_{hkl}^* \cdot \boldsymbol{b}^* = h\boldsymbol{a}^* \cdot \boldsymbol{b}^* + k\boldsymbol{b}^* \cdot \boldsymbol{b}^* + l\boldsymbol{c}^* \cdot \boldsymbol{b}^* = k \tag{1.33}$$

$$\boldsymbol{d}_{hkl}^* \cdot \boldsymbol{c}^* = h\boldsymbol{a}^* \cdot \boldsymbol{c}^* + k\boldsymbol{b}^* \cdot \boldsymbol{c}^* + l\boldsymbol{c}^* \cdot \boldsymbol{c}^* = l$$

比较公式(1.32)和公式(1.13)的结果可以证明 $\boldsymbol{d}_{hkl}^*$ 与倒易点阵矢量 $\boldsymbol{h}_{hkl}$ 的等价性。从而布拉格方程[公式(1.26)]可以改写成

$$\boldsymbol{h} = \boldsymbol{h}_{hkl} \tag{1.34}$$

换句话说，只要散射矢量 $\boldsymbol{h}$ 等于倒易点阵矢量 $\boldsymbol{h}_{hkl}$，那么就可以产生衍射。这个重要的结论可以借助下文将要介绍的 Ewald 图进行直观显示。

与布拉格方程等价的有用变式主要是如下两个：

$$|\boldsymbol{h}| = |\boldsymbol{s} - \boldsymbol{s}_0| = \frac{2\sin\theta}{\lambda} = \frac{1}{d} \tag{1.35}$$

和

$$|\boldsymbol{Q}| = \frac{4\pi\sin\theta}{\lambda} = \frac{2\pi}{d} \tag{1.36}$$

其中矢量 $\boldsymbol{Q}$ 是物理学家常用的，与晶体学家采用的 $\boldsymbol{h}$ 等价。它的物理意义就是散射时的动量交换，与散射矢量 $\boldsymbol{h}$ 相差一个因子 2π。

1.5 Ewald 图

布拉格方程指出，当散射矢量等于某倒易点阵矢量时就发生了衍射现象。

这种散射矢量与实验所用的几何设置有关，而倒易点阵则受制于晶体样品的取向及其点阵参数。Ewald 图(参见图 1.8)是一种能够同时考虑这两个方面的直观手段。这种图包含了一个放置在合适位置上的半径为 $1/\lambda$ 的球，只要倒易点阵阵点与球面相交就可以满足布拉格方程而发生衍射现象。

构造 Ewald 球的方法如下所示(参见图 1.8)：

(1) 画出入射波矢 s_0，它指向入射光束的方向并且长度为 $1/\lambda$。

(2) 以入射波矢 s_0 的尾端为中心画一个半径为 $1/\lambda$ 的球，即这个矢量从球心出发，终止于球面上。长度也为 $1/\lambda$ 的散射波矢 s 则从样品指向探测器方向，绘制时也是从球心开始并且终止于表面的某个点。散射矢量 $h = s - s_0$ 从 s_0 的顶点指向 s 的顶点[1]，起点与终点都在球面上，从而这三个矢量构成一个三角形。

(3) 以 s_0 的顶点为原点画出倒易点阵。

(4) 找出倒易点阵与球面相交的所有位置。

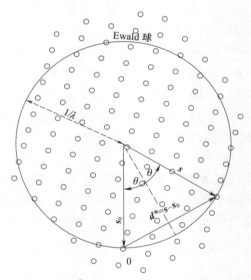

图 1.8　Ewald 圆的几何示意图[2]。图中用"0"标识了倒易空间的原点，而相关矢量的定义可参见文中的介绍

这种构图方式将一个倒易点阵阵点放在 h 的一端，而根据定义，h 的另一端则位于球面上。因此仅当另一个倒易点阵阵点与球面上该点重合时，才能满足布拉格方程。样品所产生的衍射就是沿这些方向发射的。因此，为了获得衍射

---

① 原文写成相反方向，而且与图 1.8 不符合。——译者注

② 即 Ewald 球的二维投影。——译者注

强度，只要简单地将探测器移动到这些位置即可。任何两个倒易点阵阵点之间形成的矢量都有可能产生一个布拉格衍射峰。另外，Ewald 球的构造可以进一步指出这些潜在的衍射中哪一部分能够满足实验条件，从而可以在实验中被观测到。

改变晶体的取向将改变倒易点阵的方向，从而让其他不同的倒易点阵阵点与 Ewald 球的表面相交。理想的粉末包含的个体晶粒沿任何一个方向的排列是等概率的，体现在 Ewald 图上，就是每一个倒易点阵阵点将沿着以倒易点阵原点为球心的某一个球面漫延分布。具体如图 1.9 所示。这时，矢量 d_{hkl}^* 的取向信息将丢失，从而三维矢量空间退化为由矢量 d_{hkl}^* 的模所构成的一维空间。

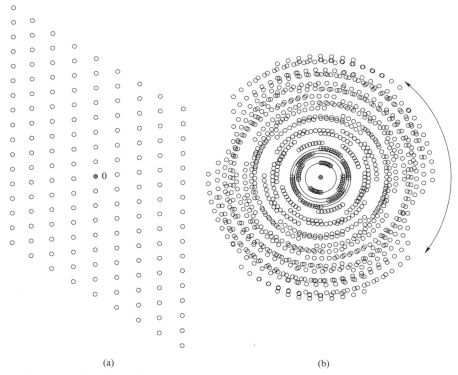

(a)   (b)

图 1.9　相应于单晶点阵(a)和大量随机取向晶粒(b)的倒易点阵示意图。实际粉末样品包含的晶粒相当多，从而其倒易点阵阵点构成了连续的曲线

这些球壳与 Ewald 球的表面相交得到一组圆圈，其二维投影如图 1.10 所示。其中衍射光束从样品沿着倒易点阵阵点绵延所成的各条细线圆圈与表示 Ewald 球的粗线圆圈之间的交点方向出射。图中的虚线表示一部分衍射光束。

实验可探测衍射的最小 d 值取决于 Ewald 球的直径 $2/\lambda$。因此，为了增加可测的衍射点数目就必须减小入射波长。对于飞行时间中子粉末衍射等能量色散类型的实验，此时采用的是角度固定，而波长在最小值 λ_{min} 和最大值 λ_{max} 之

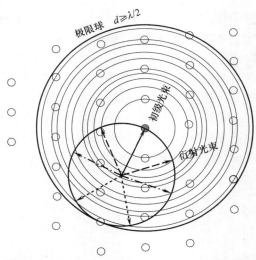

图 1.10　粉末衍射测试中可访问的倒易空间区域示意图。其中较小的圆表示 Ewald 球，正如图 1.9 所示，在一个粉末样品中，倒易点阵绕着样品沿各个方向旋转，这就等价于将 Ewald 球绕着倒易空间的原点沿各个方向旋转，所扫过的体积(图中划出的范围)就是实验中可访问的倒易空间区域

间连续分布的光源，所得的结果就是分布于两个极限 Ewald 球之间的一系列发散的衍射锥。

在三维空间中，绵延分布的倒易点阵与 Ewald 球相交所得的圆周使得 (hkl) 反射面得到的衍射 X 射线形成一系列共轴的圆锥，这就是所谓的德拜-谢乐锥(参见图 1.11)

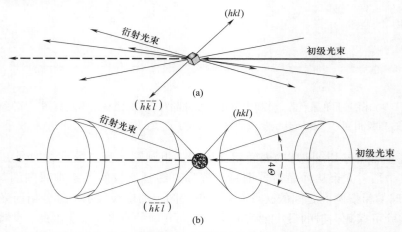

图 1.11　单晶(a)和粉末(b)的散射光束之间的比较。对于后者，同时画出了部分德拜-谢乐锥

虽然粉末衍射实验中倒易空间的绵延化使得数据的收集更为简单，但是却导致了信息的丢失。这时，法向矢量位于不同方向，但是面间距 d 值相同的点阵平面的衍射会重叠在一起，在测试时不能区分。其中一部分重叠是因为对称的作用(对称性重叠)，而另外的重叠则属于偶然结果。对于等效衍射[例如立方体表面产生的 6 个布拉格峰(100)，(− 100)，(010)，…]，产生的对称性重叠没什么影响，因为由对称性就可以知道多重性的结果。而对于高质量的晶粒样品，偶然性重叠既可以通过分辨率更高的测试来减少，也可以基于各个晶胞参数在热膨胀效应上的差异，利用不同温度下的数据收集来去掉这类重叠现象。

为了尽可能多地获取信息，理想的探测器应该是球壳形状——虽然目前还不能实现。现在常用的垂直于直接出射光束方向放置的探测器是平面二维探测器，既有胶片、成像板，也有 CCD。这种条件下，德拜-谢乐锥表现为圆周，如图 1.12(a)所示。

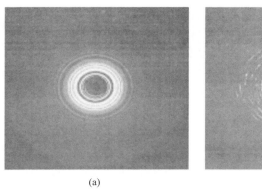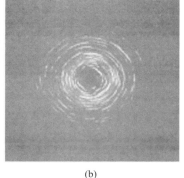

(a)　　　　　　　　　　　(b)

图 1.12　理想精细的粉末样品(a)与一般粗糙的粉末样品(b)所产生的德拜-谢乐环

对于理想的粉末而言，沿圆环的强度分布是一样的。常规的粉末衍射测试，例如，采用 Bragg‐Brentano 几何设置的测试得到的是该组圆环一维裁切后的产物，它既可以是水平取样，也可以是垂直取样，具体根据衍射仪的几何设置而定。如果采用二维探测器就可以获得整组圆环，或者它们的一部分，显然，沿圆环进行强度积分能够提高计数统计质量。反之，对于非理想的粉末，正如图 1.12(b)所示，其圆环强度就没有均匀分布，此时其各种一维扫描图谱给出的衍射强度就不固定了。因此，测试时为了提高粉末中晶粒分布的统计性，一般需要旋转样品，从而确保圆环强度分布均匀或者一维图谱的固定性。不过，沿圆环强度分布的变化可以给出有关样品的重要信息，如晶粒的择优取向或者织构等。

1.6　关于布拉格方程的导数

晶体学的几个重要的关系式可以直接从布拉格方程［公式(1.5)］的导数推导出来。首先以面间距 d 为函数重写布拉格方程

$$d = \frac{n\lambda}{2\sin\theta} \tag{1.37}$$

实测点阵间距的不确定度就是全导数 $\mathrm{d}d$，可以根据链式法则写出

$$\mathrm{d}d = \frac{\partial d}{\partial\theta}\mathrm{d}\theta + \frac{\partial d}{\partial\lambda}\mathrm{d}\lambda \tag{1.38}$$

进一步有

$$\mathrm{d}d = \frac{n\lambda}{2\sin\theta}\frac{\cos\theta}{\sin\theta}\mathrm{d}\theta + \frac{n}{2\sin\theta}\mathrm{d}\lambda \tag{1.39}$$

最终得到

$$\frac{\mathrm{d}d}{d} = -\frac{\mathrm{d}\theta}{\tan\theta} + \frac{\mathrm{d}\lambda}{\lambda} \tag{1.40}$$

由这个公式可以获得如下几个重要的物理结论。

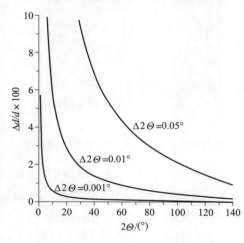

图 1.13　面间距 d 的测试误差百分数随散射角变化的函数曲线，其中固定的角度偏移值 $\Delta\Theta$ 分别是高质量校准 (0.001°)、典型校准 (0.01°) 和差劣校准 (0.05°)[1]

当晶体存在应变时，面间距 d 会发生变化。宏观应变使面间距数值改变了 Δd_{hkl}，从而衍射峰的平均位置移动了 $\Delta\theta$，而微观应变则使得面间距 d 具有 Δd_{hkl} 的分布，从而衍射峰增宽了 $\delta\theta$。这些内容将在第 12 章和第 13 章中具体讨论。

衍射仪未校准而产生的固定的角度偏移将导致所得的 d_{hkl} 结果出现非线性误差，对低角度衍射的影响具有非正比性（图 1.13）。同样地，能够被区分开来的两个部分重叠衍射的间距 Δd_{hkl} 将受限于具体的衍射仪角度分辨率 $\Delta\theta$ 值。

关于角度分辨率的几何影响因素很多，例如位于探测器前的接收

---

①　作者计算并画图的时候没有将角度偏移值转为弧度，因此，曲线的纵坐标实际上并不是实际的值，要得到实际纵坐标值必须再乘以一个因子($\pi/180$)。——译者注

狭缝的角宽。另一类影响角度分辨率的因素是入射光束的非零色散 $\Delta\lambda$。由公式（1.40）可以计算角度发散(angular dispersion)

$$\frac{\mathrm{d}\theta}{\mathrm{d}\lambda} = \frac{\tan\theta}{\lambda} \qquad (1.41)$$

相应的曲线可以参见图 1.14，由于 λ 具有非零色散，因此角度分辨率随角度增高而下降。具体实验中，这种随着角度而变的分辨率函数并没有这么简单。常规建模软件在处理布拉格峰线形的时候都是利用经验线形函数进行建模。最近，考虑引起这些线形结果的不同物理过程的建模方法——基本参数法也已经取得了进展，具体将在第 5、6 和 13 章中进行介绍。

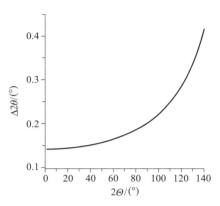

图 1.14　由于波长在 $\mathrm{CuK\alpha_1}$ 与 $\mathrm{CuK\alpha_2}$（间隔约 12eV）之间的色散而产生的衍射仪本征峰宽函数（分辨率函数）随角度变化的曲线

1.7　有限晶粒大小的布拉格定律

假定点阵平面无限堆积，那么布拉格方程将给出线形为 δ 函数形状的布拉格峰的位置。相反，有限大小的晶粒所产生的布拉格峰将具有非零的宽度。这种尺寸宽化现象可以用谢乐公式来描述。这里就重复一下由 Klug 与 Alexander（1974，参见本章末的参考书目）给出的该公式的简单推导过程。

图 1.15 示出了光束传播路径长度随点阵平面所在深度不同而发生的变化。

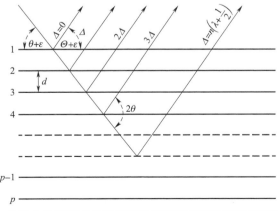

图 1.15　晶体中散射光束的传播路径长度随点阵平面所在深度的变化

当入射光束与点阵平面的夹角 Θ 偏离布拉格公式规定值为 ε 时，通常都可在晶体中找到一个点阵平面，使得光波传播路径长度增加了 $\Delta = \lambda/2$，从而与上述点阵平面发生相消干涉。对于厚单晶来说，这个结论对大多数微小的 ε 值都适用，从而得到了锐利的布拉格衍射峰。但是对于有限大小的晶粒而言，相应于某个微小 ε，能够实现 $\Delta = (n + 1/2)\lambda$ 的平面却不一定存在，这个时候偏离布拉格公式规定的衍射强度就不会完全被抵消，从而产生了强度在一个小角度区域分布的现象。根据这一思想可以估计布拉格衍射峰由于尺寸效应而宽化的大小。

某晶粒沿垂直于以间距 d_{hkl} 分隔的系列平面 $p(hkl)$ 方向的厚度是（参见图 1.15）

$$L_{hkl} = pd_{hkl} \tag{1.42}$$

散射角为 $\theta + \varepsilon$ 时，连续两个点阵平面之间的光波传播路径差计算如下：

$$\begin{aligned} \Delta &= 2d\sin(\theta + \varepsilon) = 2d(\sin\theta\cos\varepsilon + \cos\theta\sin\varepsilon) \\ &= n\lambda\cos\varepsilon + 2d\sin\varepsilon\cos\theta \approx n\lambda + 2d\sin\varepsilon\cos\theta \end{aligned} \tag{1.43}$$

从而可得到相应的相角差

$$\delta\varphi = 2\pi\frac{\Delta}{\lambda} = 2\pi n + \frac{4\pi}{\lambda}\varepsilon d\cos\theta = \frac{4\pi\varepsilon d\cos\theta}{\lambda} \tag{1.44}$$

进一步可得到顶层与底层的相角差如下：

$$\delta\varphi = p\frac{4\pi\varepsilon d\cos\theta}{\lambda} = \frac{4\pi L_{hkl}\varepsilon\cos\theta}{\lambda} \tag{1.45}$$

改写公式（1.45）可以得到

$$\varepsilon = \frac{\lambda\delta\varphi}{4\pi L_{hkl}\cos\theta} \tag{1.46}$$

这个公式将失配角度大小表示为由晶粒长度 L_{hkl} 及衍射光束在顶部和底部平面之间的相角差 $\delta\varphi$ 组成的关系式。显然，当 $\delta\varphi = 0(\varepsilon = 0)$ 时，散射强度达到最大值，随着 ε 的增加，强度下降从而产生了非零宽度的谱峰。当相角差 $\delta\varphi = \pm\pi$，即 $\varepsilon = \pm\lambda/(4L_{hkl}\cos\theta)$ 时，顶部与底部的光波将被完全抵消。如果测试时以 2θ 作为横坐标，那么所测的这些点之间的角宽就是

$$\beta_{hkl} = 4\varepsilon = \frac{\lambda}{L_{hkl}\cos\theta} \tag{1.47}$$

从而给出了源自有限晶粒大小的以弧度为单位表示的峰宽估计值。全面考虑衍射强度分布的正确公式是

$$\beta_{hkl} = \frac{K\lambda}{L_{hkl}\cos\theta} \tag{1.48}$$

式中添加了一个比例因子 K，对于理想球形颗粒，$K = 0.89$。虽然 K 通常与晶粒形状有关（例如对于立方体颗粒，K 的取值为 0.94），但是总的来看，K 的

取值都是接近于 1 的。值得一提的是，对于过大或过小的晶粒，这个公式就不再适用①。前者的峰宽取决于入射光束的相干性而不是颗粒尺寸；至于后者，即纳米尺度的晶粒，布拉格定律已经失效，需要改用德拜公式（参见第 16 章）。

参考书目

1. V. K. Pecharsky and P. Y. Zavalij, *Fundamentals of Powder Diffraction and Structural Characterization of Materials*, Kluwer Academic Publishers, Boston, 2003.
2. D. L. Bish, J. E. Post（Eds.），*Modern Powder Diffraction*, Reviews in Mineralogy Volume 20, Mineralogical Society of America, Chantilly VA, 1989.
3. H. P. Klug and L. E. Alexander, *X-Ray Diffraction Procedures*, 2nd edn., John Wiley & Sons, New York, 1974.

---

① 严格说来，这里的晶粒尺寸是指相干散射区域的大小，这就意味着仅对于理想的晶体，这个尺寸才是实际晶体颗粒的尺寸。

第2章

实验装置

Jeremy Karl Cockcroft[a]和 *Andrew N. Fitch*[b]

[a] Department of Chemistry, UCL, Christopher
Ingold Laboratories, 20 Gordon Street,
London WC1H 0AJ, United Kingdom;
[b] European Synchrotron Radiation Facility,
BP220, F-38043 Grenoble Cedex, France

2.1 引言

　　本章将通俗性地介绍当前粉末衍射常用的实验装置，主要集中于现代化的产品。至于更早的装置，其在各类书籍中已有详尽的介绍，例如 Klug 和 Alexander 撰写的著作就是其中的代表（H. P. Klug and L. E. Alexander, *X-Ray Diffraction Procedures*, 2nd edn, John Wiley & Sons, New York, 1974）。

　　粉末衍射实验的设计与实施千变万化。光源可以是实验室所用发生器产生的 X 射线，也可以是优化过的高能储存环发出的同步辐射，甚至是从反应堆或散裂源得到的中子束。常用的粉末衍射实验波长范围是 0.1~5 Å，与晶体点阵平面的间距相当。X 射线或者中子谱从严格单色的光束到多色分布的宽谱都有使用，具体射线类型的选择取决于实验对象。测试样品既有自支撑的多晶板块或者杆棒，也有研磨好的粉末，后者放置于平板样品架上或者灌入薄壁毛细管中，甚至填入白金盒内以便用于较高温度的测试。数据收集方式有透射和反射两种，使用时根据样品吸收所用射线的严重程度来确定。另外，许多粉末衍射实验中样品所处的环境也是一个重要的条件，相关环境条件包括大范围的温度、压力、外加应力或者化学环境的变动等(参见第 15 章)。

对于任何粉末衍射实验来说，探测器系统都是关键的部件。标准的实验室用衍射仪既可以配置单点计数器，也可以采用多道、一维位敏探测器(position sensitive detector，PSD)，后者可以同时记录从多个衍射角度出射的衍射强度。采用单色中子或者同步 X 射线的衍射仪一般平行安装好几台点探测器，从而提高宝贵机时的使用效率。另外，它们也会使用一维 PSD 或者诸如电荷耦合器件(charge-coupled device，CCD)芯片及成像板(image plate)等二维面探测器，从而可以极大提高数据收集速度，并且获得德拜-谢乐锥的全部(或者大部分)强度分布图像。对于采用多色 X 射线的实验所需的探测器要有分辨每个入射光子波长的能力，因此能量分辨率要高。同样地，对于脉冲源产生的中子，每个中子的到达时间都需要记录下来，才能知道中子从光源到探测器的飞行时间及其速度，以便计算相应的波长。如果其所用的多道探测器配上了快速读取的电子设备，那么就能每隔几毫秒记录一次地重复收集衍射谱，从而可以用来研究测试期间快速演化的体系。

后面的章节中将更详细介绍粉末衍射测试中的基本实验装置，同时也讨论了影响常规实验室或者中子与同步辐射测试所用设备性能的重要因素。

2.2　X 射线辐射源

2.2.1　实验室 X 射线源

用于衍射实验的 X 射线是波长为 0.1~5 Å(相当于 125~2.5 keV 的能量范围)的电磁辐射。它是 1895 年由伦琴(W. C. Röntgen)在研究真空玻璃管中高压电子放电效应时发现的。在标准的实验室设备中，X 射线仍然由密封管源(参见图 2.1)产生。在这个密封的真空管中，经高达 60 kV 的电压加速的电子轰击金属阳极，促使金属靶材料中的原子发生大量电子跃迁，当这些电子返回基态时就放射出电磁辐射——X 射线。随后这些发散的 X 射线透过装在密封管上的铍窗射出。常规光管的功率可以达到 3 kW，更高功率的发生器就必须旋转阳极以便分散此时靶材负载的更多的热量。因此，这类光源彼此之间的差别仅仅是所能产生辐射的强度有所不同。另外，金属阳极材料必须同时是电与热的良导体并且具有相当高的熔点。实验室最常见的金属靶材元素是 Cu 和 Mo，

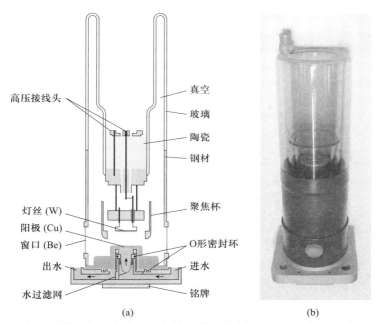

图 2.1　标出关键部件的实验室用密封 X 射线管剖面图(a)和实际相片(b)。对于现代化的 X 射线管,透明玻璃真空室已经换成陶瓷的。W 灯丝有各种尺寸,从而可以分别得到具有宽化、正常、纤细和细长聚焦光斑的光管。这种 X 射线管在基座上嵌了 4 个铍窗,其中两个与灯丝平行,用来提供线状的 X 射线;另两个与灯丝垂直,用来提供点状光源。现代化的粉末衍射仪优先选用具有纤细或者细长聚焦光斑的 X 射线管的线状光源,而传统的德拜-谢乐相机则使用点状光源

而 Cr、Fe、Co、Ag 和 W 则应用于特殊场合。

图 2.2 所示为常见的由 Cu 阳极发出的 X 射线发射谱。由于入射电子与原子相互碰撞而导致的入射电子能量损失行为可以多次发生,因此所产生的 X 射线是一个连续光谱,即所谓的白色辐射(white radiation)。入射电子能量的最大损失值 $E(\max)$ 决定了最短的 X 射线波长 $\lambda(\min)$,其数值可以根据公式 $E = eV = hc/\lambda$ 算出,其中 e 为电子所带的电荷;V 为加速电压;h 为普朗克(Planck)常数;c 为光速。这个公式的更实用的表达式如下:

$$\lambda = \frac{12.398}{V} \tag{2.1}$$

其中 V 的单位为 kV;λ 的单位为 Å。由这个公式可以看出,X 射线发生器的加速电压越高,可以获得的最短波长就越小。这种白色辐射中最强射线的波长大约位于 $1.5\lambda(\min)$ 的位置,而较长的波长是经多次碰撞产生的。其整体的光

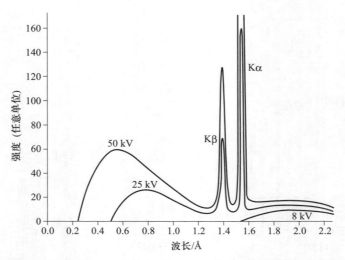

图2.2　典型的在不同加速电压下由 Cu 阳极产生的 X 射线发射谱。仅当电压达到临界值(对于 Cu 大约是 8.5 kV)时,才出现特征辐射。一般采用的电压是临界电压的 4 倍左右,更高的电压只是简单增加高能段白色 X 射线辐射的强度,而特征辐射强度的提高则相当小

谱强度 $I(w)$ 近似正比于灯丝电流 i、阳极靶的原子序数 Z 和加速电压 V 的平方。

当加速电子的能量高于某一阈限时(具体数值取决于金属阳极),在白色辐射上会叠加上另一种光谱。这种被称为特征辐射(characteristic radiation)的光谱包含了几个离散的谱峰,其能量(与波长)仅仅取决于作为靶材的金属。产生这些谱峰是因为所用金属靶材原子中的内层电子被激发出来,从而更高原子能级的电子落入该空轨道并且伴随着 X 射线的发射,而这种 X 射线的能量由这两个能级之间的能量差唯一确定。图 2.3 所示为 Cu 原子的电子能级图。在 Cu 的 X 射线光谱中,低分辨率时仅可以看到两种特征谱线。不过,分辨率增加时,Kα 线就体现为双重线,包含了两个分别标记为 Kα$_1$ 和 Kα$_2$ 的成分。由于 Cu 原子的 2p 轨道分裂非常微小(0.020 keV),因此 Kα$_1$(1.540 56 Å)和 Kα$_2$(1.544 39 Å)两者的波长非常接近。

上述的讨论其实是真实情况的简化版本,因为关于 CuKα 特征谱线的高分辨分析表明,α$_1$ 和 α$_2$ 谱峰都是明显不对称的。搞清这种不对称的原因对于实施基本参数法是一件重要的事情。基本参数法适用于粉末衍射数据谱峰的线形拟合,将在第 5、6、9 和 13 章中进行介绍,其中入射 X 射线谱图的细节是其所需的信息之一。目前,常用的对 CuKα 辐射峰形进行建模的方法是 5 个洛伦兹(Lorentz)函数组合法[1,2]。不过,有关特征 X 射线谱的研究仍在继续深入[3]。

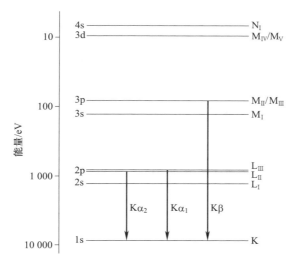

图 2.3 中性 Cu 原子的电子能级图。图中所标识的电子跃迁产生了图 2.2 中的特征峰

表 2.1 列出了各种阳极靶材的主要发射谱线的近似波长数值。

表 2.1 各种阳极靶材的主要发射谱线的近似波长数值

阳极	Cu	Mo	Cr	Fe	Co	Ag	W
$\lambda(K\alpha)/\text{Å}$	1.54	0.71	2.29	1.94	1.79	0.56	0.21

常规粉末衍射实验最常用的是 Cu 靶。它能发射谱线的最短波长大约是 1 Å，而且金属 Cu 的良好热导率可以实现对靶材施加相当高的电功率。更重元素所发射的波长对于实验室的大多数实际应用而言都太短，但是在全散射和 PDF 研究方面，这些元素具有重要的地位(参见第 16 章)。如果样品中包含会被 Cu 的辐射激发而发射荧光的元素，这个时候就要采用波长更长的光源，例如在研究不锈钢材料时，Fe 管和 Co 管就比较合适。不过，采用这些光源虽然避免了荧光背景，但是也具有样品对入射 X 射线的吸收将更多，空气的散射将增加，布拉格衍射峰的数目将减少的缺点。

2.2.2 同步 X 射线源

使用同步 X 射线辐射在进行高质量粉末衍射测试方面具有实验室射线源所不具备的若干个优势：首先同步辐射非常强并且在垂直方向上具有高度准直性，因此可用于制造 2θ 分辨率非常高的设备；其次是可以根据特定的测试选择最优波长，例如，采用短波以便穿过对原来所用波长有明显吸收的样品，或者调整为样品中某元素的吸收边以便应用反常散射效应。同步辐射光源的各个线站(beam line)都有大量可用的样品测试条件，分别由受雇的专业人员管理。这些专业人员通常能够为用户提供全面的实验服务。如果外部用户从事的是成果可以公开发表的研究，并且所提议的实验通过了同行评议，那么就可以免费获得线站的机时(beam-time)。有关如何获取这些设施的访问权限的信息可以查阅它们的相关网站。

当接近光速运动的带电粒子发生速度变化时，例如当它们在磁场作用下沿曲线运动，就可以发出同步辐射。1054 年 7 月，超新星爆发后残留的蟹状星云中心高速自旋的中子星就是一个位于太空中的同步辐射光源。早期的粒子加速器同样存在同步辐射，不过当时被看作一大麻烦——因为需要不断补偿粒子在作圆周运动时发生这类辐射而损失的能量。现代的同步辐射光源属于专用于产生同步辐射的设施，其中电子或者正电子被加速到接近光速并且由磁铁阵列引导在超高真空管中作圆周运动。一个以速度 v 运动的电子具有的能量 $E = m_e c^2 / \sqrt{1 - v^2/c^2}$，其中 m_e 是电子的静止质量 $[9.109\ 382\ 6(16) \times 10^{-31}\,\text{kg}]$，$c$ 是光速 $(299\ 792\ 458\ \text{m}\cdot\text{s}^{-1})$。$1/\sqrt{1 - v^2/c^2}$ 项被标示为 γ 并且作为一个因子用来反映电子质量由于接近光速而高于静止状态数值的程度。储存环中电子的能量通常以 eV 为单位，而 $1\ \text{eV} = 1.602\ 176\ 53(14) \times 10^{-19}\,\text{J}$。以此推算，位于 Grenoble 的欧洲同步辐射光源(European Synchroton Radiation Facility，ESRF)的 6 GeV 储存环中，电子以 $0.999\ 999\ 996\ 4c$ 的速度运动并且其表观质量为 $11\ 742m_e$，等于 6.44 个原子质量或者比 ^{6}Li 的原子质量的 7% 还多一些。ESRF 环的圆周长度是 844.4 m，因此每个电子运行一周需要 2.82 μs，或者相当于每秒转了 355 036 圈，这就相当于 5.688×10^{-14} A 的电流。由于 ESRF 储存环中的电子总数为 3.516×10^{12}，因此正常工作电流是 200 mA。

储存环中电子的运动受到磁场的引导。整个储存环分为好几段，而且是按照笔直的一段连接弯曲的一段的方式构成的。电子在弯曲部位由弯曲的磁体引导进入下一个笔直的节段(参见图 2.4)。最终可以作为实验所需 X 射线源的同步辐射就是在弯曲部位发出的。笔直部位的磁铁阵列通常被称为插入件(insertion device)，它们被合理放置后可以产生交变的磁场，从而引起电子运动轨迹的振荡。每一次振荡都可以发出同步辐射。通过振荡数目、振幅、频率和方向的选择可以获得面向多种不同应用的辐射。

粉末衍射所需的同步 X 射线源来自弯曲磁铁(弯铁)部位，而插入件则充当摇摆器(wiggler)或者波荡器(undulator)，其在垂直方向上施加的磁场会引起电子在水平面上的偏振，从而使得这种电磁辐射成为线性极化源，并且其电场分量位于同步轨道的平面上。单独一个电子发出的辐射形成一个角宽约为 $1/\gamma$ rad 的狭窄光锥，从而所得的 X 射线束在垂直方向上具有非常高的准直性。同

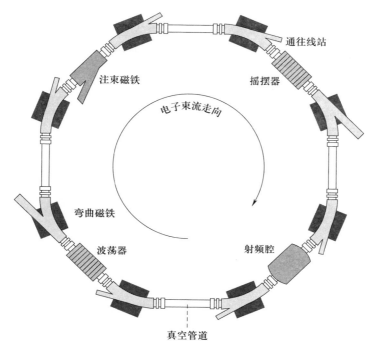

图 2.4　同步辐射储存环的构造示意图。第三代装置拥有很多直线形的部件,可以基于摇摆器与波荡器插入件的作用进行优化以满足 X 射线源的要求

步辐射沿着弯铁部件曲线段的切线方向射出,最终得到一束沿切向宽化的扇形 X 射线辐射[参见图 2.5(a)]。插入件的磁场按正弦曲线变化,引起电子束的振荡,而每一次振荡都将在切线方向上产生同步辐射。如果插入件是摇摆器,这些振荡幅度相当大,彼此非相干叠加,从而增强了光通量。这种增强作用正比于磁场周期的个数[参见图 2.5(b)]。当插入件为波荡器时,由于其电子的偏转相当小,与辐射发出时的本征角宽 $1/\gamma$ 相当,而且来自不同振荡的辐射彼此干涉,从而出射光束在水平面上出现准直的特性。因此,相对于弯铁或者摇摆器所产生的辐射沿水平面的扇形发散,波荡器所得的辐射将集中成一个处于中央的共轴圆锥,其周围附有较弱的光环[参见图 2.5(c)]。显然,这种中心锥发出的光斑很小,可以得到非常高的光通量密度。

　　同步辐射的光谱取决于储存环中电子的能量、它们所经路径的曲率及其他因素,例如对于波荡器来说,同步辐射光谱还与干涉效应有关。一般来说,储存环中的电子能量越高,出射 X 射线能量也越高。对于弯铁和摇摆器,弯得越紧(即磁场越强),出射X射线的能量越大。弯铁与摇摆器所得的光谱是连

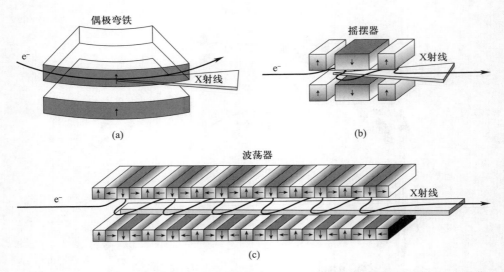

图 2.5 (a)沿弯铁切线方向发出的扇形辐射;(b)摇摆器发出的扇形辐射;(c)波荡器发出的准直线束

续的(参见图 2.6),相反,波荡器给出的是一系列离散的谱峰,其能量值是波长为 λ_1 的某一基能量的整数倍,而这个基能量的具体大小取决于磁场的强度。如果改变磁铁阵列的垂直间隙,就可以调整基能量的数值以及它的谐波。想要获得某个指定波长的强光,一般可以通过多组间隙与谐波的结合来实现。当然,其他因素也有助于配置的最优化,例如相对光通量(relative flux)与线站总功率容量(total power-handling capabilities)。

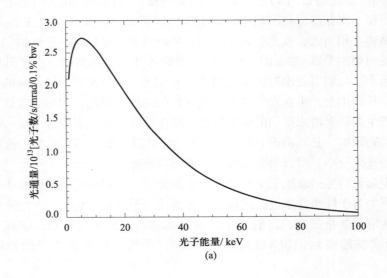

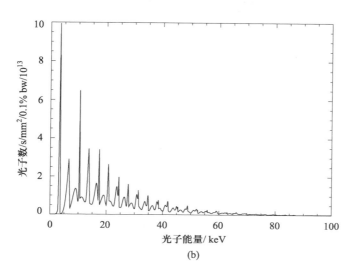

图 2.6 （a）从 ESRF 的一块弯铁发出的水平方向上每毫弧度范围的光子通量与其能量的关系曲线，带宽（bandwidth，bw）为 0.1%（即 $\Delta\lambda/\lambda=0.001$）；（b）从 ESRF 的一块 U35 波荡器（磁场周期为 35 mm，总长为 1.6 m）发出的光子通量与其能量的关系曲线，带宽为 0.1%，测试对象是通过距离光源 30 m 的 1 mm² 缝隙射出的光子束

2.3　X 射线光学元件

光束所在路径上可以放置各种光学元件来调节 X 射线束的性质。这些元件的工作机制包括衍射（例如晶体单色器）、反射（例如反射镜）和吸收（例如滤光片或狭缝）。单色器可用于选取特定的波长，反射镜则用于聚焦光束或者抑制其中的高级谐波，而滤光片则用于去掉不需要的辐射。

2.3.1　滤光片

在采用实验室光源的粉末衍射实验中，来自 CuKβ 辐射的衍射会污染来自 CuKα 辐射产生的粉末谱图。在光路上放置一块 Ni 滤光片就可以降低这种不需要的射线的绝大部分强度。这种滤光片的外形是一块均匀的薄金属片。由于 CuKβ X 射线（$\lambda=1.392$ Å）的能量略高于 Ni 的 K 吸收边（$\lambda=1.488$ Å）的阈限能量值，从而 Ni 可以大量吸收这种光波；相反地，CuKα X 射线（$\lambda=1.542$ Å）的能量不足以激发这种特定的跃迁，因此只是被少量吸收。Ni 片的厚度需要在降低不需要的 CuKβ 强度与降低需要的 CuKα 强度之间取得最优化的平衡。大多数实验室设备所用的针对 Cu 辐射的 Ni 滤光片是 15~20 μm 的薄片。

它衰减 Kβ 的能力是衰减 Kα 能力的 25~50 倍，而全部 Kα 强度仅降为原来的一半。

对于同步辐射源来说，需要在初级光束所经的路径中插入石墨、铝或者人造金刚石薄膜等衰减器，以便减少施加于光学元件的热负载，防止 X 射线探测器的过饱和或者降低样品的辐射损伤速率。

2.3.2 单色器

单色器是一种设置在特定取向 θ_m 处的大块平板单晶。它仅允许入射光束中波长满足布拉格方程 $\lambda = 2d \sin \theta_m$ 的光线产生衍射从而被反射出去形成单色光束，其中 d 就是所选定点阵平面的面间距。常用的单晶包括硅、锗、石英、金刚石和石墨。不管是哪种材料，如果要作为 X 射线单色器都必须符合以下的性能要求：能获得大块具有合适面间距的高质量单晶，机械强度高且切割非常容易，不受入射光束的影响，所选择的布拉格衍射对应的结构因子大，热膨胀系数小并且对 X 射线的吸收少。实际选择材料时还要考虑具体的应用以及热导率、晶体完美程度、布拉格衍射峰的本征宽度（Darwin 宽度）等。

在实验室所用设备中，单色器既可以放在入射光束的路径中，也可以放在衍射光束的路径中，这分别相当于放在样品的前面和后面。石英或者 Si(111) 等前置单色器具有高分辨能力，可以分离 Kα₁ 和 Kα₂（以及 Kβ）辐射，不过代价就是总强度下降了。如果将晶体弯曲（这就意味着必须使用薄晶体），聚焦光束于样品或者探测器上，就可以弥补这种强度损失。后置单色器由于探测器机械臂的运动而具有较差的机械稳定性，因此采用的是分辨能力较低的单晶，例如石墨等。它仅仅消除 Kβ 的影响，不过，这类单色器拥有一个附加优势，即可以去掉来自样品的任何荧光。

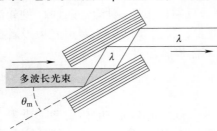

图 2.7　用于同步辐射的双反射单色器的构造示意图。第一块单晶从多色光源中选取某一波长的光束，随后利用第二块单晶使得这束光仍然沿初级光束的方向射出。第二块单晶的点阵平面必须与第一块完全平行，从而提高光束的传输效率

基于同步辐射的衍射仪需要单色器从多色光源中选择某一指定波长的光束。为了保持入射光束的方向，可以采用双晶（double-crystal）配置［双反射（double-bounce），参见图 2.7］。这种单色器可以是一块做过通道裁切（channel-cut）的单晶，也可以是两块单独安装的单晶。其中常用的是硅单晶，因为它具有很高的晶体完美程度和适应强烈同步辐射光束的优异热性能。经常采用的晶面是 (111) 衍射面，在要求更高能量分辨率的场合也可以

采用(220)衍射面与(311)衍射面。在使用时需要对双晶单色器进行冷却，从而确保单晶温度稳定，不受光源所施加的热负载的影响。

2.3.3 反射镜

曲面反射镜可以准直或者聚焦发散的 X 射线束。其中分级多层反射镜可以获得近似平行的入射光束，从而有利于处理非平板或者不规则的样品，以及非常规条件下的测试实验。不过目前，实验室设备中仍然很少拥有这种部件。

在同步辐射设备中，反射镜既可以用来进一步提高已高度准直的光束的准直性，从而能够提高设备的角度与能量分辨率；也可以用来根据实际需要将光束聚焦到样品上。此外，精密抛光后覆盖上一薄层金属 Pt 或 Rh，并且放置于能形成掠入射的位置的单晶硅基质还可以提供抑制高能 X 射线束的功能。一面镀有 Rh 的并且与入射光束呈 0.09° 放置的反射镜将阻挡波长小于 0.3 Å 的光线通过。这类反射镜有时也可以采用多层不同的金属膜来调整这种高能截断的效果。

2.4 X 射线探测器

根据所记录衍射谱图的维度，可以将 X 射线探测器划分为点（零维）型、线（一维）型和面（二维）型三种类型。在记录衍射谱图的时候需要移动点探测器，相反，线或者面探测器则是固定的。这三种探测器类型中，点探测器可以配合后置于样品的光学元件使用，而线探测器与面探测器能更快地收集数据。不过如果后两种探测器用于敞开的体系，很容易将源自空气等样品所处环境的附加散射也记录下来。线探测器和面探测器都属于位敏探测器（PSD）。

2.4.1 点探测器

实验室最常用的点探测器类型就是闪烁计数器。它的工作机制包含两个过程：首先 X 射线光子撞击荧光屏（或者叫做闪烁体），其材料可以是掺铊的碘化钠晶体；随后荧光屏发射的位于可见光谱蓝色区域的光子通过直接装在该闪烁体背后的光电倍增管转化为电压脉冲，光阴极受到激发射出的电子数目正比于这些撞击它的可见光子数目，从而也就正比于原始 X 射线光子的能量。由于能量转换过程中的大量损耗，这种探测器的能量分辨率并不好，以至于难以区分 Kα 与 Kβ 的 X 射线光子。不过，这种探测器的量子效率高，而且死时间短，因此是逐点记录强度的步进扫描衍射仪所需的理想探测器。对于同步辐射设备而言，通常需要衰减更快的闪烁体，因此采用的是掺杂的钙钛矿型的铝酸钇（yttrium aluminium perovskite，YAP）或者 LaCl$_3$ 等闪烁材料，虽然这些材料的光子产额相对较低。对于更高的能量分辨率需求，可以采用 Si 或者 Ge 固态探测器。因为 Si 对高能光子的吸收并不强烈，所以，虽然这类探测器的雪崩式光阴极可以实现很高的计数率，但是对于高能 X 射线的探测效率却不好。

2.4.2　线探测器

线探测器既可以是笔直型，也可以是弯曲型。它可以记录每一个 X 射线光子所抵达的 2θ 位置。线型 PSD 可以粗略分为单阳极和多阳极两种类型。单阳极设备有一个充满气体的腔室，其中装有一根线形阳极或者一片刃形阳极，其工作原理是 X 射线光子能电离氩（Ar）或者氙（Xe）等惰性气体原子，从而生成电子（e^-）与正离子（例如 Ar^+）对。相比于 X 射线光子的能量（对于 Cu X 射线管光源是 8 keV），激发出一个电子所需的离化能（$10 \sim 20$ eV）并不高，因此一个 X 射线光子可以产生好几百个离子对，而采用导电性非常差的导体制作的阳极被加上大约 1 000 V 的电压，会加速离子对中的电子向阳极运动，其间撞击气体原子又会产生更多的离子化过程，由于这种气体的放大效应而使信号得到增强。随后这些电子撞击到线形阳极上转化为电荷脉冲并且分别向阳极的两端运动。通过对比该脉冲到达线形阳极或者刃形阳极两端的时间，就可以得到所测 X 射线光子的位置。这种延迟线（delay-line）探测器一次仅能测试一个 X 射线光子，因此记录速度相当慢，而且就算是要实现一般的计数率都会损失它们的线性特征。为了最小化系统的死时间，可以将作为猝灭气体的甲烷（CH_4）等与这些惰性气体混合（例如 90% Ar:10% CH_4）。而要想获得更高的计数率，就需要采用多线阳极或者微条带（micro-strip）阳极，此时每一个个体的阳极单元都是一个独立的探测器，其对应的 2θ 相对于其他单元来说是固定的。这样就可以记录同时发生的多个事件。

PSD 能够遍历整个散射角范围来记录数据，因此可以用在时间分辨粉末衍射或者热衍射（thermodiffractometry）等对记录速度要求苛刻的场合中。不同的 PSD 具有不同的形状和尺寸，其中小型 PSD 仅能收集有限范围中的数据，例如 2θ 在 5°～10° 的范围，而大型 PSD 通常是弯曲形状，可以收集的数据范围更为宽广。这两种类型的 PSD 一般都具有相近的探测通道数目（2^n，$n = 9 \sim 12$），从而更大的 PSD 的 2θ 通道宽度相对而言更为粗疏。PSD 通常是固定在某一个散射角处来收集数据的，但是如果角度范围超过了它的能力，也可以通过移动来收集数据。

2.4.3　面探测器

早期阶段的面探测器是以 X 射线照相胶片的形式出现的，这也是当时德拜-谢乐相机和 Guinier 相机等设备记录粉末衍射谱图的基本方法。现代化的 X

射线面探测器改为采用成像板和 CCD 技术。这些探测器可以一步累积一张衍射谱图，然后读取并且保存起来，常见的读出时间涵盖了成像板的30 s或更长的时间至 CCD 的 1s 或更短的时间范围。成像板是一块大面积探测器，可以直接记录衍射的 X 射线，而 CCD 芯片则较小（例如 $1'' \times 1''$或者 $2'' \times 2''$），这些芯片通过一些光纤耦合成一块荧光屏。与线探测器和点探测器不同，面探测器可以记录部分甚至全部德拜-谢乐粉末衍射环，从而能够有效地直接观察织构、粒度和择优取向。此外，探测器的大立体角探测明显提高了计数效率，使得弱散射样品的数据记录更加容易。对二维探测器所得的数据进行校正以便定量化强度需要特殊的操作，这些将在第 14 章中详细讨论。

2.4.4 探测器校准

相对于不需校准的用于逐点强度测试的点探测器而言，位置敏感型的探测器都需要认真校准 2θ 位置和测试效率，从而确保所得散射角和强度的准确性。对于多道类型的设备，每一道都需要同时确认其对应的 2θ 位置和效率系数。确定各处的效率可以利用在实验 X 射线束照射下发射荧光的无定形薄膜等样品（例如对于 CuKα 辐射，就可以用 Fe 薄膜），这时将得到一个非常高的平坦背景，看不到布拉格衍射峰。2θ 的校准可以通过探测器的不同部位给出的同一个较强的布拉格衍射峰（也可以是多个衍射峰）的测试结果来完成，其中 Si 的（111）峰就是一个典型标准。如果探测器为很大的弯曲型设备，那么 2θ 校准就必须使用多个衍射峰了，这可以通过测试某个参考材料的完整谱图，然后加以查对来实现。需要注意的是，密封的充气 PSD 只是在再次补充气体的时候需要校准，相反地，使用连续气流的探测器则需要定期进行校准。

2.5 实验室设备配置

实验室用粉末衍射仪有两种基本仪器几何类型：反射型和透射型。反射几何采用平板放置样品，而透射几何则采用玻璃毛细管或者薄膜。

2.5.1 反射几何

现代化的平板粉末衍射仪是工业研发和学术研究实验室最常用的设备。这种设备不仅衍射强度高，而且在通过衍射光束共聚焦（parafocus）的同时获得了不错的分辨率，即发散的入射光束被样品的表面反射后将收敛于以样品位置为中心的、半径固定的圆周上的某一点。这种几何构造通常称为 Bragg-Brentano 几何（参见图2.8）。其中 X 射线管放置的位置要求满足入射光束落在样品上时

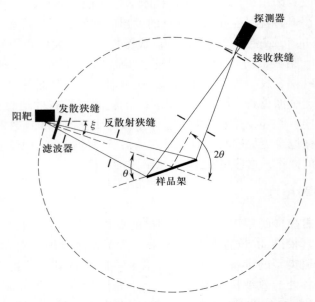

图 2.8 基本 Bragg – Brentano 几何示意图。以样品位置为圆心的点线圆代表测角仪圆。发散 X 射线光源被平板样品的表面衍射后将聚焦于这个圆周的各个点上。严格说来，仅当样品平面是曲面的时候才是真正的聚焦，不过，如果光束落在样品平面上的照射区域远小于这个聚焦圆的半径，那么实际上可以将这部分曲面近似看作平面，从而采用平板样品。在收集衍射谱图的时候通常将光源固定，样品与探测器分别转动 θ 与 2θ。另一种做法是样品固定（通常取水平位置，以便用于液体样品等），同时移动光源和探测器，移动速度分别为 $-\theta$ 与 θ

相对于阳极表面的发散角宽为 ξ（通常为 6° 左右），随后进一步在光源前进方向上使用一种或者多种狭缝来调整光束的发散性质（参见图 2.9）。样品被光束辐照的区域正比于 $\cos\theta$，当散射角很小的时候，部分光束会落于样品外，此时

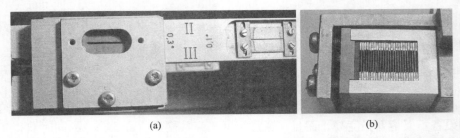

图 2.9　常见的 X 射线狭缝（a）和 Söller 准直器（b）的照片。这里的狭缝宽度用角度值表示（此处为 0.3°），不过有时也可以以 mm 为单位。而 Söller 准直器由一组严格平行的薄片构成，用来限制光束的角分散，使其尽量位于 $\theta/2\theta$ 平面上

光束就不能全部照射到样品上。这种将导致低角度衍射峰的非对称性的轴向发散可以通过 Söller 准直器来减少。另外,为了获得良好的粉末统计平均结果,通常绕垂直于平板的轴线旋转样品。最后,如图所示,在 X 射线光源后还应当放置一个合适的滤波器。

采用后置于样品的石墨单色器的 X 射线光路可以参见图 2.10。这种装置是最常用的。它不再需要使用 X 射线滤波器。在光路中,成对分布的狭缝(again slits)可以抑制入射与衍射光束的发散。对于这种装置,光源通常是固定的,而单色器则随着探测器臂绕 2θ 圆运动。与单色器相关的布拉格角 $2\theta_m$ 的数值就是该单色器晶体衍射平面满足布拉格定律的角度值。

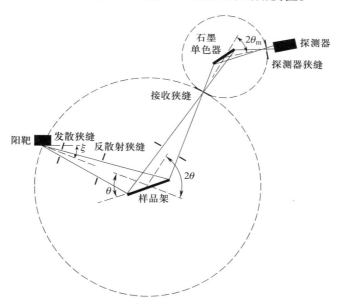

图 2.10　在衍射光束上配置单色器的 Bragg‑Brentano 几何示意图。作为单色器的晶体一般是结晶完美性不高的石墨,这就意味着接收角大(十分之几度)是允许的。因此这类单色器可以采用平板形状的晶体

分辨率更高的设备可以使用前置于样品的完美晶体作为单色器来消除 $K\alpha_2$ 辐射(参见图 2.11)。为了达到这个目的,同时又能维持大小适当的 X 射线强度,用作单色器的晶体需要弯曲以便满足发散型光源所需的布拉格定律的要求。$K\alpha_2$ 辐射的路径在经过单色器后将轻微偏离 $K\alpha_1$ 的路径,从而可以通过前置于样品的狭缝去除。显然,这类设备中,光学元件的准确排列至关重要(参见图 2.12)。如果使用 Cu 辐射,那么这类设备可以得到大约 0.07°(或者更小)的峰宽。

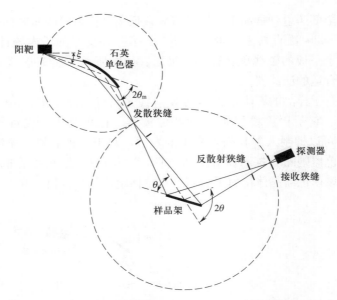

图 2.11 配有前置于样品的单色器的 Bragg‒Brentano 几何示意图。由于需要分离 $K\alpha_1$ 与 $K\alpha_2$，因此这种单色器是近于完美的晶体，例如石英或者锗

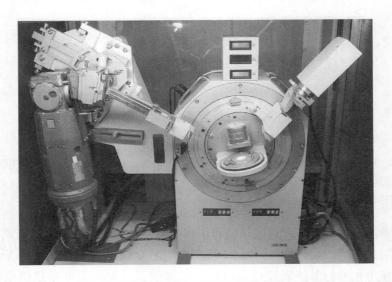

图 2.12 Bragg‒Brentano 衍射仪的照片，其中前置于样品的单色器位于左边，而右边主要是闪烁探测器部分。样品平台和探测器在垂直平面上绕水平轴线转动，速度比为1∶2。样品绕着垂直于平板的轴线自转。虽然这类设备早在 20 世纪 90 年代初就出现了，但是最新型的实验室 Bragg‒Brentano 衍射仪仍然采用类似的方式来实现所需的功能

2.5.2　透射几何

古老的实验室自制的德拜-谢乐相机已经发展成迥然不同的、现代化的、配有弯曲的完美晶体单色器的透射粉末衍射仪(参见图 2.13)。在这类设备中，X 射线光源发出的发散光束并不是聚焦在样品上，而是越过样品，进一步聚焦在探测器运动所成的 2θ 测试圆上，显然，有效收集数据的理想探测器是弯曲型的 PSD。如果改用直线型，那么它的位置明显远离了这个聚焦圆。采用弯曲型的 PSD 可以避免探测器仅有中间部分处于聚焦圆上，从而实现聚焦。但是两头的部位却处于离焦状态，因而 PSD 各处所得的谱峰宽度明显不同。这种几何设置为了保证粉末的统计均匀，样品需要绕着自己的轴线自旋运动。德拜-谢乐透射几何的衍射峰宽可达到 0.1°(或更小)。值得一提的是，要注意薄膜样品的取向以便获得最大的透过光强度，并且简化各种吸收的校正过程，从而获得精确的强度。

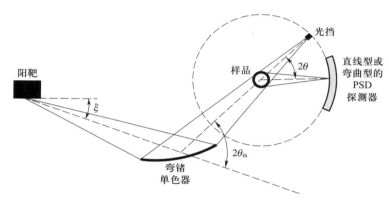

图 2.13　装有弯曲晶体单色器和毛细管样品的共聚焦德拜-谢乐衍射仪。考虑到其峰背比(peak to background ratio)要弱于 Bragg - Brentano 几何的，因此需要采用直线型或者弯曲型的 PSD 来提高计数的统计效率。与等价的 Bragg - Brentano 几何一样，角宽 ξ 也是在大约 6°处获得最优化

2.6　同步辐射设备配置

2.6.1　前置于样品的光学元件

相对于实验室设备使用发散的 X 射线束来说，基于同步辐射的设备可以利用同步辐射高度准直的性质。另外，同步辐射线站也利用前置于样品的光学元件来提供样品所需的具有特定波长的高度准直的单色光。在这些光学元件

中，由于双晶单色器可以用来获得垂直方向上具有高度准直性（典型的角度范围如 ESRF 的 0.003°~0.01°）的白色线束，因此它在同步辐射配置中是必不可少的。由于入射到样品上的光束的垂直发散可以直接引起衍射谱图中谱峰的宽化，因此超高分辨率的基于角度扫描的设备以垂直平面作为操作平台。另外，单色化辐射的波长带通（band pass）$\Delta\lambda/\lambda$ 也会影响谱峰的宽度。白色辐射在垂直方向上的低发散与单色器晶体衍射平面的高完美性组合起来就可以获得带通非常狭窄的高度单色化的光束，对于 Si 的（111）衍射，带通可以达到 10^{-4} 的数量级。虽然同步辐射本身的发散已经非常小，而且通过单色器又进一步降低了发散性，但是仍可以利用放置在光路上的准直镜进一步提高光束的发散质量。例如，位于 ESRF 的 BM16 线站的高分辨率粉末衍射仪在采用准直镜后，光束的垂直发散正常情况下约为 0.001°[4]。如果没有准直镜，那么入射到样品上的单色光的发散性与样品尺寸或者限束狭缝（beam-defining slit）有关，例如，距离光源 40 m 并且高为 1 mm 的狭缝可以获得约 0.001 5° 的垂直发散度。

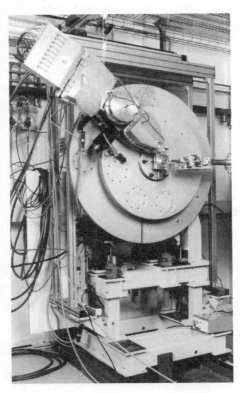

图 2.14　位于 ESRF 的 ID31 线站中的高分辨率粉末衍射仪照片。需要指出的是，探测器臂上安装了九通道多分析器系统。图中的气球内充满了氦气，在测试时可以降低 X 射线飞行路径上的空气背景散射

2.6.2　基于平行光束的设备

基于同步辐射的高分辨率粉末衍射仪采用了入射光束本身的平行性。这种设备属于重型装置，装配了大量负载以便提高测角精确度。显然，基于平行光束理论上所要求的高度光学精确性，这类重型设备必须具有高的机械精度。图 2.14 就是这类粉末衍射仪的照片，所拍摄的设备来自 ESRF 的 ID31 线站。其测试时优先考虑自旋的毛细管样品，从而避免采用平板样品会存在的择优取向问题。相对于实验室的设备，一般都可以通过改变波长来尽可能消除吸收的问题。如果发生不可避免的强烈吸收，可以将样品用油脂固定在毛细管的外面。如果必须采用平板样品，这种平行光

束技术并不需要对设备配置进行根本性的变动，因为对于同步辐射而言，不需要进行共聚焦。

当前用于粉末晶体学研究（例如结构的解析与精修）的具有最高分辨率的设备通常在样品与探测器之间装有分析器晶体。这种分析器晶体［例如完美的 Si 或者 Ge(111)晶体］能够仅仅将落于晶体上时所得入射角严格满足布拉格定律规定的晶体衍射角度值的散射光束反射进探测器中。另外，由于这类晶体对于衍射光束的接收角非常狭窄，这就意味着被衍射的辐射还必须紧贴晶体规定的走向才能进入探测器。通过扫描包含分析器晶体和探测器的 2θ 圆，就可以遍历全部的 2θ 角度，并且可以得到一张高分辨率粉末衍射谱图。由上述可知，分析器晶体对通过其上的光子具有很高的选择性，因此在给定的 2θ 位置，将有大量的衍射线不能进入探测器，因而即使采用高光通量的同步辐射，测试过程也需要放慢进行。为了提高数据收集的速度，可以采用能同时提供多个探测通道的多分析器系统(multiple analyser stage)，各通道错开 1°或者 2°。每个通道相对于其他通道的计数效率和准确的角度偏移值都必须进行校准，这可以通过对比几个不同探测器扫描所得的衍射谱图来实现。此外，入射光束波长和任一 2θ 零点误差的校准最好采用 NIST Si 640c 等点阵参数被认证过的标准样品。

既然分析器晶体通过自身相对于入射光束的真实取向定义了衍射仪所处的散射角 2θ，那么在同样的探测器或者某个 PSD 前安装普通接收狭缝的衍射仪中会出现的几种像差就可以被消除了（对于后者，实际的 2θ 值取决于狭缝或者 PSD 单元的位置）。这就意味着这类高分辨率同步辐射设备的 2θ 分辨率与毛细管直径无关，因此可以采用更大的毛细管来获得更高的衍射强度，同时样品相对于衍射仪轴线的任何适度的偏移（或者平板样品的透明性效应）都不会引起布拉格峰位置的移动。至于样品随炉温变化的移动等同样不会产生谱峰位移偏差。因此这些设备给出的谱图，其谱峰位置的精确度高，是指标化未知材料晶胞的理想衍射谱图。另外，常规平板样品要获得高分辨率数据所需的 $\theta/2\theta$ 共聚焦条件对于这类平行束设备是不需要的，因此峰宽不再受到样品取向的影响，这就有助于采用 $\sin^2\psi$ 来测试材料的残余应变。

如果不用分析器晶体，也可以通过细长的 Söller 准直器来实现同样的光学稳定性。不过这种技术能实现的 2θ 分辨率要比分析器晶体的低，这是因为前者所需的接收角要比后者的大得多，但是，这样反而明显比后者具有更高的测试强度。由于准直器由平列的薄膜组成，如果薄膜间距与毛细管直径相近，就会影响衍射光束的传输，因此这类部件对于纤细的毛细管样品并不是非常适合。另外，基于准直器的消色差特性，采用准直器时，变动波长就不需要仔细地重新进行定向，从而有利于实施围绕某种元素吸收边进行的反常散射研究。

2.6.3 德拜-谢乐几何设备

基于同步辐射的德拜-谢乐型衍射仪采用的最简单的光学配置就是一个点探测器及其前方所放置的一个与毛细管直径匹配的精密接收狭缝,也可以进一步采用放置在样品附近的反散射狭缝来消除寄生的背景散射。整台设备通过探测器臂的运动就可以记录到粉末衍射谱图。在光通量相当低的光源条件下,这种配置可以用于测试小直径毛细管样品,从而避免了采用分析器晶体所引起的严重的强度损失。设备的分辨率强烈取决于根据毛细管直径确定的角度、狭缝高度以及毛细管与狭缝的间距。尽管这种设备简单,但是如果细心操作,同样可以得到高质量的高分辨率数据。

虽然通过移动点探测器臂获得优良高分辨率数据的方法多种多样,但是不管怎样,所有方案的测试速度都相当慢,因而不适合用于原位变化样品的时间分辨研究。需要更快收集数据的时候就需要采用线型 PSD 或者面探测器。

在 PSD 类型的选择上,由于同步辐射的亮度高,导致样品散射出来的光线强度相当高,不适合使用迅速达到饱和的直线型延迟线探测器,因此当前大多数研究集中于弯曲型多线或者多带的设备。用于瑞士光源中的设备可以说是在写作本章的时候已取得的最好成果[5]。它包含了基于 Si 芯片技术的 12 个组件,每一个组件拥有 1 280 个独立的通道,这就意味着相应于其所覆盖的 60° (2θ) 角度范围总共有 15 360 个通道。组件中的每一个个体通道都可以拾取信号,从而读取一次信号大约需 250 μs。另一个值得介绍的是坐落于日本光子工厂(Photon Factory)的澳大利亚国家线站(Australian National Beamline Facility)采用的设备[6]。多个弯曲的成像板被安装在一台庞大的德拜-谢乐相机(名为 Big Diff)内部,所测衍射谱图经过集成后再离线读取出来,当应用于时间分辨研究时,成像板要在遮罩后沿样品旋转轴的指向移动,而这个遮罩在垂直于该轴方向上开放了一块条状空隙,用于暴露成像板以记录谱图。

虽然成像板在粉末衍射中被当作面探测器使用,但是它们的读取时间仍过长(需要许多秒),因此,基于 CCD 的探测器是 X 射线晶体学优先发展的方向。除了具有时间优势,CCD 探测器与短波 X 射线联用时还可以记录相当宽的面间距 d 的范围,特别是当 CCD 探测器离心安放时,光子将主要撞击在探测器的边缘,此时测试的是局部的而非全部的德拜-谢乐环。某些特殊的 CCD 芯片读取时间非常快,例如 ESRF 开发的相机。它每秒可以记录 20 张左右的谱图,如果考虑到探测器自有的大立体角所能提高的测试效率,显然这类设备可以用于高速固相反应等科学研究。

2.7 测试

2.7.1 样品架

　　样品架的选择决定于粉末衍射实验所采用的仪器几何是反射型还是透射型。图 2.15 所示为各种应用于平板 Bragg‐Brentano 反射几何的样品架照片，这种几何在前文中已经介绍过了。相对于其他样品架来说，装样容易是平板样品架的一大优势。相反，对于大多数样品，装样时的表面平整过程会引入择优取向则是这类样品架的最大缺陷。其他关于平板样品架的问题还有：样品在某些时候会掉落，尤其是当衍射仪采用水平旋转操作而样品架处于垂直方向或者衍射仪垂直旋转操作到达某一高 θ 角位置时；不能用于对空气敏感的样品；样品架非常笨重，因而不大适用于非常规条件测试；对于低吸收的样品会由于样品表面以下的光束未能被大量吸收而产生峰位置的偏差。对于数量很少的样品，例如用于司法鉴定的样品，实践中表明采用平板样品架可能是合适的，因

　　图 2.15　用于平板 Bragg‐Brentano 几何的样品架。其中 A~H 所示的大样品架($\phi =$ 50 mm)用于室温测试，而 I~K 三个较小的样品架则用于高温炉。就具体的样品类型来说，A 和 B 可用于固定样品；A、F 和 I 可用于放置撒有待测粉尘的低背景的硅晶片；H 可搭配具有浅槽的硅单晶而用于放置少量样品；D 是某种固体块状样品的示例(例如用于衍射仪校准工作的石英固体等)；C 是具有深槽的样品架，可以用于负载固体样品(不过实际数据收集时样品的表面可没有这里示例的 2 英镑硬币那样粗糙)；G 是特制用于背面装样的，虽然它也可用于正面装样，但是此时更好的选择是塑料型的 A 和 E 样品架；J 样品架的材质是蓝宝石

为这些样品可以飘洒在经过切割而不产生布拉格衍射的硅单晶上，从而得到了背景近似为零的谱图。此外，块体样品也可以采用合适的、大深度的平板样品架来做测试。

对于透射几何，既可以采用圆柱形的样品架也可以采用平坦的薄膜状样品架。最常见的圆柱形样品架就是玻璃毛细管（参见图2.16）。玻璃毛细管的常规内径尺寸包括：0.2 mm、0.3 mm、0.5 mm、0.7 mm、1.0 mm、1.5 mm和2.0 mm，不过也存在其他特殊的尺寸。对于一般实验室，由于样品的吸收和分辨率的下降，对于大多数粉末衍射测试是玻璃毛细管的直径越大则结果越差，但是对于采用平行光束的硬X射线的同步辐射设备则正好相反。玻璃毛细管样品架可以通过焰熔、涂油脂或者胶水粘封来防止样品掉落。由于玻璃毛细管很容易利用能提供液氮流的设备进行冷却，同时也可以在液氮低温槽中随意旋转，因此这类样品架是低温粉末衍射研究的理想工具。对于高温测试，考虑到碱金属或者硼硅玻璃的熔点相对较低，此时一般要改用石英玻璃毛细管。

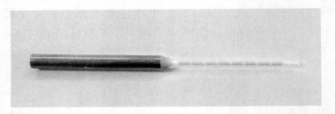

图2.16 直径为1 mm的细壁（厚为10 μm）硼硅玻璃毛细管的照片。玻璃毛细管利用熔化的石蜡凝固后粘接在一根黄铜托架上，从而可以夹紧在旋转器上。样品本来是白色的有机化合物，但是在强X射线照射下会变成黄色，因此，在连续收集数据的扫描间隔中需要移动样品来减少辐照损伤的影响，从而产生了图中的条纹外观

毛细管的不足之处有如下几个方面：① 玻璃管壁会产生X射线漫散射，仅仅10 μm左右的厚度就足以产生明显的背景；② 要装填与平板样品架等量的样品所需要的毛细管长度是相当可观的；③ 毛细管安放在衍射仪上时必须仔细确保毛细管的轴线与衍射仪的轴线重合；④ 对于高吸收的样品，需要使用细小的毛细管或者稀释样品，如果数据要用于晶体结构精修，还要进一步进行吸收校正。

既然有这么多的缺点，那为什么还需要使用毛细管呢？这是因为基于毛细管的几何设置具有一个巨大的优势，那就是虽然仍然存在择优取向，但是引起的问题却小了很多，例如水平旋转的毛细管中针状晶粒可以对齐排列进行测试。另外，毛细管也是用于对空气非常敏感的样品的便利工具，这是因为它们很容易被封闭，从而使得样品与外界空气隔绝。类似于毛细管用法的其他手段有细玻璃丝或者毛细管中不填样品，测试时在玻璃丝或者毛细管的表面涂上薄

薄的硅酮油脂，然后黏附上仔细研磨好的粉末，后一种手段特别适用于高吸收的样品。

利用透射型衍射几何测试粉末样品的一种替代方法是采用非常薄且平坦的样品，这可以通过将粉末撒在胶带上，或者将粉末夹在两层高聚物薄膜（一般厚度不大于 3 μm）之间。高聚物可以是聚酯（Mylar）或者聚酰亚胺（Kapton）等，各有各的优势，选择的依据就是根据具体的样品，在低背景与无峰背景之间取得平衡。

2.7.2　标准样品

粉末衍射的关键在于可以确定衍射仪获得的数据是可靠的，没有受到系统误差甚至其他不明误差的影响。如果采用已知标准样品预先检测过衍射仪，那么就可以显著提升这台设备所提供数据的可靠性。定期进行这种校准是一种良好的实验习惯，尤其是当重新安放或者装配设备时，校准更是不可或缺的。一般要求标准样品既可以相对快速地被测试，又能够给出有关设备校准、定位、分辨率、背景计数、光源光通量、来自样品周边设施的虚假背景（如果存在）等各方面的信息。甚至当负责这台设备的人员已经确认一切正常的时候，稍微花费几分钟扫描一个标准样品，也可以避免后面可能发生的好几个月的时间浪费。

适合于校准粉末衍射仪的材料应该具有高对称性，从而可以将所有衍射平面产生的峰强都集中到寥寥几个衍射峰上。由于衍射峰的强度反比于晶胞体积 V，因此晶胞体积 V 小较好。理想材料的晶胞中应当仅包含一种或者两种具有强散射因子的结晶原子，并且表征原子（或多个原子）热振动的 B 值应当尽可能小，从而高角度衍射峰的强度可以尽可能大。对于采用毛细管的几何设置，标准样品的吸收不能太高，否则除了会降低它们的测试强度，极端情况下还会影响粉末谱线的位置。另外，高质量、高结晶性并且晶粒尺寸可重现的大批样品也是一个必需的要求。显然，这类材料必须是在空气中稳定且尽量无毒的。

典型的标准样品包括粉末态的 Si、LaB_6、Ni、ZnO、TiO_2、CeO_2、Al_2O_3、Cr_2O_3 和 Y_2O_3。它们既可以用于 X 射线粉末衍射的校准，也可以用于中子粉末衍射的校准。上述所列的作为标准样品的各种材料由于它们的化学键是由高度电荷化的阳离子和阴离子构成的强键，因此都具有刚性点阵（rigid-lattice）的结构，需要指出的是，NaCl 等简单的化合物并不适合做标准样品，一方面是因为它容易吸潮，另一方面是 Na^+ 和 Cl^- 的电荷仅有一个单位，因此其热振动参数较大。面向各类应用领域的校准所需的标准材料可以联系美国国家标准与技术研究院（National Institute of Standards and Technology，NIST）

由于一种标准材料通常适用于某个特定因素的校准（例如波长校准）而不适用于其他校准（例如仪器分辨率测试），因此需要根据任务选择合适的标准材料。例如，表征衍射仪低角度方面的性能所用的标准材料最好是层状的，例如 NIST 提供的云母或者二十二酸银盐，后者的层间距达到 58.38 Å[11]。

2.7.3 数据收集

记录一张粉末衍射谱图之前，建议先了解一下自己所希望从中得到的信息，因为这是确定数据收集策略的基础。需要考虑的参数包括角度范围、步进大小、单步计数时间、统计质量、波长等。例如，物相鉴定一般仅要求一段包含样品最强衍射峰的 2θ 范围，而有意义的面向晶体结构的 Rietveld 精修则需要测试到很小的 d 值，从而获得高质量的数据。又例如采用不同计数时间的策略可以极大增加高角度位置数据的统计质量，从而补偿该角度范围内由于几何设置及 X 射线形状因子、热运动等造成的散射强度下降。此外，材料的微结构研究需要精确测定衍射峰的线形，这就意味着步长要精确，同时需要考虑收集合适标准样品的数据以及更高阶衍射的数据。还有，样品的吸收或者吸收边的使用也会影响所用波长的选择。总之，想要获得最佳的数据就需要考虑各方面因素，有时，成功与失败就取决于是否全面规划和深谋远虑，无用之功到头来只是白费时间和精力。

不过，就算做了最大的努力，认认真真收集到的数据仍然可能受到样品的系统误差的影响，例如择优取向、颗粒性、织构、非均一性、杂相、辐照损伤（特别是采用同步辐射的场合）以及未明确的对空气或者湿气的敏感性等。这时重新测试同一样品可以观察测试中样品是否发生了变化，而采用其他不同仪器几何设置的测试也可以解释其他一些现象。强烈建议在实验后对数据质量以及数据收集策略进行严格评估。有时，采用改进策略再次进行新的实验将是最佳的选择。

2.8 能量色散 X 射线粉末衍射

与固定波长 λ 并且变动散射角 2θ 来记录表征面间距 d 和强度值的 X 射线粉末衍射谱图不同，根据布拉格方程 $\lambda = 2d \sin \theta$，也可以采用固定散射角而改变波长的方法来获得衍射谱图。实际操作时，样品被一束白色辐射（一般取自同步辐射光源）照射，同时利用能量色散（energy-dispersive，ED）探测器来检测被样品散射的 X 射线的波长（参见图 2.17）。ED 探测器主要包括液氮制冷的半导体 Ge 单晶。被 Ge 单晶所吸收的 X 射线光子能量激发到导带的电子数目与这个能量值成正比关系，因此，通过分析晶体产生的电荷脉冲的大小就可以

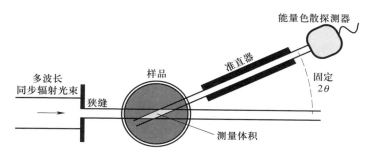

图 2.17　能量色散衍射(energy-dispersive diffraction，EDD)技术的框架示意图，其中能量分辨探测器固定在某个散射角度的位置，通过确认每个被检测到的光子的波长来明确相应的衍射点阵平面的面间距 d

明确被吸收光子的能量，从而利用多道分析器就可以获得以能量作为自变量的粉末衍射谱图(常用的能量范围是 10~150 keV，这要根据具体的光源来确定)。ED 探测器与扫描角度测试所用的线型 PSD 有很多相似之处。另外，虽然谱图以能量 E(keV)作为自变量，但是最终的谱图通常都基于 $1/d = 2E \sin \theta/12.398$ 转化为以倒易面间距 d 为自变量。

能量色散探测器的能量标度和探测器固定散射角 2θ 都需要校准。常规谱图测试所用的多通道分析器具有 4 096 个道道，其中通道序数 n 近似正比于所测 X 射线光子的能量 E。如果能量过高，两者的关系会变成非线性的。因此，实际采用二次表达式 $(E = a + bn + cn^2)$ 来反映 n 与 E 的关系。公式中的系数 a、b、c 可以通过某些已经明确确定能量值的光子所对应的通道序数来确定。所用光子可以是具有更高能量的 γ 辐照源，例如 ^{241}Am (59.541 2 keV)、^{57}Co (122.060 7 keV 和 136.473 6 keV)等。其中 ^{241}Am 辐照源也可以用于激发比它轻的元素制成的薄膜(例如 Mo、Ag、Ba 和 Tb)中波长已经精确确定的 Kα 和 Kβ 荧光谱线。这些荧光谱线的有关数据可以参考《国际晶体学表》(*International al Tables for Crystallography*)和其他资料。

探测器角度的选择将影响可记录的面间距 d 的范围。如果降低探测器角度，那么该探测器所能检测的面间距 d 的范围也同样降低，即所能测的衍射线数目下降。因此，ED 衍射实验中降低探测器角度的效果类似于在扫描角度的实验中增加波长的情形。要得到最佳分辨率的高强度谱峰，最感兴趣的面间距 d 的范围应当与入射光谱匹配，同时也要考虑样品吸收与荧光的影响。另外，也同样严重受限于探测器所处角度的选择——常用的 2θ 范围是 2°~6°。最好使用某个立方晶胞参数较大的样品，例如氧化钇($a = 10.603$ 9 Å)作为标准样品来精确校准探测器角度。值得提倡的另一种做法是采用数据集中的多个谱峰，基于公式 $\sin \theta = 12.398/(2Ed)$，通过最小二乘拟合来获得精确的 2θ 值。

对于能量色散粉末衍射，以能量值表征的峰宽取决于探测器的能量分辨率（≈2%）和固定 2θ 角的发散性，即 $\Delta 2\theta$。后者取决于样品后面光束的准直效果。显然，这种技术属于低分辨率的技术，适合于部件的几何设置是固定的并且采用可透过型 X 射线的场合，例如水热条件下化学反应的原位表征或者残余应变测试等。由于需要考虑如吸收因子、散射因子、入射 X 射线的线性以及探测器响应曲线等多种依赖于能量取值的影响因素，因此对这类粉末衍射谱图的强度进行精确建模是不容易的。

2.9 中子粉末衍射

2.9.1 中子的性质

James Chadwick 爵士在 1932 年发现了中子，不过 12 年前 Ernest Rutherford 就预言了它的存在。一个中子的质量 m_n 为 1.674 927 28(29) × 10^{-27} kg，在实验不确定的范围内可以认为电荷为零，具有 1/2 的自旋及其相应产生的磁矩为 -1.041 875 63(25) × 10^{-3} μ_B。利用德布罗意(de Broglie)公式 $\lambda = h/m_n v$（其中 h 为普朗克常数，v 为粒子的速度）可以得到，对于速度等于 2 200 m·s^{-1} 的中子，其波长为 1.8 Å，因此这类中子能够用于结构研究，同时也是介绍常见中子性质时所指代的中子类型。同理，根据该速度值可以知道这类中子的动能为 25.3 meV，与热振动能大致相当。

高质量粉末衍射测试中采用中子具有多个优势。中子散射主要来自于中子与原子核的强相互作用力，而且对于存在非零自旋的原子核，中子与核之间还有电磁相互作用，其大小取决于核的自旋状态。对于 ^{1}H（氢）而言，质子自旋向上(spin-up)的状态与自旋向下(spin-down)的状态之间在散射长度上差别较大，从而所得的非相干散射交叉截面非常大，以至于含氢材料的中子粉末衍射将产生一条很高的背景。因此，如果可能的话，一般都采用材料的氘代化合物形式进行中子粉末衍射测试。原子的相干散射能力以散射长度 b 来表示。由于原子核散射势的作用范围在 1 fm 的数量级，相对于中子的波长而言可以忽略不计，因此与 X 射线的形状因子 f 相反，可以认为 b 的大小不随散射角的变化而变化。

原子的散射能力随原子核结构的不同而不同，即使是同种元素，各同位素之间也会存在明显差异。因此，轻原子散射中子的能力与重原子的差不多，具体可参见图 2.18，而在 X 射线衍射谱图测试中，重原子的散射都是占据主要地位的。另外，由于中子不带电，因此可以轻易穿透大多数材料。需要注意的例外是包含如 Gd 和 Sm 等元素以及如 ^{6}Li 和 ^{10}B 等同位素的样品，这些原子核

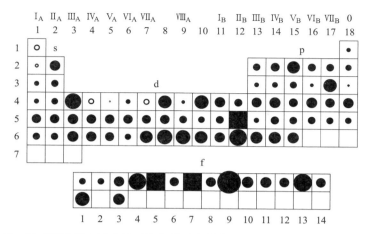

图 2.18 以元素周期表形式显示的各种元素的中子相干散射长度 b 与相干散射交叉截面 σ 的大小。其中实心黑圆的半径正比于 b，而面积正比于 σ，对于少数几个元素（例如 H），b 是负的，因此这些元素用空心圆表示。黑色正方形代表该元素的吸收交叉截面很大，这是因为中子波长与这些原子核的吸收边相近

可以吸收中子，然后发射出 γ 射线。总之，中子粉末衍射适用于大量的材料及其在复杂环境条件下的测试。用于中子衍射的样品架可以采用各种合适的不吸收中子的材料来制作，这就意味着 X 射线实验中的标准硼硅玻璃样品架并不适用，而二氧化硅（SiO_2）玻璃（即石英玻璃）则可以用于制作原位化学反应的容器。常规实验采用的样品架通常是钒箔做的，因为这种金属的相干散射交叉截面非常小，所以自身的衍射信号非常弱。

由于中子也有自旋性，因此具有能与样品中未成对电子相互作用的磁矩，可用于分析样品的磁结构。由于中子的波长与自旋密度的分布具有相似的长度数量级，因此中子的磁性散射正如 X 射线散射一样，其形状因子也是呈现下降趋势的。与同步 X 射线光源一样，中子衍射设施通常可以利用面向任何人的同行评议用户系统取得免费使用的机会。中子源的线站中一般装配有各种专用的测试环境，同时也由专业的线站人员协助进行各类实验与数据分析。

2.9.2 中子源

强中子源不是普通实验室可以承担的，目前，能产生强度足够用于粉末衍射的中子束的方法有两种，即核反应堆源和散裂源。这两种方法迥然不同，因此产生的中子束也具有不同的属性。虽然散裂源并不需要采用天然的裂变材料，但是这两种方法的实现都包含了裂变过程。下面就中子粉末衍射仪的设计

与功能方面分别讨论这两种方法的应用。

下面将重点介绍位于法国 Grenoble 的劳厄-郎之万研究所(Institute Laue-Langevin，ILL)的原子核反应堆。它可以提供世界上最高的连续中子通量用于科学研究。当然，这个反应堆及其附属中子设施的设计与运行所依据的原理具有很好的参考价值。该原子反应堆的核心部位采用几千克高浓缩^{235}U 发生裂变反应来产生强中子通量。这种核反应的副产物之一就是大量的热(在 ILL 的原子核反应堆产生的热量是 57 MW)，初级冷却剂采用大约 35 ℃的重水(D_2O)。重水自身又可以作为反射体，将中子集中到一小块空间中，然后采用某种慢化剂，将中子减速到与环境温度实现平衡。通过与重水的相互作用，中子的波长具有相应于重水温度的麦克斯韦分布(Maxwellian distribution)。这就导致所得"热(thermal)"中子的波长一般在 1~2 Å 的范围内。对于某些应用，中子相应于麦克斯韦分布最大值的波长可能需要适当的增大或者缩小①，这种"冷(cold)"或者"高热(hot)"的中子可以通过在重水中加入低温或者高温的慢化剂来实现。基于反应堆源的大多数中子粉末衍射仪采用热中子，虽然这些设施实际是建立在"冷"中子束与"高热"中子束的基础上的。

在散裂源中，通常采用加速到 1 GeV 的质子作为高能粒子轰击某种重金属靶，例如 Pb、W、Ta 或者 Hg 等，高能粒子的原子核会产生脉冲释放中子，即超热中子(epithermal neutron)。随后中子必须被减速才能用于粉末衍射实验，这可以通过中子与其路径上放置的慢化剂(例如液态甲烷或者重水)的碰撞来实现。这是一个交换能量从而趋于(局部)热平衡的过程。

对于这两种中子源，最后中子都是通过真空引导管从反应堆或者散裂靶站注入实验设施中的。这种引导管的截面为矩形，通过管壁对中子的全外反射来传输中子，一般采用高度光滑的镀镍平板玻璃制成。另外，管子一般稍有弯曲，从而避免衍射仪受到核反应时，伴随中子发射的并且只会直线前进的 γ 射线的干扰。

2.9.3　中子的探测

最常见的中子探测器是正比气体探测器。因为中子自身不带电，而且也不能被离子化，所以相对于 X 射线，其探测要更为困难。目前中子的探测是基于原子核吸收中子后会发射出 γ 光子的效应——通常称为(n，γ)反应。如果这类吸收剂除了吸收中子，还要求以气态的形式被激发，那么可选的种类并不多。目前最常用的是^{3}He，其所依据的反应如下：

$$^3He + {}^1n \longrightarrow {}^4He + \gamma$$

---

① 原文是"缩小或者增大"，可是中子能量越高则越"热"，因此其与下文叙述相反。——译者注

另一种合适的气体是 BF_3。这种气体利用 ^{10}B 同位素吸收中子后会释放出高能 α 粒子和 ^7Li 的效应

$$^{10}B + {}^1n \longrightarrow {}^7Li + \alpha$$

由于这种强吸收的硼同位素在正常硼中仅含有 20%，因此 BF_3 需要经过同位素的富集处理。^3He 气体探测器非常适合用于热中子探测，而对于长波长的中子，最好采用 BF_3。不过，由于这种气体的腐蚀性和毒性，即使是现在也用得很少。考虑到气体的俘获交叉截面并不大，因此，^3He 气体探测器的工作压强一般高于 1atm①，常见的是 5~10 bar②，储气管长为 10~15 cm，直径为 2~5 cm。

最近，具有位敏特性的单管（single-tube）^3He 探测器的研制取得了成功。位敏功能可以通过测量运动到线形阳极电阻两端的电荷来实现，电荷数越多则相应的电脉冲在电阻丝上传输的距离就越短。在 D2B（下文将介绍）的高分辨率角度扫描型粉末衍射仪中，这类设备可以在不损害设备分辨率的前提下增加立体角，而且既然可以明确每个被探测到的中子的轴向位置，那么就可以利用软件去除低角度处谱峰由于德拜-谢乐衍射锥的弯曲性而产生的峰形不对称。

中子 PSD 也是基于 ^3He 气体的——虽然其内部也装有猝灭气体，例如氙（Xe）和甲烷（CH_4）的混合气。刚开始出现的 PSD 由垂直阳极线构成一个阵列，其间距固定，并且具体数值可根据实用的角度间距进行确定，例如 0.1°。这些 PSD 内含的阳极阵列既可以是一维的，也可以是二维的，其体积都非常大，并且可以覆盖很大的立体角。最近已经开发出了微条纹技术，用于取代传统的线形阳极，从而提高设备的空间分辨率。

采用 ^6Li 或者 Gd 等元素作为吸收原子的闪烁体探测器也正投入应用。采用 Gd 元素的时候，可以组合使用氧化物 Gd_2O_3 和硫化物 Gd_2S_3 来直接将初级 γ 射线光子转化为紫外-可见光子，而后者可以采用常规光电倍增管进行计数。相对于气体探测器，由于吸收材料的密度更高，因此探测中子的闪烁探测器可以做得小巧紧凑，从而在某些应用上具有优势。闪烁探测器的缺陷在于如果样品自身由于 (n, γ) 反应而发射出样品荧光，那么这些荧光也将被探测器收集并作为"数据"使用。

中子探测存在的问题是来自中子源的以及由于中子与单色器或者样品相互作用而产生的 γ 射线造成的背景。这就意味着电控探测器应当能够鉴别这些 γ 射线的能量，从而仅对在探测器中才产生的 γ 光子进行计数。此外，探测器必须屏蔽掉位于衍射仪周围的普通中子云。相关遮罩可以做得很薄，例如几厘米厚的聚乙烯就可以慢化各种快中子，然后采用掺杂 B_4C 的塑料或者橡胶吸

---

① 1atm = 101.325 kPa，下同。

② 1bar = 0.1 MPa，下同。

收掉这些背景中子。

2.9.4　单色化技术

采用单色化中子束的中子粉末衍射仪通常都位于可以稳态输出中子流的反应堆所在的地方，但是瑞士保罗谢勒研究所（Paul Scherrer Institute，PSI）的瑞士散裂中子源 SINQ 是个例外，虽然也采用单色中子束，但是它属于连续的散裂源。与同步辐射 X 射线的情形类似，特定波长的中子束可以通过某种单晶单色器从多色光束中择取出来，然后用于测试以角度作为自变量的衍射谱图。

鉴于中子束的大尺寸，用于中子束的单色器将是非常大的单晶块，其体积可以达到 10^5 mm^3。常用的材料有 Cu、Be、C（热解石墨）、Ge 和 Si。不过，考虑到中子束的强度相当低，因此，完美的 Ge 和 Si 单晶由于带通（$\Delta\lambda/\lambda$）太小而难以实用。为了提高中子的传输强度，就需要增大单晶内部晶畴的镶嵌度，从而能够反射更大波长范围的中子。实现这种目的的方法之一就是挤压晶体来扩展这种镶嵌性（mosaicity）。然而实际操作中，这种方法将产生晶体的不均匀性甚至破坏晶体，最终得到的是单色效果差的中子束。更新的进展是采用细薄的 Ge 单晶片并且将它们近于完美地排列胶合在一起，从而模拟镶嵌小单晶畴可达到的效果。

由于中子束不存在偏振化的问题（这与同步辐射 X 射线不同），同时考虑到中子相关部件结构笨重，显然，中子衍射仪需要采取水平面操作方式，并且只需要一个单反射（single-bounce）的单色器即可。衍射仪通常被固定在地板上，这个位置也就定义了单色器的仰角（take-off angle）$2\theta_m$。通过绕单色器的垂直轴线转动单色器晶体就可以选择某个波长的中子束，只要一组选定的点阵平面正确排列，就可以驱使特定波长的中子束沿着衍射仪轴线方向前进。既然一块单晶中，点阵平面间距的取值是确定的，这就意味着不管光源给出的中子束能量分布如何宽广，也只能择取出一些特定的波长。有些中子衍射仪具有空气衬垫，这样可以使衬垫上的整台衍射仪围绕单色器的轴线旋转，从而 $2\theta_m$ 就可以有更多的取值，这也使得入射光束波长（及分辨率）的选择更多。位于 ILL 的高分辨率衍射仪 D1A 和 D2B[7] 所用的 Ge 晶体单色器按（110）面的法线平行于该单色器的垂直旋转轴的方式来切割，因此，可以利用（hhl）类型的点阵平面来单色化入射的中子辐射。基于 Ge 晶体的对称性和结构，具有非零结构因子的（hhl）衍射是 h 与 l 同奇或者同偶，而且同为偶数时要求 $2h + l = 4n$。另外，考虑到 h 为奇数的衍射不会反射不需要的谐波波长 $\lambda/2$ [因为对于衍射（$2h\ 2h\ 2l$），$4h + 2l \neq 4n$]，因此，典型可用的点阵面就是（111）、（113）、（115）、（335）等。

另外，也可以将单色器晶体切割成非对称性的，从而实现中子束在水平面上的聚焦，这就可以适当提高照射到样品上的中子通量。如果弯曲整块单色器也可以实现垂直方向上的聚焦，其常用的实现方式是将好几块单晶组合起来（参见图 2.19）。垂直聚焦的一个不足就是轴向发散将增加，进而导致低 2θ 角度范围的峰形更加不对称。但是，这种改进能够显著提高强度。中子的通量一般不大，或者说相关实验通常要考虑束流强度的限制。

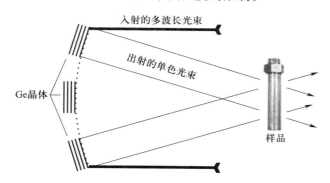

图 2.19　弯曲排列的单色器晶体组合实现垂直聚焦的框架示意图

　　实际设备中的单色器可以和滤光片联合使用。虽然单色器的目标是选择某个具有特定波长 λ 的波，但是它也可以将波长更短的谐波一并择取出来，例如 $\lambda/2$、$\lambda/3$ 等，因为这些谐波的角度要求与该特定波长 λ 的角度要求是一样的。如果入射中子束在这些更短波长上具有更强的通量，那么这些无用波长的中子数量就相当可观了。一般可以采用液氮制冷的热解石墨或者铍等材料作为中子滤光片来去除这些不需要的短波中子。通过滤光片，这些更短波长的中子将从主束流中衍射出去，然后由中子吸收材料清除掉。滤光片的面间距 d 要求满足 $\lambda/(2d_{\text{filter}}) > 1$ 的比值关系，从而使得所需波长的中子可以直接通过滤光片，不会受到布拉格衍射的影响。

　　图 2.20 是位于 ILL 的高分辨率中子粉末衍射仪 D2B 的平面布局。"高分辨率"在这里的意思是根据设备的分辨率函数，在高散射角位置可以得到狭窄的谱峰。这是通过单色器的大仰角来实现的，对于这台设备，仰角值是 $135°$。当 $2\theta \approx 2\theta_{\text{m}}$ 时，入射中子束、单色化中子束和衍射中子束构成了"Z"形分布，相应产生的聚焦效应使仪器分辨率函数取得最小值（参见图 2.21）。

　　单色器的衍射角也要足够大，这样才能确保入射束具有小的波长分散 $\Delta\lambda$，以便获得窄小的衍射峰宽。为了实现高分辨率，这台设备还需要能精确收集到正处于对应布拉格角位置上的中子。这可以通过在每个探测器前方装上 Söller 准直器来限定所探测中子的传输路径来实现。最后，考虑到中子源能提供的通量相当低，因此，需要平行联用好多个探测器才能显著提高设备的测试效率，例如，D2B 中就拥有 64 个探测器，各自错开 $2.5°$，从而以每步 $2.5°$ 的速度记

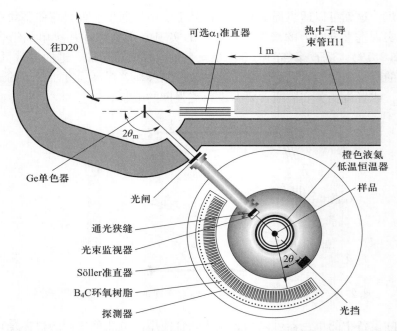

往D20

可选α₁准直器

热中子导束管H11

1 m

2θ_m

Ge单色器

光闸

橙色液氦
低温恒温器

样品

通光狭缝

光束监视器

Söller准直器

B₄C环氧树脂

探测器

2θ

光挡

图 2.20　位于 Grenoble 的 ILL 中的高分辨率粉末衍射仪 D2B(详见参考文献[7])的框架示意图

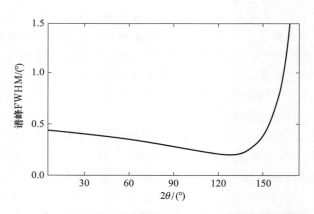

图 2.21　高分辨率粉末衍射仪的典型分辨率函数曲线

录谱图直到 160°。

如果需要快速计数，那就需要改用覆盖大散射角范围的 PSD 作为扫描探测器系统，典型的例子可以参考位于 ILL 的 D20 装置[8,9]。该设备采用的微条纹探测器包含 1 536 条通道，每条通道的宽度是 0.1°。为了最优化落在样品上的中子通量，这台设备采用了具有高镶嵌度的热解石墨作为单色器晶体，同时利用 42° 的低仰角来增大 $\Delta\lambda/\lambda$。基于石墨的 (002) 衍射可以获得波长为 2.4 Å 的中子束。与 X 射线实验中存在严重的长波 X 射线吸收的情况相反，中子实验中长波是理想的辐射。因为此时不仅中子不容易被吸收，而且谱图的峰背比将大幅度增大，这是因为探测到的衍射强度为 λ^3 的函数，随着波长的增大而增加。另外，这种单晶体的 (004) 衍射所产生的波长为 $\lambda/2$ 的谐波污染可以利用放置在单色器和样品之间的石墨滤光片清除掉。

2.9.5 飞行时间技术

飞行时间 (time-of-flight，TOF) 技术适用于脉冲中子源提供的多色中子束。这种技术基于这样一个事实，即根据德布罗意关系式，中子的波长反比于它的速度，这就意味着长波中子要慢于短波中子，因而由中子源运动到探测器就需要更多的时间。因此，通过记录某一特定脉冲中的每个中子到达探测器的时间就可以得到它的波长，然后根据如下的表达式可以进一步获得相应的衍射面面间距 d：

$$\lambda = \frac{h}{m_n v} = \frac{ht}{m_n L} = 2d \sin \theta \qquad (2.2)$$

其中 t 为飞行时间；L 为飞行路径的长度。TOF 设备不需要移动探测器，因此适用于复杂的测试环境，例如装有固定的中子入射与出射两个窗口的高压腔等。采用探测器组 (detector bank) 来覆盖样品周围的大部分空间也是这类设备的一种常见措施。

脉冲中子源通常是散裂源 (例如英国的 ISIS，日本的 KENS 以及美国的 IPNS、LANCE 和 SNS)，其中被加速的质子浓缩聚集成一束并且重复撞击靶材，其频率高达 60 Hz。不过，值得一提的是，俄罗斯的 Dubna 建有一座频率为 5 Hz 的脉冲反应堆，虽然提供的是稳态的中子束，但是通过斩波器，它也获得了脉冲中子束。

类似于扫描角度的中子粉末衍射仪，TOF 粉末衍射仪的设计也可以分别根据高分辨率、高强度或者两者之间的某种折中来进行优化。因此，明确影响分辨率的各种因素相当重要。其中面间距 d 的相对不确定性 $\delta d/d$ 由下面的公式决定：

$$\left(\frac{\delta d}{d}\right)^2 = \left(\frac{\delta t}{t}\right)^2 + \left(\frac{\delta L}{L}\right)^2 + (\cot \theta \delta \theta)^2 \qquad (2.3)$$

其中 δt、δL 和 $\delta \theta$ 分别是飞行时间、飞行路径长度和散射角的不确定度。

从上述的公式可以知道要获得高面间距 d 分辨率可以采用如下的办法：① 延长飞行路径 L，这也同时增加了 TOF，即 t；② 将探测器定位在高散射角 2θ 位置。虽然散射角的不确定度取决于样品的尺寸和探测器的孔径，并且随着第二飞行路径的长度，即样品到探测器的距离的增加而降低。但是，如果增加第二飞行路径的长度，就会降低探测器的立体角（假定探测器的数目固定不变），因此，实际使用中第二飞行路径的长度一般在 1~2 m 的范围内。相反地，初级飞行路径长度，即从脉冲源到样品的距离则可以适当长一些。引起路径长度的不确定性的因素之一就是中子探测器的厚度，因此，对于分辨率很高的设备，通常优先考虑薄型闪烁计数器而不是更宽厚的充填气体的探测器。TOF 的不确定度主要受限于初始脉冲的持续时间，当中子束通过慢化剂时，该脉冲宽度将会增大，因此，慢化剂的厚度必须在调整中子脉冲的波长分布和维持其时间结构之间进行协调。

位于 ISIS 的高分辨率粉末衍射仪（high-resolution powder diffractometer, HRPD）[10] 具有很长的飞行路径，距离放置于低角度（90°）和背散射位置的探测器大约 100 m（参见图 2.22）。这台设备有两个放样品的位置，不过实际优先采用的是样品-探测器间距较短的位置，从而确保处于高角度位置的探测器具有更大的立体角。背散射探测器给出的数据具有最高的分辨率，这是因为此时分辨率函数中 $\cot\theta$ 接近于零。ISIS 源具有 50 Hz 的重复速度以及初级飞行路径上的斩波器可以用来防止帧重叠（frame overlap）现象的发生，即避免后一脉冲的高速中子超越前一脉冲的慢速中子而抢先到达探测器。

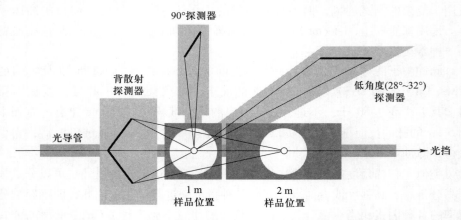

图 2.22　位于 ISIS 的 HRPD TOF 衍射仪[10] 的构造示意图。位于 $160° < 2\theta < 176°$（背散射模式）和 80°~100° 的探测器组是基于 ZnS 闪烁体的探测器。而低角度 28°~32° 处的探测器组采用直径为 12 mm 的 ^{3}He 气体管，压强为 10 bar。这三组探测器的分辨率 $\Delta d/d$ 分别近似为 4×10^{-4}、2×10^{-3} 和 2×10^{-2}

不同的探测器组可以检测不同的面间距 d 的范围，因此，如果所用的波长范围已经确定，例如 0.5~4 Å，那么位于 160° 的探测器组可以检测的范围是 0.254~2.031 Å，而处于 90° 的探测器组可以一次记录面间距 d 高达 2.83 Å 的所有谱峰，更进一步地，位于 30°的探测器组所测范围可达 7.7 Å。因此，可以用低角度处的探测器来测试更大的面间距 d 的范围。在这部分范围内，如果谱峰的强度较弱，那么对谱峰分辨率的要求不能过高。

类似于 X 射线能量色散测试所得的结果是相应于能量的计数，TOF 设备记录的数据一般是相应于各个 TOF（或者面间距 d）的计数值（参见图 2.23）。如果采用单色化的中子辐射，那么通常得到的计数值是以角度为自变量的。对比单色化和 TOF 两种中子粉末衍射技术的结果，两者各有千秋。对于 TOF，多色中子源的大部分中子都投入了应用，就获取一张高分辨率谱图来说，所有的探测器通道都可以同时动作，而不是仅仅扫描某个探测器组。不过，相应的是谱峰线形更加难于建模（因为它们是每一中子脉冲时间结构的体现，而这种时间结构会受到中子通过单色器时达到局部热平衡态所需时间的影响），而且衍射强度建模需要考虑各种与能量有关的因素，例如中子源详细的强度分布信息和来自样品的吸收效应等。反之，如果采用单色化技术，通常不仅更容易测得面间距大的衍射，而且峰形与衍射强度的建模也更为容易。

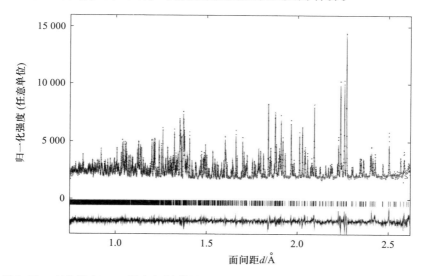

图 2.23　高分辨率 TOF 粉末衍射谱图。需要说明的是，较小面间距 d 的范围及其分辨率是相当不错的；但是图中并没有大面间距的数据。这就意味着高质量的结构参数，尤其是需要通过大范围面间距的数据来精确定值的各向异性位移参数等可以从这类数据集中得到，相反地，晶胞指标化则可能存在困难，除非进一步采用来自低角度探测器组的更低分辨率的数据

参考文献

1. R. W. Cheary and A. Coelho, *J. Appl. Cryst.* , 1992, **25**, 109.
2. R. W. Cheary, A. A. Coelho and J. P. Cline, *J. Res. Natl. Inst. Stand. Technol.* , 2004, **109**, 1.
3. M. Deutsch, E. Förster, G. Hölzer, J. Härtwig, K. Hämäläinen, C. -C. Kao, D. Huotari and R. Diamant, *J. Res. Natl. Inst. Stand. Technol.* , 2004, **109**, 75.
4. A. N. Fitch, *J. Res. Natl. Inst. Stand. Technol.* , 2004, **109**, 133.
5. F. Gozzo, B. Schmitt, Th. Bortolamedi, C. Giannini, A. Guagliardi, M. Lange, D. Meister, D. Madena, P. Willmott and B. D. Patterson, *J. Alloys Compd.* , 2004, **362**, 206.
6. R. F. Garrett, D. J. Cookson, G. J. Foran, T. M. Sabine, B. J. Kennedy and S. W. Wilkins, *Rev. Sci. Instrum.* , 1995, **66**, 1351.
7. E. Suard and A. W. Hewat, *Neutron News*, 2001, **12**, 30.
8. P. Convert, T. Hansen, A. Oed and J. Torregrossa, *Physica B* (*Amsterdam*), 1998, **241-243**, 195.
9. P. Convert, T. Hansen and J. Torregrossa, *Mater. Sci. Forum*, 2000, **321-324**, 314.
10. R. M. Ibberson, W. I. F. David and K. S. Knight, 1992, report RAL-92-031, http://www. isis. rl. ac. uk/Crystallography/HRPD/index. htm
11. T. C. Huang, H. Toraya, T. N. Blanton and Y. Wu, *J. Appl. Cryst.* , 1993, **26**, 180.

第3章

布拉格衍射强度

R. B. Von Dreele[a] 和 *J. Rodriguez-Carvajal*[b]

[a] Intense Pulsed Neutron Source/Advanced Photon Source,
Argonne National Laboratory, Argonne, IL, USA;
[b] Institut Laue-Langevin, Grenoble, France

3.1 引言

　　直观上看，粉末衍射谱图就是在一条平缓变动背景上的一系列谱峰（布拉格衍射）或者是位于二维面探测器上的由围绕公共中心的一组圆环构成的图像（参见图 3.1）。当 X 射线或者中子被包含许多小晶粒的多晶样品散射后，记录这些散射强度就可以获得上述的谱图。

　　本章要讨论的是这些谱峰的强度问题，至于谱图的其他内容以及测试这些谱图的实验步骤，则可以参考本书的其他章节。

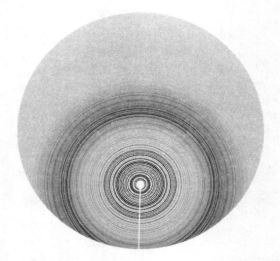

图 3.1　鸡蛋清溶菌酶(hen egg white lysozyme，HEWL)的二维 X 射线粉末衍射谱图。该样品结晶于 1.25 mol·L^{-1} 的 NaCl 溶液中，其 pH 值为 4.0 且加有 0.05 mol·L^{-1} 的邻苯二甲酸盐作为缓冲剂。这个衍射实验在美国阿贡国家实验室(Argonne National Laboratory)先进光子源(Advanced Photon Source)的 1 - BM 线站完成，测试条件是 20 keV，30 s 成像板曝光

3.2　单原子散射理论

3.2.1　X 射线散射

　　X 射线或者中子被材料散射是它们与构成此种物质的原子之间相互作用的结果。对于 X 射线来说，散射过程发生于光子和环绕原子核的电子之间相互作用的过程中。根据经典理论[1,2]，光子的电波被某个电子散射后可以分成两部分：垂直方向上固定大小的散射波和水平方向上随角度变化而变化的散射波。因此，某一距离 R 处的散射强度是部分极化的，其强度值可以通过如下的表达式进行计算：

$$\frac{I}{I_0} = \left(\frac{\mu_0}{4\pi}\right)^2 \frac{e^4}{m_e^2}\left(\frac{1 + \cos^2 2\Theta}{2}\right)\frac{1}{R^2} = \sigma_e\left(\frac{1 + \cos^2 2\Theta}{2}\right)\frac{1}{R^2} \qquad (3.1)$$

这就是所谓的 Thompson 散射公式。包含常数 μ_0、e 和 m_e 的因子 $\sigma_e = 7.94 \times 10^{-26}$ cm^2，为经典电子散射交叉截面。由于散射波没有能量变动，因此与入射波的相角关系是固定的，这就意味着这种散射是相干的。在散射角 $2\Theta = 90°$ 处，极化率达到 100%，此时的电子波仅有垂直于散射平面的分量。

　　上述这种经典电磁波理论忽略了当 X 射线光子和电子碰撞时必须满足能

量和动量守恒的前提。应用这些规则就意味着 X 射线光子在碰撞中有能量损失，而且其数值与散射角度有关，这被称为康普顿散射[2]。这时，由于入射 X 射线和散射 X 射线的能量不同，因此其相角联系就不存在，从而得到的是非相干散射过程。虽然孤立的电子只能出现康普顿散射，但是通常所感兴趣的固体材料中的电子都与原子核结合而聚集在一起，因此并不是自由电子，从而 X 射线的相干散射和非相干散射都可能在这些电子上发生。当电子仍然维持和原子核的结合时，X 射线能量不会有变化，得到的是相干散射；反之，当电子被击离原子原有位置时，该电子的能量增加，相应的 X 射线的能量就要减小，这就发生了非相干散射。Thompson 公式给出的是全散射（相干 + 非相干），其中相干部分的散射产生了布拉格散射，而非相干部分则产生了粉末测试所得谱图的背景。

基于量子力学理论，孤立原子核周围的电子分布可以表示为电子密度函数 $\rho(r)$。这个函数的峰值位于原子核位置，并且随离开原子核距离的增大而平滑下降[2]。环绕原子核这个中心的每个体积元 dv 的电子都可以散射 X 射线，其中被相干散射的 X 射线将与来自这个原子附近其他体积元的同样是被相干散射的 X 射线进行干涉，其结果取决于散射角。根据第 1 章的介绍可知，由相距 r 的两个体积元发出的平行于矢量 S 的散射波要发生干涉，只需它们之间的相移 φ 满足如下公式：

$$\varphi = \frac{2\pi}{\lambda} r \cdot (S - S_0) = 2\pi(r \cdot s) \tag{3.2}①$$

其中入射波平行于 S_0。由于 r 是定义在正空间（real space）②坐标系的一个矢量，那么满足量纲要求的 s 就要利用倒易空间中的坐标系来定义。因此，对来自环绕原子中心的所有可能的正空间矢量的干涉进行积分就可以得到环绕一个原子的电子产生的相干散射

$$f(s) = \int_{-\infty}^{\infty} \rho(r) e^{2\pi i(r \cdot s)} dr = f(s) \tag{3.3}$$

这就是 $\rho(r)$ 的傅里叶变换，也就是通常所说的原子散射因子或者形状因子（form factor）③。孤立原子周围的电子分布可以看作球形对称的，此时，$f(s)$ 仅取决于 s 的振幅（$s = \sin\theta/\lambda$），各种原子相应的取值可以参照已有表格[3]，而

---

① 公式（3.2）中的 S、S_0 和 s 分别是第 1 章公式（1.19）中的 s、s_0 和 h_0。——译者注

② 这个空间是真实的物理空间，即实空间，而倒易空间则是假想的数学空间。在一般翻译中，为了与"倒易空间"相对，而翻译成"正空间"，这是为了体现"正"与"倒"的关系。——译者注

③ 有的中文书翻译成"形成因子"，其实是望文生义。从公式就可以看出其数值与电子云分布形状有关，例如下文就采用球形作为仅满足晶体学要求的精确度的一种近似简化处理方法。——译者注

且在晶体学计算所要求的精确度内，这些数值也可以采用如下四个指数项之和进行有效近似：

$$f(s) = c_0 + \sum_{i=1}^{4} a_i \mathrm{e}^{(-b_i s^2)} \tag{3.4}$$

由于电子密度函数的峰值位于原子核位置并且随离开原子核距离的增加而平滑下降，单调递减到零，因此相应的傅里叶变换 $f(s)$ 的峰值位于 $s=0$（正向散射角）处，并且随 s 的增加而平滑下降，单调递减到零（背向散射角），从而最大值 $f(0)$ 就是原子序数 Z 经过价电荷校正后的结果

$$f(0) = c_0 + \sum_{i=1}^{4} a_i = Z(\pm \text{valence}) \tag{3.5}$$

需要指出的是，$f(s)$ 随 s 的下降也是 X 射线粉末衍射谱图在通常情况下会表现出最强峰位于小散射角范围（即小 s 值范围）以及随着散射角度的增加（即随着 s 的增加），谱图中的谱峰强度会迅速降低的主要原因。

由于价电子分布于外层原子轨道，因此这些电子在原子核周围空间中的弥散体积通常要大于内部的或者是芯层电子的。因此，这些电子对原子散射因子的贡献主要体现在 $s=0$ 近邻的小区间内，并且散射因子是采用中性原子还是荷电原子，其所得结果的差别也仅仅体现在该散射所包含的、位于最小角度值的部分。同样地，由于原子轨道杂化（例如碳原子或者硅原子的 sp³ 杂化）而形成的非球形电子分布也占据宽广的体积，从而这种非球形畸变对原子散射因子的影响也仅仅在 s 值很小的时候才比较显著。

当 X 射线的能量接近于原子内某些电子的结合能，那么散射过程就会受到光子被吸收及随后的电子发射的影响。在每个电子结合能附近，X 射线吸收曲线随着光子能量的增加都会出现急剧地上升（称为吸收边），其对于相干散射的主要影响就是通过共振效应使得入射波和散射波之间产生一个相移。这个相移导致原子散射因子出现一个虚数分量并且同时改变了实数部分的大小

$$f(s) = f_0(s) + f' + \mathrm{i}f'' \tag{3.6}$$

其中 $f_0(s)$ 就是公式(3.3)给出的原子散射因子。由于这种效应主要受到内壳层电子（对于轻元素就是 K 层，而对于更重的元素则是 L 层）吸收的影响，而这些电子的分布被限制在原子核附近，因此这些反常或者共振(resonance)散射因子与 s 无关，而是主要取决于波长 λ。常规使用的实验室光源所得的特征 X 射线波长相应的 f' 和 f'' 的数值已经编制成可供查阅的表格[3]，而同步辐射源经常使用的波长范围也可以利用软件[4]进行计算。如果 X 射线的能量与吸收边相差好几 eV，那么这些数值是相当准确的，但是当 X 射线能量非常靠近吸收边时，它们将严重偏离真实值——因为价态和化学键会引起吸收边位置的移动和形状的改变。

根据上述讨论，非相干散射就可以通过 Thompson 公式求得相应的差值来表示

$$\frac{I_{\text{incoh}}}{I_0} = \sigma_{\text{e}} \left(\frac{1 + \cos^2 2\Theta}{2} \right) \frac{1}{R^2} [1 - f^2(s)] \tag{3.7}$$

其中，由原子散射因子与其复数共轭项的乘积可以得到

$$f^2(s) = f(s)f^*(s) = [f_0(s) + f']^2 + f''^2 \tag{3.8}$$

从公式可以看出，非相干散射不仅存在极化，而且随着散射角的增大而增大，这就意味着随着角度的增大，其对背景散射的贡献也增大。另外，当光子能量高于相应的 K 层或者 L 层电子结合能时，电子将被激发，其留下的空轨道会被立即填充，相应地发生新光子的发射。这种 X 射线荧光是各向同性的，也是背景散射的组成部分。

3.2.2 中子散射

根据波动力学理论[5]，运动的中子的波长由德布罗意公式给定

$$\lambda = \frac{h}{m_{\text{n}} v} \tag{3.9}$$

基于给定的各个常数数值(h 为普朗克常数，m_{n} 为中子质量)，对于以 2 200 m·s^{-1} 的速度运动的中子，其波长 $\lambda = 1.798$ Å。这个数值与原子间距范围甚至晶体结构分析常用的 X 射线波长的大小相当。另外，具有这一速度的中子的动能($E = 25.3$ meV)也与典型分子和点阵的振动能级跃迁相当。下面给出了中子的波长、波矢、速度、能量与温度之间的换算关系：

$$\lambda(\text{Å}) = 2\pi \frac{1}{k(\text{Å}^{-1})} = 3.956 \frac{1}{v(\text{km} \cdot \text{s}^{-1})} = 9.045 \frac{1}{\sqrt{E(\text{meV})}} = \frac{1}{\sqrt{T(K)}}$$

$$\tag{3.10}$$

$$E = 0.086\,17T = 5.227v^2 = 81.81 \frac{1}{\lambda^2} = 2.072k^2$$

由于中子不带电却有磁矩(自旋值为 ±1/2)，因此当中子靠近原子核时会由于核力或者磁矩的自旋–自旋相互作用而被散射，后者的作用对象既可以是原子核的磁矩，也可以是磁性原子或离子中未成对电子的磁矩。虽然中子束也可以被定向排列或者自旋极化，但是相比于 X 射线的结果，中子散射是不存在极化的。另外，由于核力作用的范围可能小于中子波长的 $10^{-5} \sim 10^{-4}$，因此核散射是一种点式散射。对于任一给定的元素，其实际中子散射因子或者散射长度 b 与 s 无关，因此，全中子散射交叉截面 σ_{Tot} 的计算表达式为

$$\sigma_{\text{Tot}} = 4\pi \overline{b^2} \tag{3.11}$$

原子散射长度 b 的实际数值依赖于中子 – 原子核相互作用的性质，根据现有原子核理论知识仍然无法计算出足够精确的数值。另外，这个散射长度还与该个

体原子核的核自旋态及其同位素的不同散射能力,甚至同位素在样品中的丰度(通常使用天然丰度)有关。某一元素所有个体原子的散射长度叠加后既可以发生相干散射,也可以发生非相干散射,具体取决于入射中子和散射中子的相角关系的变化。与 X 射线的情形类似,可以得到

$$\sigma_{\text{Tot}} = \sigma_{\text{coh}} + \sigma_{\text{incoh}} \tag{3.12}$$

其中

$$\sigma_{\text{coh}} = 4\pi \, \bar{b}^2 \tag{3.13}$$

并且

$$\sigma_{\text{incoh}} = 4\pi(\overline{b^2} - \bar{b}^2) \tag{3.14}$$

需要指出的是,式中一项为平方的平均值,而另一项则为平均值的平方。由于理论上给出的中子交叉截面和散射长度的实际数值过于复杂,因此这些数值必须先通过实验确定,然后编制成表以供查阅。随着测试技术的改进,这些数值的精度当然也在提高。写本章时的最新数值参见参考文献[6]。用于表征交叉截面的单位是 barn(1 barn = 10^{-24} cm^2),而散射长度的常用单位是 10^{-12} cm 或者 10^{-15} m(1 fm = 10^{-15} m)。与 X 射线散射因子随原子序数增加而单调递增的情况不同,中子散射长度随原子序数的变化是没有规律的,而且不同同位素之间也有明显的差别,因此,元素周期表上相邻元素的中子散射长度存在非常大的差别,这就有利于它们彼此之间的区分。b 的取值范围为 $-3.7 \sim 12.1$ fm,所对应的散射交叉截面的大小大致与相应的 X 射线散射交叉截面处于同一数量级。不过,对于大原子序数的元素,由于电子数目多,因此 X 射线散射交叉截面就要比相应的中子散射交叉截面大得多,尤其是当 s 值小的时候。

3.3　晶体点阵的散射

晶体中原子的排列可以十分贴切地描述为三维点阵中某种基元或者原子构成的晶胞的无限重复。晶胞中的原子排列以一系列或者一组对称操作来反映其固有的重复特征,后者一定属于 230 个待选的空间群之一[7]。一般情况下,晶胞的尺寸(边长为 2~100$^+$ Å)是足够小的,因此对于边长大约为 1 μm 或者更长的晶体来说,这种无限点阵的近似是成立的,从而可以将散射密度(产生 X 射线散射的电子或者中子散射长度)表示为傅里叶级数

$$\rho(\boldsymbol{r}) = \frac{1}{V_c} \sum_{\boldsymbol{h}} F_{\boldsymbol{h}} \mathrm{e}^{-2\pi \mathrm{i}(\boldsymbol{h} \cdot \boldsymbol{r})} \tag{3.15}$$

其中 V_c 就是晶胞体积;傅里叶系数 $F_{\boldsymbol{h}}$ 称为结构因子,通常是复数。正如矢量 $\boldsymbol{r}$

可以在晶体晶胞规定的正空间中任意取值，矢量 $\boldsymbol{h}$ 也覆盖了以 Å^{-1} 为单位的倒易空间坐标系，相应的 F_h 的取值也遍布这个空间。无限点阵的近似决定了 F_h 是这个倒易空间中的 δ 函数，并且其位置落在以倒易点阵参数按整数比例构成的倒易点阵阵列上。正如第 1 章所讨论的，如果晶体点阵的平移矢量定义为 $\boldsymbol{a}$、$\boldsymbol{b}$、$\boldsymbol{c}$，那么倒易点阵平移矢量就是 $\boldsymbol{a}^*$、$\boldsymbol{b}^*$、$\boldsymbol{c}^*$，其中 $\boldsymbol{a}^*$ 垂直于 $\boldsymbol{b}-\boldsymbol{c}$ 平面，$\boldsymbol{b}^*$ 垂直于 $\boldsymbol{a}-\boldsymbol{c}$ 平面且 $\boldsymbol{c}^*$ 垂直于 $\boldsymbol{a}-\boldsymbol{b}$ 平面。另外，倒易点阵平移矢量的大小满足

$$\boldsymbol{a}^* \cdot \boldsymbol{a} = \boldsymbol{b}^* \cdot \boldsymbol{b} = \boldsymbol{c}^* \cdot \boldsymbol{c} = 1 \qquad (3.16)$$

从中可以看出，沿 $\boldsymbol{a}$ 轴的相邻晶胞的 $\boldsymbol{b}-\boldsymbol{c}$ 面之间的垂直距离就是 $|\boldsymbol{a}^*|$ 的倒数。对于这组平行堆积的 $\boldsymbol{b}-\boldsymbol{c}$ 面，可以用它们各自在正空间 $\boldsymbol{a}$、$\boldsymbol{b}$ 和 $\boldsymbol{c}$ 三轴的截距（$\boldsymbol{a}/1$、$\boldsymbol{b}/0$、$\boldsymbol{c}/0$）来表示，或者简化为（100）。同理，别的堆积平面也可以通过给定的倒易整数截距（$\boldsymbol{a}/h$、$\boldsymbol{b}/k$、$\boldsymbol{c}/l$）进行构建，并且明确表示为（hkl）。这就是有关这种堆积平面的 Miller 指数，它们对应于倒易空间中的一个阵点，该阵点与矢量 $\boldsymbol{h}$ 对应，而后者则关联了一个由公式（3.15）确定的结构因子 F_h。基于倒易空间和正空间之间的联系，这个矢量 $\boldsymbol{h}$ 必然垂直于与它相应的一组堆积平面，并且其大小的倒数就是平面间距，也就是这组平面的面间距 d。

公式（3.15）的傅里叶变换表示如下：

$$F(\boldsymbol{h}) = \int_V \rho(\boldsymbol{r}) \mathrm{e}^{2\pi\mathrm{i}(\boldsymbol{h}\cdot\boldsymbol{r})} \mathrm{d}\boldsymbol{r} \qquad (3.17)$$

这个表达式由散射密度得出了结构因子，其积分遍历整个正空间，如果仅局限于晶胞体积，那么所得的结构因子即绝对标度（absolute scale）。另外，也可以假定散射密度局限于原子中心，然后对每一个原子赋予一个散射因子 $f(s)$。这样一来，上述的积分就变成遍历晶胞中 N 个原子位置的加和，此时如果矢量 $\boldsymbol{h}$ 是量纲一的指数（hkl），并且 $\boldsymbol{r}$ 变成对应于各个原子的分数坐标 $\boldsymbol{x}_i$，那么就可以得到如下的公式：

$$F(\boldsymbol{h}) = \sum_{i=1}^{N} f_i(s_h) \mathrm{e}^{2\pi\mathrm{i}(\boldsymbol{h}\cdot\boldsymbol{x}_i)}$$

$$F(\boldsymbol{h}) = \sum_{i=1}^{N} f_i(s_h) \{\cos\left[2\pi(\boldsymbol{h}\cdot\boldsymbol{x}_i)\right] + \mathrm{i}\sin\left[2\pi(\boldsymbol{h}\cdot\boldsymbol{x}_i)\right]\}$$

$$F(\boldsymbol{h}) = A(\boldsymbol{h}) + \mathrm{i}B(\boldsymbol{h}) \qquad (3.18)$$

$$A(\boldsymbol{h}) = \sum_{i=1}^{N} f_i(s_h) \cos\left[2\pi(\boldsymbol{h}\cdot\boldsymbol{x}_i)\right], \quad B(\boldsymbol{h}) = \sum_{i=1}^{N} f_i(s_h) \sin\left[2\pi(\boldsymbol{h}\cdot\boldsymbol{x}_i)\right]$$

$$F(\boldsymbol{h}) = |F(\boldsymbol{h})| \mathrm{e}^{\mathrm{i}\phi(\boldsymbol{h})}$$

公式（3.18）的第二种表达式就是将复指数扩展为它的三角函数形式，从而显示结构因子的实部与虚部；而最后一种表达式指出结构因子可以表示为振

幅与相角 $\phi(\boldsymbol{h})$ 的组合。如果原子所处的位置存在一个反演中心，那么公式 (3.18) 还可以进一步简化，此时如果将晶胞原点放在反演中心上，那么由反演操作联系起来的成对原子在公式 (3.18) 中给出的正弦项符号相反，可以相互抵消，从而得到

$$F(\boldsymbol{h}) = \sum_{i=1}^{N} f_i(s_h) \cos \left[2\pi(\boldsymbol{h} \cdot \boldsymbol{x}_i)\right] \tag{3.19}$$

因此对于中心对称排列的原子集合，结构因子在合理选择原点的前提下可以仅包含余弦项。大多数用于计算晶体学结构因子的计算机软件都采用这种节省时间的简化方式。不过，由于 $f(s)$ 可以是复数，那么相应的 $F(\boldsymbol{h})$ 也是复数，此时，即使对应的结构是中心对称的，也不能使用公式 (3.19)。同样地，如果定位晶胞原点的时候不让它与反演中心重叠，那么公式 (3.19) 也不会成立。没有反演中心的原子排列属于非中心对称，相应的结构因子要通过公式 (3.18) 进行计算。

某个小单晶的散射 (布拉格散射) 强度由构成晶体结构的各个个体散射中心之间的干涉确定或者用这些结构因子的自卷积来表示 (其中 $*$ 代表复共轭)

$$I(\boldsymbol{h}) = \iint_{r_i r_j} \rho(\boldsymbol{r}_i) \rho(\boldsymbol{r}_j) e^{2\pi i(\boldsymbol{h} \cdot \boldsymbol{r}_i)} e^{-2\pi i(\boldsymbol{h} \cdot \boldsymbol{r}_j)} \, \mathrm{d}\boldsymbol{r}_i \mathrm{d}\boldsymbol{r}_j$$

$$I(\boldsymbol{h}) = F(\boldsymbol{h}) F^*(\boldsymbol{h}) \tag{3.20}$$

$$I(\boldsymbol{h}) = A^2(\boldsymbol{h}) + B^2(\boldsymbol{h})$$

因此，仅有结构因子的振幅可以通过散射强度的测试推导出来，而相角 $\phi(\boldsymbol{h})$ 的信息却丢失了。这就意味着不能直接通过公式 (3.15) 来求得散射密度，这就是晶体学中所说的相角问题 (phase problem)。

从前面的讨论可以看出 X 射线或者中子散射中所观测的布拉格散射强度是与晶体点阵中有倒易整数截距的堆积平面密切相关的。这一点是这类散射常被称为布拉格衍射的内在要求。

3.3.1 热运动效应

在前文的讨论中，原子是假设固定在晶体点阵中的特定位置上的。但是，现实中的原子并没有静止，至少会相对于其平衡位置进行振动，并且这种振动与温度相关。X 射线或者中子衍射实验记录的是可取的瞬时原子位置的时间平均值，这就使得关于平均位置的散射密度要加上一个与这种热位移有关的扩展项。因此，公式 (3.18) 就改成

$$F(\boldsymbol{h}) = \sum_{i=1}^{N} f_i(s) e^{2\pi i(\boldsymbol{h} \cdot \boldsymbol{x}_i)} e^{-8\pi^2 s^2 \langle u_i^2 \rangle} \tag{3.21}$$

其中 $\langle u_i^2 \rangle$ 就是第 i 个原子针对其平衡位置 $\boldsymbol{x}_i$ 的位移的均方值。多数情况下，

这些因子并不满足各个方向的取值完全相同(即各向同性)的条件,而是以椭球形分布,考虑各向异性热位移因子,公式(3.18)就改为如下形式:

$$F(\boldsymbol{h}) = \sum_{i=1}^{N} f_i(s) e^{2\pi i(\boldsymbol{h}\cdot\boldsymbol{x}_i)} e^{-2\pi^2(u_{11}h^2a^{*2}+u_{22}k^2b^{*2}+u_{33}l^2c^{*2}+2u_{12}hka^*b^*+2u_{13}hla^*c^*+2u_{23}klb^*c^*)}$$

$$(3.22)$$

如果采用某些晶体学计算程序代码所用的 Debye–Waller 因子 B,那么公式(3.21)可以改成

$$F(\boldsymbol{h}) = \sum_{i=1}^{N} f_i(s) e^{2\pi i(\boldsymbol{h}\cdot\boldsymbol{x}_i)} e^{-Bs^2} \qquad (3.23)$$

需要指出的是,所有的各向异性热位移因子作为元素,构成了一个 3×3 对称矩阵,当这个矩阵的各个元素为正数[即正定(positive-definite)],它所表达的物理意义就是以原子平衡位置为中心的概率椭球面。晶体学中常见的关于公式(3.22)的另一种表达式是

$$F(\boldsymbol{h}) = \sum_{i=1}^{N} f_i(s) e^{2\pi i(\boldsymbol{h}\cdot\boldsymbol{x}_i)} e^{-\boldsymbol{h}^T\boldsymbol{\beta}\boldsymbol{h}} \qquad (3.24)$$

其中采用了热位移 $\boldsymbol{\beta}$ 的二阶对称张量形式,包含的独立元素有 β_{11}、β_{22}、β_{33}、β_{12}、β_{13} 和 β_{23}。

3.3.2　洛伦兹因子

由于入射角较小和能量发散以及实际晶体由镶嵌晶区构成,因此在测试某个小体积单晶的散射强度 I_h 的实验中,所涉及的散射强度分布于倒易空间中的一块非零的小区域中,而不是一个点。因此,为了获得准确强度,衍射实验操作包括扫描这个倒易空间范围并且记录积分后的强度这两个步骤,而后者与公式(3.18)~公式(3.24)所给的结构因子平方值直接相关并且正比于被辐照的样品体积。通常扫描倒易空间所需范围的方法就是旋转晶体,从而所选矢量 $\boldsymbol{h}$ 能够满足衍射条件 $\boldsymbol{s} = \boldsymbol{h}$。如果考虑的是晶粒的 X 射线衍射强度[1,2],那么相应的积分结果就是

$$Q_h = \sigma_e \left(\frac{1 + \cos^2 2\Theta}{2 \sin 2\Theta} \right) \frac{\lambda^3}{V_c^2} F_h^2 \qquad (3.25)$$

其中 $1/\sin 2\Theta$ 项称为洛伦兹因子(Lorentz factor)①。结合 Thompson 公式(3.1),括号中的其他部分就是相应于非极化入射 X 射线束的极化因子(polarization factor)。两者合在一起称为洛伦兹-极化因子。

大多数 X 射线衍射实验所用的入射光束是部分极化,这既可以利用单色

---

① 原文误将洛伦兹因子写为"$\lambda^3/\sin 2\Theta$"。——译者注

器，也可以基于光源自身的性质（例如同步辐射）来实现。相应的极化程度 P 定义如下：

$$P = \frac{I_\perp}{I_\perp + I_{||}} \tag{3.26}$$

对于同步辐射，P 可以达到 95% 或者更高。这样，Thompson 公式中的上述两项就可以利用入射光束的这种极化效应进行调整。假定入射光束的垂直分量垂直于衍射光束的散射平面，那么这两项可以调整为

$$Q_h = \sigma_e \frac{P + (1 - P) \cos^2 2\Theta}{2 \sin 2\Theta} \frac{\lambda^3}{V_c^2} F_h^2 \tag{3.27}$$

中子衍射不存在极化效应，但是洛伦兹因子还是需要的，从而中子衍射强度可以表达为

$$Q_h = \frac{1}{\sin 2\Theta} \frac{\lambda^3}{V_c^2} F_h^2 \tag{3.28}$$

3.3.3　调制晶体点阵的散射

　　某些晶体材料在降温时发生相变会产生一种调制结构（modulated structure）。这种结构的特征就是在高温相已经观察到的衍射线[称为基本衍射（fundamental reflection）]的邻近位置出现了"卫星"或者"超结构"衍射线。相比于基本衍射线，这些新衍射线通常要弱很多。有时，这些新衍射线与基本衍射线一起，可以利用某个大小为高温晶胞大小的数倍的新晶胞实现指标化，此时的结构通常采用术语"可公度（commensurate）"调制结构来描述①。然而，更常见的情况是新增的衍射在倒易空间中是处于无公度的位置。这种无公度的衍射效应是由于高温相的畸变造成的，而引起这种畸形的原因既可以是原子的位移，也可以是混合占位有序性的改变，甚至是两者同时发生。下面讨论位移型畸形的情况。

　　整块晶体中高温相的原子位置可以表示成：$\boldsymbol{R}_{lj} = \boldsymbol{R}_l + \boldsymbol{x}_j$，其中 $\boldsymbol{R}_l = l_1\boldsymbol{a} + l_2\boldsymbol{b} + l_3\boldsymbol{c}$ 是相应于晶胞原点 $l = (l_1, l_2, l_3)$ 的位置矢量，而 $\boldsymbol{x}_j = x_j\boldsymbol{a} + y_j\boldsymbol{b} + z_j\boldsymbol{c}$（$j = 1, 2, \cdots, N$）则是晶胞中原子的位置矢量。位置矢量 $\boldsymbol{x}_j$ 与具体的晶胞编号数值 l 无关，因此布拉格衍射强度计算[公式（3.18）～公式（3.20）]可以采用仅考虑单个晶胞所含内容的简化表达式。由于在低温结构中出现了可以用位移场 $\boldsymbol{u}_{lj}$ 来表示的某种调制变化，此时原子的位置就变成了 $\boldsymbol{R}_{lj} = \boldsymbol{R}_l + \boldsymbol{x}_j + \boldsymbol{u}_{lj}$，并且所有矢量的变化都是以基本衍射所获得的晶胞（平均结构）作为基准的。虽然在 $\boldsymbol{u}_{lj}$ 任意取值的条件下，具有这种结构的晶体散射强度的计算不能

---

　　① 可公度就是晶体点阵可用基矢作为公约数沿三维平移而得到的。——译者注

简化。但是，就当前所讨论的这种情况，可以采用某个普适性的谐波模型来描述，换句话说，这种位移可以写成如下的有限长度的傅里叶级数：

$$
\begin{aligned}
\boldsymbol{u}_{lj} &= \sum_{n=1}^{2d} \boldsymbol{U}_{jq_n} \exp\left[-2\pi \mathrm{i}\boldsymbol{q}_n(\boldsymbol{R}_l + \boldsymbol{f}_j)\right] \\
&= \sum_{n=1}^{d} \left\{ \boldsymbol{c}_{jn} \cos\left[2\pi\boldsymbol{q}_n(\boldsymbol{R}_l + \boldsymbol{f}_j)\right] + \boldsymbol{s}_{jn} \sin\left[2\pi\boldsymbol{q}_n(\boldsymbol{R}_l + \boldsymbol{f}_j)\right] \right\}
\end{aligned}
\tag{3.29}
$$

其中以高温相的倒易点阵作为参考基准的矢量 $\boldsymbol{q}_n$ 称为调制矢量；矢量 $\boldsymbol{f}_j$ 是相角参考点，在有关无公度晶体结构的文献中，通常定义 $\boldsymbol{f}_j = \boldsymbol{x}_j$，但是对于某群原子，它们也可以同时取 0 或者都等于某一个矢量值[8]。为了简化相应的公式，在下面的讨论中假定 $\boldsymbol{f}_j = 0$。傅里叶系数 $\boldsymbol{U}_{jq_n}$ 是复矢量，满足 $\boldsymbol{U}_{j(-q_n)} = \boldsymbol{U}_{jq_n}^*$，正如上述公式的第二部分所指出的，这个复矢量可以简化为两个实数矢量。余弦项矢量系数 $\boldsymbol{c}_{jn}$ 和正弦项矢量系数 $\boldsymbol{s}_{jn}$ 的绝对值通常小于 0.1 Å 的几分之一，当然它们相应的分量的特定值取决于矢量 $\boldsymbol{f}_j$ 的选择。需要指出的是，上述公式的第二部分中，加和的项数被降低到一半，其原因是第一部分中同时存在着分别针对 $\boldsymbol{q}$ 和 $-\boldsymbol{q}$ 的加和项。

对于更一般化的非谐波调制的情形，可以将公式(3.29)中的加和扩展到更多项的谐波，假定为 D 个。这种情况下的 $D\boldsymbol{q}$ 矢量就是基本(理论上是独立的) $d\boldsymbol{q}$ 矢量的线性组合($d < D$)。因此，下面的讨论仅关注 d 维谐波模型。

根据上述讨论，在忽略热振动和可能存在的化学无序的前提下，就可以得到如下关于整块晶体散射振幅的简化表达式：

$$
\begin{aligned}
A(\boldsymbol{s}) &= \sum_{lj} f_{lj}(\boldsymbol{s}) \mathrm{e}^{2\pi \mathrm{i}\boldsymbol{s}\cdot\boldsymbol{R}_{lj}} = \sum_{lj} f_j(\boldsymbol{s}) \mathrm{e}^{2\pi \mathrm{i}\boldsymbol{s}\cdot\boldsymbol{R}_l} \mathrm{e}^{2\pi \mathrm{i}\boldsymbol{s}\cdot\boldsymbol{x}_j} \mathrm{e}^{2\pi \mathrm{i}\boldsymbol{s}\cdot\boldsymbol{u}_{lj}} \\
&= \sum_{j} f_j(\boldsymbol{s}) \mathrm{e}^{2\pi \mathrm{i}\boldsymbol{s}\cdot\boldsymbol{x}_j} \sum_{l} \mathrm{e}^{2\pi \mathrm{i}\boldsymbol{s}\cdot\boldsymbol{R}_l} \mathrm{e}^{2\pi \mathrm{i}\boldsymbol{s}\cdot\boldsymbol{u}_{lj}}
\end{aligned}
\tag{3.30①}
$$

利用众所皆知的雅可比-安格尔(Jacobi-Anger)公式

$$
\mathrm{e}^{\mathrm{i}z\sin\phi} = \sum_{r=-\infty}^{+\infty} \mathrm{e}^{-\mathrm{i}r\phi} J_{-r}(z), \quad \mathrm{e}^{\mathrm{i}z\cos\phi} = \sum_{r=-\infty}^{+\infty} \mathrm{e}^{-\mathrm{i}r(\phi+\pi/2)} J_{-r}(z)
\tag{3.31}
$$

其中 J_r 就是 r 阶贝塞尔(Bessel)函数，而贝塞尔函数有如下一个重要的性质：

$$
J_{-r}(z) = (-1)^r J_r(z)
$$

另一个重要性质则是当幅角不大的时候，贝塞尔函数可以表示成如下结果：

$$
J_r(z) = \frac{z^r}{2^r r!} + \cdots, \quad J_0(z) = 1 - \frac{z^2}{4} + \cdots
\tag{3.32}
$$

从而改进公式(3.30)得到了如下关于散射振幅的更特殊的形式：

---

① 原文公式中误写为字符"s"，而此处应当表示成矢量"$\boldsymbol{s}$"。——译者注

$$A(s) \approx \sum_j f_j e^{2\pi i s \cdot x_j} \sum_{\substack{r_{c1} \cdots r_{cd}, \\ r_{s1} \cdots r_{sd} = -\infty}}^{+\infty} \prod_{n=1}^{d} \left[J_{-r_{cn}}(2\pi s \cdot c_{jn}) J_{-r_{sn}}(2\pi s \cdot s_{jn}) e^{-i\pi r_{cn}/2} \right] \times$$

$$\sum_H \delta \left[s - \sum_n (r_{cn} + r_{sn}) q_n - H \right] \tag{3.33}$$

相应的强度结果可以通过公式(3.33)与它的共轭复数的乘积得到。公式(3.33)中的最后一项遍历平均结构具有的所有倒易点阵矢量 H，而遍历点阵的 l 值叠加所产生的 δ 函数表明了在倒易空间中，强度大多数都接近于零，例外的情况就是下面表达式所确定的、离散分布的散射矢量位置 $s = h$：

$$h = H + \sum_{n=1}^{d} m_n q_n \tag{3.34}$$

当满足 $m_n = r_{cn} + r_{sn} = 0$ 时，公式(3.34)就为基本衍射($h = H$)，而其他的结果就成了前面提到的卫星或者超结构衍射。

借鉴公式(3.34)，相应于某个特定衍射 h 的结构因子计算如下：

$$F(h) = \sum_j f_j(h) e^{2\pi i h \cdot x_j} \sum_{\substack{r_{c1} \cdots r_{cd}, \\ r_{s1} \cdots r_{sd} = -\infty}}^{+\infty} \prod_{n=1}^{d} \left[J_{-r_{cn}}(2\pi h \cdot c_{jn}) J_{-r_{sn}}(2\pi h \cdot s_{jn}) e^{-i\pi r_{cn}/2} \right]$$

$$= \sum_j f_j(h) e^{2\pi i h \cdot x_j} g_j(h) \tag{3.35}$$

其中用于表征调制结构的有关结构参数包括位于平均晶胞中的原子的平均位置 x_j 以及余弦项 c_{jn} 和正弦项 s_{jn} 分量。显然，这个结构因子类似于常规晶体结构中采用的结果，但是多了一个 $g_j(h)$ 函数加权的原子效应，这个难以求解的函数包含了有关调制性位移的信息。

如果考虑到矢量 c_{jn} 和 s_{jn} 仅有位于散射矢量上的投影参与了振幅计算，那么相关的公式还可以进一步简化。现在定义如下的变量：

$$U_{jn} = \left[(s \cdot s_{jn})^2 + (s \cdot c_{jn})^2 \right]^{1/2}, \quad \sin \chi_{jn} = \frac{s \cdot c_{jn}}{U_{jn}},$$

$$\cos \chi_{jn} = \frac{s \cdot s_{jn}}{U_{jn}} \tag{3.36}$$

那么前述的 $s \cdot u_{lj}$ 可以写成

$$s \cdot u_{lj} = \sum_{n=1}^{d} U_{jn} \left[\sin \chi_{jn} \cos(2\pi q_n R_l) + \cos \chi_{jn} \sin(2\pi q_n R_l) \right]$$

$$= \sum_{n=1}^{d} U_{jn} \sin(\chi_{jn} + 2\pi q_n R_l) \tag{3.37}$$

从而也可以得到如下关于衍射 $h = H + \sum_{n=1}^{d} m_n q_n$ 的结构因子的另一种表达式：

$$F(h) = \sum_j f_j(h) e^{2\pi i h \cdot x_j} g_j(h) = \sum_j f_j(h) e^{2\pi i h \cdot x_j} \times$$

$$\sum_{m_1,m_2,\cdots,m_d=-\infty}^{+\infty} \prod_{n=1}^{d} \left[e^{-im_n\chi_{jn}} J_{-m_n}(2\pi U_{jn}) \right] \tag{3.38}$$

其中加权函数 $g_j(\boldsymbol{h})$ 采用了更简洁的形式。

实际操作中，上述的无限加和项可以简化为尽可能多的谐波的加和。从公式(3.32)可以看出贝塞尔函数随着卫星衍射阶数的增加而快速减小，这就意味着正比于公式(3.35)或者公式(3.38)所给出的结构因子平方的布拉格衍射强度将由于这些贝塞尔函数的存在而降低。

现在考虑最简单的情况。假定参与调制的是一列纯正弦振动的波($c_q = 0$)，其具有单个的调制矢量 $\boldsymbol{q}$，那么此时关于卫星衍射 $\boldsymbol{h} = \boldsymbol{H} + m\boldsymbol{q}$ 的结构因子表达式可以简化为

$$\begin{aligned} F(\boldsymbol{h}) &= \sum_j f_j(h) e^{2\pi i \boldsymbol{h}\cdot\boldsymbol{x}_j} J_{-m}(2\pi\boldsymbol{h}\cdot\boldsymbol{s}_j) \\ &= \sum_j f_j(h) e^{2\pi i (\boldsymbol{H}+m\boldsymbol{q})\cdot\boldsymbol{x}_j} J_{-m}[2\pi(\boldsymbol{H}+m\boldsymbol{q})\cdot\boldsymbol{s}_j] \end{aligned} \tag{3.39}$$

显然，这时关于基本衍射的结构因子不再与无畸形结构的结果一样。下面的表达式给出了基本衍射 $\boldsymbol{H}$ 的结构因子：

$$F(\boldsymbol{H}) = \sum_j f_j(H) e^{2\pi i \boldsymbol{H}\cdot\boldsymbol{x}_j} J_0(2\pi\boldsymbol{H}\cdot\boldsymbol{s}_j) \tag{3.40}$$

如果调制结构既有余弦分量，也有正弦分量，那么就应当采用普适性的表达式(3.35)或者式(3.38)，并且关于某组特殊整数 $\{m_n = r_{cn} + r_{sn}\}_{n=1,\cdots,d}$ 的计算也需要扩展到所有的、属于同一 m_n 集合的整数值 r_{cn} 和 r_{sn}。假定当前考虑的是只有单个调制矢量，只不过是包含了公式(3.29)中的余弦项和正弦项的结构，那么计算卫星衍射 $\boldsymbol{h} = \boldsymbol{H} + m\boldsymbol{q} = \boldsymbol{H} + (r_c + r_s)\boldsymbol{q}$ 的结构因子所用的公式(3.35)可以简化为

$$F(\boldsymbol{h}=\boldsymbol{H}+m\boldsymbol{q}) = \sum_j f_j(h) e^{2\pi i (\boldsymbol{H}+m\boldsymbol{q})\cdot\boldsymbol{x}_j} \times$$

$$\sum_{\substack{r_c,r_s=-\infty \\ r_c+r_s=m}}^{+\infty} J_{-r_c}[2\pi(\boldsymbol{H}+m\boldsymbol{q})\cdot\boldsymbol{c}_j] J_{-r_s}[2\pi(\boldsymbol{H}+m\boldsymbol{q})\cdot\boldsymbol{s}_j] e^{-i\pi r_c/2}$$

$$\tag{3.41}$$

有关无公度结构的对称性处理已经超出了本章的范围。不过，由公式(3.33)可以看出，不管无公度的调制结构的衍射谱图中给出什么衍射线，只要给定 $3+d$ 维整数，$(h,k,l,m_1,m_2,\cdots,m_d)$ 就可以完成指标化。实测的三维晶体结构可以形象地看作 $3+d$ 维空间中的某个周期性结构在现实三维空间中的投影，而投影的超平面(hyper-plane)除原点以外就不再经过任意一个 $3+d$ 维点阵的阵点。目前这种由 de Wolff、Janssen 和 Janner 提出的超空间方法[9]已经发展得相当成熟，不仅已经成为处理这类位移型无公度结构对称性

问题的常规方法，而且已经扩展到一般准周期结构(复合结构和准晶)的研究。

本书并没有考虑位移(热)参数和占位参数的调制效应。如果包含这些项目，同时还考虑 $3 + d$ 维对称操作，那么关于结构因子的表达式就要比本节中给出的更为复杂了。想更深入了解这一领域知识的读者可以查看已有文献中的专著[10,11]。其中 Van Smaalen 撰写的有关不同结构因子表达体系的综述[12]是相当不错的资料。

3.3.4 中子磁矩散射

磁有序材料体系中，由于中子散射所得的磁布拉格峰的强度可以通过类似上面讨论的过程进行计算。两者最大的差别就是这里的散射振幅不再是一个可比例化(标度)的变量。本书将对计算这种布拉格衍射强度所需的最重要的表达式进行总结，至于更详细的内容可以参考 Rossat-Mignod 的著作[13]及其里面的参考文献。

中子具有磁矩，从而中子与原子磁矩的相互作用会产生极性。原子的磁矩来自其自身的未成对电子，通常还包含了轨道和自旋的贡献。针对所要讨论的磁矩散射问题，可以认为处于位置 R 的原子通常位于顺磁状态，其具有的磁矩是无序排列的($\forall R$，$\langle m_R \rangle_t = 0$，其中$\langle\rangle_t$表示不同时刻所得结果的平均值)，然后随着温度的下降，磁矩的运动逐渐冻结($\langle m_R \rangle_t \neq 0$)，最终在低于某个温度时达到有序状态。所谓的磁性结构就是低于有序化温度时，材料内部磁矩的特定的、近于静止的空间排列。当然，如果高于有序化温度，整个材料体系就处于无序的顺磁状态。

磁结构通常以一系列箭头来表示。这些箭头附着在磁矩上，反映特定结构中各个磁矩的大小和朝向。

对于具有原子磁矩 m 的某个孤立原子，其磁散射振幅矢量由下面的表达式给出：

$$a(Q) = pf(Q)m_\perp = \frac{1}{2}r_e\gamma f(Q)\left[m - \frac{Q(m \cdot Q)}{Q^2} \right]$$

$$= \frac{1}{2Q^2}r_e\gamma f(Q)(Q \times m \times Q) \tag{3.42}$$

其中经典电子半径 $r_e = e^2/(mc)^2 = 2.817\,76 \times 10^{-13}$ cm；$\gamma(= 1.913\,2)$则是回转磁因子(gyromagnetic factor)；$f(Q)$是原子磁形状因子(magnetic form-factor)[即未成对电子密度的傅里叶变换，以 $f(0) = 1$ 进行归一化，假定为球形]；$m_\perp$则是原子磁矩中垂直于散射矢量 $Q = 2\pi s$ 的分量。仅有 m 的这部分垂直分量才对材料引起的中子磁散射有贡献。另外，这种相互作用的矢量特性意味着能够明确磁矩相对于晶体点阵的朝向。

对于非极化中子，原子核散射强度与磁散射强度是简单叠加在一起的，并且各自的数值通常都在同样的数量级别内。原子核散射和磁散射之间的一个主要区别就是后者在高 Q 值时会严重减弱。而原子核散射则由于没有形状因子，仅仅是由于热振动才随着 Q 的增加而减小。公式 (3.42) 给出的磁形状因子 $f(Q)$ 是未成对电子密度的傅里叶变换，这种密度分布的空间范围与中子波长具有同样的数量级。

晶体产生的弹性散射强度是 Q 或者 s 的函数，正比于所有振幅（也称为磁相互作用矢量）的平方：

$$\boldsymbol{M}_{\perp}^{T}(\boldsymbol{s}) = \sum_{lj} p f_{j}(s) \boldsymbol{m}_{\perp lj} \mathrm{e}^{2\pi \mathrm{i} s \cdot \boldsymbol{R}_{lj}}$$

$$= \frac{p}{s^{2}} \boldsymbol{s} \times \sum_{lj} f_{j}(s) \boldsymbol{m}_{lj} \mathrm{e}^{2\pi \mathrm{i} s \cdot \boldsymbol{R}_{lj}} \times \boldsymbol{s} = \frac{1}{s^{2}} \boldsymbol{s} \times \boldsymbol{M}^{T}(\boldsymbol{s}) \times \boldsymbol{s} \quad (3.43)$$

矢量 $\boldsymbol{M}^{T}$ 代表整个晶体的磁结构，相应的散射强度一般情况下就是公式 (3.43) 与其共轭复数的乘积。

与大多数晶体结构不同，许多磁性结构是无公度的：磁矩朝向的周期性并不能用所属的晶体结构进行公度。这是由许多化合物中存在的竞争性交换相互作用而造成的某种偏离公度结构效应的结果。同前文介绍的关于无公度晶体结构的处理类似，公式 (3.43) 可以通过传播矢量 (propagation vector) 的规范进行改进，从而能够处理更复杂的无公度情况。传播矢量法的优势就是同时可以处理可公度磁性结构和无公度磁性结构。采用这种规范就不需要引入磁晶胞的概念——哪怕实际研究的是公度化的结构。

3.3.4.1 描述磁结构的传播矢量规范

普通磁结构示例 如果不考虑所涉及磁矩的组态对称性，那么不管是哪一种磁结构，都可以表示成如下的傅里叶级数：

$$\boldsymbol{m}_{lj} = \sum_{\{\boldsymbol{k}\}} \boldsymbol{S}_{kj} \exp(-2\pi \mathrm{i} \boldsymbol{k} \boldsymbol{R}_{l}) \quad (3.44)$$

这个公式定义了晶胞中编号为 j 的原子的磁矩，其中点阵矢量 $\boldsymbol{R}_{l}$ 对应于原点（该原子位于 $\boldsymbol{R}_{lj} = \boldsymbol{R}_{l} + \boldsymbol{x}_{j}$）；$\boldsymbol{k}$ 矢量在倒易空间中进行定义，并且被称为磁结构的传播矢量，在描述磁结构的时候，采用第一个布里渊区（Brillouin zone，BZ）内的 $\boldsymbol{k}$ 矢量就足够了。傅里叶系数 $\boldsymbol{S}_{kj}$ 一般是复矢量，而且必须具有 $\boldsymbol{S}_{kj} = \boldsymbol{S}_{kj}^{*}$ 的等式关系，从而确保加和结果是一个实矢量。另外，就算是如同自旋玻璃那样无序的磁结构，最终也可以采用类似公式 (3.44) 的形式来描述，其前提就是 BZ 内的 $\boldsymbol{k}$ 矢量是近似连续分布的假设成立。实际操作中，描述大多数磁结构所需的传播矢量数目（1~3）并不多。

上述所定义的公式 (3.44) 和文献中常见的定义是有差别的，后者在指数函数项的幅角中不采用 R_l，而是改为 $R_{lj} = R_l + x_j$[类似于描述原子位移的公式（3.29）中的矢量 $f_j = x_j$]，这样得到的新表达式中的傅里叶系数 T_{kj} 与公式（3.44）中的傅里叶系数之间相差一个相因子，即 $S_{kj} = T_{kj}\exp(-2\pi i k x_j)$。这个相因子具体取决于晶胞中的原子位置。下面就可以看到采用本书给出的这种约定在统一描述可公度与无公度磁结构时将更为方便。

因为上述公式是以矢量的形式表达的，这就意味着它们不依赖于具体描述磁矩、传播矢量和原子位置等的特定参考系。晶胞中的原子位置通常以常规基矢量集 $A = (a, b, c)$ 作为基准，因此所得的分数坐标是量纲一的。而傅里叶系数 S_{kj} 与磁矩具有相同的单位，一般就是玻尔磁子（Bohr magneton）。它们的分量值在常规晶胞基矢衍生所得的单位参考系 $U = (a/a, b/b, c/c) = (e_1, e_2, e_3)$ 中取值。至于原子核结构对应的倒易点阵矢量 H 以及传播矢量 k 各自的分量可以用常规晶胞给出的倒易基矢来表示，它们也是量纲一的。认清这点非常重要，因为在很多现有的反映空间群的不可约表示的表格中，k 矢量是由倒易点阵的初基（primitive basis）$b = (b_1, b_2, b_3)$ 给出的，仅有初基正格子（primitive direct lattice）才能满足其上定义的 $b = (b_1, b_2, b_3)$ 与自身 $a^* = (a_1^*, a_2^*, a_3^*)$ 参考系的同一性。当晶体的布拉维点阵（Bravais lattice）带心时，b 集合由简单晶胞的初基得到，而其布拉维（或者传统）晶胞给出的是其他结果。Izyumov 及其合作者引入了另一种矢量集 $B = (B_1, B_2, B_3)$ 作为描述倒易点阵的参考系[14]。这个矢量集合 B 相应于倒易点阵的布拉维胞。晶体学家并不采用这种参考系，而且相应于这种参考系所给出的倒易矢量的分量也不好使用，因此笔者并不建议采用这种坐标系来研究磁结构。

只有在初基点阵（primitive lattice）中，指数函数的幅角中出现的点阵矢量 R_l 才是参考系 A 的组成基矢的整数型线性组合。而对于带心点阵，正规来说有两种点阵矢量类型：$R_l = R_n = n_1 a + n_2 b + n_3 c$ 且 $n_i \in \mathbf{Z}$ 以及 $R_l = R_n + t_c$，其中 t_c 就是该点阵的形心矢量（centering vector），其分量 $t_i \in \mathbf{Q}$。这两种点阵矢量类型并没有特殊之处，其分量的类型不同只是使用习惯不同所导致的。在目前忽略对称性的前提下，用来描述磁结构所需的磁原子的最小集合就与点阵的形心平移（centering translation）操作无关。当已经知道这组基本磁原子以零号晶胞（zero-cell）$R_0 = (0, 0, 0)$ 为参考基准的傅里叶系数后，采用公式（3.44）就可以明确整个晶体中的磁矩。

下面通过公式（3.44）采用的传播矢量规范进一步描述复杂性程度逐步递增的一般化磁结构类型。

（1）复杂晶体中可存在的最简单的磁结构类型就是 BZ 中心仅有一个零传播矢量：$k = (0, 0, 0) = \mathbf{0}$。这时的傅里叶系数是实数并且可以通过磁矩直接给出

$$m_{lj} = S_{0j}\exp(-2\pi i 0 R_l) = S_{0j} = m_{0j} \tag{3.45}$$

从上述表达式可以看出，晶体中所有晶胞磁矩的朝向和大小都与零号晶胞的相同。这就意味着磁结构的平移对称性与晶体结构中的一样，也就是磁晶胞就是化学胞(chemical cell)。这类磁结构可以是铁磁、亚铁磁或者反铁磁，共线或者不共线。换句话说，BZ 中心的这种传播矢量并不意味着磁结构就是铁磁的，仅当晶胞属于初基布拉维点阵(每个初基晶胞仅有一个原子)时才有这种结果。

需要指出的是，如果傅里叶级数表达式(3.44)的指数项采用原子全局矢量位置 $R_{lj} = R_l + x_j$ 的形式，那么由于存在着反映原子位置的相因子，此时的傅里叶系数 T_{kj} 就不能利用磁矩来确定。

这种磁结构的一个典型示例就是 LaMnO$_3$(参见图 3.2)。

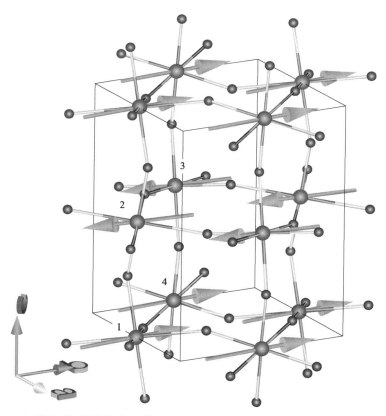

图 3.2　LaMnO$_3$ 的磁性结构，其空间群为 *Pbnm*。Mn 原子位于 4*b* 位置：1(1/2, 0, 0)、2(1/2, 0, 1/2)、3(0, 1/2, 1/2)和 4(0, 1/2, 0)，并且传播矢量 $k = (0, 0, 0)$。这个化合物的磁晶胞等于核晶胞。4 个 Mn 原子的磁矩分别是：1(u, v, w)、2($-u, -v, w$)、3($u, -v, w$)和 4($-u, v, w$)，其中 $u \approx 0$，$v = 3.8\mu_B$ 且 $w \approx 0$。其结构是铁磁性平面沿 *c* 轴以反铁磁方式堆积的反铁磁结构，并且沿 *c* 轴存在一个微弱的铁磁分量。因此，在有关钙钛矿的文献中[15]，这类结构属于 AF 结构中的 A 型

（2）下面要讨论的一类磁结构也是关于单个传播矢量的。这里的传播矢量 $\boldsymbol{k} = (1/2)\boldsymbol{H}$，其中 $\boldsymbol{H}$ 是倒易点阵矢量。这种传播矢量相应于 BZ 表面的高对称性点（Liftchitz 点），此时可以得到

$$
\begin{aligned}
\boldsymbol{m}_{lj} &= \boldsymbol{S}_{kj}\exp(-2\pi i \boldsymbol{k}\cdot\boldsymbol{R}_l) = \boldsymbol{S}_{kj}\exp(-\pi i \boldsymbol{H}\cdot\boldsymbol{R}_l) \\
&= \boldsymbol{S}_{kj}(-1)^{\boldsymbol{H}\cdot\boldsymbol{R}_l} = \boldsymbol{S}_{kj}(-1)^{n_l} = \boldsymbol{m}_{0j}(-1)^{n_l}
\end{aligned}
\tag{3.46}
$$

从上述表达式可以看出晶体中所有晶胞的磁矩朝向和大小与零号晶胞中的或者相同，或者相反。这就意味着磁结构的平移对称性要低于化学胞的平移对称性。利用特定的传播矢量值就可以轻松得到这种磁结构相应的磁晶胞（参见 Izyumov 等基于传播矢量对磁点阵进行分类的专著[16]）。这类磁结构必然是反铁磁的，一个典型的示例就是 Ho_2BaNiO_5（参见图 3.3）。

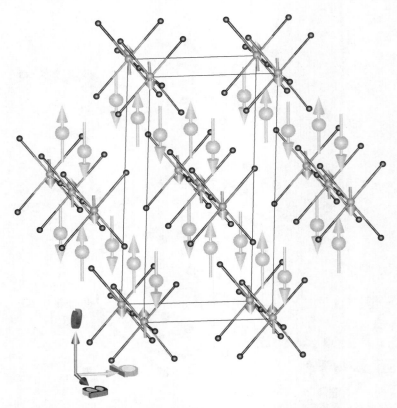

图 3.3　Ho_2BaNiO_5 的磁结构，其空间群为 *Immm*。每个初基晶胞中仅有 3 个磁原子：位于 $(0,0,0)$ 的 Ni 以及分别位于 $1(1/2, 0, z)$ 和 $2(-1/2, 0, -z)$ 且 $z = 0.2025$ 的 Ho。其传播矢量 $\boldsymbol{k} = (1/2, 0, 1/2)$。图中的磁矩大小并没有按照比例绘制，为了清晰起见，相应于 Ho 原子的磁矩视其需要分别改为原来的 0.3 倍。这个化合物的磁晶胞是分别沿晶胞 *a* 和 *c* 轴扩大 1 倍的结果。3 个原子的磁矩分别是：$Ni(u, 0, w)$，$u \approx 0.59\mu_B$，$w \approx -1.3\mu_B$，$Ho1(p, 0, q)$ 与 $Ho2(p, 0, q)$ 中 $p \approx 0.1\mu_B$，$q \approx 9\mu_B$（见参考文献[17]）

关于原子 j 的傅里叶系数的一般表达式可以确定如下：

$$S_{kj} = \frac{1}{2}(\vec{R}_{kj} + \mathrm{i}\vec{I}_{kj})\exp(-2\pi\mathrm{i}\phi_{kj})$$

$$= \frac{1}{2}[R^x_{kj}\boldsymbol{e}_1 + R^y_{kj}\boldsymbol{e}_2 + R^z_{kj}\boldsymbol{e}_3 + \mathrm{i}(I^x_{kj}\boldsymbol{e}_1 + I^y_{kj}\boldsymbol{e}_2 + I^z_{kj}\boldsymbol{e}_3)]\exp(-2\pi\mathrm{i}\phi_{kj})$$

定义矢量 $\boldsymbol{S}_{kj}$ 仅需六个实参数，这就意味着相因子 ϕ_{kj} 一般是不需要的。当然，如果实矢量和虚矢量 $(\vec{R}_{kj},\ \vec{I}_{kj})$ 之间存在特殊的关系或者限制，那么使用相因子会更为方便。此时，第 l 个晶胞中原子 j 的磁矩计算可以采用公式(3.44)，也可以改用如下公式：

$$\boldsymbol{m}_{lj} = \sum_{\langle\boldsymbol{k}\rangle}[\vec{R}_{kj}\cos 2\pi(\boldsymbol{k}\boldsymbol{R}_l + \phi_{kj}) + \vec{I}_{kj}\sin 2\pi(\boldsymbol{k}\boldsymbol{R}_l + \phi_{kj})] \quad (3.47)$$

此时公式中的加和遍历的数目是传播矢量数目的一半，即 $(\boldsymbol{k},\ -\boldsymbol{k})$ 对的总对数。

如果磁结构体现的是螺旋有序现象，那么其傅里叶系数具有如下形式：

$$S_{kj} = \frac{1}{2}(m_{1j}\boldsymbol{u}_j + \mathrm{i}m_{2j}\boldsymbol{v}_j)\exp(-2\pi\mathrm{i}\phi_{kj}),\ |\boldsymbol{u}_j| = |\boldsymbol{v}_j| = 1,\ \boldsymbol{u}_j\cdot\boldsymbol{v}_j = 0$$

$$(3.48)$$

其中 $\boldsymbol{u}_j$ 和 $\boldsymbol{v}_j$ 是正交单位矢量。当 $m_{1j} = m_{2j}$ 时，如果传播矢量垂直于矢量 $\boldsymbol{u}_j$ 和 $\boldsymbol{v}_j$ 确定的平面，那么子点阵 j 的磁结构就为常规螺旋[或者螺线(spiral)]形成的圆柱包络(cylindrical envelope)；反之，如果传播矢量处于 $(\boldsymbol{u},\ \boldsymbol{v})$ 平面内，那么这种结构则称为摆线(cycloid)结构。不管怎样，所有 j 原子的磁矩是相等的。当 $m_{1j}\neq m_{2j}$ 时，上述的螺旋(或摆线)形成的是椭圆柱形的包络(elliptical envelope)，相应的同种原子的磁矩在 $\min(m_{1j},\ m_{2j})$ 和 $\max(m_{1j},\ m_{2j})$ 之间取值①。

如果 $m_{2j} = 0$，磁结构可以看作一条调制的正弦曲线，振幅 $A = m_{1j}$。

图 3.4 示出了人造的正弦曲线、螺线和摆线磁结构的简单示例。图 3.5 则示出了现实的化合物示例——$DyMn_6Ge_6$ 的无公度圆锥曲线磁结构：传播矢量 $\boldsymbol{k}_1 = (0,\ 0,\ 0)$ 和 $\boldsymbol{k}_2 = (0,\ 0,\ \delta)$ 均位于布里渊区的内部。

3.3.4.2　磁结构因子

利用公式(3.43)可以得到如下的关于晶体中磁结构因子的简单表达式：

$$\boldsymbol{M}^T(\boldsymbol{s}) = p\sum_{lj}f_j(\boldsymbol{s})\boldsymbol{m}_{lj}\mathrm{e}^{2\pi\mathrm{i}\boldsymbol{s}\cdot\boldsymbol{R}_{lj}} = p\sum_{lj}f_j(\boldsymbol{s})\mathrm{e}^{2\pi\mathrm{i}\boldsymbol{s}\cdot\boldsymbol{R}_{lj}}\sum_k S_{kj}\mathrm{e}^{2\pi\mathrm{i}\boldsymbol{k}\cdot\boldsymbol{R}_l}$$

$$= p\sum_j f_j(\boldsymbol{s})\mathrm{e}^{2\pi\mathrm{i}\boldsymbol{s}\cdot\boldsymbol{x}_j}\sum_k S_{kj}\sum_l f_j(\boldsymbol{s})\mathrm{e}^{2\pi\mathrm{i}(\boldsymbol{s}-\boldsymbol{k})\cdot\boldsymbol{R}_l} \approx p\sum_j f_j(\boldsymbol{s})\mathrm{e}^{2\pi\mathrm{i}\boldsymbol{s}\cdot\boldsymbol{x}_j}\times$$

$$\sum_k S_{kj}\sum_H \delta(\boldsymbol{s}-\boldsymbol{k}-\boldsymbol{H}) \quad (3.49)$$

---

① $\min(x,\ y)$ 和 $\max(x,\ y)$ 为数学函数，前者表示 x 和 y 中的最小值，后者则表示 x 和 y 中的最大值。——译者注

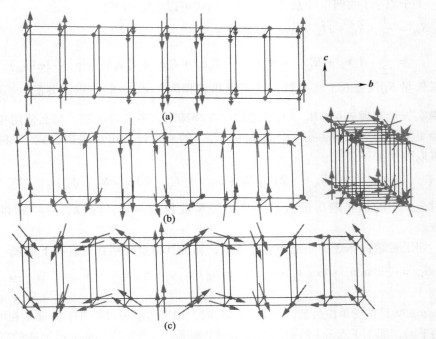

图 3.4　磁结构示例。3 个例子中点阵的取向都采用人眼正对 a 轴的视角，不过图(b)稍微有些偏移。(a)具有传播矢量 $k = (0, \delta, 0)$ 和 $S_k = (0, 0, w)$ 的正弦曲线结构；(b)具有传播矢量 $k = (0, \delta, 0)$ 和 $S_k = (ui, 0, u)$ 的螺旋或者螺线结构；(c)具有传播矢量 $k = (0, \delta, 0)$ 和 $S_k = (0, u, ui)$ 的摆线结构

这个公式给出了能观测到磁散射强度的倒易空间位置

$$s = h = H + k \tag{3.50}$$

需要注意的是，与前述调制的晶体结构相反。由于公式(3.49)的指数项幅角中没有傅里叶级数，因此运算时不用乘以传播矢量 k，而且 δ 函数中也不用做加和计算。可以说，磁衍射相当于一个滤波器。每条卫星线都不和其他的卫星线耦合，这就意味着只要存在不同的传播矢量 k，这些卫星线之间就不会产生干涉，其傅里叶系数 S_k 之间总是相差一个相因子。这个相因子就是其传播矢量差别的体现，是不能通过衍射方法来获得数值的。另一个需要指出的是前述的"基本衍射"的概念在这里也不适用了。这是因为 $h = H$ 对应于原子核散射，仅当 $k = 0$ 的时候，磁散射贡献才能直接叠加在原子核散射上。

整个晶胞中相应于公式(3.50)指标化后的某个特定磁散射的磁结构因子可以进行如下计算：

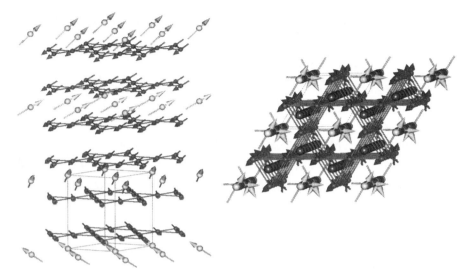

图 3.5 $DyMn_6Ge_6$ 的磁结构，其空间群为 $P6/mmm$，晶胞参数 $a \approx 5.21$ Å，$c \approx 8.15$ Å，传播矢量为 $\mathbf{k}_1 = (0, 0, 0)$ 和 $\mathbf{k}_2 = (0, 0, \delta)$，其中 $\delta = 0.165\,1$。这是一个圆锥曲线的磁结构，沿着 $\mathbf{c}$ 轴形成一个净磁场。具体可查阅参考文献[18]

$$M(\mathbf{h}) = \mathbf{M}_h = p \sum_j f_j(h) \mathbf{S}_{kj} e^{2\pi i \mathbf{h} \cdot x_j} = p \sum_j f_j(|\mathbf{H} + \mathbf{k}|) \mathbf{S}_{kj} e^{2\pi i (\mathbf{H} + \mathbf{k}) \cdot x_j}$$

$$(3.51)$$

其中引入常数 $p = r_e \gamma / 2 = 0.269\,5$ 可以将以玻尔磁子表示的磁矩傅里叶分量转化为散射长度单位 10^{-12} cm。

磁布拉格衍射的强度正比于如下计算的磁相互作用矢量的平方：

$$\mathbf{M}_{\perp h} = \frac{1}{h^2} \mathbf{h} \times \mathbf{M}_h \times \mathbf{h} = \mathbf{e} \times \mathbf{M}_h \times \mathbf{e} = \mathbf{M}_h - (\mathbf{e} \cdot \mathbf{M}_h)\mathbf{e} \quad (3.52)$$

其中 $\mathbf{e}$ 是沿着散射矢量方向的单位矢量，当传播矢量 $\mathbf{k} = 0$ 时，非极化中子产生的某布拉格衍射的强度就是

$$I_h = N_h N_h^* + \mathbf{M}_{\perp h} \cdot \mathbf{M}_{\perp h}^* \quad (3.53)$$

其中 $N_h = F(\mathbf{h})$ 是核结构因子，如果此处的结构因子为零，那么衍射 $\mathbf{h}$ 处的强度仅由上述加和中的第二项（纯磁散射）构成。

3.3.4.3 对称操作作用下的磁结构因子

目前可以采用两种不同的办法来描述磁结构的对称属性：Shubnikov 磁对称群[19,20]和群表示分析（group representation analysis）[14,16,21]。前面所采用的描述磁结构的通用概念体系其实已经同时采用了这两种方法。其中强调了磁结构的传播矢量概念在描述磁结构平移对称性中的作用，同时也提出群表示分析的

适用性更为广泛——虽然 Shubnikov 群只能而且必须用于可公度磁结构这一特殊情况。

假定在波矢群 G_k 中的某一晶体空间群 G 中的对称操作作用下，磁原子位置 j 可以产生标识为 js ($j1$，$j2$，$\cdots$，jp) 的等效原子。其中群 G_k 由能够维持传播矢量不变的对称操作所构成：$G_k = \{g \in G \mid gk = k' \in L^*\}$，定义中的 L^* 为晶体学倒易点阵。

磁结构的群表示分析的重要成果就是相应于位置 j 的某个完整轨道波的傅里叶系数可以看作一组相关活性表示 (relevant active representation) 的原子基函数 (atomic basis function) 的线性组合[21]。此时傅里叶系数的表达式如下：

$$S_{kjs} = \sum_{n\lambda} C_{n\lambda}^{\nu} S_{n\lambda}^{k\nu}(js) \tag{3.54}$$

其中 ν 标示了传播矢量群中的活性不可约表示 Γ_{ν}；λ 则指代相应于这个不可约表示 Γ_{ν} 各维度的分量；n 是一个索引值，最小值为 1，最大值就是总的磁表示 Γ_M 中该不可约表示 Γ_{ν} 出现的次数。最后的数量项 $S_{n\lambda}^{k\nu}(js)$ 是一个常数矢量，一般是复数，可以通过沿着与位置 j 相应的晶胞的坐标轴方向应用投影算符公式而得到。所得的这些矢量类似于点阵动力学中的正交模，所不同的就是它们属于轴向矢量。如果在磁相变中包含的不可约表示多于 1 个，那么这时就需要进一步遍历 ν 做加和运算，这方面的相关示例和详细介绍见参考文献[16]。对于全部采用表示分析的情况，系数 $C_{n\lambda}^{\nu}$ 就是表征磁结构的自由参数 [相应于朗道 (Landau) 相变理论中的序参数 (order parameter)]，而且这些自由参数的总数目一般都要比晶胞中每个磁性原子的傅里叶分量数目少很多。

另外，某些场合下还可以采用更接近于传统晶体学的方法，如果原子 $j1$ 可以通过 G_k 中的对称操作 g_s 转变为原子 js ($x_{js} = g_s x_{j1} = S_s x_{j1} + t_s$)，那么相应的磁矩傅里叶分量 k 将进行如下转变：

$$S_{kjs} = M_{js} S_{kj1} \exp(-2\pi i \phi_{kjs}) \tag{3.55}$$

其中矩阵 M_{js} 和相角 ϕ_{kjs} 可以利用傅里叶系数与原子基函数之间的关系 [公式 (3.54)] 进行简化。如果是可公度磁结构，那么矩阵 M_{js} 就是作用于磁矩上的 Shubnikov 磁对称群的转动部分。

如果考虑各向同性热运动并且不同傅里叶分量之间通过对称关系耦合在一起，那么磁结构因子的一般表达式是

$$M(h) = p \sum_{j=1}^{n_a} O_j f_j(h) e^{-B_j |h/2|^2} \sum_{s=1,\cdots,p} M_{js} S_{kj1} \exp\{2\pi i [(H+k)\{S|t\}_s x_{j1} - \psi_{kjs}]\}$$

$$\tag{3.56}$$

其中遍历 j 的加和考虑了相应于波矢 k 的磁非对称单元中的原子，即 j 标识了

不同的原子位置。而遍历 s 的加和则考虑了波矢群 G_k 的对称操作元素；相因子 ψ_{kjs} 包括两个分量

$$\psi_{kjs} = \varPhi_{kj} + \phi_{kjs} \tag{3.57}$$

其中 $\varPhi_{kj}$ 是不能通过对称性确定的相因子，属于自由参数并且仅反映一组独立磁原子（一个轨道波）相对于另一组的差别；分量 ϕ_{kjs} 则是如公式（3.55）所示，可以通过对称性而被明确的相因子。对于 $-k$，需要改变 ϕ_{kjs} 的符号。通常情况下，S_{kj} 是一个具有六个分量的复数矢量。每个磁轨道波的这六个分量就是需要通过衍射数据进行精修的参数。对称性可以降低待精修的每一磁轨道波的自由参数数目。需要指出的是，这里的相因子规定方式与参考文献[22]所采用的并不一样。

对于可公度磁结构，磁单胞中的磁结构因子是可以计算的。此时的 S_{kj} 是相应于原子的磁矩的实数矢量，从而矩阵 M_{js} 也是实矩阵并且所有相角满足 $\phi_{kjs} = 0$。这种结构可以完全满足晶体学磁群理论的应用要求[19,20]。

对于采用基于原子基函数的概念而实现的普适性分解表达式［公式（3.54）］，磁结构因子计算如下：

$$M(\boldsymbol{h}) = p\sum_{j=1}^{n} O_j f_j(\boldsymbol{h}) \mathrm{e}^{-B_j|h/2|^2} \sum_{n\lambda} C_{n\lambda}^{\nu} \sum_{s} S_{n\lambda}^{k\nu}(js)\exp[2\pi\mathrm{i}(\boldsymbol{h}_s \cdot \boldsymbol{x}_j + \boldsymbol{h}_s \cdot \boldsymbol{t}_s)] \tag{3.58}$$

其中 $\boldsymbol{h}_s = S_s^T\boldsymbol{h}$［上标 T 在这里代表转置（transpose）］。

3.3.4.4 中子散射确定磁结构的局限性

如果磁结构存在好几个传播矢量 $\boldsymbol{k}$，那么就不可能得到关于自旋组态（spin configuration）的唯一解。这是因为不同傅里叶分量之间的相角是不能通过衍射方法求出来的。这个问题的起源是一目了然的，改写公式（3.44）就可以得到如下结果：

$$\boldsymbol{m}_{lj} = \sum_{\{k\}} S_{kj}\exp[-2\pi\mathrm{i}(\boldsymbol{k}\cdot\boldsymbol{R}_l + \varPhi_k)] = \sum_{\{k\}} S_{kj}^{m}\exp(-2\pi\mathrm{i}\boldsymbol{k}\cdot\boldsymbol{R}_l) \tag{3.59}$$

这里加入了一个仅仅取决于 $\boldsymbol{k}$ 的可变化的相因子 $\varPhi_k$。很明显，一般情况下傅里叶系数 S_{kj}^{m} 的改变将产生另一种磁结构。然而，由公式（3.59）等给出的傅里叶级数所得的衍射谱图与采用公式（3.44）得到的衍射谱图是等同的。这个结论很容易解释，因为新的磁结构因子［公式（3.51）］和相应于衍射 $\boldsymbol{h} = \boldsymbol{H} + \boldsymbol{k}$ 的强度可以进行如下计算：

$$M^m(\boldsymbol{h}) = p\sum_{j} f_j(\boldsymbol{h}) S_{kj}^{m}\mathrm{e}^{2\pi\mathrm{i}(\boldsymbol{H}+\boldsymbol{k})\cdot\boldsymbol{x}_j} = p\mathrm{e}^{-2\pi\mathrm{i}\varPhi_k}\sum_{j} f_j(\boldsymbol{h}) S_{kj}\mathrm{e}^{2\pi\mathrm{i}(\boldsymbol{H}+\boldsymbol{k})\cdot\boldsymbol{x}_j}$$

$$= \mathrm{e}^{-2\pi\mathrm{i}\varPhi_k}M(\boldsymbol{h})I_{\mathrm{mag}}(\boldsymbol{h}) = M_{\perp}^{m}(\boldsymbol{h}) \cdot M_{\perp}^{*m}(\boldsymbol{h})$$

$$= e^{-2\pi i \Phi_k} e^{2\pi i \Phi_k} M_\perp(h) \cdot M_\perp^*(h) = M_\perp(h) \cdot M_\perp^* \qquad (3.60)$$

从上式可以看出，在计算强度的时候，这个可变的相因子不见了。这就意味着如果一张衍射谱图中存在着多个传播矢量，那么将有相当多的磁结构满足这张观测谱图的要求，单独利用衍射不能获得唯一的结果。对称约束以及更重要的关于磁矩振幅的限制可以减少这些待定结构解的数目。其实很早以前，Nagamiya 在研究材料的物理性质时就证实不同传播矢量可以组合得到同样的磁矩结构[23]。不过，万幸的是自然界展示的磁结构通常都是简单的，很多磁结构要么只有一个传播矢量，要么就是利用对称性约束降低由公式(3.44)所表示的周期性磁结构的复杂程度。

另外，需要特别关注的是，位于布里渊区内部的传播矢量是一对$(k, -k)$，并且具有可公度分量时的正交曲线型磁结构。此时全局相因子的变化会改变磁排列的物理属性。如果 k 是无公度的，那么相因子的变化仅仅改变了全局原点在晶体中的位置，而晶体中的磁矩振幅仍可以在取值区间内连续取值。反之，如果 k 是可公度的，那么这些相因子在取某些特定数值时将导致磁有序呈现完全不同于常见正弦曲线的结果。这里考虑最简单的情形，即每个初晶胞中仅有一个原子，其所具有的传播矢量数目是 1 个，取值是 $k = (1/4)H$。具体的例子可以参见图 3.4(a)。根据公式(3.59)，点阵位置 $R_l = (l_1, l_2, l_3)$ 处的磁矩是

$$m_l = \sum_{k,-k} S_k \exp[-2\pi i(kR_l + \Phi_k)] = (0,0,w) \cos 2\pi \left(\frac{1}{4} HR_l + \Phi_k \right)$$

$$= (0,0,w) \cos 2\pi \left(\frac{l_2}{4} + \Phi_k \right) \qquad (3.61)$$

其中 l_2 是整数。从上式可以明显看出，当 $\Phi_k = 0$ 时，沿 c 轴的该磁矩分量序列对于点阵位置 $l_2 = (0, 1, 2, 3, 4, 5, \cdots)$ 满足：$(w, 0, -w, 0, w, 0, \cdots)$。如果 $\Phi_k = 1/8$，那么这个序列的结果值就是$(w', w', -w', -w', w', w', -w', -w', \cdots)$，其中 $w' = w/\sqrt{2}$。这两个序列给出了完全相同的衍射谱图——理论上相差一个常数因子 $1/\sqrt{2}$，换句话说，它们是不可区分的。然而，就具体的物理性质而言，前者给出的是顺磁原子，而后者则是具有固定矩值的磁结构。总之，要从一系列难以取舍的结果中选出一个最好的，采用其他实验技术[穆斯保尔(Mössbauer)谱、μ-SR、NMR 等]是有所裨益的。

在粉末衍射领域，下面段落中列出的所有表达式都可以用于磁粉末衍射——只要将表达式中的结构因子平方项改成磁相互作用矢量的平方。

结构简并化问题(不同磁性结构给出了同样一张衍射谱图)给粉末衍射增添了困难。某个给定的观测谱峰一般来自多个布拉格衍射峰的贡献，这就意味着对称性高于正交化合物的磁结构是不能单一确定的。例如 G. Shirane 发表的

一篇有关单轴(uniaxial)［即共线(collinear)］磁性结构问题的文章[24]就提出，对于立方对称性，磁矩的朝向是不能利用粉末衍射来确定的。至于四方、三方和六方晶系，粉末衍射只能明确所假定的磁矩与 c 轴相交所成的公有(common)角，而衍射谱图对磁矩在 $a-b$ 平面上的取向角度并不敏感。

3.4　多晶粉末的散射

正如本章开头所提到的，理想的多晶粉末样品包含了大量(例如约 $10^9 mm^{-3}$)的、非常小(理想时约为 $1 \mu m$)的晶体，并且这些小晶体彼此之间无规则取向。显然，在这些晶粒中肯定能找到部分晶粒满足其散射矢量($s = S - S_0$)与某个倒易点阵矢量 h 一致，从而发生布拉格散射，并且在公式(3.20)中不用考虑与入射波相关的散射波方位角。因此，从粉末样品所得的散射谱图必然是一个环绕入射波方向的圆环(参见图3.1)。这种结果和单晶衍射的要求相反，后者需要在倒易点阵中定位到某个特殊方向以便满足与 s 的匹配关系。正因为如此，理想随机排列的粉末相应的倒易空间中的图形就是一组以倒易空间原点为中心，均匀稠密的嵌套在一起的球壳。每个球壳都源于一个与晶体结构相对应的倒易点阵阵点 h，并且其稠密性由 F_h 的振幅确定，这就意味着 h 的矢量特征在粉末谱图中已经丢失，仅能直接明确它的振幅。

当满足布拉格定律时，每一个非零的结构因子 F_h，其中 $|h| = |s|$，都会对粉末谱图的强度有所贡献。相应地，与 $|h| = 1/d_h$ 的值相同的结构因子产生的散射将一起出现，从而各自的衍射环会严格重叠在一起。在这种重叠中，有一部分是凑巧发生的，换句话说，它们的存在是由于 h 和晶胞参数碰巧满足了某种特定的组合。发生这种重叠的 F_h 值并不相等。至于其他重叠则是源于晶胞的对称性，这类重叠将在下面进一步讨论。

3.4.1　Friedel 衍射对的重叠

一对布拉格衍射 F_h 和 F_{-h} 来自相同堆积的晶面，只不过是散射方向相反而已，那么这对布拉格衍射就称为 Friedel 衍射对(Friedel pair of reflections)。一张粉末衍射谱图中，由于 $|h| = |-h|$，因此这对布拉格衍射必定严格重叠。但是，如果结构不是中心对称且某些原子存在明显的共振散射时[①]，这两者的 $|F|$ 是不一样的。一般说来，Friedel 衍射对中单独一个衍射的平均强度计算如下：

$$F^2 = (A_0 + A')^2 + B''^2 + (B_0 + B')^2 + A''^2 \tag{3.62}$$

---

① 共振散射就是反常散射(参见3.2.1节)。——译者注

其中

$$A_0 = \sum_{i=1}^{N} f_i(s_h) \cos\left[2\pi(\boldsymbol{h} \cdot \boldsymbol{x}_i)\right], \quad B_0 = \sum_{i=1}^{N} f_i(s_h) \sin\left[2\pi(\boldsymbol{h} \cdot \boldsymbol{x}_i)\right]$$

$$A' = \sum_{i=1}^{N} f_i'(s_h) \cos\left[2\pi(\boldsymbol{h} \cdot \boldsymbol{x}_i)\right], \quad B' = \sum_{i=1}^{N} f_i'(s_h) \sin\left[2\pi(\boldsymbol{h} \cdot \boldsymbol{x}_i)\right]$$

$$A'' = \sum_{i=1}^{N} f_i''(s_h) \cos\left[2\pi(\boldsymbol{h} \cdot \boldsymbol{x}_i)\right], \quad B'' = \sum_{i=1}^{N} f_i''(s_h) \sin\left[2\pi(\boldsymbol{h} \cdot \boldsymbol{x}_i)\right]$$

$$(3.63)$$

3.4.2 衍射多重性

前一小节讨论的 Friedel 衍射对的重叠就是对称性相关重叠的一个例子。此时一张粉末衍射谱图中，某个布拉格衍射所观测的强度值等于根据公式 (3.62) 和公式 (3.63) 计算所得强度值的两倍，换句话说，此时的衍射多重性 (reflection multiplicity) 等于 2。对于三斜晶体结构的所有衍射而言，这个衍射多重性都成立。而对于三斜以外的晶系，具有相同结构因子，从而严格重叠的衍射数目还会进一步增加，具体取决于它在倒易点阵中所体现的对称性。例如，在所有仅存在关于 $\boldsymbol{c}$ 轴的对称操作的四方晶系空间群 (例如 $P4_1$ 或者 $P4/n$) 中，在不考虑共振散射并且 h、k 和 l 都不为零的条件下，结构因子 F_{hkl}、$F_{\bar{k}hl}$、$F_{\bar{h}\bar{k}l}$、$F_{k\bar{h}l}$、$F_{hk\bar{l}}$、$F_{\bar{k}h\bar{l}}$、$F_{\bar{h}\bar{k}\bar{l}}$ 和 $F_{k\bar{h}\bar{l}}$ 的值相同。由于对上述 8 个等价衍射而言，其 $|\boldsymbol{h}|$ 都相同，因此在一张粉末衍射谱图中，它们必然严格重叠，从而所得衍射强度就是单独一个 F_{hkl} 所能得到的强度值的 8 倍，换句话说，此时的衍射多重性就是 8。如果 Miller 指数 l 等于 0 [即针对 $(hk0)$ 衍射]，那么这套等价衍射就简并成了 F_{hk0}、$F_{\bar{k}h0}$、$F_{\bar{h}\bar{k}0}$ 和 $F_{k\bar{h}0}$，此时的衍射多重性就是 4。从这里可以看出，公式 (3.62) 和公式 (3.63) 仅需用于所有需要考虑的倒易点阵阵点的一个子集，也就是独立衍射集 (unique reflection)，然后利用它们各自的衍射多重性就可以得到各自其余等价衍射参与重叠后得到的，也就是实测的衍射结果。

3.4.3 织构效应

前面所述的内容是以粉末样品理想无规分布为前提的，即各种晶粒取向的概率一样，从而衍射环的光密度均一并且与样品取向无关 (不考虑块体吸收效应)。虽然很多时候所做的实验的确如此，但是总有部分样品的晶粒会择优取向，而且这些占优势的方向与样品的某种表观取向有关。例如 Bragg - Brentano X 射线粉末衍射采用的平板样品中，如果 X 射线束辐照下的样品是平板形状或者针柱形状，所得的衍射谱图就会出现择优取向。此时的平板及针状晶体都倾向于平行于表面的方向，从而导致衍射强度有升有降，不再是无规排列时的相对比例。如果样品包含多晶聚集块，而不是松散的粉末，那么也可能会因为材料受过某种处理而产生变形，从而在晶粒的取向上引入织构，最终改变了布拉格衍射强度值。例如辊轧制备的金属板所测的衍射强度就经常体现辊轧织构的影响。

关于织构（或者择优取向）可以通过概率来完整表达。这个概率就是取向分布函数（orientation distribution function，ODF），即样品中所得的某一给定晶粒取向的概率。对于理想随机分布的粉末，各种取向的 ODF 都是相同的（ODF≡1），而如果是织构的样品，那么 ODF 既可以是小于 1 的正数，也可以是大于 1 的正数。这种 ODF 可以作为布拉格强度校正的表达方式，具体可通过一个同时受限于织构在倒易空间和样品坐标系中的取向的四维超曲面[通用轴公式（general axis equation）]来实现

$$O(\phi,\beta,\psi,\gamma) = 1 + \sum_{L=2}^{N_L} \frac{4\pi}{2L+1} \sum_{m=-L}^{L} \sum_{n=-L}^{L} C_L^{mn} k_L^m(\phi,\beta) k_L^n(\psi,\gamma) \quad (3.64)$$

具体的衍射实验中，晶体衍射坐标（ϕ，β）由衍射指标（h）确定，而样品坐标（ψ，γ）则取决于样品在衍射仪上的朝向。上述公式假定概率曲面平滑并且可以表示成 N_L 个球谐波项 k_L^m 和 k_L^n 的加和，其中对应于某个极大谐波序数 L 的 k_L^m 和 k_L^n 分别受限于 h 和样品的朝向（见参考文献[25]）。系数 C_L^{mn} 确定了织构的强度和细节。需要指出的是，仅有 $L=2n$ 的偶数阶的项相应的谐波之和才会影响布拉格衍射的强度，而 ODF 的奇数阶项在衍射中是不可见的。

虽然大多数情况下遇到的有关织构对衍射强度的影响都可以利用公式（3.64）表达的通用轴公式来解释，不过粉末衍射实验通常采用的是可以简化问题的操作：例如绕轴（Bragg – Brentano 实验中样品表面的法线或者德拜-谢乐实验中的毛细管轴线）旋转样品就可以将公式（3.64）通过对称性简化为

$$O(\phi,\beta,\gamma) = 1 + \sum_{L=2}^{N_L} \frac{4\pi}{2L+1} \sum_{m=-L}^{L} C_L^{m0} k_L^m(\phi,\beta) k_L^0(\gamma) \quad (3.65)$$

这样一来就明显比面向更一般化条件的公式（3.64）少了很多系数。值得注意的是，样品的自旋并没有去掉择优取向效应，仅仅是简化了有关择优取向的校正过程。

当 ODF 可以看作对称性圆柱（例如样品自旋）和椭球体时，织构校正过程可以进一步简化[26]。对于 Bragg – Brentano 实验，如果特征椭球轴平行于衍射矢量并且垂直于平板样品表面，那么此时的通用轴公式（通常被称为 March – Dollase 公式）则是

$$O(\phi) = \frac{1}{M} \sum_{j=1}^{M} \left(R_0^2 \cos^2\phi_j + \frac{\sin^2\phi_j}{R_0} \right)^{-\frac{3}{2}} \quad (3.66)$$

这个加和遍历一组数量为 M 的等效衍射，其中每个衍射具有相应于某个特定点阵方向（如果存在，通常就是所给空间群的特征轴）的角度 ϕ_j。系数 R_0 就是表征织构程度的椭球轴比例值，如果 $R_0 = 1.0$，那么概率分布就是球形的，即不存在织构效应。对于容易平躺在样品表面方向上的板状晶体，其平面法线将与衍射矢量一致，从而增强了基面衍射（basal reflection）的强度[例如六方、三方或者四方晶系的 $(00l)$]，此时的 R_0 将高于 1.0。反之，平躺于样品表面方向的针形样品的基面（basal plane）则是垂直于样品表面，从而抑制了基面衍射的强度，相应的 R_0 小于 1.0。如果圆柱试样的直径相当大（ > 1 mm，常见于中子粉末衍射），并且数据通过德拜-谢乐实验方法来收集，那么平板晶体通常是以其平面法线平行于圆柱轴线的方式择优排列的，此时的基面衍射强度也会被抑制，R_0 同样小于 1.0。反之，与上述讨论类似，此时的针形晶体则趋于以它们的长轴垂直于样品圆柱轴线的方式排列，这就增强了基面衍射的强度，使得 R_0 高于 1.0。不过，对于 X 射线粉末衍射而言，用于德拜-谢乐实验测试的样品由于其直径非常小（ < 1 mm），因此，通常观察到的织构效应不大，甚至没有。

3.4.4　吸收效应

正常的 Bragg – Brentano 几何设置的 X 射线粉末衍射实验中，样品整体密度均匀并且厚到在所有的散射角度范围内都没有射线透过样品。另外，给定的发散狭缝可以让光束辐照区仅仅落在样品的表面上（即低散射角的时候不会有溢出现象）。在上述条件下，吸收与散射角无关，从而对各个布拉格衍射的相对强度不会有影响。但是，如果样品吸收很大，那么就可能因为表面密度的不均匀而足以影响到布拉格衍射的强度值。一般来说，样品的表面密度低于体内密度，因此，低角度范围内被光束有效辐照的材料要少于高角度范围内处于光束中的材料，从而导致低角度（大面间距 d）范围衍射峰的强度相对于更高角度的衍射峰而言被压低了。通常可以利用原子热运动参数表面上整体降低的现象来断定这种表面粗糙度效应（surface roughness effect）的存在。各种 Rietveld 精修软件已经提供了经验校正因子[27]来反应这类系统性的布拉格强度效应。

不管是采用 X 射线还是中子辐射，德拜-谢乐实验所用的圆柱形样品都有所测布拉格强度随角度变化而变化的吸收效应。通常情况下，更低角度范围的衍射强度被压低的程度要大于更高角度范围的衍射峰，如果不进行校正，那么原子热运动参数值表面上看就会整体降低。入射束和衍射束所在的平面垂直于圆柱轴线时（典型的德拜-谢乐几何设置）的圆柱形样品吸收校正值已经被制成可供查阅的表格[28]，而且采用计算机软件也可以近似拟合这些数值。一般来说，这些校正值仅当吸收效应小的时候才有效（ $\mu r < 10$ ），如果吸收比较大，

原本关于样品整体都对散射有贡献的假定是不成立的。

致谢

本工作得到了劳厄-郎之万研究所以及隶属美国能源局（Department of Energy）的科学办公室（Office of Science）下的基础能源科学办公室（Office of Basic Energy Sciences）的资助，项目合同编号为 DE-AC-02-06CH11357。

参考文献

1. B. E. Warren, *X-Ray Diffraction*, Dover, New York, 1990.

2. A. Guinier, *X-Ray Diffraction in Crystals*, *Imperfect Crystals and Amorphous Bodies*, Dover, New York, 1994.

3. *International Tables for Crystallography*, Vol. C, *Mathematical*, *Physical and Chemical Tables*, ed. A. J. C. Wilson, Kluwer, Dordrecht, 1992.

4. D. T. Cromer and D. A. Liberman, *J. Chem. Phys.*, 1970, **53**, 1891-1898；R. B. Von Dreele, FPrime for Windows, 1994, http：//www. ccp14. ac. uk/ccp/ccp14/ftp-mirror/gsas/ public/gsas/ windows/fprime. zip.

5. G. L. Squires, *Introduction to the Theory of Thermal Neutron Scattering*, Dover, New York, 1996.

6. *Neutron Data Booklet*, 2nd edn, ed. A. -J. Dianoux and G. Lander, Institut Laue Langevin, Grenoble, 2003.

7. *International Tables for Crystallography*, Vol. A, *Space Group Symmetry*, ed. T. Hahn, Reidel, Dordrecht, 1983.

8. V. Petricek and P. Coppens, *Acta Crystallogr.*, *Sect. A*, 1985, **41**, 478.

9. P. M. de Wolff, T. Janssen and A. Janner, *Acta Crystallogr.*, *Sect. A*, 1981, **37**, 625.

10. V. Petricek and P. Coppens, *Acta Crystallogr.*, *Sect. A*, 1988, **44**, 235, and references therein.

11. W. A. Paciorek and G. Chapuis, *Acta Crystallogr.*, *Sect. A*, 1994, **50**, 235, and references therein.

12. S. Van Smaalen, *Cryst. Rev.*, 1995, **4**, 79-202.

13. J. Rossat-Mignod, *Neutron Scattering (Magnetic Structures)*, in：*Methods of Experimental Physics*, ed. K. Sköld, D. L. Price, Academic Press, New York, 1987, Vol. 23, Part C, p. 69.

14. (a) Y. A. Izyumov and V. E. Naish, *J. Magn. Magn. Mater.*, 1979, **12**, 239；(b) Y. A. Izyumov, V. E. Naish and V. N. Syromiatnikov, *J. Magn. Magn. Mater.*, 1979, **12**, 249；(c) Y. A. Izyumov, V. E. Naish and S. B. Petrov, *J. Magn. Magn. Mater.* 1979, **13**,

267; **13**, 275; (d) Y. A. Izyumov, *J. Magn. Magn. Mater.* , 1980, **21**, 33.

15. F. Moussa, M. Hennion, J. Rodríguez-Carvajal, L. Pinsard and A. Revcolevschi, *Phys. Rev. B; Solid State*, 1996, **54**, 15149.

16. Y. A. Izyumov, V. E. Naish and R. P. Ozerov, *Neutron Diffraction of Magnetic Materials*, Consultants Bureau, New York, 1991.

17. (a) E. García-Matres, J. Rodríguez-Carvajal, J. L. Martínez, A. Salinas-Sánchez and R. Sá-ez-Puche, *Solid State Commun.* , 1993, **85**, 553; (b) E. García-Matres, J. L. Martínez and J. Rodríguez-Carvajal, *Eur. Phys. J. B*, 2001, **24**, 59-70.

18. (a) P. Schobinger-Papamantellos, F. B. Altorfer, J. H. V. J. Brabers, F. R. de Boer and K. H. J. Buschow, *J. Alloys Compd.* , 1994, **203**, 243; (b) P. Schobinger-Papamantellos, J. Rodríguez-Carvajal, G. André and K. H. J. Buschow, *J. Magn. Magn. Mater.* , 1995, **150**, 311.

19. W. Opechowski and R. Guccione, Magnetic Symmetry, in *Magnetism*, ed. G. T. Rado and H. Shull, Academic Press, New York, 1965, Vol. II A, ch. 3, p. 105.

20. W. Opechowski, *Crystallographic and Metacrystallographic Groups*, Elsevier Science Publishers B. V. , Amsterdam, 1986.

21. Y. A. Izyumov, V. E. Naish and R. P. Ozerov, *Neutron Diffraction of Magnetic Materials*, Consultants Bureau, New York, 1991.

22. J. Rodríguez-Carvajal, *Physica B (Amsterdam)* , 1993, **192**, 55.

23. T. Nagamiya, *Solid State Phys.* , 1967, **20**, 305-411.

24. G. Shirane, *Acta Crystallogr.* , 1959, **12**, 282.

25. (a) H. -J. Bunge, *Texture Analysis in Materials Science*, Cuviller Verlag, Göttingen, 1982; (b) R. B. Von Dreele, *J. Appl. Crystallogr.* , 1997, **30**, 517-525.

26. (a) W. A. Dollase, *J. Appl. Crystallogr.* , 1986, **19**, 267-272; (b) A. March, *Z. Kristallogr.* , 1932, **81**, 285-297.

27. (a) P. Suortti, *J. Appl. Crystallogr.* , 1972, **5**, 325-331; (b) W. Pitschke, H. Hermann and N. Mattern, *Powder Diffr.* , 1993, **8**, 74-83; (c) C. J. Sparks, K. Kumar, E. D. Specht, E. D. Zschack and G. E. Ice, *Adv. X-Ray Anal.* , 1991, **35**, 57-83.

28. *International Tables for X-Ray Crystallography*, vol. II, *Mathematical Tables*, ed. J. S. Kasper and K. Lonsdale, Kynoch, Birmingham, 1967; *International Tables for Crystallography*, Vol. C. , *Mathematical, Physical and Chemical Tables*, ed. A. J. C. Wilson, Kluwer, Dordrecht, 1992.

第4章

常规数据还原

Rudolf Allmann

Im Grund 5，D-35043，Marburg，Germany

4.1 引言

通过现代化的粉末衍射测试可得到一个包含几千个步进扫描数据的 raw 文件，每一个数据点就是每一步扫描得到的 X 射线光子计数值。虽然 raw 文件包含了进行晶体学分析的全部所需信息，但是并不能直接使用。更为明朗化的是给出一系列衍射峰的位置（通常用 d 值表示）和强度的 dif 文件（d 和 i 分别是 *d*-value 和 intensity 的首字母）。dif 文件记录了几十到上百个衍射峰数据。衍射峰数目的多少取决于结构的复杂程度和晶体的对称性：晶胞的原子数目越多或晶体的对称性越低则可分辨的衍射峰越多。不过，实际可观察到的衍射峰数目还取决于设备的分辨能力，最恰当的说法是取决于衍射峰的半宽（half-width，HW，更准确的说法是半高宽，即 full-width at half-maximum，FWHM）。如果两个衍射峰的间距小于半宽（有时甚至可以是半宽的两倍），那么这两个衍射峰是不能彼此区分的。另外，dif 文件往往也包含了产生这些衍射峰的点阵面的 Miller 指数，这时晶胞大小是已知的（虽然晶体结构有待解析）。值得一提的是，国际衍射数据中心（International Centre for Diffraction Data，IC-DD）提供的粉末衍射文件（powder diffraction file，PDF）数据库包含了 100 000 个这样的 dif 文件，可以用于固相样品的物相鉴定。

数据还原就是从 raw 文件到 dif 文件的过程。它包含了如下几个步骤。这些步骤可以根据实际情况进行取舍。

（1）伪衍射峰（异常值）的消除。

（2）背景的拟合与扣除。

（3）数据平滑（Savitzky‒Golay 法）。

（4）$K\alpha_2$剥离。

（5）寻峰。

（6）线形拟合。

（7）系统误差确定。

raw 文件的如下优点为上述这些数值型操作提供了方便：整张谱图每一步间隔相同（一般 2θ 的变化值为 0.02°）并且所有衍射峰的半宽近似相等（常规测试是 0.1°~0.2°）。例如在实现上述步骤（1）、（3）和（5）上卓有成效的移动多项式拟合法就要求步长一样，峰形近似固定。

4.2　伪衍射峰（异常值）的消除

如果反映 X 射线脉冲大小的电子束屏蔽效果不好，那么用于照明的霓虹灯所需的启辉器等外界干扰源将会产生附加的计数值。另外，振荡的电子线路也会受到激励而产生共振。这些附加的光子计数过程可以持续 1 s 或几 s，从而产生一个虚假的衍射峰。不过，这种伪衍射峰的半宽要比正常峰的小，因此不难识别并去掉。一般测试中往往只有某一步扫描受到影响。由于彼此相邻的各个扫描步的计数值并不是独立的——所有衍射峰的形状或多或少都可看作一样的——因此，某一扫描步的计数率可以利用相邻几个扫描步的测试值，采用某种差值手段进行估计。如果这个估计值 $\hat{y}_k$ 与测量值 y_k 显著不同 [例如差值高于 $(4~5)\sigma$，其中 $\sigma = \hat{y}_k^{1/2}$]，那么这个测量值就可能是一个伪数据点，应当代之以前述的估计值（可能需要再增加 2σ 左右）。

最佳的 $\hat{y}_k$ 通过移动多项式得到（同样的方法还可以用于平滑，详见下文）。移动多项式的最靠里面的一项或者多项的权重值设置为 0，例如 $\hat{y}_k = (1/6) \times (-y_{k-2} + 4y_{k-1} + 4y_{k+1} - y_{k+2})$。表 4.1 列出了二次多项式的系数（同时包括了三次多项式），所取近邻点数多达 12 个。左边仅有中心值的权重设置为 0（适用于存在孤立的伪计数值的场合），右边则是 3 个位于中间的数值都设置为 0

（适用于存在连续两个或 3 个伪计数值的场合）。各个权重值 c_i 的加和产生了 norm 或者说分母（i 表示相对于中心值的扫描步数）。对于前述例子，加权后各个计数值之和必须缩小的倍数为 $6 = -1 + 4 + 4 - 1$。

孤立伪计数值如果偏差不小于 4σ，就应当做校正（即如果 $y_k - \hat{y}_k > 4\hat{y}_k^{1/2}$，则 $y_{kcor} = \hat{y}_k + 2\hat{y}_k^{1/2}$），累积型的伪计数值进行校正的标准是偏差不小于 5σ。为了更好地拟合背景，有必要另外进行一轮针对测试时被偶然低估的数值的校正。如果满足 $\hat{y}_k - y_k > (4 \sim 5)\sigma$，那么就应当增大这些 y_k 值。需要注意的是，由计算机运算后给出的修改结果需要在手工检验它们的可靠性以后才能接受这些校正。无论何时都要保存一份原始的 raw 文件以备后继步骤之需。

表 4.1　校正伪衍射点所用的系数表。左边对应于孤立伪计数值，右边用于群聚的多达 3 个的伪计数值场合，$\hat{y}_k = (\sum_i c_i \cdots y_{k+i}) / \text{norm},\ i = -n,\ \cdots,\ n-1,\ n)$

所用近邻数据点数目	4	6	8	10	12	4	6	8	10
norm	6	14	172	340	118	10	436	332	1 090
i					c_i				
0	0	0	0	0	0	0	0	0	0
±1	4	6	54	84	24	0	0	0	0
±2	−1	3	39	69	21	9	237	127	319
±3		−2	14	44	16	−4	92	82	244
±4			−21	9	9		−111	19	139
±5				−36	0			−62	4
±6					−11				−161

4.3　背景的拟合与扣除

粉末谱图一般带有系统噪声，主要有如下几个来源：样品架的弹性散射（图 4.1）、样品的无定形组分、光路上的空气（图 4.2）、非弹性散射（即入射光束改变了波长）、荧光辐射以及外来辐照（例如不可避免的宇宙射线）。基于 X 射线束前方散射狭缝的配置（固定宽度或者宽度变动以保持受辐射的样品面积不变），随着 2θ 的增加，背景强度或多或少都是下降的。使用无定形样品架（例如硅玻璃）并且样品太薄或者覆盖面积过小时，样品架会受到照射，此时某一区域的背景将呈现一个宽阔的无定形驼峰，低角度的部位更为严重。在较高角度区域，特别是样品晶体学对称性低时，大量独立的衍射峰严重重叠，从而不能落回背景本身。此时背景就容易被高估，从而使得这些重叠衍射峰的强度值偏低。

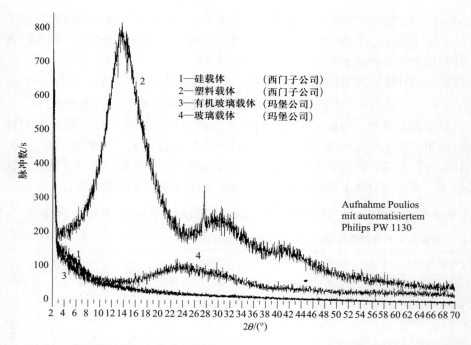

图 4.1　常用样品架的衍射谱图（发散狭缝为 0.5°）。如果样品薄或者发散狭缝太宽，这些谱图就会严重影响样品的谱图。例如对于号称"零背景"的某种用塑料框住的硅单晶样品架，在低角度区域显现一个塑料的驼峰（发散狭缝取 1°，此峰开始于 18° 之前）。谱线 2 的锐利衍射峰来源于无机填充物（长石？）。常见白色有机玻璃所给的背景（谱线 4）与前述塑料的曲线类似。某种未知来源的蓝色有机玻璃则接近于无背景（谱线 3）

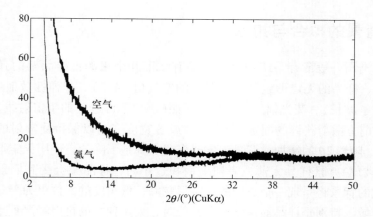

图 4.2　光路气氛对背景的影响，测试时使用石英单晶样品架[25]

Sonneveld 和 Visser（1975）[1]提出了一种处理 X 射线胶片且便于编程的数值方法。它给出的背景曲线看起来很像那么一回事。Goehner（1978）[2]也提出了类似的处理步骤，在具体操作时，从原始文件中每次取 10 个或者 20 个数据点（也可以是某些近邻点中的极小值）作为估算背景的初始值，即这些点被近似看作背景的零值位置。不过，由于其中部分点属于某个衍射峰，因此必然高估了该处背景的零值位置，所以必须通过某个迭代处理进行"拉低"。为了实现这个目的，对于每一个数据点（不包括边界点），计算其两边近邻数据点的平均值作为它的一个新估计值。如果这个估计值比原数值低，则取代原来的背景值。这种"拉低"操作必须重复进行大约 30 次。

在可能出现无定形驼峰的区域（在 $2\theta > 120°$ 的超大角度区，背景也可能再次隆起），背景点稍微高于近邻点平均值大约（1~2）σ 是可以接受的，即此时可以不用这个估计值来替换原值｛或者仅在原值 > ［平均值 +（1~2）σ］时才进行替换｝。最后，在这些校正后的基点之间做线性插值就得到了整条背景线，从而可以逐点从原始数据中扣除背景。需要注意的是，如果刚开始所用的数值并不是实验值本身，而是近邻 3 或者 5 个数据点中的极小值，那么所确定的背景线将位于背景噪声的底端部位，这时就需要将这些点抬高（1~2）σ，从而避免出现太多虚假的弱衍射而干扰后面的寻峰过程。这条初步计算获得的背景在一些场合下需要手工校正。当然，背景的基点也可以手工选择，甚至有人采用三次样条函数做非线性（插值）连接。

Bruker AXS 的 EVA 软件提供了另一种拟合背景的手段。实际操作中，曲率不同的多条抛物线（由用户自定义）从谱图下面往上移动直到接触背景为止，然后将所有抛物线的包络作为背景曲线使用。

原始背景也是衡量测试白噪声的标尺。只有计数率显著高于背景［（2~3）σ，σ 等于原始背景值的平方根］时，该数据点才能认为是某个谱峰区域的成员。低于这个显著性水平的区域在后继的寻峰操作中要完全忽略不计。

4.4 数据平滑

为了提高信噪比，一般要使用平滑过程去掉噪声，过滤出所需的信息（此处就是 X 射线衍射）。实际操作中有两种平滑粉末谱图的方法：① 移动多项式平滑法。这种方法由 Savitzky 和 Golay（1964）[3]在处理红外光谱时首次应用成功，需要假定某个已知的贴切的信号（谱峰）形状；② 来自通信技术领域的低通滤波器。在信号处理方面，它被用于从高频噪声中分离出低频的信号［例如磁带录音机中压缩噪声的杜比（DOLBY）系统］。

4.4.1 移动多项式平滑（Savitzky–Golay 法）

移动多项式平滑被 Savitzky 和 Golay[3] 成功引入光谱学并且推广开来，因此，有关这一领域的最好的文献资源不是数学类杂志和教材，反而是化学类的杂志 *Analytical Chemistry*。不过，移动多项式法作为一种数学方法却是由来已久了。一个证据就是所需系数（参见表 4.2）的计算公式早已记载于 Whittaker 和 Robinson（1924）[4] 编写的教材中。当时只是由于计算能力的缺乏才使得这些公式并没有实际应用。

表 4.2　Savitzky 和 Golay 所用移动多项式拟合的系数列表（1964，校正值）[3]。使用时加权（权重为 c_i）之和必须除以 norm

	平滑（二次和三次）						二阶导数（二次和三次）					
m	5	7	9	11	13	15	5	7	9	11	13	15
n	2	3	4	5	6	7	2	3	4	5	6	7
norm	35	21	231	429	143	1 105	7	42	462	429	1 001	6 188
i							c_i					
0	17	7	59	89	25	167	−2	−4	−20	−10	−14	−56
±1	12	6	54	84	24	162	−1	−3	−17	−9	13	−53
±2	−3	3	39	69	21	147	2	0	−8	−6	−10	−44
±3		−2	14	44	16	122		5	7	−1	−5	−29
±4			−21	9	9	87			28	6	2	−8
±5				−36	0	42				15	11	19
±6					−11	−13					22	52
±7						−78						91

	一阶导数（一次和二次）						一阶导数（三次和四次）					
m	5	7	9	11	13	15	5	7	9	11	13	15
n	2	3	4	5	6	7	2	3	4	5	6	7
norm	10	28	60	110	182	280	12	252	1 188	5 148	24 024	334 152
i							c_i					
−7						−7						12 922
−6					−6	−6					1 133	−4 121
−5				−5	−5	−5				300	−660	−14 150
−4			−4	−4	−4	−4			86	−294	−1 578	−18 334
−3		−3	−3	−3	−3	−3		22	−142	−532	−1 796	−17 842
−2	−2	−2	−2	−2	−2	−2	1	−67	−193	−503	−1 489	−13 843
−1	−1	−1	−1	−1	−1	−1	−8	−58	−126	−296	−832	−7 506
0	0	0	0	0	0	0	0	0	0	0	0	0
1	1	1	1	1	1	1	8	58	126	296	832	7 506
2	2	2	2	2	2	2	−1	67	193	503	1 489	13 843
3		3	3	3	3	3		−22	142	532	1 796	17 842
4			4	4	4	4			−86	294	1 578	18 334
5				5	5	5				−300	660	14 150
6					6	6					−1 133	4 121
7						7						−12 922

采用这种方法的前提就是要有一套等间距的基点和一种能用 n 次多项式来逼近的信号的形状。在粉末衍射中，前者可以通过固定步长的步进扫描测试得到，而后者也是满足的，因为 X 射线衍射峰的半宽区域可以很好地用某个抛物线（二次多项式）来逼近，同时肩峰（例如某强峰斜坡处的弱峰）也可以用三次多项式来拟合。

对于 $m = 2n + 1$ 个近邻的初始点 x_{k-n}，x_{k-n+1}，$\cdots$，x_{k-1}，x_k，x_{k+1}，$\cdots$，x_{k+n}，可以通过最小二乘法，利用 n 次多项式（例如 $y = a + bx + cx^2$）来拟合所测量的 y_{k-n}，$\cdots$，y_{k+n} 数值。由于目标参数 a、b 和 c 属于线性因子，因此所处理的就是一个线性方程组，可以直接（仅需一步）得到正确的解。而且这个结果不受所用步长和初始值（可以假定为零）的影响。对于数据点数 $m = 5$（$n = 2$）而言，抛物线的解如下所示：

$$a = \frac{1}{35}(-3y_{k-2} + 12y_{k-1} + 17y_k + 12y_{k+1} - 3y_{k+2})$$

$$b = \frac{1}{10}(-2y_{k-2} - y_{k-1} + y_{k+1} + 2y_{k+2}) \tag{4.1}$$

$$c = \frac{1}{14}(2y_{k-2} - y_{k-1} - 2y_k - y_{k+1} + 2y_{k+2})^{①}$$

对于中间点（$i = 0$），可以得到 $y(0) = a$，$y'(0) = b$ 和 $y''(0) = 2c$，即中间点平滑后所得的值 $\bar{y}_k$ 恰好等于 a 的绝对值：$\bar{y}_k = (1/35)(-3y_{k-2} + 12y_{k-1} + 17y_k + 12y_{k+1} - 3y_{k+2})$；而利用 b 和 $2c$ 可以进一步得到 k 位置处的一阶和二阶导数的近似值，换句话说，不需要知道具体的峰形函数，就可以方便地计算出整条谱线的导数。下一个点的平滑就是将多项式平移一个步长，然后采用同样的公式运算。只有开始的 n 个和结束的 n 个原始数据点不能这样做。最简单的处理办法就是不平滑这几个点，不过也可以对这两部分采用更小的平滑间隔。（显性）数字滤波的通用表达式是

$$\bar{y}_k = \frac{\sum c_i \cdot y_{k+i}}{\text{norm}}, (i = -n, \cdots, -1, 0, 1, \cdots, n) \tag{4.2}$$

在最小二乘精修项目中，正交方程的其余每组系数之和等于零，二次和三次多项式的零阶（＝平滑结果）和二阶导数值完全一样。不过，它们的一阶导数值是不同的（相反，三次和四次多项式的一阶和二阶导数则是分别相等的）。

---

① 原文误为"$c = 1/14(y_{k-2} - y_{k-1} - 2y_k - y_{k+1} + 2y_{k+2})$"。——译者注

移动多项式拟合所用的系数可以用一个简单的公式来描述[5]。对于 $m =$ $2n + 1$ 个数据点的平滑（二次和三次），该公式如下：

$$\text{norm} = \frac{(4n^2 - 1)(2n + 3)}{3}, \cdots c_i = 3n(n + 1) - 1 - 5i^2 \qquad (4.3)$$

由于一个谱图中的所有 X 射线衍射峰的图形非常相似，因此只要平滑间隔的宽度近似等于衍射峰半宽的平均值（至多超过 20%，参见图 4.3），Savitzky‑Golay 平滑能够对任一个谱图进行优化。这就意味着用于平滑的初始点数目 m 近似等于实测半宽的步数（可以高到 + 20%）。如果点数过小，就会残留很多噪声；相反，过多的点数则会影响衍射峰形——谱峰变得更为矮胖，即分辨率更差（过度平滑）。由于任何时候的 norm 都等于权重 c_i 的加和，因此积分强度（＝峰面积）不随平滑过程而变化（详见参考文献[6]）。

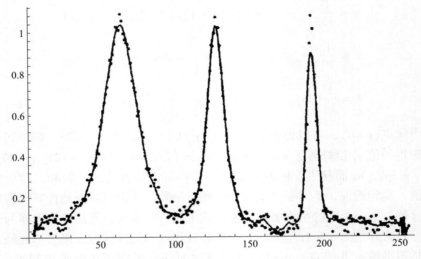

图 4.3 移动多项式平滑的效果示意图。图中三个谱峰是带噪声的改良过的洛伦兹峰，高度相同而半宽不同，分别是 27、13 和 7（数据点数目）。平滑曲线（实线）是采用 13 个点作为平滑间隔的结果。狭窄的谱峰（右边）有些过度平滑，产生了轻微的宽化并且降低了峰值；中间的谱峰的平滑就很贴切；而左边谱峰的平滑还要进一步加强

对于一阶及其更高阶的导数，步长 Δx 是必须考虑的（不过不是针对平滑过程）：精确的表达式是 $y' = b/\Delta x$ 和 $y'' = 2c/(\Delta x)^2$。在对比不同步长收集的数据时更要注意这一点。对于不同半宽的谱图，二阶导数的极小值（＝谱峰位置）随着半宽值的平方而下降，即越宽的衍射峰在采用二阶导数寻峰方法时越不好辨认（参见图 4.4）。每个半宽的实测点数不应大于 10 也是出于这个原因。

因为在频率域中出现了很强的负域（参见图 4.4），所以 Savitzky‑Golay 法

的低通滤波功能并不是很好。不过，由于同一滤波器的双重作用（Savitzky – Golay 平滑也可以看作一种数字滤波器）能直接平方化频率域，从而消除了负域（图 4.5）。因此，双重作用操作能够极大增强 Savitzky – Golay 平滑的低通滤波性能。基于此，这种方法常常以同样的系数使用两次（平滑已经平滑过的数据）。对于噪声很大的信号，以移动多项式重复 100 次平滑可能有助于将微弱的信号从噪声中区分出来（例子参见参考文献［5］）。

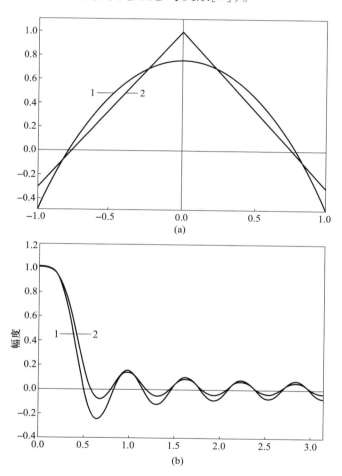

图 4.4　Bromba – Ziegler 滤波器［Bromba 和 Ziegler（1983c）[7]，采用（a）中拟合三角形的系数］的作用效果与移动多项式平滑（Savitzky – Golay 滤波器，采用拟合某个抛物线的二次多项式系数）相似。正如（b）所示的每取 21 个数据点做相应滤波器的傅里叶变换操作后的结果，两者的低通滤波性能都不好

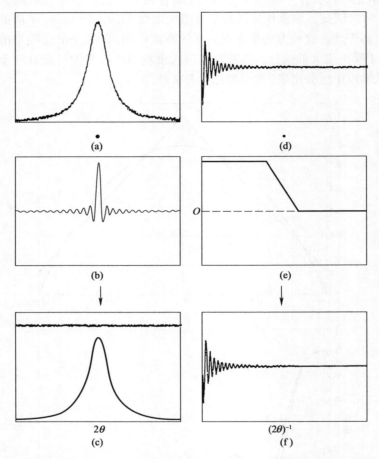

(a)   (d)

(b)   (e)

2θ $(2\theta)^{-1}$

(c)   (f)

图4.5　幅度域(左)和频率域(右)使用低通滤波后的效果：(a)是一个带噪声的洛伦兹谱峰。它的频率谱(d)的左边部分(低频部分)主要来自无噪声衍射的频率谱的贡献，而右边则只有(白)噪声贡献的谱线。如果(d)逐点与低通滤波器(e)(前面部分=1；后面部分=0，中间是一个过渡带)相乘，就可以得到了一个高频区没有噪声的谱线(f)。(f)反向变换所得的谱线(c)就是所要的平滑曲线。(c)图的上方是平滑曲线(c)和(a)的差值，也就是被消除的噪声的高频部分。与通过频率域使用两次耗时的傅里叶变换的迂回做法不同，还可以直接用低通滤波器(e)的傅里叶变换(b)直接对原始曲线(a)做卷积。对于不连续的测试值(例如某种步进扫描法的结果)而言，一个卷积运算就是施加一次移动加权平均值。这种滤波器的系数就是曲线(b)上的一些离散点。对于一个纯粹的矩形函数[1和0之间没有如同(e)那样的过渡带]，傅里叶变换后所得谱图形状类似于 $\sin x/x$ (引自 Cameron 和 Armstrong，1988[8])

4.4.2 数字低通滤波

一系列测试数据(例如一个原始文件)可以看作一系列信号和噪声的叠加值。对某个测试结果进行傅里叶变换后，所得的频率谱就是信号频率谱和噪声频率谱的和(叠加)。如果一个衍射峰能拟合成 Pearson –VII 线形(参见 4.7 节)，并且这个偶函数的最大值位于 $x = 0$ 处，这时傅里叶变换就是一个稳定趋于零的实函数。函数

$$f(x) = \left[1 + \left(\frac{x}{b} \right)^2 \right]^{-m} \tag{4.4}$$

傅里叶变换的精确结果是

$$g(w) = \frac{\sqrt{2\pi} \cdot |b|^{m+1/2}}{2^{m-1} \cdot \Gamma(m)} \cdot |w|^{m-1/2} \cdot \mathbf{Bessel\ K}\left(m - \frac{1}{2}, |b \cdot w| \right) \tag{4.5}$$

特别地

$$当\ m = 1\ 时, g(w) = \frac{\pi \cdot b}{\exp(b \cdot |w|)}$$

$$当\ m = 2\ 时, g(w) = \frac{\pi \cdot b^2 \left(|w| + \dfrac{1}{b} \right)}{2\exp(b \cdot |w|)} \tag{4.6}$$

换句话说，稳定的信号对更高频率的贡献近似为零，相反地，噪声的频率响应或多或少近似为一个非零的常数。因此，在某一个频率值以上就只有噪声的贡献了。如果通过乘以零来抑制这个高频部分，那么逆向变换回幅度域后，信号保持不变，只是在低频部分才受到噪声的轻微干扰。

取代频率域中应用低通滤波器(低频范围乘以 1 而高频则乘以 0，即以一个矩形函数来乘以频率响应值)的一种做法是在幅度域(即测试值本身)内，使用该矩形函数的傅里叶变换做数学上完全等价的卷积操作。

一个步进扫描的数值卷积操作其实就是对原始数据作用一个移动加权平均值(例如类似 Savitzky – Golay 法的取值)。上述矩形函数的傅里叶变换具有 $\sin(nx)/(nx)$ 的峰形(n 反比于该矩形的宽度)。不好的是它趋于零的速度非常缓慢。为了能对少量数据点应用这种卷积，就必须放弃低通滤波器的理想矩形(在频率域)，而改为采用某种折中的方案。

根据 Hamming (1983)[9] 提出的建立单调低通滤波器的一个算法，可以类似 Savitzky – Golay 系数而计算出一批系数值用于粉末谱图的平滑。如果平滑间隔过大，单调性的要求就必须抛弃，否则 norm 值会以 4^n 的数量级迅速增大。不过，所得系数要满足下面的条件：$\sum c_i = norm$，$\sum c_i (-1)^i = 0$，$\sum c_i \cdot i^2 = 0$(即某个抛物线被严格多次复制)。平滑间隔的数据点数目要比每个半宽所含

数据点的数目大 1/4。不管怎样，只要平滑一次就够了。另外，首尾两端建议用 5 个数据点来平滑，因此，每一端就只有两个保持原状的数据点。表 4.3 列出了这些新的系数值以及 Spencer（1904）[10] 原本用于平滑预期寿命数据的两个低通滤波器。

表 4.3 数字低通滤波器的系数

	平滑用的数字低通滤波器											Spencer（1904）[10]	
m	5	7	9	11	13	15	17	19	21	23	25	15	21
n	2	3	4	5	6	7	8	9	10	11	12	7	10
norm	16	32	64	512	512	512	512	512	512	512	1 024	320	350
i							c_i						
0	10	16	26	186	154	128	104	96	90	80	152	67	57
±1	4	9	18	139	127	111	96	89	83	75	145	67	57
±2	−1	0	4	46	64	72	73	70	68	65	125	46	47
±3		−1	−2	−8	10	29	42	46	47	49	98	21	33
±4			−1	−11	−11	0	16	22	26	32	66	3	18
±5				−3	−9	−9	−2	4	9	16	36	−5	8
±6					−2	−8	−9	−6	−2	3	12	−6	−2
±7						−3	−8	−8	−6	−4	−4	−3	−5
±8							−4	−6	−7	−8	−11		−5
±9								−5	−5	−7	−13		−3
±10									−2	−4	−10		−1
±11										−1	−6		
±12											−2		

　　表 4.4 列出了一些平滑函数作用于某个半宽 HW = 4 的改良洛伦兹谱峰曲线的结果。谱峰两边的数据点数目一直取到 5 个 HW（ = 20 步）为止。a、b 和 c 函数的平滑效果不理想，因为所得的谱峰形状严重变形（用于模拟老式的速率器记录结果的 c 函数进一步改变了最大值的位置，谱峰两边的模拟结果都是如此）。d 和 c 都是 Savitzky-Golay 平滑，其中 d 的平滑间隔适合本例的半宽，而 e 所用的点数则过多（过度平滑）。f 和 g 是引用低通滤波器（图 4.6）的结果。

表 4.4　同样高度和半宽的标准曲线以及几种平滑方法应用于改良洛伦兹（modulated Lorentz，ML）曲线（第 3 列）所得的结果[a]

k	L	ML	a	b	c_-	c_+	d	e	f	g
0	10 000	10 000	7 285	8 094		7 907	9 631	8 149	9 731	9 095
±1	8 000	8 212	6 820	7 280	5 814	8 060	8 198	7 517	8 201	7 981
±2	5 000	5 000	5 461	5 355	3 416	6 530	5 184	5 800	5 134	5 444
±3	3 076	2 679	3 617	3 318	1 831	4 605	2 731	3 564	2 717	2 996
±4	2 000	1 417	2 064	1 845	983	3 011	1 406	1 679	1 409	1 464
±5	1 379	776	1 118	1 001	550	1 893	763	689	767	732
±6	1 000	447	617	558	324	1 170	440	335	442	409
±7	755	271	356	327	200	720	268	206	269	250
±8	588	172	216	201	129	446	170	140	171	162
±9	471	113	138	129	86	280	113	99	113	109
±10	385	78	91	87	60	179	77	70	77	75
±11	320	55	63	60	43	117	54	51	54	53
±12	270	39	45	43	31	78	39	38	39	39
±13	231	29	32	31	23	54	29	28	29	29
±14	200	22	24	23	18	34	22	21	22	22
±15	175	17	18	18	14	27	17	17	17	17
±16	154	13	14	14	11	20	13	13	13	13
±17	137	10	11	11	9	15	10	10	10	10
±18	122	8	9	9	7	11	8	8	8	8
±19	110	7	7	7	6	9	7	7	7	7
±20	99	6	6	6	5	8	6	6	6	6
HW	4	4	5.9	5.3		5.0	4.3	5.5	4.2	4.7

[a] $a \sim g$ 列分别是用如下系数平滑改良洛伦兹曲线的结果（HW 行是当前曲线的半宽）

a：移动五点平均法：（1 1 1 1 1）/5。

b：移动五点三角平均法（＝双重移动三点平均）：（1 2 3 2 1）/9。

c：速率计模拟法：隐式：$y_n^- = (y_n + y_{n-1})/2$，显式：$(1/2^{n+1} \cdot 1/8 \ 1/4 \ 1/2 \ 0 \ 0.0)$。

d：五点 Savitzky - Golay 滤波器：（ - 3 12 17 12 - 3）/35。

e：九点 Savitzky - Golay 滤波器：（ - 21 14 39 54 59 54 39 14 - 21）/231。

f：五点低通滤波器：（ - 1 4 10 4 - 1）/16。

g：九点低通滤波器：（ - 1 - 2 4 18 26 18 4 - 2 - 1）/64。

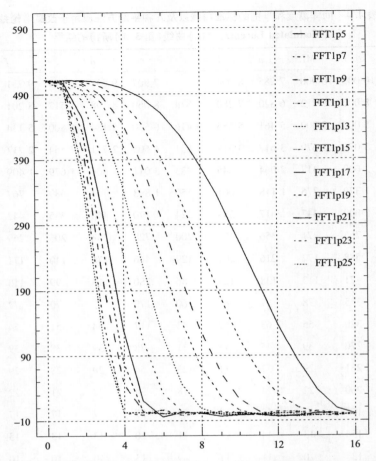

图 4.6　所引用低通滤波器取 5～25 个点间隔时的傅里叶变换结果。对于 5 和 7 个点间隔，滤波器是单调的（低于 0 后没有振荡），这样的滤波器所得的平滑结果可以反过来重算出原始曲线

4.5　Kα₂ 剥离

常规 X 射线源发出的 Kα 射线包含了两条非常狭窄且波长相当接近的谱峰 [例如 CuK：$\lambda(\alpha_2)/\lambda(\alpha_1) = 1.002\ 48$]，单色化非常困难，因此，每个 Kα 射线作用所得的衍射谱图都是两个相对轻微偏移谱图的叠加结果。这种偏移在低角度区域是不能分辨的，只有到了更高的角度，Kα₂ 峰所处的位置才比 Kα₁ 峰更高一些，并且强度近似于 Kα₁ 峰的一半。至于什么时候开始可以目测到这种劈裂就要看衍射峰的半宽 HW。对于 CuKα 射线，当 HW = 0.1° 时，劈裂一般

开始于 $2\theta = 39°$，当 HW $= 0.2°$ 时，$2\theta = 70°$，而当 HW $= 0.3°$ 时，$2\theta = 93°$（参见表 4.5）。由于其他原因，α_2 峰的半宽往往比 α_1 峰的大 20%。

如表 4.5 所示，以 $CuK\alpha$：$\lambda(\alpha_2)/\lambda(\alpha_1) = 1.00248$ 为例，劈裂 $\Delta 2\theta = 2\theta(\alpha_2) - 2\theta(\alpha_1)$ 随着 2θ 的增加而递增。一直到 $2\theta = 140° \sim 150°$，劈裂大小都可以用如下公式很好地近似：

$$\Delta 2\theta = \left[1 - \frac{\lambda(\alpha_1)}{\lambda(\alpha_2)}\right] \cdot \tan\theta(\alpha_2) \cdot \frac{360°}{\pi} \qquad (4.7)①$$

对于很少用到的更大的角度区域，就必须使用精确的计算公式：$2\theta(K\alpha_1) = 2\arcsin\{\sin[\theta(K\alpha_2)] \cdot \lambda(K\alpha_1)/\lambda(K\alpha_2)\}$（精确值和近似值的对比可参见表 4.5）。

表 4.5　$CuK\alpha$ 射线的 $K\alpha_1/K\alpha_2$ 劈裂

$2\theta(K\alpha_2)/(°)$	$\Delta 2\theta/(°)$	近似 /(°)	$2\theta(K\alpha_2)/(°)$	$\Delta 2\theta/(°)$	近似 /(°)
20	0.050	0.050	120	0.489	0.491
40	0.103	0.103	140	0.772	0.779
60	0.164	0.164	160	1.548	1.608
80	0.238	0.238	170	2.839	3.240
100	0.337	0.338	180	8.062	∞

为了利用测试所得的 $K\alpha_1$ 峰来获得 $K\alpha_2$ 峰的贡献（参见图 4.7），Ladell 等（1975）[11] 计算了石英（234）衍射峰（$2\theta = 153°$）的卷积函数。由于 $K\alpha_2$ 峰的半宽要更大一些，因此这个卷积不是简单的仅位于 $\lambda(\alpha_2)/\lambda(\alpha_1)$ 的 δ 函数，而是既包括一个相当尖锐的位于 1.0024536 的卷积峰（实验数值要略低于从所列波长数值计算的结果），又含有分居该峰左、右两侧的稍微宽一些的卫星峰。两个卫星峰的面积之和近似等于中央主峰的面积。换句话说，在幅度域内，真实的 α_2 波长必须用 3 个（或者更多）赝波长来描述。不过，实践表明 3 个波长的拟合已经足够了。表 4.6 列出了相应波长的比例和权重，除了有原始文献的数据，还给出了权重之和标准化为 0.5 的数据（甚至也有人用更小的 0.49 或 0.48）。

捷克布拉格（Prague）的 R. Kužel[12] 在自己的线形拟合程序 DIFPATAN 中对 Co 和 Cr 射线使用如下数据 [表示为 $\lambda(\alpha_2)/\lambda(\alpha_1)$（权重）]：

Co：1.0020914（0.18162568）；1.0021705（0.20707717）；1.0022506（0.1974514）

Cr：1.0014772（0.15847990）；1.0017061（0.23304335）；1.0018215（0.21635673）

从这些数值通过插值法可以得到 Fe 的近似结果：

---

① 原文公式中缺少"$=$"。——译者注

Fe：1.001 956 0（0.177 243 75）；1.002 035 1（0.215 732 56）；1.002 115 2(0.200 615 67)

表 4.6 **Ladell** 等(1975)[11]针对 **CuKα** 射线提出的 $\alpha_1 \rightarrow \alpha_2$ 卷积函数所用的波长比例和权重数值。除了原始权重，同时给出了加和为 **0.5** 的另一组权重值

$\lambda(\alpha_2)/\lambda(\alpha_1)$	权重（原始）	权重（总和为 0.5）
1.002 353 50	0.152 766 46	0.143 678 1
1.002 453 60	0.268 687 6	0.252 703 1
1.002 578 83	0.110 173 1	0.103 618 8
Σ	0.531 627 16	0.500 000 0

实际上，α_2 剥离操作好比扯开一条拉链的过程。首先从低角度端开始并且假设对于劈裂范围中（低 2θ 的小区域）开头的几个基点，相应的计数值有 2/3 属于 α_1，而 1/3 则属于 α_2[如果 $I(\alpha_1)/I(\alpha_2)$ 不等于 2.0，可以另行调整一下]。对所有后继的点，处于第一个未剥离 $2\theta(\alpha_2)$ 位置的 α_2 组分可以通过前面数据点中已经扣除 α_2 组分的纯 α_1 值计算出来。所有三个赝波长相应的正确 $2\theta(\alpha_1)$ 位置都可以通过上述公式(精确的或者近似的)计算出来。

这些 α_1 位置位于已经剥离 α_2 组分的区域，多数是位于两个基点之间，各自相应的 α_1 强度可以通过（线性）插值乘以上述的权重值得到。因此，对于三个赝波长的每一个都可以得到各自要从位于 $2\theta(\alpha_2)$ 位置的原始计数值中扣除的 α_2 部分。随后如法炮制，继续处理下一个未剥离点直到最后一个实验数据也剥离完毕。由于处理每一个原始数据点时都必须计算一次 $\sin\theta(\alpha_2)$ 和三次 $\arcsin\theta(\alpha_1)$，因此剥离过程相当消耗时间，如果采用浮点并行处理器会更好些。假如计算偏移量使用的是近似公式，每步就只需要计算一个三角函数[当 $2\theta = 150°$ 时，$\theta(\alpha_1)$ 计算值的误差合计为 0.018°]。

如果权重稍微偏大，过度补偿的效应就出现了，即 α_2 位置的计数值被扣除过多，甚至过度，从而剩下的 α_1 组分成为没有物理意义的负值。这个时候用于提取计数值的程序应当能够将这些负值提高为某个合理的背景值，至少必须是 0。如果是孤立的衍射峰，这种处理一般没有问题。但是如果多个衍射峰叠加，那么这种过度补偿会逐峰一次又一次地放大。在大多数情况下，对重叠峰可以采用略小的权重（例如将权重之和从 0.50 降到 0.48；或者反之，如果 α_2 位置残存有弱峰，则增加到 0.52）。图 4.7 所示为常见的石英位于 $2\theta = 68°$ 的 5 组衍射峰在 α_2 剥离前后的结果[3 对 α_1/α_2 双重峰分别对应衍射指数(212)、(203)和(301)]。

```
test quint
   100   67.000   69.000      2.00     1
 67.00 16 16 14 18 18 13  6 20 14 15
 67.20 13 19 23 19 24 22 29 20 31 31
 67.40 36 29 34 31 44 48 45 48 70 69
 67.60 114 148 234 283 583 835 930 790 557 348
 67.80 252 194 236 290 383 493 456 387 288 173
 68.00 173 205 262 468 684 987 1169 1043 678 455
 68.20 415 404 514 778 985 1071 976 650 410 250
 68.40 225 250 263 274 345 262 183 140 87 57
 68.60 49 30 31 25 29 22 17 28 21 17
 68.80 25 17 19 16 13 21 12 18 17 20
 69.00 19
```

(a) 打印输出的原始数据文件quartz2.raw

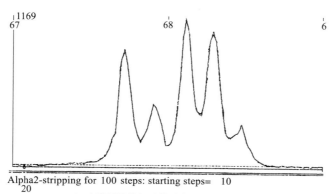

Alpha2-stripping for 100 steps: starting steps= 10
                20

(b) 上述原始数据及其所确定背景的屏幕示意图

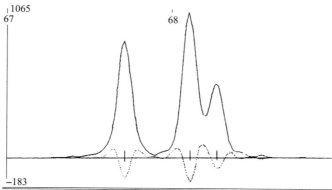

Title: test quintuplett quartz

(c) 打印输出的已处理谱图及其二阶导数和峰位置

图 4.7 $2\theta = 68°$ 时石英的 5 组衍射峰(3 对 α_1/α_2 双重峰)的 Kα_2 剥离结果。(a)原始数据列表(步进间隔为 $0.02°$ 时每步的计数率);(b)未平滑谱图及所构造的背景;(c)剥离 Kα_2,去掉背景并且进行五点平滑后的结果,同时也给出了用于寻峰的二阶导数曲线(峰位置结果已在图中注明)

101

4.6 寻峰算法

人眼很容易辨认出谱峰，哪怕是与背景几乎混为一体的弱峰，这是因为人脑能够同时处理大量的信息。不过，对于数字化存储起来的粉末谱图，则仅仅体现为分立的测试数据，要辨别谱峰就需要与邻近数据点比较计数值的大小。因此，寻峰的第一步就是确定某个测试点是属于背景还是某个衍射峰。如果某一步以及紧接它的数据点的计数率显著高于背景曲线，这一个数据点就属于衍射峰部分。被认为显著区别于背景的标准就是计数率与背景的差值高于$(2 \sim 3)\sigma($背景$)$，其中$\sigma($背景$) = ($未校正背景值$)^{1/2}$。只有当至少3个相邻点都高于这个阈限时，才能合理认为可以在那个区域开始下一个寻峰操作。另一个可用的阈限是整个数据文件中绝对值最大（忽略异常值）的某个比例（例如取0.5%）。

4.6.1 爬山寻峰法

爬山法操作将扫描数据文件（绝大多数沿2θ递增的方向）直到某3个相邻点比背景高$(2 \sim 3)\sigma$，即直到发现某个衍射峰的开始爬坡的位置（例如对于一个平均背景值为25个脉冲的谱图，属于谱峰区域的每一步计数率必须超过$35 \sim 40$个脉冲）；接下来的$2 \sim 3$个数据点的计数率应当更高$[(4 \sim 5)\sigma$，提升坡度$]$。如果确实如此，就要继续扫描下面的数据点直到某个局部最大值出现，即直到某点的计数率既高于后面两点的平均值，也高于它前面两点的平均值。这个局部最大值可以看作该衍射峰值的初始近似值。此外，这个局部最大值还应当高于某个最小值（例如所有点中最大值的0.5%），从而避免在衍射峰列表中引入背景的偶然涨落峰。

对某个预设峰值位置的精修可以利用Savitzky和Golay[3]提出的关于a、b和c的解法，通过围绕局部最大值的五点（或更多点）抛物线$a + bx + cx^2$拟合来完成。这个抛物线的最大值就是该峰值位置的精修结果，可以通过计算一阶导数的根得到：$y'(x_{\max}) = 0 = b + 2c \cdot x_{\max}$。因此，通过五点拟合，可以得到

$$x_{\max} = -\frac{b}{2c} = \frac{2y_{-2} + y_{-1} - y_1 - 2y_2}{2y_{-2} - y_{-1} - 2y_0 - y_1 + 2y_2} \cdot \frac{7}{10} \qquad (4.8)$$

（x_0、y_0代表局部最大值的点）。同样，该最大值的高（初始近似值为y_0）可以如此计算：$y_{\max} = a + b \cdot x_{\max} + c \cdot x_{\max}^2$。如果假定谱峰为洛伦兹峰形，那么就要改用4.6.3节的公式。

确实属于某个X射线谱峰的另一个标准是二阶导数值具有一定的大小（上

述方程的分母小于 0，例如 $2c < -1$ 或者 -2）。这个标准是避免出现除零运算所必需的。如果一个极大值后的数据点的一阶导数仍为负值，即仍处于下坡阶段，这些点就不用再尝试寻峰。

谱峰识别出来后，就要搜索两侧求取半高的位置（高于背景，必要时可以通过内插值得到），相应 x 值之差就是这个峰最大值一半处的全宽（FWHM，简写为 half-width）。这个差值应当高于某个阈限（例如 $\Delta 2\theta = 0.06°$），从而表明所找到位于背景之上的这个凸起的确是某个衍射峰。换句话说，这一步再次提供了一个去除潜在的异常峰的机会——因为这些异常峰要比真正的衍射峰窄很多。

谱峰的左、右半宽一般不会差别过大。如果一侧的半宽比另一侧大 1.5 或者 2 倍，就可能存在肩峰，即有某个弱峰叠加在上面，而且不存在任何其他独立的局部最大值。此时，系统通过两侧半高位置估计的半宽就显得过大，应当仅使用左半宽和右半宽中最中较小的一个进行校正（该值有望未受肩峰的影响）[①]。

这种方法是不能将未分离的肩峰识别出来的，而是仅仅适用于给出谱图中有独立的局部最大值的谱峰位置（一阶导数的根）。

对于没有进行 $K\alpha_2$ 剥离的衍射峰，在保存或者打印之前，必须检查是否存在成对的 α_1/α_2 劈裂峰。如果某一衍射峰通过 $\lambda(K\alpha_1)$ 计算的 d 值比前峰的小，相应差别近似为因子 $\lambda(K\alpha_2)/\lambda(K\alpha_1)$（对于 $CuK\alpha$，该值 $= 1.002\ 48 \pm$ 容忍误差 $\approx 0.000\ 4$），而且强度也近似为前峰的一半（例如 $25\% \sim 75\%$），那么它很有可能是这个更强 $K\alpha_1$ 峰孪生的 $K\alpha_2$ 峰。此时，相应的 d 值应当用 $\lambda(K\alpha_2)$ 来计算。对于同一个衍射，分别由 $K\alpha_1$ 和 $K\alpha_2$ 求得的 d 值在统计误差范围内应当是相等的。

4.6.2 二阶导数寻峰法

二阶导数的根（零值）对应于拐点，而谱峰在拐点之间的部位对应于二阶导数的狭尖的负值区域，其中最小值的位置对应谱峰的峰值（对于非对称谱峰，这个最小值会往更陡的一侧移动）。如果将 X 射线谱峰近似看作高斯峰形和洛伦兹峰形（参见 E2.6 节），它的二阶导数极小峰的半宽大约是衍射谱峰自身半宽的一半（理论上，对于高斯峰是 53%，而对于洛伦兹峰是 33%），即二阶导数的分辨率要比原始谱图的高两倍（或两倍以上）（参见图 4.8）。原始谱

[①] 这里的左或者右半宽分别对应左半高位置与峰值位置以及峰值位置与右半高位置的间距。如果用来估计半高宽，需要乘以 2。本书中由于半高宽采用 half-width 的简写方式，在这里出现混淆。——译者注

图的肩峰在二阶导数上也有自己的极小峰，因此，能够获得它们自身的明确的峰值位置。这种二阶导数的数值计算操作可以使用移动多项式来完成（参见E4.1节）。

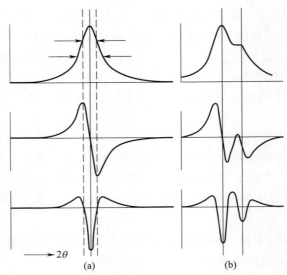

图 4.8　（a）一个简单的洛伦兹峰以及它的一阶（中部）和二阶（底下）导数。虚线标识了拐点的位置，相应的间距要比半高位置（更下面的箭头指示的位置）小得多。（b）一个双峰结构，其中弱峰体现为肩峰，其他描述同（a），可以明显分离这两个衍射峰的二阶导数（引自 Schreiner 和 Jenkins，1980）

　　噪声上涨过大是这种二阶导数寻峰法的一个缺点。这是由于二阶导数的计算属于一种差值运算，因此相对误差 $\sigma^2(A-B) = \sigma^2(A) + \sigma^2(B)$，即每一个差值的相对误差比任何一个用来计算该差值的组分都要大。换句话说，这种方法在实际应用时要求独立的衍射峰计数值应当高于某个阈限（参见图4.9）。根据 Naidu 和 Houska（1982）[13]的研究，每个衍射峰的计数值应当高于 10^4（如果是平滑后再寻峰，则原始数值要更高）。不过，实践中计数值只要比背景大 10^3（甚至更小）就可以了。另外，二阶导数寻峰对极弱的衍射峰（以最强峰为100%，强度<1%）不敏感，因此，自动寻峰后还需要肉眼检查这些弱峰是否被遗漏。

　　由于信噪比劣化，因此相对于一阶导数的根值，二阶导数的极小值位置的可重现性要差一些。对于非对称峰形，这些极小值会移向坡度更陡的方向（参见图4.7），因此，对于孤立的衍射峰，在利用二阶导数极小值获得峰值位置的初步结果后，应当计算并优先采用一阶导数的根值（峰值位置）。对于没有局部最大值的肩峰（即一阶导数没有相应的零值与之对应），二阶导数获得的初步结果就是最终的峰值位置。

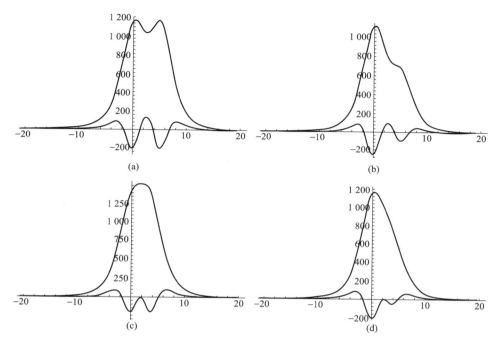

图 4.9　两个 FWHM(≈5)等同的改良洛伦兹峰的叠加结果。(a)、(c)：两峰等高
(1000)；(b)、(d)：第二个峰只有第一个峰的一半高度(1000∶500)。(a)、(b)：两峰值
间距=5(=1FWHM)；(c)、(d)：两峰值间距=3.5(0.7FWHM)。每一种条件下，相应二
阶导数的极小值都清晰可辨并且正确对应峰值位置

　　二阶导数法寻峰的一个优点就是对背景的线性增加或者下降不敏感，因此
背景的这种变化不会影响其极小值的位置(参见图4.10)。由于更强峰的下坡
一侧可以作为相邻弱峰线性背景的初步近似，因此相应于某个弱峰的二阶导数
极小值能相当准确地体现该弱峰的位置——虽然表面上，谱峰自身倒向了相邻
强峰所在的方向。理论上，四阶导数的最大值可以提供更高的分辨率，不过由
于噪声的相应增高，使用常规测试所得的计数值实际上是得不到任何信息的。
　　二阶导数寻峰法实际上是一种锐化算法(解卷积)，即关于某种峰形函数
在频率域中的傅里叶变换的除法。当且仅当这个傅里叶变换没有零值时，这种
解卷积是成立的，换句话说该傅里叶变换要单调趋于零。虽然 Bromba 和 Zie-
gler (1984)[7d] 已经开发出了此种算法，不过迄今为止还没有将它用于 X 射线
谱图的报道。
　　最后，二阶导数极小值两侧的零值位置可以用来估计半宽。它们相应于谱
峰的拐点位置。由于这些拐点一般要高于峰值一半对应的位置(高斯峰要高
61%，而洛伦兹峰则高75%)，因此两个零值位置之间的距离要比半宽小得多

（高斯峰要小 85%，而洛伦兹峰则小 58%）。实际应用时，一般将二阶导数两个零值位置之间的距离增加 25%，所得的结果就能够很好地估计相应肩峰的 FWHM。

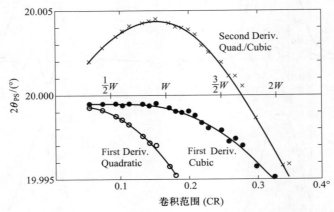

图 4.10　位于 $2\theta = 20°$ 且半宽（W）为 $0.17°$ 的某模拟非对称衍射峰在求峰位置时的误差统计。上：采用二/三次多项式计算二阶导数极小值；中：采用三/四次多项式计算一阶导数的零值（只要滤波器宽度没有明显高于半宽就能得到最好的结果）；下：采用一/二次多项式计算一阶导数的零值（引自 Huang，1988[28] 或 Huang 和 Parrish，1984[29]）

4.6.3　预定峰形寻峰法

　　相比于其他类型的谱图，X 射线粉末衍射谱图具有一个明显的优势，即同一张谱图的各个衍射峰的形状粗略看来是一样的（近似的半宽和坡形），这就使得采用预定的某一峰形进行寻峰成为现实。Sánchez（1991）[14] 报道了一种针对平均半宽为 $2D$ 的高斯峰形的寻峰算法。实践表明，这种方法同样可以用于洛伦兹峰形（$y = A/\{1 + [(x - \mu)/b]^2\}$，FWHM $= 2b$）或者 Pearson - Ⅶ峰形（$y = A/\{1 + [(x - \mu)/b]^2\}^m$，FWHM $= 2b \cdot (2^{1/m} - 1)^{1/2}$），对于 X 射线谱峰，常见的 m 值介于 $1.5 \sim 2$ 之间。

　　扫描整个谱图进行寻峰时一般使用 3 组等距的数据点 (x_i, y_i)（$i = 1, 2, 3$），即 $x_2 - x_1 = x_3 - x_2 = D$。如上所述，$D$ 约为 FWHM 的一半。间距 D 应当包含好几个扫描步（n 至少不小于 3），这就意味着本来适用于其他大多数方法的步进值 $0.02°$（2θ），可能必须降低到 $0.01°$。y_i 是扣除背景后的数值，换句话说，采用预定峰形法之前应当先扣除背景并且平滑一下谱峰。

　　这 3 组数据点 (x_i, y_i) 如同感应器一样沿谱图变动，如果大家都明显高于背景（$\approx 2\sigma$）并且中间点的数值显著高于两边的 y_1 和 y_3，就可以认为这个"感应器"已经进入了某个衍射峰区域。随后 $y_2 > y_1$，y_3 这个关系必须一直持续大

概 n 个相邻的数据点，这时该区域的中间位置就近似对应于所要求的峰值位置。要进一步获得更准确的峰值位置 μ、峰高 A 和半宽 $2b$，可以采用下面的公式计算。该公式引入了居间参数(intermediate parameter) $\alpha_{ik} = (y_i/y_k) - 1$[对于 Pearson-Ⅶ峰形，$\alpha_{ik} = (y_i/y_k)^{1/m} - 1$]。显然，在衍射峰区域中，$\alpha_{21}$ 和 α_{23} 都是正值。计算时，先以平滑谱峰的局部最大值位置，即峰值位置的初步近似结果，作为(x_2, y_2)，然后使用如下公式计算出准确的峰形参数：

$$\mu = x_2 + \frac{D}{2} \cdot \frac{\alpha_{21} - \alpha_{23}}{\alpha_{21} + \alpha_{23}}, \quad b^2 = \frac{2D^2}{\alpha_{21} + \alpha_{23}} - (x_2 - \mu)^2$$

$$A = y_2 + y_2 \cdot \left(\frac{x_2 - \mu}{b}\right)^2 \tag{4.9}$$

$$对于 Pearson-Ⅶ, A = y_2 \cdot \left[1 + \left(\frac{x_2 - \mu}{b}\right)^2\right]^m$$

同样地，预定峰形法对肩峰也是无能为力的，它仅适用于真正只有一个局部最大值的场合。如果某个最大值位于两个网格点之间(这种情况在步长较大的时候经常出现)，这两点的计数率都要比这个最大值(没有测试)小百分之几，那么这个时候采用上面的公式是能够相当准确地求出这个未知峰高的。

Reich (1987)[15]开发了一种 KNN (k-nearest-neighbors)算法。该法沿测试谱图移动某个预定峰形来识别相似的区域(即谱峰)。具体说就是通过预定标准峰形中 k 个数值与实测谱图中 k 个近邻计数率之间的关联系数来衡量 k 维空间中的差距(对应待比较的 k 对数值)，具有最大相关系数值(> 0.95)的位置就是所要寻找的谱峰位置。

4.7 线形函数与线形拟合

使用数学意义简单的函数[线形函数(profile shape function, PSF)，参见 Howard 和 Preston，1989]来描述个体衍射峰(图 4.11)[16]是一种完全不同于上述三参数线形拟合法的新途径。这个时候，描述衍射峰不再仅仅使用两个或三个参数(峰值位置、峰高和半宽)，而是采用最小二乘法(或者比它更稳定的变种，例如 Marquardt 法，1963[31])，通过某个谱峰形状模型来拟合一个衍射峰所包含的所有的 20 ~ 40 个网格点①。显然，这种情况下不需要预先平滑粉末谱图，甚至有些时候，预先平滑还会适得其反。至于背景扣除的问题，假如重叠衍射峰不是很多以至于很大范围内的谱线并没有真正回到背景本身，那么预

① 原文为"grid point"，其实就是测试数据点。不过，这一章节是基于对称峰形的，即峰值两侧数据点彼此等高，类似网格点，这种说法有助于理解有关大步进角度数据的描述。——译者注

先扣除背景还是可以的。同样地，α_2 剥离也是多余的——因为构建一个峰形函数来拟合 $K\alpha_1 + K\alpha_2$ 双重峰并没有比仅拟合 $K\alpha_1$ 峰更麻烦。描述 $K\alpha_2$ 峰的参数可以从相应的 $K\alpha_1$ 峰的参数推导出来，换句话说，描述双重峰并不需要额外的参数。

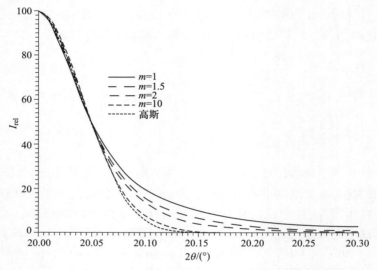

图 4.11　一系列具有同样峰值位置、峰高和半宽，但是坡度和面积不同（由指数 m 确定）的 Pearson-Ⅶ线形示意图。$m=1$：洛伦兹（L），$m=1.5$：居间洛伦兹（IL），$m=2$：改良洛伦兹（ML），$m=10$：高斯（理论上是 $m=\infty$，不过 $m=10$ 时就已经很接近了）。大多数 X 射线谱图的 m 介于 $1.5\sim2$ 之间（引自 Howard 和 Preston，1989[16]）

　　一个 PSF 可以用 $3\sim4$ 个参数来定义：峰值位置 $2\theta_k$ 或者 μ_k、峰高 y_{0k}（高于背景）或者积分强度 I_k 和半宽 FWHM $=\mathrm{HW}_k$。重点在于两斜坡之间的宽度。对于 X 射线衍射峰，这个宽度要明显宽于高斯峰（正态分布），并且大小随着 2θ 轻微变动。另外，如果背景没有预先扣除，线形拟合时就要考虑背景，一小段范围的背景值（例如一个衍射峰的下方）可以看作一个常数，更宽的范围则整体用一阶到三阶多项式来拟合。

　　实践表明，线形拟合需要特别关注的是重叠衍射峰所在的区域（参见图 4.12）。设想的特定的谱峰线形必须来自于同一张谱图非重叠衍射峰拟合的结果，换句话说，该范围的背景与任何属于谱峰的数据点没有交集，从而能够被区分开来。理所当然地，对于重叠衍射峰，背景与谱峰线形严重相关联，因此，两者不能同时精修。一个过分高估的背景必然会湮没掉谱峰的宽坡部位，从而使得其上的谱峰表观看来不但更矮，而且更加狭窄（m 值更大），同时也会严重低估积分强度。

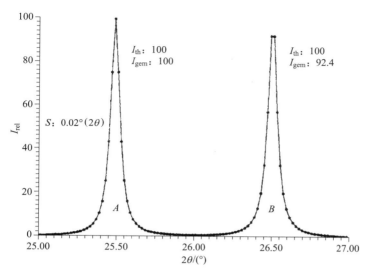

图 4.12　未做线形拟合的谱峰 A 和 B 将给出不同的峰高数值。虽然两峰值是相等的，但是谱峰 A 的最大值与某个格点重叠，而谱峰 B 则是处于两个格点之间。应用 4.6.3 节的公式能够正确内插得到峰高（引自 Kern，1992[17]）

XRD 采用的线形函数主要有高斯、洛伦兹以及介于两者之间的函数。下面罗列的函数表达式已经标准化为具有相同的积分强度（面积）I_k。从这些公式可以得到：在半宽 HW_k 和积分面积相同时，坡底更宽的洛伦兹峰的高度只有高斯峰的 68%。这些公式中，第 k 个衍射峰的峰值位置为 $2\theta_k$，i 代表这个网格点的顺序号，而辅助参数 $\delta_{ik} = (2\theta_i - 2\theta_k) \cdot 2/HW_k$。采用上述三个参数（$2\theta_k$、$HW_k$ 和 I_k），y_{ik}（第 k 个衍射峰在格点 i 处高于背景的数值，谱峰极大值位于 $2\theta_k = I_{\max,k}$）可以通过如下的表达式计算：

高斯（G）：

$$y_{ik} = \frac{I_k}{HW_k} \cdot \frac{2\sqrt{\ln 2}}{\sqrt{\pi}} \cdot \exp(-\ln 2 \cdot \delta_{ik}^2), \cdots \frac{2\sqrt{\ln 2}}{\sqrt{\pi}} = 0.939 \qquad (4.10)$$

洛伦兹（L）：

$$y_{ik} = \frac{I_k}{HW_k} \cdot \frac{2}{\pi} \cdot (1 + \delta_{ik}^2)^{-1}, \cdots \frac{2}{\pi} = 0.637 \qquad (4.11)$$

居间（Intermediate）洛伦兹（IL）：

$$y_{ik} = \frac{I_k}{HW_k} \cdot \sqrt{\left(2^{\frac{2}{3}} - 1\right)} \cdot \left[1 + \left(2^{\frac{2}{3}} - 1\right)\delta_{ik}^2\right]^{-1.5}, \cdots \sqrt{2^{\frac{2}{3}} - 1} = 0.766$$

$$(4.12)$$

改良（Modified）洛伦兹（ML）：

$$y_{ik} = \frac{I_k}{HW_k} \cdot \frac{4\sqrt{\sqrt{2} - 1}}{\pi} \cdot \left[1 + (\sqrt{2} - 1)\delta_{ik}^2\right]^{-2}, \cdots \frac{4\sqrt{\sqrt{2} - 1}}{\pi} = 0.819$$

$$(4.13)$$

由公式 $I_k = I_{\max,k} \cdot \text{HW}_k / \text{norm}$（norm 值由上述公式给出，范围是 0.637 ~ 0.939）可以计算得到衍射峰的面积 I_k（积分强度）。对于峰形相似的同一个谱图，各峰近似的相对积分强度可以简单用 $(I_{\max,k} \cdot \text{HW}_k)$ 进行计算。

IL 和 ML 函数描述 G 和 L 杂化后的结果，相对来说更适合于模拟对称的 X 射线衍射峰的线形。如果引入描述坡宽变化的第四个参数，就可以进一步得到下面两个广泛应用的谱峰线形函数：

pseudo-Voigt（PV）[参见表 4.7(b)]，其中参数 w（或者分立的 w_k）描述混合程度

$$y_{ik} = w \cdot \text{L}_{ik} + (1 - w) \cdot \text{G}_{ik} \tag{4.14}$$

Pearson-Ⅶ（P7）[参见表 4.7(a)]，其中指数 m（或者分立的 m_k）描绘形状

$$y_{ik} = \frac{I_k}{\text{HW}_k} \cdot \frac{2\sqrt{2^{\frac{1}{m}} - 1}}{\sqrt{\pi}} \cdot \frac{\Gamma(m)}{\Gamma\left(m - \frac{1}{2}\right)} \cdot \left[1 + (2^{\frac{1}{m}} - 1)\delta_{ik}^2\right]^{-m} \tag{4.15}$$

pseudo-Voigt 函数是一个洛伦兹函数和一个高斯函数加权平均的结果。在这个函数中，L 和 G 函数的公因子 I_k / HW_k 是非因数化的（factored out），即不管是面积 I_k 还是半宽 HW_k 都不会随混合因子 w_k 的变动而改变。L、IL、ML 和 G 分别是 Pearson-Ⅶ 函数在 $m = 1$、1.5、2 和 ∞（其实 $m = 20$ 的时候就已经相当逼近高斯函数）时的特例。在面积和半宽相同的条件下，高斯峰的峰高要比洛伦兹的大 48%。另外，复杂且计算耗时的 Voigt 函数则是一个高斯函数和一个洛伦兹函数叠加结果的卷积。

对于上述这些函数，如果仅使用三个参数，那么 IL 函数最适合于 X 射线粉末衍射；Rietveld 分析常用的则是四参数的 pseudo-Voigt 函数；至于纯粹的线形拟合操作（不考虑结构精修），除 pseudo-Voigt 函数以外，经常使用的还有 Pearson-Ⅶ 函数。

从表 4.7 所列的结果可以看出：通常情况下，对于峰形属于 $m \approx 1.5$ 的 X 射线粉末衍射，需要涉及的谱峰区域至少要分别覆盖峰值位置左、右两侧各三倍于半宽的范围，此时，谱峰方能下降到峰值的 1% 以下。换句话说，对于半宽为 $2\theta = 0.1° \sim 0.2°$ 的谱峰，左、右两侧的斜坡至少都要下延 $0.3° \sim 0.6°$，对于峰间距小于 $0.6° \sim 1.2°$，这些衍射峰之间的背景线将被覆盖，根本不会回到背景本身。对于低对称性的晶体，非常稠密的衍射峰群相当快地出现于处于低角度位置的寥寥几个孤立衍射峰的后面，从而使得背景的正确定位以及扣除成为问题（参见图 4.13）。

表 4.7 **(a)坡度参数(形状指数)m 不同时 Pearson -Ⅶ谱峰的线形,峰高固定等于 1,**
相应地,距离峰值 $\pm HW_k/2$ 处的高度下降到了 0.5;(b)混合参数w不同时
pseudo-Voigt 谱峰的线形($w=1$:纯洛伦兹峰;$w=0$:纯高斯峰)

(a) 间距值 $\lvert 2\theta_i - 2\theta_k\rvert$ 相对于 HW_k 的倍数					
m	0.5	1	1.5	2	2.5	3
1	0.5	0.200 0	0.100 0	0.058 8	0.038 5	0.027 0
1.5	0.5	0.163 1	0.063 4	0.029 8	0.016 1	0.009 6
2	0.5	0.141 7	0.044 7	0.017 2	0.007 8	0.003 9
3	0.5	0.117 8	0.026 9	0.007 3	0.002 4	0.000 9
6	0.5	0.091 4	0.011 6	0.001 5	0.000 2	0.000 0
∞	0.5	0.062 5	0.002 7	0.000 0	—	—

(b) 间距值 $\lvert 2\theta_i - 2\theta_k\rvert$ 相对于 HW_k 的倍数					
w	0.5	1	1.5	2	2.5	3
1.0	0.5	0.200 0	0.100 0	0.058 8	0.038 5	0.027 0
0.7	0.5	0.146 7	0.062 0	0.036 0	0.023 6	0.016 5
0.4	0.5	0.105 3	0.032 5	0.018 3	0.012 0	0.008 4
0.1	0.5	0.072 2	0.008 8	0.004 1	0.002 7	0.001 9
0.0	0.5	0.062 5	0.002 7	0.000 0	—	—

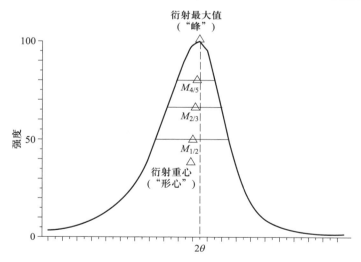

图 4.13 对于非对称衍射峰,峰位置的取值取决于它自身的定义。大多数情况下报道
的是峰值最大处的位置(即一阶导数的根值位置)。图中位于 4/5、2/3 和 1/2 峰高处的各
条割线的中心向谱峰的宽侧偏移,重心(形心)的移动也是如此。相反地,二阶导数的最小
值(此处没有给出,不过可以参考图 4.17 中间的图)则移向谱峰的窄边(引自 Kern,
1992[17])

除了峰值位置和峰高两个参数，并非每个衍射峰都要精修其余所有的参数。另外，第 0 个半宽 HW_k 近似看作一个常数，对于实验室常规 X 射线源，HW_k 随 $2\theta_k$ 的变化趋势一般采用 Cagliotti 等（1958）[34] 提出的如下公式来模拟：

$$HW_k^2 = U \cdot \tan^2\theta_k + V \cdot \tan\theta_k + W \qquad (4.16)$$

形状参数的变化规律也可以类似处理，即 $m_k = a\theta_k^2 + b\theta_k + c$。

如果这样处理，原来 HW_k 所需的 k 个参数（即 k 个衍射）就只剩下了三个参数需要进行精修。同样的结果也适用于参数 m_k（参见图 4.14 中以 2θ 为自变量的 split-Pearson $-$ Ⅶ 函数经适当参数取值后所得的曲线）。

观测值 y_{oi} 与计算值 y_{ci} 之间的一致性可以利用残差 R 或者 R_w，即通过平均偏差的方式来表示，其结果通常写为 % 的形式（乘以 100）

$$R = \frac{\sum_i |y_{oi} - y_{ci}|}{\sum_i y_{oi}}$$

$$R_w = \left[\frac{\sum_i w_i (y_{oi} - y_{ci})^2}{\sum_i w_i (y_{oi})^2}\right]^{\frac{1}{2}} \qquad (4.17)$$

其中 R_w 是通过最小二乘法实现最小化的数值型变量；权重 w_i 则最好采用观测值 y_{oi} 的方差倒数 $1/\sigma^2$，进一步根据计数过程的统计结果可以得到 $w_i = 1/\sigma^2(y_{oi}) = 1/y_{oi}$。如果采用这种加权策略，那么斜坡区域（以及背景）相对于谱峰自身（具有高计数率）就更为重要了。一般说来，一个成功的拟合所得的 R 值可以达到 10% ~20%，高质量的甚至可以达到 2% ~10%。关于 R 的期望值计算如下：

$$R_{exp} = \left(\frac{N - P}{\sum_i y_{oi}}\right)^{\frac{1}{2}} \qquad (4.18)①$$

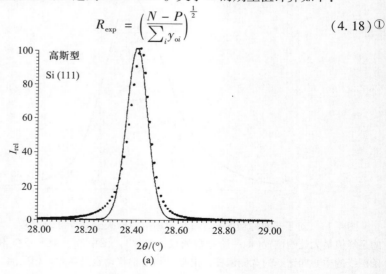

(a)

---

① 原文公式有误。——译者注

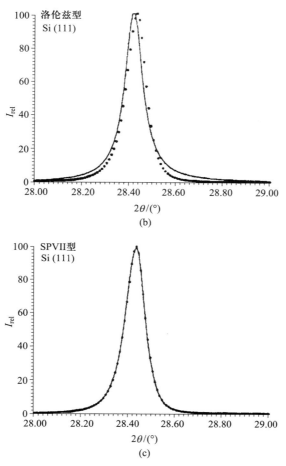

图 4.14　实测非对称 Si(111)衍射峰(黑点表示)以高斯、洛伦兹和 split-Pearson－Ⅶ线形函数拟合的结果(实线表示)。除了没有考虑非对称性[(a)和(b)]以外，(a)中实线的两个侧边还过窄(高斯)，而(b)中的实线则过宽(洛伦兹，可以进一步参见图4.17)（引自 Kern，1992[17]）

其中 N 为网格点的数目；P 为需要变动的参数数目；R_{exp} 近似与(每步平均计数率)$^{-1/2}$相关；$\sum_i y_{oi}$ 就是实测脉冲的总数，对于合格的精修，R_w 与 R_{exp} 相差的因子应当不高于2(参见图4.15)。

　　X 射线谱峰自身的不对称性是一个复杂的问题。它主要来自 X 射线束的轴向发散(axial divergence)。在射线所经路径上安放平行的 Mo 片(即 Söller 狭缝)有助于减小这种发散。这种发散的影响比较显著，尤其是在低角度范围，谱峰靠近低角度一边的侧边都明显比高角度一边的宽，直到 $2\theta = 90°$ 时，这种不对称性才消失，不过，在更高的角度范围又会出现，此时，不对称性的方向

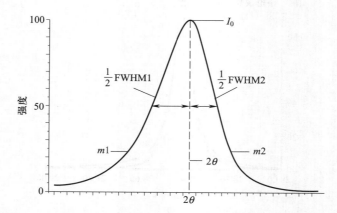

图 4.15　需要六个参数的 split-Pearson－Ⅶ（SP7）线形函数构造示意图：共同的峰位置 2θ 和峰高 I_0 以及分属于左、右两侧各自的半宽 FWHM 和坡度参数 m（引自 Kern，1992[17]）

相反。从整体上看，半宽取最小值的 2θ 角处于中间位置，从该位置出发，延伸向高角度或低角度区域，则半宽逐渐增大（参见图 4.16）。

　　处理不对称谱峰的最常用手段是分别处理谱峰左、右两侧（利用 split-Pearson－Ⅶ，即 SP7 函数），对这两侧而言，峰高和峰位置是等同的，但是半宽和坡度参数则分别赋值处理（即每个衍射峰需要额外增加两个参数，左、右两边各自具有一组 U、V、W 和 a、b、c 参数）。

　　当然，也可以采用包含非对称参数的封闭数学表达式，例如下面所示的非对称 pseudo-Voigt 函数表达式：

$$y_{ik} = w \cdot L_{ik}(x - \delta) + (1 - w) \cdot G_{ik}(x + \delta) \tag{4.19}$$

这种表达式实际上就是将 L 和 G 分别向对方稍微偏移一下。

　　Rietveld（1969）[19] 提出了一种针对中子粉末谱图（高斯类型谱峰）的非对称性校正技术

$$y_{ik,\mathrm{corr}} = y_{ik}\left[1 - P(2\theta_i - 2\theta_k)^2 \cdot \frac{\mathrm{sign}}{\tan\theta_k}\right] \tag{4.20}$$

其中根据 $(2\theta_i - 2\theta_k)$ 取值为正、0 和负值而分别将 sign 取值为 1、0 和 -1；P 是待拟合的非对称性参数。虽然表达式 $P(2\theta_i - 2\theta_k)^2$ 的结果随着相对于 $2\theta_k$ 距离的增加而增大，但是由于高斯函数趋于零的速度比幂函数增大到无穷要快得多，因此如果 y_{ik} 服从高斯函数（对于中子谱图，这是成立的，而对于 X 射线谱

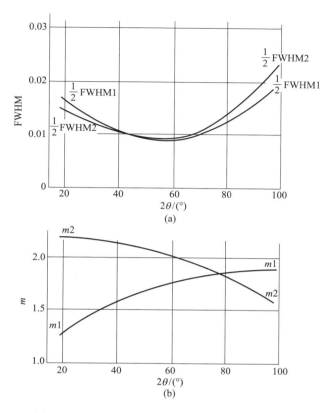

图 4.16　PbNO$_3$样品经 Guinier 相机录谱后，以 split-Pearson－Ⅶ（SP7）线形函数拟合所得的半宽（a）和坡度参数 m（b）随 2θ 角度变化的曲线图。通过这些曲线可以明显降低待精修的线形参数数目（引自 Brown 和 Edmonds，1980[18]）

图则不然），那么上述所给的函数就会收敛。但是，对于狭窄的侧边，这种收敛到零的行为是从负值一侧发生的（没有物理意义）。

　　如果采用（$2\theta_i - 2\theta_k$）的奇次幂形式，就可以消除 sign（$2\theta_i - 2\theta_k$）表达式的这种不稳定性。假定进行非对称校正时，最大值（即峰位置）一定不能移动，那么还需要确保校正曲线的一阶导数在最大值的位置等于零，综合这些考虑可以采用如下的校正表达式（参见图 4.17）：

$$y_{ik,\text{corr}} = y_{ik}\left\{1 - P_k \cdot \frac{(2\theta_i - 2\theta_k)^3}{\left[\left(\dfrac{\text{HW}_k}{2}\right)^2 + (2\theta_i - 2\theta_k)^2\right]^{1.5}}\right\} \qquad (4.21)$$

而

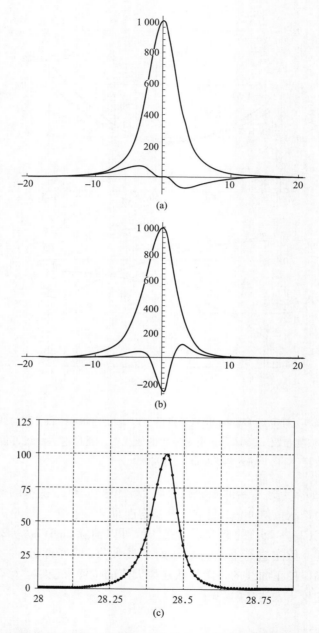

图 4.17　单参数非对称性校正示例。(a)包含校正函数的对称型改良洛伦兹曲线($k =$ -0.8)。这种校正函数属于奇函数，不会改变积分强度和峰高，而且，一阶导数的零值也处于中央位置，这就意味着峰值位置也是不变的；(b)上面两条曲线叠加产生了一个非对称谱峰。二阶导数的最小值略微滑向窄侧；(c)将上面的非对称线形(总共有五个参数)用于图 4.14 所示的 Si(111) 衍射峰的结果

$$y_{ik} = \frac{I_{\max,k}}{\left[1 + \left(\dfrac{2\theta_i - 2\theta_k}{\dfrac{HW_k}{2}}\right)^2\right]^m}$$ (4.22)

这个单参数校正法在衍射峰的非对称性并不大的时候具有类似SP7这种双参数校正法的满意结果。校正时，窄侧的数据点数增加并且大斜坡被消除，换句话说，就是它自有的积分强度仍然维持不变。只要 $|P_k| \leqslant 1$，这种校正曲线就一直是正值，不过，就算 $|P_k|$ 增大，甚至达到 $|P_k| = 2$ 时，窄侧轻微下垂而掉入负值区域也是可以接受的。

拟合谱峰最好的做法是分两步走：首先以对称性的曲线进行拟合，仅当这一步完成后才能开始确定是否需要考虑不对称参数 P_k 及其是否随 $2\theta_k$ 而变（ HW_k 和 m_k 或者 w_k 同样如此处理）。

Lauterjung 等（1985）[20]提出了一种基于多组衍射峰线形拟合的寻峰程序（初始发布时仅适用于高斯函数）。这种经过改进的峰形拟合已经在德国大陆深钻项目（KTB）所获得的大量样品的分析中取得了有效成果。

4.8　系统误差的确定与校正

想要以数学表达式描述谱图测试时导致谱峰位置偏移的所有可能的误差是难于实现的，因此，通过测试点阵参数已经知道并且精确度很高的物质（标准样品，见表4.8），然后比较这些标准样品的实测 2θ 值 $2\theta_{obs}$ 和已知的 $2\theta_{calc}$（查表或者计算），从而经验性估计整体误差就成了必然的选择。实际操作中，将差值 $\Delta 2\theta = 2\theta_{obs} - 2\theta_{calc}$ 对 $2\theta_{obs}$ 作图，然后将所得的数据点近似拟合成为一条平滑的曲线，就得到了校正曲线（calibration curve）。大多数场合采用的拟合函数是零次~四次多项式。三次样条函数同样也可以拟合得很好。从数学的角度上看，多项式可以外推得到新的数据点，但是实际上这种外推大多数情况下是"画虎不成反类犬"，尤其是高阶多项式更是如此（参见图4.19）。因此，应当让标准样品的衍射峰覆盖所需的整个待测角度范围。值得一提的是，在低角度区域（ $2\theta < 10°$ ），由于各种系统误差叠加在一起，因此很难用数学模型进行全面的描述（参见图4.20）。如果是点阵参数计算，那么应当避免采用低于 $10°$ 的衍射峰（不过，对于指标化则是另一回事了，此时这些衍射峰是非常关键的）。

用校正曲线来校正某个样品的 2θ 值时，要求这个样品的测试条件与标准样品（外标）相同。由于有些误差，特别是样品的位置和透明性误差是随样品而变的，此时就必须将样品自身（内标）与标准样品混合在一起。有些时候恰当的做法甚至是同时采用两种不同类型的标准样品，这是因为简单的结构（单质和简单氧化物)虽然在更高的 2θ 范围具有强衍射峰，但是它们各自最初的衍射峰位置却都是高于 20°的；与此相反，具有复杂结构因此也具有更大点阵常数的化合物，虽然在较低角度范围存在可被使用的衍射峰，但是随着角度的增加很快丧失了有利用价值的谱峰强度。

表 4.8　Si 标准样品在 25 ℃及 CuKα₁ 射线($\lambda = 1.540\,598\,1$ Å)的条件下所测得的 2θ 数值列表。其中 $I_{rel,a}$ 是样品采用侧装法得到的强度；而 $I_{rel,b}$ 是样品正面装于样品架上并且压紧后所得的强度。有关 SRM 640 的 2θ 是基于 PDF 27 - 1402 的 d 值(包括这些数值及最新的点阵参数值)计算的，而观测值 $2\theta_{obs}$ 取自 Hubbard (1983)[21] 给出的 12 个平均样本中的一个结果

	SRM 640a	SRM 640b			SRM 640
(hkl)	$2\theta_{obs}$	$2\theta_{calc}$	$I_{rel,a}$	$I_{rel,b}$	$2\theta_{calc}$
(111)	28.425	28.442	100	100	28.443
(220)	47.299	47.303	55	64	47.303
(311)	56.124	56.122	30	34	56.123
(400)	69.128	69.130	6	8	69.131
(331)	76.382	76.376	11	12	76.377
(422)	88.030	88.030	12	16	88.032
(511)	94.951	94.953	6	8	94.954
(440)	106.710	106.709	3	5	106.710
(531)	114.098	114.092	7	9	114.094
(620)	127.551	127.545	8	7	127.547
(533)	136.904	136.893	3	3	136.897
(444)		158.632	*	3	156.638

定期出现的源自定位角度的齿轮的误差是不能利用标准样品检测出来的。这些齿轮中通常含有一个每转一周代表 2θ 角为 1°的齿轮及其所连的用于读取 1°角的各个分数的标尺，每转一周，所记录的角度以整数值变动 ±1。对于驱动探测器和样品的齿轮，这些转动周期必须分别缩减到 1:360 和 1:180。所有这些齿轮产生的机械误差在正常时可以达到 20 ~ 30 角秒(0.005° ~ 0.008°)，从而难于被测试并校正。因此，齿轮的机械质量对测试可以实现的精确性十分重要。需要注意的是，这种精确性不要与重现性混淆起来。当所有的测试一直沿同样的角度方向进行(Jenkins 和 Schreiner，1986[32])，测试的重现性(包括机械误差的重现性)累计起来也仅有大约 0.000 5°(对于采用水平测试圆的设备

要比采用垂直类型的好一些)。正向增加角度和反向增加角度测试之间的机械移动累计可以达到千分之几度,这种误差可以通过某个试样的两种方向测试结果的比较来确定。对于更古老的,类似于带有速率计的记录设备,这种机械移动还要加上源自类似于为了平均化脉冲速率所产生的系统偏移,这种偏移主要取决于所用速率计选定的半衰期。

多年来,位于美国马里兰(Maryland)州盖瑟斯堡(Gaithersburg)的国家标准与技术研究院一直在以每份 10 g 的质量供应已经被非常精确测试过的标准参考材料(standard reference material,SRM)。最常用于 2θ 校正的是定名为 NBS SRM 640 的 Si 粉(纯度为 99.999 9%),其平均粒度是 10 μm,25 ℃ 时的点阵常数为 5.430 88(4) Å(PDF 27-1402)。当这种标准参考材料在 1983 年卖完后,另一种颗粒分布更小的、同样磨过的 Si 粉被作为 SRM 640a 继续供应,其平均颗粒尺寸为 5 μm,精修所得的新的点阵常数在 25 ℃ 时为 5.430 825(11) Å。这种 Si 标自身的校正则是采用 Ag 粉[$a_0 = 4.086\ 51(2)$ Å]和 W 粉[$a_0 = 3.165\ 24(4)$ Å]的混合物。但是采用这种做法,处于 10° 左右的 Si(111)衍射峰的位置比 Ag 的第一个衍射峰还要低,从而不能被有效地校正,也就不能参与点阵常数的精修。从 1987 年开始,NIST 进一步发放了定名为 SRM 640b 的 Si 标,其 $a_0 = 5.430\ 94(4)$ Å(25 份样品测试结果的平均值)。

对于精确度要求如此高的样品,常规测试中可以忽略的一些影响因素就必须考虑了。首先必须记录测试时的温度,并且实测 d 值必须通过基于温度的膨胀系数校正到标准温度(大多数是 25 ℃ = 293 K)的。对于纯 Si(99.999 9%),相应的温度系数为 $\alpha = 2.56 \times 10^{-6}$,即每 1℃ 的 a_0 变化为 0.000 014 Å。如果 Si 粉的纯度下降,那么这个数值会增大一些。表 4.8 表明对于高 2θ 角度范围的衍射,相应于点阵常数的微小变化是非常敏感的。关于 Si 粉的另一个需要考虑的影响因素就是氧化层的表面张力,这也是大多数其他粉末不需要考虑的因素。

Deslattes 和 Henins (1973)[22]的研究表明,对于大块单晶 Si,氧化层的影响可以忽略,25 ℃ 时的点阵常数 $a_0 = 5.431\ 062\ 8(9)$ Å。同样的测试进一步用于 $\lambda(CuK\alpha_1) = 1.540\ 598\ 1$ Å 的精修,然后将这个波长值用于所有关于 SRM 640 的测试。对比这些测试结果可以发现单晶的 a_0 要比粉末的大 0.000 183 Å,从理论上讲,这就相当于温度差别为 13 ℃ 的结果。造成这种差异的真实原因就是氧化层表面张力引起的两者之间的压力差别。如果表面张力固定,那么所引起的压力将随着颗粒尺寸的降低而增加。给定 Si 的压缩模量为 1.023×10^{-6} bar^{-1}(即相对的线性变化为 0.341 × 10^{-6} bar^{-1} 或者 a_0 的绝对变化为 1.852×10^{-6} Å·bar^{-1}),那么上述 0.000 183 Å 的差别就意味着 SRM 640 晶粒被施加的压力大约有 100 bar。采用窄发散狭缝对老旧的、平均晶粒大小为 2 μm 的 Si 粉（研磨后存放超过 5 年）进行长时间精确测试发现，Si 的 (111) 衍射峰（积分强度是 520 930 个脉冲）的前坡侧出现了一个位于 26.64° 的非常弱的衍射（积分强度是 5 072 个脉冲，仅比背景高 15%）。这个弱衍射相应于石英的最强衍射峰，换句话说，随着时间的推移，原先无定形的氧化层出现了晶化现象。

更低角度的校正采用定名为 SRM 675 的人造氟金云母 $KMg_3[Si_3AlO_{10}/F_2]$，25 ℃ 时，$d_{001}=9.98104(7)$ Å（参见表 4.9）。这种云母类物质可以沿平行于样品表面而取向（即强烈的织构）。因此，实际使用时，可以将一些标准样品与丙酮形成悬浮液，然后沉淀在某种单晶样品架上来达到校正的目的。合理的校正操作是仅仅采用 SRM 675 的第一条衍射线。如果所用的 X 射线为 $K\alpha_1 + K\alpha_2$，由于低角度范围这两个波长产生的衍射是不能区分的，因此所给的 2θ 值（相应于 $K\alpha_1$）必须改成相对于平均波长的数值（对于 $CuK\alpha$ 近似于乘以 1.000 83）。对于更老的 PDF 卡片，想要通过卡片上所列的 d 值重新计算当时的 2θ 值时，需要使用卡片上所给的波长（当时的实际波长）。

表 4.9　SRM 675 氟金云母标准样品的 (00l) 衍射
[$CuK\alpha_1$ 射线，25 ℃，$d_{001}=9.98104(7)$ Å]

$2\theta/(°)$	l	I_{rel}	$2\theta/(°)$	l	I_{rel}
8.853	1	81	65.399	7	2
17.759	2	4.8	76.255	8	2
26.774	3	100	a		
35.962	4	6.8	101.025	10	0.5
45.397	5	28	116.193	11	0.5
55.169	6	1.6^b	135.674	12	0.1

^{a}(009) 衍射太弱。

^{b}由于 $2\theta_{006}$ 与 $(\bar{1}35)$ 叠加，因此其强度不准确。

对于岩石的粉末样品，其自身包含的石英就是一种天然的标准样品——一个显著的理由就是石英属于纯度相当高的化合物，而且点阵常数近似于常量（参见表 4.10）。天然的碳酸钙由于经常固溶有 Mg，因此其点阵常数有不同程度的降低，并不是很适合做标准样品。另外，还要注意的是，碳酸钙沿 a 轴方向的温度系数是负的。

另外，如下所列的化合物可以作为校正 d 值的辅助标准：

W [立方体心，$a = 3.16524(4)$ Å，$\Delta a/℃ = 0.000015$ Å，PDF 4-806]

Ag [立方面心，$a = 4.08651(2)$ Å，$\Delta a/℃ = 0.000078$ Å，PDF 4-783]

α-Al_2O_3 [三方，$a = 4.75893(10)$ Å，$c = 12.9917(7)$ Å，SRM 674]

石英 [三方，$a = 4.9133(2)$ Å，$c = 5.4053(4)$ Å，25 ℃]（$\Delta a/℃ =$

0.000 070, $\Delta c/\text{°C} = 0.000\ 047$ Å, PDF 33 – 1161]

$MgAl_2O_4$（立方面心，$a = 8.083\ 1$ Å，PDF 21 – 1152）

Al（立方面心，$a = 4.049\ 34$ Å，21 ℃，$\Delta a/\text{°C} = 0.000\ 093$ Å，PDF 4 – 787）

碳酸钙（三方，$a = 4.990$ Å，$c = 17.002$ Å，PDF 24 – 27）（$\Delta a/\text{°C} = -0.000\ 030$ Å，$\Delta c/\text{°C} = 0.000\ 44$ Å）

金刚石（立方面心，$a = 3.566\ 7$ Å，26 ℃，$\Delta a/\text{°C} = 0.000\ 004\ 24$ Å，PDF 6 – 675）

表 4.10　基于卡片 PDF 46 – 1041 的石英的衍射线列表（$2\theta_{obs}$）。$2\theta_{calc}$ 根据前面的点阵参数及 $\lambda = 1.540\ 598\ 1$ Å（两者都是 25 ℃下的数值）进行计算。表中仅记录了 $I_{rel} > 1$ 的强衍射

(hkl)	$2\theta_{obs}$	$2\theta_{calc}$	I_{rel}	(hkl)	$2\theta_{obs}$	$2\theta_{calc}$	I_{rel}
(100)	20.860	20.859	16	(113)	64.036	64.036	2
(101)	26.640	26.640	100	(212)	67.744	67.744	6
(110)	36.544	36.546	9	(203)	68.144	68.144	7
(102)	39.465	39.467	8	(301)	68.318	68.315	5
(111)	40.300	40.292	4	(104)	73.468	73.467	2
(200)	42.450	42.453	6	(302)	75.660	75.661	3
(201)	45.793	45.796	4	(220)	77.675	77.672	1
(112)	50.139	50.141	13	(213)	79.884	79.884	2
(202)	54.875	54.875	4	(114)	81.173	81.171	2
(103)	55.325	55.327	2	(310)	81.491	81.491	2
(211)	59.960	59.961	9	(312)	90.831	90.831	2

对于极低角度的校正可以采用长链羧酸盐——具有层间距 $d = 40.20$ Å（精修后是 40.26 Å）的豆蔻酸铅 $Pb(C_{14}H_{27}O_2)_2$，如果使用 $CuK\alpha$ 射线（$\lambda = 1.541\ 9$ Å），高达 13 阶的衍射都可以观测到，所测到的 2θ 值分别是 2.28°、4.47°、6.66°、8.86°、11.06°、13.27°、15.48°、17.69°、19.93°、22.15°、24.40°、26.65°和 28.91°（Schreiner，1986，参见图 4.18）。

另外，校正强度的标准样品也是存在的。NIST 提供的定名为 SRM 674 的一组标准样品包含了如下 5 种材料，平均颗粒大小为 $2\mu m$：

$\alpha - Al_2O_3$［三方，$a = 4.758\ 93(10)$ Å，$c = 12.991\ 7(7)$ Å］

ZnO［六方，$a = 3.249\ 81(12)$ Å，$c = 5.206\ 53(13)$ Å］

TiO_2［金红石，四方，$a = 4.593\ 65(10)$ Å，$c = 2.958\ 74(8)$ Å］

Cr_2O_3［三方，$a = 4.959\ 16(12)$ Å，$c = 13.597\ 2(6)$ Å］

CeO_2［立方，$a = 5.411\ 29(8)$ Å］

对于混合相的定量分析来说，PDF 提供的相对强度是无用的，因此，近年

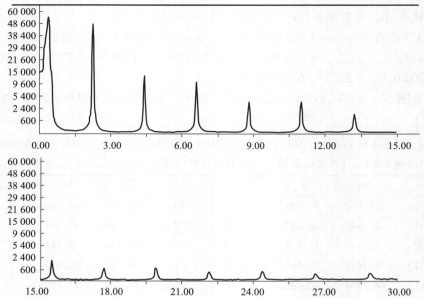

图 4.18　豆蔻酸铅 $Pb(C_{14}H_{27}O_2)_2$ 的粉末谱图（$CuK\alpha$ 射线，可变发散狭缝）。其中关闭的发散狭缝产生了一个错误的谱峰，位于 $2\theta = 0.5°$（Schreiner, 1986[23]）

来提供了一种相对于绝对强度的比例因子 I/I_c 数据（即参比强度，relative intensity reference，RIR）。

近几年来，ICDD 发行的粉末衍射文件所提供的 I/I_c 值表示给定物质的最强衍射（100%）相对于刚玉即 Al_2O_3 的最强衍射[（113）衍射，位于 43.35°]的强度比值——假定这两种物质以 1:1 的质量比混合并进行测试。SRM 674 中的 4 种标准样品（扣除 Al_2O_3 自身）的 I/I_c 值分别是：ZnO，5.17(13)[（101）衍射，位于 36.25°]；TiO_2，3.39(12)[（110）衍射，位于 27.42°]；Cr_2O_3，2.10(5)[（104）衍射，位于 33.59°]和 CeO_2，7.5(2)[（111）衍射，位于 28.55°]。作为补充，这里也给出了石英的 $I/I_c = 4.3$。如果刚玉的最强衍射线与待校正的材料的衍射重叠，那么可以使用刚玉的其他衍射线。这样一来，SRM 674 中刚玉的强度就需要测试得非常准确并且经过验证（参见图 4.19）。

如果想确定某种新材料的 I/I_c 值，那么必须采用积分强度，尤其是该材料与刚玉的半宽有明显差别的时候。至于岩石样品，石英也可以作为强度校正的标准。

从 1991 年开始，某种研磨过的刚玉烧结片作为 SRM 1976 被用于个体设备的全 2θ 范围校正（参见表 4.11）。其组成晶粒是沿（001）取向的薄片，直径

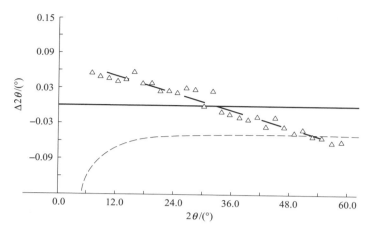

图 4. 19　数学建模给出的系统误差（虚线）在低角度范围经常出错，与硬脂酸铅的实测数值（图中以三角形代表相对于 2θ 计算值的差异）完全相反（引自 Schreiner 和 Surdowski，1983[24]）

为 5 ～ 7 μm，厚度为 1 ～ 2 μm。测试时这些薄片的取向或多或少都平行于表面，从而使得具有高 l 值的衍射强度（采用固定的发散狭缝）相对于 SRM 674（参见表 4. 12）的谱线强度而言得到了加强。该标准样品是在 25 ℃ 下测试的，其波长 λ 稍高于一般的给定值（1. 540 629 Å）。由于晶粒形状不一样，因此上述所列的两种刚玉标准样品的织构是不同的。

最后，想要校正半宽可以采用 LaB_6 标准样品（SRM 660）。

表 4. 11　某种烧结刚玉片（SRM 1976，25 ℃，有织构）的 2θ 和强度值列表（CuKα_1）。其中 $2\theta_{calc}$ 基于 $a = 4. 748\ 85(11)$ Å，$c = 12. 993\ 1(24)$ Å 和 $\lambda = 1. 540\ 629$ Å 计算（总体误差：采用积分的 $I_{int} = 6. 12\%$，采用峰高的 $I_{max} = 7. 85\%$）

(hkl)	$2\theta_{calc}$	I_{int}	I_{max}	(hkl)	$2\theta_{calc}$	I_{int}	I_{max}
(012)	25. 577	32. 34	33. 31	(02. 10)	88. 995	11. 76	8. 99
(104)	35. 150	100. 00	100. 00	(226)	95. 252	10. 14	7. 25
(113)	43. 355	51. 06	49. 87	(21. 10)	101. 074	16. 13	10. 94
(024)	52. 552	26. 69	25. 17	(324)	116. 107 }	20. 86	10. 09
(116)	57. 499	92. 13	83. 6	(01. 14)	116. 597 }		
(300)	68. 213	19. 13	16. 89	(13. 10)	127. 684	15. 58	7. 56
(10. 10)	76. 871 }	55. 57	34. 61	(146)	136. 085	15. 47	6. 55
(119)	77. 234 }			(40. 10)	145. 177	11. 29	4. 06

① 原表4. 11有误。——译者注

表 4.12　25 ℃时刚玉(SRM 674)的 2θ 和强度值列表(CuKα_1)

(hkl)	$2\theta/(°)$	I_{rel}(674)	(hkl)	$2\theta/(°)$	I_{rel}(674)
(012)	25.576	55.4(24)	(024)	52.552	45.5(13)
(104)	35.151	87.4(19)	(116)	57.501	92.5(26)
(110)	37.777	36.5(14)	(214)	66.519	34.7(10)
(113)	43.354	100.0	(300)	68.210	55.5(22)

4.8.1　外标

　　测角器的定位误差随时间的变化相当缓慢,利用外标可以控制这种误差的影响。作为这种外标的校正样品应当具有很好的机械稳定性,从而在整个测角器寿命周期内不会改变样品的表面,而且压片时可以仅与少量黏合剂或者再加上 Si、刚玉或石英等研磨好的烧结片一同制样。基于此,布鲁克公司(Bruker AXS)随其测角仪(例如 D5000)一起配备了一片细晶粒的、不需要样品架的天然石英岩作为外标。一般每隔几个月就要在同样的条件下(高压、管电流、狭缝和计数电子等)测试一下这个样品,而且各阶段所有的记录都要妥善保存好。需要指出的是,强度随时间而缓慢下降的现象并非意味着一定存在着偏移,它也可能是由 X 射线管光产额的下降造成的,其原因在于钨蒸气在管窗口的沉积和焦斑被电子束撞击而引起阳极的粗糙化。如果强度损失超过了30%,就应该换上新的管子了。

　　不可缺少的校正样品是测定测角仪机械零点误差的样品。实际的机械零点很少准确位于真正的零点位置,而是偏离几个 1/100°。当零点误差累计达到0.1°时,从所得的偏移 2θ 值求得的点阵常数将明显不同于真实值(即超过3σ)。假定标准样品的衍射峰被正确指标化了,那么通过 2θ 的测试值与期望值之间接近固定的差值(可以是正值,也可以是负值)就可以明确零点误差。采用零点偏移数据,通过最小二乘精修点阵常数后所得的 2θ 差值将不再随机分布,而是体现出一种从 − ve 到 + ve(velocity error)或者反过来的系统趋势。另外,齿轮的非定期出现的、只是随 2θ 缓慢变化的机械故障也可以通过外标检测出来并且进行校正。

　　采用外标不能检测的系统误差是那些随样品而变的误差,例如样品的可变堆积密度(可变透明性误差的来源)或者更为常见也更严重的样品偏位误差(displacement error)。即使是同一个人重复地往同一台设备放置同一个样品,所得到的样品偏位误差也是变动的。从我们自有的西门子衍射仪 D500 的测试经验看,不管多么仔细地进行这部分操作,大约每三分之一的样品的放置深度会超过 30 μm(即远离所需聚焦圆的切面位置)。至于其他的设备,已知的偏位误差可以达到 100 μm。尤其是当样品架采用沿测角器的轴线一面接一面压紧放置时，两面之间的一个粉末颗粒就足以使样品偏离正确的位置。虽然这么小的误差是不能用肉眼从谱图上看出来的，但是点阵参数的精修结果会体现出来，此时点阵参数将有 $(4 \sim 5)\sigma$ 的变化量。在同步辐射设备中，利用放在样品后的分析器晶体可以去掉这类样品偏位误差。

4.8.2　内标

精确的衍射角度测试可以采用内标，即标准样品与样品自身混合在一起。这种操作的麻烦在于样品混杂了标准样品，就不能再进一步用于只能采用纯样的研究，否则，相关的结果由于标准样品的"渲染"将变得难于分析或者得不到。由于磁铁矿标准样品在测试后可以简单采用一块磁铁完全去除，因此使用磁铁矿作为内标的测试相应地很有市场。另外，内标的使用也会使 Rietveld 精修变得更加复杂，因为此时标准样品的参数同样也要进行精修。采用内标的一大优势就是混合物的质量吸收 $(\mu/\rho)m$ 是共有的，即对于样品和标准样品来说，透明性（穿透深度）是一样的，这就有利于定量分析。

一个正常的 2θ 校正包含了如下四个步骤：

（1）选定一个或几个标准样品；

（2）制取混合物并且进行测试；

（3）扣除不合适的标准样品衍射线；

（4）建立校正曲线，完成 2θ 值的校正。

由于校正曲线的外延非常容易出错，因此选择标准样品的时候应当使标准样品有一个衍射峰位于样品的第一个衍射峰之前或者至少保证标准样品的第一个衍射峰仅仅比它大几度而已。同时，标准样品和样品的衍射峰还应当没有重叠。如果低角度范围实在没有可用的标准样品谱峰，那么可以采用标准样品低角度谱峰的高阶衍射峰作为辅助数据点——假如它们是可以测试的。这个时候就要先校正这些高阶谱峰，然后基于布拉格定律换算出第一阶谱峰的位置。无论如何，这种辅助数据点都要比外延数据可靠多了，从而这些计算得到的数据点就可以将校正曲线扩展到更低的角度范围。

标准样品的混合需要达到适当的规模，从而样品与标准样品的最强线近似相等。如果标准样品 (I_s/I_c) 的与样品 (I_p/I_c) 的 I/I_c 值（参考前面的强度校正章节）是已知的，那么就可算出正确的混合比例。此时，质量比例 X_p（样品）：X_s（标准样品）按照如下公式估计：

$$X_p : X_s = (I_s/I_c) : (I_p/I_c) \tag{4.23}$$

（如果两者的质量吸收差别严重，那就必须引入一个校正项）。

如果不知道 I/I_c 值，可以小规模混合标准样品，直到两者的最强衍射表现出近似相等的强度为止。

如果采用氟金云母作为内标，此时，云母薄片将会平行于样品表面择优排列。这类校正要想实现，可以将少量的样品/标准样品混合物在丙酮或者异丙醇中形成悬浮物，然后沉淀在某种单晶样品架的表面上。

对于 Guinier 相机，在外标与内标之间进行均衡是可以做到的——因为装上分离室后，这种相机就相当于分成好几个，从而可以同时在同一胶片上记录几种样品的谱图。大多数情况下同时记录的个体谱图有三个：纯粹样品、样品/标准样品混合物和纯粹外标。如果不想混合起来测试，那么将样品谱图放在中间，而标准样品谱图分别放在 Guinier 胶片的两边就可以了。

标准样品的衍射峰中，仅有那些不与样品重叠的谱峰才适合用于校正，如果迫不得已需要使用重叠峰，那么就要尝试通过线形拟合的方法将标准样品的衍射与样品的衍射分离。不过，在绘制校正曲线时，这些标准样品衍射峰的 $\Delta 2\theta$ 值应当遵循那些非重叠衍射峰所给数值体现的变化趋势，否则就必须扣除它们（参见图 4.20）。

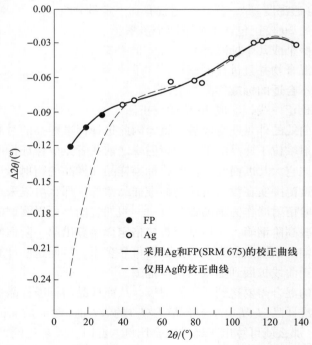

图 4.20 四次校正曲线示意图。虚线：仅采用 Ag 计算的校正曲线，显然它在更低角度范围内的外延是错误的。实线：同样的处理过程，不过增加了氟金云母的衍射数据 [Wong-Ng 和 Hubbard（1987）[30]]

同样的处理方式也适用于外标法，先用 $\Delta 2\theta$ 值对 $2\theta_{obs}$ 值进行描点，然后近似绘出一条光滑曲线就得到了所需的校正曲线。拟合这些数据点的校正曲线可以采用零次（仅有零点误差）到四次（如果至少可以得到六个校正点）多项式 $a + bx + cx^2 + \cdots$，拟合效果以相应的平方差总和（χ^2）为准。χ^2 降低最多的多项式结果为最优。通常这个最优结果属于二次多项式，次数越高，校正曲线往更高角度或者更低角度外延的错误率就越大。

Rietveld 结构精修可以对整个原始数据集进行某种 2θ 校正，不过这样一来，校正后所得的个体数据之间的步长就不再是一个常数了。此时，整个数据集必须进行修正，成为一组具有常数步长的新的网格数据。既然这些新的网格点不再与原来的测试数据点对应，那么新网格点相应的计数率也就必须根据原始数值进行内插估值。由于可能偏移的最大值顶多就是半个步长，因此采用两个相邻原始数据点的计数率进行线性插值就可以满足要求了。更好的做法是利用二次或者三次多项式来插值——特别是想要正确重现衍射峰值的时候。在软件 GUFI 中就提供了这种角度修正的功能（Dinnebier 和 Eysel，1990[33]）。其他校正，例如平滑或者 $K\alpha_2$ 扣除，在 Rietveld 分析中应当被禁止，但可以改用相应的参数来表示并一起参与精修。另外，虽然 Rietveld 精修也能够对背景进行建模并拟合，但是在精修前建立一条背景曲线并且以此来扣除背景后再开始精修的做法是可取的。最后，当晶胞已知，但是完全不知道任何结构信息的时候，使用全谱精修法提取谱峰强度也是可以实现的。

4.8.3 结合点阵常数精修的校正

如果可以使用的样品量不多，并且这些样品在测试完粉末谱图后还要用于其他的测试，那么与内标混合的做法就行不通了，此时必须采用无标准样品校正误差的方法。假定系统误差可以利用数学模型来表示，那么这个模型的参数就可以和点阵常数一起进行精修。实际精修中要注意误差需要逐个处理，因为不同误差之间可能存在着相当严重的关联性，例如零点误差 $\Delta 2\theta$ 和样品偏位误差 $\Delta 2\theta \cdot \cos\theta$ 之间的差别仅仅是一个缓慢变化的因子 $\cos\theta$，当角度达到 $2\theta = 90°$ 时，这个因子的变动也仅有 29%。因此，同时精修这两个误差所得到的结果可能相当荒谬。

表 4.13 列出了一个不采用内标而要确定样品偏位误差的示例。执行这种操作前应当尽可能排除其他误差，例如，零点误差可以通过外标进行校正。如果衍射峰可以毫无疑义地被指标化（不确定的衍射峰必须忽略掉），那么样品偏位误差——随样品不同而不同的最重要的误差类型——就可以方便地与点阵参数一起精修出来。针对这张谱图，采用笔者的 LATCO 软件精修了两次点阵参数，分别相应于考虑和不考虑样品偏位误差的情形。接下来就必须靠操作者

自己来选择哪种精修结果了。考虑样品偏位误差的精修是否能接受的主要标准是误差的大小与它的标准偏差的比较结果。另外，在考虑误差校正后，χ^2应当明显降低，并且点阵常数的标准偏差也应当降低。想要更加精确，也可以采用统计学的χ^2检验来确定所增加的参数是否有意义。

表 4.13　水镁石(brucite)的精修

(a) 不考虑样品偏位误差的精修								
h	k	l	d(obs)	d(calc)	Δd	2θ(obs)	2θ(calc)	$\Delta 2\theta$
0	0	1	4.767 2	4.762 7	0.004 5	18.598	18.615	−0.018
1	0	0	2.730 6	2.729 5	0.001 1	32.771	32.785	−0.014
1	0	1	2.368 6	2.368 1	0.000 5	37.957	37.965	−0.008
1	0	2	1.794 4	1.794 4	−0.000 0	50.844	50.844	0.000
1	1	0	1.575 8	1.575 9	−0.000 1	58.527	58.525	0.002
1	1	1	1.496 1	1.496 1	0.000 0	61.978	61.978	−0.001
1	0	3	1.372 3	1.372 3	−0.000 0	68.294	68.293	0.001
2	0	1	1.311 9	1.311 9	−0.000 0	71.912	71.910	0.002

LQ − sum = 2.61（10^{-8}）；a =（3.151 71 ± 0.000 13）Å；平均偏差 Q = 0.57（10^{-4}）；c = (4.762 71 ± 0.000 38）Å

(b) 考虑样品偏位误差的精修									
h	k	l	d(cor)	d(calc)	Δd	2θ(obs)	2θ(calc)	2θ(calc)	$\Delta 2\theta$
0	0	1	4.763 0	4.761 7	0.001 3	18.598	18.614	18.619	−0.005
1	0	0	2.729 3	2.728 9	0.000 4	32.771	32.787	32.792	−0.005
1	0	1	2.367 7	2.367 6	0.000 0	37.957	37.973	37.973	−0.000
1	0	2	1.793 9	1.794 0	−0.000 1	50.844	50.859	50.855	0.004
1	1	0	1.575 4	1.575 5	−0.000 1	58.527	58.542	58.539	0.003
1	1	1	1.495 8	1.495 8	0.000 0	61.978	61.992	61.993	−0.001
1	0	3	1.372 1	1.372 0	0.000 0	68.294	68.308	68.309	−0.001
2	0	1	1.311 7	1.311 7	0.000 0	71.912	71.925	71.927	−0.002

LQ − sum = 0.70（10^{-8}）；a =（3.151 05 ± 0.000 19）Å；平均偏差 Q = 0.30（10^{-4}）；c = (4.761 74 ± 0.000 34）Å；

使用的偏位 =（− 0.029 09 ± 0.007 88）mm；以 2θ =（0.016 7 ± 0.004 5）°cos θ 进行校正；

R = 20 cm

参考文献

1. E. J. Sonneveld and J. W. Visser, Automatic collection of powder data from photographs, *J. Appl. Crystallogr.*, 1975, **8**, 1-7.

2. R. P. Goehner, Background subtract subroutine for spectral data, *Anal. Chem.*, 1978, **50**, 1223-1225.

3. A. Savitzky and M. J. E. Golay, Smoothing and differentiation of data by simplified least squares procedures, *Anal. Chem.*, 1964, **36**, 1627-1639. Tables corrected by: Steinier, Termonia and Deltour in *Anal. Chem.* 1972, **44**, 1906-1909.

4. E. T. Whittaker and G. Robinson, *The Calculus of Observations* (1924), Blackie, London, 4th edn 1965, 397 S.

5. A. Proctor and P. M. A. Sherwood, Smoothing of digital X-ray photoelectron spectra by an extended sliding least-squares approach, *Anal. Chem.*, 1980, **52**, 2315-2321.

6. W. H. Press and S. A. Teukolsky, Savitzky-Golay smoothing filters, *Comput. Phys.*, 1990, **4**, 689-692.

7. (a) M. A. U. Bromba and H. Ziegler, Application hints for Savitzky-Golay digital smoothing filters, *Anal. Chem.*, 1981, **53**, 1583-1586; (b) M. A. U. Bromba and H. Ziegler, Digital smoothing of noisy spectra, *Anal. Chem.*, 1983, **55**, 648-653; (c) M. A. U. Bromba and H. Ziegler, Digital filter for computationally efficient smoothing of noisy spectra, *Anal. Chem.*, 1983, **55**, 1299-1302; (d) M. A. U. Bromba and H. Ziegler, Varible filter for digital smoothing and resolution enhancement of noisy spectra, *Anal. Chem.*, 1984, **56**, 2052-2058.

8. D. G. Cameron and E. E. Armstrong, Optimization of stepsize in X-ray powder diffractogram collection, *Powder Diff.*, 1988, **3**, 32-37 (also: ICDD, Methods & Practices).

9. R. W. Hamming, Digital Filters (2nd edn.). Prentice Hall Inc., 1983.

10. Spencer (1904) cited in ref. 4.

11. J. Ladell, A. Zagofsky and S. Pearlman, Cu $K\alpha_2$ elimination algorithm, *J. Appl. Crystallogr.*, 1975, **8**, 499-506.

12. *DIFPATAN*, Ver. 1.3, 1992, R. Radomír Kužel, Faculty of Mathematics and Physics, Charles University, Ke Karlovu 5, CZ 12116 Prague 2, Czechia.

13. S. V. N. Naidu, C. R. Houska; Profile separation in complex powder patterns, *J. Appl. Crystallogr.*, 1982, **15**, 190-198.

14. H. J. Sánchez, A new peak search routine for fast evaluation on small computers, *Comput. Phys.*, 1991, **5**, 407-413.

15. G. Reich, Recognizing chromatographic peaks with pattern recognition methods, *Anal. Chim. Acta*, 1987, **201**, 153-170 and 171-183.

16. S. A. Howard and K. D. Preston, Profile fitting of powder diffraction patterns, *Rev. Mineral.*, 1989, **20**, 217-275.

17. A. Kern, Präzisionspulverdiffraktometrie: Ein Vergleich verschiedener Methoden, Diploma Thesis, Heidelberg, 1992, 175 S.

18. A. Brown and J. W. Edmonds, The fitting of powder diffraction profiles to an analytical expression and the influence of line broadening actors, *Adv. X-Ray Anal.*, 1980, **23**, 361-374.

19. H. M. Rietveld, A profile refinement method for nuclear and magnetic structures, *J. Appl. Crystallogr.*, 1969, **2**, 65-71.

20. J. Lauterjung, G. Will and E. Hinze, A fully automatic peak – search program for the evaluation of Gauss-shaped diffraction patterns, *Nucl. Instrum. Methods Phys. Res.*, *Sect. A*, 1985, **239**, 281-287.

21. C. R. Hubbard, Certification of Si powder diffraction standard reference material 640a, *J. Appl. Crystallogr.*, 1983, **16**, 285-288.

22. R. D. Deslattes and A. Henins, X – ray to visible wavelength ratios, *Phys. Rev. Lett.*, 1973, **31**, 972-975 (see also *ibid.* 1974, **33**, 463-466 and 1976, **36**, 898-890).

23. W. N. Schreiner, Towards improved alignment of powder diffractometrs, *Powder Diff.*, 1986, **1**, 26-33.

24. W. N. Schreiner and C. Surdowski, Systematic and random powder diffractometer errors relevant to phase identification, *Norelco Rep.*, 1983, **30** 1X, 40-44.

25. D. L. Bish and R. C. Reynolds, Jr., Sample preparation for X-ray diffraction, *Rev. Min.*, 1989, **20**, 73-99.

26. W. N. Schreiner and R. Jenkins, A second derivative algorithm for identification of peaks in powder diffraction patterns, *Adv. X-Ray Anal.*, 1980, **23**, 287-293.

27. W. N. Schreiner and R. Jenkins, A second derivative algorithm for identification of peaks in powder diffraction patterns, *Adv. X-Ray Anal.*, 1980, **23**, 287-293.

28. T. C. Huang, Precision peak determination in X-ray powder diffraction, *Aust. J. Phys.*, 1988, **41**, 201-212.

29. T. C. Huang and W. Parrish, A combined derivative method for peak search analysis, *Adv. X-Ray Anal.*, 1984, **27**, 45-52.

30. W. Wong-Ng, and C. R. Hubbard (1987), Standard reference materials for X-ray powder diffraction. Part II. Calibration using d-spacing standards, in: Methods and Practices in X-ray powder diffraction, published by the International Centre of Powder Diffraction, Newton Square, Pennsylvania, USA, (1987 ff.).

31. D. W. Marquardt, An algorithm for least-squares estimation of nonlinear parameters, *J. Soc. Indust. Appl. Math.*, 1963, **11**, 431-441.

32. R. Jenkins and W. N. Schreiner, Considerations in the design of goniometers for use in X-ray powder diffractometers, *Powder Diff.*, 1986, **1**, 305-319.

33. GUFI (Guinier-film-evaluation), Ver. 3.01 (1992), Dinnebier, R. E. and Eysel, W. (1990) Powder diffraction satellite meeting of the XVth congress of the International Union of crytallography, Toulouse (France), abstract PS-07.03.15 (also as supplement to *Acta Cryst. A46*).

34. G. Cagliotti, A. Paoletti and F. P. Ricci, Choice of collimators for a crystal spectrometer for neutron diffraction, *Nucl. Instr.*, 1958, **3**, 223-228.

第5章

提取强度的布拉格
衍射线形分析

Armel Le Bail

Laboratoire des Fluorures-UMR 6010, Université du Maine,
Faculté des Sciences, Avenue Olivier Messiaen,
72085 LE MANS Cedex 9, France

5.1 引言

    一个完美晶体在一台理想衍射仪上所得的每个布拉格衍射是简单的狄拉克(Dirac)谱峰线形(即 δ 函数),峰值位置精确落在满足布拉格定律($2d \sin \theta = \lambda$)的衍射角 2θ 位置。遗憾的是,现实中并不存在这种理想的衍射仪,实际谱图总是要受到仪器的影响而导致谱峰线形的宽化及不对称分布。这种仪器效应在第 4 章和第 6 章也会进行讨论。另外,仅当样品本质上是大量晶胞在三维空间中完全有序扩展排列的纯结晶相时,才有可能具体明确单个的布拉格衍射峰,否则就会存在着样品效应,其中晶粒尺寸和周期性的破坏都会引起谱峰线形的宽化。晶粒大小与谱峰宽化程度呈现反比的关系(尺寸效应),而非周期性的破坏则源自各种晶胞尺寸和组分方面的缺陷。一般情况下，结晶程度差的晶体、缺陷很多的化合物或者纳米晶材料的粉末衍射谱图与不发生布拉格衍射、仅有漫散射的玻璃或无定形材料的粉末衍射谱图具有相似的线形，很难直接区分。这个时候可以改用原子对分布函数，这种方法不需要考虑布拉格衍射，具体将在后面的第 16 章讨论，而本章则要讨论各种处理粉末衍射谱图的布拉格衍射线形的具体手段，这些方法既有针对个体谱峰的，也有直接进行全谱操作的。

当前可以实现的事情实际上大部分在三四十年前就已经被想到了。这些梦想能够缓慢并且逐步地实现要归功于计算机水平的提高、图形用户界面和衍射数据数字化技术的改善以及同步辐射和中子辐射的实用化。某些重大革新（例如全粉末谱图拟合方法以及分解方法，前者的典型例子就是 Rietveld 法）刚面世时还不能或者只能用于有限的射线类型或衍射仪种类，它们之所以能获得广泛应用，晶体学者中从事软件设计和改进的人员功不可没。

5.2　谱峰线形函数贡献概述

想用某个简单的分析函数来准确描述实验所得的布拉格谱峰是不现实的，因为实际的谱峰一般非常复杂。早期阶段，人们通常将粉末衍射谱图中可观察到的宽化的布拉格峰的线形看作仪器像差函数（instrumental aberration function）$g(x)$ 与样品函数（sample function）$f(x)$ 的卷积 $h(x)$[1]。关于实验函数 $h(x)$ 的这种简化定义一直沿用至今

$$h(x) = \int_{-\infty}^{+\infty} f(y)g(x-y)\mathrm{d}y = f \otimes g \tag{5.1}$$

然而事实上就连这个仪器像差函数本身也是许多影响因素的卷积，首要的影响因素就是入射光源，其次是衍射仪几何设置，此外还有各种实验缺陷。常规的做法是将样品函数的贡献局限于尺寸和畸形的影响，但是其他与样品有关的因素，尤其是样品的吸收（与样品厚度、压紧程度、表面粗糙度有关）、衍射仪几何设置和样品架的形状（平板、毛细管等），也可以影响最终的谱峰线形，它们的影响程度取决于入射光束的质量（平行与否）。这些额外产生的样品效应一般与上述面向全局的仪器像差函数 $g(x)$ 同等看待，因此，更贴切的做法是将 $g(x)$ 重新命名为"仪器与样品像差函数"，相应地，$f(x)$ 称为"样品尺寸与畸形函数"。正如第 4 章中所介绍的，$g(x)$ 被默认为可以从实验测试中得到。求 $g(x)$ 时要求所用样品结晶良好，并且与待研究的含有缺陷的样品，即含有待测的尺寸与畸形效应，从而呈现出额外线形宽化的样品，有同样的化学组成（或者与该缺陷样品足够相似的标准参考样品，从而确保吸收系数相近）以及同样的制样条件（厚度、压紧度等）。如果不遵守这一点并且使用不合

适的标准参考样品，那么所得的尺寸与畸形结构参数将是错误的。综上，更复杂的线形函数 $h(x)$ 表达式可以写为

$$h(x) = f_s \otimes f_d \otimes g_1 \otimes g_2 \otimes \cdots \otimes g_n \qquad (5.2)$$

其中 f_s 和 f_d 分别是样品的尺寸和畸形贡献 ($f = f_s \otimes f_d$)；g_1 到 g_n 就是所有的仪器与样品像差效应，涵盖了各种缺陷的来源：初级射线束(波长分布)、聚焦、准直器、狭缝宽度、样品尺寸、探测器狭缝和单色器尺寸、位置偏移等。从实验的角度看，公式(5.2)是不完整的：既没有考虑背景，也没有包含某些乘数因子(例如标度因子、洛伦兹-极化因子，参见第 3 章)，而且其中的一部分乘数因子还会随衍射角的变化而变化。当样品结晶完美并且具有较大的、均一的晶粒尺寸，例如大于 $3 \sim 5 \ \mu m$ 时，$f(x)$ 的数值将极为接近 δ 函数，难以测试，因此，这时满足 $h(x) \approx g(x)$。不过，值得指出的是，现在采用同步辐射的最好设备所能实现的仪器分辨率已经达到惊人的水平，从而可以确定极为微小的 f_s 和 f_d 的贡献。基于同步辐射技术，粉末衍射法曾经做过的最大晶粒尺寸[2] (结果表明布拉格衍射峰存在可测试到的宽化)大约是 $3.6 \ \mu m$，所用样品是 NAC 参考样品($Na_2Ca_3Al_2F_{14}$)[3]，其微应变(畸形)很小，可以忽略。相反地，对晶粒大小为 $1.2 \ \mu m$ 的 SRM 660 LaB_6(NIST 提供的标准参考材料，用于表征 X 射线衍射仪器的贡献，从而可以实际测试样品的线形)反而发现存在相当数量的微应变。当然，对于采用实验室常用设备所得的布拉格衍射峰而言，由于大样品尺寸而导致的这么小的宽化效应几乎完全可以忽略，其宽化主要来自更大的 $g(x)$。不管怎样，NIST 现在还是推出了一种新的 LaB_6 标准参考材料并且定名为 SRM 660a。另外，也可以据此认为粉末样品必须包含足够多的随机取向的晶粒(一般尺寸小于 $5 \ \mu m$ 就可以了)的内在要求得到满足后，采用具有最高分辨率的同步辐射设备时将明显观测到线形宽化的现象。接下来，本文将更详细地讨论 $g(x)$ 的各部分内容。

5.3 仪器像差

关于粉末衍射仪像差的大多数早期研究主要来自 Wilson[4-6] 与 Alexander[7,8] 的贡献。其中一种在目前称为"基本参数法(fundamental parameters approach，FPA)"[9] 的策略提出了以卷积方法来拟合粉末谱图线形的观点。这种方法考虑了每一个 g_n 对 h 的贡献，而不是简单采用某种特定的经验线形函数来全谱拟合 h 的线形。正如所利用的数据来自低分辨率的、波长固定的中子粉末衍射那样，如果线形是简单的高斯分布，那么全谱拟合 h 并不麻烦。实际上，这也是 Rietveld 法一开始就取得成功的内在原因[10] (参见第 9 章)。遗憾的是，自从 Rietveld 法面世以来，当前中子相关设备的分辨率

也在迅速提高。伴随着散裂中子源的发展，中子飞行时间衍射测试模式（参见第 2 章）的应用不断扩大，从而产生了大批难以拟合的数据，因为这种模式所得的谱图具有复杂的线形。至于 X 射线数据（常规的或者采用同步辐射源的）更不用说了，在当前用于 X 射线粉末衍射数据的所有单一函数线形模型中[11-14]，没有一个能准确描述整个 2θ 范围的谱线。利用所感兴趣谱图的实验谱峰形状所得的经验线形就其定义（不管是带参数的函数[15,16]还是傅里叶展开[17]）而言，显然有能力做到正确的谱图拟合，但是却必须随角度而变化处理方式，甚至要考虑如何扩展到谱图的重叠峰区域。一般说来，实验谱图低角度处的线形看起来更偏向高斯分布，而高角度的则偏向洛伦兹分布；峰形不对称性一般随着角度的增加会很快消失，按道理讲，各种像差的影响程度取决于仪器的具体几何设置。

5.3.1 最大尺寸效应研究成果

了解一下最近报道的有关同步辐射仪器线形的结果[2]是很有意义的。这个实验的样品放在毛细管中并且在 ESRF 的 BM16（现在改名为 ID31）线站[18]完成测试。平行的同步辐射光束使得这台仪器不用考虑有关偏移（displacement-type）的像差[19]，而且其分辨率相当高，以至于可以清楚显示出 LaB_6 NIST SRM（标准参考材料）中的微结构效应（尺寸与微应变宽化）。实验所用的化合物是上述的 NAC，所用的波长接近 0.5 Å，毛细管直径为 1 mm（更小直径的毛细管可以得到更窄的线宽，这可以归因于入射光束有效水平发散角的变化），步进为 0.000 4° (2θ)。在这种几何模式中，仪器线形是轴向和水平像差线形的卷积。有关轴向发散的研究已经有很多报道[20-24]，其中 Finger 等提出的非对称性校正模型[21]被认为是完善的成果。对于非平行光束，例如常规的执行 Bragg–Brentano 几何设置的实验室衍射仪发出的光束，NAC 的低吸收系数会导致额外的宽化，从而足以产生比测试 LaB_6 时更宽的 FWHM。为了校正这种影响，通过衍射仪不同部位（单色器、准直器、入射狭缝、样品、出射狭缝、分析器）的射线光路应当被完整地建模并且给出角度之间的关系。一束射线通过整个系统到达计数器的概率正比于该系统不同元件反射曲线综合后的结果。对于 BM16 仪器而言，水平仪器线形是三种独立成分的卷积[2]：入射光束的水平角度发散、单色器和分析器各自的反射谱线［参见 Masson 等给出的公式（1）~ 公式（4b）[2]］。如果在入射光束前进路线中插入了水平狭缝来限制水平发散，那么描述入射光束的特征函数就变成了一个高斯函数和一个 square-top 函数的复合。这种结论也适用于插入准直镜的情形。如果所用的光学元件不是完美的，那么还会引入一些其他的额外效应。这些像差线形的特征参数都不会随着 2θ 而变，仅有宽度是个例外。同样地，分析器对整个散射角区间的贡献也保持不变。对于同步辐射仪器来说，现实中还没有贴切的解析型表达式能用来表示这些像差函数，因此，就需要在实际工作条件下（摇摆曲线测量）对各种有影响的个体组分进行确定。分别利用三种不同的分析器设置［Ge(333)、Ge(111)和Si(111)]收集了NAC样品的同步辐射数据，然后对其中的12条最强衍射线各自建立相应的仪器线形模型进行拟合。结果表明存在附加的、来自样品微结构效应的谱峰宽化，这个宽化不大，可以采用Voigt函数拟合。图5.1所示为NAC两条谱线的拟合结果（分别是12条中的低角度和高角度区的典型谱峰），分析器为BM16常用的Ge(111)。

从图5.1可以看出，与常规实验室衍射仪相反，同步辐射仪器中的初级光束的轴向发散相对于衍射后射线的轴向发散而言，一般是非常小的。当分析器采用Ge(111)晶体时，线形完全受限于该分析器的反射线形，得到一条较大的超洛伦兹(super-Lorentzian)谱线。在高角度区域，单色器的高斯分布的贡献是不可忽略的。所得谱线的FWHM在0.003°(2θ)的数量级。如果改用实验室仪器(Bruker D8 Advance)，这种NAC的同样的两条谱线给出的FWHM分别是0.044°和0.0711°(2θ)（参见图5.2），相当于同步辐射数据的15～24倍（如果考虑到波长已经有3倍的事实，实际上"只有"5～8倍）。

与常规实验室X射线源有关的能引起谱峰展宽的效应还包括入射光源的谱线在Bragg-Brentano几何设置下的双波长效应——假如所用仪器在入射光束方向上并没有任何单色器（显示CuKα双重线，$\lambda_{\alpha_1} = 1.540\ 56$ Å，$\lambda_{\alpha_2} = 1.544\ 33$ Å，尽管这种波长分布真正考虑起来要更加复杂[25,26]，也可以参见第4章）。另外，图5.1所示的局部位置的拟合是从某个全粉末谱图分解结果中截取出来的。虽然对于其中额外附加的宽化来说，仪器的贡献是主要的，但并不是唯一的。实际上，如果在同一台实验室仪器上测试，那么LaB₆ SRM所得的峰宽就要比NAC小一些。其原因就在于LaB₆样品相对于NAC来说，前者的吸收系数要高很多，因此其X射线的入射深度非常浅，与仪器无关。不过，这就意味着采用LaB₆作为标准来给出一个全局的$g(x)$，并以此来测试如NAC等低Z值样品的尺寸和畸形值就会出现严重的错误。原则上，所有g_n的贡献都可以通过FPA来建模，至于采用参考样品来建模$g(x)$的方法就要考虑采用何种参考样品的问题。在最近的尺寸应变循环赛[27]中，一种CeO₂样品被推荐给各国专家进行微结构表征，优先选定的标准样品是退过火的CeO₂，而不是LaB₆ SRM。不过，采用FPA给出的结果认为这种CeO₂参考样品也存在明显的本征宽化[28]。虽然FPA发展迅猛，并且很明显具有重大的意义，但是现在就要认为FPA代表一门精确的科学，能够完美计算出任一种衍射仪的各种$g(x)$贡献，包括某些衍射几何模式内含的样品效应，还是为时过早的。

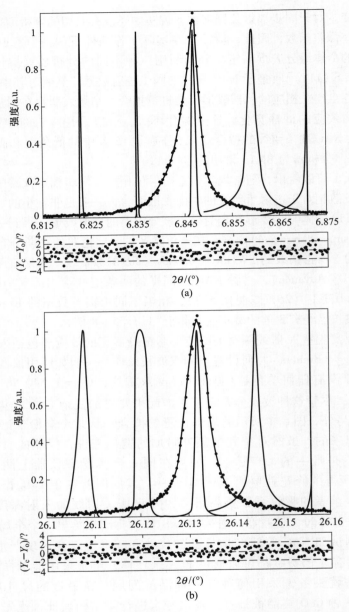

图 5.1　参考样品 NAC 同步辐射粉末谱图的最小二乘拟合结果，分析器为 Ge(111) 单晶：（a) NAC (211) 布拉格衍射；（b) NAC (921) 布拉格衍射。其他 5 条谱线，从左到右分别是入射光束谱线、单色器的传输函数谱线、样品的净谱线、分析器的反射谱线和轴向发散非对称函数谱线（引自 Masson，Doryhée，Fitch 的文献，感谢 *J. Appl. Crystallogr.* 的许可[2]）

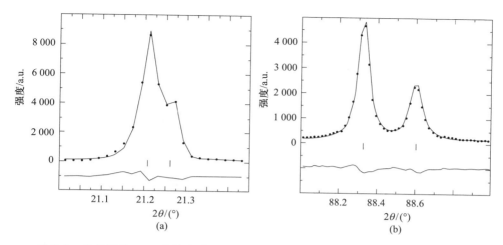

图 5.2　参考样品 NAC 全粉末谱图拟合的局部放大图。所显示的区域与图 5.1 一样，分别对应（211）（a）和（921）（b）布拉格衍射。该数据源自常规实验室衍射仪（Bruker D8 Advance），采用 Bragg – Brentano 几何设置，CuKα 射线，没有初级光束单色器

5.3.2　射线的蒙特卡罗循踪

现阶段的中子或者 X 射线衍射仪的设计都需要利用射线的蒙特卡罗循踪模拟来获得需要的光学效果（例如粉末衍射仪的最佳分辨率和最合适的峰形）[29-33]。基于 FPA 的 BGMN 程序包[34,35]中的 GEOMET 软件能够使用蒙特卡罗循踪来模拟仪器线形。这个软件的正常运行需要很多几何输入参数，例如样品尺寸（用于计算被照射到的和透射过的样品区域）、样品的线性衰减系数、描述 ADS（antomatic divergence slit）发散（divergence）的公式、线焦点和狭缝边缘的偏移角度、焦点尺寸以及所有已知的（参考 Wilson[6-8]）来自狭缝和准直器的各种发散效应。另外，在可选的衍射仪几何设置中，除了 Bragg – Brentano 类型，还有平板样品透射几何设置和毛细管几何设置。这样一来，可以认为仪器线形已经预先给定了，不用在 Rietveld 运算中进行精修。循踪过程需要做数百万次简单的几何运算来获得 X 射线的可能路径，并且计算相对于某个固定 θ_0（衍射仪角度）的一系列实际可允许的 θ 值，从而得到一个小网格区域中的所有可能事件，同时按不同的、小的 $\theta - \theta_0$ 区间而逐道存储。射线循踪所得的结果就是该仪器函数的逐点描述。接下来的第二步就是将这些点采用数目适当的平方洛伦兹函数来拟合（图 5.3）。

上述的拟合之所以选择洛伦兹函数而不采用傅里叶级数（或者其他形式），是因为它们的卷积运算很容易执行，而且仅需要几十个参数（如果是傅里叶级数就要多出很多了）就可以得到关于指定几何函数曲线的合理延伸（误差低于

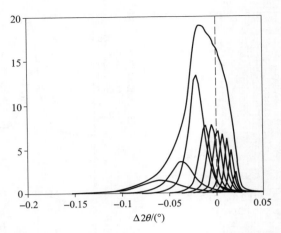

图 5. 3　BGMN 软件对于某个给定衍射仪设置进行射线循踪所得的结果，该谱线采用总数达 10 条的平方洛伦兹曲线来拟合（感谢 J. Bergmann 的许可）

0.7%）。不过，这个软件的设计者们可不赞同在精修实际晶体结构参数的时候也精修这些参数（一旦这部分线形已经由射线循踪法给出）以便提高准确度的做法，因为这两者是关联的，会互相影响。所有采用的模型都包含了某种简化处理，例如将焦点内的强度分布看作盒形（box shape）分布等。此外，初始几何输入参数值的给定也有些麻烦，例如，要想精确知道实际的准直器发散性质是不容易的，因为其来源可能是生产者或者操作者调试不准、线焦点和狭缝边缘所成的角度（通常为 0°？）、线焦点的有效宽度和出射强度分布（正规的盒形还是出头露尾的畸形）、反射几何设置中压实粉末样品的有效透过深度/线性衰减、透射几何设置中样品的厚度或者任何几何设置下样品的有效粗糙度等。显然，在发挥 FPA 的作用之前，还有大量的工作要做。

除了射线循踪法，实施 FPA 运算的另一种方案就是精修各种参数，这些参数分别描述了焦点宽度、初级与次级轴向发散角、接收狭缝宽度、样品透过深度、水平发散角（equatorial divergence angle）等。所有这些像差都需要建模并且做数值卷积运算[9,28]。假如使用 FPA 来建模求 h 成为一种趋势，那么有关 $K\alpha_2$ 消除（参见第 4 章）的新算法或者去卷积操作的改进可能将越来越不受重视，虽然这些方法在采用去卷积尝试提取 f 成分以便研究样品宽化效应时还是可用的。

5. 4　样品宽化

与样品有关的线形宽化可以详细参考第 13 章。首先，德拜散射方程[36]可以用于各种粉末衍射数据（不管是不是三维有序，包括液体、无定形或者结晶固体以及各类中间状态）[36]：

$$f(s) = \sum_m \sum_n \frac{f_m f_n (\sin 2\pi s r_{mn})}{2\pi s r_{mn}} \qquad (5.3)$$

其中 $s = 2 \sin \theta/\lambda$ ；r_{mn} 是原子之间距离的长度值，这两个原子的散射因子分别是 f_m 和 f_n。这个方程给出了平均散射强度值——假定样品由某种刚性体组成，并且在三维空间中沿各个方向等概率分布。对于一维、二维或三维有序的样品，在继续采用其他近似的条件下，由公式(5.3)可以推出另外的表达式，例如，对于完美晶体等的理想三维有序结构，遍历样品中每个原子的两次加和运算可以近似为只有少数几个近邻项的加和运算，而这些待加和项可分解成同可重复晶胞成分有关的结构因子振幅。不过，要想明确这类近似公式的使用范围并不容易。虽然一般认为它们适用于"均一"的体系，也可以用于没有"太多"缺陷的材料，但是仍有人进一步将其用在源自大量缺陷而表现出高浓度的畸变或者大范围无序的样品。接下来介绍一下描述尺寸与畸变效应的常用公式。

5.4.1　晶粒尺寸

通过线形分析来提取颗粒尺寸、形状和应变信息的操作将在第 13 章中详细介绍，因此这里只是做下总结。

1918 年，谢乐(Scherrer)提出了以他的名字命名的著名公式[37]。利用这个公式，可以由 X 射线线形宽度求得晶粒的尺寸(参见第 1 章和第 13 章)。这里的"晶粒"等价于"产生相干衍射的均一区域"，这就意味着该区域中三维有序是比较完整的，虽然可能存在某些畸形。此外，Bertaut 在 1949 年给出了另一个重要成果[38,39]，即尺寸分布可以通过衍射峰线形的傅里叶分析而得到。布拉格方程[40]（$2d \sin \theta = \lambda$，参见第 1 章)给出了理想衍射的几何条件，要求晶体的尺寸相对于两个衍射中心的间距来说必须是无限大，否则就会出现尺寸效应，从而使布拉格峰宽化。为了表征这种谱峰宽化，可以使用如下几种参数：

（1）谢乐引入的半宽 ω [37]。这个参数就是强度值高于或者等于最大强度值一半的衍射角度区间(现在称为半高宽)，表征尺寸的参数 ε_ω 定义如下：

$$\varepsilon_\omega = \frac{K_\omega \lambda}{\omega \cos \theta} \qquad (5.4)$$

其中 K_ω 称为谢乐常数[41]。

（2）Laue 引入的积分宽度 β [42]。它等于某个谱峰的积分强度与峰值强度 f_m 的比值

$$\beta = \frac{\int f(2\theta) \, d(2\theta)}{f_m} \qquad (5.5)$$

这个积分宽度与晶粒尺寸满足如下的关系：

$$\varepsilon_\beta = \frac{\lambda}{\beta \cos \theta} \tag{5.6}$$

（3）Tournarie[43] 和 Wilson[44] 分别引入的方差 W

$$W_{2\theta} = \frac{\int (2\theta - <2\theta>)^2 f(2\theta) \, \mathrm{d}(2\theta)}{\int f(2\theta) \, \mathrm{d}(2\theta)} \tag{5.7}$$

其中 $<2\theta>$ 是谱峰的质心，即强度分布 $f(2\theta)$ 的一阶矩；$W_{2\theta}$ 则是二阶矩。不过，Langford 和 Wilson[45] 认为另一种取代上述关系式的更好做法是以谱峰质心为中心获得一系列截断区间 $\Delta(2\theta)$，以此作为自变量并且以相应的谱线积分强度为函数值构造一个 f 函数，然后利用这个函数来计算出"真正"的方差变量。由于 $f(s)$ 线形尾部的宽化仅受尺寸的影响，理论上将近似随 s^{-2} 而变化，因此这个通过以截断区间 $\Delta(2\theta)$ 为自变量的函数来表示的方差 W 就是一条贴近 $f(s)$ 谱线尾部的直线

$$W = W_0 + k\Delta(2\theta) \tag{5.8}$$

利用如下公式，从这条直线的斜率 k 可以得到"表观"平均尺寸[44]：

$$\varepsilon_k = \frac{\lambda}{2\pi^2 k \cos \theta} \tag{5.9}$$

其中 ε_k 与下面基于傅里叶分析得到的 ε_F 具有同样的独特性。对于这两种情形，"真实"的平均尺寸都是"表观"尺寸与相应于所得方差的谢乐常数 K_v 的乘积。Tournarie 与 Wilson 已经罗列了不同晶形的各组 Miller 指数（hkl）对应的 K_v 值，可以参考使用。

（4）最后要谈的参数来自 Bertaut 的成果[38,39]。假设发生相干衍射的均一区域是由垂直于衍射平面的一系列晶胞构成的柱体，那么长度为 n 个晶胞的柱体所占的分数值就是一个尺寸分布 $P(n)$。根据这个尺寸分布函数可以定义如下仅与尺寸有关的傅里叶系数 A_n^{S}[46]：

$$A_n^S = \frac{1}{<N>} \sum_{i=|n|}^{m} (i - |n|) P(i) \tag{5.10}$$

其中 $<N>$ 就是每个柱体中的平均晶胞数目，加和从 $i = |n|$ 遍历到 m，m 就是柱体所允许的最大长度。那么仅与尺寸有关的 f_s 线形就是 A_n^S 的傅里叶变换

$$f_s(x) = A_0^S + 2 \sum_{n=1}^{m} A_n^S \cos 2\pi nx \tag{5.11}$$

其中 x 是倒易变量；n 是谐波数目。对应于 $n = 0$ 的首个系数被归一化为 1。另外，由于 $A_{(+n)} = A_{(-n)}$，因此加和从 $n = 1$ 到 $n = m$ 需要做两遍。通常 x 采用 $(s - s_0)/\Delta s$ 的形式，其中 $s = 2 \sin \theta/\lambda$；$s_0 = 2 \sin \theta_0/\lambda$；$\Delta s = 2(\sin \theta_2 - \sin \theta_1)/\lambda$。$[\theta_1, \theta_2]$ 就是定义该线形的角度区间；原点 θ_0 相应于峰值 f_m 的角度位置；函数

f 是对称的；m 就是有效傅里叶系数的最大数目。需要指出的是，基于问题的不连续性（大量的离散晶胞），这里采用了加和方式，而不是积分。对于谐波数目 n 而言，其随着沿正交于衍射平面方向且单位为埃（Å）的不同间距 M 将发生如下的变化：

$$M = \frac{n}{\Delta s} \qquad (5.12)$$

以 M（单位为 Å）为自变量的尺寸分布 $P(M)$ 代替 $P(n)$，得到如下的平均尺寸：

$$\langle M \rangle = \frac{\sum_{M=0}^{L} MP(M)}{\sum_{M=0}^{L} P(M)} \qquad (5.13)$$

其中 L 就是这些柱体的最大长度（Å）；$\langle M \rangle$ 就是所谓的面积加权平均尺寸。此外，利用 $P(M)$ 可以定义一个基于体积的尺寸分布：$G(M) = MP(M)/\langle M \rangle$，这里要求 $G(M)$ 和 $P(M)$ 是归一化的，即 $\sum G(M) = \sum P(M) = 1$。$G(M)$ 函数的平均值就是所谓的体积加权平均尺寸

$$\langle M_1 \rangle = \frac{\sum_{M=0}^{L} MG(M)}{\sum_{M=0}^{L} G(M)} \qquad (5.14)$$

另一种获得面积加权尺寸 $\langle M \rangle$ 的方法，有时也称为傅里叶尺寸 ε_F，则是利用 A_n 函数原点处的斜率

$$-\frac{1}{\varepsilon_F} = \left| \frac{\mathrm{d}A_n}{\mathrm{d}M} \right|_{M \to 0} = \frac{A_1 - A_0}{M_1 - M_0} \qquad (5.15)$$

由于 $P(n)$ 正比于 A_n 的二阶导数，因此可以用 A_n 来表示（正是由于二阶导数的不稳定，才有尺寸分布 $P(n)$ 值经常出现虚假振荡的现象）

$$\frac{P(n)}{\langle N \rangle} = \frac{\mathrm{d}^2 A_n}{\mathrm{d}n^2} \qquad (5.16)$$

进一步改写为

$$P(n) = \frac{A_{n+1} - 2A_n + A_{n-1}}{A_0 - A_1} \qquad (5.17)$$

将公式（5.10）代入公式（5.11）直接得到了 f 关于尺寸分布 P 的函数关系

$$f_s(x) = \frac{1}{\langle N \rangle} \sum_{n=1}^{m} P(n) \frac{\sin^2 \pi n x}{\sin^2 \pi x} \qquad (5.18)$$

这个表达式可以用来直接从 $f(x)$ 中提取 $P(n)$，但此时仍然存在着虚假的函数值振荡，因此需要进行平滑。相关处理已经在基于氢氧化镍的混合样品中验证过了，其中氢氧化镍的质量和晶粒尺寸分布是已知的[47]。虽然由于谱峰重叠问题、难于定义背景以及不好解卷并且将尺寸效应与畸形效应彼此分离，傅里

叶法使用起来很不方便，不过它仍然不失为一种精确的方法。现在可以认为如下的关系式成立：$<M> = \varepsilon_F$并且$<M_1> = \varepsilon_{\beta F} = \varepsilon_\beta$，而方差法$\varepsilon_k$和谢乐法$\varepsilon_\omega$的值可利用前述的近似计算得到。如果假定具有同样平均晶粒大小，但是尺寸分布函数不同的样品会有同样的峰宽（谢乐公式）或者存在随s^{-2}同样变化的谱峰尾部段（方差法），那么就是将问题想得过于简单了——在已有研究中，利用若干假想的不同尺寸分布构造出一系列理论谱图来研究各种参数（既包括近似的，也包括理论上精确的）之间的系统性差异是值得一提的事情。其结果表明，$<M> = \varepsilon_F$与$<M_1> = \varepsilon_\beta$的确成立[48]，虽然近年来的研究表明衍射谱图实际上不能很好地区分尺寸分布的这种细微差别[49]。不过，方差尺寸ε_k存在系统性的差异，即它总是小于$<M>$，甚至小了34%。两者最接近的情形是当$P(n)$为指数型尺寸分布时，此时f取洛伦兹型的线形。这种系统性差异也已被大量同时考虑ε_F和ε_k的文献所证实。谢乐尺寸ε_ω同样也存在系统误差，即它总是高于$<M_1>$，已报道的最大值是40%。当$P(n)$为高斯型尺寸分布时，二者就相当一致（表5.1）。

表5.1　针对模拟的、不同的尺寸分布函数$P(n)$，利用方差(ε_k)和谢乐(ε_ω)公式求得的晶粒尺寸与面积加权平均尺寸$<M>$和体积加权平均尺寸$<M_1>$分别比较的结果

$P(n)$类型	$<M>$	ε_k	$<M_1>$	ε_ω
窗口（window）	100.00	86.13	123.88	140.62
高斯	100.00	88.94	104.00	109.75
半洛伦兹	105.08	98.40	200.08	281.25
双模（bimodal）	100.00	65.90	198.28	225.00
真实结果	104.55	75.79	151.41	199.82

虽然使用谢乐公式具有简单、方便的优点，但是考虑到其所给结果只是粗略的近似，而且现在已有求晶粒尺寸的更好方法，因此是时候抛弃它了[50]。认为FWHM可以提供精确的晶粒尺寸是不现实的——这已经是老皇历了。也不要再幻想所有的晶粒具有同样的形状和尺寸或者其他隐藏于各种近似方法后面的设想是成立的，因为这一领域的许多近似方法都是将即使可以遇到，也是很罕见的特殊情况按照一般性的事实来考虑的。对于不涉及提取尺寸分布的简单操作，采用可以得到合理的$<M_1>$估计值的计算积分宽度的方法要更好一些。所有这些成果都是假定已经获得了真实的样品线形f。如果f或者g或者两者同时取高斯、洛伦兹或Voigt分布，那么基于各种近似也可以推出很多求尺寸估计值的方法[51, 52]，不过这里就不再讨论了。这些相应于特殊$P(n)$尺寸分布的峰形有时候在某些n值处会得出具有无物理意义的负比例含量的晶粒集合。总之，一个公认的结论就是信息量的最大化（尺寸分布与面积加权及体

积加权平均尺寸）既可以通过稳定的傅里叶分析策略[47]，也可以通过蒙特卡罗/贝叶斯（Bayesian）/最大熵法（maximum entropy）[53-58]等概率论方法得到。

最后要注意的是，点阵应变的存在使得问题更为复杂，在存在畸变的时候，甚至会使得某些有关尺寸效应的定义不再有效。

5.4.2 点阵应变

点阵应变对粉末谱图线形的影响将在第 12 章和第 13 章中详细介绍，因此，这里同样只是概略地做下综述。

目前最被广泛接受的表示点阵应变的方法同样是傅里叶分析法。这时仅受到畸形效应影响的 f_d 谱线是非对称的，并且可以表示成正弦项和余弦项的加和

$$f_d(x) = \sum_{n=-m}^{+m} A_n^D \cos 2\pi nx + B_n^D \sin 2\pi nx \tag{5.19}$$

常用来做解释的例子都是针对正交晶体的（001）衍射（Warren[59]，详见 13.4 节），根据这个前提，可以得到如下有关 A_n^D 和 B_n^D 的定义式。它们都与所涉及衍射族的谐波级数 l 有关

$$A_n^D = <\cos 2\pi lZ_n>, \qquad B_n^D = <\sin 2\pi lZ_n> \tag{5.20}$$

其中 Z_n 就是畸形变量。它反映了间隔 n 个晶胞的各晶胞位置之间存在的差异（实际上只考虑垂直于衍射平面的分量，而忽略 X 和 Y 分量）。在这里，微应变产生的宽化会随着级数 l 的增加而增大，相反地，尺寸宽化则与这种衍射级数无关。如果定义一个分布函数 $D_{n,z}$ 来表征整个样品中某晶胞与第 n 个近邻晶胞之间的畸形大小为 Z_n 的概率，就可以得到下面的公式：

$$A_n^D = \int_{-1/2}^{+1/2} D_{n,Z} \cos(2\pi lZ) \mathrm{d}Z, \qquad B_n^D = \int_{-1/2}^{+1/2} D_{n,Z} \sin(2\pi lZ) \mathrm{d}Z$$

$$\tag{5.21}$$

在这里由于涉及积分，因此需要注意的是 Z 的连续性。不过，积分区间并不是 $-\infty$ 到 $+\infty$，因为理论上 Z_n 的变化区间是 $-1/2$ 到 $+1/2$ 倍的晶胞参数（如果超过了这个范围，就作为下一个数据点 Z_{n+1} 来考虑，依此类推）。到了这一步，就可以建立如下针对整族（00l）衍射（$l=1$，2 等）、能用于计算谱峰线形、遍历整张粉末谱图以及包含了可能存在的尺寸效应的一般性公式：

$$f(x,l) = \sum_{n=-m}^{+m} \int_{-1/2}^{+1/2} A_n^S D_{n,Z} \cos[2\pi(nx+lZ)]\mathrm{d}Z \tag{5.22}$$

在上述结构因素可以积分的前提下，针对任何（hkl）方向的这类一般性公式将构建出完整的粉末谱图。$f(x,l)$ 衍射理论上都局限在从 $x=l-1/2$ 到 $x=l+1/2$ 的区间内。

对于畸形较大的情形，需要考虑的是，上述公式只能扩展到哪个范围才不

会产生错误的结果，并且畸形效应的确转成了尺寸效应。发生相干衍射的"均一"区域的平均尺寸是不可能超过畸形截止或者周期性的确被破坏区域的平均间距(原点任意)的。在金属中就发现这个区域的尺寸值与两个位错之间的平均间距相当[60]。需要注意的是，上述有关微应变效应的公式只是近似的处理。对于较大的畸形，对那些 x 值接近 $l-1/2$ 或者 $l+1/2$ 的函数值 $f(x,l)$ 将不会为零。因此，如果实测粉末谱图的强度连续变化，那么根据公式(5.22)计算的谱图就会出现非常明显的阶梯形线条，其相对强度取决于结构因子 $F^2_{(hkl)}$。这是采用平均晶胞组成而不是采用真实的晶胞组成，并且使用近似表达公式(5.22)而不是德拜散射方程(5.3)的必然结果——实际使用的近似其实只多不少。例如，上述关于微应变效应的公式就是在假设仅有微小畸形条件下的近似结果。再例如，下述的标量计算(采用 Warren 标记[59])也可以进一步近似而转化为更简单的表达式：

$$\frac{s-s_0}{\lambda} \cdot \delta_m = (h_1 b_1 + h_2 b_2 + h_3 b_3) \cdot (X_m a_1 + Y_m a_2 + Z_m a_3) \approx l Z_m$$

$$(5.23)$$

在忽略任何晶胞内的畸形后，就可以对所有的晶胞都使用同样的结构因子。这种做法适用于畸形可以采用晶胞参数的波动来合理描述的情形。然而它却难以应用于其他多种缺陷类型，例如不同种类的位错和层错共存、孪晶边界、浓度变化等。另外，虽然对于某个元素被另一个元素取代并且没有改变局域有序性，只不过是由于半径的差异而偏移了一些的简单缺陷，这种措施可以处理得更好。不过，伴随着较大位错的畸形发生时，采用尺寸-应变傅里叶分析法就明显过于简化了，这在前面过于理想的定义中已经是注定的了。更进一步而言，这些近似处理通常尚未结束——B^D_n 正弦项常常被忽略，从而仅考虑对称的谱线形状。根据这种近似，在所谓的 Warren – Averbach 法[46]中认为，当 l 与 n 较小时，余弦项可以做如下扩展：

$$< \cos 2\pi Z_n > \approx 1 - 2\pi^2 l^2 < Z^2_n > \qquad (5.24)$$

这就使针对两个谐波衍射(例如，对于 $l=1$ 和 $l=2$)进行处理，从 $A_n = A^S_n A^D_n$ 中分离尺寸与应变效应成为可能。接下来的近似可以基于这个假设。例如，如果应变分布属于高斯型，那么

$$< \cos 2\pi l Z_n > = \exp(-2\pi^2 l^2 < Z^2_n >) \qquad (5.25)$$

如果这个模型正确并且应变均方根随着间距的平方而变($< Z^2_n > = n^2 < Z^2_1 >$)，那么谱线将具有高斯峰形。相反地，如果应变均方根与间距平方是线性关系($< Z^2_n > = n < Z^2_1 >$)，谱线则是洛伦兹峰形。这种模型已经成为 Rietveld 法中引入傅里叶分析法的一种方式[17]。想要明确上述这些近似的有效范围，可以通过受到不同程度大小缺陷影响的超大模型的研究来实现，其粉末谱图可以

通过德拜散射公式(5.3)准确计算出来，然后采用上述近似公式分离它们的尺寸与畸形效应就可以很好地了解将会犯下的错误。无论如何都不要期望通过几个参数来简化无序凝聚态物质的复杂性后，还能够获得清晰明确的性质。

现在反过来考虑，使用上述公式甚至更加简化的公式(但是不使用武断认定的谱线函数)来模拟谱图[全粉末谱图建模，whole powder pattern modeling，WPPM[61-63]，参见第13章]也会有同样的限制。不管怎样，对于某些玻璃的粉末谱图拟合所得结果并没有这么糟糕[64,65](包括 SiO_2 玻璃或者氟化物玻璃)。至于采用具有完全各向同性畸形的平均结构模型，同时结合反向蒙特卡罗(reverse Monte Carlo，RMC)[66]建模所得的结果就更好了[67,68]。理想的建模应当针对真实的缺陷，并且模型中任一部位的原子间距都应当是真实的，最后仅采用德拜散射公式。这种做法已经被用于 Ni – Mo – S 化合物[69,70]、纳米晶固体[71,72]或者二维材料[73]的建模，其中二维材料还包括了具有乱层堆积结构的体系[74]。另外，还有一种能够计算含有平面层错晶体的衍射强度的方法，它已经应用在 DIFFaX 软件中[75]，读者可自行参考。

5.4.3　各向异性样品宽化：层错

除非所有的晶粒都是球形的，否则一般情况下都会存在有取向的、基于某些 (hkl) 的宽化。当然，畸形也可以有择优取向的表现，从而同时产生各向异性的尺寸与微应变效应。另外，某些层错所破坏的长周期有序排列还可以仅仅涉及晶胞中的部分组成。一个相对简单的例子[76]就是 $KAlF_4$ 中的反相畴(antiphase domain)现象。该结构中，[AlF_6]基团共顶点连接成二维的、沿 c 轴延伸的钙钛矿层，层与层之间嵌入了 K^+，并且[AlF_6]基团沿 c 轴的倾角可以变化。这种效果一方面导致了 K、Al 和轴向上的 F 原子排列的有序性，另一方面八面体中的水平平面上的 F 原子会引起尺寸效应，效应的大小取决于反相畴之间的距离。这部分 F 原子所处的位置相比于其他 F 原子来说对称性更低，是导致某些 (hkl) 组合的谱峰最终显得特别宽阔的唯一原子结构因素。相对于 X 射线数据，这种宽化在中子衍射谱图中更为明显。全谱分解处理或者 Rietveld 精修也难以处理这种特殊的各向异性宽化效应。另外，简单轻微的手工研磨会消除反相畴，从而使得某些衍射峰消失，当退火提高结晶度后，这些谱峰又会再次出现，同时还伴随着来自反相畴的宽化(图5.4)。

利用破碎机研磨 20 min 后，$KAlF_4$ 谱峰一方面出现了巨大的宽化，另一方面线形不再对称，后者可能与钙钛矿层的微观取向有关。这种呈现不对称谱带而不是常规衍射峰的线形在层状硅酸盐结构中是经常出现的。图5.5所示的某种商业滑石粉就是一个例子。想要高效拟合这种狭窄线形与宽阔的非对称谱带并存的粉末谱图是极为困难的。

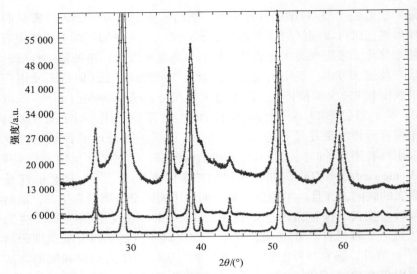

图 5.4　由 KAlF₄ 样品所得的 3 条常规 X 射线粉末谱图（CuKα）。底部：样品先经手工轻微研磨，随后进行退火［注意一下 42.5°（2θ）处，比同一图中其他谱峰要宽一些的小峰。该峰与反相畴有关］。中部：样品手工轻微研磨（一些衍射峰消失了，此时八面体沿 *c* 轴的倾角已经完全无序）。上部：样品用破碎机研磨 20 min，此时钙钛矿层部分无规取向，谱峰不再对称

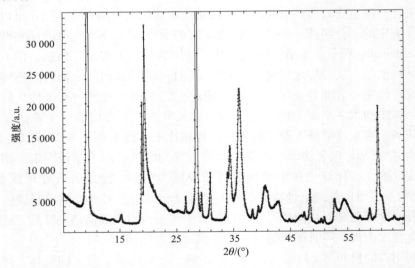

图 5.5　某种商业滑石粉的 X 射线粉末谱图（CuKα），图中窄峰、宽峰以及与乱层效应（严重的无规二维层取向）相关的、非常宽的非对称谱带共存。想要给出这种畸变的完整物理模型从而高效拟合这种谱图是目前的技术水平难以实现的

另一个值得一提的层错例子是 $HNbO_3$ 化合物，其结构是立方双重钙钛矿结构[77]。它的宽化可能和类似上述 $KAlF_4$ 示例的结构畸变在三维空间中的扩展有关。这种源自层错的各向异性效应在中子粉末谱图中表现得非常明显（图5.6）。需要说明的是全粉末谱图拟合中很难对各向异性的线形宽化进行建模。如果有读者想亲自体验，图 5.4、图 5.5 和图 5.6 所示的谱图可以从 Pow-Base[78] 所在的因特网站点上得到。最近一次的尺寸－应变循环赛[27]集中于测试某种具有各向同性尺寸效应而且晶胞参数不大的立方样品。我们仍然期待有关针对某个适当复杂的问题采用不同方法进行研究的结果比较，例如，待研究样品属于正交晶系，具有各向异性的尺寸和应变效应，并且晶胞相当大从而导致谱峰有明显重叠等。将堂堂的循环赛局限在一个非常简单的立方结构已经足以表明当前国际同行之间关于处理这些影响因素的方法是否正确的争论是多么的激烈！更多的详情也可参考那些介绍采用 Rietveld 法来表征微结构的综述文献[79-83]。

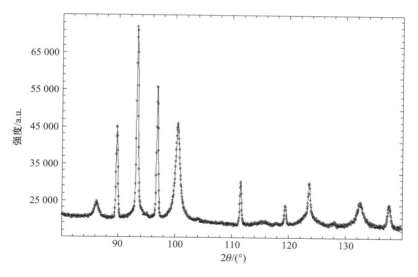

图 5.6　立方双重钙钛矿结构 $HNbO_3$ 的局部中子粉末谱图（$\lambda = 1.909\ \text{Å}$），其上的各谱峰具有明显不同的峰形和峰宽。至今还没有哪个有现实意义的模型能成功拟合这个谱图，哪怕样品中最可能有的层错其实就是一种简单的来自[NbO_6]八面体共顶点连接时反向倾斜所产生的简单的三维反相效应

关于在 Rietveld 法中考虑随（hkl）而变的宽化效应已经有了很多不同的方法，其中包括椭圆[17,84-87]、四次和二次函数[88-90]。所用的这些函数模型中，有的用来表示平均尺寸 $<M>_{hkl}$ 和 $<M_1>_{hkl}$ 以及平均微应变 $<Z^2>_{hkl}$ 的影响；

也有的直接用来做纯粹的唯象的定性拟合，不给出任何具有物理意义的参数。

5.5 单峰拟合与线形分析

在表征样品的不同阶段对个体布拉格峰进行分析或者拟合所能实现的功能存在很大的差异，例如提取峰位置用于指标化、拟合线形以完成应变表征（第12章）以及通过不同线形分析（line profile analysis，LPA）法来提取微结构参数（第13章）等。根据公式（5.1），LPA的实现需要解卷积，即将f从已知的h和g中提取出来。相比于建立一个f的模型，然后将它与g进行卷积得到h的计算值并与h的实测值进行对比的做法，这种提取操作执行起来更麻烦。更何况解卷积运算要求峰不能有任何重叠，这就使得只有一些简单的例子（具有高对称性、小体积的晶胞）才可以直接进行这种操作。不过，将这些运算转为傅里叶空间中的计算有助于解决这种解卷积的问题——这时的运算是一个简单的乘积运算。假定H、F和G分别是h、f和g的傅里叶转换结果，在傅里叶空间中，相应的解卷积运算就转变为执行一个除法操作：$F(n) = H(n)/G(n)$。这种做法在LPA中的应用已经有很长的历史[91]，例如，Stokes法就是其中的一个。上述除法运算所得的$F(n)$会存在一些振荡，当谐波数目n较大时，甚至可能进入负值区域。不过，目前已经发展了多种技术来消除这类虚效应（spurious effect）[92]。早期使用直接卷积来模拟粉末衍射线形时，其仪器贡献部分采用两个函数的卷积来表示，一个描述了衍射仪的光学元件，另一个则反映了X射线的波长分布（不完全的FPA）[93-97]。在各种峰形建模和半经验法中，双Voigt法[98-102]匹配峰形会更为全面——尺寸与微应变效应都可以利用Voigt或者pseudo-Voigt函数来描述。除早期在固定波长的中子衍射数据中（例如Rietveld法中的应用[10]）采用的高斯峰形函数以外，还有许多其他的解析型线形函数可以用来拟合个体的谱峰或者全局拟合h或者g。这些解析型峰形函数的绝大部分可以参见Young和Wiles[103]的著作，其中有洛伦兹函数[104]、平方洛伦兹函数、Voigt函数[105]、pseudo-Voigt函数[106]、Pearson－VII函数[107]、分离型Pearson－VII函数[108]以及后来出现的可以对峰形不对称进行建模的函数，例如，原始Rietveld法中为高斯函数引入了一个非对称参数或者采用改良型洛伦兹函数[109]等。不过到目前为止，飞行时间数据的峰形建模仍然是相当困难的[110]。使用这些峰形函数，可以在缺乏任何晶胞信息的条件下就执行拟合，或者根据晶胞参数和空间群信息尝试分解一个、一群甚至整张谱图来获得各个独立的谱峰。这部分内容可以参见下面章节的介绍。

5.5.1 面向强度或位置提取的峰形拟合——晶胞信息已知或未知

通过分析函数模型来拟合粉末衍射谱图的交互式计算机软件已经大量出

现。晶胞信息未知的条件下拟合个体衍射峰的麻烦在于重叠峰的数目是有限制的，相反地，如果已知晶胞信息，从而对峰位置施加了限制后，就可以相当准确地处理任何数目的重叠峰了。峰形拟合既可以通过经验选择的分析型线形函数（通常采用 pseudo-Voigt 函数）来实现最好的拟合效果，也可以采用 FPA 法。一些 FPA 法的忠实使用者认为，精修基本参数是荒谬的，除非他不熟悉自己的衍射仪，或者企图并一定能够掩盖掉他所用模型的未知影响或者缺陷。不过，其他一部分 FPA 相关软件的编程人员却认为拟合中适当调整某些基本参数（光源、样品与狭缝的长度，接收狭缝和光源的宽度，水平发散，初级和次级 Söller 狭缝角度）是可以的[9,111,112]。全谱拟合的时候也是如此，相关的处理参见有关全谱拟合的第 5.6① 小节。

5.5.2　有关尺寸/畸形信息提取的单峰分析

有关尺寸或者畸形信息的提取有三种选择：全局分析（傅里叶法）、局部处理（积分宽度、方差……）以及建模拟合谱峰（是否使用 FPA 视需要而定）。关于这个主题的文献汗牛充栋[92]，其中甚至包括了过期的、假定尺寸或者应变分布曲线不是洛伦兹就是高斯分布的"单线法"。值得一提的是，尽管将源于尺寸和应变的线形近似为洛伦兹分布，基于积分宽度的 Williamson - Hall 图至今仍在使用[113]——仅当分析一系列孤立谱峰时，这种方法才能得到合理的结果。

5.5.3　更高层次地逼近

通常不考虑源自漫散射因子或者洛伦兹-极化因子变化时引起的结构因子变化。不过，当某个谱峰相当宽大时，这种影响就会显著起来[114,115]，具体的内容将在有关全粉末谱图分解的下一小节中进行介绍。

5.6　无结构的全粉末谱图分解（WPPD）

如果计算强度的时候使用了结构模型，这种方法就叫做面向结构精修的全粉末谱图拟合（whole powder pattern fitting，WPPF）Rietveld 法（参见第 13 章）。这里要讨论的是没有结构，只有指标化结果及其晶胞参数的情形，虽然还是WPPF，但是这种新技术一般称为全粉末谱图分解（whole powder pattern decomposition，WPPD）。理所当然地，任何一种 WPPF 操作应当都可以通过建立模型来描述峰形和峰宽随衍射角变化的能力。要达到这个目的，既可以采用半经

---

①　原文误写为"5.5"。——译者注

验法，通过拟合某些分析型线形函数的参数来实现，也可以采用基于射线循踪的 FPA 法。前者一般就是精修 Cagliotti 公式（FWHM）$^2 = U\tan^2\theta + V\tan\theta + W$ 中的参数 U、V 和 W 来给出这些参数随角度的改变[116]。

5.6.1　无晶胞限制

在没有晶胞信息的前提下，仅有一些谱峰重叠不严重的粉末谱图可以提取出所有谱峰的峰位置、峰面积、峰宽度和峰形参数。采用这种无晶胞限制的方法时，必须确保给定的谱峰数目是正确的，否则拟合这么一组复杂谱峰时就会出现不确定度过大的错误。相反地，如果已知晶胞参数和空间群，并且依旧想精修峰位置，这时至少就可以得到正确的峰数目，同时各自的初始位置估计值也是合理的。这种计算曾被看作 Rietveld 法之外的另一种选择，是所谓两步法（two-stage method）精修晶体结构的第一步[117]。对于 X 射线粉末衍射数据，早期的 WPPF 程序采用一组洛伦兹分布曲线[118]或者双模高斯分布曲线[119]的叠加来拟合峰形。典型的例子可以参考利用原先仅对单峰进行拟合[94]，后来被扩展到全谱的计算机软件 PROFIT 研究氧化锌中的晶粒尺寸和应变[120]以及氧化铜中的线性宽化[121]的报道。简单的全谱分析也可以采用面向单个或者少数几个谱峰处理的软件，例如，采用计算机软件 FIT（Socabim/Bruker）来研究 ZnO 就是一个例子[122]。不管怎样，目前常用的 WPPD 操作中所采用的峰位置受限于已知的晶胞参数，虽然这种操作所丧失的自由度会轻微破坏拟合结果，并且提高谱图的 R 因子。

5.6.2　受限于晶胞的全粉末谱图分解

通过已知的晶胞信息计算出峰值位置而完成谱峰的定位是从头法（ab initio）粉末衍射结构解析（structure determination from powder diffractometry，SDPD）所需的一个重要步骤。可以认为，允许峰位置变化就可以了解其偏离理论位置时（例如第 12 章中介绍的受压样品）发生的各种细微效应。不过，在 WPPD 或者 Rietveld 法中从晶胞参数得出峰位置相对于理论位置的变化也是一种能得到同样效果的建模方式。当前依然存在的、基于这种晶胞约束性的两种广泛使用的 WPPD 法的名称分别为 Pawley 法和 Le Bail 法。它们可以提取一系列强度值以便尝试解析结构，两者都是 Rietveld 法的衍生物。

5.6.2.1　Pawley 法

将某个 Rietveld 软件的晶体结构精修模块去掉，然后添加针对每个理论布拉格峰进行独立的强度精修的功能，这样就得到了一个新的软件（取名为 ALL-HKL）。这个软件可以高精度地精修晶胞参数，并且提取出一系列结构因子振幅。这种操作后来就定名为 Pawley 法[123]。在该方法中，由于谱峰重叠而产生的最小二乘的病态问题可以通过约束条件的弛豫来解决。在原始文献中，Pawley 法可以用来验证某个未知结构的粉末谱图是否正确指标化已经是一个显而易见的事实了。不过，面世后的好几年中并没有任何采用它成功实现 SDPD 的报道，这可能是由于当时计算机水平的限制。即便这些年计算机迅猛发展，ALLHKL 的最新版本能够提取强度的峰数目也不超过 300 个，这就意味着对于更复杂的情况，它就必须将谱图分解成好几个部分，逐一处理。然而，要完全解决谱峰重叠带来的麻烦还是有点困难的。顺利的时候可以得到均分的强度［即对准确重叠的 (hkl) 布拉格峰分别赋予等效的结构因子］，但是不顺利的时候却肯定会产生负的强度数值。此外，该软件的第一个版本要求谱峰线形为高斯分布，虽然和分辨率相对较差的固定波长中子衍射数据匹配，但也正因为这样，仅有这种线形没办法获得任何 SDPD 成果。因此，需要补充其他更复杂的谱峰线形来适应 X 射线数据的需要。这就导致了随后一系列同样基于原始 Pawley 法思想的软件出现。其中一些软件提取强度的目的是为了用于面向结构精修的两步法，从而不需要使用 Rietveld 法（参见 Cooper 等[117]的论述）。值得一提的是，Toraya 将庞大的三角矩阵改用两个窄带矩阵来代替，从而既节省了计算时间，又节省了计算机内存占用量，这种策略已经用于他的 WPPF 软件[124]。其他还可以参考的软件有 PROFIT[125]、PROFIN[126]（不采用弛豫约束，而是改为对明显重叠的、预期存在的孤立布拉格峰，直接均分其所得的重叠峰来赋予各自的强度）、FULFIT[127]、LSQPROF[128] 和 POLISH[129] 等（也可参考第 17 章关于在本书出版时尚可使用的计算机软件的概述）。其中，LSQPROF 通过其内部的 DOREES 子程序[130]，以直接法和帕特逊（Patterson）函数推导出结构因子振幅之间的关系，然后以此进一步提高对重叠在一起的衍射峰进行强度提取的准确性。对于粉末衍射谱图，如何确定完全（或者严重）重叠的（源自对称性的系统性重叠或者其他偶然重叠）各个衍射峰强度的问题迄今并没有明确简单的答案，反倒是需要继续更深入地探讨——毕竟这是提高结构解析成功率的重要途径。其中，概率论是解决这个问题的一种先进手段。早期利用概率论来处理这个问题的成果是由 David 给出的[131]，随后在 Pawley 法中采用了贝叶斯统计[132]。另外，早期通过分析 E 值分布来检验择优取向也是通过概率论来提高估计结构因子振幅准确率的途径之一[133]。

5.6.2.2　Le Bail 法

为了求取与积分衍射强度相关的各种 R 因子，Rietveld 提出[10,134]，"对观测积分强度的合理逼近可以通过基于这些积分强度的计算值进行分峰的方法来实现"，即

$$I_K(\text{obs}) = \sum_j w_{j,K} \cdot S_K^2(\text{calc}) \cdot \frac{y_j(\text{obs})}{y_j(\text{calc})} \tag{5.26}$$

其中 $w_{j,K}$ 用于衡量位于 $2\theta_K$ 的布拉格峰对处在 $2\theta_j$ 位置的衍射谱强度 y_j 的贡献大小。公式（5.26）的加和遍历所有的、理论上对于积分强度 $I_K(\text{obs})$ 都有贡献的 $y_j(\text{obs})$。根据计算强度来分配衍射峰强度会引入偏差，这就是 Rietveld 在文章中称呼所谓的"观测"强度时，特意给"观测"两个字加上引号的原因。这些"观测"强度被用于计算 R_B 与 R_F（可靠性取决于强度与结构因子振幅），而且也可以用于估算傅里叶电子密度图。当然，其效果要比采用单晶数据的结果差多了。当前已经将这种迭代使用上述 Rietveld 分解公式（5.26）来实现 WPPD 的操作称为 Le Bail 法[135]。第一次采用这种方法的计算软件（ARITB）的首个版本在实际运行中，首先将随意给定的、相同的所有 $S_K^2(\text{calc})$ 值代入公式（5.26），此时并没有用到需要原子坐标信息的结构因子计算值；上述运算所得的 $I_K(\text{obs})$ 作为新的 $S_K^2(\text{calc})$ 值开始下一轮操作，如此迭代下去，同时也完成了谱图线形和晶胞参数（并非标度因子）的最小二乘精修。处于相同角度的布拉格峰将被赋予相同的初始计算强度，而根据公式（5.26）可以得到严格相等的结果，从而这些完全重叠的衍射峰一直保持均分强度的行为。反之，对于完全重叠的衍射峰，如果初始给予的一套 $S_K^2(\text{calc})$ 值互不相等，那么所产生的 $I_K(\text{obs})$ 将保持原来同样的比例关系。理所当然地，这种迭代操作所需的起始晶胞和线形参数的质量与 Rietveld 法自身的要求一样。与 Pawley 法相比，这种操作更容易通过已有的 Rietveld 代码来实现，因此，目前大多数 Rietveld 软件都给出了用于提取结构因子振幅的 Le Bail 法的选项（这些软件一般可用于多相处理，具有联合使用 Rietveld 精修与 Le Bail 拟合的能力）。早期晶体学软件中应用 Le Bail 法（这种命名相对于这些程序要晚一些）的有 MPROF[136]、FULL-PROF[137]、EXTRACT[138]、EXTRA[139]（EXTRA 和 SIRPOW92 组成了软件包 EXPO[140]，可同时用于晶体结构的求解和精修）。这种方法在现阶段同样被主流 Rietveld 软件（BGMN、GSAS、MAUD、TOPAS 等）或者单功能软件（AJUST[141]）所采纳。值得一提的是，Giacovazzo 领导的团队开发出了如下许多提高谱图分解 Le Bail 法效率的手段：通过归一化结构因子振幅的统计分析得到可能存在的择优取向[142]；谱图分解过程中利用帕特逊函数的正值性[143]（这是已有的手段的新应用[131,144-146]）；谱图分解时利用已知的赝平移对称性信息[147]；对重叠衍射峰采用随机强度分布，而不是原始均分的方法进行多次 Le Bail 拟合，随后对众多的这种数据集实施直接法操作[148-150]；通过已经定位的结构片段来促进谱图的分解[151]以及概率法（三重不变量分布函数）与 Le Bail 算法的集成等[152]。

5.6.2.3 Pawley 法和 Le Bail 法的对比

Giacovazzo 团队认为，基于 Le Bail 算法的谱图分解软件使用先验信息的效率要比基于 Pawley 法的高得多[153]。其他有关比较的结论，除了继续参考 Giacovazzo 的成果[154]，还有 David 和 Sivia 的文献[155]。他们指出，当由于重叠而使得背景被过高估计时，Le Bail 法会在这一区域产生负的强度值。现阶段处理这类重叠问题也可以采用最大熵法与相似度评估法[156]。归根到底，不管是 Pawley 法还是 Le Bail 法，都能够求取结构因子振幅，从而相对于以往的努力而言，能够更有效地从粉末衍射数据中解出晶体结构。

5.6.3　WPPD 的主流应用

不管是 Pawley 法还是 Le Bail 法，都可以列出一大堆令人瞩目的应用（可以参见 Toraya[157] 或者 Le Bail[158] 撰写的综述性文献）。在 SDPD"迷宫"面前[159]，目前除了这两种方法中的至少一种，再没有其他可走的路了。采用这两种方法时，拟合效果是通过一致性因子来检验的，这与 Rietveld 法所用的技术相同：R_p、R_{wp}、R_{exp}（最好加上仔细的谱图可视化对比检查）。虽然与结构相关的可靠性（R_B 和 R_F）依然能够被计算，但是在这里是没有意义的（两种方法倾向于对它们都赋予零值）。总体来说，建议优先采用原始的 Rietveld 谱图线形 R 因子的估计值（在扣除背景并且去掉"非衍射峰"区域后的计算值）[160]。WPPD 有助于晶胞参数精修和空间群的确定。当然，它的主要功能是提取从头法结构解析所需的强度数值（图 5.7）（直到 1987 年采用了 Pawley 法后才成功解出一个未知的结构，这也是第一个 SDPD 的成功实例[162]），或者至少可以给出线形参数值，从而应用于正空间法结构解析程序对原始粉末谱图的处理过程。相对于 Rietveld 法最后所得的谱图线形 R 因子，这些 WPPD 法所得到的 R 因子要小得多，能够达到可允许的最小值。值得一提的是，如果使用中子衍射数据，FULLPROF 软件既可以解出原子核结构，也可以得到磁结构[163]。正空间法对所提取的衍射强度的二次利用可以避免均分重叠峰衍射强度造成的麻烦。这种策略已经在 ESPOIR 软件中实现了[164]。它利用所提取的 |Fobs| 重新建立了一张粉末谱图，峰形直接采用简单的高斯函数，峰宽则采用 Cagliotti 公式，其中所用的 U、V、W 参数来自原始谱图。相对于原始谱图，采用这种没有线形不对称性和背景等的赝粉末谱图可以极大地加快计算速度。同样基于 Le Bail 法的另一个正空间结构解析程序是 PSSP[165]，它提出了一个一致性因子以便就明显重叠的近邻谱峰建立最佳的模型。另外，DASH 软件也利用这种衍射强度来构建关联矩阵，不过它们是通过 Pawley 法提取的[166]。

如果不采用正空间法，而是选择了直接法，那么利用这些强度提取值的途径就不一样了。直接法需要完整度更高（分辨率达到 $d = 1$ Å）的精确的 |Fobs|。不过，已有的一些成功实例表明，完整度降低一半（扣除重叠过于严重的衍射峰，例如峰位置间距远小于 0.5FWHM 的谱峰）有时也是可以的（如果可以使用

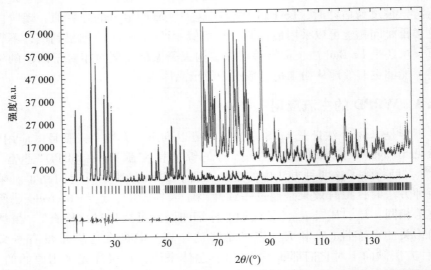

图 5.7　Le Bail 法拟合提取 τ – AlF$_3$ 的结构因子振幅的结果。这是一个早期的实例（1992），当时通过粉末衍射确定这种 AlF$_3$ 新晶型的结构还没有成功（使用传统 CuKαX 射线数据）[161]——没有已知的类似这种介稳化合物的同构化合物。这种新晶型由 [AlF$_6$] 八面体严格共角相连成一种全新的三维架构，而且不管是采用有机金属前驱体还是氢氧化物无定形前驱体，都只能得到细粉状产物。这个结构最终通过直接法解出（该结构不含重原子），所需确定的独立原子坐标值有 11 个

帕特逊法并且仅有少数几个重原子需要定位，那么完整度降低 70% ~ 80% 也是可以的）。在采用衍射强度方面，近来又出现了 David 提出的与 Rietveld 法等价的粉末衍射相关强度法（correlated intensities method）[167]（这类与更早的二步法争论有关的东西，想取代 Rietveld 法还为时过早，而且与此相反，有关研究尚存在着很多问题[168]）。生成强度数据用于傅里叶电子密度图计算，从而进一步完善晶体结构也是 WPPD 的应用之一。此时，Rietveld 精修结束时将通过 Rietveld 分解公式给出 |Fobs| 估计值，从而完全重叠的衍射峰的强度可以按照根据结构模型计算的同样的比例从实测谱图中分别赋值。虽然 Le Bail 法也可以通过多次迭代使用同样的分解公式来满足这种需求，但是如果观测谱图与计算谱图的差异太大，就难以获得可靠的强度值来计算电子密度图，从而找到遗落的电子。

此外，基于粉末衍射数据的电子密度分布的计算也可以通过 WPPD 法获得更好的结果。最后，如果所用结构模型不能给出优异的拟合结果或者观测强度由于系统误差而失真，那么采用 WPPD 的结果同时进行尺寸 – 应变分析是

很有意义的。然而，使用结构模型约束至少有助于保证重叠峰的强度赋值很少出错，这是不管用 Pawley 法还是用 Le Bail 法都做不到的。另外，采用结构模型约束还可以排除使得某些完全重叠的衍射峰出现不该有的宽化差错。因此，谨慎之心不可无。同时，解决尺寸–应变分析的 WPPD 法需要增加反映 FWHM 或者积分宽度随角度改变的特定公式。目前所用的公式与 Rietveld 法中采用的完全一样，可以是所谓的 TCH 公式[169]（pseudo-Voigt 函数中的高斯和洛伦兹成分具有不同的角度依赖性），也可以是 Young 和 Desai 建议的同时使用高斯函数和洛伦兹函数分别表示尺寸与微应变效应的公式[79]。现在还有一种可以算是迥然不同的做法，即全谱粉末谱图建模（WPPM[61-63]）。这种方法通过建立各种模型来描述变形、孪晶层错、位错和晶粒尺寸分布，试图获得微观结构的可靠数量值，具体将在第 13 章中讨论。不管怎样，如果使用上述公式（5.19）~公式（5.25）来对微应变进行拟合，就应当确定这种畸形不很严重，才可以有可靠的结果。

5.7　结论

如果采用高分辨率衍射仪，布拉格衍射线形可以反映出微结构的极为微小的细节。本章回顾并且综述了现有的仅是通过衍射线形和假定能反映各种缺陷平均值的全局畸形参数来分析这些微结构的局限性。在基于布拉格峰形分析的微结构表征中，必须考虑偏离正常条件的微小误差，否则所给出的如此少的这几个参数值并没有太大的意义，这是因为产生线形宽化的缺陷复杂并且多样。按道理说，源于大量缺陷的大部分畸形效应所影响的 X 射线衍射并没有融入布拉格峰中，除非这些缺陷与晶胞具有同样的周期性，或者仅仅产生尺寸效应（例如某些堆积层错类型）。不过，就算是可以肯定存在更容易处理的单纯的尺寸效应，同样也需要谨慎确认的确不存在其他畸形的影响。

另外，本章给出的关于线形分析的评价并不乐观。这是没有办法的事情，毕竟这类来自结晶不理想的材料的布拉格峰形状是复杂的。不过，主流全粉末谱图拟合方法（分解或者 Rietveld 法）的将来会更为美好。只要看看它们将粉末衍射从原始阶段推进到能够完成被调制的复杂结构的结构解析（差不多成了常规操作）和精修（已经是常规操作），甚至可以处理蛋白质（部分适用）等更复杂的晶体结构就明白了。

参考文献

1. F. W. Jones, *Proc. R. Soc. London*, *Ser. A*, 1938, **2**, 98.

2. O. Masson, E. Dooryhée and A. N. Fitch, *J. Appl. Crystallogr.* , 2003, **36**, 286.

3. G. Courbion and G. Férey, *J. Solid State Chem.* , 1988, **76**, 426.

4. A. J. C. Wilson, *X-Ray Optics*, Methuen, London, 1962.

5. A. J. C Wilson, *Mathematical Theory of X-Ray Powder Diff ractometry*, Gordon & Breach, New York, 1963.

6. A. J. C. Wilson, *Elements of X-Ray Crystallography*, Addison-Wesley, Reading, Massachusetts, 1970.

7. L. E. Alexander, *J. Appl. Phys.* , 1954, **25**, 155.

8. H. P. Klug and L. E Alexander, *X-Ray Diffraction Procedures*, Wiley, New York, 1954; 2nd edn. , 1974.

9. R. W. Cheary and A. Coelho, *J. Appl. Crystallogr.* , 1992, **25**, 109.

10. H. M. Rietveld, *J. Appl. Crystallogr.* , 1969, **2**, 65.

11. G. Malmros and J. O. Thomas, *J. Appl. Crystallogr.* , 1977, **10**, 7.

12. R. A. Young, P. E. Mackie and R. B. von Dreele, *J. Appl. Crystallogr.* , 1977, **10**, 262.

13. D. B. Wiles and R. A. Young, *J. Appl. Crystallogr.* , 1981, **14**, 149.

14. S. A. Howard and K. D. Preston, *Rev. Mineral.* , 1989, **20**, 217.

15. A. Hepp and C. Baerlocher, *Aust. J. Phys.* , 1988, **41**, 229.

16. H. Toraya, *J. Appl. Crystallogr.* , 1990, **23**, 485.

17. C. Lartigue, A. Le Bail and A. Percheron-Guégan, *J. Less-Common Met.* , 1987, **129**, 65.

18. A. N. Fitch, *Mater. Sci. Forum*, 1996, **228-231**, 219.

19. J. B. Hastings, W. Thomlinson and D. E. Cox, *J. Appl. Crystallogr.* , 1984, **17**, 85.

20. B. Van Laar and W. B. Yellon, *J. Appl. Crystallogr.* , 1984, **17**, 47.

21. L. W. Finger, D. E. Cox and A. P. Jephcoat, *J. Appl. Crystallogr.* , 1994, **27**, 892.

22. R. W. Cheary and A. Coelho, *J. Appl. Crystallogr.* , 1998, **31**, 851.

23. V. Honkimäki, *J. Appl. Crystallogr.* , 1996, **29**, 617.

24. O. Masson, R. Guinebretière and A. Dauger, *J. Appl. Crystallogr.* , 2001, **34**, 436.

25. H. Berger, *X-Ray Spectrom.* , 1986, **15**, 241.

26. G. Hölzer, M. Fritsch, M. Deutsch, J. Härtwig and E. Förster, *Phys. Rev.* , 1997, **56**, 4554.

27. D. Balzar, N. Audebrand, M. R. Daymond, A. Fitch, A. Hewat, J. I. Langford, A. Le Bail, D. Louër, O. Masson, C. N. McCowan, N. C. Popa, P. W. Stephens and B. H. Toby, *J. Appl. Crystallogr.* , 2004, **37**, 911.

28. A. Kern, A. A. Coelho and R. W. Cheary, in *Diffraction Analysis of the Microstructure of Materials*, Springer, Berlin, 2004, p. 17.

29. G. Zsigmond, K. Lieutenant and F. Mezei, *Neutron News*, 2002, **13**(4), 11.

30. J. Šaroun and J. Kulda, *Neutron News*, 2002, **13**(4), 15.

31. P. A. Seeger, L. L. Daemen, T. G. Thelliez and R. P. Hjelm, *Neutron News*, 2002, **13**(4), 20.

32. P. A. Seeger, L. L. Daemen, E. Farhi, W. -T. Lee, X. -L. Wang, L. Passel, J. Šaroun and

G. Zsigmond, *Neutron News*, 2002, **13**(4), 24.

33. W. -T. Lee and X. -L. Wang, *Neutron News*, 2002, **13**(4), 30.

34. J. Bergmann, P. Friedel and R. Kleeberg, *IUCr CPD Newsletter*, 1998, **20**, 5.

35. J. Bergmann, R. Kleeberg, A. Haase and B. Breidenstein, *Mater. Sci. Forum*, 2000, **347-349**, 303.

36. P. Debye, *Ann Physik*, 1915, **46**, 809.

37. P. Scherrer, *Nachr. Ges. Wiss. Göttingen*, 1918, 26 Sept. , 98.

38. F. Bertaut, *C. R. Acad. Sci. Paris*, 1949, **228**, 492.

39. E. F. Bertaut, *Acta Crystallogr.* , 1950, **3**, 14.

40. W. L. Bragg, *Proc. Cambridge Phil. Soc.* , 1913, **17**, 43.

41. C. C. Murdock, *Phys. Rev.* , 1930, **35**, 8.

42. M. Laue, *Z. Kristallogr.* , 1926, **64**, 115.

43. M. Tournarie, *C. R. Acad. Sci. Paris*, 1956, **242**, 2016.

44. A. J. C. Wilson, *Proc. Phys. Soc. London*, 1962, **80**, 286.

45. J. I. Langford and A. J. C. Wilson, *Crystallography and Crystal Perfection*, ed. G. N. R. Ramachandran, Academic Press, London, 1963, p. 207.

46. B. E. Warren and B. L. Averbach, *J. Appl. Phys.* , 1950, **21**, 585; 1952, **23**, 497.

47. A. Le Bail and D. Louër, *J. Appl. Crystallogr.* , 1978, **11**, 50.

48. A. Le Bail, 3ème Cycle Thesis, Rennes, 1976. http://tel.ccsd.cnrs.fr/documents/archives0/00/00/70/41/.

49. S. Rao and C. R. Houska, *Acta Crystallogr. Sect. A*, 1986, **42**, 6.

50. J. I. Langford and A. J. C. Wilson, *J. Appl. Crystallogr.* , 1978, **11**, 102.

51. R. Delhez, Th. H. de Keijser and E. J. Mittemeijer, *Fresenius Z. Anal. Chem.* , 1982, **312**, 1.

52. Th. H. de Keijser, E. J. Mittemeijer and H. C. F Rozendaal, *J. Appl. Crystallogr.* , 1983, **16**, 309.

53. P. -Y. Chen and C. -Y. Mou, *J. Chin. Chem. Soc.* , 1994, **41**, 65.

54. P. E. Di Nunzio, S. Martelli and R. Ricci Bitti, *J. Appl. Crystallogr.* , 1995, **28**, 146.

55. P. E. Di Nunzio and S. Martelli, *J. Appl. Crystallogr.* , 1999, **32**, 546.

56. N. Armstrong and W. Kalceff , *J. Appl. Crystallogr.* , 1999, **32**, 600.

57. N. Armstrong, W. Kalceff , J. P. Cline and J. Bonevich, *Res. Natl. Inst. Stand. Technol.* , 2004, **109**, 155.

58. N. Armstrong, W. Kalceff , J. P. Cline and J. Bonevich, in *Diffraction Analysis of the Microstructure of Materials*, ed. E. J. Mittemeijer and P. Scardi, Springer, Berlin, 2004, ch. 8, p. 187.

59. B. E. Warren, *X-Ray Diffraction*, Addison-Wesley, Reading, Massachusetts, 1969.

60. W. H. Hall, *Proc. Phys. Soc. London*, Ser. A, 1949, **62**, 741.

61. P. Scardi, M. Leoni and Y. H. Dong, *Mater. Sci. Forum*, 2001, **376-381**, 132.

62. P. Scardi and M. Leoni, *Acta Crystallogr.* , Sect. A, 2002, **58**, 190.

63. P. Scardi and M. Leoni, *Diffraction Analysis of the Microstructure of Materials*, ed.

E. J. Mittemeijer and P. Scardi, Springer, Berlin, 2004, ch. 3, p. 51.

64. A. Le Bail, *J. Non-Cryst. Solids*, 1995, **183**, 39.

65. A. Le Bail, *J. Non-Cryst. Solids*, 2000, **271**, 249.

66. R. L. McGreevy and L. Pusztai, *Mol. Simulation*, 1998, **1**, 359.

67. A. Le Bail, Chemistry Preprint Server, 2000: http://preprint.chemweb.com/inorg-chem/0008001.

68. A. Le Bail, Chemistry Preprint Server, 2003: http://preprint.chemweb.com/inor-gchem/0310001.

69. D. Espinat, E. Godart and F. Thevenot, *Analusis*, 1987, **15**, 337.

70. D. Espinat, F. Thevenot, J. Grimoud and K. El Malki, *J. Appl. Crystallogr.*, 1993, **26**, 368.

71. B. Bondars, S. Gierlotka, B. Palosz and S. Smekhnov, *Mater. Sci. Forum.*, 1994, **166-169**, 737.

72. J. -W. Hwang, J. P. Campbell, J. Kozubowski, S. A. Hanson, J. F. Evans and W. L. Gladfelter, *Chem. Mater.*, 1995, **7**, 517.

73. D. Yang and R. F. Frindt, *J. Appl. Phys.*, 1996, **79**, 2376.

74. D. Yang and R. F. Frindt, *J. Mater. Res.*, 1996, **11**, 1733.

75. M. M. Treacy, J. M. Newsam and M. W. Deem, *Proc. R. Soc. London*, *Ser. A*, 1991, **433**, 499.

76. A. Gibaud, A. Le Bail and A. Bulou, *J. Phys. C: Solid State Phys.*, 1986, **19**, 4623.

77. J. L. Fourquet, M. F. Renou, R. De Pape, H. Theveneau, P. P. Man, O. Lucas and J. Pann-etier, *Solid State Ionics*, 1983, **9-10**, 1011.

78. Powbase, Powder Pattern Database, 1999: http://sdpd.univ-lemans.fr/ PowBase/.

79. R. A. Young and P. Desai, *Arkiwum Nauli Mater.*, 1989, **10**, 71.

80. A. Le Bail, *NIST Special Publication*, 1992, **846**, 142.

81. R. Delhez, T. H. de Keijser, J. I. Langford, D. Louër, E. J. Mittemeijer and E. J. Sonneveld, in *The Rietveld Method*, ed. R. A. Young, Oxford University Press, New York, 1993, ch. 8, p. 132.

82. A. Le Bail, in *Defect and Microstructure Analysis by Diffraction*, ed. R. Snyder, J. Fiala and H. Bunge, Oxford Science Publications, 1999, ch. 22, p. 535.

83. A. Le Bail, *Adv. X-Ray Anal.*, 2000, **42**, 191.

84. L. Lutterotti and P. Scardi, *J. Appl. Crystallogr.*, 1990, **23**, 246.

85. W. I. F. David and J. D. Jorgensen, in *The Rietveld Method*, ed. R. A. Young, Oxford University Press, New York, 1993, ch. 11, p. 197.

86. T. B. Žunic and J. Dohrup, *Powder Diffr.*, 1999, **14**, 203.

87. A. Le Bail and A. Jouanneaux, *J. Appl. Crystallogr.*, 1997, **30**, 265.

88. P. Thompson, J. J. Reilly and J. M. Hastings, *J. Less Common Met.*, 1987, **129**, 105.

89. N. C. Popa, *J. Appl. Crystallogr.*, 1998, **31**, 176.

90. P. W. Stephens, *J. Appl. Crystallogr.*, 1999, **32**, 281.

91. A. R. Stokes, *Proc. Phys. Soc. London*, 1948, **61**, 382.

92. J. I. Langford and D. Louër, *Rep. Prog. Phys.* , 1996, **59**, 131.

93. D. Taupin, *J. Appl. Crystallogr.* , 1973, **6**, 266.

94. E. J. Sonneveld and J. W. Visser, *J. Appl. Crystallogr.* , 1975, **8**, 1.

95. T. C. Huang and W. Parrish, *Appl. Phys. Lett.* , 1975, **27**, 123.

96. H. Toraya, *J. Appl. Crystallogr.* , 1986, **19**, 440.

97. W. Parrish, T. C. Huang and G. L. Ayers, *Am. Crystallogr. Assoc. Monogr.* , 1976, **12**, 65.

98. D. Balzar, *J. Appl. Crystallogr.* , 1992, **25**, 559.

99. D. Balzar and H. Ledbetter, *J. Appl. Crystallogr.* , 1993, **26**, 97.

100. D. Balzar, *J. Appl. Crystallogr.* , 1995, **28**, 244.

101. D. Balzar and H. Ledbetter, *Adv. X-Ray Anal.* , 1995, **38**, 397.

102. D. Balzar and S. Popovic, *J. Appl. Crystallogr.* , 1996, **29**, 16.

103. R. A. Young and D. B. Wiles, *J. Appl. Crystallogr.* , 1982, **15**, 430.

104. C. P. Khattak and D. E. Cox, *J. Appl. Crystallogr.* , 1977, **10**, 405.

105. J. I. Langford, *J. Appl. Crystallogr.* , 1978, **11**, 10.

106. G. K. Wertheim, M. A. Butler, K. W. West and D. N. E. Buchanan, *Rev. Sci. Instrum.* , 1974, **11**, 1269.

107. M. M. Hall, V. G. Veeraraghavan, H. Rubin and P. G. Winchell, *J. Appl. Crystallogr.* , 1977, **10**, 66.

108. H. Toraya, M. Yoshimura and S. Sōmiya, *J. Appl. Crystallogr.* , 1983, **16**, 653.

109. A. Brown and J. W. Edmonds, *Adv. X-Ray Anal.* , 1980, **23**, 361.

110. S. Ikeda and J. M. Carpenter, Nucl. Instrum. *Methods*, *Phys. Res.* , *Sect. A*, 1985, **239**, 536.

111. R. W. Cheary and A. A. Coelho, *J. Appl. Crystallogr.* , 1994, **27**, 673.

112. R. W. Cheary, A. A. Coelho and J. P. Cline, *J. Res. Natl. Stand. Technol.* , 2004, **109**, 1.

113. G. K. Williamson and W. H. Hall, *Acta Metall.* , 1953, **1**, 22.

114. F. Bley and M. Fayard, *J. Appl. Crystallogr.* , 1976, **9**, 126.

115. R. Delhez, E. J. Mittemeijer, Th. H. de Keijser and H. C. F Rozendaal, *J. Phys. E* , 1977, **10**, 784.

116. G. Caglioti, A. Paoletti and F. P. Ricci, *Nucl. Instrum.* , 1958, **3**, 223.

117. M. J. Cooper, K. D. Rouse and M. Sakata, *Z. Kristallogr.* , 1981, **157**, 101.

118. G. Will, W. Parrish and T. C. Huang, *J. Appl. Crystallogr.* , 1983, **16**, 611.

119. G. Will, N. Masciocchi, W. Parrish and M. Hart, *J. Appl. Crystallogr.* , 1987, **20**, 394.

120. J. I. Langford, D. Louër, E. J. Sonneveld and J. W. Wisser, *Powder Diffr.* , 1986, **1**, 211.

121. J. I. Langford and D. Louër, *J. Appl. Crystallogr.* , 1991, **24**, 149.

122. J. I. Langford, A. Boultif, J. P. Auffredic and D. Louër, *J. Appl. Crystallogr.* , 1993, **26**, 22.

123. G. S. Pawley, *J. Appl. Crystallogr.* , 1981, **14**, 357.

124. H. Toraya, *J. Appl. Crystallogr.* , 1986, **19**, 440.

125. H. G. Scott, PROFIT-a peak-fitting program for powder diffraction profiles, 1987.

126. G. Will, *Z. Kristallogr.* , 1989, **188**, 169; *Aust. J. Phys.* , 1988, **41**, 283.

127. E. Jansen, W. Schäfer and G. Will, *J. Appl. Crystallogr.* , 1988, **21**, 228.

128. J. Jansen, R. Peschar and H. Schenk, *J. Appl. Crystallogr.* , 1992, **25**, 231.

129. P. G. Byrom and B. W. Lucas, *J. Appl. Crystallogr.* , 1993, **26**, 137.

130. J. Jansen, R. Peschar and H. Schenk, *J. Appl. Crystallogr.* , 1992, **25**, 237.

131. W. I. F. David, *J. Appl. Crystallogr.* , 1987, **20**, 316.

132. D. S. Sivia and W. I. F. David, *Acta Crystallogr.* , Sect. A, 1994, **50**, 703.

133. R. Peschar, H. Schenk and P. Capkova, *J. Appl. Crystallogr.* , 1995, **28**, 127.

134. *The Rietveld Method*, ed. R. A. Young, Oxford University Press, New York, 1993.

135. A. Le Bail, H. Duroy and J. L. Fourquet, *Mater. Res. Bull.* , 1988, **23**, 447.

136. A. Jouanneaux, A. D. Murray and A. N. Fitch, Program MPROF, 1990.

137. J. Rodriguez-Carvajal, "FULLPROF: A Program for Rietveld Refinement and Pattern Matching Analysis", Abstracts of the Satellite Meeting on Powder Diffraction of the XVth IUCr Congress, Toulouse, France, 1990, p. 127.

138. Ch. Baerlocher, "EXTRACT, A Fortran Program for the Extraction of Integrated Intensities from a Powder Pattern. " Institut für Kristallograpie, ETH, Zürich, Switzerland, 1990.

139. A. Altomare, M. C. Burla, G. Cascarano, C. Giacovazzo, A. Guagliardi, A. G. G. Moliterni and G. Polidori, *J. Appl. Crystallogr.* , 1995, **28**, 842.

140. A. Altomare, M. C. Burla, M. Camalli, B. Carrozzini, G. L. Cascarano, C. Giacovazzo, A. Guagliardi, A. G. G. Moliterni, G. Polidori and R. Rizzi, *J. Appl. Crystallogr.* , 1999, **32**, 339.

141. J. Rius, J. Sane, C. Miravitlles, J. M. Amigo, J. M. M. M. Reventos and D. Louër, *Anal. Quim.* , 1996, **92**, 223.

142. A. Altomare, G. Cascarano, C. Giacovazzo and A. Guagliardi, *J. Appl. Crystallogr.* , 1994, **27**, 1045.

143. A. Altomare, J. Foadi, C. Giacovazzo, A. G. G. Moliterni, M. C. Burla and G. Polidori, *J. Appl. Crystallogr.* , 1998, **31**, 74.

144. M. A. Eastermann, L. B. McCusker and Ch. Baerlocher, *J. Appl. Crystallogr.* , 1992, **25**, 539.

145. M. A. Eastermann and V. Gramlich, *J. Appl. Crystallogr.* , 1993, **26**, 396.

146. M. A. Estermann and W. I. F. David, in *Structure Determination from Powder Diffraction Data*, ed. W. I. F. David, K. Shankland, L. B. McCusker and Ch. Baerlocher, Oxford Science Publications, 2002, ch. 12, p. 202.

147. A. Altomare, J. Foadi, C. Giacovazzo, A. Guagliardi and A. G. G. Moliterni, *J. Appl. Crystallogr.* , 1996, **29**, 674.

148. A. Altomare, C. Giacovazzo, A. G. G. Moliterni and R. Rizzi, *J. Appl. Crystallogr.* , 2001, **34**, 704.

149. A. Altomare, R. Caliandro, C. Cuocci, C. Giacovazzo, A. G. G. Moliterni and R. Rizzi, *J. Appl. Crystallogr.* , 2003, **36**, 906.

150. A. Altomare, R. Caliandro, C. Cuocci, I. da Silva, C. Giacovazzo, A. G. G. Moliterni and R. Rizzi, *J. Appl. Crystallogr.*, 2004, **37**, 204.

151. A. Altomare, C. Giacovazzo, A. Guagliardi, A. G. G. Moliterni and R. Rizzi, *J. Appl. Crystallogr.*, 1999, **32**, 963.

152. B. Carrozzini, C. Giacovazzo, A. Guagliardi, R. Rizzi, M. C. Burla and G. Polidori, *J. Appl. Crystallogr.*, 1997, **30**, 92.

153. A. Altomare, B. Carrozzini, C. Giacovazzo, A. Guagliardi, A. G. G. Moliterni and R. Rizzi, *J. Appl. Crystallogr.*, 1996, **29**, 667.

154. C. Giacovazzo, *Acta Crystallogr.*, Sect. A, 1996, **52**, 331.

155. W. I. F. David and D. S. Sivia, in *Structure Determination from Powder Diffraction Data*, ed. W. I. F. David, K. Shankland, L. B. McCusker and Ch. Baerlocher, Oxford Science Publications, 2002, ch. 8, p. 136.

156. W. Dong and C. J. Gilmore, *Acta Crystallogr.*, Sect. A, 1998, **54**, 438.

157. H. Toraya, *Adv. X-Ray Anal.*, 1994, **37**, 37.

158. A. Le Bail, *Powder Diffr.*, 2005, **20**, 316.

159. W. I. F. David, K. Shankland, L. B. McCusker and Ch. Baerlocher, in *Structure Determination from Powder Diffraction Data*, eds. W. I. F. David, K. Shankland, L. B. McCusker and Ch. Baerlocher, Oxford Science Publications, 2002, ch. 1, p. 1.

160. R. J. Hill and R. X. Fisher, *J. Appl. Crystallogr.*, 1990, **23**, 462.

161. A. Le Bail, J. L. Fourquet and U. Bentrup, *J. Solid State Chem.*, 1992, **100**, 151.

162. M. S. Lehmann, A. Norlund Christensen, H. Fjellvag, R. Feidenhans and M. Nielsen, *J. Appl. Crystallogr.*, 1987, **20**, 123.

163. J. Rodriguez-Carvajal, *Phys. B*, 1993, **192**, 55.

164. A. Le Bail, *Mater. Sci. Forum*, 2001, **378-381**, 65.

165. S. Pagola, P. W. Stephens, D. S. Bohle, A. D. Kowar and S. K. Madsen, *Nature*, 2000, **404**, 307.

166. W. I. F. David, K. Shankland and N. Shankland, *Chem. Commun.*, 1998, 931.

167. W. I. F. David, *J. Appl. Crystallogr.*, 2004, **37**, 621.

168. J. P. Wright, *Z. Kristallogr.*, 2004, **219**, 791.

169. P. Thompson, D. E. Cox and J. B. Hastings, *J. Appl. Crystallogr.*, 1987, **20**, 79.

第6章

X 射线粉末衍射中有关线形的仪器因素
——基于 Bragg – Brentano几何的衍射仪

Alexander Zuev

Max Planck Institute for Solid State
Research, Stuttgart, Germany

6.1 引言

  X 射线粉末衍射谱隐含了有关样品材料的结构信息。其中衍射峰的位置和强度可以揭示某个理想的晶体结构,而衍射峰的形状则反映了结构中的缺陷[1]。然而,各种仪器像差(instrumental aberration)会改变衍射谱峰的表观位置(尤其是在低散射角度与高散射角度范围)、强度以及形状[2,3]。因此,对于以获取材料的理想晶体结构及相对于该理想结构的偏移信息为目的的研究,恰当考虑仪器因素是必不可少的。

当前粉末衍射研究主要有两个重要的热门领域，即基于粉末衍射数据的从头法结构解析和线形分析。

想要了解结构就必须事先知道正确的谱峰位置和强度，而且在 SDPD 的最后一步，即结构精修（Rietveld 精修[4,5]）中还需要明确衍射谱峰的形状，这就必须考虑到仪器因素。需要说明的是，现代 SDPD 技术已经能够求有关偏离理想结构的信息，而且可以认为晶粒尺寸与微观应变宽化是物理线形（physical profile）的主要影响因素。所有主流的 Rietveld 程序都可以处理这些相对于理想结构的偏差。

除了上述那些相对于理想结构的偏差，其他类型的晶体结构缺陷（例如堆积层错）也是线形分析的内容[1,6]。另外，正如第 13 章将要讨论的一样，有关仪器因素的校正对于缺陷和微结构的研究（LPA）来说，甚至要比这些研究本身来得更加重要。

50 多年来，关于仪器函数的问题已经进行了大量的研究[7-52]。然而，不管人们如何前赴后继，至今仍然没有公认的用于计算粉末衍射仪器函数的计算方法。常规的 Rietveld 精修仍然是线形的唯象描述在大行其道。

数值计算仪器函数的主要困难在于它所涉及的仪器参数［衍射仪半径、X 射线光源尺寸、样品、接收狭缝、所用的（或者没有使用的）位于入射或者衍射光束上的 Söller 狭缝、所用的（或者没有使用的）单色器等］非常广泛，其中某些参数的影响可以相差 3 个数量级左右。

目前，计算仪器函数主要有两种不同方法。第一种是卷积法，这种方法在 50 年前就出现了，一开始是将实测线形看作仪器与物理线形的卷积[7-9]，后来才发展为仅用来描述仪器自身产生的线形[2,11]。根据这种方法，全仪器线形被看作各种特定仪器函数的卷积，在求取作为卷积的仪器函数表达式时，是基于假定这些特定的仪器函数是完全独立的。它们涵盖了水平像差（equatorial aberration）①（源自光源的有限宽度、样品、样品表面相对于聚焦圆的偏移及样品表面相对于其理想位置的偏移）、轴向像差（源自光源的有限长度、样品、接收狭缝以及 Söller 狭缝对轴向偏差的影响）和吸收。其中有关非对称性的主要影响因素，即轴向偏差和样品透明性效应，已经建立了基于近似模拟的（半）解析型函数对相应的具体仪器函数进行描述。到目前为止，有关上述像差的研究已经积累了大量的成果（具体可以参见综述性文献[46]和[47]）。

卷积法的具体实现就是 Cheary 和 Coelho 发展的基本参数法[27]。此方法

---

① 早期晶体学借用了不少形象化的术语，例如布拉格方程的反射（reflection）和这里的赤道（equatorial），前者其实是衍射，而后者则表示水平方向，为了与垂直方向（vertical）相应，本书统一译为后者。——译者注

中，有关轴向偏差的特定仪器函数的计算得到了额外的重视[34]，同时，相关的实验现象也有了详尽的研究[35]。这种卷积法所提供的结果（峰位置、强度和形状）相比于采用分析型函数来拟合实验线形的做法更加可靠。为了达到拟合实验数据的最好效果，还需要协调好各个基本参数的取值[51]。Masson 等[50]采用卷积法来确定高分辨率同步粉末衍射的仪器函数，结果表明这种函数是 4 个特定仪器函数的卷积，它们分别描述了水平强度分布、单色器传输函数、分析器传输函数和轴向像差函数。与同步辐射的情况类似，Ida 与合作者也讨论了常规基于 Bragg – Brentano 几何的衍射仪的各种特定仪器函数[39-45]。

另一种计算全仪器函数的方法是射线循踪模拟（ray-tracing simulation），即数值型处理能影响总体强度的所有可能的入射射线和衍射射线的贡献[25,26,36-38]。正如其他纯粹数值处理方法一样，这种技术在分析方面受到限制。此外，蒙特卡罗射线循踪模拟也是一种耗时的技术。即便如此，射线循踪模拟法还是一种可以提供可靠的仪器函数计算的技术。

Rietveld 精修的标准做法是利用针对衍射线形的唯象描述。实际采用的解析函数有好几种。伴随仪器像差而随衍射角 2θ 变化的 FWHM 的变化形式可以通过这些简单的分析公式来表示[14,22]。有关峰位置的表观位移已经被 Wilson 详细讨论过了，Finger、Cox 和 Jephcoat 也对低衍射角和高衍射角范围内，源自轴向偏差的线形非对称性提出了校正办法[31]。另外，通过预先测试所谓的线形标准（例如 NIST SRM 660a LaB_6）进一步使得从线形中将样品的贡献与仪器因素区分开来成为了可能。

相对于晶体结构分析的粉末衍射应用，有关揭示缺陷和微观结构信息的粉末衍射应用更强调仪器线形要具有物理意义。这个要求催生了如下几种主要的解决方法：① 采用特殊的高分辨率衍射仪；② 采用没有缺陷的同种材料，通过实验给出仪器函数；③ 采用射线循踪模拟求仪器函数的数值解。

近年来，又报道了一种新的计算全仪器函数的综合性手段[53,54]。它可以通过同样的方式同时处理所有的像差效应。这种方法源自衍射光学，并且基于准确的解析解来反映每一条入射线对有限大小的探测器所记录的强度的贡献。

上述的新综合性手段与卷积法（该法将各个特定的仪器函数进行卷积而合成所需的线形）的主要差别在于前者给出了全仪器函数的确定解（即相应于具体场合的所有特定仪器函数的各个确定解），而后者则是基于对特定仪器函数的近似，并且它们卷积后所产生的耦合效应是未知的。这种新方法同样不同于射线循踪法，其中对所记录强度有贡献的衍射束是以组合的方式（衍射锥的一部分）来考虑的，与此相应的就是针对仪器线形的贡献，可以基于这部分衍射锥进行解析表达，而不是基于射线循踪模拟所用的个体衍射线。

所提的这种新方法对光源、样品或者接收狭缝的尺寸乃至与之相应的轴向偏差或者水平偏差没有限制，可以适用的 2θ 范围为 $0° \sim 180°$，因此，可以应用于各种衍射仪几何。本章将集中于常见的 Bragg – Brentano 几何对这种方法进行讨论。

6.2 观测线形的影响因素

单色光产生的 X 射线粉末衍射线形取决于样品的展宽和仪器像差。图 6.1 所示为仪器像差 $g(\varphi)$ 和单色 X 射线产生的物理线形 $f(\varphi)$ 对观测线形 $h(\varphi)$ 的影响。如果测试的样品材料没有物理宽化（即属于理想样品），同时衍射仪也没有仪器像差，那么所得谱图的线形就是 δ 函数。

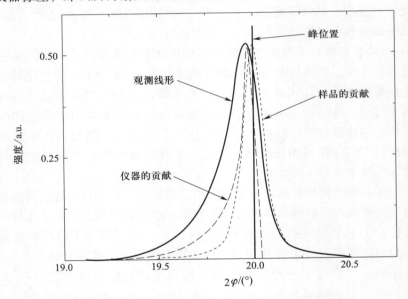

图 6.1　单色 X 射线所得观测线形的影响因素示意图

对于理想的样品，仅有仪器像差导致了沿角度分布的线形。这种仪器函数可以看作衍射仪对以 δ 函数为形式的输入信号的一个响应函数。反过来，对于理想的衍射仪，测试结果将给出物理线形的真实结构。这种物理线形可以看作一系列 δ 函数的叠加和。因此，非理想样品在非理想衍射仪上所观测到的线形就是相应于衍射仪的响应函数的线形和所给定的一组 δ 函数的线形叠加。这时，就可以写出如下扫描角 φ 处的观测强度：

$$h(\varphi) = \int_{-\infty}^{\infty} f(\eta) g(\varphi, \eta) \, \mathrm{d}\eta \qquad (6.1)$$

假定有两个理想的、强度一样但是彼此相对偏移一个角度 η 的衍射峰 $\delta_1(\theta)$ 和 $\delta_2(\theta - \eta)$，那么各自相应的衍射仪响应函数就是 $g_1(\varphi, \theta)$ 和 $g_2(\varphi, \theta - \eta)$。严格说来，这两个响应函数的形状与强度是不一样的，相应地，彼此相对偏移的角度也不能看作 η。但是，如果偏移角 η 不大，那么有理由认为，首先，这些响应函数具有相同的形状与强度；其次，二者之间的偏移是 η。这样就可以得到如下的卷积[2]：

$$h(\varphi) = \int_{-\infty}^{\infty} f(\eta) g(\varphi - \eta) \mathrm{d}\eta \qquad (6.2)$$

两个函数 $f(\eta)$、$g(\eta)$ 的卷积可以采用符号 $f \otimes g$ 来表示

$$\int_{-\infty}^{\infty} f(\eta) g(\varphi - \eta) \mathrm{d}\eta = f \otimes g \qquad (6.3)$$

严格说来，从 X 射线管发出的特征 X 射线并不是单一波长的(如图 6.2 所示)，单独一条特征发射线的能量分布可以采用如下的洛伦兹函数来表示：

$$W(E) = \frac{\Gamma/2\pi}{(E - E_0)^2 + (\Gamma/2)^2}$$

其中 E_0 为特征能量；Γ 表示分布的宽度。对于粉末衍射实验广泛采用的铜辐射而言，其 Kα 辐射可以表示成 4 个洛伦兹函数的叠加和[51,55]，各函数的参数值可以参考表 6.1。

采用这样的辐射就意味着即使是理想的结构，在理想的没有像差的衍射仪上测得的线形也不再是 δ 函数的线形[参见图 6.2(b)]。

与前面的讨论相似,这时整条观测线形可以表示为 3 个函数的卷积：$h = f \otimes g \otimes w$，其中函数 w 就是与 X 射线管的波长分布相关的谱峰线形函数。

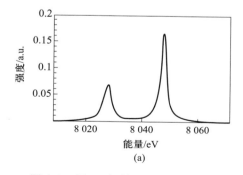
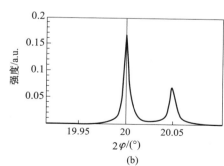

图 6.2　铜 Kα 辐射的能量分布(a)及其相应的线形(理想样品，理想衍射仪)(b)

表 6.1　表征 X 射线管能量分布的洛伦兹函数的参数值

分量	能量/eV	Γ	I_{integr}
α_{11}	8 047.84	2.285	0.579
α_{12}	8 045.37	3.358	0.08
α_{21}	8 027.99	2.666	0.236
α_{22}	8 026.5	3.571	0.105

6.3　方法概述

假定从表面单元 dS_1 出发的 X 射线被粉末样品某个表面单元 dS_2 所散射，其中 dS_1 和 dS_2 的大小足够小，以至于可以分别看作点 A_1 和点 A_2（参见图 6.3）。

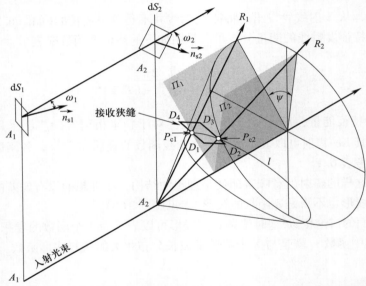

图 6.3　入射光束、衍射锥和接收狭缝的位置示意图。dS_1 和 dS_2 分别是光源表面和样品表面的某个单元。点 A_1 和点 A_2 上方进一步给出了这两个单元的放大图示[引自参考文献[50]，已经获得了国际晶体学会（International Union of Crystallography）的许可]

散射光子形成了一个以 A_2 为顶点，以 2θ 为半锥角值的圆锥。布拉格角 θ 处的总散射强度 $I_0(\theta)$ 正比于入射到单元 dS_2 的强度 $I(A_1, A_2)$。如果被记录的散射 X 射线是有限大小的探测器与衍射锥的相交部分，那么所记录的强度就正比于沿着衍射锥与探测器相交线的曲线积分

$$I(P_{c1}, P_{c2}) = \int_{P_{c1}}^{P_{c2}} I(P)\,dl \tag{6.4}$$

其中 $I(P)$ 是曲线 l 上点 P 处的单位线强度；P_{c1} 和 P_{c2} 分别是曲线 l 与探测器边缘的交点。如果射线在散射点 A_2 和探测器之间的吸收可以忽略，那么就容易计算这个积分，因为圆锥上射线 R_1 和 R_2 之间的光子数目是保持不变的，这就可以得到如下的被记录的强度值：

$$I(P_{c1}, P_{c2}) = I(R_1, R_2) = (2\pi)^{-1}I_0\psi \sim I(A_1, A_2)\psi \qquad (6.5)$$

其中 ψ 是两个平面之间的夹角。这两个平面共用一条直线——入射线 A_1A_2，并且第一个平面通过点 P_{c1}，第二个平面则通过点 P_{c2}。

这样一来，关于所记录强度的计算就转为求曲线 l 和接收狭缝边缘的交点。接收狭缝与衍射圆锥相交将得到一条圆锥曲线。随着接收狭缝平面与入射线夹角的不同（如果衍射锥已经给定），这条圆锥曲线可以是椭圆、抛物线或者双曲线。

有多种途径确定交点 P_{c1} 和 P_{c2}。在作者先前的工作中采用的是极坐标系内的圆锥曲线方程[53]

$$\rho = \frac{p}{1 + e\cos\varphi} \qquad (6.6)$$

运用这个方程前需要知道每条入射线相应的坐标系、焦点的坐标和圆锥曲线参数 p、e 的取值。其中焦点的坐标和圆锥曲线参数 p、e 的取值可以利用 Dandelin 球进行计算[53]。

这种方法的另一种实现途径是使用一般圆锥（二次）曲线方程[54]。从数学的角度来说，一般的圆锥曲线方程可以表示成二次多项式[56]

$$ax^2 + 2bxy + 2cy^2 + 2dx + 2fy + g = 0 \qquad (6.7)$$

公式（6.7）中的系数是衍射仪半径、扫描角、衍射圆锥角、光源及样品上各点坐标的函数。通过这些系数就可以将入射线确定下来。

6.4 基本方程

本小节将采用位于任意坐标系中的圆锥通用方程（common equation of a cone）。圆锥通用方程可以通过这个圆锥在相对于剪切面的坐标系中取 $z = 0$ 而得到通用方程，其中 z 是垂直于剪切面的坐标轴。

6.4.1 圆锥的矢量方程

衍射圆锥的位置可以通过位置矢量 V 描述的顶点位置、平行于圆锥轴线的方向矢量 U 和半锥角 2θ 来确定（参见图 6.4）。

以矢量形式表示的圆锥方程如下所示[57]：

$$\frac{\boldsymbol{X} - \boldsymbol{V}}{|\boldsymbol{X} - \boldsymbol{V}|} \cdot \frac{\boldsymbol{U}}{|\boldsymbol{U}|} = \cos 2\theta \tag{6.8}$$

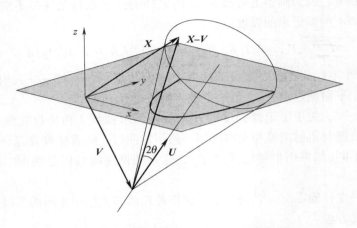

图 6.4　圆锥、剪切面和 $\boldsymbol{U}$、$\boldsymbol{V}$ 矢量的示意图

其中 $\boldsymbol{X}$ 是圆锥上任一点 X 的位置矢量。上式两边分别平方并且重排各项可以得到如下的公式:

$$(\boldsymbol{U} \cdot \boldsymbol{X} - \boldsymbol{U} \cdot \boldsymbol{V})^2 - \cos^2 2\theta(\boldsymbol{X} - \boldsymbol{V})^2 = 0 \tag{6.9①}$$

去掉括号,然后根据各项在矢量 $\boldsymbol{X} = \{x, y, z\}$ 的各分量中的顺序进行排列,可以得到如下的公式:

$$(\boldsymbol{U} \cdot \boldsymbol{X})^2 - \cos^2 2\theta X^2 - 2[(\boldsymbol{U} \cdot \boldsymbol{V})\boldsymbol{U} - \cos^2 2\theta \boldsymbol{V}] \cdot \boldsymbol{X} +$$
$$(\boldsymbol{U} \cdot \boldsymbol{V})^2 - \cos^2 2\theta V^2 = 0 \tag{6.10}$$

6.4.2　圆锥曲线方程

圆锥与平面相交就得到了一条圆锥曲线。现在建立一个关于这一平面的坐标系,其中 z 轴垂直于这个平面,那么在这个坐标系中,圆锥曲线的方程就是相应圆锥的方程在 $z=0$ 时的结果。对于 XY 平面上的圆锥各点,有 $\boldsymbol{X} = \{x, y, 0\}$。

将这些关系代入公式 (6.10),其中的二次项可以得到如下的结果:

$$(\boldsymbol{U} \cdot \boldsymbol{X})^2 - \cos^2 2\theta U^2 X^2 \big|_{z=0}$$
$$= x^2 U_x^2 + 2xy U_x U_y + y^2 U_y^2 - \cos^2 2\theta U^2 x^2 - \cos^2 2\theta U^2 y^2$$
$$= (U_x^2 - \cos^2 2\theta U^2)x^2 + 2U_x U_y xy + (U_y^2 - \cos^2 2\theta U^2)y^2$$
$$\tag{6.11}$$

———————————

① 原文公式有误。——译者注

相应地，一般圆锥曲线方程的二次项系数值为

$$a = U_x^2 - \cos^2 2\theta U^2 \tag{6.12a}$$

$$b = U_x U_y \tag{6.12b}$$

$$c = U_y^2 - \cos^2 2\theta U^2 \tag{6.12c}$$

同样地，对于一次项有

$$- \left[2(\boldsymbol{U} \cdot \boldsymbol{V}) \boldsymbol{U} - 2\cos^2 2\theta U^2 \boldsymbol{V} \right] \boldsymbol{X} \big|_{z=0}$$

$$= - \left[2(\boldsymbol{U} \cdot \boldsymbol{V}) U_x - 2\cos^2 2\theta U^2 V_x \right] x$$

$$= - \left[2(\boldsymbol{U} \cdot \boldsymbol{V}) U_y - 2\cos^2 2\theta U^2 V_y \right] y$$

相应地，一般圆锥曲线方程的一次项系数值为

$$d = - (\boldsymbol{U} \cdot \boldsymbol{V}) U_x - \cos^2 2\theta U^2 V_x \tag{6.12d}$$

$$f = - (\boldsymbol{U} \cdot \boldsymbol{V}) U_y - \cos^2 2\theta U^2 V_y \tag{6.12e}$$

以及一般圆锥曲线方程的自由项系数值为

$$g = (\boldsymbol{U} \cdot \boldsymbol{V})^2 - \cos^2 2\theta U^2 V^2 \tag{6.12f}$$

标量积 $\boldsymbol{U} \cdot \boldsymbol{V}$、$\boldsymbol{U} \cdot \boldsymbol{U}$ 和 $\boldsymbol{V} \cdot \boldsymbol{V}$ 可以用各自的分量表示如下：

$$\boldsymbol{U} \cdot \boldsymbol{V} = U_x V_x + U_y V_y + U_z V_z \tag{6.13a}$$

$$\boldsymbol{U} \cdot \boldsymbol{U} = U_x U_x + U_y U_y + U_z U_z \tag{6.13b}$$

$$\boldsymbol{V} \cdot \boldsymbol{V} = V_x V_x + V_y V_y + V_z V_z \tag{6.13c}$$

显然，在给定衍射角 θ 后，公式(6.7)的系数就是 U_x、U_y、V_x、V_y 和 V_z 的函数值。

位置矢量 $\boldsymbol{V}$ 由点 A_2(样品上)确定，而矢量 $\boldsymbol{U}$ 则是从点 A_1(光源上)指向点 A_2 的矢量。公式(6.12a)~公式(6.12f)与公式(6.13a)~公式(6.13c)联用，就可以在任意坐标系中获得以公式(6.7)为表达形式的圆锥曲线方程。下一小节中将利用这些方程推导出两种重要的圆锥曲线——分别处于接受狭缝平面和样品平面上。

6.5　Bragg‑Brentano 几何衍射仪

6.5.1　Bragg‑Brentano 几何的坐标系

下文关于 Bragg‑Brentano 几何衍射仪的讨论将使用相应于光源、样品和接收狭缝的右手坐标系(参见图 6.5)。

与正确放置的样品对应的坐标系是 CS_s，其中 x_s 轴与衍射仪的旋转轴重合，而 y_s 就是样品表面与水平平面的交线。这个坐标系的原点就是样品的

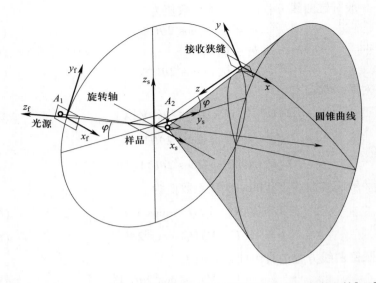

图 6.5　关于光源、样品和接收狭缝的坐标系示意图(引自参考文献[54]，
已获得国际晶体学会的许可)

中心。

　　CS$_f$坐标系与光源联系在一起并且假定光源没有偏位现象，其中 $y_f z_f$ 平面与衍射仪的水平平面重叠，而 y_f 轴与 CS$_s$ 坐标系的 y_s 轴的交角为 $(\pi/2 - \varphi)$。CS$_f$坐标系的原点位于光源的中央。

　　同样不存在偏位的接收狭缝对应的坐标系为 CS$_r$，其中 $y_r z_r$ 平面也位于衍射仪的水平平面上，而 y_r 轴与 CS$_s$ 坐标系的 y_s[①]轴的交角为 $(\pi/2 + \varphi)$。

6.5.2　接收狭缝平面上(坐标系 CS)的圆锥曲线方程

　　表 6.2 列出了点 A_1 和点 A_2 在上述所采用的各种坐标系中的坐标。

　　根据这些坐标，可以得到下面关于矢量 U 和 V 在坐标系 CS$_r$ 中的分量表达式：

$$U_x = x_s - x_f$$
$$U_y = z_s \cos \varphi - y_f \cos 2\varphi - (y_s + 2R \cos \varphi) \sin \varphi \qquad (6.14)$$
$$U_z = -y_s \cos \varphi - R \cos 2\varphi - z_s \sin \varphi + y_f \sin 2\varphi$$

及

---

① 原文漏掉下标"s"。——译者注

$$V_x = x_s$$
$$V_y = z_s \cos \varphi - y_s \sin \varphi \qquad (6.15)$$
$$V_z = R - y_s \cos \varphi - z_s \sin \varphi$$

代入公式(6.10)，然后进一步简化就得到了如下关于接收狭缝上圆锥曲线方程的隐形表达式：

$$\cos^2 2\theta \left[R^2 - 2 \cos \varphi y_s R + y^2 + (x - x_s)^2 + y_s^2 + 2yy_s \sin \varphi \right] \times$$
$$\left[R^2 + 2y_s R \cos \varphi + (x_f - x_s)^2 + y_f^2 + y_s^2 - 2y_f y_s \sin \varphi \right]$$
$$= \left[y_s^2 + y_s (y - y_f) \sin \varphi + (x - x_s)(x_f - x_s) + \right.$$
$$\left. (y + y_f) R \sin 2\varphi + (yy_f - R^2) \cos 2\varphi \right]^2 \qquad (6.16)$$

这个方程(表示为两个变量 x 和 y 组成的二次多项式)描述了某一任意入射的 X 射线产生的衍射圆锥与 Bragg - Brentano 几何衍射仪的接收狭缝平面之间的交线。构成方程的参数包括衍射仪半径 R、扫描角 φ、衍射角 θ 和光源与样品上各点在其各自所属的光源或样品相应的坐标系中的坐标。值得注意的是，样品上的点 A_2 可以有 3 个非零坐标值，其中 z_s 坐标值相应于样品表面与其理想位置的偏移。公式(6.16)在给定参数值后的图形可以利用 Mathematica 软件轻松绘制[58]。另外，本章的大部分图形也是采用 Mathematica 软件绘成的[58]。

表 6.2　点 A_1 和点 A_2 的坐标

点/矢量	坐标系	坐标
A_1	CS_f	$\{x_f,\ y_f,\ 0\}$
	CS_s	$\{x_f,\ -R \cos \varphi + y_f \sin \varphi,\ R \sin \varphi + y_f \cos \varphi\}$
	CS_r	$\{x_f,\ y_f \cos 2\varphi + R \sin 2\varphi,\ 2 \cos \varphi (R \cos \varphi - y_f \sin \varphi)\}$
A_2/V	CS_s	$\{x_s,\ y_s,\ z_s\}$
	CS_r	$\{x_s,\ z_s \cos \varphi - y_s \sin \varphi,\ R - y_s \cos \varphi - z_s \sin \varphi\}$

6.5.3　样品表平面上(坐标系 CS)的圆锥曲线方程

方向矢量 U 和 V 的各个分量采用相应于样品的坐标系可以表示如下：

$$U_x = x_s - x_f$$
$$U_y = y_s + R \cos \varphi - y_f \sin \varphi \qquad (6.17)$$
$$U_z = z_s - y_f \cos \varphi - R \sin \varphi$$
$$V_x = x_s$$
$$V_y = y_s \qquad (6.18)$$
$$V_z = z_s$$

类似于狭缝上所建坐标系中得到的结果，样品平面上的圆锥曲线方程具有如下的隐形表达式：

$$\{y_s^2 - y_s y + z_s^2 + (x - x_s)(x_f - x_s) + \sin\varphi y_f(y - y_s) - R z_s \sin\varphi -$$
$$\cos\varphi\,[\,R(y - y_s) + y_f z_s\,]\}^2$$
$$= \cos^2 2\theta[\,(x - x_s)^2 + (y - y_s)^2 + z_s\,] \times$$
$$[\,(x_f - x_s)^2 + (R\cos\varphi - \sin\varphi y_f + y_s)^2 + (R\sin\varphi + \cos\varphi y_f - z_s)^2\,]$$

$$(6.19)$$

这个方程的重要性在于可以给出散射的 X 射线在样品中由衍射圆锥顶点到样品平面所经历的路程长度，从而能够用来研究吸收效应。

6.5.4　退化圆锥（$2\theta = 90°$）

当衍射角 $2\theta = 90°$时，衍射圆锥退化为过点 A_2且垂直于入射线 $\boldsymbol{U} = A_1 A_2$的平面 P_{90}，其方程的矢量表示如下：

$$\boldsymbol{U} \cdot (\boldsymbol{X} - \boldsymbol{V}) = 0 \qquad\qquad (6.20)$$

这个平面 P_{90}与狭缝面的方程共同确定了它们的交线。在坐标系 CS_r中，将矢量 $\boldsymbol{X}$ 的分量 z 设置为 0，就可以轻松地通过公式（6.20）得到交线的方程，进一步将矢量 $\boldsymbol{V}$ 和 $\boldsymbol{U}$ 在坐标系 CS_r 中的坐标代入后，就得到了一条处于接收狭缝平面上的直线

$$U_x x + U_y y - \boldsymbol{U} \cdot \boldsymbol{V} = 0 \qquad\qquad (6.21)$$

或者

$$y = \frac{\boldsymbol{U} \cdot \boldsymbol{V} - U_x x}{U_y} \qquad\qquad (6.22)$$

关于这种退化衍射圆锥交线的示例可以参见后面的 6.6 节。

6.5.5　圆锥曲线与接收狭缝边界的相交

圆锥曲线与接收狭缝相交的结果一般有三种：① 不与接收狭缝相交；② 圆锥曲线与接收狭缝相交于两点；③ 圆锥曲线与接收狭缝相交于四个点。圆锥曲线与接收狭缝边界的接触情形可以简化为前两种结果。另外，求圆锥曲线与接收狭缝边界的这些交点的过程在大多数情况下就是求解二次方程的过程。对于接收狭缝水平边（沿轴向）而言，$y = \pm d_w/2$，则相应的二次方程 $a_x x^2 + b_x x + c_x = 0$ 的系数分别为

$$a_x = a$$
$$b_x = 2d \pm b d_w$$
$$c_x = \frac{c d_w}{4} \pm f d_w + g$$

而对于平行于水平面的两边，$x = \pm l_{\mathrm{w}}/2$，则相应的二次方程 $a_y x^2 + b_y x + c_y = 0$ 的系数分别为

$$a_y = c$$
$$b_y = 2f \pm b l_{\mathrm{w}}$$
$$c_y = \frac{c l_{\mathrm{w}}}{4} \pm d l_{\mathrm{w}} + g$$

在某种特定情况下，上述边界线与圆锥曲线仅相交于一个点，此时，边界线平行于圆锥曲线的主轴（此处圆锥曲线为抛物线），或者圆锥曲线为双曲线并且边界线平行于它的渐近线。不论如何，在采用这种求解仪器函数的方法中，仅有处于接收狭缝边界上的交点 $\{x_i, y_i\}$ 需要关注。

交点的坐标理应满足 $-l_{\mathrm{w}}/2 < x_i < l_{\mathrm{w}}/2$ 和 $-d_{\mathrm{w}} < y_i < -d_{\mathrm{w}}$，而且当布拉格角和扫描角接近 90° 时，应当小心，要确保交点位于双曲线的适当分支上。

6.5.6 面间角

假定点 $X_1 = \{x_1, y_1, 0\}$ 和点 $X_2 = \{x_2, y_2, 0\}$ 代表圆锥曲线与接收狭缝边界的交点，那么所记录的强度正比于分别包含点 A_1、点 A_2、点 X_1 和点 A_1、点 A_2、点 X_2 的两个平面之间的夹角 ϕ[53]。这个角也就是所指平面两个法线矢量 N_1 和 N_2 的交角

$$N_1 = (X_1 - V) \times U$$
$$N_2 = (X_2 - V) \times U \tag{6.23}$$

其中 X_i 是指向点 X_i 的位置矢量，如果引入单位矢量 $n_1 = N_1/|N_1|$ 和 $n_2 = N_2/|N_2|$，并且考虑到 $|N_i| = |X_i - V| \cdot |U| \sin 2\theta$ ($i = \{1, 2\}$)，则有

$$\cos \phi = n_1 \cdot n_1 = \frac{[(X_1 - V) \times U] \cdot [(X_2 - V) \times U]}{|X_1 - V| \cdot |X_2 - V| U^2 \sin^2 2\theta} \tag{6.24}$$

矢量 $N_i = (X_i - V) \times U$ 的各个分量可以表示成如下矢量 U、V 和 X_i 的分量：

$$N_{ix} = -U_z V_y + U_y V_z + U_z y_i$$
$$N_{iy} = U_z V_x - U_x V_z - U_z x_i$$
$$N_{iz} = -U_y V_x + U_x V_y + U_y x_i - U_x y_i$$

6.6 应用

圆锥曲线方程[公式(6.16)]可以生动地显示出各种因素如何影响该圆锥曲线与接收狭缝的相对位置，从而改变所记录的强度。后文将介绍轴向像差和

水平像差存在时，圆锥曲线的表现以及各自对所记录强度的不同效应。

　　本章所提的用于计算全仪器函数的方法也可以用来求特定的仪器函数。这些计算的基本出发点就是接收狭缝的宽度是有限的，换句话说，关于特定仪器函数的计算是与接收狭缝有限的宽度相结合的。需要指出的是，所提的这种方法没有利用这些特定仪器函数的卷积来获得全仪器函数。虽然实际上这种方法并不需要事先计算特定仪器函数①，但是这样做的好处是可以同基于卷积策略的各种方法所得的结果做比较，或者用于检验与各种因素实际数值的近似程度。在接下来的章节中，通过这种方法计算的某些特定仪器函数的线形将和Klug 和 Alexander[2]及其后继其他学者[41,42,51]报道的结果做对比。为了和根据上述所提方法计算的线形进行比较，用于卷积策略中的特定仪器函数要与采用该法计算所得的、反映接收狭缝的仪器函数进行卷积。另外，在 6.6.3 节中，以所提方法计算的全仪器线形还与基于射线的蒙特卡罗循踪模拟技术所得的线形(采用 BGMN 软件[36-38])做了对比。

6.6.1　接收狭缝平面上的圆锥曲线示例

6.6.1.1　圆锥曲线与接收狭缝的相对位置

　　圆锥曲线与接收狭缝的相对位置可以用数目值 N_c 和该圆锥曲线与接收狭缝的交点的位置来表示。图 6.6 所示为圆锥曲线与接收狭缝交点位置在布拉格角 $\theta = 10°$(有一个例外：第二行左侧为 $\theta = 6°$)且接收狭缝尺寸为 $10 \times 0.25 \ \mathrm{mm}^2$ 时的所有可能结果。

　　图 6.6 中为了更清楚地体现相交的细节，y 轴区域被放大了 20 倍左右。一般情况下，圆锥曲线可以与接收狭缝的边界相交成两个或者四个点。这两种相交中，如果是与侧边相交就意味着所记录的强度高，而分别和接收狭缝的上边界和下边界相交得到的强度则既可以低(例如小布拉格角或者扫描角远离布拉格角时)，也可以高。

6.6.1.2　不同布拉格角

　　图 6.7 所示为变动衍射角 θ_i(10°、40°、50°和80°)时位于接收狭缝平面上的圆锥曲线的不同结果，其中接收狭缝的尺寸是 $10 \times 0.25 \ \mathrm{mm}^2$。

　　计算图 6.7 中所有圆锥曲线时，假定所用入射线是沿光源中心固定点 $A_1 = \{0, 0\}$ 向仅有轴向分量的点 $A_2 = \{x_s, 0, 0\}$ 传播的。如果要从光源的其他点 $A_1 = \{x_f, 0\}$ 得到衍射角度和接收狭缝尺寸相同时的圆锥曲线，只要简单地将图中所示的这组圆锥曲线平移 x_f 即可。

　　从图 6.7 可以明显看出，由于不同布拉格角而产生的不同衍射圆锥在接收

---

　　① 在实验中也很难区分具有各自独特性的函数(例如关于平板样品或者轴向像差的特定函数)。

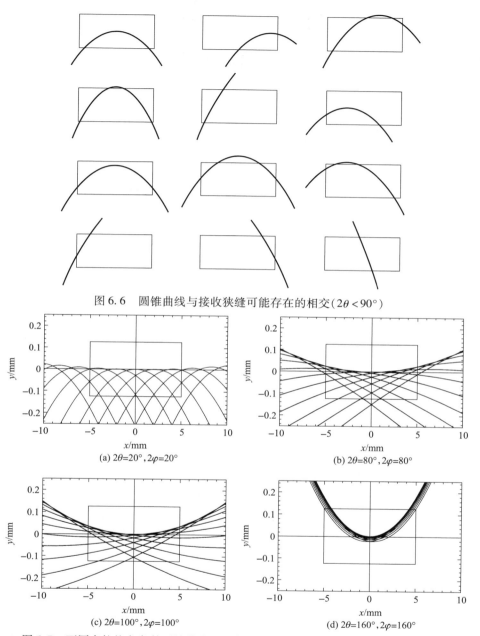

图 6.6　圆锥曲线与接收狭缝可能存在的相交 ($2\theta < 90°$)

(a) $2\theta=20°$, $2\varphi=20°$

(b) $2\theta=80°$, $2\varphi=80°$

(c) $2\theta=100°$, $2\varphi=100°$

(d) $2\theta=160°$, $2\varphi=160°$

图 6.7　不同布拉格角条件下接收狭缝近邻处的一组圆锥曲线图。产生衍射锥的入射线从固定点 $A_1 = \{0, 0\}$ 出发，然后入射到样品上仅有轴线分量的点 A_2 上（引自参考文献 [54]，已获得国际晶体学会的许可）

狭缝平面上的圆锥曲线包络接收狭缝平面的效果是不一样的，从而产生了衍射峰的非对称、峰值的表观偏移和衍射峰的展宽(也可参见6.6.1.4节)。

6.6.1.3 退化圆锥

对于退化衍射圆锥($2\theta = 90°$)的特殊场合，圆锥曲线在接收狭缝上的截面成了一条直线(参见图6.8)，此时不会存在衍射峰的非对称和偏移。

接下来就讨论一下非对称、偏移和展宽效应。

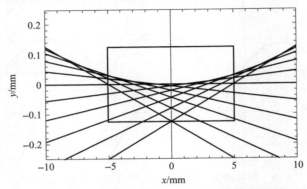

图6.8　退化衍射圆锥($2\theta = 90°$, $2\varphi = 90°$)和接收狭缝平面相交的结果。产生衍射锥的入射线从固定点 $A_1 = \{0, 0\}$ 出发，然后入射到样品上仅有轴线分量的点 A_2 上。接收狭缝在图中用描黑的矩形表示(引自参考文献[54]，已获得国际晶体学会的许可)

6.6.1.4 衍射峰的非对称性、偏移和宽度

在布拉格角度和扫描角度确定后，散射 X 射线与接收狭缝平面的交点将在接收狭缝平面上描出某一个区域 $R(\theta_B, \varphi)$。不同衍射角 θ_B 和扫描角所得的区域示例可以参见图6.9。

图6.9中，所有示例的扫描角都设置成布拉格角的数值。严格说来，对于某一个布拉格角度，这些点的强度是依赖于扫描角度的。不过，纯粹作为定性讨论的需要时，可以假设将原来的区域 $R(\theta_B, \varphi_B)$ 移动 $2R(\theta_B - \varphi)$ 就可以得到其他扫描角度下所得的相应区域。利用这一假设就可以轻易明白造成非对称性、谱峰位置表观偏移和谱峰宽度变化的原因。

6.6.1.5 观测线形的非卷积型计算

本章所提的方法可以用来计算在物理线形 $f(\theta)$ 已经不是 δ 函数线形的情况下，探测器所记录的总强度。这个时候，给定入射 X 射线和点 A_2 产生的散射 X 射线不再局限分布于某一个半锥角为 2θ 的圆锥表面上，而是沿整个空间分布，即此时需要考虑的是一系列具有公共顶点和轴线，但是散射角 θ_i 不同的衍射圆锥。其中每一个衍射圆锥的总散射强度构成了物理衍射线形，并且其与接收狭缝平面相交的圆锥曲线可以简单地计算出来。

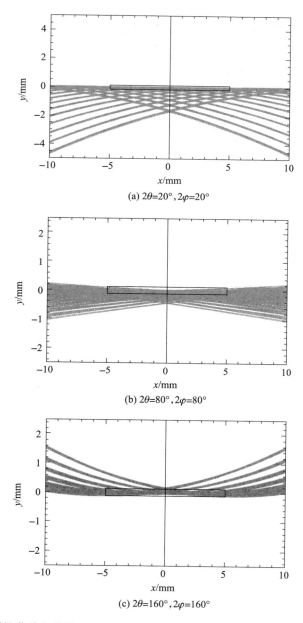

(a) $2\theta=20°, 2\varphi=20°$

(b) $2\theta=80°, 2\varphi=80°$

(c) $2\theta=160°, 2\varphi=160°$

图 6.9　圆锥曲线包络接收狭缝平面的结果。产生衍射锥的入射线从固定点 $A_1 = \{x_f, 0\}$ 出发，然后入射到样品上仅有轴线分量的点 $A_2 = \{x_s, y_s\}$ 上。接收狭缝在图中用描黑的矩形表示

图 6.10(a)所示为物理线形的一个例子，而图 6.10(b)则是相应的圆锥曲

线在接收狭缝平面上的截面。对于给定的入射线，在扫描角 φ_0 处所记录的强度值计算如下：

$$I_{reg}(\varphi_0) \approx \sum_i g(\varphi_0, \theta_i) f(\theta_i)$$

也可以采用如下的积分形式：

$$I_{reg}(\varphi_0) = \int g(\varphi_0, \theta) f(\theta) d\theta$$

这就意味着，对于观测线形上某一给定的物理线形数据点，其计算可以通过额外的积分得以实现。

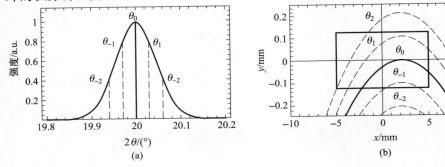

图 6.10   多种物理宽化和几何像差分别在观测线形中的组合影响的计算结果：(a)物理线形；(b)各角度 θ_i 处相应于衍射圆锥的圆锥曲线，其中 $A_1 = \{0, 0\}$，$A_2 = \{1, 0, 0\}$，$\theta_0 = 10°$，$\varphi = 10°$

6.6.2   特定仪器函数

6.6.2.1   水平像差

对于准确定位的衍射仪来说，下列的因素可以产生水平像差：光源和接收狭缝的有限宽度及平板样品效应（这里要求水平面上的角度分布是均匀的）。其中前两个因素得到的是正对峰值位置的矩形线形。这两个仪器函数的精确卷积结果就是三角或者梯形线形——分别对应于接收狭缝的宽度与光源的宽度相等或者不等的情形。针对这种情形的计算并不复杂。而平板样品像差会造成衍射线形的偏移和非对称。目前已经得到了针对点状光源和点状接收狭缝的平板样品像差的精确解[2,41,51]。不过，需要考虑的是平板样品像差和源自接收狭缝有限宽度像差的组合影响，这是因为前者产生了非对称（与水平像差有关），并且实验测试采用的都是有限大小的接收狭缝。

下面首先比较一下根据本章所提方法和通过卷积方式计算所得的这些仪器函数的结果，然后讨论一下所提方法给出的精确解和基于卷积方式给出的结果之间的细小差异。

关于近似表达平板样品像差的特定仪器函数已有 Cheary 等[51] 以及 Ida 和

Kimura[41]的如下成果：

$$J_{FS}(\varepsilon) = \frac{1}{2(\varepsilon\varepsilon_M)^{\frac{1}{2}}}, \qquad \varepsilon_M \leqslant \varepsilon \leqslant 0$$

其中 $\varepsilon = 2\varphi - 2\theta$；$\varepsilon_M = -[L_x/(2R)]^2 \sin 2\theta$；$L_x$ 则是样品沿水平方向的长度。

采用本章所提方法很容易计算这种像差。如图 6.11 所示的线形，在结合接收狭缝函数的平板样品像差计算中，光源的取样网格为 1×1，而样品的则是 1×20，并且假定接收狭缝的长度远小于 $R\sin2\theta$ ——这种计算所得结果的高度拟合性是一目了然的。

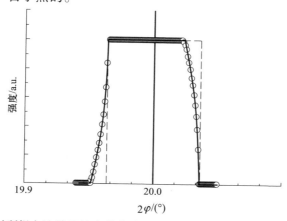

图 6.11 通过所提方法并且结合接收狭缝宽度计算的水平像差结果，同时也给出了 JFS 结合反映接收狭缝影响的矩形函数（虚线表示）进行卷积来模拟水平像差的结果（圆圈表示）。图中位于 20°的垂直线指明了这个像差函数所对应的布拉格角度值（引自参考文献 [53]，已获得国际晶体学会的许可）

组合平板样品像差和接收狭缝的有限宽度的影响，并且以此为例来讨论不同因素之间的耦合效应是有意义的。假定接收狭缝在轴向上的尺寸小到可以忽略（即 $x=0$），同时设定 $x_f=0$，$y_f=0$ 且 $x_s=0$，通过公式（6.16）可以得到如下的方程：

$$(-R^2\cos2\varphi + yR\sin2\varphi + yy_s\sin\varphi + y_s^2)^2$$
$$= (y_s^2 + R^2 + 2y_sR\cos\varphi) \times [(y_s\cos\varphi - R)^2 + (y + y_s\sin\varphi)^2]\cos^2 2\theta$$

当 $y = \pm d_w$ 时，通过这个方程就可以将角度 φ 和样品上的水平面位置 y_s 联系起来，从后者发出的衍射线将准确落在接收狭缝的边界上。

图 6.12 所示为相交于接收狭缝上边界时方程的计算结果，可以分出有关信号前沿的四个扫描角度区间：① 当角度满足 $\varphi < \varphi_1$ 时，来自样品的衍射线没有进入接收狭缝；② 当角度满足 $\varphi_1 < \varphi < \varphi_2$ 时，所记录的强度来自样品上

部的贡献(参见图6.13);③ 当角度满足 $\varphi_2 < \varphi < \varphi_3$ 时,所记录的强度来自样品上部和下部的贡献,此时样品的中部对探测器所得的强度没有贡献;④ 当角度满足 $\varphi > \varphi_3$ 时,所记录的强度来自样品所有被辐照到的表面区域的贡献。需要注意的是,这种结果在接收狭缝非常窄小的时候(例如以图6.12所示的条件,$d_w \le 0.0025$ mm 时)是不会出现的,因为这时样品被辐照的区域总有一部

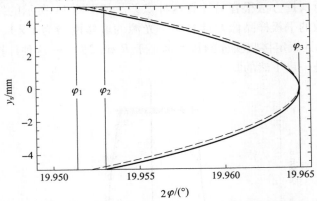

图6.12 样品水平面外围点关于非对称性的贡献:平板样品像差和接收狭缝有限的宽度之间的耦合效应。当扫描角满足 $\varphi_1 < \varphi < \varphi_2$ 时,仅有一侧的样品导致了非对称性。虚线代表样品所产生的对称性分布(引自参考文献[54],已获得国际晶体学会的许可)

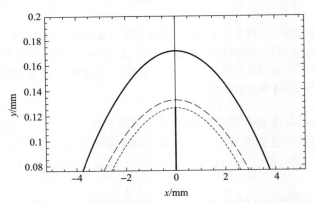

图6.13 接近接收狭缝上部边界的圆锥截面。这些圆锥曲线由满足下列条件的入射线产生:点 A_1 位于光源的中心,点 A_2 分别对应如下的坐标:$\{0, 5\}$(短虚线);$\{0, 0\}$(连续实线);$\{0, -5\}$(虚线)。垂直的粗线代表了接收狭缝的区域(沿轴向方向的尺寸非常小)(引自参考文献[54],已获得国际晶体学会的许可)

分产生的衍射线落在接收狭缝之外。来自样品边缘部分的衍射点的非对称性贡献导致了线形在 φ_2 角度处的轻微变化。由于这种变化不大,因此这种条件下

可以假定样品上在 $\pm y_s$ 内对称的点对于探测器所记录的信号的贡献是对称的，进而计算出仪器函数线形的前沿。虽然可以给出卷积方法运算的结果，但是，为了达到最佳拟合，这个时候需要微调"基本参数"（在这里就是接收狭缝的宽度），因此就不再讨论了。另外，虽然上述的变化很小，但是发展可以定量估计这类影响的技术仍然是有意义的事情。

6.6.2.2　轴向像差

点 A_1 和点 A_2 仅有轴向分量时的圆锥曲线方程可以通过一般方程［式 (6.16)］并且将它们的水平面分量 y_f 和 y_s 均设置为零而推导出来。

此时的圆锥曲线方程可以表示成如下的形式：

$$[R^2 + y^2 + (x - x_s)^2][R^2 + (x_f - x_s)^2]\cos^2 2\theta$$
$$= -R^2 \cos 2\varphi + yR \sin 2\varphi + (x - x_s)(x_f - x_s)^2$$

图 6.7 示出了一组这种圆锥曲线的示例，这里产生衍射圆锥的入射线从光源中心 $A_1 = \{0, 0\}$（位于 CS_f 坐标系）沿着衍射仪的旋转轴线到达点 $A_2 = \{x_s, 0, 0\}$（位于 CS_s 坐标系）。

假定入射线没有发散，那么在这种特殊情况下，通过上述的轴向像差的特定仪器函数 J_{AX} 可以得到解析型的表达式并进行求解[51]

$$J_{AX}(\varepsilon) = \begin{cases} |\varepsilon_1 - \varepsilon_2|^{-1}\left[\left(\dfrac{\varepsilon_2}{\varepsilon}\right)^{\frac{1}{2}}\right], & \varepsilon_1 < \varepsilon < 0 \\[3mm] |\varepsilon_1 - \varepsilon_2|^{-1}\left[\left(\dfrac{\varepsilon_2}{\varepsilon}\right)^{\frac{1}{2}} - 1\right], & \varepsilon_2 \leqslant \varepsilon \leqslant \varepsilon_1 \end{cases}$$

其中

$$\varepsilon_1 = -\frac{\cot 2\theta}{2}\left(\frac{L_r - l_s}{2R}\right)^2, \qquad \varepsilon_1 = -\frac{\cot 2\theta}{2}\left(\frac{L_r + l_s}{2R}\right)^2$$

并且 L_s 和 L_r 分别是样品与接收狭缝沿轴向的长度。

方程 $J_{AX}(\varepsilon)$ 与代表接收狭缝仪器函数的矩形函数进行卷积就得到了图 6.14 所示的轴向仪器函数，其结果与本章所提模型的计算结果一致。

用于卷积方法的这种关于轴向像差的解析式近似仅当入射 X 射线的发散相当小的时候［$<1°$（参考文献[51]）］才是合理的。至于一般条件下的轴向像差可以通过 Cheary 和 Coelho 发展的半解析型方法来计算[34]。

在本章所提的方法中，针对非平行入射 X 射线这种一般性条件的轴向像差函数（结合接收狭缝的有限尺寸）的计算可以简单地通过沿轴向方向且通过光源或者样品中心的直线选取网格点来完成。相关计算结果参见图 6.14。从图 6.11 和图 6.14 可以看出，轴向像差对线形的影响要高于水平像差的影响。

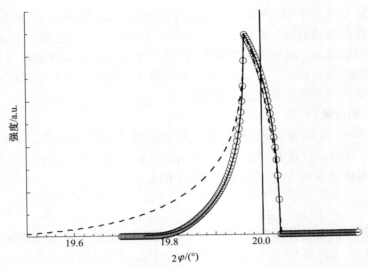

图 6.14　轴向像差示意图。光源和样品沿轴向的长度：10 mm；接收狭缝：长为 10 mm，宽为 0.25 mm。实线和虚线：采用所提方法在没有考虑和考虑入射线发散时分别计算的结果。圆圈：J_{AX} 与表示接收狭缝函数的矩形函数卷积所得的结果。图中位于 20° 的垂直线指明了这个像差函数所对应的布拉格角度值（引自参考文献[53]，已获得国际晶体学会的许可）

　　图 6.15 所示为由于点 A_1 和点 A_2 的轴向偏移（即任意轴向发散）而产生的仪器线形。

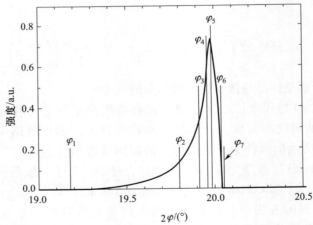

图 6.15　轴向像差所产生的仪器线形（参见文中关于 φ① 的解释，引自参考文献[54]，已获得国际晶体学会的许可）

---

　　①　原文误为"φ_1"。——译者注

从图 6.15 中可以找出一些特征角度区间。具有最大轴向发散的入射线对应于位于扫描角 φ_1 的首个信号。对于远离谱峰位置的小扫描角度，仅有轴向分量不为零的入射线产生的衍射强度被记录下来。平行于水平面（没有轴向发散）的入射线一直到衍射仪的扫描角度提高到 φ_2 为止，对探测器所记录的强度都没有贡献。角度 φ_2 处的入射线具有最大的轴向偏移（没有轴向发散），从这时开始，具有轴向偏移的入射线所产生的衍射线会被探测器记录。在 $\varphi_2 \sim \varphi_3$ 的角度区间内，仅当入射线有轴向偏移时，其衍射线强度才被记录，换句话说，由光源和样品中心确定的入射线对所记录的强度没有贡献。从 φ_3 开始，从光源中心到样品中心的入射线也参与了探测器所记录的衍射强度的组成。

下一个角度区间（扫描角度满足 $\varphi_4 < \varphi < \varphi_5$）对应于记录强度最大值。在这个角度区间中，没有任何轴向偏移的入射线（即入射线从光源中心射向样品中心——中央入射线）产生的圆锥曲线的顶点落入接收狭缝中，并且圆锥曲线与接收狭缝的两垂直边相交。在 $\varphi = \varphi_5$ 附近，所记录的强度值剧烈下降。φ_5 代表中央入射线所产生的衍射圆锥与接收狭缝底边相交的特征角。

在 φ_6 处，中央入射线产生的圆锥曲线顶点落在接收狭缝底边上。不过，当这个顶点离开接收狭缝时，具有轴向发散的入射线产生的圆锥曲线的弧边会增加所记录的强度值。探测器记录的非零强度值终止于扫描角 φ_7，其值稍微偏离 φ_6。

6.6.2.3 吸收

对于厚度大并且 X 射线吸收系数小的样品而言，吸收校正是一件重要的事情。吸收的影响相当于点 A_2 具有了非零的分量，这就可以得到另外一种与吸收密切相关的圆锥曲线。这种圆锥曲线就是衍射圆锥与样品表平面的交线。图 6.16 为部分衍射圆锥及其与样品表平面（位于 CS_s 坐标系的 $X_s Y_s$ 平面）相交的截面示意图。其中点 $D_{ip}(i = 1 \sim 4)$ 是以点 A_2 作为极点所得的接收狭缝的投影点，而点 P_{cip} 则是接收狭缝和位于接收狭缝平面上的圆锥曲线交点 P_{ci} 的投影。

对于每条入射和散射的 X 射线，其对探测器所记录强度的贡献都可以通过因子 $\exp(-\mu l)$ 来校正，其中 μ 就是线性吸收系数，而 l 则是光线在样品中经过的路径长度。这个路径长度包括两个部分：首先是入射线从样品表面到达样品内部的点 A_2 所经过的路径长度 l_1，其次就是衍射线从点 A_2 到达样品表面所经过的路径长度 l_2。而距离 l_2 可以看作平面 $\Pi(A_1, A_2, P_{c1})$ 和平面 $\Pi(A_1, A_2, P)$ 所夹角度 ψ 的函数，其中 P 是位于接收狭缝平面①的圆锥曲线上的点。由于在样品中，散射线具有不同的路径长度，因此严格说来，吸收校正应当逐条考虑各条散射线

---

① 原文误为"样品平面（sample plane）"。——译者注

$$I(P_{c1}, P_{c2}) \sim \exp(-\mu l_1) \int_0^{\psi_2} \exp[-\mu l_2(\psi)] \mathrm{d}\psi$$

其中面间角 ψ 是平面 $\Pi(A_1, A_2, P_{c1})$ 和平面 $\Pi(A_1, A_2, P)$ 的夹角；P 是当前考虑的位于圆锥曲线上且处于接收狭缝内的点。粗略地估计表明，对于给定的入射线，路径长度 l_2 可以看作常数。不过，对于特定的条件，建议要进行相应的评估，以便确认这种路径长度的变化是可以忽略的。

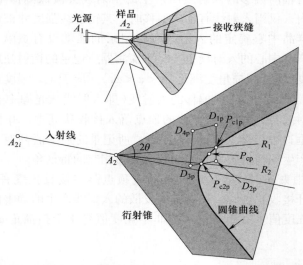

图 6.16 衍射圆锥和样品表面相交的示意图。点 A_2 位于样品表面的下方，点 D_{ip} 是接收狭缝在样品表面上的投影点

图 6.17 所示分别为(a)位于接收狭缝平面的某条圆锥曲线及其(b)位于样品表平面上的相应圆锥曲线的示例。位于样品平面上的这条圆锥曲线也可以看

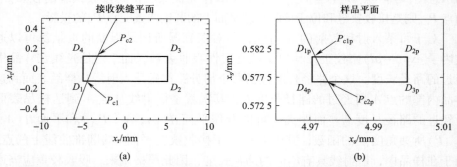

图 6.17 衍射圆锥分别与(a)接收狭缝平面及(b)样品平面相交的结果。在吸收过程中(即衍射圆锥的顶点处于样品平面下方)，$D_1 D_2 D_3 D_4$——接收狭缝；$D_{1p} D_{2p} D_{3p} D_{4p}$——接收狭缝关于衍射圆锥顶点在样品平面上的极射投影

作是位于接收狭缝平面上的圆锥曲线在样品平面上的极射投影（极点 A_2）。从图 6.17（b）容易发现，在这个特定的例子中，点 P 在点 P_{c1p} 和 P_{c2p} 之间的坐标变动所引起的路径长度 l_2 的变化可以忽略不计。

关于吸收的简化模型可以参考 Ida 和 Kimura[42] 以及 Cheary、Coelho 和 Cline[51] 的报道。对于厚度为 T 的样品，其特定仪器函数由如下的表达式决定：

$$J_\mu(\varepsilon) = \frac{\exp\left(\dfrac{\varepsilon}{\delta}\right)}{\delta\left[1 - \exp\left(\dfrac{\varepsilon_{\min}}{\delta}\right)\right]}, \qquad \varepsilon_{\min} \leqslant \varepsilon \leqslant 0$$

其中

$$\varepsilon_{\min} = -\frac{2T}{R}\cos\theta, \qquad \delta = \frac{\sin\theta}{2\mu R}$$

图 6.18 示出了上述像差函数 $J_\mu(\varepsilon)$ 和接收狭缝仪器函数卷积后的结果，同时也附上了采用本章所提方法得到的线形——在计算的时候，将点 A_1 固定在光源中心，而点 A_2 则沿着发自样品中心的 y 轴变动。在这里为了扣除由于接收狭缝长度造成的轴向像差，计算时将接收狭缝的长度降低到 0.1 mm。对比轴向像差（图 6.14）和吸收效应（图 6.18）可以发现，具有弱吸收的样品，吸收对线形的影响与轴向像差对线形的影响相当。

图 6.18 表明采用两种技术处理这种情形所得的结果具有很好的一致性。

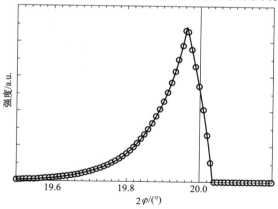

图 6.18 样品的吸收效应示意图。计算时吸收系数 μ 采用石墨的数值。接收狭缝的尺寸：长为 0.1 mm，宽为 0.25 mm。采用所提方法以及卷积方法计算的结果分别用实线和圆圈表示。图中位于 $2\varphi = 20°$ 的垂直线指明了这个像差函数所对应的布拉格角度值（引自参考文献[53]，已获得国际晶体学会的许可）

6.6.3 全仪器线形

关于两个布拉格角分别采用本章所提方法和 BGMN 软件计算得到的仪器

函数结果的比较可以参见图 6.19[36-38]。

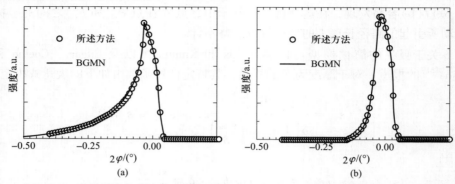

图 6.19　采用所提方法计算的仪器函数与基于 BGMN 程序计算的仪器函数之间的比较结果。样品尺寸：$5 \times 10 \ mm^2$。接收狭缝尺寸：$0.25 \times 10 \ mm^2$。布拉格角：（a）$2\theta = 20°$；（b）$2\theta = 80°$（引自参考文献[53]，已获得国际晶体学会的许可）

BGMN 软件包中的 geomet 程序采用射线的蒙特卡罗循踪技术来计算仪器函数。这种射线循踪模拟的优点就在于可以给出任一给定仪器几何设置的正确仪器线形。从图 6.19 可以看出，采用这两种方法所得的结果具有很好的一致性。不过，基于射线循踪法的精确计算毕竟是一项耗时的工作。

6.6.3.1　精确性和计算耗时

在本章所提的方法中，要得到仪器线形上的一个数据点就需要计算一个多维积分。如果吸收可以忽略，那么这种积分可以简化为四维的积分。为了了解计算所用网格点的数目是如何影响结果的精确性和计算所消耗的时间，分别针对四种条件做了全仪器线形计算，各自的结果列于表 6.3 中。

表 6.3　计算网格点数目对结果精确性和计算耗时的影响

点数	$R(50, n)/\%$	时间/s
50		260
20	0.06	6.5
10	0.25	0.45
5	1	0.046

采用 $n \times n \times n \times n$ 网格选取计算点所得结果的精确性以采用 $50 \times 50 \times 50 \times 50$ 网格时所得的结果作为参考标准，其计算表达式如下：

$$R(50,n) = \frac{\sum_i |y_i(50) - y_i(n)|}{\sum_i y_i(50)}$$

上述示例中的仪器线形计算所用的格点数目是 100。

图 6.20 所示为分别采用 $50 \times 50 \times 50 \times 50$ 和 $5 \times 5 \times 5 \times 5$ 网格所得的两种

全仪器线形之间的比较结果。容易看出每个方向上仅用 5 个计算点就足够达到约 1% 的精确度，相应的计算耗时是 0.05 s 左右。另外，如果在每个方向上所选取的计算点数目不等，那么还可以进一步降低计算所用的时间。

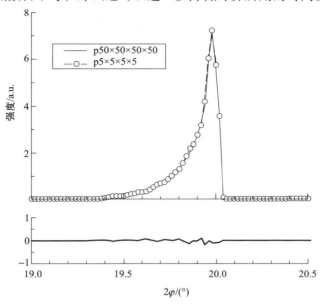

图 6.20　不同网格类型计算所得的仪器函数线形图

如果考虑吸收效应，一般情况下需要六维的积分运算。不过，由于样品中散射 X 射线所经过的路径长度的变动可以忽略，因此，基于这种限制，六维积分运算可以降低到五维的积分运算。

在设计有关积分计算的算法的时候，可以通过下面的方法来降低计算耗时：① 考虑相对于水平面的对称性(计算时间可以减少一半)；② 入射 X 射线沿轴向的平行位移将导致接收狭缝平面上的圆锥曲线也出现同样的平行位移，因此，圆锥曲线与接收狭缝水平边的交点可以简单地利用添加该位移值的方法计算出来。前述二次方程式的系数可以据此重新计算并且用来得到与接收狭缝垂直边的交点。假定轴向上的位移为 Δ，那么二次方程[公式(6.7)]可以改写为

$$ax^2 + bxy + cy^2 + (d + 2a\Delta)x + (f + b\Delta)y + (g + d\Delta + a\Delta^2) = 0$$

这样一来，四维积分(不考虑吸收效应)就可以简化为三维积分。

6.7　关于偏位、Söller 狭缝和单色器

偏位和 Söller 狭缝的影响也可以类似一种新的衍射仪几何设置，采用本章

所提方法进行计算。对于配有单晶单色器的衍射仪，同样可以在所提方法的框架中给出解决方案。由于篇幅有限，这里就不再详细讨论，而是概略介绍一下有关这些效应可以采用的措施。

6.7.1 偏位

偏位现象中最有讨论价值的是样品相对于理想位置的偏移。这种偏位可以通过平移矢量 V_{mis} 和旋转矩阵 M_{mis} 来共同描述。

假定已经知道了点 $A_{2,mis}$ 在关于样品的坐标系中的坐标，那么就可以计算坐标系 CS_s 中点 A_2 的坐标。在坐标系 CS_{mis} 中的点 $A_{2,mis} = \{x_{mis}, y_{mis}, z_{mis}\}$ 与坐标系 CS_s 中的 $A_2 = \{x, y, z\}$ 可以利用 $A_2 = M_{mis}^T \cdot A_{2,mis} \cdot V_{mis}$ 将各自的坐标联系起来。接下来的处理过程就和前述没有偏位时的处理完全一样了。图 6.21 所示为样品定位准确和存在偏位时所计算的两种全仪器函数线形结果，其中偏位采用定位准确的样品沿 z 轴平移 0.05 mm 来实现，并以此确定偏位后的位置。

从图 6.21 可以明显看出仪器函数的位置对样品所处的位置非常敏感。

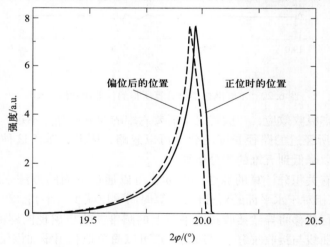

图 6.21　样品所处位置对仪器函数线形的影响

6.7.2　Söller 狭缝

如果 Söller 狭缝放置在入射线路径上，那么通过该狭缝的射线需要满足如下的不等式条件：.

$$\arctan\left(\frac{|x_s - x_f|}{R + y_s \cos\varphi}\right) < \alpha_{slits}$$

当 Söller 狭缝放置在衍射线路径上时，样品上的每一个点 A_2 就只能"看到"一部分接收狭缝了（参见图 6.22）。

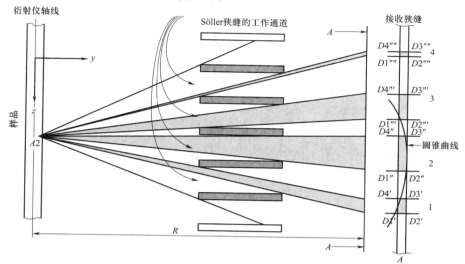

图 6.22　衍射圆锥中的 Söller 狭缝横截面示意图。图中所绘制的平面通过衍射仪的旋转轴和接收狭缝的中心，同时将 z 轴充分放大了。Söller 狭缝工作通道（working channel）中的晶片用黑色突出显示。右边的图给出了相应的"新"的接收狭缝（灰色）及其与圆锥曲线相交所得的截面（引自参考文献[53]，已获得国际晶体学会的许可）

因此，与前述一个完整的接收狭缝的情形不同，这里需要考虑的是几个更小的接收狭缝（具体数目取决于 Söller 狭缝的位置和几何参数）共同作用的情形。这些相应于所给定 Söller 狭缝的新的子接收狭缝的边界点（corner point）取决于点 A_2 的位置和角 φ 的数值，其计算并不复杂。进一步可以针对每个子接收狭缝计算点 P_{ci}。经过这样的处理，配有 Söller 狭缝的衍射仪的仪器函数就可以采用和衍射仪没有 Söller 狭缝时完全一样的方法来获得正确的结果。图 6.23 所示为不同扫描角度时的圆锥曲线，其相应的入射线从光源的点 $A_1 = \{5, 0\}$ 出发，落在样品的点 $A_2 = \{-5, 0, 0\}$（即具有最大轴向发散的点）上，同时也强调了这些圆锥曲线通过 Söller 狭缝的部分。从图中可以明显看出低扫描角度时 Söller 狭缝降低了同样的入射线对探测器所记录强度的贡献。

采用本章所提方法来处理这种条件需要花费更多的时间（相对于没有 Söller 狭缝的情形，针对子 Söller 狭缝数目为 4 的实验型计算所消耗的时间增加了 1 倍左右）。理所当然地，这个正确的结果可以用来设计或者检测有关的各种近似处理方法。

6.7.3　单色器

需要提出的是，到目前为止，在考虑单色器的条件下，有关 X 射线粉末

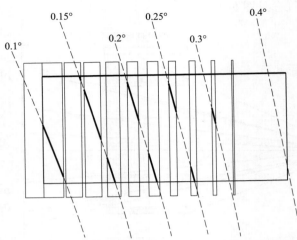

图 6.23　处于 Söller 狭缝中的部分圆锥曲线示意图。点线代表相应于不同扫描角度的处于接收狭缝平面上的圆锥曲线（图中以 $\varepsilon = \theta - \varphi$ 显示），其中 $\theta = 10°$，$A_1 = \{5, 0\}$，$A_2 = \{-5, 0, 0\}$。图中具有长的垂直边的一组矩形表示通过点 A_2 可以看到的接收狭缝平面的局部区域。粗实线则表示圆锥曲线通过接收狭缝的部分

衍射仪器函数的计算仍然缺乏可以提供合理结果的具有物理意义的模型[51]。采用本章所提方法的模式，可以根据如下方法处理这类具有单色器的衍射仪的仪器函数计算问题。

入射束单色器　图 6.24 所示为配置有入射光路聚焦单色器的衍射仪的光路示意图。从 X 射线源发出的光线会聚在聚焦狭缝平面上。这个聚焦狭缝位于测角仪圆周上。这时，聚焦狭缝中的光源图像就可以看作后继计算所依据的 X 射线光源。

单色器校正可以通过考虑如下的变化来实现。首先就是轴向发散的变化，其次就是水平发散的变化，后者有时可以不用考虑。从图 6.24 中可以明显看出最大轴向发散的估计值为 $\gamma_{AX} = l_{AX}/(R + a + b)$。如果代入如下的数值：$l_{AX} = 10$ mm，$R = 217.5$ mm，$a = 120$ mm 和 $b = 360$ mm，这时就可以得到 $\gamma_{AX} = 0.014$，相当于 0.8° 左右。如果没有单色器，那么这种轴向发散将为 2.6° 左右。另外，水平和轴向上的强度分布可能会稍微不均匀，此时应当做下相应的校正。

如果 X 射线束不采用单色器，那么相关的计算就要加入一个遍历整个波长分布的积分。

衍射束平板晶体单色器　关于在衍射光路上配置平板晶体单色器时具体仪器函数的计算将在下面两小节中讨论。

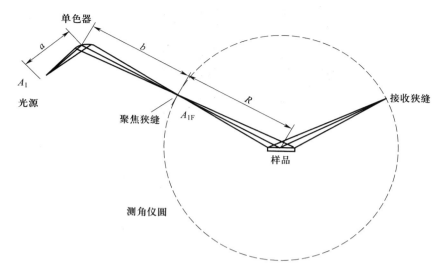

图 6.24　配置有入射束单色器的 Bragg – Brentano 衍射仪

6.8　衍射光路上的平板晶体单色器

位于衍射光路上的平板晶体单色器对仪器线形的影响同样可以采用圆锥截面的方法来解决。这种平板晶体单色器通常装在接收狭缝之后，并且位于半径为 R_m 的圆周上。

6.8.1　单色器设置

衍射线从样品中心发出，经过接收狭缝中心，然后射到单色器晶体的中心上。衍射线和晶体平面的夹角等于 $\pm\theta_m$。符号 + 、 – 分别相应于单色器晶体的顺时针和逆时针旋转。下面仅考虑逆时针旋转的情况。一般说来，单色器晶体的旋转轴平行于衍射仪的旋转轴并且具有同样的朝向。

6.8.2　反射圆锥[①]

将点 A_2 看作单色化辐射的源头，那么反射区域就可以用两个圆周所给定的圆环来表示。这两个圆周的中心就是点 A_2 在单色器平面上的投影 A_2^p，其半

[①]　本章实际上引自同一作者发表的两篇论文，因此有些叙述并不全面。在原始文献中，作者将进入接收狭缝的衍射线组成的圆锥称为衍射圆锥（diffraction cone），而进入单色器的则称为反射圆锥（reflection cone），这仅仅是为了叙述上的清晰性——实际上这两类圆锥都来自衍射（被弹性散射）线。——译者注

径分别是 $d \cot \theta_1 (\theta_1 = \theta_B + \delta_1)$ 和 $d \cot \theta_2 (\theta_2 = \theta_B + \delta_2)$，其中 θ_B 是单色器晶体的布拉格角，而 δ_1 和 δ_2 分别是根据 X 射线散射的动力学理论得到的该布拉格角的宽度和偏移[59]，另外，d 则是点 A_2 和点 A_2^p 之间的距离。现在假定单色器晶体的放置位置能满足从样品中心发出的射线通过接收狭缝中心后可以到达该反射环的中央，那么就有

$$\theta_m = \theta_B + \frac{\delta_1 + \delta_2}{2}, \qquad \theta_1 = \theta_m - \delta, \qquad \theta_2 = \theta_m + \delta$$

对于定位准确的单色器晶体，其晶面法线就处于水平面上。这种条件下将可以从处于峰值位置对应的角度处的狭窄接收狭缝空间内得到最大的记录强度值。接下来反射圆锥定义如下，即这类圆锥的轴线平行于此单色器平面的法线[1]，顶点位于点 A_2 上，并且锥面的准线就是包围反射区域的圆周。然后就可以通过一般圆锥公式 (6.8) 得到相应于接收狭缝平面和反射锥相交所得的圆锥曲线方程。在这里，方向矢量在关于接收狭缝的坐标系中是一个常量并且等于单色器平面的单位法向矢量。这个平行于反射圆锥轴线的矢量就是晶体平面的法向矢量 $\boldsymbol{n}$[2]

$$n_x = 0$$
$$n_y = -\cos \theta_m$$
$$n_z = -\sin \theta_m$$

反射圆锥的半锥角是 $\pi/2 - (\theta_m \pm \delta)$。以一般圆锥方程 [公式(6.8)] 表示这种反射圆锥，可以得到如下的表达式：

$$\frac{\boldsymbol{X} - \boldsymbol{V}}{|\boldsymbol{X} - \boldsymbol{V}|} \cdot \boldsymbol{n} = \sin (\theta_m \pm \delta) \tag{6.25}$$

位于接收狭缝平面上的反射圆锥曲线的系数分别是如下关于点 A_2 的坐标、衍射仪半径 R 和扫描角 φ、单色器晶体的布拉格角 θ_m 和反射环半宽 δ 的函数[3]：

$$a = -\sin^2(\theta_m \pm \delta)$$
$$b = 0$$
$$c = \cos \delta \cos (2\theta_m + \delta)$$
$$d = x_s \sin^2(\theta_m + \delta)$$
$$f = -\{y_s \sin \varphi \sin^2(\theta_m + \delta) + \cos\theta_m[R \sin \theta_m - y_s \sin (\varphi + \theta_m)]\}$$
$$g = -R^2\sin \delta \sin (2\theta_m + \delta) + 2y_s R[\cos \varphi \sin^2(\theta_m + \delta) - \sin \theta_m \sin (\varphi + \theta_m)] +$$
$$y_s^2 \sin (\varphi - \delta) \sin (\varphi + 2\theta_m + \delta) - x_s^2 \sin^2(\theta_m + \delta)$$

---

① 原文在"plane"和"vertex"之间少了个逗号。——译者注
② 原文公式有误。——译者注
③ 原始文献中，计算 g 的表达式右侧第一项是正值，而本书则写成负号，囿于缺乏原作者的推证过程，此处仍遵从原书，采用负值，有兴趣的读者自行斟酌使用。——译者注

6.8.3 接收狭缝平面上衍射圆锥与反射圆锥的相交

关于衍射圆锥和反射圆锥相交的一般结果有四种。这里需要考虑的可能结果不超过两种，因为衍射圆锥和反射圆锥具有共同的顶点 A_2。现在定义衍射圆锥和反射圆锥轴线之间的夹角为 θ_{un}，当满足下述不等式时，这两个圆锥将彼此相交：

$$\left| 2\theta - \left(\frac{\pi}{2} - \theta_m - \delta \right) \right| < \theta_{un} < 2\theta + \frac{\pi}{2} - \theta_m - \delta$$

采用公式 (6.8) 和公式 (6.24)，可以进一步得到

$$(\boldsymbol{X} - \boldsymbol{V}) \cdot \boldsymbol{A} = 0$$

其中 $\boldsymbol{A} = \boldsymbol{U} \sin \theta_m - \boldsymbol{n} \cos 2\theta$ ①。

由于位于接收狭缝平面上的点满足 $\boldsymbol{X} = \{x, y, 0\}$，从而采用分量乘积之和来表示矢量的标量积就可以得到如下联系 x 和 y 的关系表达式：

$$A_x x + A_y y = \boldsymbol{V} \cdot \boldsymbol{A}$$

或者

$$y = \frac{\boldsymbol{V} \cdot \boldsymbol{A} - A_x x}{A_y} \tag{6.26}$$

将计算 y 的最后一个表达式代入反射（或者衍射）圆锥曲线方程中就可以得到关于 x 的二次方程 $a_m x^2 + b_m x + c_m = 0$。这个方程的各项系数表示如下：

$$a_m = \frac{A_x^2}{A_y^2} c - \frac{A_x}{A_y} b + a$$

$$b_m = \left(\frac{b}{A_y} - 2 \frac{A_x}{A_y^2} c \right) \boldsymbol{A} \cdot \boldsymbol{V} + d - \frac{A_x}{A_y} f$$

$$c_m = \left(\frac{c}{A_y^2} \boldsymbol{A} \cdot \boldsymbol{V} + \frac{f}{A_y} \right) \boldsymbol{A} \cdot \boldsymbol{V} + g$$

求解这个二次方程，然后采用公式 (6.26) 就可以得到衍射圆锥和反射圆锥的交点 P_{cmi} 的坐标；而所记录的强度正比于这个二面角，具体可以采用公式 (6.25) 进行计算。有个特殊的情况需要专门处理，即当衍射圆锥曲线完全位于反射区域内的时候，探测器所记录的衍射强度由该衍射圆锥曲线处于接收狭缝内的部分来决定。

---

① 原文公式有误。——译者注

另一种求经过平板单色器后被记录的强度值的做法如下：为了计算两个平面之间的夹角，只需要知道指向点 P_{cmi} 的单位方向矢量 $\boldsymbol{m} = \{\, m_1, m_2, m_3\,\}$。这些方向矢量可以通过衍射圆锥和反射圆锥的交线来确定，此时通过如下的方程组得到这些指向[1]：

$$\boldsymbol{m} \cdot \boldsymbol{U} = \cos 2\theta$$
$$\boldsymbol{m} \cdot \boldsymbol{n} = \sin \theta_{\mathrm{m}}$$
$$\boldsymbol{m} \cdot \boldsymbol{m} = 1$$

无论如何，在计算时应当判断一下射线是否进入了接收狭缝。

6.9 平板单色器对仪器函数的影响

6.9.1 单色器存在时的水平像差

当点 A_2 在水平方向上具有位移 y_s 时，接收狭缝中相应于晶体平面上的反射环中点的点 A_r 相应要移动 $\delta y = -y_s \sin \varphi$。点 A_r 在水平面上的最大偏移就是接收狭缝的宽度值。因此，仅当样品上的点满足其偏移小于 $d_w/(2 \sin \varphi)$ 时，相应的反射圆锥上的射线才能进入接收狭缝，例如 $y_s = -0.125/\sin 10° \mathrm{mm} \approx -0.72 \mathrm{mm}$ 和 $y_s = -0.125/\sin 40° \mathrm{mm} \approx -0.19 \mathrm{mm}$。这就意味着只有靠近衍射仪旋转轴的点对探测器所记录的强度才有贡献。与不采用单色器的结果相反，样品仅有一侧对所记录的强度有贡献。如果扫描角小于布拉格角，这时对所记录强度有贡献的样品点必须满足坐标为正值。相应地，当扫描角大于布拉格角时，仅有坐标为负值的样品点对探测器所记录的强度有贡献。变动单色器相对于样品点的间距会轻微改变仪器线形的强度。例如，当 $\theta_B = 10°$ 并且 $R = 200$ 时，这种强度的变化约为 0.7%。水平像差的仪器函数线形中，其前沿和尾部都产生了拖尾，其长度相应于反射区域的宽度。这种长度要显著小于没有单色器的仪器函数的前沿或者尾部的拖尾长度值。

图 6.25 所示分别为配置有单色器和不考虑单色器时所得水平像差的仪器函数的线形。

反射区域可以通过如下的矩形函数来表示：

$$R(\psi) = \begin{cases} 1, & |\psi - \theta_{\mathrm{m}}| \leqslant \delta \\ 0, & |\psi - \theta_{\mathrm{m}}| > \delta \end{cases}$$

---

[1] 原文公式有误。——译者注

这种反射函数表达式 $R(\psi)$ 仅当线形的前沿和尾部非常陡峭时才有影响。

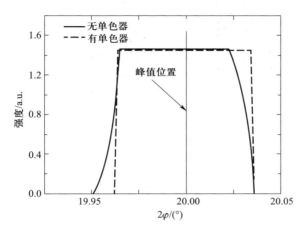

图 6.25　有单色器和无单色器时各自所得的水平像差(引自参考文献[54],已获得国际晶体学会的许可)

6.9.2　单色器存在时的轴向像差

点 A_2 在轴向上的位移将引起接收狭缝平面上的反射圆锥曲线的中点在轴向上的偏移,而且两者大小一样。这时的轴向像差就等同于采用某个狭窄的接收狭缝,并且其宽度等于接收狭缝平面上的反射区域宽度的结果。

基于这一结论就可以对比如下两种仪器函数线形了。这两种线形都受到轴向像差的影响,其差别在于第一种是通过狭窄的接收狭缝并且无单色器来记录强度的;而第二种则是采用了单色器的结果,其接收狭缝宽度的取值可以确保反射区域仅和接收狭缝的垂直边界相交——当满足这个条件的时候,所记录的强度就仅决定于该接收狭缝的长度,与其宽度无关。

图 6.26 所示为这两种条件下计算所得的轴向仪器函数。

6.9.3　单色器存在时的全仪器函数

图 6.27 所示分别为有和无单色器时的全仪器函数(引自参考文献[54],已获得国际晶体学会的许可)。

图中关于配有单色器时所得的线形被放大了 250 倍左右。有单色器和无单色器条件下各自所计算的线形之间的差别来自于水平像差和轴向像差线形之间的差别(参见图 6.25 和图 6.26)。

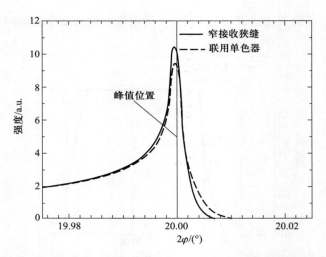

图 6.26　有单色器和无单色器时分别计算所得的轴向仪器函数（引自参考文献 [54]，已获得国际晶体学会的许可）

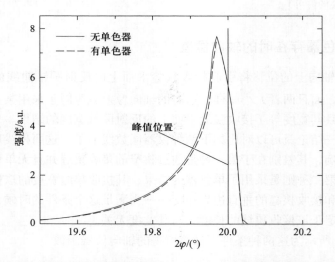

图 6.27　有单色器和无单色器时计算所得的全仪器函数（引自参考文献 [54]，已获得国际晶体学会的许可）

6.10　结论

　　本章采用一般的圆锥曲线来计算 Bragg－Brentano 几何衍射仪的仪器函数。反映衍射圆锥和接收狭缝平面相交结果的二次方程的各个系数可以通过点 A_1

（位于光源上）、点 A_2（位于样品上）、散射角 θ 和扫描角 φ 构成的普适性函数给出。相应地，针对 Bragg – Brentano 几何衍射仪的圆锥曲线方程也可以体现为隐式表达式。

在扫描角 φ 处影响线形的仪器贡献的计算可以简化为明确定义的两个部分——光源与样品的积分计算，而且这种积分计算可以进一步简化为二次方程的求解。基于这种方法，所有的像差及其耦合效应都可以考虑进来，特定的仪器函数很容易通过这些普适性的考虑而被推导出来。相应的数学形式化的结果不但使得仪器函数可以简捷地进行计算（其直观化的本性也进一步增强了这种计算的方便性），而且也便于分析有关 X 射线粉末衍射线形的各种仪器因素的贡献。

致谢

非常感谢 R. Dinnebier 博士对本章的关注及有意义的讨论。

参考文献

1. R. L. Snyder, J. Fiala and H. J. Bunge（eds.）, *Defect and Microstructure Analysis by Diffraction*, International Union of Crystallography/Oxford University Press, Oxford, 1999.

2. H. P. Klug and L. E. Alexander, *X-Ray Diffraction Procedure for Polycrystalline and Amorphous Materials*, John Wiley, New York, 1974.

3. A. E. C. Wilson, *Mathematical Theory of X-Ray Powder Diffractometry*, Philips technical library, 1963.

4. H. M. Rietveld, *J. Appl. Crystallogr.*, 1969, **2**, 65-71.

5. R. A. Young（ed.）, *The Rietveld Method*, *IUCr Monographs on Crystallography*, International Union of Crystallography/Oxford University Press, Oxford, 1995.

6. *Commission on Powder Diffraction IUCr Newsletter*, No. 28, December 2002.

7. R. C. Spencer, *J. Appl. Phys.*, 1949, **20**, 413-414.

8. R. C. Spencer, *Phys. Rev.*, 1939, **55**, 239.

9. F. W. Jones, *Proc. Roy. Soc. A*, 1938, **166**, 16-43.

10. J. N. Eastabrook, *Br. J. Appl. Phys.*, 1952, **3**, 349-352.

11. L. Alexander, *J. Appl. Phys.*, 1954, **25**(2), 155-161.

12. E. R. Pike, *J. Sci. Instrum.*, 1957, **34**, 355-363.

13. E. R. Pike, *J. Sci. Instrum.*, 1959, **36**, 52-53.

14. G. Caglioti, A. Paoletti and F. P. Ricci, *Nucl. Instrum. Methods*, 1958, **3**, 223-228.

15. J. I. Langford, *J. Sci. Instrum.*, 1962, **39**, 515-516.

16. R. A. Young and D. B. Wiles, *J. Appl. Crystallogr.*, 1982, **15**, 430-438.

17. C. J. Howard, *J. Appl. Crystallogr.*, 1982, **15**, 615- 620.

18. E. Prince, *J. Appl. Crystallogr.*, 1983, **16**, 508-511.

19. B. van Laar and W. B. Yelon, *J. Appl. Crystallogr.*, 1984, **17**, 47-54.

20. J. B. Hastings, W. Thomlinson and D. E. Cox, *J. Appl. Crystallogr.*, 1984, **17**, 85-95.

21. I. C. Madsen and R. J. Hill, *J. Appl. Crystallogr.*, 1988, **21**, 398- 405.

22. D. Louer and J. I. Langford, Peak shape and resolution in conventional diffractometry with monochromatic X-rays, *J. Appl. Crystallogr.*, 1988, **21**, 430- 437.

23. J. I. Langford, R. J. Cernik and D. Louer, *J. Appl. Crystallogr.*, 1991, **24**, 913-919.

24. J. I. Langford, D. Louer and P. Scardi, *J. Appl. Crystallogr.*, 2000, **33**, 964-974.

25. J. Timmers, R. Delhez, F. Tuinstra and F. Peerdeman, *Accuracy in Powder Diffraction II*, ed. E. Prince and J. K. Stalick (U. S. Government Printing Office, Washington), 1992, NIST Special Publication 846, p. 217.

26. V. A. Kogan and M. F. Kupriyanov, *J. Appl. Crystallogr.*, 1992, **25**, 16-25.

27. R. W. Cheary and A. Coelho, *J. Appl. Crystallogr.*, 1992, **25**, 109-121.

28. C. E. Matulis and J. C. Taylor, *J. Appl. Crystallogr.*, 1993, **26**, 351-356.

29. R. L. Snyder, Analytical profile fitting of X-ray powder diffraction profiles in Rietveld analysis, in Ref. 1, 111-132.

30. P. Suortti, Bragg reflection profile shape in X-ray powder diffraction pattern, in Ref. 1, 167-185.

31. L. W. Finger, D. E. Cox and A. P. Jephcoat, *J. Appl. Crystallogr.*, 1994, **27**, 892-900.

32. D. Reefman, *Powder Diffr.*, 1996, **11**(2), 107-113.

33. V. Honkimäki, *J. Appl. Crystallogr.*, 1996, **29**, 617-624.

34. R. W. Cheary and A. Coelho, *J. Appl. Crystallogr.*, 1998, **31**, 851-861.

35. R. W. Cheary and A. Coelho, *Powder Diffr.*, 1998, **13**, 100-106.

36. J. Bergmann and R. Kleeberg, *Mater. Sci. Forum*, 1998, **278-281**, 300-305.

37. J. Bergmann, P. Friedel and R. Kleeberg, 1998, www. bgmn. de.

38. J. Bergmann, P. Friedel and R. Kleeberg, *CPD Newsletter*, 1998, **20**, 5-8.

39. T. Ida, *The Rigaku J.*, 2002. **19**, 1, 47-56 (Rigaku Corp., Japan).

40. T. Ida, *Rev. Sci. Instrum.*, 1998, **69**, 2268-2272.

41. T. Ida and K. Kimura, *J. Appl. Crystallogr.*, 1999, **32**, 634-640.

42. T. Ida and K. Kimura, *J. Appl. Crystallogr.*, 1999, **32**, 982-991.

43. T. Ida and H. Hibino, *J. Appl. Crystallogr.*, 2006, **39**, 90-100.

44. T. Ida, H. Hibino and H. Toraya, *J. Appl. Crystallogr.*, 2003, **36**, 181-187.

45. T. Ida and H. Toraya, *J. Appl. Crystallogr.*, 2002, **35**, 58- 68.

46. M. Čerňanský Restoration and Preprocessing of Physical Profiles from Measured Data, in Ref. 1, 613- 651.

47. D. Reefman Towards Higher Resolution: A Mathematical Approach, in Ref. 1, 652- 670.

48. A. D. Stoica, M. Popovici and W. B. Yelon, *J. Appl. Crystallogr.*, 2000, **33**, 137-146.

49. O. Masson, R. Guinebretiere and A. Dauger, *J. Appl. Crystallogr.* , 2001, **34**, 436- 441.

50. O. Masson, E. Dooryhee and A. N. Fitch, *J. Appl. Crystallogr.* , 2003, **36**, 286-294.

51. R. W. Cheary, A. A. Coelho and J. Cline, *J. Res. Natl Inst. Stand. Technol.* , 2004, **109**, 1-25.

52. E. Prince and B. H. Toby, *J. Appl. Crystallogr.* , 2005, **38**, 804-807.

53. A. Zuev, *J. Appl. Crystallogr.* , 2006, **39**, 304-314.

54. A. Zuev, *J. Appl. Crystallogr.* , submitted.

55. M. Deutsch, E. Förster, G. Hölzer, J. Härtwig, K. Hämäläinen, C. -C. Kao, S. Huotari and R. Diamant, *J. Res. Natl. Inst. Stand. Technol.* , 2004, **109**, 75-98.

56. I. N. Bronstein, K. A. Semendjajew, G. Musiol and H. Mühlig. *Taschenbuch der Mathematik*, Thun, Frankfurt am Main, 1997.

57. C. -K. Shene, in *GRAPHICS GEMS IV*, ed. P. Heckbert, Academic Press, New York, 1994.

58. *Mathematica*, Version 5. 2, Wolfram Research, Inc. , Champaign, IL, 2005.

59. A. Authier, *Dynamical Theory of X-ray Diffraction*, Oxford University Press, Oxford, 2001.

第7章

指标化和空间群识别

Angela Altomare[a], *Carmelo Giacovazzo*[a,b] 和 *Anna Moliterni*[a]

[a] Istituto di Cristallografia (IC), C. N. R., Sede di Bari.
Via G. Amendola 122/o, 70126 Bari, Italy;
[b] Dipartimento Geomineralogico, Università degli
Studi di Bari, Campus Universitario, via Orabona 4, 70125 Bari, Italy

7.1 粉末衍射中的单晶点阵

从衍射实验解出晶体结构是一个多步过程,首先需要明确的就是晶胞参数和空间群,它们是整个解析过程得以成功的基础。

一个单晶(晶粒)衍射实验能够产生数千束衍射。每一个衍射束的强度都可以被记录下来并且关联到某个倒易点阵阵点

$$r^*_{hkl} = ha^* + kb^* + lc^*$$

正如第 1 章中的公式(1.34)所示,利用布拉格定律可以将某个布拉格峰的散射矢量 **h** 与倒易点阵矢量关联起来,从而根据衍射谱图的三维性轻松给定三个基矢量 a^*、b^* 和 c^*,进而直接得到正空间的晶胞基矢(参考第 1 章)

$$a = \frac{b^* \wedge c^*}{V}, \quad b = \frac{c^* \wedge a^*}{V}, \quad c = \frac{a^* \wedge b^*}{V}$$

所得的这个晶胞参数给出了有关晶系类型的假设（并且仅是假设而已）。晶系的进一步确认需要辨认劳厄群（Laue group）的类型，具体可以采用下面的步骤。假定存在一组对称操作：

$$C_s \equiv (\boldsymbol{R}_s, \boldsymbol{T}_s), \quad s = 1, \cdots, m \tag{7.1}$$

其中 $\boldsymbol{R}_s$ 表示旋转矩阵，而 $\boldsymbol{T}_s$ 属于平移成分，则可以得到正空间的对称等效位置

$$\boldsymbol{r}_{js} = \boldsymbol{R}_s \boldsymbol{r}_j + \boldsymbol{T}_s, \quad s = 1, \cdots, m$$

其中 $\boldsymbol{r}_j$ 是晶胞中的一般位置矢量。如果属于中心对称的空间群，那么倒易空间中按照下式赋予衍射点的指数：

$$\bar{\boldsymbol{h}}\boldsymbol{R}_s, \quad s = 1, \cdots, m \tag{7.2}$$

将满足如下的强度条件：

$$I_{\bar{\boldsymbol{h}}\boldsymbol{R}_s} = I_{\boldsymbol{h}}, \quad s = 1, \cdots, m \tag{7.3}$$

公式(7.2)所代表的衍射就是对称等效衍射，其中包含了 Friedel 衍射对（参见第 3 章）。反之，对于非中心对称的空间群，则是这些衍射[公式(7.2)]与各自对应的 Friedel 衍射，即

$$\bar{\boldsymbol{h}}\boldsymbol{R}_s, \quad s = 1, \cdots, m$$
$$-\bar{\boldsymbol{h}}\boldsymbol{R}_s, \quad s = 1, \cdots, m$$

一起构成对称等效衍射集，此时将满足如下的强度条件：

$$I_{\bar{\boldsymbol{h}}\boldsymbol{R}_s} = I_{-\bar{\boldsymbol{h}}\boldsymbol{R}_s} = I_{\boldsymbol{h}}, \quad s = 1, \cdots, m \tag{7.4}$$

通过公式(7.3)或者公式(7.4)可以指认出劳厄群。例如，假定原始数据存在如下关系：

$$I_{hkl} = I_{h\bar{k}\bar{l}} = I_{\bar{h}kl} = I_{\bar{h}k\bar{l}} = I_{\bar{h}\bar{k}\bar{l}} = I_{\bar{h}\bar{k}l} = I_{hk\bar{l}} = I_{h\bar{k}l}$$

那么它的劳厄群就是 $2/m\ 2/m\ 2/m$。类似的强度和劳厄群对应关系已经列于《国际晶体学表》（*International Tables for Crystallography*）[1]中，方便查阅。

如果劳厄群相同，那么要识别出正确的空间群就需要考虑系统性消光的衍射点了。从结构因子

$$F_{\bar{\boldsymbol{h}}\boldsymbol{R}} = F_{\boldsymbol{h}} \exp(-2\pi i\, \bar{\boldsymbol{h}}\boldsymbol{T}) \tag{7.5}$$

可得

$$|F_{\bar{\boldsymbol{h}}\boldsymbol{R}}| = |F_{\boldsymbol{h}}|, \quad \phi_{\bar{\boldsymbol{h}}\boldsymbol{R}} = \phi_{\boldsymbol{h}} - 2\pi i\, \bar{\boldsymbol{h}}\boldsymbol{T}$$

显然，如果 $\bar{\boldsymbol{h}}\boldsymbol{R} = \boldsymbol{h}$ 但是 $\bar{\boldsymbol{h}}\boldsymbol{T} \neq n$（$n$ 为一般整数），除非衍射 $\boldsymbol{h}$ 是系统消光的衍射，否则公式(7.5)就不能被满足。因此，公式(7.5)是判断系统消光衍射的条件。举个例子：空间群 $P2_1$ 或者 $P2_1/m$ 中，当 k 为奇数时，$I_{0k0} = 0$；而空间群 $P2_1/c$ 中，当 k 和 l 为奇数时，I_{0k0} 与 I_{h0l} 才都等于 0。与劳厄群一样，这些条件关系也已经列于《国际晶体学表》[1]中，方便查阅。

联用劳厄群和系统消光衍射结果可以得到所谓的消光符号（extinction symbol，ES）。《国际晶体学表》[1] 罗列了各个晶系的消光符号。其中单斜晶系的有 14 个，正交晶系的有 111 个，四方晶系的有 31 个，三方–六方晶系的有 12 个，立方晶系的有 18 个。ES 的第一个符号描述晶胞的带心类型，随后就是与对称方向有关的衍射条件，如果该对称方向不符合衍射条件，就用虚线表示，反之就用相应的螺旋轴或滑移面符号表示。

ES 并不能唯一确定空间群。一些对应于多个空间群的 ES 例子可参见表 7.1。

表 7.1 某些消光符号及其相应的多个空间群

晶系	消光符号	空间群
单斜	$P1\text{-}1$	$P2, Pm, P2/m$
正交	$P\text{-}\text{-}\text{-}$	$P222, Pm2m, P2mm, Pmm2, Pmmm$
正交	$P\text{-}\text{-}a$	$Pm2a, P2_1ma, Pmma$
四方	$P\text{-}\text{-}\text{-}$	$P4, P\bar{4}, P4/m, P422, P4mm, P\bar{4}2m, P\bar{4}m2\ P4/mmm$
六方	$P6_1\text{-}\text{-}$	$P6_1, P6_5, P6_122, P6_522$
立方	$P\text{-}\text{-}n$	$P\bar{4}3n, Pm\bar{3}n$

上述这些操作对于某个单晶衍射实验而言可谓一帆风顺，但是如果仅仅只有粉末衍射数据，经常难以明确结果的对错。这主要是因为粉末衍射谱图是一维数据——个体单晶晶粒的倒易点阵退维到 2θ 轴的结果。相应地，具有同样模值 $|\boldsymbol{r}^*_{hkl}|$（即具有相同晶面间距 d_{hkl}: $d_{hkl} = 1/|\boldsymbol{r}^*_{hkl}|$）的衍射点将在 2θ 轴上重叠在一起。为了方便讨论，表 7.2 列出了各种晶系计算 d_{hkl} 的代数表达式。

举个例子，如图 7.1 所示，假定有一组属于正交晶系的倒易晶面 $(hk0)$，并且晶胞参数分别为 $a = 10.00$ Å，$b = 5.77$ Å 和 $c = 14.32$ Å。

根据表 7.2 所示，由于正交对称性，$1/d^2_{hkl}$ 取决于 h、k、l 的平方，因此衍射 $(hk0)$、$(\bar{h}, \bar{k}, 0)$、$(\bar{h}, k, 0)$ 和 $(h, \bar{k}, 0)$ 将在 d 轴（表示晶面间距 d 的一维坐标轴）[①] 上精确地重叠在一起。重叠的对称等效衍射点的数目定义为衍射多重性 m_h。它取决于具体的衍射点：例如，对于衍射 $(h00)$，$m_h = 2$；而对于衍射 (110)，$m_h = 4$；至于一般衍射 (hkl)，$m_h = 8$。

计算任一空间群中各个衍射的 m_h 值可以采用如下的算法。假定空间群的对称操作集为 $\boldsymbol{C}_s = (\boldsymbol{R}_s, \boldsymbol{T}_s)$，$s = 1, \cdots, m$，那么对 s 从 1 到 m 取值所得的不同矢量 $\bar{\boldsymbol{h}}_s = \boldsymbol{h}\boldsymbol{R}_s$ 的数目就是这个衍射 $\boldsymbol{h}$ 的多重性，如果是非中心对称空间群，还要加上 Friedel 衍射 $-\bar{\boldsymbol{h}}_s = -\boldsymbol{h}\boldsymbol{R}_s$ 的数目。

多重性问题并不影响某个单衍射 $\boldsymbol{h}$ 的积分强度（I_h）的确定。如果在某个

---

① 此处所指的粉末衍射谱图的横坐标为晶面间距 d。——译者注

2θ 位置仅有 m_h 个等效的衍射重叠在一起，那么 I_h 就等于所测全部积分强度除以 m_h 所得的商。遗憾的是，正如图 7.1 所示的例子，非对称等效的衍射也可以由于 a 和 b 数值间存在特殊的关系（即 $b \approx a/\sqrt{3}$）而偶然重叠于 2θ 轴上。图 7.1 的例子中，衍射（200）和（110）就近似重叠，类似的还有衍射（400）与（220）等。同样地，如果 c 值合适，衍射（hkl）也可以与衍射（$hk0$）重叠在一起。这种重叠类型（重叠程度取决于 2θ 的偏移，可以完全重叠，也可以部分重叠）由于与对称性无关，而是来源于点阵参数之间存在着某

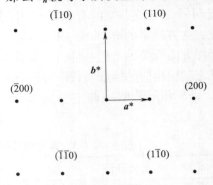

图 7.1　倒易正交点阵的（$hk0$）面

些特殊数量关系，因此称为偶然（occasional）重叠。如果不同晶轴的热膨胀效应不同，那么通过在不同温度下收集多套数据集的方法可以解决偶然重叠造成的这种衍射强度难以界定的问题。

表 7.2　计算各类晶系 d_{hkl} 的代数表达式

晶系	$1/d^2_{hkl}$
立方	$(h^2 + k^2 + l^2)/a^2$
四方	$\dfrac{h^2 + k^2}{a^2} + \dfrac{l^2}{c^2}$
正交	$\dfrac{h^2}{a^2} + \dfrac{k^2}{b^2} + \dfrac{l^2}{c^2}$
六方和三方（P）	$\dfrac{4}{3a^2}(h^2 + k^2 + hk) + \dfrac{l^2}{c^2}$
三方（R）	$\dfrac{1}{a^2}\left[\dfrac{(h^2 + k^2 + l^2)\sin^2\alpha + 2(hk + hl + kl)(\cos^2\alpha - \cos\alpha)}{1 + 2\cos^3\alpha - 3\cos^2\alpha}\right]$
单斜	$\dfrac{h^2}{a^2\sin^2\beta} + \dfrac{k^2}{b^2} + \dfrac{l^2}{c^2\sin^2\beta} - \dfrac{2hl\cos\beta}{ac\sin^2\beta}$
三斜	$(1 - \cos^2\alpha - \cos^2\beta - \cos^2\gamma + 2\cos\alpha\cos\beta\cos\gamma)^{-1} \cdot$ $\left[\dfrac{h^2}{a^2}\sin^2\alpha + \dfrac{k^2}{b^2}\sin^2\beta + \dfrac{l^2}{c^2}\sin^2\gamma + \dfrac{2kl}{bc}(\cos\beta\cos\gamma - \cos\alpha) + \dfrac{2lh}{ca}(\cos\gamma\cos\alpha - \cos\beta) + \dfrac{2hk}{ab}(\cos\alpha\cos\beta - \cos\gamma)\right]$

高对称性晶系（即正交、六方和立方晶系）中还存在一种称为系统重叠（systematic overlapping）的现象，这时点阵对称性要高于相应的劳厄对称性。例如，归属于劳厄群 $4/m$ 的每一个空间群都存在如下的对称等效衍射：

$$(hkl)，(\bar{h}kl)，(\bar{k}hl)，(kh\bar{l})，(\bar{h}\bar{k}\bar{l})，(hk\bar{l})，(k\bar{h}\bar{l})，(\bar{k}h\bar{l})$$

如果再加上点阵的对称性（例如四方晶系中的 $4/mmm$），$1/d_{hkl}^2$ 将取决于（$h^2 + k^2$）的值，从而下面的衍射出现了系统重叠：

$$(hkl)，(\bar{h}kl)，(\bar{k}hl)，(kh\bar{l})，(\bar{h}\bar{k}\bar{l})，(hk\bar{l})，(k\bar{h}\bar{l})，$$

$$(\bar{h}k\bar{l})，(\bar{h}\bar{k}\bar{l})，(kh\bar{l})，(\bar{h}\bar{k}\bar{l})，(hkl)，(\bar{h}kl)，(\bar{h}\bar{k}l)，(khl)$$

第 1 行和第 2 行的 8 个衍射分别是 (hkl) 和 (khl) 的对称等效点。由于 I_{hkl} 和 I_{khl} 并没有通过对称操作关联起来，因此理论上这两个强度值互不关联，从而所测试的总强度（这 16 个衍射的叠加值）不能简单合理地分解为 I_{hkl} 和 I_{khl}。

下面考虑一下立方体系，从属于劳厄群 $m\bar{3}$ 的所有空间群都存在如下 24 个等效的衍射：

$$(hkl)，(\bar{h}\bar{k}l)，(\bar{h}k\bar{l})，(h\bar{k}\bar{l})，(lhk)，(l\bar{h}\bar{k})，(\bar{l}\bar{h}k)，$$

$$(\bar{l}h\bar{k})，(klh)，(\bar{k}l\bar{h})，(k\bar{l}\bar{h})，(\bar{k}\bar{l}h)\ +\text{Friedel 衍射对} \tag{7.6}$$

同理，考虑点阵对称性（即 $m\bar{3}m$），那么总共就有 48 个衍射具有同样的 d_{hkl}^2 值，其中值得一提的是，除了上述的衍射（7.6），还存在如下参与重叠的衍射：

$$(kh\bar{l})，(\bar{k}\bar{h}\bar{l})，(\bar{k}hl)，(k\bar{h}l)，(\bar{l}kh)，(\bar{l}\bar{k}\bar{h})，(lk\bar{h})，$$

$$(l\bar{k}h)，(h\bar{l}k)，(h\bar{l}\bar{k})，(\bar{h}lk)，(hl\bar{k})\ +\text{Friedel 衍射对} \tag{7.7}$$

同样地，由于 I_{hkl} 和 I_{khl} 并没有通过对称操作关联起来，因此理论上这两个强度值互不关联，从而所测试的总强度（这 48 个衍射的叠加值）也不能简单合理地分解为 I_{hkl} 和 I_{khl}。

综上所述，可以得到如下两个结论：

（1）明确晶胞参数的问题属于一个典型的逆向问题，即如果晶胞参数已知，那么所有衍射的 d 值可以直接求解，但是在衍射谱图一维化的条件下，它的逆命题就不是那么简单了；

（2）衍射峰的重叠不利于衍射强度的提取。择优取向的存在（参见第 3 章的 3.4.3 节和第 12 章）使这种提取操作更难进行。这就使得消光规律的确认变得相当困难（理论上系统消光的衍射可能与未消光的衍射重叠，从而给出错误的消光规律），另外也表明概率相关的复杂数学方法对得到正确的结果会有所裨益。

下面的 7.2 节和 7.3 节将介绍由某个常规粉末衍射谱图求晶胞参数和正确空间群的独特算法。目前，这些算法已经应用于很多解决这类任务的计算机软件中(参见第 17 章)。

7.2 粉末谱图指标化

7.2.1 引言

粉末谱图指标化操作的主要目标就是利用一维分布的 d 观测值来几何重建三维倒易空间。之所以称为"指标化(indexing)"是因为这个晶胞参数的求解过程本质上等价于对每个晶面间距观测值赋予合适的 Miller 指数(指标)的过程[2]。

粉末谱图指标化是从头法结构解析过程的第一步。首次有意义的指标化尝试是 Runge 完成的[3]。虽然经历了长期发展,而且近年来,实验设备、数学方法和计算速度等也有了长足进步,但是指标化仍然是一项富有挑战性的任务。关联倒易晶胞参数和指数的基本指标化方程是一个二次多项式

$$Q_{hkl} = h^2 A_{11} + k^2 A_{22} + l^2 A_{33} + hk A_{12} + hl A_{13} + kl A_{23} \qquad (7.8)$$

其中

$$Q_{hkl} = \frac{10^4}{d_{hkl}^2}, \qquad d_{hkl} = \frac{\lambda}{2 \sin \theta_{hkl}}$$

$$A_{11} = 10^4 a^{*2}, \quad A_{22} = 10^4 b^{*2}, \quad A_{33} = 10^4 c^{*2}, \quad A_{12} = 10^4 \cdot 2a^* b^* \cos \gamma^*,$$

$$A_{13} = 10^4 \cdot 2a^* c^* \cos \beta^*, \quad A_{23} = 10^4 \cdot 2b^* c^* \cos \alpha^*$$

可以通过给定 n 个晶面间距的指数得到正确的晶胞参数,其中 n 的大小取决于点阵对称性。根据表 7.3,所需的最小 n 值分别是对于立方晶系 $n=1$,对于四方和六方晶系都是 $n=2$,而对于正交、单斜和三斜晶系的最小 n 值分别是 3、4 和 6。

表 7.3 Q_{hkl} 与点阵对称性的函数关系

点阵对称性	Q_{hkl}
立方	$Q_{hkl} = (h^2 + k^2 + l^2) A_{11}$
四方	$Q_{hkl} = (h^2 + k^2) A_{11} + l^2 A_{33}$
六方	$Q_{hkl} = (h^2 + hk + k^2) A_{11} + l^2 A_{33}$
正交	$Q_{hkl} = h^2 A_{11} + k^2 A_{22} + l^2 A_{33}$
单斜	$Q_{hkl} = h^2 A_{11} + k^2 A_{22} + l^2 A_{33} + hl A_{13}$
三斜	$Q_{hkl} = h^2 A_{11} + k^2 A_{22} + l^2 A_{33} + hk A_{12} + hl A_{13} + kl A_{23}$

一旦已经知道了倒易晶胞参数，推导正空间的晶胞参数就简单了。指标化结果的优度取决于 $\{Q_{hkl}\}$ 的质量，也就是峰位置的精确度。de Wolff 就强调过数据精确度的重要性[4]："'指标化问题'绝对是一个难题……如果完全没有测试误差，它的难度将大为下降。"后来 Shirley[5] 同样强调："粉末指标化与结构分析不同，后者在数据质量好的时候固然有不错的结果，但是在数据质量不好的时候也无非是多耗点时间和注意力。而粉末指标化在数据质量好的时候虽然也是顺利的，但是在数据质量不好的时候却经常一事无成。"

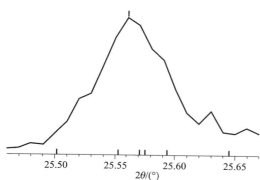

图 7.2　VNI 粉末衍射谱图的局部放大。上方的垂线段表示寻峰的结果，下方的垂线段（位于 x 轴上）是根据报道的精修过的晶胞参数计算的衍射峰位置

虽然颇为古老了，但是上述这两段话仍然是有效的。峰位置的误差（参见 7.1 节和第 4 章）会产生如下结果：① 偶然误差：如图 7.2 所示，VNI[6] 的粉末衍射谱图中由于重叠的原因，寻找到的峰实际位于两个真实衍射峰之间；② 系统误差：由于样品效应（即透明性）导致的 $2\theta_0$ 位置的偏移。

当晶胞坐标轴数值之间存在某种关系的时候（几何歧义性，参见 7.2.3 节）就需要特别注意检验结果的正确性。另外，杂相的存在会加重指标化操作的困难程度。最后，基于 Q_{hkl} 的误差，待求解的 $\{A_{ij}\}$ 需要满足下面的关系式：

$$Q_{hkl} - \Delta < h^2 A_{11} + k^2 A_{22} + l^2 A_{33} + hk A_{12} +$$
$$hl A_{13} + kl A_{23} < Q_{hkl} + \Delta \tag{7.9}$$

其中 Δ 表示某个合适阈限参数的取值。

LaB_6（NIST 标准参考材料 660A）晶体结构的指标化可以作为一个简单的指标化操作例子[7]，最终所得的晶胞参数 $a = 4.156\,916\,2$ Å，所观测（采用常规衍射仪）到的 d_{hkl} 值列于表 7.4 中。如果确定属于立方晶系并且将 Miller 指数 (100) 暂时赋予所观测到的第一条衍射线（$d_{hkl} = 4.160\,5$ Å），那么正如表 7.3 所定义的，接下来就可以算出 A_{11}，从而进一步得到正空间的晶胞参数，基于这个参数就可以指标化所有的其他衍射线。

表 7.4　LaB$_6$的指标化结果

d_{hkl}	$h\,k\,l$	d_{hkl}	$h\,k\,l$	d_{hkl}	$h\,k\,l$
4.160 5	1 0 0	1.387 3	3 0 0	1.009 0	4 1 0
2.941 8	1 1 0	1.315 8	3 1 0	0.980 6	3 3 0
2.402 3	1 1 1	1.254 6	3 1 1	0.954 4	3 3 1
2.081 5	2 0 0	1.201 2	2 2 2	0.930 2	4 2 0
1.861 1	2 1 0	1.154 0	3 2 0	0.907 8	4 2 1
1.699 1	2 1 1	1.112 0	3 2 1	0.886 8	3 3 2
1.471 2	2 2 0	1.040 1	4 0 0		

7.2.2　品质因子

不管采用哪一种指标化方法，通常都会得到多个看似合理的结果。因此，接下来就需要采用某种品质因子(figures of merit, FOM)来鉴定出最可能的结果并且表征它们的可靠性。最为广泛采纳的 FOM 有 de Wolff[8] 提出的 M_{20} 和 Smith 与 Snyder[9] 提出的 F_N 两种。M_{20} 的定义如下：

$$M_{20} = \frac{Q_{20}}{2 < \varepsilon > N_{20}}$$

其中 Q_{20} 是第 20 条观测衍射峰的 Q 值；$< \varepsilon >$ 是前 20 条被指标化的衍射线的观测和理论计算 Q 值之间差异的平均；N_{20} 是直到对应于 Q_{20} 的 d 值位置处所有理论计算的衍射线数目。

M_{20} 取决于：① 衍射线计算值和观测值的拟合程度(对应于 $< \varepsilon >$)；② 晶胞体积大小(对应于 N_{20})。平均误差和晶胞体积越小，M_{20} 就越大，所建议的晶胞的可靠性就越高。虽然可以确定晶胞正确性的 M_{20} 界限并不存在。不过，de Wolff 建议如果前 20 条衍射线中未指标化的峰不超过两个并且 M_{20} 高于 10，那么这个指标化结果一般是可取的[8]。另外，如果由于可能存在杂相而没有找到更好的结果，那么考虑含有未指标化衍射线但是具有更高的 de Wolff 品质因子值的晶胞结果是可取的做法[10]。

品质因子 F_N 的定义如下所示：

$$F_N = \frac{1}{< |\Delta 2\theta| >} \cdot \frac{N}{N_{poss}}$$

其中 $< |\Delta 2\theta| >$ 是 2θ 的观测值和理论值之间差异的绝对值的平均；N_{poss} 是到第 N 条观测衍射线为止理论存在的衍射线数目。一般情况下，F_N 的数值与 $(< |\Delta 2\theta| >, N_{poss})$ 组合值要同时罗列出来。

Smith 和 Snyder[9] 比较了 F_N 和 M_{20} 分别应用于一系列三斜、正交和立方晶系化合物时的表现，强调 F_N 相对来说更有优势，因为 M_{20} 存在如下缺点：① 仅用 20 条衍射线定义；② 数值大小强烈依赖于晶系和空间群。不过，Werner[10] 认为 M_{20} 的大小随晶系对称性的升高而增加并不是一件坏事，因为对于一张衍射谱图，指标化成立方要比指标化成三斜可靠得多了。

7.2.3 几何歧义性

一张粉末谱图指标化后可以得到多个不同的点阵结果[8,11,12]。如果"两个及以上的，由不同约化胞表征的有差异的点阵可以给出具有同样 2θ 位置的粉末衍射谱图"，这时就意味着存在系统性的歧义[13]。这种几何歧义的点阵例子以及彼此之间的矩阵转换可以参见表 7.5。对于这些几何歧义，要从两个待选点阵中找出正确的一个就需要额外的先验信息（例如单晶的测试）。

表 7.5　指标化所得的会引起几何歧义现象的点阵示例[13]。$P = \{P_{ij}\}$ 是从点阵 I 到点阵 II 的转换矩阵，即给出了 $\{a_i\}$ 与 $\{b_i\}$ 之间的转换 $b_i = \sum_j P_{ij} a_j$

点阵 I	点阵 II	P
立方 P	四方 P	$0\ \frac{1}{2}\ \frac{1}{2}\ /\ 0\ \frac{1}{2}\ \frac{\bar{1}}{2}\ /\ \bar{1}00$
立方 I	四方 P	$0\ \frac{1}{2}\ \frac{1}{2}\ /\ 0\ \frac{1}{2}\ \frac{\bar{1}}{2}\ /\ \frac{1}{2}00$
	正交 F	$\frac{\bar{1}}{3}\ \frac{\bar{1}}{3}\ 0\ /\ 00\bar{1}\ /\ 1\ \bar{1}\ 10$
	正交 P	$\frac{\bar{1}}{4}\ \frac{\bar{1}}{4}\ 0\ /\ 00\ \frac{1}{2}\ /\ \frac{\bar{1}}{2}\ \frac{\bar{1}}{2}\ 0$
立方 F	正交 C	$\frac{1}{2}\ 0\ \frac{1}{2}\ /\ 010\ /\ \frac{\bar{1}}{4}\ 0\ \frac{\bar{1}}{4}$
	正交 I	$\frac{\bar{1}}{6}\ 0\ \frac{\bar{1}}{6}\ /\ \frac{1}{2}\ 0\ \frac{1}{2}\ /\ 0\bar{1}0$
六方	正交 P	$\frac{1}{2}\ \frac{1}{2}\ 0\ /\ \frac{1}{2}\ \frac{\bar{1}}{2}\ 0\ /\ 00\bar{1}$
三方	单斜 P	$\frac{\bar{1}}{2}\ 0\ \frac{1}{2}\ /\ \frac{\bar{1}}{2}\ 0\ \frac{\bar{1}}{2}\ /\ 0\bar{1}0$

7.2.4 传统指标化软件

最广泛使用的指标化软件是 ITO[12]、TREOR[14] 和 DICVOL91[15]。这三个软件已经集成于用于指标化的 Crysfire[16] 软件包中。下面将简单介绍软件自有的解决指标化问题的方法。

（1）ITO 软件基于 Runge[3] 提出的原始想法并经过 Ito[17,18] 和 de Wolff [4,19] 进一步改进。由于倒易空间中的某个晶带（过原点的某个平面）可以利用原点和它上面的任意两个阵点来定义，因此如果 Q' 和 Q'' 是这任意两个阵点与原点之间距离的平方，那么这个晶带上任一点的 Q 就要满足

$$Q_{m,n} = m^2 Q' + n^2 Q'' + mnR \qquad (7.10)$$

其中 m 和 n 是整数；$R = 2\sqrt{Q'Q''}\cos\varphi$；$\varphi$ 则是这两点位置矢量的夹角。由此可以得到

$$R = \frac{Q_{m,n} - m^2 Q' - n^2 Q''}{mn} \qquad (7.11)$$

根据该算法的规定，所有 Q_{hkl} 的测试值和若干组正整数 m 和 n 被代入公式（7.11）中，得到了一批 R 值并且保存起来，其中部分 R 值在误差范围内是相等的。由这些 R 值可以轻松得到晶带基矢量的夹角。重复上述步骤处理其他的晶带（即不同组的 Q' 和 Q''）。那些 R 值多次出现的晶带最为重要。当查找晶带的操作结束后，ITO 的下一步操作是：① 寻找共有一个 Q 的成对晶带；② 计算可表示所求点阵的两个晶带的夹角①。Visser[12] 进一步考虑了倒易空间对称性，从而扩展了这种算法的应用。实践表明，这种算法在指标化低对称性谱图时非常有效。

（2）TREOR 软件从立方晶系开始尝试，随后逐步试验更低对称性的晶系。对于所尝试的任一个晶系，TREOR 都要进行"基线（base line）"的选择操作。所谓的基线是指赋予临时的衍射指数［通过试差（try and error）方法］以便求解晶胞参数的衍射线（一般位于低 2θ 范围）。判断是否属于正交晶系通常需要 5 套基线，相反地，对于单斜晶系，7 套也不一定符合要求，这是因为该晶系中存在着优势带现象（即 5 条以上的基线指标化后具有一个共同的零指数）。因此，单斜晶系需要采用特殊的短轴测试（short-axis test）操作，从而判断优势带是否存在，以便成功求出二维点阵参数[14]。

如果 M 表示 Miller 指数的平方矩阵，A 为未知 $\{A_{ij}\}$ 构成的矢量，而 L 是基线对应的 $\{Q_{hkl}\}$ 构成的矢量，那么通过求解线性方程组 $MA = L$ 就可以得到公式（7.8）中规定的 $\{A_{ij}\}$ 的任一组临时解。如果某组 $\{A_{ij}\}$ 临时解相应的低阶衍射线指数正确，那么这组临时解就是最终的正确解。实际操作中尝试若干组不同的基线组合就可以找到正确的结果，甚至当这些基线中有一条或多条被赋予了错误的临时指数时也是如此。对于某个被指标化的谱图，如果 $M_{20} > 10$ 并且前 20 条衍射线中未指标化的衍射线最多为 1 条，那么就认为找到了一个合理

---

① 不共面的三个倒易矢量可以确定一个点阵，按照 Q 的定义，显然需要两个晶带且共用一个位置矢量。——译者注

的结果。

TREOR 软件的成功概率取决于作者根据自身所积累的经验提出的标准参数集。如果软件在默认设置下不能得到结果，用户也可以轻松地通过输入文件中的相应关键词来修改这些参数。Shirley[5]将这种算法归入半穷尽（semi-exhaustive）类型，因为它采用了某些合理的推论，从而通过缩小解空间的大小而加快了求解速度。

（3）DICVOL91 指标化算法建立于二分法（dichotomy method）的基础上，作者分别是 D. Louër 和 M. Louër[20]①。Shirley[5]认为这种算法算得上是最理想的穷尽参数空间类型的策略。软件刚开始时面向正交及对称性更高的晶系，随后扩展到单斜晶系[21]，然后才是三斜晶系[15]。

这种二分法的出发点是在正空间中对晶胞的轴长和夹角进行有限递增的变动（属于一种 m 维空间搜索操作，其中 m 是未知晶胞参数的数目）——当获得合理解时，软件就减小这个变化量。下面以立方晶系为例来解释 DICVOL91 是如何操作的。假定参数 $a(=b=c)$ 从最小值 a_0 按照步进 $p=0.5$ Å 不断递增到最大值 a_M，令 n 为一个整数变量，那么通过区间 $[a_0+np, a_0+(n+1)p]$ 就可以遍历整个待搜索的解空间。定义如下：

$$Q_-(hkl) = \frac{h^2+k^2+l^2}{[a_0+(n+1)p]^2}, \qquad Q_+(hkl) = \frac{h^2+k^2+l^2}{(a_0+np)^2}$$

如果对于某个 n 值，所有观测的 Q_i 都满足如下关系：

$$Q_-(hkl) - \Delta Q_i \leqslant Q_i \leqslant Q_+(hkl) + \Delta Q_i$$

其中 ΔQ_i 是某个合适的容差值，这时软件将二分这个区间 $[a_0+np, a_0+(n+1)p]$，然后开始新一轮操作。同样的指标化操作将重复 6 次（$n=6$）直到最终的步长缩小为 $p/2^6 = 78 \times 10^{-4}$ Å。

通过采用分割体积空间的方法②，整个搜索从高对称晶系向低对称晶系延伸，除了三斜晶系，软件默认以体积为 400 Å³作为递增量，逐个壳层展开分析。三斜晶系所用的体积变化量取决于 Smith[22]建议的晶胞体积值

$$V_{est} = \frac{0.6d^3}{\frac{1}{N} - 0.005\,2}$$

他基于 d 和 N，给出了一种直接从粉末衍射数据估计晶胞体积（V_{est}）的方法，其中 d 为第 N 条观测衍射线的晶面间距值（即如果 $N=20$，那么 d_{20} 就是第 20

---

① 原文对两个 Louër 不加区分，这里根据参考文献加了前缀。——译者注
② Louër 法力图获得最小的晶胞，因此，运行二分法所假定的晶胞体积是逐步增加的，而三斜晶系则相反，首先基于 Smith 法给出体积值，然后搜索其中一部分，例如 30% 左右，看能否获得结果，接下来再逐渐增大到该预估值。——译者注

条观测衍射线的晶面间距值，$V_{est} \approx 13.39 d_{20}^3$）。三斜晶系的 $Q(hkl)$ 与正空间晶胞参数的关系非常复杂（参见表 7.2），因此，该算法在这里的操作对象是公式 (7.8) 定义的 Q 空间。最后需要注意的是，DICVOL91 的执行结果是严重受限于数据质量的。

7.2.5　指标化软件的新发展

近年来，指标化问题再一次成为焦点[23]，不但一些经典指标化软件例如 TREOR 和 DICVOL91 分别发展出更强大有效的新版本 N-TREOR[24] 和 DICVOL04[25]，而且伴随着计算机速度的日益提升，一些全新的软件也被开发出来，其中包括 Kariuki 等人[26] 提出的基于遗传算法的程序以及 SVD-Index[27]、X-Cell[28] 和 McMaille[29] 等。这里简单对各个程序做一下介绍，读者可以进一步参考 Shirley[2] 和 Bergmann 等人[23] 撰写的详尽描述这些软件的文章。

（1）N-TREOR 是 TREOR 改进后的版本，虽然保留了 TREOR 的主要操作策略，但是在新的改进加入后，整个程序变得更为强大，而且穷尽程度也增加了。N-TREOR 提供了好几种自动化决策功能，其中包括：

1）如果 N-TREOR 按照缺省设置找不到合理的结果，程序将自动扩展容差值重新搜索晶胞。如果还是找不到，正交和单斜基线的 Miller 指数（hkl）最大值将被增加，相应的默认晶胞体积的容差值缩小 50% 以便防止得到大量错误的大晶胞结果。

2）如果最大的 d 观测值超过 10 Å，N-TREOR 会将待筛选的晶胞体积和晶轴长度的最大值分别设置为 4 000 Å³ 和 35 Å（TREOR 中的缺省设置值分别是 2 000 Å³ 和 25 Å）。

3）引入了一个与波长有关的容差参数值

$$\Delta = |\sin^2\theta_{obs} - \sin^2\theta_{calc}| < \varepsilon$$

其中 ε 代表误差的阈限值；θ_{obs} 和 θ_{calc} 分别是观测和计算（基于实验晶胞）的布拉格角 θ。TREOR 中，默认的 ε 值仅仅针对 CuKα 辐射做了优化（ε_{Cu}），而 N-TREOR 中，通过 $\varepsilon = (\lambda/\lambda_{Cu})^2 \varepsilon_{Cu}$ 与具体的波长相联系，其中 λ 代表实验所用的中子或者 X 射线波长，而 λ_{Cu} 就是 CuKα 的波长。

4）如果结果是单斜晶系，N-TREOR 会自动检验实际是否具有菱面体对称性。如果对称性确实属实，N-TREOR 将给出合适的六方坐标结果。

5）引入了一个 de Wolff[8] 品质因子的改进版 M'_{20}

$$M'_{20} = (7 - N_{par}) \cdot M_{20}$$

其中 N_{par} 是待定晶胞参数的个数。M'_{20} 有助于从待选的结果中找出具有最高对称性的解。

6）如果所得的晶胞为三斜晶系且 $M'_{20}(=M_{20}) \geqslant 20$ 或者属于单斜晶系及

对称性更高的晶系且 $M'_{20} \geqslant 30$（此时 $M_{20} \geqslant 10$），这个晶胞将自动被 PIRUM 软件精修——该软件原来是一个交互式程序，经过适当修改后成为可以自动精修晶胞参数的软件。如果观测衍射线超过 25 条，那么虽然寻找晶胞时采用的是前面 25 条衍射线，但是这个精修步骤将使用所有的观测衍射线。PIRUM 软件精修结束后，将对各衍射线指数值的奇偶性进行统计，从而检测是否存在倍增轴次或者其他点阵点（即 A、B、C、I、R 或者 F 型带心晶胞）。如果发现衍射指数存在某种奇偶性规律，PIRUM 软件将结合这个条件进行又一轮的精修。

7）引入了 $2\theta_0$ 偏移的自动校正操作。当一个标准的操作过程（第一轮）结束后，不管结果质量如何，软件将所用的 2θ 值对应的原点沿 2θ 轴的正或负向移动 $\Delta_{2\theta}$，然后重新开始又一轮的指标化操作。$\Delta_{2\theta}$ 的定义如下：

$$\Delta_{2\theta} = \pm (n-1) \cdot \Delta_{2\theta\text{step}}$$

其中 n 是当前 N-TREOR 操作的序号数目（首轮运行 $n=1$，第二次则 $n=2\cdots$）；$\Delta_{2\theta\text{step}}$ 是实验步进角度 2θ 的两倍。对于每一轮操作，N-TREOR 软件会保存 M'_{20} 以及相应的晶胞。当 M'_{20} 为最大值 $[(M'_{20})_{\max}]$ 时，相应的原点偏移被认为是能够得到正确 2θ 数值的最好偏移值。如果后继的 M'_{20} 满足 $M'_{20} < (M'_{20})_{\max}$，那么这种自动的 2θ 校正过程立即停止。

N-TREOR 已经包含于 EXPO2004 软件包中[30]，不过也提供了独立的软件版本。

（2）DICVOL04 的新模块有：

1）能够精修粉末数据的"零点"。针对不同的数据有两种操作方法：① 当偏移很小（$<0.03°$）时，直接精修 2θ 零点偏移和晶胞参数；② 当偏移相当大（$\approx 0.10°$）时，采用衍射对（reflection-pair）法[31]，利用两条不同阶次衍射之间的角度间隔对原点位置进行估计。

2）允许未指标化衍射线的存在。DICVOL04 允许有限数目的（数值由用户制定）衍射线不能被所得的晶胞参数指标化。这个选项可能产生错误的晶胞，因此，选用时必须谨慎对待。

3）对于单斜和三斜晶系的结果能够进行系统性的约化胞分析，避免结果中存在等价解（具有同样的约化胞）。

（3）正空间法：基于遗传算法（genetic algorithm，GA）的指标化。作为一种优化技术，GA 采用了达尔文的进化论思想：在引入随机性的突变使得整个体系开始进化后，某个种群中最适应环境的成员能存活下来并且繁衍出改良型的后代[32,33]。Tam 和 Compton[34] 以及 Paszkowicz[35] 分别做了粉末衍射数据指标化方面的尝试。他们的操作类似于传统的指标化方法，也是利用衍射的对称性。此外，Kariuki 等[26] 也报道了基于全谱拟合的 GA 方法。GA 优化的目标就是找到可以最好匹配实验粉末衍射谱图的点阵参数，即 $\{a, b, c, \alpha, \beta, \gamma\}$。

这种一致性可以通过超曲面 $R_{wp}\{a, b, c, \alpha, \beta, \gamma\}$ 的全局最小值来表示

$$R_{wp} = \sum_{regions} \left[\frac{\sum\limits_i w_i (y_i - y_{ci})^2}{\sum\limits_i w_i y_i^2} \right]^{\frac{1}{2}}$$

其中 $\Sigma_{regions}$ 代表对分割谱图所得的所有 2θ 区域进行加和；i 遍历每个区域中的所有数据点；y_i 和 y_{ci} 分别是第 i 步实验扫描时的观测和计算衍射谱。这些强度值可以通过 Le Bail 算法[36]进行估计。虽然这种操作耗时更多，但是少量杂相的存在对它的干扰也更小（当主相被正确指标化时，R_{wp} 也同时取得了全局最小值）。

（4）正空间法：基于蒙特卡罗操作指标化的 McMaille。与早期 Kariuki 等提出的观点[26]一样，McMaille 软件采用了整张粉末谱图的信息，并且通过蒙特卡罗法来随机产生晶胞参数。对于每一套晶胞参数都会计算各个衍射的 Miller 指数及其峰值位置，然后再用某种合理的品质因子来衡量这个晶胞的优度。考虑衍射强度的做法使得这个软件对杂相的存在相当不敏感——假定杂相强度的贡献满足低于总强度 10%~15% 的条件。另外，软件允许的零点误差容差值是 | 0.05° |。

只要指标化问题满足下列条件，那么这个软件通常会在几分钟内给出结果：① 对称性不低于单斜；② 晶胞体积不大于 2 000 Å³；③ 晶胞参数小于 20 Å。如果是三斜晶系，那么更多的计算机时是必需的——其实 McMaille 软件的主要缺点恰恰就是在处理低级晶系时需要很多的计算机时。

（5）SVD-Index。这是一个商业指标化软件[27]，被包含于 Bruker AXS 公司的 TOPAS[37]软件包中。在这个软件中，公式（7.8）定义的倒易点阵关系式通过迭代使用奇异值分解技术（singular value decomposition，SVD）[38]得到了解决。当方程个数大于变量个数的时候，推荐尝试这种方法[38]。

不同于 N-TREOR 与 TREOR，SVD-Index 不局限于对若干衍射线进行指标化（TREOR 或者 N-TREOR 中使用的基线），而是面向所有的观测衍射线。软件供应商声称这种新做法对 2θ 误差、杂相的存在以及低角度衍射峰的缺失都不敏感。

（6）X-CELL。这个商业软件被包含于 Accelrys 公司的 Materials Studio 软件包中[39]。和 DICVOL 相似，它也是采用逐次二分操作进行穷尽搜索，主要亮点包括：① 能够查找粉末衍射谱图的零点偏移；② 提供杂相容差值水平（允许用户自定义）以定义允许未被指标化的衍射峰数目。

最后再介绍一些有用的评论。Bergman 等[23]比较了新、老指标化软件的性能，虽然他们提出近年来发展的某些指标化软件包在处理零点误差、存在杂相线和数据质量差的时候具有更高的稳定性，但是他们的主要结论（也可以参考文献[10]）却是指标化步骤的成功率大小正比于所用不同指标化软件的数目，而不是具体指标化软件的优劣。

7.3 空间群识别

7.3.1 引言

正如 7.1 节所强调的，衍射强度的分析可以提供劳厄群和系统消光衍射的信息，从而给出消光符号，在运气好的时候就可以进一步识别出空间群。然而不幸的是，对于粉末样品，实验衍射谱图的解释一向存在着歧义——谱峰重叠（系统或者偶然）、背景强度的引入、偶然存在的择优取向以及杂相峰都会造成强度赋值的错误。因此，粉末衍射中相应于弱峰的衍射强度是不能被准确提取的。另外，在一个实验谱峰分布对应多个看来合理的空间群时，用肉眼细心查看实验谱图就成了识别空间群的最常用手段。如果消光符号结果多于一个，可以采用下述策略之一来确定正确的答案：① 考虑与所研究分子结构性质有关的先验信息，它们可能提供了关于选择空间群的依据；② 就每个可能的空间群尝试完成结构解析过程，所得结构最可靠的就是正确答案。

举个实际的谱图例子——图 7.3 是某个 $P2_1/n$ 晶体结构实验谱图的局部放大。其中三条竖直线代表根据劳厄群 $P2/m$ 生成的衍射（$20\bar{1}$）、（210）和（201）的位置。虽然衍射（$20\bar{1}$）属于系统消光衍射，但是由于和（210）重叠，它的强度是反常的。

近年来，面向粉末衍射从头法自动结构解析发展了一些新的规则、策略和软件。这些成果中包含了可以免除人工查看衍射谱图、基于衍射积分强度的统计分析而自动识别空间群的革新性手段。这里介绍下两种可用的方法：第一种被 Markvardsen 等[40]用于 DASH 软件包[41]，而第二种则来自 Altomare 等[42,43]

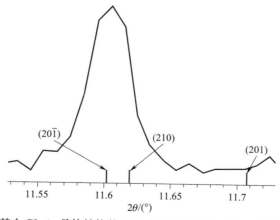

图 7.3 某个 $P2_1/n$ 晶体结构的 2θ 区间段（11.51° ~ 11.81°）的衍射谱图

提供的 EXPO2004[30]。它们的共同特点是：① 基于衍射积分强度的统计分析从而不需要人工查看衍射谱图；② 对与所得晶系（由指标化操作指定）匹配的所有不同消光群的相对概率都分别赋予具体的数值，具有最大概率的消光群将被优先考虑，即与之对应的空间群是最佳的备选结果。

7.3.2　DASH 方法

DASH 采用求条件概率 $p(E_{gr} \mid \boldsymbol{I}^{P})$ 的策略，其中 E_{gr} 代表消光符号，而 $\boldsymbol{I}^{P} = (I_1, I_2, \cdots, I_N)$ 是根据所考虑晶系对应的最一般性的消光群，利用线性最小二乘 Pawley 精修给出的相应的衍射强度。根据贝叶斯（Bayes）理论可得

$$p(E_{gr} \mid \boldsymbol{I}^{P}) = \frac{p(E_{gr}) \, p(\boldsymbol{I}^{P} \mid E_{gr})}{p(\boldsymbol{I}^{P})}$$

由于所有的消光符号假定是等可能性的，因此先验概率分布 $p(E_{gr})$ 是一个常数；同理，$p(\boldsymbol{I}^{P})$ 也是一个常数，这是因为当消光群变动的时候，实验数据是不变的。因此

$$p(E_{gr} \mid \boldsymbol{I}^{P}) \propto p(\boldsymbol{I}^{P} \mid E_{gr})$$

其中 $p(\boldsymbol{I}^{P} \mid E_{gr})$ 就是每个消光群的相对概率，计算如下：

$$p(\boldsymbol{I}^{P} \mid E_{gr}) = \int p(\boldsymbol{I} \mid E_{gr}) p(\boldsymbol{I}^{P} \mid \boldsymbol{I}) \, \mathrm{d}\boldsymbol{I}$$

其中 $p(\boldsymbol{I}^{P} \mid \boldsymbol{I})$ 属于多元高斯似然函数（multivariate Gaussian likelihood function）

$$p(\boldsymbol{I}^{P} \mid \boldsymbol{I}) = (2\pi)^{-\frac{N}{2}} \mid \boldsymbol{C} \mid^{-\frac{1}{2}} \exp\left[-\frac{1}{2}(\boldsymbol{I}^{P} - \boldsymbol{I})^{T} \boldsymbol{C}^{-1}(\boldsymbol{I}^{P} - \boldsymbol{I}) \right]$$

而 $\boldsymbol{C}$ 就是 Pawley 协方差矩阵。由于所有的衍射强度都假定是统计学独立的并且均一分布，因此 $p(\boldsymbol{I} \mid E_{gr}) = \prod p(I_i \mid E_{gr})$。对于某个给定的 E_{gr}，如果第 i 个强度理论上是消光的，那么 $p(I_i \mid E_{gr})$ 就是一个 δ 函数，反过来则是 Wilson 中心分布函数[44]。理想情况下，实验谱图的 N 个峰是互不重叠的，此时矩阵 $\boldsymbol{C}$ 是对角矩阵，从而计算 $p(\boldsymbol{I}^{P} \mid E_{gr})$ 就是求 N 个一维积分值，后者在数学上属于可以求分析解的类型。但是更常见的情况是衍射峰存在重叠，这时的矩阵 $\boldsymbol{C}$ 可以用某个分块对角矩阵来近似，相应的积分值（维度 >1）改为通过蒙特卡罗技术来获得数值解。

7.3.3　EXPO2004 方法

EXPO2004 采用的步骤总结如下：

（1）采用 Le Bail 算法[36]将实验粉末衍射谱图分解为一系列单个衍射强度的组合，计算所用的空间群是相应晶系中具有最大劳厄对称性并且没有消光条件的类型（即单斜晶系采用 $P2/m$；正交晶系采用 $P2/m2/m2/m$；四方晶系采用 $P4/mmm$；三方 – 六方晶系采用 $P6/mmm$；立方晶系采用 $Pm3m$）。

（2）通过归一化强度值 $z_{\pmb{h}} = |E_{\pmb{h}}|^2$ 的统计分析来识别空间群对称性；

（3）与指标化操作所得的点阵对称性匹配的每个消光符号都被赋予某个概率值。

第二个步骤可以用如下的例子进行说明——在正交晶系中，任何空间群都可以用如下的字符串来表示：

$$M \quad r_1/s_1 \quad r_2/s_2 \quad r_3/s_3$$

其中 M 表示晶胞类型；r_j 中 $j = 1$，$\cdots$，3 代表沿三个坐标轴的对称元素；s_j 中 $j = 1$，$\cdots$，3 则代表垂直于坐标轴的对称元素。那么各轴相应对称操作的发生概率（occurrence probabilities）就是

$$p(2_{1[100]}) = 1 - <z_{h00}>_{h=2n+1}$$
$$p(2_{1[010]}) = 1 - <z_{0k0}>_{k=2n+1}$$
$$p(2_{1[001]}) = 1 - <z_{00l}>_{l=2n+1}$$

显然，如果 z 的平均值等于零，那么这些概率就是 1，而当 z 的平均值等于或者大于 1 时，则概率为零。相反地，二次轴的发生概率分别为

$$p(2_{[100]}) = 1 - p(2_{1[100]})$$
$$p(2_{[010]}) = 1 - p(2_{1[010]})$$
$$p(2_{[001]}) = 1 - p(2_{1[001]})$$

至于垂直于 [100] 的滑移面以及镜面的发生概率计算如下：

$$p(b) = 1 - <z_{0kl}>_{k=2n+1}, \quad p(c) = 1 - <z_{0kl}>_{l=2n+1}$$
$$p(n) = 1 - <z_{0kl}>_{k+l=2n+1}, \quad p(d) = 1 - <z_{0kl}>_{k+l\neq4n}$$
$$p(m) = 1 - \max[p(b), p(c), p(n), p(d)]$$

进一步可以计算如下不同晶胞类型的发生概率

$$p(A) = p'(A)[1 - p'(B)][1 - p'(C)]$$
$$p(B) = p'(B)[1 - p'(A)][1 - p'(C)]$$
$$p(C) = p'(C)[1 - p'(A)][1 - p'(B)]$$
$$p(I) = p'(I)$$
$$p(F) = 1 - <z_{hkl}>_{[g]}$$
$$p(P) = 1 - \max[p(A), p(B), p(C), p(I), p(F)]$$

其中

$$p'(A) = 1 - <z_{hkl}>_{k+l=2n+1}, \quad p'(B) = 1 - <z_{hkl}>_{h+l=2n+1}$$
$$p'(C) = 1 - <z_{hkl}>_{h+k=2n+1}, \quad p'(I) = 1 - <z_{hkl}>_{h+k+l=2n+1}$$

上式中的 $[g]$ 代表衍射线的子集，作为其成员的衍射线具有全奇或者全偶的指数。实际上，由于所得的 $z_{\pmb{h}}$ 精确度不高，因此在计算其平均值时需要引入某个合适的加权值，相应地，$<z_w> = \sum w_j z_j / \sum w_j$，$w$ 代表谱峰的重叠效应。

组合所有对称操作的概率值可以得到相应消光符号的概率，例如，在正交晶系中，消光符号 P--- 的概率计算如下：

$$p(P\text{---}) = p(P)\,p(2_{[100]})\,p(m \perp \pmb{a})\,p(2_{[010]})\,p(m \perp \pmb{b})\,p(2_{[001]})\,p(m \perp \pmb{c})$$

现在转而考虑消光符号 $p(Bb-b)$，其中字符串 $b-b$ 代表如下的对称元素：

$$b \perp \boldsymbol{a}, \quad b \perp \boldsymbol{c}, \quad 2_{1[010]}$$

B 的存在进一步添加了如下对称性：

$$c \perp \boldsymbol{a}, \quad n \perp \boldsymbol{b}, \quad a \perp \boldsymbol{c}, \quad 2_{1[100]}, \quad 2_{1[001]}$$

从而得到

$$p(Bb-b) = p(B) \, p(2_{1[100]}) \, p(b, c \perp \boldsymbol{a}) \, p(2_{1[010]})$$
$$p(n \perp \boldsymbol{b}) \, p(2_{1[001]}) \, p(a, b \perp \boldsymbol{c})$$

整个操作完全自动化，并且配合使用了图形化用户界面。该图形界面可以提供如下功能：① 图形化显示消光群基于各自概率的等级分布；② 罗列与每种消光符号匹配的空间群；③ 响应用户需求而显示被选定消光符号理论上存在系统消光的系列衍射点。对于每一条衍射线都给出如下的特征：衍射类型（独立还是与其他衍射线重叠）、相应的 z_w 值以及消光对应的对称操作（集）。此外，针对每一种对称操作还提供了描述系统消光衍射数目[图 7.4 中的 nsar(number

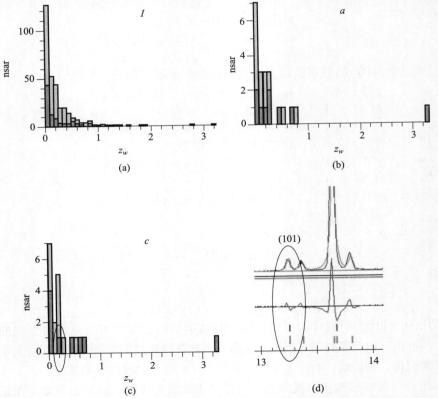

图 7.4　（a）~（c）是相应于 METYL 待检测结构中的对称操作 I、a 和 c 的柱状图示。（d）图示出了实验谱图，并以椭圆区域强调了衍射（101）的存在

of systematically absent reflection）值]相对于 z_w 值的柱状图示。图 7.4 所示为化合物 METYL 的一些图例——这是一种结晶点阵对称性为 $I222$ 的待定结构[45]，最可能的消光符号是 I-(ac)-，排名第二的是 I---（正确的结果）。针对 I-(ac)-，程序给出了三张柱状图示[图 7.4（a）~（c）]，分别对应于三个对称操作 I、a 和 c。每张图中蓝色柱描述独立的衍射线，而红色柱则是重叠的衍射线。图 7.4（d）中，衍射（101）用椭圆做了强调。另外，图中所选的 2θ 范围内绘有两排垂直线，下面红色的一排给出了峰位置；上面不同颜色的一排则专门标记消光衍射：黑色对应独立的或者与其他消光衍射重叠的衍射线；紫色表示与预定不消光的衍射线相重叠的消光衍射线。很明显，消光符号 I-(ac)-是必须剔除的错误结果。

参考文献

1. *International Tables for Crystallography*, ed. Th. Hahn, Kluwer Academic Publishers, Dordrecht, 1992, vol. A, p. 39.

2. R. Shirley, *IUCr Comput. Commission Newsletter*, 2003, **2**, 48.

3. C. Runge, *Phys. Z.*, 1917, **18**, 509.

4. P. M. de Wolff, *Acta Crystallogr.*, 1957, **10**, 590.

5. R. Shirley, *NBS Spec. Publ.*, 1980, **567**, 361.

6. L. B. McCusker, R. W. Grosse-Kunstleve, Ch. Baerlocher, M. Yoshikawa and M. E. Davis, *Microporous Mater.*, 1996, **6**, 295.

7. http://www.nist.gov.

8. P. M. de Wolff, *J. Appl. Crystallogr.*, 1968, **1**, 108.

9. G. S. Smith and R. L. Snyder, *J. Appl. Crystallogr.*, 1979, **12**, 60.

10. P. -E. Werner, in *Structure Determination from Powder Diffraction Data*, ed. W. I. F. David, K. Shankland, L. B. McCusker and Ch. Baerlocher, Oxford University Press, Oxford, 2002.

11. P. M. de Wolff, *Acta Crystallogr.*, 1961, **14**, 579.

12. J. W. Visser, *J. Appl. Crystallogr.*, 1969, **2**, 89.

13. A. D. Mighell and A. Santoro, *J. Appl. Crystallogr.*, 1975, **8**, 372.

14. P. -E. Werner, L. Eriksson and M. Westdahl, *J. Appl. Crystallogr.*, 1985, **18**, 367.

15. A. Boultif and D. Louër, *J. Appl. Crystallogr.*, 1991, **24**, 987.

16. R. Shirley, *The Crysfire 2002 System for Automatic Powder Indexing: User's Manual*, 2002, Lattice Press, Guildford, UK.

17. T. Ito, *Nature*, 1949, **164**, 755.

18. T. Ito, in *X-Ray Studies on Polymorphism*, Maruzen, Tokyo, 1950, 187.

19. P. M. de Wolff, *Acta Crystallogr.*, 1958, **11**, 664.

20. D. Louër and M. Louër, *J. Appl. Crystallogr.*, 1972, **5**, 271.

21. D. Louër and R. Vergas, *J. Appl. Crystallogr.*, 1982, **15**, 542.

22. G. S. Smith, *J. Appl. Crystallogr.*, 1977, **10**, 252.

23. J. Bergmann, A. Le Bail, R. Shirley and V. Zlokazov, *Z. Kristall.*, 2004, **219**, 783.

24. A. Altomare, C. Giacovazzo, A. Guagliardi, A. G. G. Moliterni, R. Rizzi and P. -E. Werner, *J. Appl. Crystallogr.*, 2000, **33**, 1180.

25. A. Boultif and D. Louër, *J. Appl. Crystallogr.*, 2004, **37**, 724.

26. B. M. Kariuki, S. A. Belmonte, M. I. McMahon, R. L. Johnston, K. D. M. Harris and R. J. Nelmes, *J. Synchrotron Radiat.*, 1999, **6**, 87.

27. A. A. Coelho, *J. Appl. Crystallogr.*, 2003, **36**, 86.

28. M. Neumann, *J. Appl. Crystallogr.*, 2003, **36**, 356.

29. A. Le Bail, *Powder Diffr.*, 2004, **19**, 249.

30. A. Altomare, R. Caliandro, M. Camalli, C. Cuocci, C. Giacovazzo, A. G. G. Moliterni and R. Rizzi, *J. Appl. Crystallogr.*, 2004, **37**, 1025.

31. C. Dong, F. Wu and H. Chen, *J. Appl. Crystallogr.*, 1999, **32**, 850.

32. D. E. Goldberg, in *Genetic Algorithms in Search*, *Optimization and Machine Learning*, Addison-Wesley, Reading, MA, 1989.

33. K. D. M. Harris, R. L. Johnston and B. M. Kariuki, *Acta Crystallogr.*, *Sect. A*, 1998, **54**, 632.

34. K. Y. Tam and R. G. Compton, *J. Appl. Crystallogr.*, 1995, **28**, 640.

35. W. Paszkowicz, *Mater. Sci. Forum*, 1996, **228-231**, 19.

36. A. Le Bail, H. Duroy and J. L. Fourquet, *Mater. Res. Bull.*, 1988, **23**, 447.

37. A. A. Coelho, *TOPAS* Version 3. 1, 2003, Bruker AXS GmbH, Karlsruhe, Germany.

38. J. C. Nash, in *Compact Numerical Methods for Computers*, ed. Adam Hilger, Bristol, 1990.

39. http://www.accelrys.com.

40. A. J. Markvardsen, W. I. F. David, J. C. Johnson and K. Shankland, *Acta Crystallogr.*, *Sect. A*, 2001, **57**, 47.

41. W. I. F. David, K. Shankland, J. Cole, S. Maginn, W. D. S. Motherwell and R. Taylor, *DASH User Manual*, Cambridge Crystallographic Data Centre, Cambridge, UK, 2001.

42. A. Altomare, R. Caliandro, M. Camalli, C. Cuocci, I. da Silva, C. Giacovazzo, A. G. G. Moliterni and R. Spagna, *J. Appl. Crystallogr.*, 2004, **37**, 957.

43. A. Altomare, M. Camalli, C. Cuocci, I. da Silva, C. Giacovazzo, A. G. G. Moliterni and R. Rizzi, *J. Appl. Crystallogr.*, 2005, **38**, 760.

44. A. J. C. Wilson, *Acta Crystallogr.*, 1949, **2**, 318.

45. E. Weiss, S. Corbelin, J. K. Cockcroft and A. N. Fitch, *Chem. Ber.*, 1990, **123**, 1629.

第8章

晶体结构解析

Rocco Caliandro[a] , *Carmelo Giacovazzo*[a,b] 和 *Rosanna Rizzi*[a]

[a] Istituto di Cristallografia（IC），C. N. R.，Sede di Bari.
Via G. Amendola 122/o，70126 Bari，Italy；
[b] Dipartimento Geomineralogico，Università degli
Studi di Bari，Campus Universitario，
via Orabona 4，70125 Bari，Italy

8.1 引言

典型的 X 射线衍射实验提供的是结构因子的模，而缺乏相应的相角信息。因此，重建相角信息就成为晶体结构解析的关键，这就是晶体学上所谓的相角问题。单晶衍射中这个问题可以通过不同的方法得以解决：

（1）在缺乏有关分子几何的补充性信息时，仅仅使用所研究化合物的衍射数据（从头法）。PM（Patterson method）和 DM（direct method）属于这种策略。

（2）在已知有关分子几何的补充性信息的前提下，可利用所研究化合物的衍射数据［即 DST，例如分子置换法（molecular replacement method）等］。

（3）联用所研究化合物的衍射数据和其他一个或者多个同晶型结构的衍射数据［同晶置换法（isomorphous replacement method）］。

（4）利用反常散射效应，即测试一套或者多套（测试波长不同）数据来模拟同晶型结构（SAD-MAD、SIRAS-MIRAS 技术）。

（5）利用实验测量所得的三重不变相角（多重衍射效应）——根据动力学理论可以处理三束衍射效应，从而采用纯实验法解决相角问题。

然而，从粉末数据中求解晶体结构就不这么容易了。这主要是因为存在如下的麻烦：难以明确背景情况、可能存在的择优取向效应以及三维倒易空间退化为一维衍射图谱所造成的衍射峰严重重叠。因此，衍射峰的衍射模值只能近似估值（参见第 5 章），而这种模值的不确定性就阻碍了上述某些措施在粉末晶体学上的应用：例如方法（5）在当前的实验条件下是不可能用于粉末样品的，而方法（3）和方法（4）则依赖于结构因子模量之间的微小差异，这种差异不是粉末衍射谱图数据所能达到的精确度可以获得的（另外，由于 $|F_h|$ 与 $|F_{-h}|$ 重叠，因此 $|F_h| - |F_{-h}|$ 也不可能被利用）。因此，本章将重点考虑方法（1）和方法（2）。有关晶体学相角技术的完整介绍可以进一步参考有关的教科书[1]。

无论如何，粉末衍射法在基础研究和技术应用领域有着举足轻重的地位——它使得那些不能获得足够大小和高质量单晶的材料也可以被加以分析。有鉴于此，近年来，在改进实验技术（即同步辐射、光学元件、发生器和探测器等的使用）和发展数据分析新方法方面都做了大量的研究，取得了一批成果。例如，最近 10 年中提出了另一种结构解析策略［正空间法（direct-space approach）］，与传统利用独立衍射强度的做法不同，它直接使用粉末衍射谱图，从而避开了麻烦的提取衍射强度的过程。

本章首先介绍 PM，随后更为详细地分析 DM，最后对最常用的在给定正空间时使用的全局优化方法进行了综述。

8.2 帕特逊函数

帕特逊函数（Patterson function）是电子密度及其相对于原点的逆值的卷积

$$P(u) = \rho(r) * \rho(-r) = \int_V \rho(r)\rho(r+u)\,du \tag{8.1}$$

其中 * 代表卷积运算。帕特逊函数的另一种表达方式如下：

$$P(u) = T^{-1}[|F(r^*)|^2] = \int_{S^*} |F(r^*)|^2 \exp(-2\pi i r^* u)\,dr^*$$

其中操作符 T 表示傅里叶变换；S^* 表示积分遍历整个倒易空间。

由于 $|F(\boldsymbol{r}^*)|$ 仅在倒易点阵的阵点处（此时 $\boldsymbol{r}^* = \boldsymbol{h}$）才有非零值，因此

$$P(\boldsymbol{u}) = \frac{1}{V} \sum_{\boldsymbol{h}} |F_{\boldsymbol{h}}|^2 \exp(-2\pi i \boldsymbol{h} \boldsymbol{u}) \tag{8.2}$$

其中 V 就是晶胞体积。由公式（8.2）可以得到帕特逊函数如下的特征：

（1）$P(\boldsymbol{u}) = P(-\boldsymbol{u})$，即帕特逊图必定是中心对称的。

（2）$P(\boldsymbol{u})$ 的峰值代表原子间距矢量。

（3）每个峰的强度正比于该原子间距矢量 $\boldsymbol{u}$ 所联系的两个原子的原子序数乘积。多对原子允许存在同样的原子间距矢量 $\boldsymbol{u}$，因此共享同一个帕特逊峰。

（4）包含 N 个原子的晶胞会生成 N^2 个原子间距矢量 $\boldsymbol{r}_i - \boldsymbol{r}_j$。其中 N 个位于原点，剩下的 $N(N-1)$ 个则遍布整个晶胞。这就意味着帕特逊峰经常重叠在一起（当然也有帕特逊峰比电子密度峰更宽的原因）。

（5）基于粉末数据计算的帕特逊图所得的信息要少于来自单晶数据的结果。这是因为通过全谱分解方法得到的衍射模量存在的误差是不可避免的。

上述的这些特征妨碍了通过分析帕特逊图来求出原子位置的操作。最经典的解决方法是使用所谓的哈克截面（Harker section）：它们包含了某原子与它的对称等效原子构成的原子间距矢量。举个例子：对于空间群 $P2_1$ 中的某组等效位置

$$(x, y, z), (-x, y + 0.5, -z)$$

此时，哈克矢量 $(2x, 0.5, 2z)$ 位于哈克截面 $(u, 0.5, w)$ 上并且可以用来求原子位置。实际上，$x = u/2$，y 不能确定（因为 $P2_1$ 的原点可以沿 z 轴自由漂移），$z = w/2$。

如果晶胞中存在一些重原子，那么使用哈克截面可以让问题变得更加简单：它们的哈克峰可以被识别出来并且用于确定其位置。另外，如果它们的原子序数足够大，那么就构成可以运用所谓的傅里叶循环方法（method of Fourier recycling）的合适初始模型了，可以进一步获得轻原子的位置，从而得到完整的结构。

采用某些窍门有助于简化帕特逊图的分析。例如，帕特逊峰可以采用 $|E_{\boldsymbol{h}}|^2$ 来取代 $|F_{\boldsymbol{h}}|^2$ 系数而获得进一步的锐化；进一步考虑到这种锐化过程会产生严重的傅里叶截断效应（Fourier truncation effect），从而引起帕特逊图出现巨大的涨落，此时[2-4]可以使用混合系数 $(|E_{\boldsymbol{h}}||F_{\boldsymbol{h}}|)$ 或者 $(|E_{\boldsymbol{h}}|^3|F_{\boldsymbol{h}}|)^{1/2}$。另外，想去掉帕特逊图的"原点峰（origin peak）"也非常容易。这可以在帕特逊计算中采用如下的系数：

$$|F'_{\boldsymbol{h}}|^2 = |F_{\boldsymbol{h}}|^2 - \sum_{j=1}^{N} f_j^2$$

或者采用等价的系数 $(\mid E_h \mid^2 - 1)$。

Rius 和 Miravitlless[5] 提出了一种结合大量已知的分子片段，通过帕特逊搜索方法来解析晶体结构的策略。最近，人们进一步利用帕特逊信息得到比全谱分解方法更为准确的衍射模值[6-8]。其思想在于采用如下的关系 $\{\mid F(r^*) \mid^2 = T[P(u)]\}$，即首先调整帕特逊图以强化它的正值性，接着再进行傅里叶变换。这里以 EXPO 软件[9] 中的自动化操作作为例子说明一下。整个过程具体包括如下几个步骤：

（1）采用 Le Bail 法[10] 从粉末谱图中提取积分强度 $(\mid F \mid^2)$；

（2）计算帕特逊图 $P(u)$，然后调整成一张新图 $P'(u)$：利用某个截断标准，原图上所有密度值小于这个给定阈限的点都设置为零，即接下来仅采用原图的主要谱峰；

（3）由 $P'(u)$ 的反向运算得到新的衍射强度，然后利用 EXPO 软件提供的默认设置进一步求得新的 $\mid F \mid^2$；

（4）回到第（2）步再重复循环操作若干次。

8.3　直接法

创始于 1948 年[11] 的 DM 是能够直接从结构因子振幅求相角的从头法晶体结构解析技术。随着现代计算机的出现和尖端数学技术的应用，DM 实际上已经可以解决所有小分子的相角问题，至于蛋白质结构，例如非对称单元中含有 2 000 个非氢原子的类型，如果能够提供分辨率高于 1.2 Å 的单晶衍射数据，那么如今也是可以用这种从头法解析出结构的。

粉末数据要使用 DM，就必须先进行全谱分解（参见第 5 章）。为了方便，下面的讨论已经假定所测的 2θ 范围内的每个衍射峰都可以提取出单独的衍射强度。当然，由于谱峰的重叠，这些衍射模必然存在误差，从而弱化了 DM 的效率（其实就是错误的模值将得到错误的相角），因此直到今天，从粉末数据中解析晶体结构仍然是一个挑战。

近年来，全谱分解技术的重要性得到了广泛关注[12]，相关研究不但采用了两种不同的提取强度的方法：Pawley[13] 和 Le Bail 算法，而且同时采用了多种峰形函数。这些成果可以总结如下：

（1）通常尽力提升谱图拟合质量的做法并不能保证提高所得衍射强度的准确性。如图 8.1 所示，一系列试验化合物结构相应的谱图的残差 R_p 和所得模 $\mid F \mid$ 的误差 (R_F) 之间并没有严格的关联。

（2）峰形函数的合理选择可以提高谱图拟合的质量，但是对分解效率没有明显的影响。

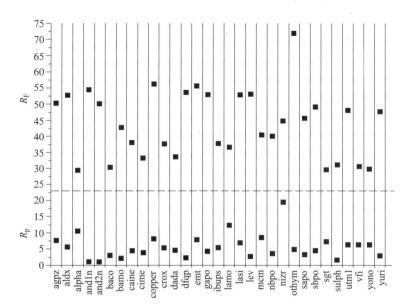

图 8.1　基于 Pearson-Ⅶ 峰形函数，将 EXPO 软件应用于一系列实验化合物结构所得的 R_F（上方）和 R_p（下方）。R_p 是观测谱图与通过所选的峰形函数计算的谱图之间的残差（%）；而 R_F 则是分解操作给出的结构因子的模与通过已发表结构模型计算的模之间的残差（%）

高残差主要源自粉末谱图所含信息的有限性。基于蒙特卡罗技术，Altomare 等[14,15] 提出了克服这个限制的方法：计算几组提取出来的，称为分解尝试值（decomposition trial）的衍射强度进行计算，然后逐组进行 DM 操作。其中每一组分解尝试值是采用某种特定的规则对一簇或者若干簇重叠衍射峰的总强度进行分解而得到的。当采用多簇重叠峰时，要求每一簇的强度是固定的。

从本质上说，DM 立足于两个预先给定的假设：电子密度图的正值性（这个条件可以弱化，例如处理中子衍射的时候，参见 8.4.7 节）和原子性（电子集中于原子核周围，而不是弥散于整个晶胞）。这种表面上微不足道的内容，实际上非常有用。它促成了现代 DM 使用过程中的方方面面：① 观测强度的定标和结构因子的归一化；② 估算结构不变量；③ 正切公式运算；④ 完成晶体结构并精修。

8.3.1　观测强度的定标和结构因子的归一化

X 射线衍射实验可以提供成千个观测衍射强度值 $|F_h|^2_{obs}$，其正比于绝对强度值

$$|F_{\boldsymbol{h}}|_{\text{obs}}^2 = K|F_{\boldsymbol{h}}|^2 \tag{8.3}$$

可以通过 Wilson 法[16]将标度[或称比例因子(sale factor)]K 与平均各向同性热因子 B 同时确定下来。如果假定所有原子的 B_j 等同于 B，那么公式(8.3)可以改写为

$$|F_{\boldsymbol{h}}|_{\text{obs}}^2 = K|F_{\boldsymbol{h}}|^2 = K|F_{\boldsymbol{h}}^0|^2\exp(-2Bs^2) \tag{8.4}$$

其中 $s^2 = \sin^2\vartheta/\lambda^2$；$|F_{\boldsymbol{h}}^0|$ 是原子处于静止状态时的绝对结构振幅。为了求 K 和 B，观测衍射数据根据同样的 s^2 分成若干部分，然后计算每一壳层的平均强度值，对于任一壳层，可以得到

$$\langle|F_{\boldsymbol{h}}|_{\text{obs}}^2\rangle = K\langle|F_{\boldsymbol{h}}^0|^2\rangle\exp(-2Bs^2) = K\sum_s^0\exp(-2Bs^2) \tag{8.5}$$

其中 $\sum_s^0 = \varepsilon(\boldsymbol{h})\sum_{j=1}^N(f_j^0)^2$，而 $\varepsilon(\boldsymbol{h})$ 就是在缺乏结构信息的情况下，考虑空间群对称性而得到的所谓 Wilson 统计系数。从公式(8.5)很容易推导出

$$\ln\left(\frac{\langle|F_{\boldsymbol{h}}|_{\text{obs}}^2\rangle}{\sum_s^0}\right) = \ln K - 2Bs^2 \tag{8.6}$$

公式(8.6)表示一条直线：与纵轴的截距为 K 值；$2B$ 是直线的斜率。实际上，由于结构的规整性(即原子不是随机分布的)，实验数据的赋值是有规律的。因此，K 和 B 的最佳逼近可以通过计算一条最小二乘直线得到。图8.2示出了 Wilson 图的典型例子。

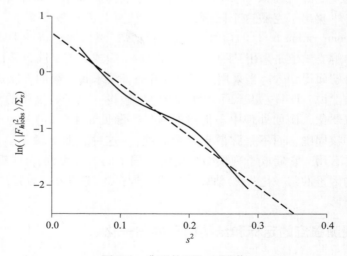

图 8.2　典型的 Wilson 图谱

一旦知道了标度和平均热因子，就可以计算归一化的结构因子 $|E_{\boldsymbol{h}}|$

$$|E_h|^2 = \frac{|F_h|^2_{obs}}{\langle |F_h|^2_{obs} \rangle} = \frac{|F_h|^2_{obs}}{K \sum_s^0 \exp(-2Bs^2)} \quad (8.7)$$

中心对称和非中心对称空间群的 $|E_h|$ 值具有不同的概率分布[16,17]，各自的概率分布函数如下所示，相关的图示参见图8.3：

$$P_{-1}(|E|) = \sqrt{\frac{2}{\pi}} \exp(-|E|^2/2) \text{（中心）}$$

$$P_1(|E|) = 2|E| \exp(-|E|^2) \text{（非中心）}$$

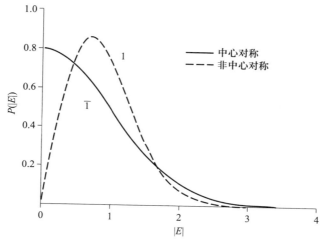

图8.3 中心对称和非中心对称晶体结构中归一化结构因子模值的概率分布

对于单晶数据来说，上述的分布规律已经被广泛用于识别正确的空间群，但很不幸的是，它们对粉末数据是无效的，因为后者的 $|E_h|^2$ 分布严重受限于分解谱图时所用的算法（Pawley/Le Bail）[18]。如果有两个及以上的衍射严重重叠，Pawley 技术通常会对部分参与重叠的衍射分给出负的强度值。相反地，Le Bail 算法本质上趋向于使所有严重重叠衍射的强度值平均化。因此，通常的统计结果就是对基于 Pawley 算法的技术而言，结构因子振幅的分布偏向于中心对称，而对于 Le Bail 则是非中心对称。

另外，归一化结构因子的分布会强烈受到赝平移对称性（pseudotranslational symmetry）的影响。对于粉末数据，还会受到择优取向的影响。不过，上述的这些信息也可以指导粉末谱图的分解[19,20]，从而获得更好的结果以提高 DM 的效率。

8.3.2 估算结构不变量

结构不变量来自一组结构因子的组合，当原点变动时，其结果仍然保持恒定。某个结构不变量描述如下：

$$F_{h_1} F_{h_2} \cdots F_{h_n} = |F_{h_1} F_{h_2} \cdots F_{h_n}| \exp[i(\phi_{h_1} + \phi_{h_2} + \cdots + \phi_{h_n})] \quad (8.8)$$

其中 $h_1 + h_2 + \cdots + h_n = 0$。实际上，在原点偏移 x_0 后，虽然单个结构因子的相角 ϕ_h 发生了如下变动：

$$\phi'_h = \phi_h - 2\pi h x_0$$

但是公式(8.8)仍然没有变化

$$F'_{h_1} F'_{h_2} \cdots F'_{h_n} \equiv F_{h_1} F_{h_2} \cdots F_{h_n}$$

最简单的结构不变量有

（1）对于 $n = 1$，F_{000}；

（2）对于 $n = 2$，$F_h F_{-h} = |F_h|^2$；

（3）对于 $n = 3$，$F_h F_k F_{-h-k} = |F_h F_k F_{-h-k}| \exp[i(\phi_h + \phi_k - \phi_{h+k})]$；

（4）对于 $n = 4$，$F_h F_k F_l F_{-h-k-l} = |F_h F_k F_l F_{-h-k-l}| \exp[i(\phi_h + \phi_k + \phi_l - \phi_{h+k+l})]$ 等。

首屈一指的包含相角信息的结构不变量是三重不变量(triplet invariant)。它们和四重不变量(quartet invariant)属于最重要的结构不变量。由于结构因子的模可以从实验中得到，因此通常采用相角的组合来表示结构不变量，例如下面的加和：

$$\boldsymbol{\Phi}_{h,k} = \phi_h + \phi_k - \phi_{h+k}$$

就表示三重相不变量，而加和

$$\boldsymbol{\Phi}_{h,k,l} = \phi_h + \phi_k + \phi_l - \phi_{h+k+l}$$

则称为四重相不变量。

估算结构不变量可以采用 Cochran 所给的概率公式[21]

$$P(\boldsymbol{\Phi}_{h,k}) = [2\pi I_0(G_{h,k})]^{-1} \exp(G_{h,k} \cos \boldsymbol{\Phi}_{h,k}) \quad (8.9)$$

其中 I_0 是调制零阶贝塞尔函数(modified Bessel function of order zero)，而

$$G_{h,k} = 2\sigma_3 \sigma_2^{-\frac{1}{2}} |E_h E_k E_{h+k}| \quad (8.10)$$

其中 $\sigma_n = \sum_{j=1}^{N} Z_j^n$。对于同一原子的结构，公式(8.10)可以简化为

$$G_{h,k} = \frac{2}{\sqrt{N}} |E_h E_k E_{h+k}|$$

公式(8.9)属于 von Mises 类型的函数[22]，相应的图谱参见图8.4，其中不同曲线的 $G_{h,k}$ 值不同。显然，① 当 $\boldsymbol{\Phi}_{h,k} = 0$ 时，$P(\boldsymbol{\Phi}_{h,k})$ 恒取最大值；② 随着 $G_{h,k}$ 的增加，曲线更为陡峭，相应地，仅对于大 $G_{h,k}$ 参数值，所估计的 $\boldsymbol{\Phi}_{h,k} =$

0 才是可靠的；③ 庞大结构（即具有大 N 值）的可靠三重相不变量的数目少。

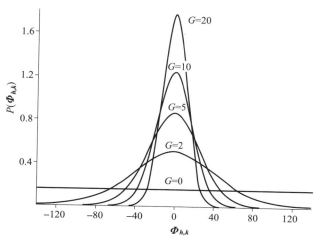

图 8.4　不同 $G_{h,k}$ 参数值［由公式 (8.10) 给出］的概率分布［公式 (8.9)］

Cochran 公式，即公式 (8.9) 估算的三重相不变量 $\boldsymbol{\Phi}_{h,k}$ 仅仅使用了三个模量 $|E_h|$、$|E_k|$ 和 $|E_{h+k}|$ 所包含的信息，而通过 Giacovazzo 提出的表象理论（representation theory）[23,24] 则可以改进 Cochran 的 $\boldsymbol{\Phi}_{h,k}$ 估计值，从而得到整个倒易空间包含的信息，所得的条件概率分布同样体现为 von Mises 表达式[25]

$$P_{10}(\boldsymbol{\Phi}_{h_1,h_2}) = (2\pi I_0 G)^{-1} \exp(G \cos \boldsymbol{\Phi}_{h_1,h_2})$$

其中 $G = C(1 + Q)$；C 是 Cochran 可靠性参数（Cochran reliability parameter），满足 $C = 2|E_{h_1}E_{h_2}E_{h_3}|/\sqrt{N}$，而

$$Q = \sum_k \left(\frac{\dfrac{\sum_{i=1}^m A_{k,i}}{N}}{1 + \dfrac{\varepsilon_{h_1}\varepsilon_{h_2}\varepsilon_{h_3} + \sum_{i=1}^m B_{k,i}}{2N}} \right)$$

$$A_{k,i} = \varepsilon_k [\varepsilon_{h_1+kR_i}(\varepsilon_{h_2-kR_i} + \varepsilon_{h_3-kR_i}) + \varepsilon_{h_2+kR_i}(\varepsilon_{h_1-kR_i} + \varepsilon_{h_3-kR_i}) +$$
$$\varepsilon_{h_3+kR_i}(\varepsilon_{h_1-kR_i} + \varepsilon_{h_2-kR_i})]$$

$$B_{k,i} = \varepsilon_{h_1}[\varepsilon_k(\varepsilon_{h_1+kR_i} + \varepsilon_{h_1-kR_i}) + \varepsilon_{h_2+kR_i}\varepsilon_{h_3-kR_i} + \varepsilon_{h_2-kR_i}\varepsilon_{h_3+kR_i}] +$$
$$\varepsilon_{h_2}[\varepsilon_k(\varepsilon_{h_2+kR_i} + \varepsilon_{h_2-kR_i}) + \varepsilon_{h_1+kR_i}\varepsilon_{h_3-kR_i} + \varepsilon_{h_1-kR_i}\varepsilon_{h_3+kR_i}] +$$
$$\varepsilon_{h_3}[\varepsilon_k(\varepsilon_{h_3+kR_i} + \varepsilon_{h_3-kR_i}) + \varepsilon_{h_1+kR_i}\varepsilon_{h_2-kR_i} + \varepsilon_{h_1-kR_i}\varepsilon_{h_2+kR_i}]$$

$$\varepsilon = |E|^2 - 1$$

其中 $\boldsymbol{R}_i$ 表示第 i 个对称操作的旋转矩阵。整个加和遍历所有的自由矢量 $\boldsymbol{k}$ 以及 m 个对称操作。

本章将采取如下的一种概率表示法，例如采用 $P_{10}(\boldsymbol{\Phi}_{h_1,h_2})$ 符号来强调使用该公式遍历整个倒易空间时，实际上是通过十节点取样（ten - node figure）的模式。

von Mises 类型的概率分布函数也被用来近似估算四重相不变量[26,27]

$$P(\boldsymbol{\Phi}_{h,k,l} \mid R_1, R_2, \cdots, R_7) = (2\pi I_0 G)^{-1} \exp(G \cos \boldsymbol{\Phi}_{h,k,l}) \qquad (8.11)$$

其中

$$G = \frac{2R_1 R_2 R_3 R_4 (1 + \varepsilon_5 + \varepsilon_6 + \varepsilon_7)}{1 + Q}$$

$$Q = \frac{(\varepsilon_1\varepsilon_2 + \varepsilon_3\varepsilon_4)\varepsilon_5 + (\varepsilon_1\varepsilon_3 + \varepsilon_2\varepsilon_4)\varepsilon_6 + (\varepsilon_1\varepsilon_4 + \varepsilon_2\varepsilon_3)\varepsilon_7}{2N}$$

$$\varepsilon_i = R_i^2 - 1$$

为了方便，上述公式采用了如下的符号对应关系：

$$\varepsilon_1 = \varepsilon_h, \quad \varepsilon_2 = \varepsilon_k, \quad \varepsilon_3 = \varepsilon_l, \quad \varepsilon_4 = \varepsilon_{h+k+l}$$
$$\varepsilon_5 = \varepsilon_{h+k}, \quad \varepsilon_6 = \varepsilon_{h+l}, \quad \varepsilon_7 = \varepsilon_{k+l}$$

指数为 h、k、l 和 $h+k+l$ 的衍射称为基衍射（basis reflection），而指数为 $h+k$、$h+l$ 和 $k+l$ 的衍射则是交叉衍射（cross reflection），由公式（8.11）可以得到：① 四重相不变量属于 N^{-1} 阶的相角关系，因此，平均可靠性并不高，至少对于大结构化合物正是如此；② 可靠性随 $|E_h E_k E_l E_{h+k+l}|$ 值的增大而提高；③ 如果交叉模值足够大，$\boldsymbol{\Phi}_{h,k,l}$ 将接近于零（参见图 8.5）；④ 如果所有交叉模值都很小，$\boldsymbol{\Phi}_{h,k,l}$ 将接近于 π（参见图 8.6）。其中最后一种四重相不变量是最重要的——因为它们补充了三重相不变量不能给出的信息。

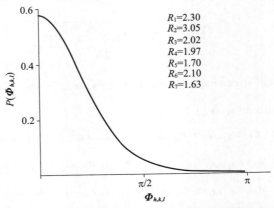

图 8.5 以大交叉振幅为特征的四重相的典型概率分布

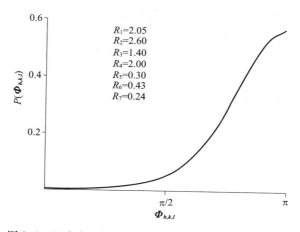

图 8.6　以小交叉振幅为特征的四重相的典型概率分布

8.3.3　正切公式

将 $\boldsymbol{k}$ 变成 $-\boldsymbol{k}$，相应的三重相不变量将改为 $\boldsymbol{\Phi}_{h,-k} = \phi_h - \phi_k - \phi_{h-k}$。这个不变量对应的 Cochran 公式为 $\phi_h - \phi_k - \phi_{h-k} \approx 0$，其可靠性是 $G_{h,-k} = 2\sigma_3\sigma_2^{-\frac{1}{2}} \cdot |E_h E_{-k} E_{h-k}|$。同样地，$\phi_h$ 关于 $\phi_k + \phi_{h-k}$ 的分布也是基于 von Mises 公式

$$P(\phi_h) = (2\pi I_0 G_{h,-k})^{-1}\exp[\, G_{h,-k}\cos(\phi_h - \vartheta_h)\,]$$

其中 $\vartheta_h = \phi_k + \phi_{h-k}$。

一般说来，每个衍射 $\boldsymbol{h}$ 都参与了 $\boldsymbol{r}$ 个三重相不变量，对于每个三重相不变量来说都预期存在

$$\phi_h \approx \vartheta_j = \phi_{k_j} + \phi_{h-k_j}$$

通过组合所有相关的概率，就可以得到

$$P(\phi_h) = \prod_{j=1}^{r} P_j(\varphi_h) = A\exp\left[\sum_{j=1}^{r} G_{h,-k_j}\cos(\varphi_h - \vartheta_j)\right] \quad (8.12)$$

其中 A 是归一化结构因子，由于指数项可以改写成

$$\cos\varphi_h \sum_{j=1}^{r} G_{hk_j}\cos(\varphi_{k_j} + \varphi_{h-k_j}) + \sin\varphi_h \sum_{j=1}^{r} G_{hk_j}\sin(\varphi_{k_j} + \varphi_{h-k_j}) = \alpha_h\cos(\varphi_h - \beta_h)$$

因此，公式(8.12)就变成

$$P(\phi_h) = (2\pi I_0 \alpha_h)^{-1}\exp[\,\alpha_h\cos(\varphi_h - \beta_h)\,]$$

其中

$$\alpha_h = \left[\left(\sum_{j=1}^{r} G_j\cos\vartheta_j\right)^2 + \left(\sum_{j=1}^{r} G_j\sin\vartheta_j\right)^2\right]^{\frac{1}{2}}$$

而

233

$$\tan \beta_h = \frac{\sum\limits_{j=1}^{r} G_j \sin \vartheta_j \text{①}}{\sum\limits_{j=1}^{r} \cos \vartheta_j} \tag{8.13}$$

其中 $G_j = G_{h,-k_j}$；公式(8.13)就是所谓的正切公式(tangent formula)[28]。当已知足够数目的相角对(ϕ_{k_j}, ϕ_{h-k_j})时，就可以通过这个公式求出 β_h，相应地，就可以得到最可能的 ϕ_h 值。α_h 是用来择取相角的可靠性参数：仅对于足够大的 α_h，β_h 才能用于估算 ϕ_h。

8.3.4 典型的直接法操作过程

现代的直接法求相角的过程可以概括为如下步骤：

(1) 根据 8.4.1 节的介绍将结构因子归一化；

(2) 选择足够大的(例如满足 $|E| > 1.3$)归一化结构因子构成一个组，并且标记为 N_{LARGE}，然后在这组 N_{LARGE} 衍射中寻找三重和负的四重相不变量；

(3) 对这组的每一条衍射线赋予随机的相角，接着循环应用正切公式直到结果相角值稳定下来(直到收敛)，然后用这时的整套相角构成一个试验结构并且计算最终的品质因子来评价该试验结构的质量(参见 8.3.5 节②)；

(4) 因为正切公式不可能从任何一组随机相角直接得到正确的结果，因此，需要重新从步骤(3)开始新的一套随机相角的尝试；

(5) 如果所得的试验结构数目已经足够，选定最可靠的一个(即具有最好 FOM 值的一个)展开研究，首先是根据如下公式计算电子密度图(E-map)：

$$\rho(\boldsymbol{r}) = V^{-1} \sum_h w_h |E_h| \exp(\mathrm{i}\varphi_h) \exp(-2\pi \mathrm{i}\boldsymbol{hr})$$

其中 w_h 是代表相角可靠性的权重。接着自动寻找强电子密度峰的位置，然后使用正常的键长和键角作为立体化学标准来识别可能存在的分子片段。如果这个化学模型没有化学意义，那么就重新研究另外的新试验结构。

8.3.5 品质因子

如上所述，求相角的过程一般都会得到不止一个的试验解，其中最可能存在的解就采用其相应的 FOM 值来表示。实际操作中有多种函数可以用来表示 FOM。根据具体的函数定义，代表正确结构的既可以是最大的函数值，也可以是最小的函数值。小分子晶体领域最常使用的函数有[29,30]：

---

① 原文误为"θ"。——译者注
② 原文误为"8.4.5"。——译者注

$$Z = \sum_h \alpha_h = \max$$

$$\text{MABS} = \frac{\sum_h \alpha_h}{\sum_h \langle \alpha_h \rangle} - 1 = \min$$

$$R_{\text{Karle}} = \frac{\sum_h ||E_h| - |E_h|_{\text{calc}}|}{\sum_h |E_h|} = \min$$

和所谓的 ψ_0FOM [31] 以及它们的组合或者衍生的函数。

当使用粉末衍射数据并且已经得到某个分子模型时，一般使用所谓的 χ^2 作为品质因子。它的表达式如下：

$$\chi^2 = \frac{\sum_i |y_i(\text{obs}) - y_i(\text{calc})|}{N} \cdot 100$$

其中 $y_i(\text{obs})$ 和 $y_i(\text{calc})$ 分别是第 i 步角度处图谱强度的观测和计算值；N 代表整张粉末谱图的总步数（加和遍历 N）。这个 FOM 逐点考虑谱图的总强度，比起采用独立衍射峰的积分强度来说更有优势。

8.3.6 晶体结构的完成和初步精修

从 PM 或者 DM 得到的结构模型通常是不完整的，而且分子片段也是畸形的，总体上只能作为真实结构的粗略近似，因此，随后还必须进一步完善并且精修结构。如果采用的是单晶数据，那么关于这些完善与精修结构方法的应用可以总结为图 8.7 所示的一个流程图（即傅里叶循环法），即从帕特逊或者 DM 步骤得到的部分模型 $\{X, B\}$ 开始，循环最小二乘精修原子坐标和各向同性热因子，同时伴随着观测衍射强度的傅里叶合成（Fourier synthesis）。这一步将不断重复直到获得整个结构。

通常最小二乘精修可以和某种电子密度调整（electron density modification, EDM）操作组合使用[32,33]。这种做法的好处在于不需要将电子密度峰赋予具体的原子类型。实际操作中，当前的电子密度图将被某个合适的函数"g"所调整，从而得到更好表达结构的 ρ'

$$\rho' = g(\rho) \tag{8.14}$$

这个函数 g 基于电子密度的正值性和原子性而设计（同样的信息也应用于倒易空间中以概率公式来估算结构不变量的过程）。因此，相比于使用当前计算的密度 ρ，ρ' 的逆运算预期可以得到更好的相角值。

上述技术在用于粉末衍射数据的时候必须进行改进[34]，其中主要包括：

（1）如图 8.7 所示，观测值的傅里叶合成改用差值 $F_{\text{obs}} - F_{\text{calc}}$ 或者基于

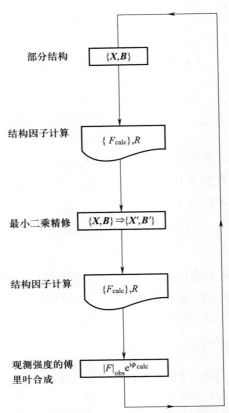

图 8.7　面向单晶数据的傅里叶循环法的流程图。其中 $\{X, B\}$ 分别表示一组原子位置及其振动参数，F_{obs} 和 F_{calc} 分别是观测和计算的结构因子振幅，R 是 F_{obs} 和 F_{calc} 之间的晶体学意义上的残差

$2F_{obs} - F_{calc}$ 的傅里叶合成；

（2）当使用粉末数据的时候，F_{obs} 改用全谱分解技术所得的模来代替。不过，正如图 8.1 所示，这时的模值一般与真实的 F_{obs} 偏差很大，从而使得最小二乘操作相当不稳定，并且傅里叶合成的效率也更低。

8.3.7　晶体结构的中子粉末数据解析

原子中能够与中子相互作用的不是电子，而是原子核。中子与核之间的相互作用来自范围非常小的核力（ ~ 10^{-13} cm）。由于原子核半径的数量级为 10^{-15} cm（比入射中子波长低好几个数量级），所以原子核类似于一个点散射源，相应地，它的散射因子 b_o 就是各向同性，并且不依赖于 $\sin\theta/\lambda$。因此，不管间距 d 是大还是小，都可以观测到强衍射峰，从而有助于结构的解析和精修。另外，$b_\circ$ 也没有如同 X 射线那样正比于 Z，这就意味着可以区分非常靠近的原子，而且容易定位氢原子(通常这些氢原子会用氘原子来取代，因为后者的 $b_\circ > 0$ 并且其非相干散射可以忽略)。

中子与原子核的相互作用还包含了中子自旋产生的磁矩与原子核的磁矩(来自未成对电子)之间的相互作用。这就意味着中子衍射可以研究磁结构。对于磁散射，其数值随着 $\sin\theta/\lambda$ 的增大而下降。

一些有关中子衍射的性质总结如下：

(1) 中子与物质的相互作用要弱于 X 射线和电子束，因此，要获得足够大的散射强度，中子束流强度要更高。

(2) 对于某些元素，$b_\circ < 0$。

(3) 引起布拉格散射的相干散射给出了如下的结构因子：

$$F_h = \sum_{j=1}^{N} b_j \exp(2\pi h r_j) \exp(-B_j \sin^2\theta/\lambda^2)$$

其中 b_j 可以取正或负值。

前面已经提到，常规 DM 的有效执行是以电子密度的正值性和原子性作为前提的。那么当 DM 处理时这个正值性的标准发生变化会产生什么结果呢？已有研究证明[35-37]，正值性并非 DM 的基本要素，尤其是三重相不变量仍然可以在违背正值性的条件下，通过某种分布提取出来，无非是此时的 N 要改为如下规定的 N_{eq}：

(1) 如果所有的散射体具有正的 $b_\circ$ 值，那么 N_{eq} 等于 N；

(2) 如果所有的散射体具有负的 $b_\circ$ 值，那么 N_{eq} 等于 $-N$；

(3) 如果负值散射体的贡献与正值散射体等同，N_{eq} 等于 ∞，那么此时没办法获得三重相不变量；

(4) 如果正值散射体的贡献占据优势，那么此时一般得到正的三重相不变量，但是 N_{eq} 值大。

同时收集中子与 X 射线数据可以增加可获得的实验信息。通常的看法是中子粉末衍射特别适合于结构精修，而 X 射线的优势在于结构解析。

8.4 正空间法

如前所述，由粉末衍射数据求晶体结构，传统的做法首先是从实验谱图中提取独立衍射峰的强度，然后使用 PM 或者 DM 来实现。后两种技术的有效性取决于获得明确独立衍射峰强度值的困难程度。如果有关分子几何的信息已经知道，那么就可以采用所谓的正空间法(direct-space techniques，DST)。这种方法不需要分解谱图，而是直接采用实验衍射谱图作为操作对象。DST 采用全局优化算法实现结构模型的定向和定位。这些算法可以从任意随机起始点实现全局最小值，因此，也就意味着能够避开局部最小值（相应于错误求解的结构）。另外，这些算法所生成的每一个结构模型都被赋予某种合理的品质因子，称为成本函数（cost function，CF）。CF可以衡量实验与计算粉末衍射谱图之间的一致性。全局优化技术的目标就是获得具有最小CF的试验结构，这等价于通过改变用来定义晶体结构的一组变量，找到CF所定义的超曲面上的全局最小函数值。将在下述章节中进行介绍的网格搜索法、蒙特卡罗法、模拟退火法和遗传算法就是实现上述目的的常用搜索方法。

仅仅在已知有关分子几何的重要先验性信息，有时还要知道它的晶体化学知识的时候，DST的优势才能体现出来。这些信息将引入一个有关先验性化学限制的依赖关系，即如果这些先验性信息是错误的，那么所得的结构肯定是错误的。但是反过来，如果信息正确，那么在实际操作中产生的就必定是化学上合理的结构模型。非常适用于正空间法（同时也非常不利于采用DM）的一类结构就是有机分子化合物。这类化合物一般是由几何定义明确的结构单元和已知连接关系的原子构成。很多建模程序，例如 Cerius2 [38]、Chem3Dultra[39]、Sybyl[40]和剑桥晶体数据库（Cambridge Structural Database，CSD）[41]都可以用于搭建化学上合理的结构模型。所得的结构模型一般利用内坐标（internal coordinate），即键长、键角和扭转角来描述。通常需要使用搜索方法来确定的变量仅有扭转角[称为内部自由度（degree of freedom），简称内部DOF]和明确分子片段或整个分子的位置与取向的参数（称为外部DOF）。

对于无机化合物结构，由明确规定的基元（building unit）扩展组成的框架结构，例如分子筛，也特别适合于应用DST。此时，基元中包含了如具有已知几何结构的原子多面体等化学信息，相应的搜索变量就剩下了散射体的位置与朝向（即这时仅有外部DOF）[42]。

不管是有机化合物还是无机化合物，相比于采用原子坐标描述结构的方式，采用内坐标时，先验化学信息的使用可以明显降低描述结构所需的DOF数目，通常情况下，无机化合物结构可以降到原来的一半，而有机结构则至少可以降低三分之一[42]。另外，采用内坐标还可以减少试验结构的生成数目——因为仅有化学合理的结构才需要尝试。

建立柔性模型最常用的办法就是将模型的内坐标表示成所谓的 Z 矩阵（参见图8.8），其中每个原子的位置通过其相应于该矩阵中排列于前面的3个原子的键长、键角和扭转角来确定。图8.8（a）所示的矩阵中，第1列是相应于图8.8（b）所有原子的序号，第2列给出了连接同一行中处于该列左右（第3列）两边原子的化学键长度，第4列是同一行的第1、3、5列原子形成的键角，而第6列则是同一行的第1、3、5、7列原子形成的扭转角。DST的计算经常需

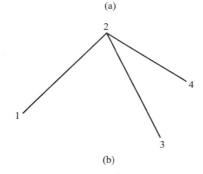

1						
2	d_{12}	1				
3	d_{23}	2	θ_{123}	1		
4	d_{24}	2	θ_{124}	1	τ_{1234}	3

(a)

(b)

图 8.8　（a）表述（b）所示的四面体的 Z 矩阵，其中 d_{ij}、θ_{ijk} 和 τ_{ijkl} 分别表示原子 i 和 j 的键长，原子 i、j 和 k 之间的键角以及原子 i、j、k 和 l 形成的扭转角

要用到每个模型的晶体学坐标，具体如何采用代数学及有关技术将内坐标转化为笛卡尔坐标系的原子坐标，最终转化为晶体学坐标，读者可查阅参考文献[43]。

8.4.1　网格搜索法

通过 DST 处理晶体结构解析问题的最直观的做法就是在感兴趣的参数空间中定义一张网格，然后系统考虑每一个格点的表现。这种方法既简单又便于在电脑上实现，而且只要格点足够精密，就可以保证找到全局最小值。遗憾的是，它仅仅适用于参数空间相当小的时候，换句话说，描述模型所需的 DOF 数目是有限制的。

分子和晶体学对称性可以用来进一步减小位置和取向参数的选值范围，此时，系统性的平移和旋转操作可以在相应的非对称区域中执行[44]。另外，通过重新定义相关的参数还可以提高旋转参数空间的取样效率——如果将惯用的欧拉角 ϑ、φ 和 ψ 改为准正交欧拉角[45]

$$\vartheta_+ = \vartheta + \psi, \quad \varphi, \quad \vartheta_- = \vartheta - \psi$$

那么在每点的取样体积不变的条件下，此时，取样点的数目可以缩小为原来的 $2/\pi \approx 0.64$ 倍。现有的网格搜索法例子主要用于刚性结构模型[46-48]。对于需要内部 DOF 来描述构型柔性的结构，其参数的组合将引起待考虑格点数目的激增，从而不利于这种穷尽搜索过程的顺利执行。一些学者采用如下的两步法来避开这个问题：首先在六维网格中搜索以外部 DOF 描述的刚性模型，然后在施加化学键限制的条件下允许构象变动，从而精修得到最小 CF 值[49]。

8.4.2 蒙特卡罗法

为了在合理的时间范围内近似定位全局最小值(即获得关于晶体结构的具有足够品质的解)，网格搜索法就要换成基于参数空间的随机取样，带有猜测意味的方法。这种技术称为蒙特卡罗(Monte Carlo，MC)法。该法老早就已经广泛应用于模拟其他科学领域中复杂系统的行为。在许多学者的努力下，现在这种方法也可以用于粉末衍射数据的晶体结构解析，下文将概括介绍一下其主要策略。

MC 法需要建立一条晶体结构的马尔可夫(Markov)链，即建立一系列的晶体结构，每一个结构都唯一地取决于它前面的那个结构。该系列中的每一个结构称为构型(configuration)①并且采用一组用于明确位置、取向和预设结构模型的分子间几何条件的外部与内部 DOF 进行定义。某个构型从它前面的那个构型通过随机改变 DOF 值来产生，两个连续的构型之间就代表一步 MC 运动。图 8.9 概括解释了单步 MC 的整个过程，图中所用的模型仅有一个内部 DOF (两环组成的未知的扭转角)。每步 MC 包含的操作总结如下：

(1) 通过随机、少量改变参数集 $\{p_i\} = \{x, y, z, \theta, \varphi, \psi, \tau_1, \tau_2, \cdots, \tau_n\}$ 中各个变量的值，从给定的老模型中得到一个新的试验构型。上述参数集中，前三个参数表示结构模型的质心在正交坐标系中的位置，第二组三个参数(通常是欧拉角)确定了结构模型的取向，而最后 n 个参数则是各个扭转角变量。对于第 i 个参数，新的数值 p_i 根据如下关系式通过老的参数值(即 p_i^{old})给出：

$$p_i = p_i^{\text{old}} + r_i s_i \Delta p \tag{8.15}$$

其中 r_i 是取值为 +1 或者 −1 的随机符号位，给出了偏移的性质；s_i 是在(0，1)区间内均匀提取的随机数值；Δp 是事先确定的第 i 个参数的变动大小。

(2) 针对上述的试验结构计算粉末衍射谱图，然后与实验谱图进行比较，表征一致性的因子通常使用谱图加权指标 R_{wp}

$$R_{\text{wp}} = \sqrt{\frac{\sum_t w_t (y_t^{\text{o}} - K y_t^{\text{c}})^2}{\sum_t w_t (y_t^{\text{o}})^2}} \tag{8.16}$$

---

① "configuration"在有关随机现象文献中的翻译很混乱，有"状态"、"配置"、"组态"等，都是根据所述事物而定，这里根据所要描述的晶体结构，翻译为"构型"，以便与"构象"、"结构"等词语互相区分。——译者注

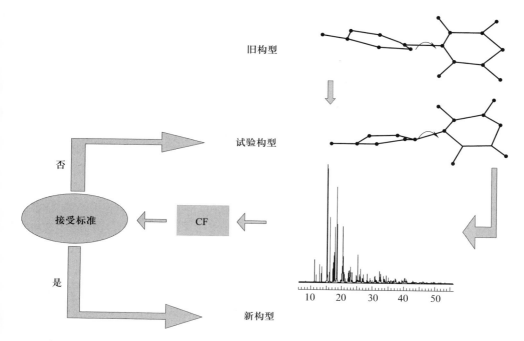

图 8.9　某个结构模型的单步蒙特卡罗运动所包含的步骤示例。该结构模型仅有一个位于两环间的未知扭转角

其中 y_t^o 和 y_t^c 分别是粉末衍射谱图第 t 个点处观测(已经扣除背景)和计算的计数值,K 是标度因子,而 w_t 是权重因子,通常选择泊松(Poisson)类型($w_t = 1/y_t^o$)。如同 CF,R_{wp} 可以表明这个试验结构的合适程度。

(3)采用某种验收标准来决定上述的试验结构是被接受还是被舍弃。多数情况下,这种标准是基于 Metropolis 及其同事提出的重要性取样算法(importance sampling algorithm)[50]。如果这个试验构型满足 $CF < CF_{old}$,就可以接受,否则改为按照一定的概率接受

$$\exp[-(CF - CF_{old})/T] \qquad (8.17)$$

其中 T 代表某个合适的比例因子;r 在 0~1 之间随机取值。如果该试验构型满足 $\exp[-(CF - CF_{old})/T] > r$ 就可以接受,否则舍弃。

(4)如果试验构型被接受了,就可以作为马尔可夫链的一个新构型,成为产生下一个衍生物的起点。反之,如果该试验构型被舍弃,那么继续尝试由原来的构型生成一个新的构型,直到满足验收标准。

MC 操作要重复若干次直到获得一条长度足够的结构链。这条链等同于在参数空间中的一次随机游走。假定这次游走已经浏览了足够大的参数空间,那么在重要性取样算法的引导下将可以到达 CF 超曲面的全局最小值位置。公式

(8.17)实际上可以避免整个体系掉入局部最小值——因为它允许具有较高 CF 的构型在一定概率下被接受，这就意味着这次的随机游走能够跳出 CF 超曲面上相应的局部最小值。这类事件发生的速率可以利用温度参数 T 来控制，在最小化过程中变动这个参数，相应的过程就成了所谓的模拟退火（simulated annealing，SA），这种操作会在下文中做介绍。

在已知的各种面向粉末数据求解相角问题的 MC 方案中，Harris 等[51]的工作具有开创性意义，而 Andreev 等[43]的文章则详细介绍了如何利用数学运算来生成柔性分子结构。另外，Tremayne 等[52]在计算机软件 OCTOPUS 中引入了一种在每一个 MC 操作中都进行一次局部最小化的技术[53]，从而提高了全局优化算法的效率。后两者可以作为解决 DST 的一个主要缺陷，即依赖于初始假设的结构模型的示例。例如 Andreev 及其同事在论文中提出将结构几何特征中的未知部分参数化，并且在全局最小化时能够动态引用。虽然这种做法解决了上述缺陷，但是扩大了搜索算法涉及的参数空间范围。而 Tremayne 等则在全局搜索算法中将这些参数固定下来，从而减小了参数空间范围，但是在局部最小化步骤中，这些参数不再进行约束，允许动态变化，然后使用与局部最小化后的构型对应的 CF 以及公式(8.17)来计算被接受的概率。如果这个试验结构被接受，那么新的试验结构利用具有标准几何形状的结构衍生出来（不是采用放松约束后所得的几何形状），从而避免 MC 计算中出现相对于结构片段的标准几何构型的各种偏差。

结构模型的势能计算对 MC 方法大有裨益，它可以避免或者明显降低以过短分子间距或者异常键长和键角为特征的不现实结构的数目。引入势能的主要目的是避免无意义结构的出现，而不是为了细致比较各个不同的合理结构。经常使用的一种简单势能函数仅仅包含了排斥项。如 Lanning 等[54]和 Brodski 等[55]采用如下的 Leonard - Jones 势能函数[56]：

$$E = \sum_i \sum_{j>i} \frac{B_{ij}}{r_{ij}^{12}} \tag{8.18}$$

其中加和遍历给定截断半径内的所有原子对（分别以 i 和 j 标记），参数 B_{ij} 通过分子力学力场计算获得[57]。而 Coelho[58]则采用了 Born - Mayer 势能函数[59]：

$$E = \sum_i \sum_{j>i} C_{ij} \exp(-Dr_{ij}) \tag{8.19}$$

另外，Putz 等[60]针对无机化合物采用了如下势能函数：

$$E = \sum_i \sum_{j>i} E_{ij} \tag{8.20}$$

$$E_{ij} = \begin{cases} 0 & , \quad r_{ij} \geqslant r_{ij}^{\min} \\ \left(\dfrac{r_{ij}^{\min}}{r_{ij}}\right)^6 - 1, & \quad r_{ij} < r_{ij}^{\min} \end{cases}$$

其中参数 $r_{ij}^{\min}$ 代表两类原子已知间距的最小值，可以从无机晶体结构数据库（Inorganic Crystal Structure Database）[61]中得到。对于离子化的原子模型，库仑（Coulomb）项

$$E = A \sum_i \sum_{j>i} \frac{Q_i Q_j}{r_{ij}}$$

可以添加到原来的排斥项中组合表达势能，其中 Q_i 与 Q_j 分别是原子 i 和原子 j 的离子价[60]。

　　大多数学者采用的是混合型的 CF，即将能量项与表示计算和实验谱图一致性的残差项组合起来考虑[54,58,60]。最近，Brodski 等[55]反其道而行，虽然还是联用，但是却将势能项和加权的图谱 R 因子［参见公式（8.16）］分别独立进行最小化。在他们的 MC 策略中，Metropolis 验收标准做了如下变动：如果某个试验构型的能量项或者图谱一致性指标中至少有一个低于老构型中的相应项目值，那么这个试验构型就被接受，反之则被抛弃。

　　关于 Metropolis 验收标准的另一个有意义的改动是 Hsu 等[62]提出的。他们将公式（8.17）中的差值 $\mathrm{CF} - \mathrm{CF_{old}}$ 改为

$$\mathrm{CF} - \mathrm{CF_{old}} + \varepsilon \, \frac{H(\mathrm{CF},t) - H(\mathrm{CF_{old}},t)}{H(\mathrm{CF},t) + H(\mathrm{CF_{old}},t)}$$

其中 ε 是起调整作用的常数；$H(\mathrm{CF},t)$ 是一段时间内成本函数值等于 CF 的构型的累计个数（cumulative histogram），具体数值取决于时间参数 t。因为每步 MC 运动后，这个值将被更新：如果试验构型被接受，那么 $H(\mathrm{CF}) = H(\mathrm{CF}) + 1$，否则 $H(\mathrm{CF_{old}}) = H(\mathrm{CF_{old}}) + 1$。另外，当到达某个局部最小值的时候，接受速率将下降，换句话说，这个额外添加的项目通过不再拘泥于局部最小值的做法达到了能量景观（energy landscape）的局部变形效果①。显然，这种处理可以记录前面在某一特定能量区域探索的数目并且避免掉入局部最小值中。该技术可以称为能量景观铺垫（energy landscape paving）法，它在以单晶数据求解有机分子结构中能够增强 MC 搜索的收敛性，但是在粉末衍射数据上的应用仍有待明确。

8.4.3　模拟退火法

　　MC 法和模拟退火（SA）法的根本差别就在于公式（8.17）中的比例因子 T 控制的取样方法不同。前者的 T 是固定的或者根据经验修改，而后者在运行时，T 则是根据退火规划而缓慢减小的。为了理解这种策略背后的原理，针对

---

　　① 形象地说，这种方法就是在搜索中可以让能量超曲面的沟壑被填补而平坦化，这样搜索就不会深陷其中，即容易脱离最小值，继续搜索其他空间。——译者注

在最小化过程中不断变动的结构模型的DOF，引入一个与之等价的、假想的物理粒子系统会有所裨益，同时，本文将采用首次利用 SA 技术的 Kirkpatrick 等[63]的言论对这种策略进行说明。在这种算法中，成本函数对应于上述物理系统的能量，即全局最小化所得的构型相应于这个物理系统的基态。Metropolis 标准中的概率因子类似于玻尔兹曼(Boltzmann)因子 $\exp(-E/k_B T)$，后者用于描述能级 E 的分布，其中 k_B 就是玻尔兹曼常数，而 T 则是温度。逐渐降低这个物理系统的温度，那么它将通过各个热力学平衡态逐步回到基态，这就相当于连续减小公式(8.17)中的参数 T，从而获得正确的晶体结构，而退火过程中避免系统落入局部最小值也相应于避开错误的结构解。利用由许多相互作用的原子构成的物理系统的有关属性，就可以得到 Kirkpatrik 建议的优化退火方法[64]。为了连续进入低能量状态，首先要加热这个物理系统直到它被完全熔化，然后缓慢降低温度，并且在凝固点附近的温度区间中降温更加缓慢，最后加快冷却速度从而将原子固定下来。如果将因子 T 和被接受的 MC 运动所占的分数(接受比例)作为关键参数，那么上述流程就可以在 SA 这种全局优化算法中同样操作：首先给予系统一个初始的 T 值，然后 T 增大，直到接受比例足够高(这可以确保系统已经"熔化"了，即 DOF 在参数空间中可以自由变动)，然后连续降低 T，并且在每一个 T 值处一直保持恒温，直到走完了固定数目的移动后才开始降温。虽然这一阶段耗时最长，但是正是这一阶段使得系统能够达到全局最小值，而且不会陷入局部最小值。最后，全局最小值位置将通过 T 的快速下降而被精修，如果此时的接受比例达到某个允许的底限时，换句话说不会再观测到进一步的改进了，这种迭代过程就被结束。也已证明对数型的退火方法可以保证收敛到全局最小[65]，但是考虑到计算机时的不足，可能需要选择更快的退火方法，但此时就不能保证成功率了。

已有的报道给出了若干种针对基础 SA 算法的变体，它们分别在 CF 的选择、退火过程的设计或者产生试验构型的手段方面做了改动。例如 Andreev 等[66]按照预定速度降低 T，并且对应每个 T 值执行的移动数目随着接受比例的降低而增加；David 等[67]提出了如下已经应用于 DASH 软件[68]的与 SA 相关的创新点：

(1) CF 改用计算结构因子的模与 Pawley 法提取的积分强度之间的比较结果

$$\text{CF} = \sum_h \sum_k \left[(I_h - c\,|F_h|^2)\,(V^{-1})_{hk}\,(I_k - c\,|F_k|^2) \right] \qquad (8.21)$$

其中 I_h 和 I_k 分别是 Pawley 精修所得的衍射 h 和 k 的积分强度；V_{hk} 是 Pawley 精修所得的协方差矩阵；c 是比例因子；$|F_h|$ 和 $|F_k|$ 分别是根据试验结构计算所得的结构因子的模。这种 CF 计算要快于前述的谱图 R 因子，从而可以迅速

识别正确的结构解。如果正被优化的结构模型的非对称单元并不完整，那么就采用最大似然法（maximum-likelihood approach）求 CF 的值，以便提高这种 SA 算法的成功率[69]。

（2）冷却速度随成本函数的波动而变，因此，当 CF 波动厉害时，冷却速度会变慢，从而在所取样本好坏兼有的时候能探索更宽的参数空间——这个过程等价于大热容的物理系统冷却得更慢的现象；

（3）新参数值根据指数型概率分布生成，没有采用公式（8.15）中所使用的均匀赋值方式，即参数 p_i 的变动 Δp 由下述的概率分布得到：

$$P(\Delta p) = \frac{\Delta p}{\Delta p_0} \exp\left(-\frac{\Delta p}{\Delta p_0}\right)$$

其中 Δp_0 是参数 p_i 当前给定的改变量。这种做法不但提高了对近邻参数空间取样的效率，而且确保远离当前参数值的数值也有一定的概率被选中。

（4）模型的转动采用四元数表达式[71]。四个四元数分量中，三个用于确定旋转轴的取向，剩下的一个给出了绕轴转动的角度。这种方法的优势在于可以实现对取向的均匀取用，避免采用欧拉角定义时会产生的奇异点[70]。

PowderSolve 程序[72]采用的 SA 算法除了常规的技术，还将参数变动的步长［公式（8.15）中的 Δp］与接受比及 CF 的波动联系起来。另外，它采用了一种局部淬火的过程，即只要操作中得到了一个合理的结构解，那么就执行一次局部的 Rietveld 优化。这种旁路退火的方法可以避免 SA 主线达到很低的退火温度也没有获得结果的麻烦，从而提高了模拟退火法的效率。

ENDEAVOUR 软件[60]可以在没有初始结构模型，并且原子在晶胞中随机分布的条件下解出离子型化合物和金属间化合物的晶体结构。在每一步 MC 运动中，从前一个构型中通过随机移动 95% 的原子（相关原子的选择也是随机的）并且成对交换剩余 5% 的原子得到一个新的、随机的原子构型作为试验结构；同时软件将执行若干步局部最小化操作，具体的循环数目取决于晶胞单元中原子数目。这种操作循环数目取决于晶胞原子数目的规定同样应用于退火方法中，因此整个解析过程主要由用户所定义的晶胞组分决定。同样地，Coelho[58]在其 TOPAS 软件[73]中采用了类似的操作。他利用公式（8.18）和公式（8.19）定义的能量项来表示原子之间的相互作用，这些项组合起来给出了 CF 值。另外，TOPAS 软件还通过所研究化合物中预期的平均化学键长度来制约原子随机偏移的大小。

ESPOIR 软件[74]采用了一种新的 CF 概念。它不但具有从谱图提取的强度值本质上要比谱图计数值来得快捷的优点，而且注意到考虑衍射重叠的必要性。为了实现上述目标，该软件一方面从观测谱图提取了强度值，并且重建一张不再含有背景、洛伦兹-极化因子、复杂的谱峰形状以及衍射多重性的赝

XRD 谱图，另一方面采用具有短拖尾的高斯峰形来粗略模拟实验谱图中的重叠，在原谱图上采样构建这种高斯峰的时候，对于 FWHM 以上的曲线部分，其取样点不超过 5 个。ESPOIR 软件使用的 CF 反映的是观测与根据试验结构计算的赝谱图之间的一致性。

平行回火（parallel tempering）是 SA 搜索算法的改进版本。它已经被应用于 FOX 软件[42]中。由于单独一条构型链在冷却过快的情况下可能会陷入局部最小值，因此在每一个不同的温度位置，软件都要执行数目不大的平行优化操作，而且平行优化时允许交换构型，同时采用与构造上述单条构型链相同的接受标准。这种措施可以优化对参数空间的探索过程。平行回火法特别适合于需要大量（一般高于 10 个）DOF 来定义的结构模型。

8.4.4　遗传算法技术

与 MC 法和 SA 法一样，遗传算法（GA）[75]也属于一种全局优化技术。这种算法基于达尔文进化论的原理：包含多个个体的某个种群按照指定的选择规则不断进化，最终达到适应性最佳的状态。晶体结构解析的问题如果采用生物进化的术语来描述，二者之间的对应关系就是 DOF 相当于基因；明确结构模型的位置、取向和内部构象的一系列 DOF 就是一条染色体；CF 对应于每个分子的适应性；而结构解的搜索等价于从最初各个分子构成的种群经过一系列进化，从而找到具有最佳适应性的分子。每一步进化包含了如下的操作：

（1）自然选择。这一过程决定存活下来或者参与杂交的个体，包含了计算给定种群的所有成员的适应性以及进行选择两步操作。后者与 SA 法中的接受规则有些相似，即能够标记出具有较高存活概率的成员（因此也包含了一定的随机性）。

（2）杂交。杂交操作中，任意两个当选的父本的基因信息会进行混合，从而繁衍出新的后代。

（3）突变。从种群中随机抽取部分个体，然后随机改变这些个体的部分基因信息生成一批新的个体（突变体）。

这三个过程构成了 GA 算法的基础：杂交可以保留并且改进种群中的被选定的特征；突变能够保证基因的多样性，从而避免种群进化进入僵局，而自然选择则驱动进化向最佳适应的种群方向移动，延长了具有最好适应性的多组基因[模式（schemata）]的个体的寿命。在 GA 算法中，一般的做法是将上一代所繁殖的下一代成员数目保持为某个常数，即种群的尺寸。这是一个关键参数：过小则种群会落入局部个体择优的局面，导致种群进化停滞以及在参数空间中病态取样的结果；过大又会降低收敛到优秀个体的速度。

GA 算法的一个有意义的特征就是它所隐含的并行性——允许在同一时刻

处理某个种群的不同个体，即可以同时探索参数空间的不同区域。这就使得 GA 类属于上述平行退火的方法，特别适用于解决含有多个 DOF 的结构解析问题。

Kariuki 等[76]和 Shankland 等[77]两个研究团队分别独立将 GA 技术应用于粉末衍射数据的结构解析。他们都采用了如下的策略：

（1）随机选择的个体构成的初始种群包含了如下的染色体集合 $\{x, y, z \mid \theta, \varphi, \psi \mid \tau_1, \tau_2, \cdots, \tau_n\}$，即由平移、旋转和内部构象模式构成；

（2）杂交过程通过单点交叉来实现，即两个父本的染色体在某一个位置切下一段，然后互相交换；

（3）染色体的突变通过某个或者多个选择的基因段被赋予随机给出的新数值来实现。

从细节上看，这两种技术在其他多个与操作有关的环节上是不同的，其中最明显的就是关于适应性函数的定义：Shankland 及其同事采用 DASH[参见公式(8.21)]使用的基于积分强度的函数，而 Kariuki 及其同事则利用谱图一致性因子(profile agreement factor)。另外，后者还采用下述的变换来动态标度这个成本函数：

$$\rho = \frac{CF - CF_{min}}{CF_{max} - CF_{min}}$$

其中 CF_{min} 和 CF_{max} 分别是给定种群中 CF 的最小值和最大值；ρ 是 $\tan h$ 的幅角或者说指数函数，当 CF 取最小值时，$\rho = 0$，而取最大值时，$\rho = 1$[78]①。最近有关 GA 的应用中引入了关于进化的拉马克主义(Lamarckian)理念[79]，即假定任意一个个体在寿命期内能够提高自己的适应性②。这种设想可以通过在自然选择、杂交或者突变发生前，局部最小化由计算所得的每个新结构的一致性因子来实现。与 MC 处理一样，局部最小化操作的引入明显提高了该算法的收敛速度。

另外，作为一种新的进化算法——差值进化(differential evolution，DE)[80]也已经在粉末数据结构解析中成功得到了应用[81]。相比于 GA，子代仅仅来自单个父本的 DE 更为简单，但是也更具有针对性。值得一提的是，种群中每个成员所繁殖的子代具有如下的染色体：

$$parent + K(member_1 - parent) + F(member_2 - member_3) \quad (8.22)$$

---

① 原文有误。另外，适应性函数实际上是以 ρ 为自变量的函数 $F(\rho)$，这才是本文"动态标度"的真实含义。有兴趣的读者可自行阅读原始文献。——译者注

② 拉马克的思想是"用进废退"，例如，长颈鹿的脖子不是偶然有了长脖子的基因，然后代代改良，而是它拼命伸长脖子，然后代代累积的结果。——译者注

其中 parent 就是该染色体的父本；member$_i$，$i = 1$，3 代表其他 3 个从种群中随机选择的成员的染色体；参数 K 和 F 则分别调整复合与突变的程度。公式（8.22）规定的操作应用于染色体的个别基因时要考虑各自的阈限：如果新生的基因值过高或者过低，那么结果取其父本与这个新生值所超越的阈限值之间的平均。新生种群通过某种有针对性的操作来实现：通过比较新生的子代和它的父本，其中更适应的一方存活下来。相比于 GA，DE 要更为稳定——虽然收敛也更慢。

8.4.5　杂化法

近年来，全局优化方法的发展促进了杂化算法的出现。这些杂化算法的优点在于同时结合了两种不同技术中最为优秀的特性。这可以通过某个源自 MC 和分子动力学（molecular dynamics，MD）技术的算法[82]来说明。在这种算法中，获得分子模型的取向和定位可以被图形化成驱动某个假想的粒子掉入某个势能阱的问题，而这种势能可以通过参数空间进行描述。粒子的坐标就是结构模型的内部和外部 DOF，而其动量则代表了相应 DOF 的变化。分子动力学采用哈密顿（Hamilton）公式来描述这些粒子在参数空间中的运动，其中初始动量的各个分量随机取自某个高斯分布函数，而势能则与公式（8.21）规定的 CF 一致。在走完给定步数的 MD 操作后，粒子将在参数空间中给出一条运动轨道，不过，其总能（动能 + 势能）可能偏离初始值——这是有限步数的 MD 模拟引入的系统误差造成的。因此，这个时候需要运行一步 MC 操作来强制粒子的总能保持不变，并且采用基于离子的初始（E_{old}）和终止（E）的总能对比的 Metropolis 验收标准来决定这条轨道是否被接受：如果 $E < E_{old}$ 就无条件接受，否则按照如下类似公式（8.17）的概率接受：

$$\exp[-(E - E_{old})/T]$$

如果这条轨道被接受，那么新的尝试将从它的终点开始，否则就从其始点继续开始动力学模拟。不管是哪一种，新的动量分量仍旧从上述的高斯分布中随机取值。这种杂化蒙特卡罗操作一直循环运行，直到满足预定的势能底限或者超过了最大允许的（MD + MC）的步数才结束。研究中发现针对某个用于尝试的结构，这种方法比起 DASH 中采用的 SA 算法在成功率方面提高了 35%。

另一种杂化算法使用了结构包络（structure envelope）。所谓的结构包络，就是选择少数几条低分辨率（低角度区域①）的强衍射线来获得晶胞中局部区域电子密度凹凸分布的轮廓。这些衍射线要求受重叠效应的影响小，并且需要事先估计出它们的相角。此时就可以将全局优化法需要搜索的参数空间限制在这

---

① 这里的分辨率是以 Δd 值来定的，高角度的衍射数据分辨率大。——译者注

个结构包络覆盖的范围内。采用网格搜索法针对相应于结构包络所定义的非对称单元范围内的格点展开搜索。通过这种策略已经分别成功解出了一个分子筛[83]和一个有机化合物的结构[84]。最新的进展之一就是将结构包络信息加入 SA 算法的框架中，其特色体现为 CF 的定义：$CF = wR_{wp} + (1 - w)P$，其中 w 是同结构包络的可靠性相关的权重因子，P 是一个惩罚函数，用于衡量实际试验构型中的模型与包络的符合程度[85]。

Altomare 等[86]研究了联用 DM 和 SM 技术的杂化法，并且在 EXPO2004 软件包中获得了应用[87]。显然，如果常规的 DM 从头法操作不能从粉末衍射数据得到能完整描述结构的电子密度图，那么采用有关分子几何结构的先验信息就是一件理所当然的事情。这类基于 DM，联用其他 DST 技术的杂化法的第一阶段成果是发展了一种通过 MC 法来完善无机晶体结构的技术。这种技术除了采用以 DM 法给出位置的重原子为中心的配位多面体的先验性知识，还采用了相关多面体的平均阳离子-阴离子间距[86]。具体操作时，首先由用户自行或者根据软件的引导给出设想中的非对称单元中每个阳离子的配位多面体类型以及预期的平均化学键距离和扭转角值，随后采取如下的步骤：

（1）自动 Rietveld 精修由 DM 所提供的重原子位置参数，提高其精确度。

（2）分析重原子之间的距离，推导出（或者证实）它们的连通性（四面体或者八面体）。现在举一个例子：假定有两个阳离子 C1 和 C2（参见图 8.10）已经找到了位置。显然，连接 C1 和 C2 的桥联阴离子 A1 一定位于两个分别以 C1 和 C2 为中心的配位球相交所成的圆周上。因此，可以在这个圆周上随机取一点作为 A1 的试验位置——某个可能的原子位置。其他阴离子 A2、A3、A4 的位置可以通过以 C1 为中心的配位多面体绕 C1－A1 轴随机旋转一个角度得到（所得的位置当然也是随机的），随后检验这些新阴离子的位置对称性并且生成各自的对称等价点，然后进一步完成多面体的构造过程。

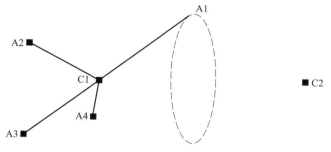

图 8.10　蒙特卡罗步骤中如何通过两个阳离子(C)来定位四面体阴离子(A)的示意图

（3）本步属于循环操作——直到完成所有阴离子的定位为止。其内容就是对每一个合理的结构模型计算各自的谱图残差，然后挑选一批一致性因子极佳的模型进行 Rietveld 精修。

图 8.11 所示的结构片段是一个应用示例——利用 DM 给出的 4 个 Si 峰的初始位置，对于全部的 12 个氧阴离子，采用这种杂化法可以给出其中 10 个的位置。

接下来，上述的处理进一步一般化，以便适应不能正确定位结构中所有重原子位置的情形——在阳离子配位为四面体或者八面体类型的前提下，实现缺失阳离子及其环绕阴离子的定位[88]。采用这种新的处理方法，图 8.11 所示片段的完整结构可以仅从源自 DM 的两个硅峰得到。

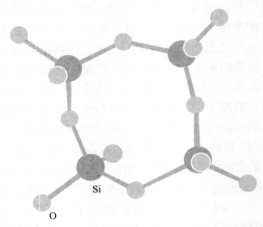

图 8.11　SAPO 的结构片段[89]。通过硅氧配位多面体的先验性知识，在已经辨认出 4 个对称性独立的硅阳离子的基础上，12 个氧原子中的 10 个可以从剩余局部电子密度图中通过蒙特卡罗法确定各自的位置

使用 DM 处理有机结构时，所得到的电子密度图一般仅能给出局部并且畸形的结构，因此，基于粉末衍射数据如何获得完整的有机化合物结构是一项具有挑战的任务。为了解决这个问题，Tanahashi 等[90]借鉴了 Harris 等[51]描述的处理方法，提出一种联用 DM 和 MC 的杂化法。通过在 MC 操作中变动坐标，他们获得了待测结构内所缺失的 3 个原子的位置。

另外，Altomare 等[91]也提出另一种基于 DM 和 SA 组合的杂化法来获得完整的有机化合物结构。在这种方法中，根据如下三条规定，可以通过 DM 给出的电子密度图上的谱峰来减少全局优化算法所用的 DOF 的数目。这三条规定如下所示：

（1）如果 DM 得到的电子密度图中含有三配位或者四配位连接的峰，那么就将它们依次与结构模型中具有同样多重连接关系的各个基团（如果有的话）关联起来。每次关联后紧接着就要执行一次 SA 操作，与此同时，外部 DOF 严格约束在各自的初始值附近(即进行 SA 处理时,结构模型的位置和取向几乎是固定的)。

(2) DM 得到的电子密度图中成对连接的峰依次和结构模型中各对成对键合的原子关联起来。每次关联后随即进行一次 SA 操作,所搜索的参数空间范围必须满足两个条件:首先,电子密度图和结构模型相对应的成对基团的质心要重合;其次,转动模型时优先考虑以该对原子之间的连线为轴线。

(3) DM 得到的电子密度图中的每个峰依次与结构模型中各个原子相对应。此时仅有结构模型的位置被固定,而取向和内部构象都需要通过 SA 过程来明确。

在运行 SA 操作时,组合型的 CF 被用于评价所得试验构型的品质。它是常用的图谱一致性因子[公式(8.16)]与表征实际试验构型同电子密度峰的重叠程度的品质因子共同作用的结果。当根据上述三个规定之一,将结构模型中各种多重连接基团与电子密度图中相应的多重连接基团对应起来后,就要从所执行的一系列不同的 SA 过程所得的结果中选取极佳的一批结果进行局部最小化,通过放宽在执行关联操作时所施加的约束来提高所选模型的品质。需要指出的是,联用这种局部最小化操作,前述一系列不同 SA 过程就能给出最终正确的结果,即意味着的确获得了真正的全局最小值。

8.4.6 实际结构应用示例

近年来,应用纯粹的或者杂化的全局优化方法从粉末衍射数据中解出的晶体结构数目日益增加。其中最显著的成就是关于有机化合物的解析,尤其是传统方法难以求解的有机化合物结构中的应用。第一个未能从直接法求得晶体结构而改用粉末衍射的 MC 法却能成功求解的有机化合物是 $p - BrC_6H_4CH_2CO_2H$[51]。从那时开始,随着全局优化技术算法的发展,可以解出的结构更加复杂,所含非氢原子更多,并且柔性也更大。目前报道的大多数有机结构(特别是有关药物的部分)都是通过正空间解析结构法来确定的。

近年来,通过正空间算法解出的有代表性的一系列有机化合物结构罗列于本章中的表8.1。表中分子模型上的箭头代表未知的扭转角,需要在最小化过程中变动以便明确其数值。一般说来,杂化法有助于处理更复杂的例子,例如具有更多未知扭转角(内部 DOF)或者更多非氢原子的结构。以表 8.1 中第 7 行的结构求解为例,初始结构通过使用 SA 算法优化 18 个参数而得到[92]:6 个参数描述了位置和取向;9 个参数给出了阳离子的扭转角;而剩下的 3 个参数则定义了氯离子的位置。不过,Altomare 等[88]采用的杂化法解起这个结构来更为简单。实际操作中,首先将 DM 电子密度图中的最强峰指定为孤立的氯离子,接着以该电子密度图中的剩余峰作为柔性结构变动的支点,通过独立的

SA 最小化过程求得阳离子的结构模型。而表 8.1 最后一行所给的 3 - β - 缩氨酸(Tri-β-peptide)则改用 7 条低阶衍射线被赋予正确的相角后计算所得的一个结构包络来联合 SA 得到最终的结构解。

表 8.1 近年来采用粉末衍射数据，通过全局优化法解出的有代表性的有机化合物结构

分子结构	内部 DOF	非氢原子数	算法	参考文献
	0	11	网格	a
	4	19	MC	b
	2	15	GA	c
	2	13	DE	81
	6	20	SA	70
	8	22	SA / MC + MD	67 / 82

分子结构	内部 DOF	非氢原子数	算法	参考文献
	9	20	SA SA + DM	92 91
	17	41	SA + 包络	85

a K. Goubitz, E. J. Sonneveld, V. V. Chernyshev, A. V. Yatsenko, S. G. Zhukov, C. A. Reiss and H. Schenk, *Z. Kristallogr.*, 1999, **214**, 469.

b M. Tremayne, E. J. MacLean, C. C. Tang and C. Glidewell, *Acta Crystallogr.*, *Sect. B*, 1999, **55**, 1068.

c K. Shankland, W. I. F. David, T. Csoka and L. McBride, *Int. J. Pharm.*, 1998, **165**, 117.

8.4.7　晶体结构预测

不使用任何与某个给定结构相关的实验信息，直接预测出这个结构的做法要比解析它更富有挑战性。这种操作称为晶体结构预测（crystal structure prediction，CSP）。它可以在未得到化学合成以及自然界寻觅的结果证实之前，直接描述某种晶体结构。CSP 所给的结果包括了针对结构模型原子坐标的预测以及空间群和晶胞参数的指定。它和粉末衍射的关系就是可以使用这个预测结果计算出一张粉末衍射谱图。这张图在今后可以用来鉴别某种还未被鉴定的、实际存在的化合物是否属于这种预测结构。

现有的技术条件可以预测某些符合下述条件的有机分子：非对称单元中所含的非氢原子不超过 20 个；结构是刚性的或者是有限的柔性结构（扭转角的个数小于或等于 2）以及每个非对称单元中的分子数目不大于 1[93]。各种预测手段都包含了如下 3 个阶段：

（1）通过分子力学的方法或者类比 CSD 中的其他结构来建立一个三维的

分子模型。

（2）生成试验结构。这些试验结构可以属于不同的空间群，具有不同大小的非对称单元，而且分子模型在非对称单元中的位置和取向也不同，另外，还可以对内部构象进行调整。

（3）使用点阵能作为 CF，在参数空间中进行全局优化。CF 的构造一般是采用公式（8.18）和公式（8.19）规定的原子间势能类型。不过，近年来发展的算法中加入了更全面的分子间势能项。

在现有各类报道的预测有机物结构的方法中，首先要提到的是 ZIP-PROM-ET[94]。它仅能处理刚性分子模型，通过分子模型的逐步二聚、层叠来构建试验结构。其他值得一提的软件还有采用网格搜索算法的 UPACK[95] 以及采用 SA 搜索的 Polymorph Predictor[96]。

至于有关预测无机化合物结构的计算机软件，值得一提的是使用原子势能作为选择标准的 GULP[97]。另外，使用 MC 算法的 GRINSP 采用了一种独特的 CF[98]，这种 CF 的大小唯一取决于所计算的原子的第一近邻配位间距与理论值之差的加权结果。

8.5　结论与展望

新算法迅猛发展是最近十多年的特色，其结果就是利用粉末数据解析晶体结构的操作变得更加容易。目前已经可以确定非对称单元中包含 20～40 个原子的化合物晶体结构。DM 的发展伴随着 DST 的迅猛演化，它们的结合可能是今后处理粉末法结构解析问题的最有前途的一种方法。

DM 特别适合于对分子几何结构未知的情况。它们的有效性取决于非对称单元所含的原子数目、衍射谱图的质量以及数据的分辨率。任何有关全谱分解技术的改进（确定性的或随机性的）都有助于 DM 的成功。

DST 在有机化合物中具有更多的优势——这类结构较难使用 DM 等传统的手段，但是却很容易推测出相应的结构模型。当前可以采用正空间法解出的晶体结构的复杂程度强烈受限于在合理的时间消耗下，所使用的全局优化算法能够处理的 DOF 的数目。长远看来，搜索算法和计算能力的进步都有望突破这种限制。使用 DST 的主要不足在于：① 时间花费可观；② 依赖于可靠的先验性结构信息的掌握程度。局部的结构模型如果出错，就会危及整个操作过程的成功，而且这种影响与消耗多少计算机时没有一点关系；③ 对使用峰形和峰宽函数来参数化描述谱峰线形所能达到的准确性是敏感的[99]。

结合上述的推论，长远看来，同时使用 DM 和 DST 的杂化法具有最好的前景。在这类竞争使用两种手段的算法中，DM 的贡献在于缩小了搜索空间所涉及的范围，并且允许非对称单元中被优化的分子数目超过 1 个；而 DST 则使得仅有轻原子的结构的解析更为简单，甚至可以采用来自普通实验室衍射仪的数据。

符号与注释

N	晶胞中的原子数目
f_j	第 j 个原子的散射因子
f_j^0	第 j 个原子的静态散射因子
Z_j	第 j 个原子的原子序数
$\boldsymbol{r}_j$	第 j 个原子的位置矢量
B_j	第 j 个原子的各向同性热因子

$$
\begin{aligned}
F_{\boldsymbol{h}} &= \sum_{j=1}^{N} f_j \exp(2\mathrm{i}\boldsymbol{h}\boldsymbol{r}_j) \\
&= \sum_{j=1}^{N} f_j^0 \exp\left(-B_j \frac{\sin^2\theta}{\lambda^2}\right)\exp(2\pi\mathrm{i}\boldsymbol{h}\boldsymbol{r}_j) \\
&= |F_{\boldsymbol{h}}|\exp(\mathrm{i}\varphi_{\boldsymbol{h}})
\end{aligned}
$$

具有矢量化衍射指数 $\boldsymbol{h} \equiv (h,k,l)$ 的结构因子；$\varphi_{\boldsymbol{h}}$ 是它的相角

DM	直接法
DST	正空间法
PM	帕特逊法
MC	蒙特卡罗法
SA	模拟退火法
GA	遗传算法
DOF	自由度
CF	成本函数

参考文献

1. C. Giacovazzo, *Direct Phasing in Crystallography: Fundamentals and Applications*, Oxford University Press, Oxford, 1998.

2. D. P. Shoemaker, J. Donohue, V. Schomaker and R. B. Corey, *J. Am. Chem. Soc.*, 1950, **72**, 2328.

3. R. A. Jacobson, J. A. Wunderlich and W. N. Lipscomb, *Acta Crystallogr.*, 1961, **14**, 598.

4. G. M. Sheldrick, in *Crystallographic Computing* 5, ed. D. Moras, A. D. Podjarny and J. C. Thierry, Oxford University Press, Oxford, 1991, p. 145.

5. J. Rius and C. Miravitlless, *J. Appl. Crystallogr.*, 1988, **21**, 224.

6. W. I. F. David, *J. Appl. Crystallogr.*, 1987, **20**, 316.

7. M. A. Estermann, *Nucl. Instrum. Methods Phys. Res. A*, 1995, **354**, 126.

8. A. Altomare, J. Foadi, C. Giacovazzo, A. G. G. Moliterni, M. C. Burla and G. Polidori, *J. Appl. Crystallogr.*, 1998, **31**, 74.

9. A. Altomare, M. C. Burla, M. Camalli, B. Carrozzini, G. Cascarano, C. Giacovazzo, A. Guagliardi, A. G. G. Moliterni, G. Polidori and R. Rizzi, *J. Appl. Crystallogr.*, 1999, **32**, 339.

10. A. Le Bail, H. Duray and J. L. Fourquet, *Math. Res. Bull.*, 1988, **23**, 447.

11. D. Harker and J. S. Kasper, *Acta Crystallogr.*, 1948, **1**, 70.

12. A. Altomare, R. Caliandro, C. Cuocci, I. da Silva, C. Giacovazzo, A. G. G. Moliterni and R. Rizzi, 2004, *Internal Report Istituto di Cristallografia* (C. N. R), sede di Bari, Via Amendola 122/0, 70126 Bari, Italy.

13. G. S. Pawley, *J. Appl. Crystallogr.*, 1981, **14**, 357.

14. A. Altomare, R. Caliandro, C. Cuocci, C. Giacovazzo, A. G. G. Moliterni and R. Rizzi, *J. Appl. Crystallogr.*, 2003, **36**, 906.

15. A. Altomare, R. Caliandro, C. Cuocci, I. da Silva, C. Giacovazzo, A. G. G. Moliterni and R. Rizzi, *J. Appl. Crystallogr.*, 2004, **37**, 204.

16. A. J. C. Wilson, *Nature*, 1942, **150**, 151.

17. A. J. C. Wilson, *Acta Crystallogr.*, 1949, **2**, 318.

18. C. Giacovazzo, *Acta Crystallogr.*, Sect. A, 1996, **52**, 331.

19. A. Altomare, J. Foadi, C. Giacovazzo, A. Guagliardi and A. G. G. Moliterni, *J. Appl. Crystallogr.*, 1996, **29**, 674.

20. A. Altomare, M. C. Burla, G. Cascarano, C. Giacovazzo, A. Guagliardi, A. G. G. Moliterni and G. Polidori, *J. Appl. Crystallogr.*, 1996, **29**, 341.

21. W. Cochran, *Acta Crystallogr.*, 1955, **8**, 473.

22. R. von Mises, *Physikalisches Z.*, 1918, **19**, 490.

23. C. Giacovazzo, *Acta Crystallogr.*, Sect. A, 1977, **33**, 933.

24. C. Giacovazzo, *Acta Crystallogr.*, Sect. A, 1980, **36**, 362.

25. G. Cascarano, C. Giacovazzo, M. Camalli, R. Spagna, M. C. Burla, A. Nunzi and G. Polidori, *Acta Crystallogr.*, Sect. A, 1984, **40**, 278.

26. C. Giacovazzo, *Acta Crystallogr.*, Sect. A, 1976, **32**, 958.

27. H. A. Hauptman, *Acta Crystallogr.*, Sect. A, 1975, **31**, 671.

28. J. Karle and H. Hauptman, *Acta Crystallogr.*, 1956, **9**, 635.

29. G. Germain, P. Main and M. M. Woolfson, *Acta Crystallogr.*, Sect. B, 1970, **26**, 274.

30. G. Cascarano, C. Giacovazzo and A. Guagliardi, *Acta Crystallogr.*, Sect. A, 1992, **48**, 859.

31. W. Cochran and A. S. Douglas, *Proc. R. Soc. London*, *Ser. A*, 1957, **243**, 281.

32. A. Altomare, M. C. Burla, M. Camalli, G. L. Cascarano, C. Giacovazzo, A. Guagliardi, A. G. G. Moliterni, G. Polidori and R. Spagna, *J. Appl. Crystallogr.*, 1999, **32**, 115.

33. M. C. Burla, M. Camalli, B. Carrozzini, G. L. Cascarano, C. Giacovazzo, G. Polidori and R. Spagna, *J. Appl. Crystallogr.*, 2003, **36**, 1103.

34. A. Altomare, C. Cuocci, C. Giacovazzo, A. Guagliardi, A. G. G. Moliterni and R. Rizzi, *J. Appl. Crystallogr.*, 2002, **35**, 182.

35. H. A. Hauptman, *Acta Crystallogr.*, *Sect. A*, 1976, **32**, 877.

36. Y. Ferchaux, F. Villani and A. H. Navaza, *Acta Crystallogr.*, *Sect. C*, 1990, **46**, 346.

37. A. Altomare, G. Cascarano, C. Giacovazzo and A. Gagliardi, *J. Appl. Crystallogr.*, 1994, **27**, 1045.

38. http://www.accelrys.com/cerius2/index.html.

39. http://www.cambridgesoft.com/products/.

40. http://www.tripos.com/software/sybyl.html.

41. F. H. Allen and O. Kennard, *Chem. Des. Autom. News*, 1993, **8**, 1.

42. V. Favre-Nicolin and R. Černý, *J. Appl. Crystallogr.*, 2002, **35**, 734.

43. Y. G. Andreev, P. Lightfoot and P. G. Bruce, *J. Appl. Crystallogr.*, 1997, **30**, 294.

44. F. L. Hirshfeld, *Acta Crystallogr.*, *Sect. A*, 1968, **24**, 301.

45. B. E. Lattman, *Acta Crystallogr.*, *Sect. B*, 1972, **28**, 1065.

46. V. V. Chernyshev and H. Schenk, *Z. Kristallogr.*, 1998, **213**, 1.

47. R. B. Hammond, K. J. Roberts, R. Dorcherty, M. Edmondson and R. Gairns, *J. Chem. Soc.*, *Perkin Trans.* 2, 1996, 1527.

48. N. Ma Sciocchi, M. Moret, P. Cairati, A. Sironi, G. Ardizzoia and G. La Monica, *J. Am. Chem. Soc.*, 1994, **116**, 7668.

49. V. V. Chernishev, *Acta Crystallogr.*, *Sect. A*, 2000, **56**, s132.

50. N. Metropolis, A. Rosenbluth, M. Rosenbluth, A. Teller and E. Teller, *J. Chem. Phys.*, 1978, **21**, 1087.

51. K. D. M. Harris, M. Tremayne, P. Lightfoot and P. G. Bruce, *J. Am. Chem. Soc.*, 1994, **116**, 3543.

52. M. Tremayne, B. M. Kariuki, K. D. M. Harris, K. Shankland and K. S. Knight, *J. Appl. Crystallogr.*, 1997, **30**, 968.

53. M. Tremayne, B. M. Kariuki and K. D. M. Harris, *OCTOPUS Monte Carlo Technique for Powder Structure Solution*, 1997, Universities of Birmingham, England, and St Andrews, Scotland.

54. O. J. Lanning, S. Habershon, K. D. M. Harris, R. L. Johnston, B. M. Kariuki, E. Tedesco and G. W. Turner, *Chem. Phys. Lett.*, 2000, **317**, 296.

55. V. Brodski, R. Peshar and H. Schenk, *J. Appl. Crystallogr.*, 2003, **36**, 239.

56. M. Born and A. Lande, *Sitzungsber. Preuss. Akad. Wiss. Berlin*, 1918, **45**, 1048.

57. A. K. Rappé, C. J. Casewit, K. S. Colwell, W. A. Goddard III and W. M. Skiff, *J. Am. Chem. Soc.* , 1992, **114**, 10024.

58. A. A. Coelho, *J. Appl. Crystallogr.* , 2000, **33**, 899.

59. M. Born and J. E. Mayer, *Z. Phys.* , 1932, **75**, 1.

60. H. Putz, J. C. Schon and M. Jansen, *J. Appl. Crystallogr.* , 1999, **32**, 864.

61. G. Bergerhoff, R. Hundt, R. Sievers and I. D. Brown, *J. Chem. Inf. Comput. Sci.* , 1983, **23**, 66.

62. H. -P. Hsu, S. C. Lin and U. H. E. Hansmann, *Acta Crystallogr.* , *Sect. A*, 2002, **58**, 259.

63. S. Kirkpatrick and C. D. Gelatt, Jr. and M. P. Vecchi, *Science*, 1983, **220**, 671.

64. S. Kirkpatrick, *J. Stat. Phys.* , 1984, **34**, 975.

65. S. Geman and D. Geman, *IEEE Trans. Pattern Anal. Mach. Intell.* , 1984, **PAMI −6**, 721.

66. Y. G. Andreev and P. G. Bruce, *J. Chem. Soc.* , *Dalton Trans.* , 1998, 4071.

67. W. I. F. David, K. Shankland and N. Shankland, *Chem. Commun.* , 1998, 931.

68. W. I. F. David, K. Shankland, J. Cole, S. Maginn, W. D. S. Motherwell and R. Taylor, *DASH User Manual.* , 2001, Cambridge Crystallographic Data Centre, Cambridge, UK.

69. A. J. Markvardsen, W. I. F. David and K. Shankland, *Acta Crystallogr.* , *Sect. A*, 2002, **58**, 316.

70. K. Shankland, L. McBride, W. I. F. David, N. Shankland and G. Steele, *J. Appl. Crystallogr.* , 2002, **35**, 443.

71. A. Leach, in *Molecular Modelling*, *Principles and Applications*, Addison Wesley Longman Ltd. , London, 1996.

72. G. E. Engel, S. Wilke, O. König, K. D. M. Harris and F. J. J. Leusen, *J. Appl. Crystallogr.* , 1999, **32**, 1169.

73. A. A. Coelho, TOPAS Version 3. 1, 2003, Bruker AXS GmbH, Karlsruhe, Germany.

74. A. Le Bail, *Mater. Sci. Forum*, 2001, **378-381**, 65.

75. D. E. Goldberg, in *Genetic Algorithms in Search*, *Optimization*, *and Machine Learning*, Addison-Wesley, New York, 1989.

76. B. M. Kariuki, H. Serrano-Gonzá lez, R. L. Johnston and K. D. M. Harris, *Chem. Phys. Lett.* , 1997, **280**, 189.

77. K. Shankland, W. I. F. David and T. Csoka, *Z. Kristallogr.* , 1997, **212**, 550.

78. K. D. M. Harris, R. L. Johnston and B. M. Kariuki, *Acta Crystallogr.* , *Sect. A*, 1998, **54**, 632.

79. G. W. Turner, E. Tedesco, K. D. M. Harris, R. L. Johnston and B. M. Kariuki, *Chem. Phys. Lett.* , 2000, **321**, 183.

80. R. Storn and K. V. Price, *J. Global Optimization*, 1997, **11**, 341.

81. M. Tremayne, C. C. Seaton and C. Glidewell, *Acta Crystallogr.* , *Sect. B*, 2002, **58**, 823.

82. J. C. Johnston, W. I. F. David, A. J. Markvardsen and K. Shankland, *Acta Crystallogr.* ,

Sect. A, 2002, **58**, 441.

83. S. Brenner, L. B. McCusker and C. Baerlocher, *J. Appl. Crystallogr.*, 1997, **30**, 1167.

84. S. Brenner, "Structure Envelopes and their Application in Structure Determination from Powder Diffraction Data", PhD Thesis, 1999, ETH, Zürich.

85. S. Brenner, L. B. McCusker and C. Baerlocher, *J. Appl. Crystallogr.*, 2002, **35**, 243.

86. A. Altomare, C. Giacovazzo, A. Guagliardi, A. G. G. Moliterni and R. Rizzi, *J. Appl. Crystallogr.*, 2000, **33**, 1305.

87. A. Altomare, R. Caliandro, M. Camalli, C. Cuocci, C. Giacovazzo, A. G. G. Moliterni and R. Rizzi, *J. Appl. Crystallogr.*, 2004, **37**, 1025.

88. A. Altomare, C. Cuocci, C. Giacovazzo, A. G. G. Moliterni and R. Rizzi, *J. Appl. Crystallogr.*, 2002, **35**, 422.

89. M. A. Estermann, L. B. McCusker and C. Baerlocher, *J. Appl. Crystallogr.*, 1992, **25**, 539.

90. Y. Tanahashi, H. Nakamura, S. Yamazaki, Y. Kojima, H. Saito, T. Ida and H. Toraya, *Acta Cyrstallogr.*, Sect. B, 2001, **57**, 184.

91. A. Altomare, R. Caliandro, C. Giacovazzo, A. G. G. Moliterni and R. Rizzi, *J. Appl. Crystallogr.*, 2003, **36**, 230.

92. H. Nowell, J. P. Attfield, J. C. Cole, P. J. Cox, K. Shankland, S. J. Manginn and W. D. S. Motherwell, *New J. Chem.*, 2002, **26**, 469.

93. W. D. S. Motherwell, H. L. Ammon, J. D. Dunitz, A. Dzyabchenko, P. Erk, A. Gavezzotti, D. W. M. Hofmann, F. J. J. Leusen, J. P. M. Lommerse, W. T. M. Mooij, S. L. Price, H. Scheraga, B. Schweizer, M. U. Schmidt, B. P. van Eijck, P. Verwer and D. E. Williams, *Acta Crystallogr.*, Sect. B, 2002, **58**, 647.

94. A. Gavezzotti, *J. Am. Chem. Soc.*, 1991, **113**, 4622.

95. B. P. van Eijck and J. Kroon, *Acta Crystallogr.*, Sect. B, 2000, **56**, 535.

96. P. Verwer and F. J. J. Leusen, *Rev. Comput. Chem.*, 1998, **12**, 327.

97. J. D. Gale, *J. Chem. Soc.*, Faraday Trans., 1997, **93**, 629.

98. A. Le Bail, *IUCr Comp. Comm. Newsletter*, 2004, **4**, 37.

99. K. D. M. Harris, M. Tremayne and B. M. Kariuki, *Angew. Chem.*, Int. Ed., 2001, **40**, 1626.

第9章

Rietveld 精修

R. B. Von Dreele

IPNS/APS Argonne National Laboratory, Argonne, IL, USA

9.1　引言

　　多晶粉末在倒易空间中可表达为一组以原点为球心、嵌套在一起的球壳[1]（图9.1）。如第1章所述，这些壳层由无数（对于1μm的晶粒，$\approx 10^9\,\mathrm{mm}^{-3}$）理论上随机分布的小晶粒的倒易点阵阵点组成。这些点的幅度与晶体的结构因子以及对称性导致的重叠（即衍射多重性）相关，并受到系统效应的影响（例如洛伦兹和极化、吸收、消光及择优取向）。其中有关结构因子及其系统效应的讨论可以参考其他章节（第3章）。另外，由于仪器效应和晶粒自身的特性，这些球壳具有一定的厚度或者说存在着宽化现象，详细介绍在第5、6和13章给出。一张实验测得的粉末衍射谱图就是对这组球壳的一个扫描，本质上就是一条包含许多谱峰及其下的缓慢变动背景的连续曲线。

　　有关获取衍射数据的技术可以参考第2章的讨论。

　　早期的数据分析力图从重叠的谱峰中提取出个体结构因子值，然后采用标准的单晶方法来获取结构信息。这种手段存在着严重的

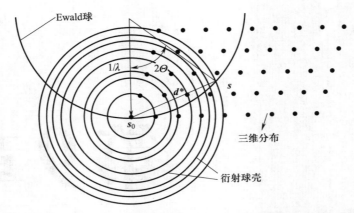

图 9.1　粉末衍射实验的倒易空间构造示意图：属于各个晶粒的无数个倒易点阵阵点构成了一组以倒易空间的原点为球心的、半径不等的、嵌套在一起的球壳

限制——因为一张粉末谱图中的谱峰相当宽，这肯定会导致多个衍射的重叠。因此，通过这种方式获得的可用结构因子数目非常少。显然，只有非常简单的晶体结构才可以尝试这种方法。例如，从中子衍射谱图中提取了 20 个衍射强度可以求出 $CaF_2 - YF_3$ 氟化物固溶体[2]中表征缺陷的 8 个结构参数。在探索解决这种局限性的时候，H. M. Rietveld[3,4] 意识到，一张中子粉末衍射谱图就是一条平滑曲线，它可以分解成一系列高斯函数形状的谱峰和一条平滑的背景。因此，要从这张谱图中获取最多信息的最佳办法就是写出能够描绘这个谱图中每一步观测强度的数学表达式

$$Y_c = Y_b + \sum Y_h \tag{9.1}$$

这个公式表达了包含了背景(Y_b)以及粉末谱图上的每步数据所处位置附近的布拉格衍射$[Y_h, h = (hkl)]$产生的效果(参见图 9.2)。其中每一部分都可以分别采用某个同时考虑了粉末衍射实验的晶体和非晶体属性的数学模型来描述。

　　实际操作中，精修这个模型中可变动的参数是通过最小二乘使观测强度和计算强度之差的加权值最小化来完成的。Loopstra 和 Rietveld[5] 正是通过这种方法获得了 Sr_3UO_6 的 42 个结构参数数值，从而清楚显示了这种技术相对于早期所用的积分强度法的威力。随后这种技术在粉末谱图分析方面的应用获得了巨大的成功[6-12]，从而开启了粉末衍射的新纪元。现在就将这种处理粉末衍射数据的技术称为 Rietveld 精修。

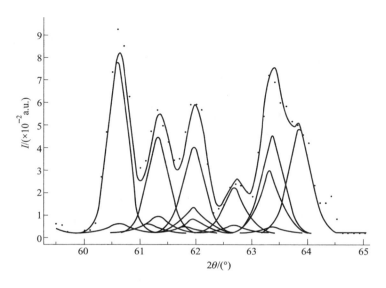

图 9.2　粉末衍射谱图的局部放大。它清楚地表明了计算谱图曲线可以分解为 15 个衍射峰及其下的一条低强度且平坦的背景

9.2　Rietveld 理论

9.2.1　最小二乘

　　粉末衍射谱图是由一系列部分重叠的谱峰与一条平滑且缓慢波动的背景构成的，因此，Rietveld 精修可以看作一个有关某条高度复杂曲线的拟和问题。其模型函数中的参数分别描述了晶体结构（原子坐标、热位移和格位占有率）以及衍射实验（晶胞、峰形展宽等），所用的表达式大多数是非线性和超越函数型的解析式。由于粉末衍射谱图通常采用粒子（X 射线光子或者中子）计数技术得到（参见第 2 章），因此其强度服从以各自期望值为中心的泊松分布。假如粉末谱图的每一步计数值足够大（>20），这种分布就完全可以用高斯分布来描述，而且绝对可明确为二阶矩的形式，因此，如果可观测值的数目（这里就是粉末谱图的数据点数目）超过了参数的数目，可以通过最小二乘计算出如下最小函数：

$$M = \sum w (Y_o - Y_c)^2 \tag{9.2}$$

给出任意线性组合的参数最小方差估计值[13]，其中权重 w 来自 Y_o 的方差。另外，一般假定对于整条粉末谱图来说，不同的 Y_o 之间不会存在非零的协方差。粉末谱图强度的计算值 Y_c 由下式给出：

$$Y_c = K |F_h|^2 H\Delta T_h \qquad (9.3)$$

其中 K 就是各种校正以及衍射强度 $|F_h|^2$ 的标度因子的组合值(参见第3章),而 $H\Delta T_h$ 则是线形函数值,用来确定与所给定衍射的布拉格位置相对应的谱线数据点所在的位置(参见第5、6和13章)。

最小化公式(9.2)可以看作某个具有轻微波动的多维超空间曲面上存在着相应于问题答案的非常深的谷底,不过,这些谷底仅占据超曲面中极小的一部分区域。需要注意的是,这些极小值(谷底)并不等价,其中一部分可能是错误的,即给出的是错误的结构。

由于公式(9.3)的具体表达式是非线性并且含有超越函数项目(例如三角函数),因此常用的线性最小二乘分析没有用武之地。要想继续使用线性最小二乘法,可以通过泰勒(Taylor)级数展开并且仅取第一项的方法来近似计算 Y_c。

$$Y_c(p_i) = Y_c(a_i) + \sum_i \frac{\partial Y_c}{\partial p_i}\Delta p_i \qquad (9.4)$$

另外,在取得最小值的时候,公式(9.2)的一阶导数满足

$$\sum w(Y_o - Y_c)\frac{\partial Y_c}{\partial p_j} = 0 \qquad (9.5)$$

基于公式(9.4),公式(9.5)可以改为

$$\sum w\left(\Delta Y - \sum_i \frac{\partial Y_c}{\partial p_i}\Delta p_i\right)\frac{\partial Y_c}{\partial p_j} = 0, \quad \Delta Y = Y_o - Y_c(a_i) \qquad (9.6)$$

重新排列一下

$$\sum w\frac{\partial Y_c}{\partial p_j}\left(\sum_i \frac{\partial Y_c}{\partial p_i}\Delta p_i\right) = \sum w\Delta Y\frac{\partial Y_c}{\partial p_j} \qquad (9.7)$$

这是一组正交方程,其个数就是参数位移 Δp_i 的个数。将各项合并后,就可以得到这些方程的矩阵表达形式——根据如下的定义:

$$a_{i,j} = \sum w\frac{\partial Y_c}{\partial p_i}\frac{\partial Y_c}{\partial p_j}, \quad x_j = \Delta p_j, \quad v_i = \sum w\Delta Y\frac{\partial Y_c}{\partial p_i} \qquad (9.8)$$

可以得到

$$Ax = v \qquad (9.9)$$

通过求解这个矩阵方程就可以得到所要的参数位移值

$$A^{-1}Ax = A^{-1}v, \quad x = A^{-1}v = Bv, \quad x_j = \Delta p_j \qquad (9.10)$$

其中逆矩阵 B 可以通过约化(reduced)因子 χ^2[公式(9.13)]进行正交化,从而给出方差-协方差矩阵。这个正交矩阵的对角元素的平方根就是参数位移值的误差估计,从而也是各个参数自身的误差估计。正常情况下,这些误差估计值仅取决于原始粉末衍射谱图强度值的统计误差。如果所建立模型存在系统性缺陷,那就可能造成不合理的误差,而这种不合理性必定会体现在所得的误差估

计值中。换句话说,用于描述粉末衍射谱图的模型必须尽量准确地描述产生所观测谱图内的各种因素对应的散射过程,从而避免出现明显的系统误差。

虽然采用泰勒级数来近似存在着不足,即所得的位移值 Δp_i 还不能准确到实现问题所需的真正最小值,但这些结果却是(很可能)更好的逼近。因此,所得的新的参数值可以用于下一轮的 Rietveld 精修。这种循环过程将不断重复,直到矩阵 $\pmb{B}$ 的对角元素给出的误差估计值是各自参数位移值的好几倍为止。

这种技术隐含的一个要求就是必须预先准备好所有参数的初始估计值[公式(9.4)中的 a_i],而且这些参数估计值必须使得最小化函数值处于其给出的超曲面 M 的一个(尽量贴近答案的)谷底中。

最小二乘精修的品质可以采用某些残差函数来表示

$$R_\mathrm{p} = \frac{\sum |Y_\mathrm{o} - Y_\mathrm{c}|}{\sum Y_\mathrm{o}} \tag{9.11}$$

及

$$R_\mathrm{wp} = \sqrt{\frac{M}{\sum w Y_\mathrm{o}^2}} \tag{9.12}$$

需要指出的是,由于加权的残差 R_wp 包含了在最小二乘中将被最小化的因子 M,因此它是一个纯粹的统计学相关的残差。采用如下同样来自最小化函数的约化因子或者拟合优度(goodness of fit)χ^2:

$$\chi^2 = \frac{M}{N_\mathrm{obs} - N_\mathrm{var}} \tag{9.13}$$

可以得到 R_wp 的期望值

$$R_\mathrm{wp(exp)} = \frac{R_\mathrm{wp}}{\sqrt{\chi^2}} \tag{9.14}$$

如果"合理"选择观测值的权重计算方法(例如采用方差的倒数),那么对于某个理想的精修,约化因子只是多少会大于 1。但是如果方差被错误标度(misscaled)了,那么将会进一步使得约化因子远离 1,不过这些都不会影响 R_wp 的结果。最近,Mercier 等[14,15]注意到 Rietveld 精修中引入的矩阵 $\pmb{A}$ 的求逆过程经常受到不良数值变动的干扰,这是因为个别偏导数出现极端取值的缘故。多年来,其实同样的问题已经被许多设计 Rietveld 精修软件(例如 Larson 和 Von Dreele 的 GSAS[16])的研究者注意到了。解决这个问题的一种办法就是在矩阵求逆之前进行一次归一化操作。最简单的归一化计算如下所示:

$$A'_{ij} = \frac{A_{ij}}{\sqrt{A_{ii}A_{jj}}} \tag{9.15}$$

接着计算 A' 的逆矩阵，随后原来所需的逆矩阵可以针对每个矩阵元素采用同样的校正得到

$$B_{ij} = \frac{B'_{ij}}{\sqrt{A_{ii}A_{jj}}} \tag{9.16}$$

这种措施排除了计算机计算中的舍入误差问题，从而提高了 Rietveld 精修时最小二乘过程的稳定性。

9.3 约束和限制

9.3.1 简介

一组描述原子结构的参数给出了原子的排列、原子的运动以及每个原子在给定位置的占有概率。这些参数分别对应原子的分数坐标、原子位移或者热运动参数以及占有率因子。此外，还要加上一个计算结构因子与观测结构因子值之间比例的值，即标度因子。上述这组参数就是单晶结构精修常用的操作对象。不过，在 Rietveld 精修中，除了这组参数，还要加上一组描述粉末衍射谱图的参数：点阵参数、线形参数和背景系数。此外，在某些特殊场合下，相关的参数进一步增加，它们主要有描述择优取向或者织构、吸收及其他效应的参数。所有的这些参数有时会由于空间群对称性或者实验者预设的各种关系，而与其他参数直接关联在一起。这种关系在精修中就称为"约束"，直接作用于参数位移 Δp_i，相关公式如下所示：

$$\Delta p'_j = k_{ij}\Delta p_i \tag{9.17}$$

其中 k_{ij} 是稀疏长方矩阵的元素。通过这个矩阵可以将感兴趣的一组参数与实际被精修的一小组参数关联起来。约束可以降低偏导数的数目，具体如下所示：

$$\frac{\partial Y_c}{\partial p'_i} = \frac{1}{k_{ij}}\frac{\partial Y_c}{\partial p_j} \tag{9.18}$$

最简单的约束就是特殊位置[例如立方晶系所属空间群的 (x,x,x) 位置]处原子格位的约束。此时，个体的原子坐标之间存在着特定的关系，同样地，这些个体原子的各向异性热运动参数之间也存在着特定的关系（例如对于上述立方结构的 (x,x,x) 原子格位就要求 $U_{11} = U_{22} = U_{33}$ 且 $U_{12} = U_{13} = U_{23}$）。

9.3.2 刚体精修

对于大型结构，所需要确定的参数数量相当庞大，远远不是单次粉末衍射

实验数据所得的信息能够明确的。要解决这种精修问题就要引入其他信息。很常见的一种情况就是结构中的某一部分具有众所周知的立体化学属性，例如它是一个（或者多个）苯基（—C_6H_5），此时就可以假定 6 个 C 原子共面并且具有一样的 C—C 和 C—H 间距。这类额外信息的来源很多，具体取决于用户想达到的效果以及数据的可信度。使用这类信息的一种办法就是将给定的分子片段描述为在晶体结构内可以旋转和改变位置的"刚体（rigid body）"。刚体限制精修的第一步就是在某个局部笛卡尔坐标系中对这个分子片段进行定义。虽然常用的表示方法是一系列简单的 xyz 坐标，但是还有另一种办法，即通过从笛卡尔坐标系原点开始依次平移原子来建立这个模型。例如，一个苯环可以通过起始于苯分子中心的两次平移来定位 6 个 C 原子和 6 个 H 原子的位置（参见图 9.3）：

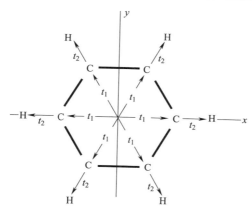

图 9.3　在笛卡尔坐标系中通过两次平移建立一个苯环的示意图，其中一次平移定位了 C 原子，而另一次平移进一步完成了 H 原子的排列

首先，6 个 C 原子和 6 个 H 原子分别沿矢量方向（1, 0, 0）、（$\cos 60$, $\sin 60$, 0）、（$-\cos 60$, $\sin 60$, 0），（-1, 0, 0）、（$-\cos 60$, $-\sin 60$, 0）、（$\cos 60$, $-\sin 60$, 0）平移了 t_1 长度。随后的第二步就仅有 6 个 H 原子继续沿着这些矢量方向平移 t_2 长度。这两个平移长度属于待精修的参数，同时这个模型保持了苯分子的 D_{6h} 对称性。此外，其他改用不同的原点，然后通过另外的一系列平移长度和矢量来建立这个基团模型也是可取的。当然，相应地，所建模型的柔性也不一样。例如，苯基（—C_6H_5）也可以从给定的 C 原子开始，通过依次进行的四次平移，遵循成键图像产生其他连接的 C 原子，同时允许 3 个 C—C 键长和 1 个 C—H 键长可以分别进行精修。普适条件下，刚体中任一原子的位置 $\boldsymbol{X} = (X, Y, Z)$ 可以通过下式得到：

$$\boldsymbol{X} = \sum_{i=1}^{N_t} t_i \boldsymbol{v}_i \qquad (9.19)$$

其中 t_i 是平移标量；而 $\boldsymbol{v}_i$ 是附带的、表示平移方向的矢量。

笛卡尔原子坐标也可以通过一系列的化学键移动来得到，每一个移动都是由相对于前一个原子位置的化学键和扭转角来确定。对于不太长的原子链，上述这种所谓的"Z 矩阵"表示[17] 非常有用。反之，如果链太长，那么一端的化学键或者扭转角的微小变化都会引起大量原子位置的变动，因此，难以使用 Z 矩阵。同样地，这种技术也较难用于环状分子。图 9.4 为构造 Z 矩阵的示意图，首先将原子 A 放在笛卡尔坐标系的原点，随后第二个原子 B 沿 X 轴遵循键长为 d_2 的要求放置，接着将第三个原子 C 按照预定的相对于 B 的键长 d_3 以及相对于 B—A 键所成的键角 α_3 放好。同样地，第四个原子 D 按照相对于前一个原子的间距为 d_4，与前两个原子所成的键角为 α_4 以及相对于前三个原子所成的扭转角为 τ_4 来放置。接下来的其他原子同样通过给定 3 个参数 d_n、α_n 和 τ_n 分别进行排列。

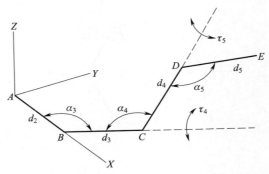

图 9.4　分子链的 Z 矩阵示意图

在定义好刚体后，接下来就是通过一系列的转动给定刚体的朝向，以便将刚体放入晶胞中。这些转动操作可以通过刚体坐标系相对于原局部笛卡尔坐标轴 $\{X, Y, Z\}$ 的旋转来定义

$$R_x(\alpha_1) = \begin{pmatrix} 1 & 0 & 0 \\ 0 & \cos\alpha_1 & -\sin\alpha_1 \\ 0 & \sin\alpha_1 & \cos\alpha_1 \end{pmatrix}$$ —— 沿 X 轴旋转角度为 α_1 （9.20a）

$$R_y(\alpha_2) = \begin{pmatrix} \cos\alpha_2 & 0 & \sin\alpha_2 \\ 0 & 1 & 0 \\ -\sin\alpha_2 & 0 & \cos\alpha_2 \end{pmatrix}$$ —— 沿 Y 轴旋转角度为 α_2 （9.20b）

$$R_z(\alpha_3) = \begin{pmatrix} \cos\alpha_3 & -\sin\alpha_3 & 0 \\ \sin\alpha_3 & \cos\alpha_3 & 0 \\ 0 & 0 & 1 \end{pmatrix}$$ —— 沿 Z 轴旋转角度为 α_3 （9.20c）

通过选择这些旋转的顺序和次数可以将刚体基团以合适的朝向放入晶体结构中。虽然对任何可能的分子取向最多只需要 3 个旋转就可以实现，但是可以规定一些额外的旋转来实现某基团的"择优定向"，从而使得被精修的旋转能围绕晶体结构中的某个"自然"的方向进行。此时，刚体坐标将按照下式转变为新的坐标：

$$X' = R_a(\alpha_3) R_a(\alpha_2) R_a(\alpha_1) X, \quad \text{其中 } a \text{ 任取 } X \text{、} Y \text{ 或者 } Z \qquad (9.21)$$

刚体基团的定向完成后，就要将其坐标转化为以晶胞轴 $\{a, b, c\}$ 定义的晶体学坐标系的数值，相应地，刚体基团的原点也同时转化为晶胞中的合适位置。假定晶体学坐标系到笛卡尔坐标系的转换矩阵为

$$L = \begin{pmatrix} a & b\cos\gamma & c\cos\beta \\ 0 & b\sin\alpha^*\sin\gamma & 0 \\ 0 & -b\cos\alpha^*\sin\gamma & c\sin\beta \end{pmatrix} \qquad (9.22)$$

那么刚体原子位置在晶体结构中的相应位置就是

$$x = L^{-1} X' + t \qquad (9.23)$$

这样，一小部分参数就可以用于描述一大群原子的位置和朝向。公式(9.19) ~ 公式(9.23)可以用于得到稀疏矩阵的元素，从而所有的原子坐标参数可以通过公式(9.17)和公式(9.18)转化为一小部分的、采用最小二乘法来明确取值的变量的表达式。

9.3.3　$Fe[OP(C_6H_5)_3]_4Cl_2FeCl_4$ 的刚体精修

这里以配合物 $Fe[OP(C_6H_5)_3]_4Cl_2FeCl_4$ 为例介绍不同分子片段分别采用刚性体来描述时的结构精修过程[18]。如图 9.5 所示，这个配合物结构中包含了两种分子片段：一个简单的四面体和一个六配位的铁基配位基团，其中包含了四个三苯基膦氧基团 $OP(C_6H_5)_3$ 配体和两个氯离子配体。显然，自由的晶体结构精修需要调整上述 88 个原子的位置，也就是总共有 264 个参数尚待明确。利用实验室常规衍射仪(CoKα)所得的这种材料的 X 射线衍射数据(d_{min} = 1.39 Å)难以满足这种精修问题的要求，因此改用 GSAS 软件，基于和其他结构的比较，将该配合物结构中常见的分子片段的立体结构固定下来，从而实现了对这个配合物结构模型的刚体定义。

相关的刚体定义分别是：阴离子 $FeCl_4^-$ 看作理想四面体对称构型，因此，整个刚体单元就只有它的位置、角度取向和键长参数需要调整(参见图 9.6)，从而将 15 个原子坐标变成了 7 个刚体参数。图 9.6 中 5 个原子分别表示为 5 个矢量，Fe 原子为零矢量，从作为中心点的 Fe 原子开始，指向四面体顶角，

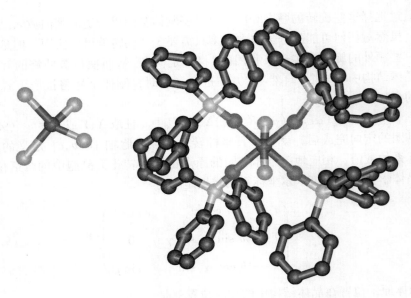

图 9.5 $Fe[OP(C_6H_5)_3]_4Cl_2^+ FeCl_4^-$ 的分子结构

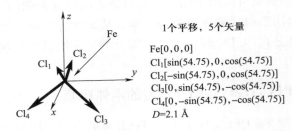

1个平移，5个矢量

$Fe[0,0,0]$
$Cl_1[\sin(54.75),0,\cos(54.75)]$
$Cl_2[-\sin(54.75),0,\cos(54.75)]$
$Cl_3[0,\sin(54.75),-\cos(54.75)]$
$Cl_4[0,-\sin(54.75),-\cos(54.75)]$
$D=2.1$ Å

图 9.6 $FeCl_4^-$ 的刚体模型

长为 2.1 Å 的 4 个矢量代表了 4 个 Cl 原子。当然，4 个矢量的长度在刚体精修中会被改变。根据这种构造，Fe 原子就成了这个刚性单元的原点，从而可以利用 6 个参数来确定它的位置以及取向。

　　三苯基膦氧基团的模型要更为复杂了(参见图 9.7)。该模型使用了以 P 原子作为公共原点的两个刚体单元。第一个刚体单元仅仅包含了 P 原子和 O 原子，这个线性基团沿笛卡尔坐标系的 z 轴分布并且 P—O 键长(1.4 Å)允许被精修。第二个刚体单元描述了沿负的 z 轴方向上，6 个 C 原子相对于 P 原子位置的排列，其中 P—C (1.6 Å)和 C—C (1.38 Å)键长也是需要精修的。在定义刚体的时候，公共原点的选择是个关键——因为刚体的平移和旋转都是完全基于各自相应的原点来描述的。

　　接下来就是如图 9.8 所示，将 1 个 PO 和 3 个 C_6 刚体组成一个三苯基膦氧

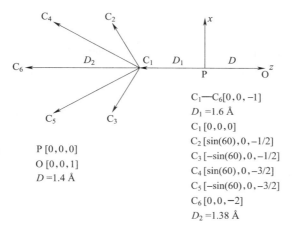

C₁—C₆[0, 0, −1]
$D_1 = 1.6$ Å
C₁ [0, 0, 0]
C₂ [sin(60), 0, −1/2]
C₃ [−sin(60), 0, −1/2]
C₄ [sin(60), 0, −3/2]
C₅ [−sin(60), 0, −3/2]
C₆ [0, 0, −2]
$D_2 = 1.38$ Å

P [0, 0, 0]
O [0, 0, 1]
$D = 1.4$ Å

图 9.7 PO 和 PC₆ 基团的刚体模型

基团。首先通过两次旋转 $R_1(x)$ 和 $R_2(y)$，以 P 原子位置为中心定位 PO 刚体，从而使 O 原子与 Fe 原子之间合理成键，这样的旋转变量对于 4 个基团来说总共有 4 组，合起来就是 8 个参数。同时每一个 P 原子需要 3 个晶体学坐标 x、y、z，因此新增了 12 个参数。随后 3 个 C₆ 基团关于 P 原子的定位分别都需要 3 次旋转 $R_3(z)$、$R_4(x)$ 和 $R_5(z)$。其中 $R_5(z)$ 旋转量确定了每个 C₆ 基团相对于自己的 P—C 键的扭转角，这就意味着需要新增 12 个参数，而基于 POC₃ 成键的四面体立体化学结构属性，各个 C₆ 基团初始的 $R_4(x)$ 旋转值可以指定为 70.55°，与此同时 $R_3(z)$ 旋转值对同组的 3 个 C₆ 基团分别是 0°、120° 和 240°。由于 $R_4(x)$ 和 $R_3(z)$ 不仅要参与精修，而且需要保持上述的四面体立体结构，因此对 4 个 OP(C₆)₃ 基团而言，$R_4(x)$ 旋转值可以取相同值，而每个基团中的

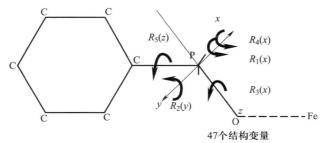

图 9.8 通过旋转设置将 PO 和 C₆ 刚体单元组装成一个体系的示意图

$R_3(z)$ ①旋转要维持 3 个 C_6 基团相隔 120°的关系，这样最后增加的参数是 5 个。图 9.8 示出了 5 个旋转相应的坐标系变换顺序。反过来（从 R_5 到 R_1）考虑可以更好地理解这个机制：首先相对于 P—C 键扭转 C_6 基团，随后 R_4 将 C_6 基团倾斜起来使之近似为四面体角（70.6°），然后 R_3 分开 3 个 C_6 基团分别指向四面体的 3 个顶点，最后 R_2 和 R_1 确定了配合物中 $P(C_6)_3$ 与 Fe 的相对位置。相比于一个针对 88 个原子的、完全自由的精修必须要处理 264 个参数的方法，基于这个模型，加上其他额外的 9 个 x、y、z 参数（从属于配合物的 $FeCl_2$ 部分），整个结构仅仅需要 47 个刚体参数就可以确定了。图 9.9 所示为采用这种模型后粉末谱图的拟合结果。

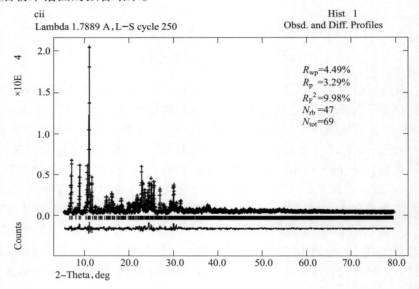

图 9.9 $Fe[OP(C_6H_5)_3]_4Cl_2FeCl_4$ 刚体精修的最终结果。"＋"表示观测谱图，"│"代表衍射位置，其他两部分分别是计算谱图和差值谱图

9.3.4 立体化学限制精修

结构精修中追加额外信息的另一种方法就是研究结构的立体化学属性。这些信息是以附加观测值的形式引入的，同样具有各自的误差估计值，从而最小二乘最小化函数需要加入其他一些项目

$$M = \sum w_{Y_i} (Y_{oi} - Y_{ci})^2 + f_a \sum w_{ai} (a_{oi} - a_{ci})^2 + \\ f_d \sum w_{di} (d_{oi} - d_{ci})^2 + f_p \sum w_{pi} (-p_{ci})^2 \quad (9.24)$$

---

① 原文误将"R"印刷成"P"。——译者注

公式(9.24)中 Rietveld 精修时所用的包含立体化学限制的最小化函数中各项目的含义分别是：Y—粉末谱图强度；a—键角；d—键长以及 p—相对于理想平面的偏移。至于加权因子 f 则用于调整不同项目的贡献并且防止任何一项影响过多。每个观测值的权重都取自各自观测值的标准不确定度。

与刚体的定义不同，立体化学限制的作用不是降低所描述晶体结构的参数数目，而是引入额外的立体化学结构信息来增加衍射观测值(即粉末谱图数据点)的数目，从而实现完整的结构精修。

以前面涉及的 $Fe[OP(C_6H_5)_3]_4Cl_2FeCl_4$[①]为例，可以施加的立体限制包括键长限制和键角限制。前者包括 6 个 Fe—Cl (2.21 Å)、4 个 P—O (1.48 Å)、12 个 P—C (1.75 Å)和 72 个 C—C (1.36 Å)化学键限制，而后者则是 12 个 O—P—C、12 个 C—P—C 和 6 个 Cl—Fe—Cl 的四面体角(109.5°)限制和 72 个 C—C—C 及 24 个 P—C—C 的六面体角(120°)限制。此外，每个苯环上的 6 个碳原子可以看作位于同一个平面上，这就多出了 72 个有关位置的限制。因此，总数为 290 个的立体限制被引入到这个需要精修 264 个原子坐标来确定 88 个原子位置的配合物的最小化函数中。这种精修过程所得的粉末谱图拟和结果参见图 9.10。可以看到谱图残差相对于刚体限制更好一些，主要可能是

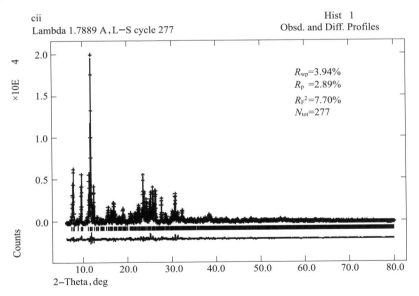

图 9.10　$Fe[OP(C_6H_5)_3]_4Cl_2FeCl_4$ 在加入立体化学限制后精修所得的结果。其中"+"表示观测谱图，同时也分别给出了计算谱图、差值谱图以及用符号"|"标记的衍射位置

① 原文漏写了两个"Cl"。——译者注

因为参与精修的参数数目更多。两种精修所得的结构对比参见图 9.11，显然二者是基本一致的，其中微小的差异是因为刚体模型和立体化学限制模型等不同的约束或限制在影响精修过程的效果上略有不同。

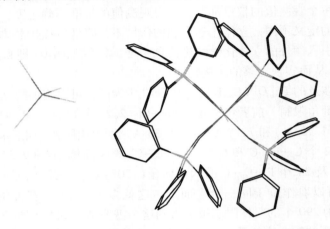

图 9.11　刚体和立体化学限制分别精修所得 $Fe[OP(C_6H_5)_3]_4Cl_2FeCl_4$ 结构的叠加对比图

9.3.5　蛋白质粉末精修

相对于粉末衍射更常碰到的一般结构，蛋白质晶体结构需要大量的原子位置来确定。例如广为人知的鸡蛋清溶菌酶的四方晶胞中所含的蛋白质分子就包含了 1 001 个非氢原子，这还是没有加上其他 100 个左右的水分子和盐离子的结果。因此，要描述它的结构就需要 3 000 多个原子坐标 (x,y,z)。虽然如此，在扩充上述公式 (9.24) 的限制组合，并且使之能够表达所有的具有特征值的立体化学结构性质时，基于粉末衍射数据对蛋白质结构进行 Rietveld 精修还是可行的[19,20]。此时，公式 (9.24) 表示的限制组合要改用如下的形式：

$$M = \sum w_{Yi}(Y_{oi} - Y_{ci})^2 + f_a \sum w_{ai}(a_{oi} - a_{ci})^2 + f_d \sum w_{di}(d_{oi} - d_{ci})^2 +$$
$$f_p \sum w_{pi}(-p_{ci})^2 + f_x \sum w_{xi}(x_{oi} - x_{ci})^2 + f_v \sum w_{vi}(v_{oi} - v_{ci})^2 +$$
$$f_h \sum w_{hi}(h_{oi} - h_{ci})^2 + f_t \sum w_{ti}(-t_{ci})^2 + f_R \sum w_{Ri}(-R_{ci})^2 \quad (9.25)$$

其中各个附加项的含义分别是：x—手性体积 (chiral volume)；v—范德瓦耳斯"碰撞" (van der Waals "bump")；h—氢键；t—扭转角；R—成对扭转角限制。这些限制的特征值取自高分辨率单晶数据解析出来的蛋白质结构[21]以及小缩氨酸 (肽) 分子的结构[22]。不过，扭转角和成对扭转角限制允许有多个特征值（不像键角等其他限制）[23]，因此，要直接使用这两类限制相当困难。目前的做法是将这些限制改用赝势能的方法[19,20,24]。相关的赝势能值可以利用高分辨率蛋白质结构中已知的扭转角和成对扭转角观测值分布计算出来。这种做法允许在精修过程中，扭转角或者成对扭转角可以尝试多种择优值，而且可以协调蛋白质骨架及其他位置处两个扭转角 φ 和 ψ 的耦合关系[25]。

致谢

感谢美国 DOE/OS/BES 基金的资助（批准号：DE-AC-02-06CH11357）。

参考文献

1. B. E. Warren, *X-Ray Diffraction*, Dover, New York, 1990.

2. A. K. Cheetham, B. E. F. Fender and M. J. Cooper, *J. Phys. C: Solid St. Phys.*, 1971, **4**, 3107-3121.

3. H. M. Rietveld, *J. Appl. Cryst.*, 1969, **2**, 65-71.

4. H. M. Rietveld, *Acta Crystallogr.*, 1967, **22**, 151-152.

5. B. O. Loopstra and H. M. Rietveld, *Acta Crystallogr.*, Sect. B, 1969, **25**, 787-791.

6. A. K. Cheetham and J. C. Taylor, *J. Solid State Chem.*, 1977, **21**, 253-275.

7. A. W. Hewat, *Chem. Script.*, A, 1985, **26**, 119-130.

8. J. E. Post and D. L. Bish, *Modern Powder Diffraction*, ed. D. L. Bish and J. E. Post, Mineralogical Society of America, Washington, 1989, Reviews in Mineralogy, vol. 20, pp. 277-308.

9. R. A. Young (ed), *The Rietveld Method*, IUCr Monograph on Crystallography 5, Oxford University Press, Oxford, 1993.

10. K. D. M. Harris and M. Tremayne, *Chem. Mater.*, 1996, **8**, 2554-2570.

11. D. M. Poojary and A. Clearfield, *Acc. Chem. Res.*, 1997, **30**, 414-422.

12. H. -R. Wenk, (ed), *Neutron Scattering in Earth Sciences*, Mineralogical Society of America, Washington, 2006, Reviews in Mineralogy and Geo chemistry, vol. 63.

13. W. C. Hamilton, *Statistics in Physical Science*, Ronald Press, New York, 1964.

14. P. H. J. Mercier, Y. Le Page, P. S. Whitfield and L. D. Mitchell, *J. Appl. Crystallogr.*, 2006, **39**, 369-375.

15. P. H. J. Mercier, Y. Le Page, P. S. Whitfield and L. D. Mitchell, *J. Appl. Crystallogr.*, 2006, **39**, 458-465.

16. A. C. Larson and R. B. Von Dreele, *General Structure Analysis System (GSAS)*, Los Alamos National Laboratory Report LA-UR 86-748, 2004.

17. K. Shankland, L. McBride, W. I. F. David, N. Shankland and G. Steele, *J. Appl. Crystallogr.*, 2002, **35**, 443-454.

18. V. Jorík, I. Ondrejkovicoál, R. B. Von Dreele and H. Ehrenberg, *Cryst. Res. Technol.*,

2003, **38**, 174-181.

19. R. B. Von Dreele, *J. Appl. Crystallogr.*, 1999, **32**, 1084-1089.

20. R. B. Von Dreele, *J. Appl. Crystallogr.*, 2007, **40**, 133-143.

21. A. L. Morris, M. W. MacArthur, E. G. Hutchinson and J. M. Thornton, *Proteins*, 1992, **12**, 345-364.

22. R. A. Engh and R. Huber, *Acta Crystallogr.*, *Sect. A*, 1991, **47**, 392-400.

23. E. Dodson, *Acta Crystallogr.*, *Sect. D*, 1998, **54**, 1109-1118.

24. R. B. Von Dreele, *Acta Crystallogr.*, *Sect. D*, 2005, **61**, 22-32.

25. G. N. Ramachandran, C. Ramakrishnan and V. Sasisekharan, *J. Mol. Biol.*, 1963, **7**, 95-99.

第*10*章

差值导数最小化法

Leonid A. Solovyov

Institute of Chemistry and Chemical Technology,
K. Marx av., 42, 660049 Krasnoyarsk, Russia

10.1 引言

　　利用全谱方法深入分析粉末衍射数据是实现从这些数据中提取精确且全面信息的最有效的办法。能够以整张谱图的原始形式对实验数据加以利用是这种方法的优越性之一。采用粉末衍射数据的Rietveld结构精修法[1]和其他更多的结构、微结构及其定量物相分析技术已经充分利用了这种优点。大多数全谱拟合分析方案都是以使观测粉末谱图和计算粉末谱图在每一个数据点处取值之差的平方的最小化为基础的。要达到这个目的，就需要对粉末谱图的所有散射因素进行建模，其中就包括了背景。对于简单的例子，从实验谱图就可以判断出背景并且将它扣除掉[2,5]，或者以具有物理意义的函数进行建模[6,7]。然而，一般说来是很难正确给出背景线的。这是因为背景本身是一个复杂的多成分构成的卷积，这些不同的成分来源于样品自身、无定形和半结晶态添加物、样品架及其他因素。这种随着衍射谱峰的重叠进一步增加而难以确定背景曲线的问题，在目前通常是采用多项式或者傅里叶级数等经验函数来解决的。而这些已有方法却没有一个足以全面描述背景线。因此，由于背景定义的不完善而导致的系统误差，就限制了全谱数据分析的精确性和可应用性。

本章主要介绍近年来提出的差值导数最小化（derivative difference minimization，DDM）法[8]。这是一种能独立于背景的全谱精修技术，这种方法的精修并不是借助于观测谱图和计算谱图之间绝对差值的最小化，而是基于该差值曲线振荡（或者曲率）的最小化。这条差值曲线可以看作在不包含结晶态成分时所得的背景。在沿粉末谱图线形变化的差值曲线通常要比纯衍射谱图慢很多。因此，DDM 法的目标就是要找到这样一个计算衍射谱图，即在从中扣除观测的粉末谱图后能得到最平滑的差值曲线。这种方法并不需要背景线的建模或者近似，从而避免了与背景有关的系统误差。

10.2 差值导数最小化原理

为了测量差值曲线的曲率和振荡，可以使用其导数的平方，从而得到如下相应的最小化函数：

$$\mathrm{MF} = \sum \left\{ w^1 \left[\frac{\partial}{\partial \theta} (Y_o - Y_c) \right]^2 + w^2 \left[\frac{\partial^2}{\partial \theta^2} (Y_o - Y_c) \right]^2 + \cdots + w^k \left[\frac{\partial^k}{\partial \theta^k} (Y_o - Y_c) \right]^2 \right\}$$

(10.1)

其中 Y_o 和 Y_c 分别是观测谱图强度和计算谱图强度；θ 是衍射角；w 是权重，公式中的加和遍历整张谱图的每一个数据点。如果计算导数采用 Savitzky-Golay（SG）公式[9]，就可以将这个最小函数写成

$$\mathrm{MF} = \sum_{i=m+1}^{N-m} \sum_k w_i^k \left(\sum_{j=-m}^m c_j^k \Delta_{i+j} \right)^2$$

(10.2)

其中 c_j^k 是谱图卷积区间为 $[-m, m]$ 时，第 k 阶导数的 SG 系数；N 是谱图数据点数目；Δ 是谱图差值（$\Delta = Y_o - Y_c$）。可变参数 v_r 的精修结果采用相应于公式（10.2）最小化结果的如下的正交方程来计算：

$$\sum_k \sum_{i=m+1}^{N-m} w_i^k \left(\sum_{j=-m}^m c_j^k \Delta_{i+j} \right)^2 \cdot \left(\sum_{j=-m}^m c_j^k \frac{\partial Y_{c,i+j}}{\partial v_r} \right)^2 = 0$$

(10.3)

$$w_i^k = \left[\sum_{j=-m}^m (c_j^k)^2 (\sigma_{i+j})^2 \right]^{-1}$$

(10.4)

其中 σ_i 是观测谱图强度值 Y_{oi} 的根方差①。公式（10.4）的加和表示第 i 个谱图

---

① variance 一般与 squared variance 同义，这里则分开使用，因此，此处为没平方的偏差。——译者注

278

数据点上第 k 阶 SG 导数的方差估计值。由公式(10.5)可以得到各精修参数的标准偏差

$$s_i = \left(\frac{A_{ii}^{-1} \mathrm{MF}}{N - P + C} \right)^{\frac{1}{2}} \tag{10.5}$$

其中 A_{ii}^{-1} 是正交矩阵的逆阵的对角元；N 是观测点的数目；P 是待精修参数的数目；C 是约束的总数目。

在实际应用中，导数的阶数 k 需要限制为有限的。尝试性的实践中发现，这种运算采用一阶和二阶导数，而且采用二次多项式的 SG 系数来计算这些导数值就可得到满意的结果。如果仅仅最小化一阶导数，由于假定一阶导数在衍射峰最大值所处的区域是接近于零的，这就减少了这些区域在最小化函数中的贡献，因此精修结果很不稳定。在卷积区间 $[-m, m]$ 中表示一阶和二阶导数的 SG 系数是

$$c_j^1 = \frac{3j}{m(m + 1)(2m + 1)} \tag{10.6}$$

$$c_j^2 = \frac{45j^2 - 15m(m + 1)}{m(m + 1)(2m + 1)[4m(m + 1) - 3]} \tag{10.7}$$

需要说明的是，在关于 DDM 的原始文献[8]中，上述的公式(10.7)有误，不过，在后来的文献中已经得到了纠正[10]。

类似常用的 Rietveld 精修，DDM 的可靠性因子也可以根据整张粉末谱图中差值导数的平方和的归一化来计算。不过，这类可靠度因子的取值会受限于所选定的卷积区间的大小。例如，如果卷积区间增大，那么 R 因子将降低，这是因为卷积区间越宽，得到的导数曲线越平滑。较少受到卷积区间影响的 R 因子计算如下：

$$R_{\mathrm{DDM}} = \sqrt{ \frac{\sum\limits_{k} \sum\limits_{i=m+1}^{N-m} w_i^k \left(\sum\limits_{j=-m}^{m} c_j^k \Delta_{i+j} \right)^2}{\sum\limits_{k} \sum\limits_{i=m+1}^{N-m} w_i^k \left(\sum\limits_{j=-m}^{m} c_j^k Y_{o,i+j} \right)^2} + \frac{\sum\limits_{i=m+1}^{N-m} w_i \left(Y_{oi} - \sum\limits_{j=-m}^{m} c_j^0 Y_{o,i+j} \right)^2}{\sum\limits_{i=m+1}^{N-m} w_i Y_{oi}^2} } \tag{10.8}$$

公式(10.8)中的第二项加和反映了观测谱图进行 SG 平滑后的质量。该项数值会随着卷积区间的增大而增大——当卷积区间增大时，SG 多项式拟合的效果会更差。不过，这种组合式的 R 因子可以部分改善原先依赖于卷积区间的 R_{DDM} 的不合理性。

考虑到其对 DDM 应用结果的影响，每个数据点卷积区间的选择需要谨慎对待。一方面，卷积区间必须足够狭窄从而能满足导数的计算，另一方面，它们又必须足够宽广才能完成对差值曲线的调制。在某种意义上，谱图差值曲线

的导数也可以看作观测谱图和计算谱图各自导数的差值。由于 SG 系数是采用谱图卷积区间中多项式的拟合来计算的，因此最佳化的卷积区间应该是足以满足观测谱图的多项式拟合时卷积区间的最大者。从简化的角度来看，可以将卷积区间选为衍射谱峰 FWHM 的平均值。前期的操作试验表明这种选择可以得到稳定的精修结果。当然，对每一个谱图数据点采用各自合适的卷积区间，可以得到更好的结果。

最佳的卷积区间可以根据计数统计的方法进行分配。这个分配过程包含了查找最宽区间的操作，此时谱图中所有观测谱图强度值与相应 SG 多项式拟合值的偏差的平均值不超过该谱图卷积区域中每一点的根方差。这样一种操作将在粉末谱图区域内高分辨率的强衍射峰值处形成较为狭窄的卷积区间，而在区域为弱峰或者重叠峰值处则要宽广得多。对于带噪声的数据以及背景突起相当明显的时候，最大可允许的区间宽度应当限制在某个合理的数值，从而使得差值曲线的曲率与背景线的曲率相当的要求得到满足。图 10.1 所示为 DDM 精修完结构后所得的 $[Pt(NH_3)_2(C_2O_4)]$ 的局部 XRD 谱图，其中所用的最大卷积

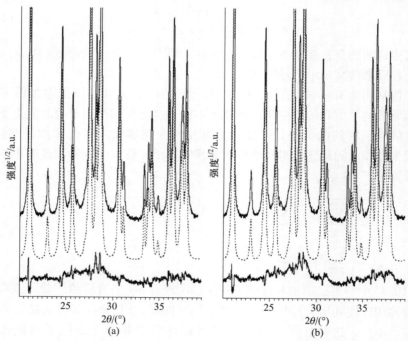

图 10.1　在不同的最大卷积区间 $C-\max$ 下，$[Pt(NH_3)_2(C_2O_4)]$ 经过 DDM 精修后所得的局部 XRD 谱图加权后的观测(上部，实线)、计算(中部，虚线)和差值(底部，实线)曲线对比图：(a) $C-\max=2°(2\theta)$，$R_{DDM}=0.075$，$R_B=0.030$；(b) $C-\max=0.4°(2\theta)$，$R_{DDM}=0.063$，$R_B=0.026$

区间宽度(maximal convolution interval, C-max)是不一样的。可以看出，随着 C-max 的增加，差值谱具有更高的振荡，但是整体曲率却下降了；但当 C-max 降低时，差值谱振荡下降，但是整体曲率却抬高了。需要指出的是，采用 DDM 且 C-max$=0.4°(2\theta)$ 时所得的结构参数的质量要比 C-max 更大时的好一些，这由更低的 R 因子也可以看出来。由于在这个示例中，XRD 谱图所存在的局部背景峰值可能是无定形添加物的贡献，因此采用更狭窄的 C-max 可以得到更好的 DDM 精修结果。不过，对于其他背景曲率明显低弱的例子，更宽的 C-max 可能会更合适。

10.3　DDM 分解操作

粉末衍射结构分析的初始阶段通常需要在不涉及结构模型的前提下将粉末谱图分解为独立的布拉格衍射强度。基于 DDM 的这种分解操作[11]在于要找到相应于衍射强度计算值(或者初始强度数据)的附加修正值(addition)，以便实现衍射谱图差值导数平方的最小化。第 i 个谱图数据点所得的谱图强度计算值定义如下：

$$Y_{ci} = \sum_n I_{cn}f_n(\theta_i) \tag{10.9}$$

其中 I_{cn} 是第 n 条衍射的强度计算值；$f(\theta)$ 是峰形函数。上式的加和遍历所有对这个谱图数据点产生贡献的衍射。根据 DDM 法的特点，对于个体衍射而言，其相应的最小化函数可以写为

$$\mathrm{MF} = \sum_i \left(w_i^1 \left\{ \frac{\partial}{\partial\theta} [\Delta_i - f(\theta_i)\delta] \right\}^2 + w_i^2 \left\{ \frac{\partial^2}{\partial\theta^2} [\Delta_i - f(\theta_i)\delta] \right\}^2 + \right.$$
$$\left. \cdots + w_i^k \left\{ \frac{\partial^k}{\partial\theta^k} [\Delta_i - f(\theta_i)\delta] \right\}^2 \right) \tag{10.10}$$

其中 δ 就是所要找的相应于衍射光束强度的附加修正值，式中的加和遍历该衍射起作用的所有谱图区域。如果将 MF 中的导数限制为一阶和二阶，并且相对于 δ 进行最小化，则可以得到

$$\frac{\partial}{\partial\delta}\mathrm{MF} = -2\sum_i \left\{ w_i^1 \delta \frac{\partial}{\partial\theta} f(\theta_i) \frac{\partial}{\partial\theta} [\Delta_i - f(\theta_i)\delta] + \right.$$
$$\left. w_i^2 \delta \frac{\partial^2}{\partial\theta^2} f(\theta_i) \frac{\partial^2}{\partial\theta^2} [\Delta_i - f(\theta_i)\delta] \right\} = 0 \tag{10.11}$$

从中可以得到

$$\delta = \frac{\sum_i \left[w_i^1 \frac{\partial}{\partial\theta} f(\theta_i) \frac{\partial}{\partial\theta} \Delta_i + w_i^2 \delta \frac{\partial^2}{\partial\theta^2} f(\theta_i) \frac{\partial^2}{\partial\theta^2} \Delta_i \right]}{\sum_i \left\{ w_i^1 \left[\frac{\partial}{\partial\theta} f(\theta_i) \right]^2 + w_i^2 \left[\frac{\partial^2}{\partial\theta^2} f(\theta_i) \right]^2 \right\}} \tag{10.12}$$

利用 SG 系数可以将公式（10.12）改写为如下的表达式：

$$\delta = \frac{\sum\limits_{i}\left[\, w_i^1 \sum\limits_{j=-m}^{m} c_j^1 f(\theta_{i+j}) \sum\limits_{j=-m}^{m} c_j^1 \Delta_{i+j} + w_i^2 \sum\limits_{j=-m}^{m} c_j^2 f(\theta_{i+j}) \sum\limits_{j=-m}^{m} c_j^2 \Delta_{i+j}\,\right]}{\sum\limits_{i}\left\{\, w_i^1 \left[\sum\limits_{j=-m}^{m} c_j^1 f(\theta_{i+j})\right]^2 + w_i^2 \left[\sum\limits_{j=-m}^{m} c_j^2 f(\theta_{i+j})\right]^2 \,\right\}} \qquad (10.13)$$

考虑到谱峰重叠，由于多条衍射对同一谱图区域均有贡献，因此必须采用某种合适的重叠校正来减小附加修正值 δ 的值。最终，所谓的衍射强度观测值计算如下：

$$I_{\text{obs}} = I_c + \delta \frac{f(\theta^0) I_c}{Y_c^0} \qquad (10.14)$$

$$Y_c^0 = \sum_n I_{cn} f_n(\theta^0) \qquad (10.15)$$

其中 θ^0 代表衍射峰的位置；$f(\theta^0)$ 和 Y_c^0 分别是位于 θ^0 处的峰形函数值和谱图强度计算值；δ 采用公式（10.13）进行计算；公式（10.14）中在 δ 后的乘数是重叠校正因子。

应用 DDM 分解公式（10.14）与基于 Rietveld 法对 I_{obs} 进行近似[1]所得的结果是差不多的，其不同点无非是前者面向 DDM 并且不需要对背景进行定义而已。在 DDM 软件[12]中，这个公式也用于布拉格 R 因子的计算①。对于单个未被重叠的衍射峰，或者对于一组具有共同位置的衍射峰，这种 DDM 分解一步就可直接给出最好估计值，而对于部分重叠的衍射峰，则需要迭代运算，直到获得某组最优化的、相近于 Le Bail 法所得的 I_{obs} 值[13]。初始强度 I_c 可以采用已知的结构模型进行计算，也可以随意设置——如果模型不存在的话。需要指出的是，对于完全重叠的谱峰，DDM 分解操作会自动保持初始设好的衍射强度比例，这种操作对于使用 I_{obs} 计算差值傅里叶密度图是重要的。

10.4　结果与讨论

10.4.1　模拟与实际数据的测试

DDM 算法很容易被纳入各种全谱精修手段中。目前在计算机软件 DDM[12] 中已经得到了实现。DDM 软件是对 BDWS－9006PC 代码[14]进行调整和纠错后所得的产物。近期在软件 BGMN 中也使用了 DDM 的一个变种[15]。

---

① 即下文的残差因子 R_B。——译者注

针对这种方法的测试首先采用了模拟的粉末 X 射线衍射（XRD）谱图。从随机给定的结构和谱图参数开始多次运行 DDM 都给出了稳定且正确的精修结果，在收敛速率上也与采用最小二乘的 Rietveld 精修等效。用于生成测试所用的模拟谱图的原始结构模型完全可以通过 DDM 重建出来，甚至准确到各向同性位移参数。关于 Rietveld 和 DDM 精修结果的比较采用的是加入统计噪声和一个多项式进行曲率调制的背景所得的模拟数据。在这些比较性测试中，不管是 DDM 还是 Rietveld 操作都给出了同样的准确度[8]。针对 $Ag_2[Pd(NH_3)_2(SO_3)_2]$[16]模拟 XRD 谱图执行 DDM 的结果可以参见图 10.2。这套模拟数据被加入了高度随机波动的背景以及统计噪声。在精修时，DDM 从随机给定的参数（相应于原子位置的误差是 0.5 ~ 1.0 Å）开始，稳定收敛到最终结果，所重建的该测试结构模型与原始模型在原子间距上的差异小于 0.01 Å。相对于测试用结构模型的唯一显著的偏差就是所得的各向同性位移参数 B_{iso} 较低一些（约为 0.5 ~ 0.7 Å²）。另外，从图中可以看出，所得的差值曲线详细描绘了随机弯曲的背景线。

用来测试 DDM 法的实验 XRD 数据来自 $[Pd(NH_3)_4](C_2O_4)$，而中子衍射数据则取自 $(C_5H_6N)Al_3F_{10}$，两者都证明了 DDM 法可用于高精度的结构分析[8]。$[Pd(NH_3)_4](C_2O_4)$ 的结构虽然在更早的时候已经利用帕特逊搜索（Patterson search）解出了，并且采用 Rietveld 法完成了精修[17]。不过，现在采用 DDM 法重新精修可以获得更好的结构几何模型——草酸盐分子的 C—O 间距和 O—C—C 键角更接近于平衡状态，同时 C—C 间距也可接近于草酸盐通常表现的数值。在这个例子中采用 Rietveld 精修所存在的问题，同时也是特有的麻烦，在于背景曲线上存在局部的突起。早期研究中采用的多项式函数没办法充分地进行建模，因此，所得的结果较差。至于 $(C_5H_6N)Al_3F_{10}$ 的结构解析和精修则是"杜邦粉末擂台赛（DuPont Powder Challenge）"中发生的事情。这个结构之所以极为复杂是因为衍射数据的质量不好（图 10.3）及其造成的谱峰严重各向异性宽化和复杂的背景振荡[18]。在确定结构的过程中，背景是采用 Sonneveld 和 Visser 所描述的算法的一种改进型变体来近似的[2]，当采用 Rietveld 法精修结构时，则采用偏移型 Chebyshev 背景函数并且施加了关于原子间距的约束条件，否则就得不到满意的结构几何模型。反之，改用 DDM 法后，不仅同样可以成功精修这个结构，而且还不需要上述的几何约束与背景建模[8]。

DDM 精修对 H 原子等轻原子位置的灵敏度也已经通过处理常规实验室条件下收集的反式 $[Pd(NH_3)_2(NO_2)_2]$ 的 XRD 数据获得了验证。更早的时候关于这个结构的 Rietveld 精修针对 NH_3 几何结构使用了刚体约束[19]。如果在精修 H 原子位置时不施加这种约束，Rietveld 精修将得到严重畸形的氨基几何结

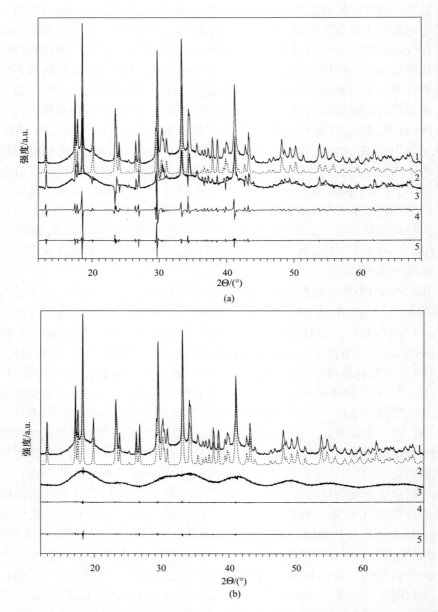

图10.2 关于背景被随机调制并且数据上附加统计噪声的模拟 XRD 谱图的 DDM 精修结果。其中(1)是模拟谱图，(2)是 DDM 计算的结果，(3)是差值图，(4)是差值曲线的一阶导数，而(5)则是差值曲线的二阶导数。图(a)示出了初始阶段的上述所有谱图，而(b)则是经过 15 轮 DDM 循环后所得的结果。另外，谱图中的粗虚线描绘了所附加的背景曲线

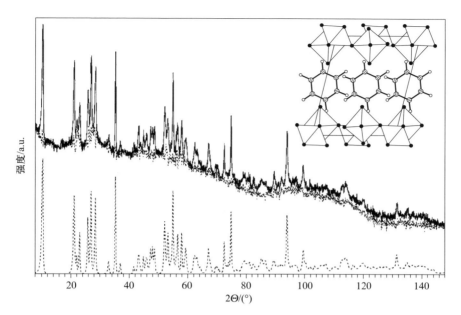

图 10.3 （C_5H_6N）Al_3F_{10}结构（参见内置图）经 DDM 精修后所得的结果。其中上部是实验中子粉末衍射谱图，底部是计算谱图，中部的点状图则是两者的差值

构。改用 DDM 法后可以实现 H 原子位置的精修并且给出适当的分子几何结构，同时还得到一个合理的氢键体系。这个结构示例已经随 DDM 软件包一起发放[12]。另外，基于同一个化合物模拟所得的 XRD 数据还被用于分别测试 Rietveld 精修和 DDM 操作的效果。在产生这套模拟的 XRD 数据时，所用化合物结构模型中的 NH_3 处于理想几何结构，同时在谱图上添加了多项式的背景和统计噪声。相应的精修结果总结在表 10.1 中。虽然针对这套模拟数据，Rietveld 精修和 DDM 得到的结果具有同样的准确度，但是在采用真实实验数据时，DDM 所得的 H 原子的几何参数的确更为准确。需要说明的是，上述这些测试中，除了 Rietveld 精修采用的多项式背景参数，Rietveld 法和 DDM 法所使用的结构和谱图参数的初始数据是一样的。显然，本例子中采用 Rietveld 法精修 H 原子位置之所以会出现问题，是因为所用的背景模型并不准确。

表 10.1　分别利用真实的和模拟的粉末 XRD 数据，对反式 $[Pd(NH_3)_2(NO_2)_2]$ 中属于 NH_3 基团的几何参数进行无约束 DDM 和 Rietveld 精修后所得的结果

数据来源	键长/Å			键角/(°)		
	N—H1	N—H2	N—H3	H1—N—H2	H2—N—H3	H3—N—H1
DDM，真实数据	0.88(15)	0.84(12)	1.09(14)	106(11)	119(10)	98(11)
Rietveld，真实数据	0.99(8)	1.32(9)	1.11(8)	129(6)	89(5)	91(5)

数据来源	键长/Å			键角/(°)		
	N—H1	N—H2	N—H3	H1—N—H2	H2—N—H3	H3—N—H1
DDM，模拟数据	0.97(4)	0.97(5)	0.89(5)	118(4)	108(4)	101(4)
Rietveld，模拟数据	0.93(4)	0.94(5)	0.83(5)	112(4)	103(4)	112(4)
期望值	0.9	0.9	0.9	110	110	110

通过 DDM 法在结构精修方面的成功测试，可以预期这种方法能应用于粉末衍射的其他领域，例如微观结构分析和定量物相分析（quantitative phase analysis，QPA）。而且采用国际晶体学会粉末衍射分会在有关尺寸 – 应变和 QPA 循环赛中给出的 XRD 数据所做的 DDM 操作试验也给出了可喜的结果。相关的例子已经放到 DDM 软件包中[12]。值得一提的是，通过 DDM 法精修确定的 QPA 循环赛所用样品的物相含量与称重所得的数值之差要小于 1wt%。

10.4.2　DDM 的应用

DDM 法首先在多晶[8,11,20]和介观结构物质[21-23]的结构研究中的应用就体现了这种方法从具有各种复杂背景的衍射数据中获得精确结构性质的能力。利用 DDM 法已经完成了一批镍基和铁基甲基咪唑六氟磷酸盐和四氟硼酸盐的结构精修与分析[20]。这些化合物是通过超声化学反应制备的——这种特殊的合成过程所得的产物是高度无序的，并且其粉末 XRD 谱图还包含了具有复杂曲率的、暗示存在无定形杂相的背景。不管这些麻烦有多大，使用 DDM 都可以实现这些结构的精修，从而得以完成对结构的详细分析。

1 –（5 – 四唑基）– 2 – 硝基胍［1-(tetrazol-5-yl)-2-nitroguanidine］的钾盐 $[K(C_2H_3N_8O_2)]$ 的晶体结构可以采用 DDM 分解和精修法基于其实验室 X 射线粉末衍射数据进行解析和精修而得到。找到结构模型采用的是帕特逊搜索，而其所依据的衍射强度则是通过 DDM 分解法从粉末谱图中提取出来的。同时，使用 DDM 法可以实现所有原子的定位以及这些位置的无约束精修，其中包括了三个独立的 H 原子。这三个 H 原子中有一个 H 原子的位置存在歧义性，不过可以从差值傅里叶图中明确解析出来。另外，DDM 在结构参数精确度和重现性方面的优势也可以通过它和 Rietveld 精修所得结果的比较来说明。由于背景建模附带系统误差，因此在这个例子中，Rietveld 法没办法实现 H 原子位置的精修，而 DDM 法则可以避免这种系统误差。图 10.4 所示为在谱图分解和结构精修完成后 DDM 所得的结果。图中的差值曲线给出了两个宽峰，所在位置是 20° 和 50°（2θ）。这种背景曲线是不能利用 Rietveld 精修所用的多项式函数来充分模拟的。基于同样的原因，对于两个不同制备手段所得的样品，Rietveld 精修结果的重现性要比 DDM 法的差，尤其是在原子间距的整体平均差别方面

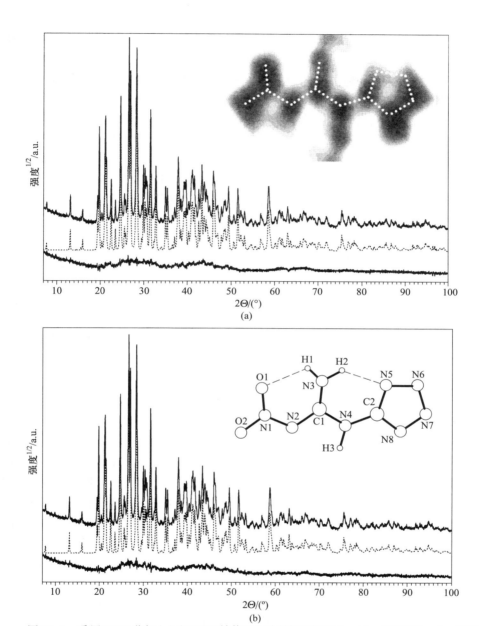

图 10.4 采用 DDM 分解(a)和 DDM 精修(b)后所得的钾基 1 – (5 – 四唑基) – 2 – 硝基胍盐的加权 XRD 粉末观测谱图(上部)、计算谱图(中部)和二者的差值谱图(下部)。内置图分别为阴离子骨架叠加在帕特逊图局部区域和分子构象的示意图

更是如此。对于这两个样品，DDM 法给出了大约 0.016 Å 的结果，而 Rietveld 精修的结果则是 0.032 Å。需要注意的是，肉眼观察 XRD 谱图时，背景线的复杂性并不明显，只有在通过 DDM 精修后才能发现背景其实存在着曲率变动。

DDM 法可以实现独立于背景曲线的全谱精修的这一条件对于半结晶态物质的研究非常重要。这类物质包括高聚物、组装型两亲液晶、嵌段共聚物、介观结构材料等，其相应的粉末衍射谱图中，无定形和无序成分对背景线的贡献相当严重。对于介观结构材料还有一个特殊的麻烦——这也是设计 DDM 法的初衷——就是它们具有角度非常小的衍射峰，而该区域的背景散射又特别复杂并且非常难以建模。刚开始将全谱法结构分析用于介孔类介观结构材料时，采用的是连续密度函数法(continuous density function method)[24-27]，其中背景线采用改进型 Sonneveld - Visser 算法[2]直接从粉末谱图中扣除。虽然这种近似相当粗糙，但是如果用多项式或者其他函数对背景进行建模就得不到合理的结果——因为低角度区域的背景变动急剧，非常复杂。不过，如果使用 DDM 法就可以解决这些问题。

其实 DDM 软件刚开始研发的目的就是要用于一系列新兴硅基介孔材料[28]以及有序纳米管介观结构碳材料[29]的全谱 X 射线衍射结构分析的。采用 DDM 可以稳定地实现对这些先进纳米材料结构参数的无关背景全谱精修——这是其他方法不能提供的。目前，DDM 法已经用于很多不同的介孔和介观结构物质的研究。其中包括成功通过 DDM 法从同步 XRD 中得到了一批具有面心立方($Fm3m$)、体心立方($Im3m$)和二维六方($P6mm$)介孔结构的硅酸盐的结构参数[22]；采用 DDM 法实现了介孔硅酸盐 SBA - 16(立方 $Im3m$ 孔型)及其碳基取代物乃至硅/碳复合物的全面结构分析[23]；介孔硅酸盐 MCM - 48 材料的实验室和同步 XRD 不同数据的 DDM 法详细结构研究等。对于 MCM - 48，现场所得的和煅烧过的样品的孔壁厚度可以实现 8.0(1) Å 的高精确度，而详细的密度分布分析表明孔壁的低曲率部位的密度要比弯曲部位的密度大约大 10%，这可以归因于在满足平板型几何条件时硅原子可以实现更紧密堆积的缘故。另外，分析该化合物孔洞中表面活性剂的密度分布可以发现，孔洞中心明显处于最小值，这与先前在 MCM - 41 中得到的结果一致[24]。基于这些被揭示的结构特征可以推导出一个关于 MCM - 48 的、新的、改进过的密度分布函数模型。相关结果的可靠性已经通过 DDM 法处理不同 XRD 数据集所得的结构特征的可重现性进行了验证。采用 DDM 法精修 MCM - 48 及与其介观结构相同的碳基取代物[30]的同步 XRD 谱图所得的观测强度和计算强度之间的一致性参见图 10.5。其中差值谱的变化体现了样品中无序成分的存在，而这种无序一般情况下是非常难以在合成介观结构材料的过程中除去的。至于碳基取代的同构产物在低角度区域急剧上升的背景，则可以归因于碳纳米骨架中密度的涨落。

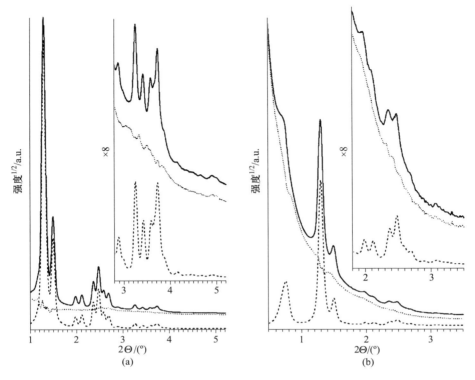

图 10.5　DDM 精修后所得的介孔硅酸盐 MCM－48(a)及其碳基取代同构产物(b)的加权同步 XRD 观测图(实线)、计算图(虚线)和二者的差值图(点线)

10.5　结论

全谱精修的差值导数最小化方法已被证明是一种强大且高效的粉末衍射分析手段。DDM 法最吸引人的优点就是可以实现无背景曲线建模的谱图精修——要识别出背景曲线一直都是一件麻烦的事情。另外，根据它与采用经验背景建模的 Rietveld 精修的比较结果，DDM 所得的结构特征的精确性更高，可重现性和全面性也更好。

虽然差值导数法最早是为处理复杂调制的背景而设计的，但是它在背景表面看来是平坦曲线的普通案例中也展示出了优越性——需要指出的是，哪怕某张谱图中背景表面看来相当简单，实际上它也可能(通常就是)暗中存在着来自谱峰重叠的调制作用。DDM 的设计方案可以避免出现由于背景建模或者近似的不完全性而产生的系统误差。通过差值导数法实现的这种精确度的改进对于粉末衍射分析的高度重要性是显而易见的。

成功的 DDM 精修或者分解操作后残留的差值可以看作粉末谱图中与布拉格衍射无关的散射成分。将这种成分分离出来有利于粉末谱图所包含的样品的无定形成分、非晶态散射的径向分布函数、热漫散射性质及其他非布拉格属性的分析。而且这种独立于背景的谱图处理对必须考虑无定形添加物的定量物相分析也特别有用。DDM 法的下一步改进就是引进贝叶斯概率理论（Bayesian probability theory），以便利用这种理论上存在杂相的条件估测背景[3-5]和 Rietveld 精修[31]方面的有效性。另外，当结构模型未知并且不能正确识别背景线时，DDM 法也可以用于粉末衍射结构确定的初始阶段，尤其是对于结构解析的正空间搜索法，这种做法可以得到很好的效果。

DDM 法的原理具有普适性，可以用于粉末衍射的许多分支，甚至可以用于更多的其他学术领域。今后 DDM 法的发展将集中于相关操作性质的和应用于不同数据时的有效性的研究。另外，还将有系统地研究计算差值导数最小化函数的各种可选方式以及最优化的精修策略。

参考文献

1. H. M. Rietveld, *J. Appl. Crystallogr.*, 1969, **2**, 65.

2. E. J. Sonneveld and J. V. Visser, *J. Appl. Crystallogr.*, 1975, **8**, 1.

3. W. von der Linden, V. Dose, J. Padayachee and V. Prozesky, *Phys. Rev. E*, 1999, **59**, 6527.

4. R. Fischer, K. M. Hanson, V. Dose and W. von der Linden, *Phys. Rev. E*, 2000, **61**, 1152.

5. W. I. F. David and D. S. Sivia, *J. Appl. Crystallogr.*, 2001, **34**, 318.

6. P. Riello, G. Fagherazzi, D. Clemente and P. Canton, *J. Appl. Crystallogr.*, 1995, **28**, 115.

7. J. W. Richardson, in *The Rietveld Method*, ed. R. A. Young, Oxford University Press, Oxford, 1993, 102.

8. L. A. Solovyov, *J. Appl. Crystallogr.*, 2004, **37**, 743.

9. A. Savitzky and M. J. E. Golay, *Anal. Chem.*, 1964, **36**, 1627.

10. L. A. Solovyov, *J. Appl. Crystallogr.*, 2005, **38**, 401.

11. L. A. Solovyov, A. M. Astachov, M. S. Molokeev and A. D. Vasiliev, *Acta Crystallogr.*, B, 2005, **61**, 435.

12. L. A. Solovyov, Institute of Chemistry and Chemical Technology, Krasnoyarsk, Russia, 2004, (DDM program is available from http: // icct. krasn. ru/eng/content/persons/Sol_LA/ddm. html).

13. A. Le Bail, H. Duroy and J. L. Fourquet, *Mater. Res. Bull.*, 1988, **23**, 447.

14. D. B. Wiles and R. A. Young, *J. Appl. Crystallogr.*, 1981, **14**, 149.

15. J. Bergmann, P. Friedel and R. Kleeberg, *Commission Powder Diffraction Newsletter*, International Union of Crystallography, 1998, no. 20, 5.

16. L. A. Solovyov, A. I. Blokhin, R. F. Mulagaleev and S. D. Kirik, *Acta Crystallogr.*, *Sect. C*, 1999, **55**, 293.

17. L. A. Solovyov, M. L. Blochina, S. D. Kirik, A. I. Blokhin and M. G. Derikova, *Powder Diffr.*, 1996, **11**, 13.

18. R. L. Harlow, N. Herron, Z. Li, T. Vogt, L. Solovyov and S. Kirik, *Chem. Mater.*, 1999, **11**, 2562.

19. A. I. Blokhin, L. A. Solovyov, M. L. Blokhina, I. S. Yakimov and S. D. Kirik, Russ. *J. Coord. Chem.*, 1996, **22**, 185.

20. D. S. Jacob, S. Makhluf, I. Brukental, R. Lavi, L. A. Solovyov, I. Felner, I. Nowik, R. Persky, H. E. Gottlieb and A. Gedanken, *Eur. J. Inorg. Chem.*, 2005, 2669.

21. L. A. Solovyov, O. V. Belousov, R. E. Dinnebier, A. N. Shmakov and S. D. Kirik, *J. Phys. Chem. B*, 2005, **109**, 3233.

22. F. Kleitz, L. A. Solovyov, G. M. Anilkumar, S. H. Choi and R. Ryoo, *Chem. Commun.*, 2004, 1536.

23. T. -W. Kim, R. Ryoo, K. P. Gierszal, M. Jaroniec, L. A. Solovyov, Y. Sakamoto and O. Terasaki, *J. Mater. Chem.*, 2005, **15**, 1560.

24. L. A. Solovyov, S. D. Kirik, A. N. Shmakov and V. N. Romannikov, *Microporous Mesoporous Mater.*, 2001, **44**, 17.

25. L. A. Solovyov, S. D. Kirik, A. N. Shmakov and V. N. Romannikov, *Adv. X − Ray Anal.*, 2001, **44**, 110.

26. L. A. Solovyov, A. N. Shmakov, V. I. Zaikovskii, S. H. Joo and R. Ryoo, *Carbon*, 2002, **40**, 2477.

27. L. A. Solovyov, V. I. Zaikovskii, A. N. Shmakov, O. V. Belousov and R. Ryoo, *J. Phys. Chem. B*, 2002, **106**, 12198.

28. F. Kleitz, D. Liu, G. M. Anilkumar, I. -S. Park, L. A. Solovyov, A. N. Shmakov and R. Ryoo, *J. Phys. Chem. B*, 2003, **107**, 14296.

29. L. A. Solovyov, T. -W. Kim, F. Kleitz, O. Terasaki and R. Ryoo, *Chem. Mater.*, 2004, **16**, 2274.

30. L. A. Solovyov, J. Parmentier, F. Ehrburger − Dolle, J. Werckmann, C. Vix − Guterl and J. Patarin, Fourth International Mesostructured Materials Symposium, Cape Town, South Africa, Abstracts, 2004, 358.

31. W. I. F. David, *J. Appl. Crystallogr.*, 2001, **34**, 691.

第11章

定量物相分析

Ian C. Madsen 和 *Nicola V. Y. Scarlett*
CSIRO Minerals, Box 312 Clayton
South 3169, Victoria, Australia

11.1 引言

材料元素成分的测试已经是一门相当成熟的技术。自然界中存在的 92 种元素的定量分析方法不但已经被普遍应用，而且很多测试还实现了国际标准化。然而，由这些元素组成的矿物和材料的物理性质及其反应行为并不是简单取决于各自的化学成分，而是与这些组成元素如何排列，也就是其结构形式有关。已知元素的数目虽然是有限的，但是它们组成的化合物不仅有大约 230 种晶体形式可供选择，而且通过固熔、改变结晶度、调整形貌等形式还可以得到近于无限的变种。因此，关于不同晶体和无定形组分的形式和数量的测试要比成分的化学测试更为复杂。

工业上，许多制造和加工流水线是仅仅简单地通过化学测试进行控制的。这是因为这些测试值容易实现高正确率和高精度。如果在工厂优化和控制中采用的是晶体形式，或者说物相（phase）的定量结果，那么通常的做法是利用大量的化学分析，而不是直接测试。它可以通过基于假定的个体物相组成信息，将特定的元素含量赋予给相应的物相的规范化计算来实现。

获得物相相关信息的方法有好几种，而衍射法是其中最为直接的一种。这是因为衍射信息直接来自各相的晶体结构，以其确定各个物相要优于采用二次信息（例如化学元素成分）的方法。

个体物相的晶体结构一般是利用单晶衍射方法得到的。不过，不管是天然产物还是人工合成材料，很多化合物只能以精细颗粒的材料形式存在，而这正是用粉末衍射技术表征的理想样品。另外，粉末衍射也是唯一适用于以获取多相样品中的物相定性和定量信息为目的的衍射技术——这可以归因于观测到的多相样品的粉末衍射谱图就是组成物相各自衍射谱图的加和的缘故。

虽然粉末衍射谱图中的衍射峰强度与产生该峰的混合物中的物相数量之间的基本关系已经建立了，但是有很多因素会干扰这些关系的体现[1]。一般说来，这些因素就是各种与实验、样品和仪器相关的效应，包括计数误差、颗粒统计、择优取向、微吸收以及所有因素中最为有害的操作误差。

本章将集中于从衍射数据中采用定量物相分析技术获取物相丰度的介绍。不过，笔者并不想重复其他教材已经涉及的详尽的 QPA 技术介绍[2-5]，而是着眼于最常用技术的知识点和应用。而选择这些最常用技术的依据就是最近由国际晶体学会（IUCR）粉末衍射分会（Commission on Powder Diffraction，CPD）发起的 QPA 循环赛中参与者反馈的结果[6,7]。虽然该项目中，绝大多数参与者采用的是全谱方法（基于 Rietveld 法），但是也有少数几个继续采用传统的基于单峰的方法——在很多领域中这类方法仍有用武之地。另外，有关测试的精度和准确性问题也将在本文中一并讨论。

11.2 物相分析

获取多相材料中的物相丰度有多种常用的方法[4]，总体说来，可以分成如下两类：

（1）间接法。这类方法通常是基于所有化学元素成分的测试，然后根据预定的各个物相组成赋予各自的化学元素含量。这类"规范化计算"的最常用方式就是最早用于估计硅酸盐水泥物相的丰度的 Bogue 法[8]。当个体物相的实际组成与计算时预定的不一样时，它就失去了用武之地。这种现象在水泥工业中经常出现，因为物相的具体组成会随着材料产地以及生产条件的不同而改变。另外，如果混合物中有多个物相具有同样的化学组成，那么这类规范化计算就得不到确定的结果。

（2）直接法。这类方法基于样品中所感兴趣的物相的特定性质。虽然此类方法一般没有普适性，但却适合用于获取指定组分的丰度。具体的例子有：① 磁性——应用于物相具有不同磁化率的样品；② 选择性溶解——物相各自的溶解速率和饱和度不一样；③ 密度——与基于不同密度的物相的物理分离过程联用；④ 图像分析——利用光学或者电子束图像来获取物相丰度；⑤ 热分析——相变时吸热与放热的多少正比于现有物相的数量。粉末衍射可以归属于这一类方法。这是因为粉末衍射定性和定量物相分析是基于物相自身独特的晶体结构，这也是该法能广泛用于晶体类材料的原因。

确定混合物中各个组成物相对于最终粉末衍射谱图的贡献过程需要对粉末衍射数据进行定量化，通常采用的方法可以分为如下不同的两类：

（1）单峰法。这类方法通过测试所感兴趣物相的一个或者一群谱峰，并且假定这些谱峰的强度代表个体物相的数量——这个前提通常难以满足，因为谱峰重叠以及与物相相关的因素（例如择优取向与微吸收）都会影响相对强度的结果。

（2）全谱法。这种方法将大范围的衍射数据与某一计算谱图进行对比。该计算谱图由个体物相成分各自的谱图叠加而成。单独一个物相的谱图可以通过两种途径来实现：① 测试纯净物相样品或者② 采用晶体结构信息进行计算。

11.3 数学基础

以无限厚平板样品形态进行测试的多相混合物的衍射(hkl)的积分强度I计算如下：

$$I_{(hkl)\alpha} = \left[\frac{I_0\lambda^3}{32\pi r}\frac{e^4}{m_e^2 c^4}\right]\left[\frac{M_{hkl}}{2V_\alpha^2}\mid F_{(hkl)\alpha}\mid^2\left(\frac{1+\cos^2 2\theta\cos^2 2\theta_m}{\sin^2\theta\cos\theta}\right)\right]\left[\frac{W_\alpha}{\rho_\alpha\mu_m^*}\right]$$

$$(11.1)$$

其中I_0是入射光束强度；e是电子电荷；m_e是电子质量；r是散射电子到达探测器经过的距离；c是光速；M和F分别是衍射(hkl)的多重性因子和结构因子；V是晶胞体积；θ和θ_m分别是衍射(hkl)和单色器的衍射角；W_α和ρ_α分别是物相α的质量分数和密度；μ_m^*是整个样品的质量吸收系数。

对于 Bragg-Brentano 几何设置，入射光束和衍射光束的路径长度对所有的2θ值都是一样的，这就意味着样品吸收增大的结果就是谱图的整体强度将下降。这可以通过公式（11.1）的如下项目来解释：

$$\frac{1}{2\mu_m^*}$$

$$(11.2)$$

不过，对于某些仪器几何类型，由于样品的吸收会使观测强度随角度不同而受到不同的影响，这就需要在计算I时进行调整。典型的例子有平板样品测试时入射光束的角度固定或者测试采用的样品是毛细管样品。

当采用配置 CPS120 位敏探测器（探测器厂家为 Inel, Z. A. – C. D. 405, 45410 Artenay, France. http://www.inel.fr/en/accueil）的 Inel 粉末衍射仪固定入射光束角度测试平板样品时，上述的吸收项要改为如下形式[9]：

$$\frac{\sin \beta}{\mu_m^*(\sin \alpha + \sin \beta)} \qquad (11.3)$$

其中 α 是入射光束和样品表面之间的夹角；β 是衍射光束和样品表面之间的夹角。在这种几何设置中，α 是一个固定值，而 β 则随着衍射角度而变，具体数值是 $\beta = 2\theta - \alpha$。至于 Bragg – Brentano 几何设置，则是 $\alpha = \beta = \theta$，从而公式（11.3）就简化为公式（11.2）。

对于毛细管样品，Sabine 等[10]将吸收因子定义为"不发生辐射损耗过程时所得的积分强度"与观测强度的比值，从而这个因子计算如下：

$$A(\theta) = A_L \cos^2\theta + A_B \sin^2\theta \qquad (11.4)$$

其中 A_L 和 A_B 分别是劳厄条件下即 $\theta = 0°$ 和布拉格条件下即 $\theta = 90°$ 时的吸收因子。

对于定量物相分析，公式（11.1）中第一个方括号内的表达式可以简化为一个与特定实验设施有关的常数，而第二个方括号中的项目对于物相 α 的衍射（hkl）而言也是常数。因此，一个衍射 i（或者一组衍射）的强度 I 的计算可以简化为

$$I_{i\alpha} = C_{i\alpha} \frac{W_\alpha}{\rho_\alpha \mu_m^*} \qquad (11.5)$$

其中 $C_{i\alpha}$ 代表与物相 α 的衍射 i（或者衍射组）有关的常数。

公式（11.5）可以用于面向 QPA 的吸收-衍射法（absorption-diffraction method）[3]。这种方法需要满足如下条件：

（1）确定 $C_{i\alpha}$，这可以通过：① 配置含有已知质量分数 W_α 的物相 α 的一组标准样品；② 测试这些标准样品的衍射峰强度 I；③ 确定这些标准样品的质量吸收系数 μ_m^*。

（2）测试未知样品的 $I_{i\alpha}$ 以及 μ_m^*，然后重排公式（11.5）就可以计算未知样品的 W_α。

其中 μ_m^* 值可以通过一束与 XRD 数据收集所用的波长一样的光通过已知厚度为 t 的样品后的强度变化直接给出。具体是根据样品内和样品外所测的光束强度，即 I 和 I_0，采用下面的表达式计算 μ_m^* 的数值：

$$\frac{I}{I_0} = \exp(-\mu_m^* \rho t) \qquad (11.6)$$

另外，也可以通过将样品中所有 n 种元素（或者物相）各自的理论质量吸收系数（μ_j^*）及其质量分数（W_j）的乘积相加在一起，其和就是 μ_m^*。采用这种方法

的时候，具体元素组成可以采用 X 射线荧光等测试来确定。采用 X 射线荧光等其他技术的做法要比仅考虑物相组成来的准确，这是因为它同时考虑了可能存在的无定形材料，而这些材料虽然不参与形成衍射谱图的谱峰，但是仍然会对 μ_m^* 有贡献

$$\mu_m^* = \sum_{j=1}^{n} \mu_j^* W_j \qquad (11.7)$$

需要指出的是，基于公式(11.6)的测试给出的是准确的 μ_m^* 值，而根据公式(11.7)计算出的仅仅是理论上的 μ_m^*，并没有考虑样品孔隙率(porosity)的影响。另外，基于公式(11.6)的测试假定用于测试光束穿透性的样品和用于收集衍射谱图的样品都是同样的，否则还要进一步考虑样品堆积密度引起的变化。

更一般性的并且实验上更为简便的做法是分析包含已知质量分数 W_s 的内标 s 来获取 μ_m^* 的数值。将标准物相的 j^{th} 衍射(或者衍射组)测得的强度 I_{js} 代入公式(11.5)可以得到

$$I_{js} = C_{js} \frac{W_s}{\rho_s \mu_m^*} \qquad (11.8)$$

考虑公式(11.5)和公式(11.8)的比值

$$\frac{I_{i\alpha}}{I_{js}} = \frac{C_{i\alpha} \rho_s \mu_m^* W_\alpha}{C_{js} \rho_\alpha \mu_m^* W_s} \qquad (11.9)$$

由于这里的 μ_m^* 在分子和分母中同时出现，因此其对于分析过程的影响可以在计算中被消除，随后得到如下未知的质量分数 W_α

$$W_\alpha = K_{\alpha s}^{ij} \cdot W_s \cdot \frac{I_{i\alpha}}{I_{js}} \qquad (11.10)$$

其中

$$K_{\alpha s}^{ij} = \frac{C_{js}}{C_{i\alpha}} \cdot \frac{\rho_\alpha}{\rho_s}$$

$K_{\alpha s}^{ij}$ 可以通过已知标准物相和待分析物相的混合物进行确定。需要指出的是，系统误差的存在(例如择优取向和微吸收)对 W_α 的影响无法从公式(11.10)的计算结果看出来。因此，严格相同的样品制备和装样技术是最小化这类分析像差的影响所必需的。

11.3.1　参比强度(RIR)法

进一步采用公式(11.10)还可以得到参比强度的定义公式[11,12]。这个参比强度指的是 α 相与 s 标准相的最强峰强度之间的比值。由于 QPA 中被广泛接

受的标准样品是刚玉，因此所研究物相的 RIR 就等于 I/I_c（其中 I 是 α 相最强峰的强度，而 I_c 则是刚玉最强峰的强度）

$$\frac{1}{K_{\alpha s}^{ij}} = \frac{I_{i\alpha}}{I_{js}} \cdot \frac{W_s}{W_\alpha} = \mathrm{RIR}_{\alpha s} \equiv \frac{I}{I_c} \tag{11.11}$$

当添加的标准样品已知时，未知物相的定量分析可以通过公式（11.11）的变形而被计算出来

$$W_\alpha = \frac{I_{i\alpha}}{I_{js}} \cdot \frac{W_s}{\mathrm{RIR}_{\alpha s}} \tag{11.12}$$

Hubbard 和 Snyder 进一步给出了公式（11.11）的改进结果[12]，从而可以使用非最强的其他衍射峰。要想获得 RIR 值可以通过测试已知各自质量的标准样品和所分析物相的混合物或者通过例如 Rietveld 分析软件中的图谱计算模块来实现基于晶体结构的信息计算。对于常用物相并且校勘过的 RIR 数值列表可以使用 ICDD 数据库[13]以及 Smith 等给出的资料[14]。不过，需要提醒的是，使用者在亲自选择某些合适的 RIR 值用于其特定的实验时要非常小心。这是因为 RIR 的数值取决于其被求过程中所采用的分析策略（例如采用峰高还是峰面积，是否全谱以及哪种 X 射线波长等），而这些必须同正要应用该 RIR 值的实验所使用的分析条件是一致的。总的来说，RIR 相关技术的一个重要优势就是一旦已知所要分析物相的相应 RIR 结果，那么要分析的样品中无需存在标准物相。

Chung[15,16]证明，对于一个包含 n 个物相的体系，如果所有成分都是结晶态并且都参与分析，那么就增加了一个如下方式表达的约束条件，即

$$\sum_{k=1}^{n} W_k = 1.0 \tag{11.13}$$

采用这种所谓的基质清洗（或者归一化 RIR）法，就可以在计算过程中去除样品吸收 μ_m^* 所产生的影响。具体做法就是组合公式（11.12）和公式（11.13），然后根据如下公式替换掉与标准物相有关的项目：

$$\frac{W_s}{I_{js}} = \left(\sum_{k=1}^{n} \frac{I_k}{\mathrm{RIR}_{ks}} \right)^{-1} \tag{11.14}$$

从而物相 α 的质量分数计算如下：

$$W_\alpha = \frac{I_{i\alpha}}{\mathrm{RIR}_{\alpha s}} \times \left(\sum_{k=1}^{n} \frac{I_{ik}}{\mathrm{RIR}_{ks}} \right)^{-1} \tag{11.15}$$

应用公式（11.15）的前提是所有物相都是结晶态并且都参与了分析，从而 W_j 之和可以归一化为 1.0。尽管这种方法可以导出正确的相对物相丰度的结果，但是如果存在未知物相或者无定形材料时，绝对物相丰度就可能被高估。

此时往体系中添加内标可以计算出每一相的绝对丰度值[公式(11.16)]，从而也可以得到无定形或者未参与分析的成分的数量[公式(11.17)]：

$$W_{\alpha(\text{abs})} = W_\alpha \times \frac{W_{\text{std(known)}}}{W_{\text{std(meas)}}} \tag{11.16}$$

$$W_{(\text{unk})} = 1.0 - \sum_{k=1}^{n} W_{k(\text{abs})} \tag{11.17}$$

其中 $W_{\alpha(\text{abs})}$ 是 α 相的绝对质量分数；$W_{\text{std(known)}}$ 是添加到样品中的已知质量分数的标准样品；$W_{\text{std(meas)}}$ 是通过公式(11.15)给出的标准样品的质量分数；至于 W_{unk} 则是混合物中未知(未能明确)或者无定形成分的质量分数。

如果使用了内标，那么初步采用公式(11.15)计算的内标浓度的结果存在如下情形：① 与称量值一样，这意味着体系中不存在无定形或者未被明确的物相；② 高于称量值，这就意味着存在无定形或者未被明确的物相；③ 低于称量值，这个结果表明出现操作差错或者 RIR 数值的使用不合理。

11.3.2 Rietveld 法

比起传统的单峰法，采用全谱(尤其是 Rietveld 法)来确定物相丰度的潜在优势就是可以得到更为准确和精确的结果。这种进步来源于如下的事实：① 不管其重叠程度如何，谱图中的所有衍射峰都参与分析；② 与某些样品相关的效应，例如择优取向等的影响在考虑所有衍射的时候可以尽可能地弱化。此外，针对某种残留实验像差的校正模型的应用可以进一步改善这种分析所得的结果。

尽管 Rietveld 技术刚开始是为了精修晶体结构而发展起来的，但是要使观测谱图与计算谱图达到最佳匹配，还要精修其他有用的并且研究人员感兴趣但是不属于结构信息方面的参数，而这些参数中就包括了与晶粒尺寸和应变相关的峰宽和峰形(参见第 13 章)以及 Rietveld 标度因子——对于多相混合物，这个参数与现有物相的数量有关。

现在回到公式(11.1)，第二个方括号中的表达式意味着公式(11.5)中的常数 C 反比于晶胞体积的平方(V^2)，另外，Hill[17]提出个体衍射强度 I 正比于 Rietveld 标度因子 S

$$C_\alpha \propto \frac{1}{V_\alpha^2} \text{ 且 } I_\alpha \propto S_\alpha \tag{11.18}$$

考虑到物相密度 ρ_α($\text{g} \cdot \text{cm}^{-3}$)可以通过晶胞成分的质量(即 ZM，其中 Z 为晶胞包含的化学式单元数目，M 为化学式单元的分子质量)与晶胞体积(V)计算出来

$$\rho_{\alpha} = 1.660\ 4\ \frac{ZM_{\alpha}}{V_{\alpha}} \tag{11.19}$$

（常数值 $1.660\ 4 = 10^{24}/6.022 \times 10^{23}$ 可以用来将以单位 $amu \cdot Å^{-3}$ 表示的 ρ 转化为以 $g \cdot cm^{-3}$ 为单位），因此，将公式(11.18)和公式(11.19)代入公式(11.5)并且重排各项就可以得到

$$W_{\alpha} = \frac{S_{\alpha}\ (ZMV)_{\alpha}\mu_{m}^{*}}{K} \tag{11.20}$$

其中 K 是比例因子，用于将 W_{α} 置于绝对水平上。根据 O'Connor 和 Raven 的研究[18]，K 仅仅取决于设备条件，而与具体的物相以及完全取决于样品的参数无关。因此，对于给定的设备配置，只需一个测试就可以确定 K 的取值。基于此，$(ZMV)_{\alpha}$ 可以称为物相 α 的校准常数，其值可以利用已知的晶体结构信息计算出来。以此进行的 K 的表征可以采用某个标准的混合物，而不用测试待求的实际未知混合物，从而这个标准混合物就成了所谓的外标。利用外标计算得到的 K 值适用于后继的同样设备条件下所得数据的校准。

　　类似于单峰法，Rietveld 法也可以通过加入已知质量分数 W_{s} 的内标 s 并且在公式(11.20)中采用如下待分析相与标准相的比值来略去测试 K 以及测试或者计算 μ_{m}^{*} 的步骤：

$$W_{\alpha} = W_{s} \cdot \frac{S_{\alpha}\ (ZMV)_{\alpha}}{S_{s}\ (ZMV)_{s}} \tag{11.21}$$

　　基于 Chung 提出的基质清洗法[15,16]，Hill 和 Howard[19]指出，应用 Rietveld 分析法时，n 相混合物中各个物相 α 的质量分数满足下列的关系：

$$W_{\alpha} = \frac{S_{\alpha}\ (ZMV)_{\alpha}}{\sum_{k=1}^{n} S_{k}\ (ZMV)_{k}} \tag{11.22}$$

　　在 QPA 中采用公式(11.22)同样可以忽略设备校准常数和样品质量吸收系数的测试步骤。不过，与公式(11.15)一样，这种操作将待分析的质量分数之和规定为 1.0。这就意味着如果样品中包含无定形物相或者存在少量未被鉴别出来的结晶态物相，那么待分析的质量分数将被高估。此时，同样需要引入某种内标并且采用公式(11.16)和公式(11.17)对所测的 W_{α} 进行调整。

11.3.2.1　结晶性差或者结构未知物相的分析

　　一般说来，虽然无定形相和未能鉴别的稳态相可以作为一个集体通过内标法或者外标法确定具体的数量，但是 Rietveld 法的确要求待分析的物相是结晶态并且其结构是已知的。不过，如果感兴趣的物相结晶性不好或者仅知道少量的结构，Rietveld 法还是可以将它们从大量真正无定形的材料中分离出来并且确定其数量。

物相的部分结构已知，即各自的晶胞参数和空间群已经明确时可以对衍射峰赋予相应的晶面指标。如果所感兴趣的物相可以通过这种方式被指标化，那么将公式(11.1)中相应的结构因子改为从所测谱峰强度得到的结构因子数值就可以正常进行定量分析了[20]。运用 Le Bail 等[21] 提出的方法(参见第 5 章)可以通过所给的空间群和晶胞参数对谱峰位置进行约束，同时允许各个谱峰强度产生变化，最终实现与实验谱图的最佳匹配。

对于不能被指标化的物相可以采用一系列与之有关的谱峰进行定义。在精修的时候，这些谱峰就作为单一物质的衍射进行标度。各谱峰之间的相对强度可以参考这个物相作为主要物相时所得衍射谱图的谱峰拟合结果。

不管是哪一种情形，缺乏完整的晶体结构就意味着计算 ZMV 校准常数是不可能的，从而需要其他测试操作来完成模型的校准。下面介绍的步骤就是获得此类校准后的模型所需的过程：

(1) 收集这种物质在纯相时的衍射谱图，如果得不到纯相材料，那么所采用的样品中，该物相也应当是主要成分。

(2) 基于已知的空间群和晶胞参数，执行 Rietveld 程序中的 Le Bail 拟合功能模块。利用精修所得的系列强度值建立一个包含 h、k、l、M、d、2θ 和 I 各列数据的文件，其中 h、k 和 l 就是衍射的 Miller 指数，M 是该衍射的多重性因子，d 则是其面间距，而 2θ 和 I 分别是该衍射的布拉格角和强度。

(3) 根据所用的 Rietveld 程序的要求，有时可能需要从每个观测到的谱峰强度中扣除掉洛伦兹-极化因子(Lorentz-polarization，Lp)的影响。该因子计算如下：

$$Lp = \frac{1 + \cos^2 2\alpha \cdot \cos^2 2\theta}{4 \cos \theta \sin^2 \theta \cdot (1 + \cos^2 2\alpha)} \tag{11.23}$$

其中 α 就是单色器的衍射角。

需要指出的是，公式(11.23)是面向 Bragg – Brentano 几何设置的公式。

(4) 采用下面的表达式从实测的强度中扣除 Lp 因子的贡献：

$$I'_{\text{meas}} = \frac{I_{\text{meas}}}{Lp} \tag{11.24}$$

现在就用这些调整后的强度值取代上述 hkl 文件中的强度值，获得新的文件。

(5) 为了采用公式(11.22)得到定量化结果，就需要计算 ZMV 校准常数，以便和所得的 hkl 文件一起参与计算过程。这可以通过添加已知质量的内标，然后重排公式(11.21)：

$$(ZM)_{\alpha} = \frac{W_{\alpha}}{W_{\text{s}}} \cdot \frac{S_{\text{s}}}{S_{\alpha}} \cdot \frac{(ZMV)_{\text{s}}}{V_{\alpha}} \tag{11.25}$$

其中 α 代表未知物相；s 代表标准物相。

虽然通过第五步求得的 *ZM* 值确实可以用来从第四步所创建的 *hkl* 文件中获取混合物的定量分析结果，但是从数值大小的角度看，这个 *ZM* 实际是不合理的——因为此时所用的强度值并不是真正的结构因子。不过，通过该物相的实测密度 ρ_α 可以获得如下具有物理意义的数值：

$$(ZM)_{\alpha(\text{true})} = \frac{\rho_\alpha V_\alpha}{1.660\,4} \tag{11.26}$$

接下来就可以根据比值 $(ZM)_{\alpha(\text{true})}/ZM_\alpha$ 对 *hkl* 文件中的谱峰强度进行标度。所得的数值就可以近似作为这种材料的"真正"结构因子。

更详细的关于采用这种方法实现对结晶性不好的材料的校准的介绍可以参见 Scarlett 和 Madsen 发表的成果[22]。

接下来以结晶性不好并且没有精确晶体结构模型的绿脱石黏土（图 11.1）作为例子来说明这种谱峰模型（peak model）技术的应用。在这个例子中，采用绿脱石的晶胞数据和由比较纯的绿脱石得到的 X 射线衍射数据，通过谱峰的 Le Bail 提取法得到绿脱石的物相模型。然后将这种黏土材料与刚玉（Al_2O_3）人工混合，同时利用比例为 50/50 的混合物的精修结果算出 $ZM_{\text{绿脱石}}$ 值。从图 11.2 可以看出，对于一系列的人工合成混合物，称量所得的绿脱石质量与测试结果符合得很好。

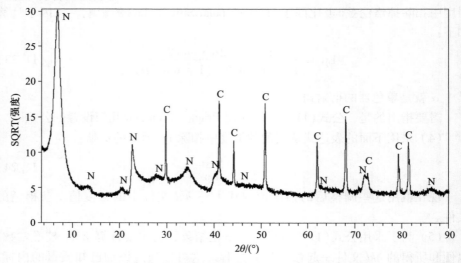

图 11.1　按 3∶1 混合的绿脱石（N）和刚玉（C）的 X 射线衍射谱图（CoKα）。从衍射峰的宽化现象就可以明显看出绿脱石的结晶性不好。另外，缺乏充分的绿脱石晶体结构信息也妨碍了常规 Rietveld 分析技术的应用

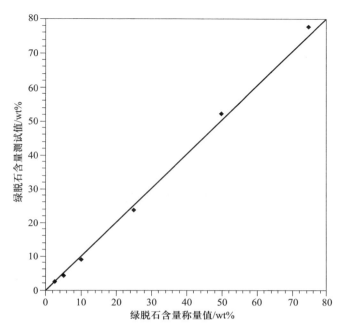

图 11.2 人工合成绿脱石和刚玉混合物中，绿脱石的称量质量和实测质量值的对比。这是利用改进的 Rietveld 法所得的分析结果。具体操作时，绿脱石被表示成许多衍射（hkl）及其相应的强度，而不是一个完整的晶体结构。图中的直线表明了称量值和测试值之间具有 1∶1 的关系

11.4 影响准确性的因素

11.4.1 颗粒统计

对于可以接受的定量物相分析结果而言，测试所得的谱峰强度的准确性需要达到 ±（1%~2%）的相对误差。能否达到这种结果，样品中晶粒的尺寸的影响是相当大的——小尺寸晶粒是衍射强度可重现并且德拜-谢乐锥强度均匀分布的保障。

Elton 和 Salt[23] 通过理论和实验的方法分别估计了一个样品中发生衍射的晶粒数目（N_{diff}）。显然，在同样条件下准备的一组样品之间谱线强度的波动主要来自于各个样品中参与衍射过程的颗粒数目的统计变化。实践表明，设备和样品配置的微小变动是可以明显改善样品的颗粒统计结果的。关于相对颗粒统计误差 σ_{PS} 的估计值计算如下：

$$\sigma_{PS} = \frac{\sqrt{N_{diff}}}{N_{diff}} \tag{11.27}$$

表 11.1 总结了 Smith 有关某种稳定样品的颗粒统计效应的研究工作[24]。可以看出，颗粒尺寸为 40 μm 的粉末在取样体积为 20 mm³ 时参与衍射的晶粒有 12 个左右，所得的 σ_{PS} 大约是 0.3——这并不能满足谱图统计结果可重复的要求。反之，如果颗粒尺寸下降到 1 μm，那么 σ_{PS} 就减小到更好的 0.005。需要注意的是，由于参与衍射的晶粒数目与样品的吸收系数 (μ) 有关，因此表 11.1 所给的结论只适用于特定的 μ 值。

表 11.1　晶粒直径和发生衍射的晶粒数目之间的关系（引自 Smith 的成果[24]）

晶粒直径/μm	40	10	1
晶粒数（20 mm³）	5.97×10^5	3.82×10^7	3.82×10^{10}
衍射数目	12	760	38 000
σ_{PS}	0.289	0.036	0.005

对于给定的样品，有多种方法可以用于提高对衍射谱图有贡献的晶粒数目，具体包括：

（1）加大设备所用光束的发散性。实验室光源要达到这个目的可以考虑将细焦斑光管换成宽焦斑光管，也可以采用更宽的发散狭缝和接收狭缝。Elton 和 Salt 指出，在采用某个宽焦斑光管和 1.2 mm 的接收狭缝分别代替原有的细长焦斑光管和 0.3 mm 的接收狭缝后，σ_{PS} 可以下降为原来的一半左右[23]。不过，需要注意的是，这种操作会降低设备的整体分辨率以及产生更多的谱峰重叠。

（2）绕平板样品表面的法线或者毛细管样品的轴线旋转样品。这种方法可以增加样品受辐照的体积，并且 σ_{PS} 将变为原来的 1/5～1/6。

（3）绕 θ 轴（针对平板几何设置）摇摆样品。这里强调的是这种运动会破坏样品与接收狭缝之间严格的对应关系，从而在采用实验室光源产生的非平行 X 射线束时，谱峰强度、位置乃至线性将会产生像差。在这种方法中，σ_{PS} 所能被改进的程度具体取决于摇摆范围的大小。

（4）重装样品，再次收集并且分析衍射数据。将每次分析所得的结果综合取平均后可以得到更可靠的参数值，而且可以独立确定各自的标准偏差估计值（estimated standard deviation，ESD）。

（5）机械粉碎样品获得更小的平均晶粒尺寸。这种方法在增加所测晶粒数目方面最为有效。不过，使用时要注意选好研磨方法。这是因为很多研磨技术既实现晶粒尺寸的减小，又引入点阵应变，从而产生谱峰宽化。另外，研磨时某些物相会发生固-固相变或者脱水。如果在液体（例如乙醇或者丙酮）中研磨，磨罐中样品的局部热效应就可以减弱，从而能够显著减少前述的那些麻烦。举个例子，采用 McCrone 粉碎研磨机（产自 McCrone Research Associates Ltd，2 McCrone Mews，Belsize Lane，London NW3 5BG，England）就可以在 1 ~ 20 min 内确保颗粒尺寸减小到 10 μm 或更小。有关样品制备技术及其对衍射数据的影响的详细描述可以进一步参考 Buhrke 等[25]以及 Hill 和 Madsen 的文献[26]。

11.4.2　择优取向

计算粉末衍射强度的前提是样品属于随机取向的粉末，也就是说所有的衍射能被测试到的概率是一样的。不过，某些材料由于形貌原因，通常难于实现这个要求。这是因为它们有一种将自己沿某个特殊晶体学方向排列的天然趋势，从而光束中某组衍射光束会占据优势，进而歪曲了谱图中的相对强度比例。结晶成针形或者片状的材料尤其容易受到这种影响，其在装样中趋于取向排列。

图 11.3 所示为水镁石矿[Mg(OH)₂]的扫描电镜照片，可以看出，各向异性晶体生长的结果是($hk0$)面的大小远远超过($00l$)面的，从而在装样过程中，这些片状样品的取向就自然倾向于宽大平坦的($hk0$)面平行于样品表面而排列，这就出现了择优取向并且意味着($00l$)衍射强度的增加。

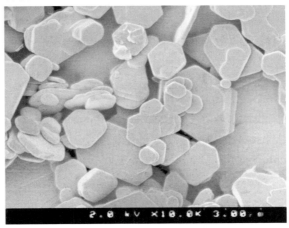

图 11.3　呈现平坦六方面形貌的水镁石矿[Mg(OH)₂]。正是这种形貌造成了沿[$00l$]方向的择优取向

在单峰法应用中，这种相对强度的假象是一个相当棘手的麻烦，此时没有哪个峰真正反映现有材料的数量。而全谱法一般说来可以更准确地分析这类材料。其原因在于：谱图中所有的峰都参与分析，并且全谱法中往往联用了某种

校正算法来纠正这种强度像差。其中最常用于择优取向的校正算法是公式(11.28)所给的 March – Dollase 模型[27,28]（Madsen 等[26]和 Scarlett 等[17]）：

$$P(\alpha) = (r^2 \cos^2\alpha + r^{-1} \sin^2\alpha)^{-\frac{3}{2}} \tag{11.28}$$

其中 α 是择优矢量方向与待校正布拉格峰倒易点阵矢量方向之间的夹角；r 是表征择优取向程度的可精修参数，对于理想的随机取向的情形，$r = 1$。

需要注意的是，上述这种校正算法仅仅是一种近似的做法，可能难以适用于严重择优取向时的校正。此时，更好的做法是在收集数据之前去掉，或者至少要最小化择优取向的影响，具体可以采用合适的装样技术或者设备几何设置等措施[26]。

11.4.3 微吸收

使用 XRD 进行 QPA 时，影响结果准确性的最麻烦的因素就是微吸收。当采用全谱的基于 Rietveld 技术进行 QPA 时[19,29]，虽然可以校正某些与样品有关的像差（例如择优取向），但是还不足以解决微吸收效应。Zevin 和 Kimmel 已经详细讨论了这种效应[4]，因此，这里就不再赘述。总的来说，当样品中各个物相的质量吸收系数不同或者颗粒尺寸分布不一样，那么就会出现微吸收效应，其结果就是发生严重吸收物相的衍射峰强度降低，而吸收相对来说较少的物相的衍射强度则得到了有效的提升，从而由此得出的这些物相的相对丰度是错误的。

对于那些具有微吸收效应的样品，Brindley 提出了一个所谓的"颗粒吸收因子"τ 的定义[30]

$$\tau_\alpha = \frac{1}{\mathrm{Vol}_k} \int_0^{\mathrm{Vol}_k} \exp[-(\mu_\alpha - \mu)D] \cdot \mathrm{dVol}_k \tag{11.29}$$

其中 μ_α 是物相 α 的线性吸收系数（linear absorption coefficient，LAC）；μ 是整个样品的平均线性吸收系数；D 是颗粒的"有效尺寸"；Vol 是颗粒体积。

Taylor 和 Matulis[31] 提出 Brindley 的微吸收校正可以按照如下方式同公式(11.22)结合起来：

$$W_\alpha = \frac{\dfrac{S_\alpha (ZMV)_\alpha}{\tau_\alpha}}{\displaystyle\sum_{j=1}^{n} \dfrac{S_j (ZMV)_j}{\tau_j}} \tag{11.30}$$

既然 τ_α 由各个物相的质量分数 W 决定，那么通过迭代计算 τ 和 W，就可以推出 W 的最终结果。

采用 Brindley 校正的条件是苛刻的。这是因为该模型的应用范围有限（对于粗糙样品，μD 通常在 0.1~1.0 之间变动）并且难于给定合适的 D 值。例如，利用研磨降低全体材料的尺寸时，颗粒尺寸会出现分布，而且颗粒形状也会有变动，因而单独一个尺寸估计值是不能代表整体样品的。另外，多相样品研磨中"硬"和"软"物相各自的尺寸降低效果不同也是最为常见的现象。实际操作中，难于对个体颗粒尺寸准确求值通常意味着分析者采用的是基于某些信息猜测而得的 D 值，因此，更多的是为了想得到某个物相丰度而凭据经验而不是基于合理的测试结果给出这个数值。事实上，从 IUCr 定量物相分析循环赛中就可以看出这种乱用微吸收校正的普遍性了[6,7]。

受限于目前可用的微吸收校正算法，最好的措施是在数据收集前尽可能最小化这种影响。基于公式（11.29）的使用结果，要实现上述目标可以通过两种手段，即

（1）减小颗粒尺寸。进一步的讨论可以查看 11.4.1 节（颗粒统计）以及 Buhrke 等的文献[25]。

（2）降低物相间的吸收衬度。有些时候，简单地变换收集衍射数据时所用的波长就可以达到这个目的。从表 11.2 可以看出，对于刚玉（$\alpha - Al_2O_3$）和赤铁矿（$\alpha - Fe_2O_3$）构成的混合物，如果采用 CuKα 射线来收集数据，那么两者之间线性吸收系数相差 10 倍左右。反之，如果采用 CoKα 射线，这两个物相的 LAC 就接近了，此时意味着如果颗粒尺寸相似，那么择优吸收就被尽量降低了。另外，虽然对于 MoKα 射线等短波，相应的吸收衬度提高了，但是这时更小的 LAC 数值意味着有更多的材料能参与衍射谱图的形成，从而可以利用颗粒统计性增强后所得的好处。值得注意的是，中子的穿透能力相当大，因此，对于在 X 射线数据中存在的致命的微吸收影响，如果改用中子衍射数据，往往就可以被明显降低。这正如 QPA 循环赛的结果所示[7]——对于样品 4（专用于强调微吸收效应），那些收集中子衍射数据并且以此进行分析的人所得的结果明显更胜一筹。

表 11.2　刚玉（$\alpha - Al_2O_3$）和赤铁矿（$\alpha - Fe_2O_3$）在不同波长下的线性吸收系数

	X 射线线性吸收系数/cm^{-1}			中子散射截面/cm
波长	CuKα	CoKα	MoKα	1.54 Å
刚玉	125.4	194.7	12.6	0.005
赤铁矿	1 145.9	238.4	139.2	0.039

11.4.4　精确度、准确性和误差计算

要回答 XRD 进行 QPA 时所能达到的精确度（precision）和准确性（accuracy）是困难的。虽然基于数学拟合的重现性或者精确度来计算误差是相当简单的事情，但是对于一种非标准方法来说，要明确分析中的实际准确性并不轻

松。实际上，如果不能与有关该样品的其他测试相结合，同时在这些测试中确实采用标准样品，那么这种准确性是谈不上的。在大多数情况下，样品的分析者是将精修中计算的 Rietveld 误差(参见附录 A)作为最终定量结果的误差来报道的[6,7]。然而，这些数据仅仅与模型的数学拟合有关，而不是来自定量分析自身的准确性或者其他因素。

现在考虑一个由刚玉、磁铁矿和锆石组成的三相混合物——这样的一种样品曾经作为 IUCr CPD 定量物相分析循环赛的样品 4[7]。之所以选择这些成分，其目的就是要提供一个具有严重微吸收效应的样品。表 11.3 列出了每种成分的实际质量值以及该材料的三个不同子样品分别经平行定量物相分析后所得的平均结果。

在这个例子中，所给的 Rietveld 误差反映的是数学上以计算谱图拟合观测谱图时得到的不确定度。大多数情况下，这个误差值被作为物相丰度的误差来引用。相比之下，平均丰度的标准偏差，即反映分析时所期望的精确度的数值要比这个 Rietveld 衍生误差大 3 ~ 4 倍。执行这些分析时所能实现的高质量拟合水平(以小 R 因子值为证)会让分析者认为这个(平均值 ± 平均值标准偏差)的结果已经足以表示所测的物相丰度及其误差了。然而，这种 Rietveld 误差和重现误差至少要比离差(测试值 – 实际质量值)低一个数量级。而这个存在严重微吸收的离差代表着这个材料体系所能达到的真正准确性——只要分析者不再进一步分析吸收衬度或者其他可能影响准确性的像差的成因并且尽可能最小化，那么就得不到准确的结果。

表 11.3 **分析 XRD 数据(CuKα) 所得误差的比较**。样品是 IUCr CPD 定量物相分析循环赛样品 4 的三个子样。离差表示测试值与实际质量值①之差，而"XRF"标识的数值是利用 X 射线荧光法测得的元素浓度所给出的物相丰度

参数	物相		
$N = 3$	刚玉	磁铁矿	锆石
实际质量值/wt%	50.46	19.46	29.90
测试平均值/wt%	56.52	17.06	26.42
Rietveld 误差平均值	0.15	0.11	0.11
测试值的标准偏差	0.63	0.41	0.35
平均离差	6.06	− 2.58	− 3.48
XRF	50.4(2)	19.6(1)	29.5(1)

① 此处的测试值指测试 XRD 并且分析数据所得的结果，而实际质量值为采用其他方式(这里是 XRF)所得的结果，并且当作真实值来使用。——译者注

在上述例子中，物相恰好满足在化学组分上互不干扰，从而物相丰度可以从块体元素分析（这里是 XRF）中按照正规操作计算出来。虽然一般说来，这种好事并不多见，但是如果采用电子探针微区分析或者类似的手段，往往还是可以得到体系中各物相包含的化学成分的。采用 XRD 的 QPA 结果按照正规操作反过来也可以计算出块体的化学成分，从而可以将这个结果与如 XRF 等已经标准化的技术所得的结果进行比较。有关这种计算在矿物以及工业生产上的应用将在后面章节中进行介绍。另外，如果这样的计算不可能或者不现实，那么更好的做法是顶多将 XRD QPA 看作一种"半定量"技术。

作为上述样品分析的补充，表 11.4 列出了采用 Brindley 校正后平均测试质量分数与离差的结果。有关获取合适 D 值的困难已经在前面的章节中讨论过了，而表 11.4 也表明具体选定的 D 值对定量结果的变化是有明显影响的。对于颗粒尺寸为 10 μm 的情形，有无校正时各自所得离差的变动幅度已经足以说明应用这种校正技术时要极为谨慎。值得指出的是，10 μm 是常规球磨设备例如 11.4.1 节（颗粒统计）所讨论的 McCrone 粉碎研磨机所得的样品的典型平均颗粒大小。

表 11.4　采用 Brindley 微吸收校正法分析表 11.3 所用的同一套 XRD 数据（CuKα）所得误差的比较。与表 11.3 一样，这里的平均值也是基于如上三个子样的平行测试结果，并且离差也是测试值与实际质量值之差

参数	物相		
$N = 3$	刚玉	磁铁矿	锆石
实际质量值/wt%	50.46	19.46	29.90
Brindley 校正结果，$D = 1$ μm			
测试平均值/wt%	55.76	17.81	26.43
平均离差	5.30	− 1.83	− 3.47
Brindley 校正结果，$D = 5$ μm			
测试平均值/wt%	52.49	21.18	26.33
平均离差	2.03	1.54	− 3.57
Brindley 校正结果，$D = 10$ μm			
测试平均值/wt%	47.76	26.15	26.08
平均离差	− 2.70	6.51	− 3.82

11.5 粉末衍射的 QPA 示例

11.5.1 矿物体系中的应用

11.5.1.1 简单三相混合物

IUCr CPD QPA 循环赛[6]的样品 1 是一个三元混合物（图 11.4），总共制备了八种不同组成的子样，从而每个物相的浓度分布范围大概是$1.3\% \sim 95\%$。该研究的目的是为了给出定量确定这三种物相成分在如下因素变化时所能得到的精确度和准确性水平：① 普通实验室内的纯粹属于备样和测试中的误差以及② 不同实验室所用分析过程的差异。

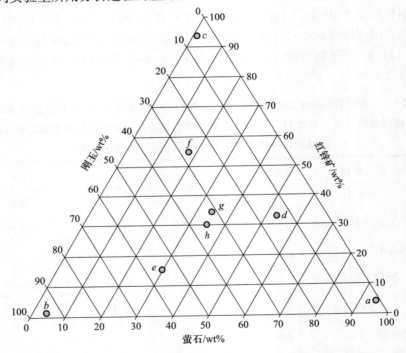

图 11.4 IUCr CPD 定量物相分析循环赛采用的样品 1 中所含各个混合物的成分示意图

用于研究的材料（刚玉—$\alpha - Al_2O_3$；红锌矿—ZnO；萤石—CaF_2）为表征理想条件下有望达到的精确度和准确性水平的研究提供了一个足够"简单"的体系。循环赛的组织者并没有过分详细地规定用来分析的技术，而是允许参与者自行选择并且汇报他们各自采用的方法。因此，这个循环赛也可以看作一个有关 QPA 的常用分析技术的总结。

综合所有反馈回来的结果可以看出，尽管平均值与质量值接近，但是具体数值的分布很宽，这就意味着就算在相当简单的物相体系中，也有很多参与者没办法准确定出具体的数量。其中操作者的过失是导致偏离质量值的主要原因。这很大程度上体现为对所选方法的不合理利用。其中对于 Rietveld 法，相应的错误包括：① 输入的原子坐标和热振动参数等晶体结构信息是错误的；② 空间群符号不对；③ 原子位置占有率参数错误；④ 接受存在没有物理意义的结构参数（尤其是热振动参数）的精修结果；⑤ 精修实际上并没有结束。

为了检测 Rietveld 法在 QPA 中的有效性，循环赛的组织者采用如下精修策略对样品 1 的所有八个混合物子样进行了分析：

（1）对于所有的样品，精修参数中均包含：① 以关于 2θ 的多项式进行建模的谱图背景；② 样品偏移；③ 样品的吸收系数。

（2）对于采用基本参数法进行谱峰建模的 Rietveld 软件[32,33]，其与设备相关的参数通过采用某个结晶良好的 Y_2O_3 样品收集的数据来确定。这些设备参数（发散狭缝孔径、接收狭缝宽度和轴向发散等）在这一步里放开精修，然后就固定在精修所得的数值上，并且在分析其余样品时，用于确定关于谱峰宽度的设备贡献。

（3）对于样品 1a（含萤石约 95wt%），精修参数包括晶胞参数以及三个物相各自的晶粒尺寸。另外，Ca 和 F 的热振动参数也被放开精修，随后就将氟的热振动参数固定在精修所得的数值上，并且用于所有其他样品中萤石物相的建模。

（4）对于样品 1b（含刚玉约 95wt%），精修参数除了包括步骤（3）中的种类，还要精修 Al 和 O 的热振动参数以及 Al 的 z 坐标和 O 的 x 坐标。随后这些参数就被固定在它们各自精修所得的数值上，并且用于所有其他样品中刚玉物相的建模。

（5）对于样品 1c（含红锌矿约 95wt%），精修参数除了包括步骤（3）中的种类，还要精修 Zn 和 O 的热振动参数。同样地，随后这些参数也被固定在它们各自精修所得的数值上并且用于所有其他样品中红锌矿物相的建模。

（6）对于步骤（3）～（5）的任何一步都要检测精修所得热振动参数与文献数值的一致性。这一步非常重要——因为如果热振动参数明显偏离所期望的数值，就意味着用来生成计算谱图强度的模型发生了差错。由于本研究中所有物相都是高度晶化的材料，因此各向同性热振动参数（B_{eq}）应当在 $0.3 \sim 0.5$ $Å^2$ 的范围内。不过，循环赛参与者反馈回来的结果所依据的结构的 B_{eq} 值却为 $0.0 \sim 10.0$ $Å^2$。而这些热振动参数与 Rietveld 标度因子关系紧密，这就意味着只要 B_{eq} 出现了差错就会影响到其所报告的物相丰度的定量化结果。

（7）对于样品 1 的所有八套数据集，每一个物相都可以被精修的参数包括：① 晶胞参数；② 晶粒尺寸；③ 全局标度因子。通过上面详细介绍的步骤，精修中所涉及的参数数目获得了最小化，从而保证了精修的稳定，甚至对于次要物相的精修也是如此。

如果用户想要提高以及尝试他们在应用各种技术方面的技巧，那么由 CPD 面向 QPA 循环赛而分发的数据集就是一个有用的资源。所有的这些数据集被表示成大多数常用软件所需的格式，具体可以在 http：// www. mx. iucr. org/iucr-top/comm/cpd/QARR/ data-kit. htm 中找到。

体系中仅少量存在的物相要比那些中等到大量存在的物相更加难以获得定量结果。这一点对于本例子来说特别明显，其原因就在于刚玉对 X 射线辐照的平均散射能力最低，这就意味着在三个物相中，它的观测强度也是最低的。

11.5.1.2　内标添加法

采用内标进行物相定量的一个例子就是最近 Madsen 等[34]在研究红土镍矿 （nickel laterite ore）的加压酸浸（pressure acid leaching，PAL）反应机制时所做的工作。在这个原位（in situ）研究中，红土镍矿与处于沸腾温度下的硫酸反应，同时利用水热加压来阻止酸液的沸腾。采用加压酸浸是为了将所有含镍的物相都溶解于酸中，然后就可以分离溶剂而回收金属镍。虽然有关这一体系的反应机制已经做了大量的非原位（ex situ）工作[35,36]，但是这些研究都存在着不足，即进行分析之前都要将体系温度冷却下来。

原位 XRD 研究的目的就是在反应温度和压力下测试上述体系的物相变化，从而消除冷却过程所导致的任何人为结果。例如，一种特殊的红土镍矿——腐泥土（saprolite）在加压酸浸时所形成的反应产物就被认为在冷却过程中会发生明显的变化，而且这种变化与它的物相化学分析一样，都是未被确认的。而上述的原位动态研究可以直接对这一体系进行测试。另外，要从实验中获得这类体系的动力学信息，重要的事情就是获得反应时的物相定量结果。在本例子中，具体实验时采用位敏探测器（Inel CPS120）每隔 2 min 收集一套数据。然后每一套数据都用 Rietveld 法进行定量分析。

这个体系的反应机制包括了固 – 液界面的相转移，这就意味着采用公式 （11.22）所得的定量值是高估后的结果。为了确定绝对物相丰度，选用已知质量的金刚石粉末作为惰性内标与起始的固体混合，然后将酸液加入这一混合物中，该内标的浓度取其在整体样品中，即包括固体和液体在内的质量分数。对于每套数据集所得的定量物相分析结果都根据体系中已知的内标质量值进行调整[公式（11.16）]。这样一来就可以确定体系中无定形成分的变化[通过公式 （11.17）]并且明确结晶相的产生和消失。这里所说的样品的无定形成分包括所有的无定形固体材料以及液相材料。

图 11.5 所示为某个 PAL 实验(数据在 Daresbury SRS 的 6.2 线站中收集,资助基金号为 42028)的 QPA 结果。其中利蛇纹石(lizardite)[通常是 $Mg_3Si_2O_5$ $(OH)_4$]的溶解以及随后水镁矿(kieserite,$MgSO_4 \cdot H_2O$)的析晶是显而易见的。这两个反应分别相应于无定形成分的增加和减少。水镁矿仅在原位研究中才能观测到,这是因为它的溶解度温度系数是负值。因此,在面向非原位研究的冷却过程中会重新溶解。

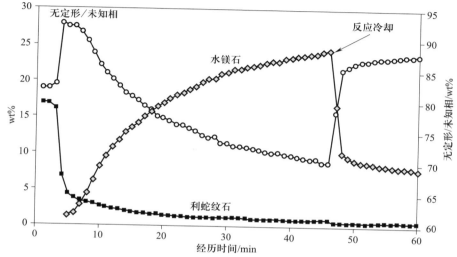

图 11.5　加压酸浸腐泥土型红土镍矿的定量物相分析结果

11.5.1.3　外标法

Scarlett 等[37,38]最近在确定铁矿砂烧结相(silico-ferrite of calcium and aluminum,SFCA)形成时所经历的反应过程的工作中,强调了确定复杂矿物体系中物相丰度的绝对值时存在着一些困难。该工作要分析的是基于实验室设备原位收集由 SiO_2、Fe_2O_3、CaO[以方解石(calcite)$CaCO_3$ 的形式加入]和 Al_2O_3[以三水铝矿(gibbsite)$Al(OH)_3$ 的形式加入]混合物所给的 XRD 数据,其中混合物由室温被加热到大约 1 200 ℃。刚开始时的定量分析采用的是公式(11.22)所表示的、由 Hill 和 Howard 所给的 ZMV 算法[19]。不过,反应中明显存在几个可能影响这种方法所得物相丰度准确性的相变,具体包括:

(1)大约在 220 ℃时三水铝矿的分解,同时伴随着样品中水分的挥发。由于分解产物是精细且主要为无定形的含 Al 氧化物,因此不能适用传统的基于 Hill 和 Howard 的 ZMV 算法的分析方法。

(2)大约在 650 ℃时方解石的分解,同时伴随着样品中 CO_2 的挥发。这时形成的是生石灰 CaO 晶粒,可以采用这种分析方法。

由于 *ZMV* 算法将待分析物相的质量分数之和规定为 1.0，因此样品中物质的逃逸或者无定形物相的产生都会导致待分析物相质量的高估。图 11.6 中黑色点线曲线给出了采用公式(11.22)计算的主相[赤铁矿(hematite)]分析结果，可以看出，在反应的初始阶段，赤铁矿的质量约为 69wt%(来自所添加原料的已知质量值)，在后续反应中分别发生三水铝矿和方解石分解，表面看来它的浓度却升高了。尽管在每一处反应中，样品内各相的相对物相丰度是正确的，但是要得到反应机制，需要的却是绝对质量值。

为了求出绝对物相丰度，首先基于已知的赤铁矿在初始反应时的质量，采用公式(11.20)来确定标度因子 *K*。这就使得赤铁矿的初始测试值实际上成了该实验其他测试的一个外标。图 11.6 中的符号"×"表示的曲线给出了这种定量分析法所得的结果，可以看出每一步反应中样品具有的赤铁矿质量的数值更为合理。

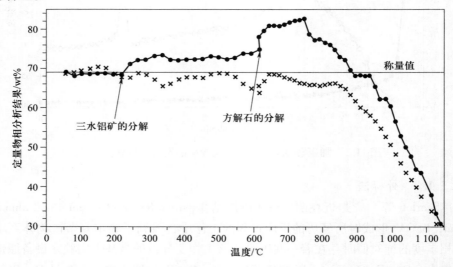

图 11.6　SFCA 反应过程中赤铁矿的 QPA 结果，所采用的分析方法分别是公式(11.22)表示的 *ZMV* 算法(以圆点加实线表示)以及公式(11.20)表示的外标法(以"×"符号表示)

对于这类动态测试，数据是在短时间内获取的，一般质量不好，这就使得混合物中的物相鉴定和定量分析变得更为困难。因此，尽可能对分析结果进行交叉验证是极为重要的。在本例子中，由于初始材料是已知组成的人工合成产物，因此每个数据点位置的块体化学成分计算是可以实现的。而从 QPA 结果计算块体化学成分的过程包括了解或者确定(通过电子探针微区分析或者类似的技术)混合物中被识别出来的每一相的化学组成，然后计算各自对混合物中存在的每一种元素的贡献，最终将各个同种元素的含量加在一起就得到了块体的化学成分。图 11.7 所示为上述混合物中 Fe、Ca 和 O 采用这种技术计算所得的结果。计算所得的化学成分与称量值(或者说理论上)所得的化学成分之间的一致性是相当好的。这是对该反应过程中所得 XRD 的 QPA 结果的真实肯定。需要指出的是,计算值和理论值之间在发生挥发的温度位置出现了分离,这是因为形成了 SFCA 以及未知的并且可能具有不同化学组成的 SFCA - I。

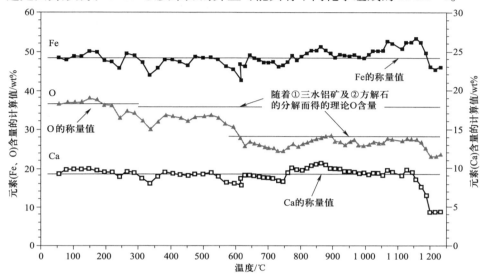

图 11.7　根据 SFCA 混合物原位加热时的 XRD QPA 结果计算所得的化学成分曲线

这种计算不仅可以用于校正,还可以用于物相鉴定。例如,图 11.8 也是根据上述混合物反应中所得的 XRD QPA 结果计算出来的化学成分(仅有 Fe、Ca 和 O)绘制的。不过,这次进行计算时,关于这个反应的分析尚未结束,而是仍处于物相鉴定阶段,从而 Rietveld 建模并不全面。对比图 11.7 可以发现,这时 Ca、Fe 和 O 含量的理论值与计算值在大约 1 000 ℃时开始出现明显的分离。它意味着所用的分析方法漏过了某个组成为 $Ca_xFe_yO_z$ 的物相。将这个物相即 $CaFe_2O_4$ 考虑进去并且重新计算化学成分就可以得到图 11.7 所示的一致性结果。

11.5.2　工业体系中的应用

工业加工领域对 XRD 作为监控物相丰度工具的日益重视促进了在线(on-line)测试系统的发展。相关设备需要对连续移动的材料流测试 XRD 数据,得出现有矿物的数量估计值并且将结果汇报给工厂控制室。这些操作是完全自动的,不需要操作者的干预。为了实现这个目标,某种能将出现差错的概率降低到最低的稳定的分析制度是必需的。因此,如果所用的方法是基于 Rietveld 方

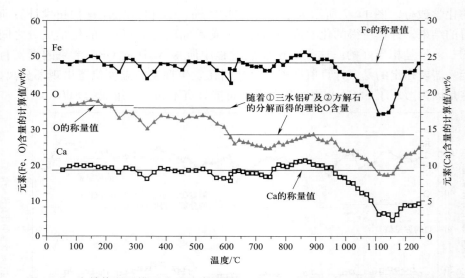

图 11.8　在精修所用模型中尚未考虑 $CaFe_2O_4$ 时，根据 SFCA 混合物原位加热时的 XRD QPA 结果计算所得的化学成分曲线

法的分析，那么输入条件的谨慎优化(包括晶体结构覆盖所有物相以及待精修参数数目的最小化)是精修保持稳定的前提。

　　Scarlett 等[39]以及 Manias 等[40]介绍的用于硅酸盐水泥成品中主相丰度监控的在线 XRD 分析系统就是这方面的典型示例。这套设施被安装在运转中的水泥球磨机的出口位置，获取 XRD 数据时，材料处于连续运动的基床上，速度大约为 $30\ kg\cdot h^{-1}$，每隔 1~2 min 获取一次物相丰度的定量结果。需要说明的是，硅酸盐水泥是由 10 到 15 种需要考虑的物相组成的无机矿物类复合材料，并且各物相的浓度在 60wt%~0.2wt% 的范围内变动，而有关组成物相的物理与化学性质包括详细的化学成分，晶粒尺寸和晶型比例并不固定，具体取决于特定工厂所用的原材料以及生产条件的性质[41,42]。

　　为了在现有条件下让分析尽量可靠，尤其是次要物相(次相)的分析，就要如下改进基于 Rietveld 法的分析条件：

　　(1) 由于铁酸盐和铝酸盐物相即 C4AF 和 C3A(这里采用水泥工业的术语来说明这些存在于水泥熟料中的物相，其中 C = CaO，S = SiO_2，A = Al_2O_3，F = Fe_2O_3)在水泥熟料中的全部含量是 10wt%~15wt%，因此，其衍射谱图一般情况下会被更多的硅酸盐相即 C3S 和 C2S 所压制。Taylor 提出了一种利用水杨酸和甲醇(salicylic acid and methanol，SAM)将 C3S 和 C2S 从样品中去除的方法[41]，在所得的残渣(标记为残渣 2)中，C4AF 和 C3A 是主相。在实验室中收集这一残渣的高质量 XRD 数据[图 11.9(c)]并且进行分析就可以精修 C4AF 和

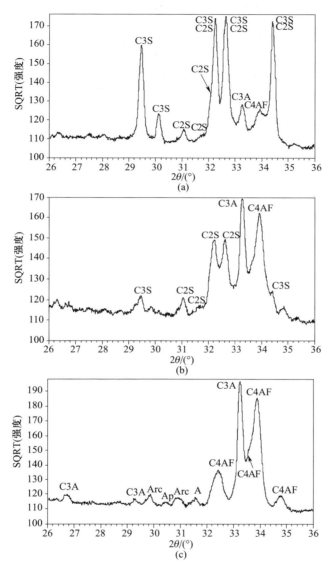

图 11.9　（a）原始的硅酸盐水泥熟料、（b）去掉含量最多的 C3S 后所得的残渣 1 以及（c）去掉 C3S 和 C2S 后所得的残渣 2 的 XRD（CuKα）数据。其中去除硅酸盐物相采用 Taylor 提出的水杨酸和甲醇（SAM）混合物消除法[41]。残渣 2 中明显存在碱金属硫酸盐物相［其中 Arc 代表单钾芒硝 K_2SO_4，Ap 代表钾芒硝 $K_3Na(SO_4)_2$］。需要指出的是，这些谱图所对应的材料与图 11.10 所描述的来自不同的水泥厂。［图中 SQRT（square root）表示平方根］

C3A 的相关参数。另外，该图可以用来判断是否存在以下情况：① C3A 的晶型不止一种——立方和正交是最常见的形式；② Fe/Al 比例不同时，C4AF 将包括一系列不同组成的物相——某些水泥厂所得的 C4AF 有两种，其组分截然不同，因此，晶胞参数不一样，在分析时容易按照不同的物相进行处理。当进行在线分析时，C4AF 和 C3A 的晶粒尺寸和晶胞参数就固定在残渣所得的数值，或者至少其变化要被约束在所得数值附近的一个狭小范围内。

（2）另外，C3S 和下一个含量最多的物相（C2S）的谱峰高度重叠，后者在水泥熟料中的含量一般为 10wt% ~15wt%。采用某种化学分离消除法，即采用不同比例的水杨酸和甲醇仅仅可以去掉 C3S，从而所得的残渣［标记为残渣 1，图 11.9（b）］中主相为 C2S。收集残渣的 XRD 数据可以精修 C2S 的晶粒尺寸和晶胞参数。这一步是发展稳定在线分析方法的关键——因为 C3S 和 C2S 谱图之间的高度重叠会导致谱峰强度分割的混乱，从而搞错了随后得到的两个硅酸盐主相之间的相对物相丰度。需要注意的是，在确定 C2S 的相关参数时，前面已经确定的 C4AF 和 C3A 参数［见上述的步骤（1）］可以在本精修分析中使用——因为此处的残渣中也包含了这些物相。

（3）由于 C3S 是熟料中的主相（典型含量是 50wt% ~70wt%），因此其参数包括晶粒尺寸和晶胞参数，可以利用水泥厂熟料产品中的代表样品收集 XRD 数据并且进行精修［图 11.9（a）］，在这一步中，其他物相的晶胞参数和晶粒尺寸都固定在上述（1）和（2）所确定的数值位置。

（4）其他任何加入熟料中从而获得硅酸盐水泥的材料，尤其是石膏（$CaSO_4 \cdot 2H_2O$），也必须满足晶体学方面的要求。因为石膏在研磨时容易部分失水而成为半水化合物（烧石膏，$CaSO_4 \cdot \frac{1}{2}H_2O$）和无水化合物（$CaSO_4$），所以在准备样品阶段时必须小心。考虑到三种含钙的硫酸盐物相都可能存在于最终的水泥内，因此，可以分别在 125 ℃和 600 ℃下加热两份石膏子样来获得半水化合物和无水化合物样品。此时，这三种硫酸盐物相的晶胞参数和晶粒尺寸就可以从各自的 XRD 数据集中精修得到。当用于在线分析时，相关参数就固定为这些结果。不过，石膏具有沿（0k0）晶体学方向择优取向的趋势，这就需要在考虑这一物相时引入一个可被精修的择优取向参数。

11.5.2.1 碱金属硫酸盐

由于熟料中占优势的一般是硅酸盐相（C3S 和 C2S），其总含量高达 85wt%，因此所有的次相都主要集中于残渣 2 中。其中就包括了重要的碱金属硫酸盐相。它们可以影响凝固时间和最终强度以及用于评价烧窑工作条件。由于碱金属硫酸盐在熟料中的全部含量通常是 0.5wt% 左右，而且往往包含了好几种 Na 和 K 的硫酸盐相，因此难以从原始熟料的 XRD 谱图中分别进行鉴定。

不过，利用残渣 2 的 XRD 谱图会更容易确定这些物相的存在。通过残渣 2 的数据对这些碱金属硫酸盐的参数进行优化后，随后就可以据此对在线分析系统中的这些值进行约束，从而这些物相的测试可以达到 < 0.5wt% 的程度（Madsen、Scarlett 和 Storer，2001，未发表成果），甚至在采用快速收集的在线数据时也是如此。

在自动在线分析法中考虑碱金属硫酸盐物相可能得到没有意义的结果——特别是当数据的质量不适合次相分析时。因此，对所得结果进行某些验证是必要的。图 11.10 所示为不同方法所得的 K_2O 的浓度，其中一组结果来自化学（X-ray fluorescene，XRF）分析，而另一组是根据某个正常运转的水泥厂中一台在线 XRD 设备所测得的物相丰度定量结果得到的计算值。由图中可以看出，一直到 2002 年 6 月 5 日，该分析方法中并没有考虑碱金属硫酸盐。因此，从 XRD 结果计算得到的 K_2O 的浓度相比于 XRF 给出的数值明显被低估了。在这家指定的水泥厂中，碱金属硫酸盐物相被鉴定出来后，发现只有单钾芒硝（K_2SO_4）一种。因此，6 月 5 日后，相应的分析中考虑了单钾芒硝，从而计算值和观测值之间非常一致。这种一致程度使这台分析设备以及工厂经营者相信，XRD 所测得的物相丰度即使在这样低的范围都是准确的，从而可以用来控制生产参数或者预测后面材料使用时的性能。

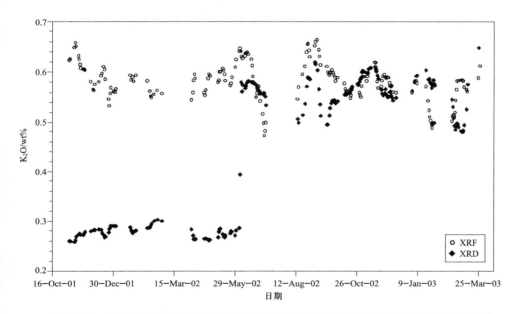

图 11.10 由 XRD 所得物相丰度计算的 K_2O 浓度与 XRF 化学分析所得的结果之间的比较。其中 2002 年 6 月采用的分析法中仅考虑单钾芒硝（K_2SO_4）这种碱金属硫酸盐物相

对于硅酸盐水泥而言，去除主相而将次相集中于残渣中需要采用某种化学消除措施。显然，这种措施难以适应所有的物相体系。在某些场合下，也可以利用磁性、密度或者颗粒尺寸将次相与主相分离而聚集在一起。无论采用哪种方法，就获得材料中所有物相的详细参数对于实现可靠且稳定的在线分析策略的重要性而言，再如何强调也不为过。

11. 6　结论

基于衍射法确定物相丰度的优势就在于衍射信息可以直接从每种物相的晶体结构中得到，而不是整体化学分析所得结果产生的二次信息。不过，采用这种定量物相确定的方法困难重重，很多问题来自实验或者样品。因此，另外用独立的手段来验证基于衍射的物相丰度是需要的。如果这种验证难以实现，那么这时就应当把 QPA 所得的结果看作半定量的。哪怕这些数值可以用于推导某个特定体系的发展趋势，也不能将它们看作绝对测量值。

致谢

作者非常感谢 Brian O'Connor、Ian Grey 和 Matthew Rowles 博士对本章草稿的认真批阅，同时也非常感谢 Thaung Lwin 博士在物相丰度误差计算公式推导中的帮助。

附录 A　关于 Rietveld 定量物相分析中误差的推导

A. 1　相对物相丰度

本节要介绍的是 Hill 和 Howard 算法[19]所得定量物相丰度结果的误差的推导过程。需要注意的是，这些误差仅仅代表了 Rietveld 最小化操作中数学拟合过程所产生的不确定度。因此，理应再三强调一下，其他误差，例如微吸收的存在所产生的误差，可能比这里计算所得的数值要大得多。

物相 α 的质量分数 W_α 计算如下：

$$W_\alpha = \frac{S_\alpha (ZMV)_\alpha}{\sum_{j=1}^{n} S_j (ZMV)_j} \tag{A1}$$

从中可以得到物相 α 的质量分数 W_α 的方差 $\mathrm{Var}(W_\alpha)$

$$\mathrm{Var}(W_\alpha) = \frac{[S_\alpha (ZMV)_\alpha]^2}{\left[\sum_{j=1}^{n} S_j (ZMV)_j\right]^2} \times \left\{\frac{\delta S_\alpha^2}{S_\alpha^2} + \frac{\sum_{j=1}^{n} \delta S_j^2 (ZMV)_j^2}{\left[\sum_{j=1}^{n} S_j (ZMV)_j\right]^2}\right\}^{①} \quad (A2)$$

其中 δS 代表 Rietveld 标度因子的误差。

综上,确定物相质量分数时将产生的误差就是

$$\delta(W_\alpha) = \sqrt{\mathrm{Var}(W_\alpha)} \quad (A3)$$

A.2 绝对物相丰度

因为将测试所得的全部质量分数的加和看作 1.0,所以公式(A1)只能用于确定相对物相丰度,要明确现有各个物相的绝对物相丰度,可以在样品中加入已知 W_s^{weigh} 数值的内标物相,由此可以得到物相 α 校正后(绝对)的浓度 $\mathrm{Cor}(W_\alpha)$

$$\mathrm{Cor}(W_\alpha) = W_\alpha \times \frac{W_s^{weight}}{W_s^{measure}} \quad (A4)$$

其中 $W_s^{measure}$ 是采用公式(A1)求得的标准物相的测试质量分数。

关于校正质量分数的方差计算如下:

$$\mathrm{Var}[\mathrm{Cor}(W_\alpha)] = (W_s^{weight})^2 \times \frac{(W_\alpha)^2}{(W_s^{measure})^2} \times$$
$$\left\{\frac{[\delta(W_\alpha)]^2}{(W_\alpha)^2} + \frac{[\delta(W_s^{measure})]^2}{(W_s^{measure})^2}\right\} \quad (A5)$$

其中 $\delta(W_\alpha)$ 是采用公式(A3)计算的物相 α 的质量分数的误差;$\delta(W_s^{measure})$ 是采用公式(A3)所计算的标准物相测试质量分数的误差。

关于质量分数校正的误差是

$$\delta[\mathrm{Cor}(W_\alpha)] = \sqrt{\mathrm{Var}[\mathrm{Cor}(W_\alpha)]} \quad (A6)$$

在加入内标之前,样品中各物相的浓度,即基于原始(as-received)浓度的计算如下:

$$\mathrm{AsRec}(W_\alpha) = \frac{\mathrm{Cor}(W_\alpha)}{1.0 - W_s^{weight}} \quad (A7)$$

从而可以得到原始浓度的方差计算公式如下:

$$\mathrm{Var}[\mathrm{AsRec}(W_\alpha)] = \left(\frac{1.0}{1.0 - W_s^{weight}}\right)^2 \times \{\delta[\mathrm{Cor}(W_\alpha)]\}^2 \quad (A8)$$

---

① 原文公式中 ZMV 未加括号。——译者注

其中 $\delta[Cor(W_\alpha)]$ 是根据公式(A6)计算的物相 α 的校正质量分数的误差。

由此可以得到原始浓度的误差

$$\delta[AsRec(W_\alpha)] = \sqrt{Var[AsRec(W_\alpha)]} \qquad (A9)$$

A.3 无定形成分

1.0 和原始组分加和之间的差值代表样品中所有的无定形材料含量或者分析时没有被考虑的物相，这个差值计算如下：

$$W_{amorphous} = 1.0 - \sum_{j=1}^{n-1} AsRec(W_j) \qquad (A10)$$

需要注意的是，公式(A10)仅仅遍历 $n-1$ 个物相进行加和，这是因为此时的计算不需要考虑内标物相。

采用上式可以得到无定形成分质量分数的方差

$$Var(W_{amorphous}) = \sum_{j=1}^{n-1} \{\delta[AsRec(W_j)]\}^2 \qquad (A11)$$

其中 $\delta[AsRec(W_j)]$ 是采用公式(A9)计算的物相 j 的校正质量分数的误差。

相应地，无定形成分质量分数的误差计算公式是

$$\delta(W_{amorphous}) = \sqrt{Var(W_{amorphous})} \qquad (A12)$$

参考文献

1. F. H. Chung and D. K. Smith, in *Industrial Applications of X-Ray Diffraction*, ed. F. H. Chung and D. K. Smith, Marcel Dekker, New York, 2000.

2. H. P. Klug and L. E. Alexander, *X-Ray Diffraction Procedures*, Wiley-Interscience, New York, 1974.

3. R. Jenkins and R. L. Snyder, *Introduction to X-Ray Powder Diffractometry*, Wiley-Interscience, New York, 1996.

4. L. S. Zevin and G. Kimmel, *Quantitative X-Ray Diffractometry*, Springer-Verlag, New York, Inc., 1995.

5. B. D. Cullity, *Elements of X-Ray Diffraction*, Addison-Wesley, Reading, Massachusetts, 1978.

6. I. C. Madsen, N. V. Y. Scarlett, L. M. D. Cranswick and T. Lwin, Outcomes of the International Union of Crystallography Commission on powder diffraction round robin on quantitative phase analysis: Samples 1a to 1h, *J. Appl. Crystallogr.*, 2001, **34**, 409-426.

7. N. V. Y. Scarlett, I. C. Madsen, L. M. D. Cranswick, T. Lwin, E. Groleau, G. Stephenson, M. Aylmore and N. Agron-Olshina, Outcomes of the International Union of Crystallography Commission on powder diffraction round robin on quantitative phase analysis: Samples 2, 3, 4, syn-

thetic bauxite, natural granodiorite and pharmaceuticals, *J. Appl. Crystallogr.*, 2002, **35**, 383-400.

8. R. H. Bogue, Calculation of the compounds in Portland cement, *Ind. Eng. Chem.*, *Anal.*, 1929, **1**, 192-197.

9. H. Toraya, T. C. Huang and Y. Wu, Intensity enhancement in asymmetric diffraction with parallel-beam synchrotron radiation, *J. Appl. Crystallogr.*, 1993, **26**, 774-777.

10. T. M. Sabine, B. A. Hunter, W. R. Sabine and C. J. Ball, Analytical expressions for the transmission factor and peak shift in absorbing cylindrical specimens, *J. Appl. Crystallogr.*, 1998, **31**, 47-51.

11. C. R. Hubbard, E. H. Evans and D. K. Smith, The reference intensity ratio I/I_c for computer simulated powder patterns, *J. Appl. Crystallogr.*, 1976, **9**, 169-174.

12. C. R. Hubbard and R. L. Snyder, Reference intensity ratio measurement and use in quantitative XRD, *Powder Diffr.*, 1988, **3**, 74-77.

13. ICDD, The Powder Diffraction File, Database of the International Center for Diffraction Data, Sets 1-49 and 70-86, ICDD, 12 Campus Boulevard, Newton Square, Pennsylvania 19073-3273, USA, 1999.

14. D. K. Smith, G. G. Johnson, A. Scheible, A. M. Wims, J. L. Johnson and G. Ullmann, Quantitative X-ray powder diffraction method using the full diffraction pattern, *Powder Diffr.*, 1987, **2**, 73-77.

15. F. H. Chung, Quantitative interpretation of X-ray diffraction patterns of mixtures. I. Matrix-flushing method for quantitative multicomponent analysis, *J. Appl. Crystallogr.*, 1974, **7**, 519-525.

16. F. H. Chung, Quantitative interpretation of X-ray diffraction patterns of mixtures. II. Adiabatic principle of X-Ray diffraction analysis of mixtures, *J. Appl. Crystallogr.*, 1974, **7**, 526-531.

17. R. J. Hill, Expanded use of the Rietveld method in studies of phase abundance in multiphase mixtures, *Powder Diffr.*, 1991, **6**, 74-77.

18. B. H. O'Connor and M. D. Raven, Application of the Rietveld refinement procedure in assaying powdered mixtures, *Powder Diffr.*, 1988, **3**, 2-6.

19. R. J. Hill and C. J. Howard, Quantitative phase analysis from neutron powder diffraction data using the Rietveld method, *J. Appl. Crystallogr.*, 1987, **20**, 467-474.

20. J. C. Taylor and R. Zhu, Simultaneous use of observed and calculated standard profiles in quantitative XRD analysis of minerals by the multiphase Rietveld method: the determination of pseudorutile in mineral sands products, *Powder Diffr.*, 1992, **7**, 152-161.

21. A. Le Bail, H. Duroy and J. L. Fourquet, *Ab-initio* structure determination of $LiSbWO_6$ by X-ray powder diffraction, *Mater. Res. Bull.*, 1988, **23**, 447-452.

22. N. V. Y. Scarlett and I. C. Madsen, Quantification of phases with partial or no known crystal structures, *Powder Diffr.*, 2006, **21**, 278-284.

23. N. J. Elton and P. D. Salt, Particle statistics in quantitative X-ray diffractometry, *Powder Diffr.*,

1996, **11**, 218-229.

24. D. K. Smith, Particle statistics and whole pattern methods in quantitative X-ray powder diffraction analysis, *Adv. X-Ray Anal.* , 1992, **35**, 1-15.

25. V. E. Buhrke, R. Jenkins and D. K. Smith, *A Practical Guide for the Preparation of Specimens for X-Ray Fluorescence and X-Ray Diffraction Analysis*, Wiley-VCH, New York, 1998.

26. R. J. Hill and I. C. Madsen, in *Structure Determination from Powder Diffraction Data*, ed. W. David, K. Shankland, L. McCusker and C. Baerlocher, Oxford University Press, New York, 2002.

27. A. March, Mathematische theorie der regelung nach der korngestalt bei affiner deformation, Z. *Kristallogr.* , 1932, **81**, 285-297.

28. W. A. Dollase, Correction of intensities for preferred orientation in powder diffractometry: Application of the March model, *J. Appl. Crystallogr.* , 1986, **19**, 267-272.

29. D. L. Bish and S. A. Howard, Quantitative phase analysis using the Rietveld method, *J. Appl. Crystallogr.* , 1988, **21**, 86-91.

30. G. W. Brindley, The effect of grain or particle size on X-ray reflections from mixed powders and alloys, considered in relation to the quantitative determination of crystalline substances by X-ray methods, *Philos. Mag.* , 1945, **36**, 347-369.

31. J. C. Taylor and C. E. Matulis, Absorption contrast effects in the quantitative XRD analysis of powders by full multi-phase profile refinement, *J. Appl. Crystallogr.* , 1991, **24**, 14-17.

32. R. W. Cheary and A. A. Coelho, A fundamental parameters approach of X-ray line-profile fitting, *J. Appl. Crystallogr.* , 1992, **25**, 109-121.

33. R. W. Cheary, A. A. Coelho and J. P. Cline, Fundamental parameters line profile fitting in laboratory diffractometers, *J. Res. Natl. Inst. Stand. Technol.* , 2004, **109**, 1-25.

34. I. C. Madsen, N. V. Y. Scarlett and B. I. Whittington, Pressure acid leaching of nickel laterite ores: an *in-situ* diffraction study of the mechanism and rate of reaction, *J. Appl. Crystallogr.* , 2005, **38**, 927-933.

35. B. I. Whittington, J. A. Johnson, L. P. Quan, R. G. McDonald and D. M. Muir, Pressure acid leaching of arid-region nickel laterite ore part II. Effect of ore type, *Hydrometallurgy*, 2003, **70**, 47- 62.

36. B. I. Whittington, R. G. McDonald, J. A. Johnson and D. M. Muir, Pressure acid leaching of arid-region nickel laterite ore part I: Effect of water quality, *Hydrometallurgy*, 2003, **70**, 31- 46.

37. N. V. Y. Scarlett, I. C. Madsen, M. I. Pownceby and A. N. Christensen, *In-situ* X-ray diffraction analysis of iron ore sinter phases, *J. Appl. Crystallogr.* , 2004, **37**, 362-368.

38. N. V. Y. Scarlett, M. I. Pownceby, I. C. Madsen and A. N. Christensen, Reaction sequences in the formation of silico-ferrites of calcium and aluminium in iron ore sinter, *Metall. Mater. Trans. B*, 2004, **35**, 929-936.

39. N. V. Y. Scarlett, I. C. Madsen, C. Manias and D. Retallack, On-line X-ray diffraction for quan-

titative phase analysis: application in the Portland cement industry, *Powder Diffr.*, 2001, **16**, 71-80.

40. C. Manias, I. C. Madsen and D. Retallack, Plant optimisation and control using continuous on-line XRD for mineral phase analysis, *ZKG Int.*, 2001, **54**, 138-145.

41. H. F. W. Taylor, *Cement Chemistry*, Academic Press, London, 1990.

42. I. C. Madsen and N. V. Y. Scarlett, in *Industrial Applications of X-Ray Diffraction*, ed. F. H. Chung and D. K. Smith, Marcel Dekker, New York, 2000.

第12章

微结构性质：织构和宏观应力效应

Nicolae C. Popa
National Institute for Materials Physics,
P. O. Box MG-7, Bucharest, Romania

12.1　织构

多晶样品常常存在着晶粒的择优取向或者多晶织构的现象。另外，工程材料的许多制备过程也会引入织构。相比于晶粒无规取向的样品，织构样品衍射线的相对强度会有变化，从而使得在没有对织构进行合理建模之前，想完成这种多晶样品的结构与物相分析是不可能的。

织构可以影响材料的许多宏观性质，例如应变、应力、弹性系数，甚至声波在样品内部的传播都严重受限于晶粒的择优取向。此外，计算多晶样品的热电和压电系数也需要晶粒的取向分布函数信息。至于某些性质，例如宏观磁各向异性更不会出现在没有织构的样品中。还有其他如离子导电性或者高温超导体的临界电流也与织构有关。最后还可以通过研究岩石的织构来获得有关地球上给定地区地质历史的重要信息。总之,织构分析不仅仅是粉末结构和物相分析时校正择优取向的需要,同时也是一种重要的材料表征技术。

12.1.1 取向分布函数和极分布

多晶样品的织构通常使用取向分布函数(orientation distribution function, ODF)来描述。为了定义这个函数就必须引入两套正交坐标系,其中坐标系 (x_1, x_2, x_3) 定义在晶粒上,而 (y_1, y_2, y_3) 则与样品整体相联系。两个坐标系之间可以通过欧拉(Euler)矩阵 $a(\varphi_1, \Phi_0, \varphi_2)$ 进行转换

$$x_i = \sum_{j=1}^{3} a_{ij}(\varphi_1, \Phi_0, \varphi_2) y_j \tag{12.1}$$

$$a(\varphi_1, \Phi_0, \varphi_2) = \begin{pmatrix} \cos\varphi_1\cos\varphi_2 - & -\sin\varphi_1\cos\varphi_2 + & \\ \sin\varphi_1\sin\varphi_2\cos\Phi_0 & \cos\varphi_1\sin\varphi_2\cos\Phi_0 & \sin\varphi_2\sin\Phi_0 \\ -\cos\varphi_1\sin\varphi_2 - & -\sin\varphi_1\sin\varphi_2 + & \\ \sin\varphi_1\cos\varphi_2\cos\Phi_0 & \cos\varphi_1\cos\varphi_2\cos\Phi_0 & \cos\varphi_2\sin\Phi_0 \\ \sin\varphi_1\sin\Phi_0 & -\cos\varphi_1\sin\Phi_0 & \cos\Phi_0 \end{pmatrix} \tag{12.2}$$

其中 (y_1, y_2, y_3) 绕 y_3 简单旋转 $0 \leqslant \varphi_1 \leqslant 2\pi$ 得到新的坐标系 (y'_1, y'_2, y_3),接着这个新坐标系绕着 y'_1 旋转 $0 \leqslant \Phi_0 \leqslant \pi$ 就得到了 (y'_1, y''_2, x_3),最后将所得的这个坐标系绕 x_3 旋转 $0 \leqslant \varphi_2 \leqslant 2\pi$,就得到 (x_1, x_2, x_3)。

取向分布函数 $f(\varphi_1, \Phi_0, \varphi_2)$ 定义为沿立体角度范围 $(\varphi_1, \varphi_1 + \mathrm{d}\varphi_1)$、$(\Phi_0, \Phi_0 + \mathrm{d}\Phi_0)$ 和 $(\varphi_2, \varphi_2 + \mathrm{d}\varphi_2)$ 进行取向的所有晶粒的体积分数

$$\frac{1}{8\pi^2} f(\varphi_1, \Phi_0, \varphi_2) \sin\Phi_0 \mathrm{d}\varphi_1 \mathrm{d}\Phi_0 \mathrm{d}\varphi_2 = \frac{\mathrm{d}V(\varphi_1, \Phi_0, \varphi_2)}{V} \tag{12.3}$$

从这个定义出发可以得到如下的归一化条件:

$$\frac{1}{8\pi^2} \int_0^{2\pi} \int_0^{\pi} \int_0^{2\pi} f(\varphi_1, \Phi_0, \varphi_2) \sin\Phi_0 \mathrm{d}\varphi_1 \mathrm{d}\Phi_0 \mathrm{d}\varphi_2 = 1 \tag{12.4}$$

如果晶体和样品的对称性高于三斜晶系的,那么坐标系 (x_i) 和 (y_i) 所具有的物理意义上的多重等价性将体现在 ODF 函数的取值上。由此可见,描述 ODF 的对称群必然是晶体和样品点群的某些合适子群(仅有纯转动操作)的产物。

在织构多晶样品的衍射测试中看到的并不是 ODF,而是其二维投影,即所谓的"极分布(pole distribution)"。当满足(或者近似满足)布拉格条件 $Q_B = 2\pi H$ 时就会发生衍射(参见第 1 章),从而可以利用 Q_B 和 H 分别定义布拉格散射矢量和倒易点阵矢量,并且取 $y = Q_B/Q_B$ 和 $h = H/H$ 分别作为各自的单位矢量。如果定义 $I_H^R(\Delta s)$ 为随机取向多晶的衍射强度,其中 s 是所扫描的变量(散

射角、能量或飞行时间），而 $I_H^T(\Delta s)$ 是织构化多晶的衍射强度，那么 $p_h(y) = I_H^T(\Delta s)/I_H^R(\Delta s)$ 就是在此衍射方向上的织构与无织构样品的晶粒体积之间的比值。该比值称为极分布函数（pole distribution function），可以计算如下：

$$p_h(y) = \frac{1}{2\pi}\int_{h\parallel y} f(\varphi_1, \Phi_0, \varphi_2)\,\mathrm{d}\omega = \frac{1}{2\pi}\int_0^{2\pi} f(\varphi_1', \Phi_0', \varphi_2')\,\mathrm{d}\omega \qquad (12.5)$$

公式（12.5）中的角度是相应于 $h\parallel y$ 时的欧拉角 φ_1'、Φ_0'、φ_2'；ω 是晶粒绕该方向偏转的角度。通过多对极线以及方位角 (Φ, β) 和 (Ψ, γ)，或者采用方向余弦 a_i 和 b_i 的三重加和就可以分别在 (x_i) 和 (y_i) 两个坐标系中获得单位矢量 h 和 y 的如下表达式：

$$h = \sum_{i=1}^{3} a_i x_i = \cos\beta\,\sin\Phi\,x_1 + \sin\beta\,\sin\Phi\,x_2 + \cos\Phi\,x_3 \qquad (12.6)$$

$$y = \sum_{i=1}^{3} b_i y_i = \cos\gamma\,\sin\Psi\,y_1 + \sin\gamma\,\sin\Psi\,y_2 + \cos\Psi\,y_3 \qquad (12.7)$$

基于这些结论，在满足 $h\parallel y$ 的条件下，前述的欧拉矩阵变为

$$a(\varphi_1', \Phi_0', \varphi_2') = m^t(\Phi, \beta)n(\omega)m(\Psi, \gamma) \qquad (12.8)$$

公式（12.8）中的指数 t 表示矩阵的转置运算，矩阵 m 和 n 分别等于

$$m(\Psi, \gamma) = \begin{pmatrix} \cos\Psi\cos\gamma & \cos\Psi\sin\gamma & -\sin\Psi \\ -\sin\gamma & \cos\gamma & 0 \\ \sin\Psi\cos\gamma & \sin\Psi\sin\gamma & \cos\Psi \end{pmatrix} \qquad (12.9a)$$

$$n(\omega) = \begin{pmatrix} \cos\omega & \sin\omega & 0 \\ -\sin\omega & \cos\omega & 0 \\ 0 & 0 & 1 \end{pmatrix} \qquad (12.9b)$$

对应于 H 和 $-H$ 的谱峰在位置上是不可分辨的，而且就常规的散射来说（即反常散射小到可以忽略），二者的强度满足 Friedel 定律（参见第 7 章），因此 $I_{-H}^R(\Delta s) = I_H^R(\Delta s)$，从而可以得到如下有关织构样品的测试强度：

$$I_H^T(y, \Delta s) = I_H^R(\Delta s)P_h(y) \qquad (12.10)$$

$$P_h(y) = \frac{1}{2}[p_h(y) + p_{-h}(y)] = \frac{1}{2}[p_h(y) + p_h(-y)] \qquad (12.11)$$

公式（12.11）所定义的 $P_h(y)$ 函数称为还原后的极分布（极图），由于 $p_h(y)$ 很少用到，因此从现在开始就将 $P_h(y)$ 简称为极分布（或者极密度）。显然，这种极分布函数是中心对称的，如果晶体和样品的对称性高于三斜晶系的，那么它就具有相应的 Laue 群的对称性。另外，$P_h(y)$ 满足如下的归一化：

$$\frac{1}{4\pi}\int_0^{2\pi}\int_0^{\pi} P_h(y)\,\sin\Psi\mathrm{d}\gamma\mathrm{d}\Psi = 1 \qquad (12.12)$$

采用公式（12.10）可以得出织构化多晶的衍射强度等于随机取向多晶的衍射强

度与样品中位于该散射矢量方向上的极密度的乘积。这就意味着这个可以直接取自衍射测试结果的极密度 $P_h(y)$ 函数可以唯一决定择优取向的性质。

12.1.2 织构分析的两个目标

关于织构分析的目的，综合衍射学者的意见可以大致分成两类。第一类是要实现定量织构分析。这是因为人工合成材料的某些物理性质强烈受到织构的制约，所以织构的确定是完成材料表征的必要步骤。

定量织构分析本质上就是要确定 ODF，这就意味着需要通过 X 射线或者中子衍射测试若干个极分布谱图。对于传统的固定波长衍射方法，探测器要放在衍射峰的中心位置并且样品在测角头上旋转，从而在(Ψ, γ)空间的半球内获得尽可能多的数据点。对于中子飞行时间衍射，可以选择某个明显无重叠的强峰并求其积分强度值。若干个谱峰所得的极分布结果可以进一步处理而获得 ODF，这步操作称为极图的逆运算。对实现这一步已经提出了很多种数学手段，其中广泛使用的方法是傅里叶分析法，具体可以参考 Bunge 的著作[1]。其他方法，例如 WIMV 法（由 Williams[2]、Imhof[3]、Matthies 和 Vinel[4] 提出）可以直接求解积分公式（12.5）和公式（12.11），通过迭代过程获得某个可靠的 ODF 解。Matthies、Wenk 和 Vinel 在其文章中比较了三种能实现极图逆运算的方法，同时也对这个专题进行了详细介绍，读者可自行参考[5]。

如果谱峰存在重叠，那么测试极分布的传统方法就不够用了，这种情形可以发生在低对称性的化合物或者包含多个物相的样品中。另外，在采用位敏探测器或者中子飞行时间衍射的时候，虽然大部分或者完整的谱图可以被一次性记录下来，然而却仅仅采用了其中一小部分的谱峰，这就造成大量信息的丢失。为了克服上述这些不足，Wenk、Matthies 和 Lutterotti 提出将 WIMV 操作（或者其他逆运算方法）与 Rietveld 法结合起来使用[6,7]，后者更准确地说应该是用于提取谱峰强度的 Le Bail 法[8]（参见第 8 章）。这种组合方法假定结构参数或者随机取向样品 Bragg 谱峰的强度是已知的，并且不用参与精修。

如果主要对粉末衍射的结构解析感兴趣，那么看待织构问题就是另一回事了。这时，择优取向的存在将难以甚至不能够实现某张高质量谱图的拟合，这就需要在 Rietveld 软件编码中引入校正织构效应的程序。在这里，虽然不需要算出 ODF，但是却要有某个合适的描述极分布的模型，而模型的参数可以与结构及其他参数一同参与精修。

在 20 世纪 70 年代和 80 年代的早期，Rietveld 程序采用经验高斯模型（empirical Gaussian model）来描述极分布。1986 年，Dollase[9] 基于板状或者针形晶粒堆积所得的具有圆柱对称性的样品中的织构提出了 March 模型[10]，有关该模型的详细讨论可以参见下文。这里要说的是，对于 Bragg–Brentano 几何设置，Dollase - March 模型的表达式是简单的，而且已经用于 DBWS[11] 和 GSAS[12] 两个 Rietveld 程序中。

另外，Ahtee、Nurmela、Suortti 和 Jarvinen[13]（1989）也在他们的 Rietveld 程序中提出可以采用基于角度(Φ, β)的一系列对称化球谐函数来描述极分布。这个系列中各项的系数是待精修参数。这种方法意味着仅对 $P_h(y)$ 与 h 的关系进行建模，而没有考虑 y 的影响，从而该模型只能用于整张谱图所涉及的样品中散射矢量的取向保持不变时的织构分析，即要求采用 Bragg - Brentano 几何设置或者仅用一个探测器的飞行时间中子衍射测试。如果是德拜-谢乐几何设置或者同一散射平面上有多个探测器参与记录的飞行时间中子衍射设备，那么这个模型仅适用于圆柱对称样品的织构——假定圆柱轴垂直于这个散射平面。在这种条件下，P_h 才仅仅取决于 Ψ，而后者对于整张谱图来说一直保持不变($\pi/2$)。

1992 年，Popa 提出了在 Rietveld 精修中采用球谐函数描述一般织构的方法[14]，即可以同时考虑 h 和 y 与 $P_h(y)$ 的依赖关系。虽然他也采用了圆柱对称的样品，但是记录衍射谱图的却是一种非常规的聚焦几何设置，其中的 Ψ 角取决于 Bragg 角，这就可以同时包含 h 和 y 的取向，从而实现了一般性。需要指出的是，要拟合这样的谱图，就算样品是圆柱对称，也必须考虑采用这种描述织构的球谐函数方法。

后来，Von Dreele 也在 GSAS 软件中采用了这种描述一般织构的球谐函数法[15]，而且还证实采用这种表达方式，除了能实现 Rietveld 法中织构校正过程的稳定进行，同时也可以对织构进行可靠的定量分析。其依据就是某种曾经用于织构循环赛的标准方解石样品[16] 的中子飞行时间衍射测试结果。在针对这个样品的实际操作中，来自不同探测坝的谱图和样品取向经过 GSAS 软件处理后，同时精修了谐波系数与结构等其他参数；接着采用精修所得的谐波系数计算出 6 个极分布；然后将这些极分布作为输入信息，通过 WIMV 法求得 ODF，它们与那些个别的极图测试所得的结果是相似的。

用于求解极分布的 Dollase - March 模型和球谐函数法以及它们在 Rietveld 编码中的实施，将分别在下面两部分进一步讨论，而有关极图逆运算的问题则超出了本章范围，不再赘述。

12. 1. 3　Dollase - March 模型

Dollase 法[9] 是基于如下的事实：如果某个给定极 h_0 的分布是已知的，那么就可以推导出其他极 h 的分布。假定 h 与 h_0 的夹角为 α，那么对于 h 平行于 y 的晶粒，极 h_0 就可以说是位于一个以 y 为轴，张角为 2α 的圆锥面上。另外，考虑到 h 是由 m_h 个与 h_0 呈不同角度 α_k 的等效衍射所组成的衍射族中的一个，因此，可以得到

$$P_h(\Psi,\gamma) = \frac{1}{m_h}\sum_{k=1}^{m_h}\frac{1}{2\pi}\int_0^{2\pi} P_{h_0}\left[\Psi_{0k}(\omega),\gamma_{0k}(\omega)\right]\mathrm{d}\omega \qquad (12.13)$$

其中 ω 表示 h_0 在张角为 $2\alpha_k$ 的圆锥面上转过的角度，而满足 $y_0 \parallel h_0$ 的 y_0 所对应的 Ψ_{0k} 和 γ_{0k} 分别等于

$$\cos \Psi_{0k} = \cos \alpha_k \cos \Psi - \sin \alpha_k \sin \Psi \cos \omega \qquad (12.14)$$

$$\tan \gamma_{0k} = \frac{\sin \alpha_k \cos \Psi \sin \gamma \cos \omega + \sin \alpha_k \cos \gamma \sin \omega + \cos \alpha_k \sin \Psi \sin \gamma}{\sin \alpha_k \cos \Psi \cos \gamma \cos \omega - \sin \alpha_k \sin \gamma \sin \omega + \cos \alpha_k \sin \Psi \cos \gamma}$$

$$(12.15)$$

需要指出的是，h_0 也是一组等效衍射中的一员。因此，如果谱图指标值改为其中某个等效衍射的指标，那么公式(12.13)中的加和项会有变换，但是总和是不变的。

在测试之前通常是不可能知道任何极分布信息的，因此，表面看来公式(12.13)是没有价值的。但是，正如 Dollase[9] 注意到的，如果晶粒整体看来是碟片状或者杆状(针形)，那么就可以预计其会沿着某个占优势的解理面或者生长面 $(h_0k_0l_0)$ 进行择优取向。这个平面分别是碟片表面或者垂直于杆轴的平面。当粉末被放在一个平板上并且压实之后，极 $h_0(h_0k_0l_0)$ 将沿着碟片表面的法线或者垂直于上述针形晶粒平面的法线方向择优分布，并且围绕这条法线的分布是均匀的，这就意味着样品具有圆柱对称性，而对称轴就是这条垂直于堆积表面的法线。根据 March 的成果[10]，并且将该对称轴取作 y_3，那么 h_0 的极分布为

$$P_{h_0}(y) = P_{h_0}(\Psi) = \left[\frac{1}{r} + \left(r^2 - \frac{1}{r}\right)\cos^2\Psi\right]^{-\frac{3}{2}} \qquad (12.16)$$

这种分布满足公式(12.12)规定的归一化条件，并且当 $\Psi = 0$ 时，随 $1/r^3$ 单调变化，而当 $\Psi = \pi/2$ 时，则随 $r^{3/2}$ 单调变化。如果 $r < 1$，则在 $\Psi = 0$ 处得到最大值。反之，如果 $r > 1$，则在 $\Psi = \pi/2$ 处取得最大值。因此，$r < 1$ 就相当于碟片形的晶粒，而 $r > 1$ 则是针形晶粒。参数 r 在 Rietveld 法中是可以精修的具有物理意义的参数，反映了在体积守恒的前提下，织构样品与假想的无织构样品沿择优取向方向上各自的厚度值之比。

将公式(12.16)代入公式(12.13)，可以得到

$$P_h(\Psi) = \frac{1}{m_h}\sum_{k=1}^{m_h}\frac{1}{\pi}\int_0^{\pi}\left[\frac{1}{r} + \left(r^2 - \frac{1}{r}\right)\cos^2\Psi_{0k}(\omega)\right]^{-\frac{3}{2}}\mathrm{d}\omega \qquad (12.17)$$

其中 $\cos \Psi_{0k}$ 由公式(12.14)计算，而基于样品的圆柱对称，这里就不再需要由公式(12.15)所得 γ_{0k} 的数值了；同时，积分范围也局限于 $(0, \pi)$ 区间，这是因为公式(12.14)中 $\cos(2\pi - \omega) = \cos \omega$。采用公式(12.17)可以得到任一衍射几何设置下满足 March 模型的织构所具有的极密度。对于任何衍射几何设置，角度 Ψ 可以利用两对极线和方位角进行计算——它们分别描述对称轴 y_3 和散

射光束 k_2 在实验室坐标系 (l_1, l_2, l_3) 中的朝向。为了定义实验室坐标系，且不失一般性，可假定入射光束沿水平方向进入，此时坐标轴 l_1 就沿着入射光束从光源指向样品，而 l_3 位于垂直方向上，剩下的 $l_2 = l_3 \times l_1$。从样品指向探测器（如果探测器是位敏型，那么就指向某个像素点）的矢量 k_2 可以采用散射角 2θ、相应于 l_1 的极角以及从 l_2 逆时针转到在平面上的投影所得的方位角 ζ 来表示。这样一来，在实验室坐标系中，单位散射矢量可以表示为

$$y = \frac{Q_B}{Q_B} = -\sin\theta l_1 + \cos\theta\cos\zeta l_2 + \cos\theta\sin\zeta l_3 \qquad (12.18)$$

如果样品对称轴 y_3 通过标准极线和方位角 (Ψ_s, γ_s) 进行定义，那么 Ψ 的一般化计算公式就是

$$\cos\Psi = -\sin\theta\sin\Psi_s\cos\gamma_s + \cos\theta\cos\zeta\sin\Psi_s\sin\gamma_s + \cos\theta\sin\zeta\cos\Psi_s$$
$$(12.19)$$

对于特定的衍射几何设置，ζ、Ψ_s 和 γ_s 具有特定的数值。例如在 Bragg - Brentano 几何设置中，$\zeta = 0$，$\Psi_s = \pi/2$ 并且 $\gamma_s = \pi/2 + \theta$，从而 $\Psi = 0$，并且公式（12.17）可以简化为

$$P_h(0) = \frac{1}{m_h}\sum_{k=1}^{m_h}\left[\frac{1}{r} + \left(r^2 - \frac{1}{r}\right)\cos^2\alpha_k\right]^{-\frac{3}{2}} \qquad (12.20)$$

仅当衍射几何设置采取 Bragg - Brentano 类型的时候，Dollase - March 织构计算式中的乘数才有简单的表达式，而对于其他任一种衍射几何，遍历 ω 的积分是必需的。在德拜-谢乐几何设置中，$\zeta = 0$ 且 $\Psi_s = 0$，从而通过公式（12.19）可得 $\Psi = \pi/2$，代入公式（12.17）后可以得到

$$P_h\left(\frac{\pi}{2}\right) = \frac{1}{m_h}\sum_{k=1}^{m_h}\frac{2}{\pi}\int_0^{\frac{\pi}{2}}\left[\frac{1}{r} + \left(r^2 - \frac{1}{r}\right)\sin^2\alpha_k\cos^2\omega\right]^{-\frac{3}{2}}d\omega \qquad (12.21)$$

Howard 和 Kisi 发现[17]，如果将 March 参数 r 改为 $r^{-1/2}$，那么公式（12.21）采用公式（12.20）来近似是可以的。因此，很多 Rietveld 软件就使用公式（12.20）来同时处理 Bragg - Brentano 与德拜 - 谢乐几何设置。虽然在 r 接近于 1 的时候，这种近似是不错的，但是对于中等乃至严重的织构，它就显得过于粗糙了。对于其他非 Bragg - Brentano 几何设置（包括德拜 - 谢乐几何），更好的做法应当是在 Rietveld 软件中利用公式（12.17）所给的准确公式进行计算。毕竟这个积分属于被"驯服"的函数，只要采用几何代码可以采用高斯求积公式（Gauss quadrature formula）计算出这个积分结果。

有些时候，即使晶粒是碟片状或者针形，以单一择优平面的单一分布来描述织构也不一定合适。此时，样品中不同体积分数的晶粒可以有不同的占优势的解理面或者生长面 (h_{0i}, k_{0i}, l_{0i})，同时，它们的样品对称轴是一样的，而强

度参数 r_i 既可以不同，也可以相等；或者是各部分晶粒的占优平面是一样的，但是却具有不同的 r_i 参数值。此时，公式(12.13)中的积分就变为

$$P_{h_0}(\Psi, r) \Rightarrow \sum_{i=1}^{n} w_i P_{h_{0i}}(\Psi, r_i) \tag{12.22}$$

其中 n 是不同晶粒组分的数目；w_i 和 $P_{h_{0i}}(\Psi, r_i)$ 分别是各组分的质量分数和 March 分布。此时，需要精修的参数包括 $n-1$ 个质量分数以及不同的强度参数 r_i。

由于需要精修的参数不多，因此在 Rietveld 法中采用 Dollase-March 模型来描述织构是很流行的。然而，这种模型所做的织构校正经常是不完整的，即使采用了类似公式(12.22)等复杂的改进公式也是如此。实际的晶粒通常不会是碟片状或者针形，而且整个样品也不见得具有圆柱对称性。按道理说，如果旋转样品，那么就可以得到一个圆柱对称的织构，但是此时并没有 Dollase 法所需的占优平面$(h_0k_0l_0)$。虽然这时可以采用任一个衍射平面作为择优对象，但是它们都很难满足相应的极 $\boldsymbol{h}_0$ 在 $0 \leqslant \Psi \leqslant \pi/2$ 区间内具有 March 公式(12.16)所给定的单调分布。因此，对于一般织构，Rietveld 法中目前只能采用纯数学的、与任何物理模型都不搭边的表达方式，才有望得到可靠的校正结果，而采用对称化球谐函数的傅里叶分析就是其中的一种。

12.1.4 球谐函数法

12.1.4.1 织构的球谐函数描述

以球谐函数来描述织构最早来自 Roe[18] 和 Bunge[19] 的报道，随后进一步做了改进[1,20]。根据 Bunge 的论述[1]，取向分布函数可以展开成为广义球谐函数的级数

$$f(\varphi_1, \Phi_0, \varphi_2) = \sum_{l=0}^{\infty} \sum_{m=-l}^{l} \sum_{n=-l}^{l} c_l^{mn} \exp(im\varphi_2) P_l^{mn}(\Phi_0) \exp(in\varphi_1) \tag{12.23}$$

如果定义 $x = \cos\Phi_0$，那么可以得到如下关于函数 $P_l^{mn}(x)$ 的定义：

$$P_l^{mn}(x) = \frac{(-1)^{l-m} i^{n-m}}{2^l (l-m)!} \left[\frac{(l-m)!(l+n)!}{(l+m)!(l-n)!} \right]^{\frac{1}{2}} (1-x)^{-\frac{(n-m)}{2}} (1+x)^{-\frac{(n+m)}{2}} \times$$

$$\frac{d^{l-n}}{dx^{l-n}} \left[(1-x)^{l-m} (l+x)^{l+m} \right] \tag{12.24}$$

当 $m+n$ 为偶数时，函数 P_l^{mn} 为实数，而当 $m+n$ 为奇数时，P_l^{mn} 则为虚数。它们具有如下的性质：

$$P_l^{mn*}(\Phi) = (-1)^{m+n} P_l^{mn}(\Phi) \tag{12.25}$$

$$P_l^{nm}(\Phi) = P_l^{mn}(\Phi) = P_l^{-m,-n}(\Phi) \tag{12.26}$$

$$P_l^{mn}(\pi - \Phi) = (-1)^{l+m+n} P_l^{-mn}(\Phi) \tag{12.27}$$

$$\int_0^\pi P_l^{mn}(\Phi) P_{l'}^{mn*}(\Phi) \sin \Phi \mathrm{d}\Phi = \frac{2}{2l+1} \delta_{ll'} \tag{12.28}$$

最后一个公式意味着具有不同谐指数 l 的函数 P_l^{mn} 之间满足正交的关系。采用公式(12.25)并且考虑到 ODF 是实函数，因而可以得到如下有关复系数 c_l^{mn} 的关系式：

$$c_l^{-m,-n} = (-1)^{m+n} c_l^{mn*} \tag{12.29}$$

另外，根据 ODF 的归一化条件公式(12.4)和公式(12.28)可以进一步得到 $c_0^{00} = 1$。

根据 Bunge 著作中的公式(14.160)[1]，公式(12.5)所定义的极分布函数可以改为

$$p_h(\boldsymbol{y}) = \sum_{l=0}^{\infty} \frac{2}{2l+1} \sum_{m=-l}^{l} \sum_{n=-l}^{l} c_l^{mn} \exp(-im\beta) P_l^m(\Phi) \exp(in\gamma) P_l^n(\Psi) \tag{12.30}$$

在这个公式中，P_l^{mn} 是如下定义的辅助 Legendre 函数 (adjunct Legendre function，$x = \cos \Phi$)：

$$P_l^m(x) = \frac{(-1)^{l-m}}{2^l l!} \left(\frac{2l+1}{2}\right)^{\frac{1}{2}} \left[\frac{(l+m)!}{(l-m)!}\right]^{\frac{1}{2}} (1-x^2)^{-\frac{m}{2}} \frac{\mathrm{d}^{l-m}}{\mathrm{d}x^{l-m}} (1-x^2)^l \tag{12.31}$$

显然，函数 P_l^{m0} 和 P_l^m 之间满足如下关系：

$$P_l^{m0}(\Phi) = P_l^{0m}(\Phi) = i^{-m} \left(\frac{2}{2l+1}\right)^{\frac{1}{2}} P_l^m(\Phi) \tag{12.32}$$

将公式(12.32)分别代入公式(12.26)、公式(12.27)和公式(12.28)后，就可以得到关于函数 P_l^m 的如下性质：

$$P_l^m(\Phi) = (-1)^m P_l^{-m}(\Phi) \tag{12.33}$$

$$P_l^m(\pi - \Phi) = (-1)^{l+m} P_l^m(\Phi) \tag{12.34}$$

以及

$$\int_0^\pi P_l^m(\Phi) P_{l'}^m(\Phi) \sin \Phi \mathrm{d}\Phi = \delta_{ll'} \tag{12.35}$$

根据公式(12.11)，采用公式(12.30)就可以计算出衍射测试得到的还原极分布 $P_h(\boldsymbol{y})$ 的值。当 $\boldsymbol{h}$ 变为 $-\boldsymbol{h}$，Φ 相应变为 $\pi - \Phi$，而 β 则变为 $\pi + \beta$，采用公式(12.34)给出的性质，只要在公式(12.30)内遍历 l 的加和中添加一个 $(-1)^l$ 因子，就可以得到 $p_{-h}(\boldsymbol{y})$ 的结果。因此，在求 $P_h(\boldsymbol{y})$ 的公式(12.30)中，仅有 l 为偶数的项目能保留下来。重写公式(12.30)，使之仅含有实函数以及正指数 m 和 n 并不麻烦。采用公式(12.29)和公式(12.33)就可以将 $P_h(\boldsymbol{y})$ 改写为

$$P_h(\boldsymbol{y}) = \sum_{l=0}^{\infty} \frac{4}{2l+1} t_l(\boldsymbol{h}, \boldsymbol{y}) \text{ , } l \text{ 为偶数} \tag{12.36}$$

$$t_l(\boldsymbol{h}, \boldsymbol{y}) = A_l^0(\boldsymbol{y}) P_l^0(\boldsymbol{\Phi}) + \sum_{m=1}^{l} \left[A_l^m(\boldsymbol{y}) \cos m\beta + B_l^m(\boldsymbol{y}) \sin m\beta \right] P_l^m(\boldsymbol{\Phi})$$

$$\tag{12.37}$$

$$A_l^m(\boldsymbol{y}) = \alpha_l^{m0} P_l^0(\boldsymbol{\Psi}) + \sum_{n=1}^{l} (\alpha_l^{mn} \cos n\gamma + \beta_l^{mn} \sin n\gamma) P_l^n(\boldsymbol{\Psi}) \text{ , } (m=0, l)$$

$$\tag{12.38}$$

$$B_l^m(\boldsymbol{y}) = \gamma_l^{m0} P_l^0(\boldsymbol{\Psi}) + \sum_{n=1}^{l} (\gamma_l^{mn} \cos n\gamma + \delta_l^{mn} \sin n\gamma) P_l^n(\boldsymbol{\Psi}) \text{ , } (m=1, l)$$

$$\tag{12.39}$$

其中系数 α_l^{mn}、β_l^{mn}、γ_l^{mn} 和 δ_l^{mn} 可以采用表 12.1 所给的线性变换系数 c_l^{mn} 进行计算。

如果晶体和样品的对称性都是三斜的，那么对于给定的 l，就有 $(2l+1)^2$ 个系数。对称性提高时，系数的数目会下降，同时，一些系数也会变为零，并且某些系数还会彼此关联起来。如果想要得到各个 Laue 群系数的选律，首先就要确定晶体($\boldsymbol{x}_i$)与样品($\boldsymbol{y}_i$)坐标系的定义方案，从而明确如何分别计算出 $\boldsymbol{h}$ 和 $\boldsymbol{y}$ 各自的极线和方位角。

表 12.1 系数 α_l^{mn}、β_l^{mn}、γ_l^{mn}、δ_l^{mn} 与 $c_l^{mn} = a_l^{mn} + ib_l^{mn}$ 之间的关系

$\alpha_l^{00} = a_l^{00}/2$	$\alpha_l^{0n} = a_l^{0n}$	$\beta_l^{0n} = -b_l^{0n}$
$\alpha_l^{m0} = a_l^{m0}$	$\alpha_l^{mn} = a_l^{mn} + (-1)^n a_l^{m,-n}$	$\beta_l^{mn} = -b_l^{mn} + (-1)^n b_l^{m,-n}$
$\gamma_l^{m0} = b_l^{m0}$	$\gamma_l^{mn} = b_l^{mn} + (-1)^n b_l^{m,-n}$	$\delta_l^{mn} = a_l^{mn} - (-1)^n a_l^{m,-n}$

12.1.4.2 晶体与样品坐标系、极线与方位角的计算

一种关于晶体直角坐标系的规定是坐标轴 $\boldsymbol{x}_3$ 与 r 重旋转轴($r=2$，3，4，6)重叠，这时如果存在垂直于该 r 重轴的二次轴，就将其定为坐标轴 $\boldsymbol{x}_1$，对于 Laue 群 mmm、$4/mmm$、$\bar{3}m$、$6/mmm$ 以及立方 Laue 群是存在这个二次轴的，而 Laue 群 $2/m$、$4/m$、$\bar{3}$ 和 $6/m$ 则没有垂直于相应 r 重轴的二次轴，此时，$\boldsymbol{x}_1$ 可以取任意方向。不过，为了简化运算，还是要尽可能按照开头介绍的进行取向。如果晶体坐标系($\boldsymbol{x}_i$)确定了，那么 $\boldsymbol{h}$ 的方向余弦(a_i)就可以利用点阵参数和 Miller 指数计算出来，最终得到相应的极线和方位角

$$\cos \boldsymbol{\Phi} = a_3 \text{ , } \tan \beta = \frac{a_2}{a_1} \tag{12.40}$$

关于各个 Laue 群的晶体坐标系($\boldsymbol{x}_i$)及其相应的方向余弦可以参见表 12.2。

表 12.2 以点阵参数和 Miller 指数为自变量的各个 Laue 群相应的晶体坐标系 (x_i) 及其方向余弦 (a_i);d 是面间距;$2/m$ (c) 表示以 c 轴为特征轴的单斜晶系;$\bar{3}(R)$ 表示以菱面体 (斜方体) 表示的三方晶系

Laue 群	点阵参数	x_3	x_1	a_1	a_2	a_3
$\bar{1}$	$a, b, c, \alpha, \beta, \gamma$	c^*	a	hd/a	$(ka - hb \cos \gamma) d/(ab \sin \gamma)$	$(ha^* \cos \beta^* + kb^* \cos \alpha^* + lc^*)d$
$2/m$ (c)	a, b, c, γ	c	a	hd/a	$(ka - hb \cos \gamma) d/(ab \sin \gamma)$	ld/c
$2/m$ (b)	a, b, c, β	b	c	ld/c	$(hc - la \cos \beta) d/(ac \sin \beta)$	kd/b
mmm	a, b, c	c	a	hd/a	kd/b	ld/c
$4/m, 4/mmm$	a, c	c	a	hd/a	kd/a	ld/c
$\bar{3}, 3m1, 6/m, 6/mmm$	a, c	c	a	hd/a	$(h+2k) d/(a\sqrt{3})$	ld/c
$\bar{3}1m$	a, c	c	$2a+b$	$(2h+k) d/(a\sqrt{3})$	kd/a	ld/c
$\bar{3}(R), \bar{3}m1(R)$	a, α	$a+b+c$	$a-b$	$\dfrac{(h-k) d/a}{\sqrt{2(1-\cos\alpha)}}$	$\dfrac{(h+k-2l) d/a}{\sqrt{2(1-\cos\alpha)}}$	$\dfrac{(h+k+l) d/a}{\sqrt{3(1+2\cos\alpha)}}$
$m\bar{3}, m\bar{3}m$	a	c	a	hd/a	kd/a	ld/a

虽然样品坐标系(y_i)的定义与(x_i)类似，但是二者并不完全一样。样品的 r 重旋转轴或者纤维状织构的圆柱轴被取作 y_3 轴。如果存在垂直于该 r 重轴的二次轴，那么该二次轴就取作 y_1，否则 y_1 可以取任意方向。样品坐标系与晶体坐标系的一个明显区别就是样品的对称方向一般是未知的——虽然有些时候可以被猜出来。因此，这些方向需要连同球谐参数一起通过 Rietveld 精修得到。现在考虑 12.1.3 节给定的一般衍射几何，此时要改变样品在实验室坐标系中的朝向，可以将样品放在以标准欧拉角(ω, χ, ϕ)定位的测角头上进行旋转。当测角头归零的时候，ω 与 ϕ 轴重合并且平行于实验室坐标系的 l_3 轴，而 χ 则平行于 l_1。如果将测角头归零时，用来确定样品坐标系(y_i)相应于实验室坐标系(l_i)的朝向的三个标准欧拉角标记为(ω_s, χ_s, ϕ_s)，那么当测角头旋转(ω, χ, ϕ)后，样品的坐标系就变为

$$y_i = \sum_{j=1}^{3} M_{ij}(\omega_s, \chi_s, \phi_s; \omega, \chi, \phi) l_j \tag{12.41}$$

$$M(\omega_s, \chi_s, \phi_s; \omega, \chi, \phi) = a(\omega_s, \chi_s, \phi_s) a(\omega, \chi, \phi) \tag{12.42}$$

在公式(12.42)中，a 就是标准的欧拉矩阵，可以分别用(ω_s, χ_s, ϕ_s)和(ω, χ, ϕ)取代公式(12.2)中的(φ_1, Φ_0, ϕ_2)而得到。现在可以采用公式(12.18)和公式(12.41)得到样品中散射矢量的方向余弦，然后进一步得到角度组（Ψ, γ）

$$b_i = yy_i = -\sin\theta M_{i1} + \cos\theta\cos\zeta M_{i2} + \cos\theta\sin\zeta M_{i3} \tag{12.43}$$

$$\cos\Psi = b_3, \quad \tan\gamma = b_2/b_1 \tag{12.44}$$

需要注意的是，任一点(Ψ, γ)仅需变动两个欧拉角，例如(ω, χ)或者(χ, ϕ)就可以计算出来，而剩下的一个可以固定为某个合适的数值。表征样品初始取向角的(ω_s, χ_s, ϕ_s)是可精修的参数，如果样品具有的对称操作属于某个具有 r 重轴及其垂直于该轴的二次轴的 Laue 群，那么这三个参数都必须进行精修。如果不存在二次轴，那么 y_1 可以取任意方向，此时，其中一个参数就要固定下来，相应的数值可以随意选取。最后，如果样品具有三斜对称，那么精修时这三个样品取向参数都必须固定不修。实际上，由于样品对称性未知，因此总是假定为某个更高的对称性而开始精修，然后通过不断尝试而找到其对称类别。

12.1.4.3 Laue 群相应的选律

相应于球谐系数的选律来自晶体和样品所属 Laue 群的对称操作下所得极分布的不变性。由于公式(12.36)中，具有不同 l 的 $t_l(h, y)$ 项是各自独立的，因此这种不变关系对每个 $t_l(h, y)$ 函数都有作用。如果将公式(12.38)、公式(12.39)与公式(12.37)进行比较，那么可以发现三者的结构是一样的。另外，样品坐标系与晶体坐标系的定义也是相似的。这样一来，如果样品与晶体所属

Laue 群是一样的，那么来自样品对称性，分别相应于系数 α_l^{mn}、β_l^{mn} 与 γ_l^{mn}、δ_l^{mn} 的选律就一定与来自于晶体对称性，相应于系数 A_l^m 和 B_l^m 的选律相同。例外的情况就是样品的圆柱对称性——由于它没有相应的晶体对称性，因此这时仅有系数 α_l^{m0} 和 γ_l^{m0} 可以不为零——如果它们并未受限于晶体对称性。

一个沿 x_3 的 r 重轴可以将 β 转换成 $(\beta + 2\pi/r)$，同时 Φ 保持不变，这种守恒关系可以表示为

$$t_l\left(\Phi, \beta + \frac{2\pi}{r}, y\right) = t_l(\Phi, \beta, y) \tag{12.45}$$

公式（12.37）等号右边的第一项一般是满足上述关系的，而其余各项仅当 A_l^m 和 B_l^m 满足如下的线性齐次方程组时：

$$A_l^m(y)\left(\cos \frac{2\pi m}{r} - 1\right) + B_l^m(y)\ \sin \frac{2\pi m}{r} = 0$$

$$- A_l^m(y)\ \sin \frac{2\pi m}{r} + B_l^m(y)\left(\cos \frac{2\pi m}{r} - 1\right) = 0 \tag{12.46}$$

如果 $m = kr$，其中 k 为整数，那么不管是 A_l^m 还是 B_l^m，这个方程组都不能给出确定的解（non-trivial solution，即数学上的非平凡解）。如果除了 x_3 方向的 r 重轴还有沿 x_1 的二次轴，那么 $t_l(h, y)$ 又会满足另一个守恒条件

$$t_l(\pi - \Phi, -\beta, y) = t_l(\Phi, \beta, y) \tag{12.47}$$

将公式（12.37）代入公式（12.47）中并且结合公式（12.34），当 l 是偶数时可以得到

$$(-1)^m A_l^m(y) = A_l^m(y), \quad (-1)^{m+1} B_l^m(y) = B_l^m(y) \tag{12.48}$$

上式意味着仅当 m 为偶数时，A_l^m 才不为零，而 B_l^m 则要求 m 必须是奇数时才不为零。表 12.3 总结了各个非立方晶系 Laue 群的选律。

立方 Laue 群 $m\bar{3}$ 和 $m\bar{3}m$ 可以分别通过正交 Laue 群和四方棱柱 $4/mmm$ 在主对角方向上加入三重轴而得到。在加入这个旋转轴后，一部分系数会变为零，而其他系数则产生了关联。要得到后者的数值是不能采用如同前面的操作过程的，因为此时采用对角方向上的这个三重轴所进行的关于 Φ 与 β 的变换已经不再是线性变换了。为了解决这个问题，Bunge 采用了 Legendre 函数的傅里叶系数以及 $(\Phi, 0) \rightarrow (\pi/2, \Phi)$ 的变换[1]。而 Popa 与 Balzar 则给出了一种不需要傅里叶系数的替代手段[21]。例如，针对 mmm，公式（12.37）如果利用方向余弦 a_1、a_2、a_3 代替 Φ 和 β 进行计算。那么基于这些变量，t_l 就成了 l 阶齐次多项式，同时这个多项式的系数是 A_l^m 的线性组合。对角方向的三重轴可以将 (a_1, a_2, a_3) 变换为 (a_2, a_3, a_1)，同时基于这种变换的守恒条件将得到一个面向 A_l^m 的线性齐次方程组。通过解这个方程组就可以得到为零的部分系数以及其他系数之间的线性关系，其中每种线性关系至少针对两个系数。将其球谐

指数不是 4 的倍数的系数设置为零后，通过 $m\bar{3}$ 群的选律就可以得到 $m\bar{3}m$ 群的选律了。表 12.4 列出了 $l = 2$，8 时立方群的 $t_l(\boldsymbol{h}, \boldsymbol{y})$ 函数。

表 12.3　非立方 Laue 群的选律。其中 A 和 B 分别代表面向晶体坐标系的 $A_l^m(\boldsymbol{y})$ 和 $B_l^m(\boldsymbol{y})$ 或者面向样品坐标系的 α_l^{mn}、β_l^{mn} 与 γ_l^{mn}、δ_l^{mn}

$m, n \rightarrow$	0	1	2	3	4	5	6	7	8	9	10	11	12
$\bar{1}$	A	AB	AB	AB	AB	AB	AB	AB	AB	AB	AB	AB	AB
$2/m$	A		AB		AB		AB		AB		AB		AB
mmm	A		A		A		A		A		A		A
$\bar{3}$	A			AB			AB			AB			AB
$\bar{3}/m$	A			B			A			B			A
$4/m$	A				AB				AB				AB
$4/mmm$	A				A				A				A
$6/m$	A						AB						AB
$6/mmm$	A						A						A

表 12.4　关于 $m\bar{3}$ 立方群的 $t_l(\boldsymbol{h}, \boldsymbol{y})$ 函数，其中 $l = 2$，8，对于 $m\bar{3}m$ 群，$A_6^2(\boldsymbol{y}) = 0$

$t_2(\boldsymbol{h}, \boldsymbol{y}) = 0$

$t_4(\boldsymbol{h}, \boldsymbol{y}) = A_4^0(\boldsymbol{y})\left[P_4^0(\varPhi) + \sqrt{10/7}P_4^4(\varPhi)\,\cos 4\beta\right]$

$t_6(\boldsymbol{h}, \boldsymbol{y}) = A_6^0(\boldsymbol{y})\left[P_6^0(\varPhi) - \sqrt{14}P_6^4(\varPhi)\,\cos 4\beta\right] + A_6^2(\boldsymbol{y})\left[P_6^2(\varPhi)\,\cos 2\beta - \sqrt{5/11}P_6^6(\varPhi)\,\cos 6\beta\right]$

$t_8(\boldsymbol{h}, \boldsymbol{y}) = A_8^0(\boldsymbol{y})\left[P_8^0(\varPhi) + \sqrt{56/99}P_8^4(\varPhi)\,\cos 4\beta + \sqrt{130/99}P_8^8(\varPhi)\,\cos 8\beta\right]$

利用这些选律就可以将计算极分布的公式(12.36)改为

$$P_{\boldsymbol{h}}(\boldsymbol{y}) = 1 + \sum_{l=2}^{\infty} \frac{4}{2l+1} \sum_{\mu=1}^{M(l)} \sum_{\nu=1}^{N(l)} \varepsilon_l^{\mu\nu} C_l^\mu(\varPhi, \beta) S_l^\nu(\varPsi, \gamma)，l \text{ 为偶数} \qquad (12.49)$$

其中 C_l^μ 和 S_l^ν 是对称的球谐函数，其对称性分别是晶体与样品的对称性；指数 μ 和 ν 表示在给定 l 下这两类函数各自的个数。联系公式(12.35)就可以证明对于不同的指数 l、μ 和 ν，这些对称的球谐函数是正交的

$$\int_0^\pi \int_0^{2\pi} C_l^\mu(\varPhi, \beta) C_{l'}^{\mu'}(\varPhi, \beta)\,\sin \varPhi\,\mathrm{d}\varPhi\mathrm{d}\beta \sim \delta_{ll'}\delta_{\mu\mu'} \qquad (12.50)$$

类似的公式也可用于 $S_l^\nu(\varPsi, \gamma)$。另外，公式(12.49)中的系数 $\varepsilon_l^{\mu\nu}$ 表示非零且独立的系数 α_l^{mn}、β_l^{mn}、γ_l^{mn}、δ_l^{mn}。例如，假定晶体与样品的对称性分别是 $m\bar{3}$ 和 $\bar{3}m$，当 $l = 6$ 时，基于表 12.3 和表 12.4，并且 $M = 2$，$N = 3$，那么相应的对称球谐函数和系数计算如下：

$$C_6^1(\varPhi,\beta) = P_6^0(\varPhi) - \sqrt{14}P_6^4(\varPhi)\cos 4\beta$$

$$C_6^2(\varPhi,\beta) = P_6^2(\varPhi)\cos 2\beta - \sqrt{\frac{5}{11}}P_6^6(\varPhi)\cos 6\beta$$

$$S_6^1(\varPsi,\gamma) = P_6^0(\varPsi), \quad S_6^2(\varPsi,\gamma) = P_6^3(\varPsi)\sin 3\gamma, \quad S_6^3(\varPsi,\gamma) = P_6^6(\varPsi)\cos 6\gamma$$

$$\varepsilon_6^{1\nu}(\nu=1,3):\alpha_6^{00},\beta_6^{03},\alpha_6^{06}; \quad \varepsilon_6^{2\nu}(\nu=1,3):\alpha_6^{20},\beta_6^{23},\alpha_6^{26}$$

12. 1. 4. 4　Rietveld 法中的应用

在 Rietveld 程序中，公式(12.49)中的级数是有限项求和，即在 $l = L$ 处截断。谐波系数 $\varepsilon_l^{\mu\nu}$ (连同结构及其他参数)和最优的 L 值通过一系列的精修得到，该过程中 L 从某个小数值开始增加，直到添加新的系数也不会再改进拟合结果为止。在级数实现收敛之后，采用精修所得的谐波系数就可以算出极分布。所计算的极分布的标准误差计算如下：

$$\sigma^2[P_h(y)] = \sum_{l=2}^{L}\left(\frac{4}{2l+1}\right)^2\sum_{\mu=1}^{M(l)}\sum_{\nu=1}^{N(l)}\sigma^2(\varepsilon_l^{\mu\nu})[C_l^\mu(\varPhi,\beta)S_l^\nu(\varPsi,\gamma)]^2$$

$$(12.51)$$

因为对称球谐函数是正交化的，所以由公式(12.51)导出的关联矩阵 $\varepsilon_l^{\mu\nu}$ 被认为是对角型。实际上某些系数之间还是有关联的[因为所涉及的仅是离散的点 $(\varPhi,\beta)$ 和点 $(\varPsi,\gamma)$]，不过，这种关联性并不大。另外，通过实验结果也可以计算织构指数 J 与织构强度 $J^{1/2}$。根据 Bunge 的观点[1]，织构指数定义如下：

$$J = \frac{1}{8\pi^2}\int_0^{2\pi}\int_0^{\pi}\int_0^{2\pi}f^2(\varphi_1,\varPhi_0,\varphi_2)\sin\varPhi_0 d\varphi_1 d\varPhi_0 d\varphi_2$$

$$= 1 + \sum_{l=2}^{L}(2l+1)^{-1}\cdot$$

$$\left\{ 4(\alpha_l^{00})^2 + 2\sum_{m=1}^{l}[(\alpha_l^{m0})^2 + (\gamma_l^{m0})^2] + 2\sum_{n=1}^{l}[(\alpha_l^{0n})^2 + (\beta_l^{0n})^2] + \sum_{m=1}^{l}\sum_{n=1}^{l}[(\alpha_l^{mn})^2 + (\beta_l^{mn})^2 + (\gamma_l^{mn})^2 + (\delta_l^{mn})^2] \right\}$$

$$(12.52)$$

公式(12.52)右边的部分是采用公式(12.28)和表 12.1 推导出来的。需要指出的是，织构指数不仅取决于精修所得的系数，而且对于立方群，还与该系数所线性关联的系数有关(例如在上面的例子中，织构指数既与 α_6^{00} 有关，也与 $\alpha_6^{40} = -\sqrt{14}\alpha_6^{00}$ 有关)。

采用对称球谐函数所得的织构的一般表达式被应用于 Rietveld 法后实现了结构精修过程中织构校正的稳定性，同时也使 Rietveld 法成为定量分析织构自身的有力工具。这种织构校正的稳定性其实就是对称球谐函数属于正交函数的必然结果。

正如 12.1.4.2 节所示，要得到取向分布函数就需要旋转测角头上的样品获得一系列衍射谱图。这些谱图来自很多（Ψ，γ）点处发出的散射，并且这些点或多或少是均匀分布在同一个半球内的。不过，要预先知道多少个这样的点才能得到可靠的 ODF 是一件困难的事情。以早先用于织构循环赛的某个方解石样品为例[16]，Von Dreele[15] 报道了大约 50 个（Ψ，γ）点的中子飞行时间衍射谱。采用 GSAS 统一处理这些谱图后，利用精修所得的谐波系数可以得到 6 个极分布；进一步将这些极分布结果作为输入信息实施 WIMV 逆运算后，所得的 ODF 与织构循环赛所得的结果相近，然而所得 ODF 结果与（Ψ，γ）空间采样点数目的关系并没有被探讨过。

如果不关心织构的定量分析，那么就不需要旋转测角头上的样品了。此时就仅有一张或者少数几张的衍射谱图需要记录。既然在（Ψ，γ）空间中所取的点不够多，那么精修所得的谐波系数就只能粗略描述一下织构，哪怕织构校正的结果接近完美。一个极端的例子就是 Bragg‐Brentano 几何设置。此时公式（12.41）~公式（12.43）中必须设置 $\omega = \theta$，$\chi = \phi = 0$ 和 $\zeta = 0$，从而公式（12.44）可以改为

$$\cos \Psi_0 = a_{32}(\omega_s, \chi_s, \phi_s)，\tan \gamma_0 = \frac{a_{22}(\omega_s, \chi_s, \phi_s)}{a_{12}(\omega_s, \chi_s, \phi_s)}$$

此时，整张谱图中仅反映样品内的一个取向。如果在 Rietveld 软件中，将这个方向上的极密度代入公式（12.49）可以得到

$$P_h = 1 + \sum_{l=2}^{\infty} \frac{4}{2l+1} \sum_{\mu=1}^{M(l)} \varepsilon_l^{\mu} C_l^{\mu}(\Phi, \beta)，\quad l \text{ 为偶数} \qquad (12.53)$$

可被精修的参数 ε_l^{μ} 定义如下：

$$\varepsilon_l^{\mu} = \sum_{\nu=1}^{N(l)} \varepsilon_l^{\mu\nu} S_l^{\nu}(\Psi_0, \gamma_0) \qquad (12.54)$$

此时可以正常进行织构校正，但是却得不到有关织构自身的信息。这是因为系数 $\varepsilon_l^{\mu\nu}$ 是没办法通过精修来确定的。类似的结果还有中子飞行时间衍射仪在仅仅配置一台探测池（detector battery）时所得的谱图。

12.2　宏观应变和应力

不管所施加的应力是外来的还是残留的，材料的应力作用状态及其相应的应变可以影响材料的许多不同性质，而这些性质对于该材料的工程与技术应用又是极为重要的。这些残存的应力和应变既可以增强所需的性质，也可以相反地导致机械部件或者其他人造材料更快地失效。确定材料中的应变与应力可以

采用多种方法，例如力学、声学、光学和 X 射线与中子衍射学等。其中衍射法适用于晶体材料并且是以弹性应变引起衍射线变化的测试结果为基础的。相应的效应有两类：谱峰的偏移和谱峰的宽化。由于应变会改变面间距 d 的数值，因此在多晶样品中，如果各个晶粒相应于某衍射的面间距改变量平均值不等于零，那么就会出现谱峰的偏移。如果面间距改变量存在一个分布，谱图中就出现了谱峰的宽化。有关应变对谱峰宽度的影响会在第 13 章中介绍。这里仅考虑由于宏观的或者说是 I 型应变/应力所引起的谱峰偏移效应。关于这一方面的文献是汗牛充栋，其中值得推荐的是 Noyan 与 Cohen[22] 以及 Hauk[23] 分别给出的全面的专题介绍。另外，最近由 Welzel 等[24] 撰写的综述也罗列了许多参考文献可以借鉴。

12. 2. 1 单晶中的弹性应变与应力——数学基础

将单晶中某点 r 处的微小变形用矢量 $u(r) = u_1(r)x_1 + u_2(r)x_2 + u_3(r)x_3$ 表示，那么其应变张量就等于

$$\varepsilon_{ij} = \frac{1}{2}\left(\frac{\partial u_i}{\partial x_j} + \frac{\partial u_j}{\partial x_i}\right), \quad (i,j = 1,3) \tag{12.55}$$

根据上述定义，这个张量是对称的二阶张量。同样地，按照如下定义（Landau 与 Lifchitz[25]）：该张量的组成元素 σ_{ij} 是垂直于 x_j 轴单位面积上作用力的第 i 个分量，那么应力张量 $\sigma_{ij}(i, j = 1, 3)$ 也是一个对称的二阶张量。应力张量的这种对称性是力学平衡条件的必然结果。

坐标系的定义不同，应变与应力的分量就不一样。不过，从各自的定义出发完成彼此之间的转变并不麻烦。例如，假定有一个样品坐标系（y_i），并且以拉丁字母 e_{km} 和 s_{km} 分别表示其中的应变和应力张量的分量，那么如果根据公式（12.1）将这个样品坐标系（y_i）转为晶体坐标系（x_i），则该应变张量在新坐标系中可以表示如下：

$$\varepsilon_{il} = \sum_{k=1}^{3}\sum_{m=1}^{3} a_{ik}a_{lm}e_{km} \tag{12.56a}$$

$$e_{km} = \sum_{i=1}^{3}\sum_{l=1}^{3} a_{ik}a_{lm}\varepsilon_{il} \tag{12.56b}$$

类似地，变换也发生于 σ_{il} 和 s_{km} 之间。

应变沿点阵矢量 $H(hkl)$ 所引起的面间距变化可以通过衍射实验进行观测

$$\frac{d(hkl) - d_0(hkl)}{d_0(hkl)} = \frac{\Delta d}{d_0} = -\frac{\Delta H}{H_0} = \varepsilon_{hh} \tag{12.57}$$

为了通过应变张量的分量 ε_{ij} 计算出上述这个数量值，必须将坐标系（k, l, h）定义成 k 轴，处于（x_3, h）平面上，并且垂直于 h，而 $l = h \times k$。（k, l, h）与

$(\boldsymbol{x}_i)$两个坐标系通过前面公式$(12.9a)$定义的矩阵$\boldsymbol{m}$关联在一起

$$\begin{pmatrix} \boldsymbol{k} \\ \boldsymbol{l} \\ \boldsymbol{h} \end{pmatrix} = \boldsymbol{m}(\boldsymbol{\Phi},\beta) \begin{pmatrix} \boldsymbol{x}_1 \\ \boldsymbol{x}_2 \\ \boldsymbol{x}_3 \end{pmatrix} \tag{12.58}$$

对比公式(12.58)和公式(12.1)可以得到以公式$(12.56a)$计算ε_{hh}的公式

$$\varepsilon_{hh} = \sum_{k=1}^{3}\sum_{m=1}^{3} m_{3k}(\boldsymbol{\Phi},\beta) m_{3m}(\boldsymbol{\Phi},\beta)\varepsilon_{km} = \sum_{k=1}^{3}\sum_{m=1}^{3} a_k a_m \varepsilon_{km} \tag{12.59}$$

需要指出的是，这里采用希腊字母来表示张量的元素是因为坐标系$(\boldsymbol{k},\boldsymbol{l},\boldsymbol{h})$是针对单晶的。为了简化，从现在开始改用$\varepsilon_h$来表示$\varepsilon_{hh}$。如果将公式$(12.59)$右边部分的$\varepsilon_{km}$改用公式$(12.56a)$代替，那么就可以得到$\varepsilon_h$的等效表达结果。不过，这时的应变张量分量和$\boldsymbol{h}$的方向余弦是基于样品坐标系来体现的

$$\varepsilon_{hh} = \varepsilon_{\boldsymbol{h}} = \sum_{k=1}^{3}\sum_{m=1}^{3} b_k b_m e_{km} \tag{12.60}$$

在后面将会看到，这两个公式各有千秋，即有些时候采用公式(12.60)占有优势；而另一些时候选择公式(12.59)则可以省掉大量的计算。

由于应变与应力张量之间满足 Hooke 方程，因此在单晶坐标系中就可以得到

$$\sigma_{ij} = \sum_{k=1}^{3}\sum_{l=1}^{3} C_{ijkl}\varepsilon_{kl} \tag{12.61a}$$

$$\varepsilon_{ij} = \sum_{k=1}^{3}\sum_{l=1}^{3} S_{ijkl}\sigma_{kl}, \ (i,j = 1,3) \tag{12.61b}$$

其中C_{ijkl}和S_{ijkl}分别是刚度常数(stiffness constant)和柔度常数(compliance constant)，都是对称的四阶张量，具有81个成对转置的元素。对于三斜对称性，由于应变张量与应力张量各自的对称性，因此仅有21个元素是独立的，从而指标i、j和k、l可以交换，而且也可以成对交换①。如果晶系对称性高于三斜的，那么这个独立弹性常数的数目将小于21。

采用应变、应力乃至弹性常数张量的对称性，可以采用如下定义的简化指标：

$$11 \to 1, \ 22 \to 2, \ 33 \to 3, \ 23 = 32 \to 4, \ 13 = 31 \to 5, \ 12 = 21 \to 6 \tag{12.62}$$

采用这种简化后的指标，应变张量与应力张量就可以表示成六维的矢量，而弹性常数张量则是6×6维的对称矩阵。已有文献提出了两种采用这类简化指标表示应变、应力和弹性常数的规范，其中第一种如下所示[26]：

---

① 这里所说的"交换"就是所得不同下标的元素具有同样的数值，另外，刚度常数和柔度常数统称为弹性常数，一般常称为弹性刚度常数和弹性柔度常数。——译者注

$$\begin{cases} \varepsilon_{ij} \to \varepsilon_m, \text{如果 } m = 1,2,3 \\ 2\varepsilon_{ij} \to \varepsilon_m, \text{如果 } m = 4,5,6 \end{cases}$$

$$\sigma_{ij} \to \sigma_m, \quad m = 1,6$$

$$C_{ijkl} \to C_{mn}, \quad m,n = 1,6$$

$$\begin{cases} S_{ijkl} \to S_{mn}, \text{如果 } m,n = 1,2,3 \\ 2S_{ijkl} \to S_{mn}, \text{如果 } m \text{ 或 } n = 4,5,6 \\ 4S_{ijkl} \to S_{mn}, \text{如果 } m \text{ 和 } n = 4,5,6 \end{cases}$$

笔者更中意的是第二种规范表达[27]。除维持各个张量元素的数值不变之外，在高于三斜的晶系中，矩阵 C 和 S 的结构是一样的

$$\varepsilon_{ij} \to \varepsilon_m, \quad m = 1,6 \qquad \sigma_{ij} \to \sigma_m, \quad m = 1,6$$
$$C_{ijkl} \to C_{mn}, \quad m,n = 1,6 \qquad S_{ijkl} \to S_{mn}, \quad m,n = 1,6 \tag{12.63}$$

采用公式(12.63)时，矩阵 C 和 S 的转置关系分别为 $S = (C')^{-1}$ 和 $C = (S')^{-1}$，其中 C' 和 S' 可以通过将矩阵 C 与 S 各分为四大块并将块内的元素分别做如下的乘法运算而得到：左上方一块的元素乘以1，右上方和左下方的两块都乘以2，而右下方的最后一块则乘以4。表 12.5 引出了所有 Laue 群相应的矩阵 C，而其相应的矩阵 S 的结构与此完全一样。表 12.5 所列的弹性常数矩阵是针对于 12.1.4.2 所定义的晶体坐标系(x_i)(表 12.2)而言的，同时也考虑了单位体积弹性自由能在该晶体点群对称操作下的守恒条件。

表 12.5　所有 **Laue** 群的刚度常数矩阵 C 的列表。柔度常数矩阵 S 与此类似，
仅需要将 C 换成 S 即可。最后一列表示独立常数的个数

$\bar{1}$		21
$2/m(\boldsymbol{c})$	$C_{14} = C_{15} = C_{24} = C_{25} = C_{34} = C_{35} = C_{46} = C_{56} = 0$	13
mmm	$2/m + C_{16} = C_{26} = C_{36} = C_{45} = 0$	9
$4/m$	$2/m + C_{36} = C_{45} = 0,\ C_{22} = C_{11},\ C_{23} = C_{13},\ C_{26} = -C_{16},\ C_{55} = C_{44}$	7
$4/mmm$	$4/m + C_{16} = 0$	6
$\bar{3}$	$C_{16} = C_{26} = C_{34} = C_{35} = C_{36} = C_{45} = 0,\ C_{22} = C_{11},\ C_{23} = C_{13},$ $C_{24} = -C_{14},\ C_{25} = -C_{15},\ C_{46} = -C_{15},\ C_{55} = C_{44},$ $C_{56} = C_{14},\ C_{66} = (C_{11} - C_{12})/2$	7
$\bar{3}m$	$\bar{3} + C_{15} = 0$	6
六方	$\bar{3}m + C_{14} = 0$	5
立方	$4/mmm + C_{13} = C_{12},\ C_{33} = C_{11},\ C_{66} = C_{44}$	3
各向同性	立方 $+ C_{44} = (C_{11} - C_{12})/2$	2

现在可以总结一下后面将要用到的基本公式。这些公式可以采用公式(12.62)和公式(12.63)，改写公式(12.56)、公式(12.59)、公式(12.60)和

公式(12.61)而得到。

首先是 Hooke 方程

$$\sigma_i = \sum_{j=1}^{6} C_{ij}\rho_j\varepsilon_j \qquad (12.64a)$$

$$\varepsilon_i = \sum_{j=1}^{6} S_{ij}\rho_j\sigma_j \qquad (12.64b)$$

晶体坐标系中的应变张量与应力张量(希腊字母符号)改用样品坐标系(拉丁字母符号)来表示及其反向变换的公式如下:

$$e_i = \sum_{j=1}^{6} P_{ij}\varepsilon_j \qquad (12.65a)$$

$$\varepsilon_i = \sum_{j=1}^{6} Q_{ij}e_j \qquad (12.65b)$$

$$s_i = \sum_{j=1}^{6} P_{ij}\sigma_j \qquad (12.66a)$$

$$\sigma_i = \sum_{j=1}^{6} Q_{ij}s_j \qquad (12.66b)$$

然后沿倒易点阵矢量的应变为

$$\varepsilon_h = \sum_{j=1}^{6} E_j\rho_j\varepsilon_j \qquad (12.67a)$$

$$\varepsilon_h = \sum_{j=1}^{6} F_j\rho_j e_j \qquad (12.67b)$$

在公式(12.64)和公式(12.67)中采用了如下的标识规则:

$$(\rho_1,\cdots,\rho_6) = (1,1,1,2,2,2) \qquad (12.68)$$

$$(E_1,\cdots,E_6) = (a_1^2,a_2^2,a_3^2,a_2a_3,a_1a_3,a_1a_2) \qquad (12.69)$$

$$(F_1,\cdots,F_6) = (b_1^2,b_2^2,b_3^2,b_2b_3,b_1b_3,b_1b_2) \qquad (12.70)$$

而公式(12.65)和公式(12.66)中(6,6)维的矩阵 $\boldsymbol{Q}$ 和 $\boldsymbol{P} = \boldsymbol{Q}^{-1}$ 可以通过另外 4 个(3,3)维的矩阵来表示

$$\boldsymbol{Q} = \begin{pmatrix} \boldsymbol{L} & 2\boldsymbol{M} \\ \boldsymbol{N} & \boldsymbol{O} \end{pmatrix} \qquad (12.71a)$$

$$\boldsymbol{P} = \begin{pmatrix} \boldsymbol{L}^t & 2\boldsymbol{N}^t \\ \boldsymbol{M}^t & \boldsymbol{O}^t \end{pmatrix} \qquad (12.71b)$$

$$\left.\begin{array}{l} L_{kl} = a_{kl}^2, M_{lk} = a_{li}a_{lj}, N_{kl} = a_{il}a_{jl} \\ O_{ij} = a_{kk}a_{ji} + a_{ki}a_{jk}, O_{kk} = a_{ii}a_{jj} + a_{ij}a_{ji} \end{array}\right\} \quad \begin{cases} i,j,k,l = 1,3 \\ i \neq j \neq k \end{cases} \qquad (12.72)$$

最后,单晶中的 Hooke 方程如果采用样品坐标系来表示相关的应变张量与应力张量的分量,那么在采用 g 来代表三重欧拉角(φ_1, Φ_0, φ_2)并且采用公式

（12.64）~公式（12.66）就可以得到

$$s_i = \sum_{j=1}^{6} C_{ij}(g)\rho_j e_j \qquad (12.73\text{a})$$

$$e_i = \sum_{j=1}^{6} S_{ij}(g)\rho_j s_j \qquad (12.73\text{b})$$

其中的 $C_{il}(g)$ 和 $S_{il}(g)$ 分别是样品坐标系中的单晶刚度张量与柔度张量，其表达式如下所示：

$$C_{il}(g) = \rho_l^{-1} \sum_{j=1}^{6} \sum_{k=1}^{6} C_{jk}\rho_k P_{ij} Q_{kl} \qquad (12.74\text{a})$$

$$S_{il}(g) = \rho_l^{-1} \sum_{j=1}^{6} \sum_{k=1}^{6} S_{jk}\rho_k P_{ij} Q_{kl} \qquad (12.74\text{b})$$

12.2.2 多晶样品中的应变与应力

12.2.2.1 Ⅰ、Ⅱ和Ⅲ型应变与应力

单晶的弹性应变与应力状态可以通过 Hooke 方程和边界条件进行求解。在多晶样品中，这些边界条件就是单晶晶粒与其周围晶粒相互作用的结果。这种相互作用的大小取决于晶粒的形状与取向。这些相互作用在晶粒中所产生的应变与应力并不是均匀的，大多数情况下描述它们所用的函数不仅与晶粒取向有关，还同晶粒所涉及的位置矢量有关。假定 $\boldsymbol{R}_k$ 是第 k 个晶粒在样品坐标系中的位置矢量，并且该晶粒的取向落在 $(g, g+\mathrm{d}g)$ 范围内，那么这个晶粒内部某点的位置矢量就是 $\boldsymbol{R}_k + \boldsymbol{r}$，而该点处的应变就是 $\varepsilon_i(\boldsymbol{R}_k + \boldsymbol{r}, g)$。如果以 V_k 表示这个晶粒的体积，那么该晶粒所受的平均应变可以计算如下：

$$\varepsilon_i(\boldsymbol{R}_k, g) = V_k^{-1} \int \varepsilon_i(\boldsymbol{R}_k + \boldsymbol{r}, g)\mathrm{d}\boldsymbol{r} \qquad (12.75)$$

微观应变或者Ⅲ型应变就等于 $\varepsilon_i(\boldsymbol{R}_k + \boldsymbol{r}, g)$ 与这个平均值之间的差值

$$\Delta\varepsilon_i(\boldsymbol{R}_k + \boldsymbol{r}, g) = \varepsilon_i(\boldsymbol{R}_k + \boldsymbol{r}, g) - \varepsilon_i(\boldsymbol{R}_k, g) \qquad (12.76)$$

显然，遍历所有 $\boldsymbol{r}$ 所得的Ⅲ型应变的平均值等于零。现在以 N_g 表示取向为 g 的全体晶粒的数目（可以认为是一个大数），并且平均值与差值定义如下：

$$\varepsilon_i(g) = N_g^{-1} \sum_{k=1}^{N_g} \varepsilon_i(\boldsymbol{R}_k, g) \qquad (12.77)$$

$$\Delta\varepsilon_i(\boldsymbol{R}_k, g) = \varepsilon_i(\boldsymbol{R}_k, g) - \varepsilon_i(g) \qquad (12.78)$$

公式（12.77）所定义的应变 $\varepsilon_i(g)$ 是一个宏观量，称为Ⅰ型应变。而公式（12.78）定义的在 g 取向的晶粒集体中的第 k 个晶粒的平均应变与此型应变之间的差值是一个亚宏观（sub-macroscopic）量，称为Ⅱ型应变。显然，对于不同 k 值所得的这种Ⅱ型应变的平均值也是零。基于公式（12.76）和公式（12.78），可以得到从属于 g 取向的晶粒集体的第 k 个晶粒内部 $\boldsymbol{r}$ 位置处的总应变等于这

三类应变的加和

$$\varepsilon_i(\boldsymbol{R}_k + \boldsymbol{r}, g) = \varepsilon_i(g) + \Delta\varepsilon_i(\boldsymbol{R}_k, g) + \Delta\varepsilon_i(\boldsymbol{R}_k + \boldsymbol{r}, g) \tag{12.79}$$

任意坐标系中的任一个应变或应力分量的表达式可以类似上式写出来。这是因为在公式(12.79)中，实际上 ε_i 是一个占位符，可以是 ε_i、e_i、σ_i 或 s_i，甚至也可以改为 ε_h，该变量可用来计算某个晶粒中的应变所导致的衍射峰偏移。要计算某个多晶样品的这种谱峰偏移，就必须对不同的 $\boldsymbol{r}$、k 和 g'，计算公式 (12.79) 所给的 $\varepsilon_h(\boldsymbol{R}_k + \boldsymbol{r}, g)$ 的平均值，其中 g' 表示满足 $\boldsymbol{h}$ 平行于 $\boldsymbol{y}$ 的晶粒取向，而 $\boldsymbol{y}$ 就是散射矢量在样品中的方向。如果样品存在织构，那么这个多重平均值计算如下：

$$\langle \varepsilon_h(\boldsymbol{y}) \rangle = \frac{\displaystyle\int \mathrm{d}\omega f(g') N_{g'}^{-1} \sum_{k=1}^{N_{g'}} V_k^{-1} \int \mathrm{d}\boldsymbol{r}\, \varepsilon_h(\boldsymbol{R}_k + \boldsymbol{r}, g')}{\displaystyle\int \mathrm{d}\omega f(g')}$$

$$= \frac{1}{2\pi} \int \frac{\mathrm{d}\omega f(g') \varepsilon_h(g')}{p_h(\boldsymbol{y})} \tag{12.80}$$

公式(12.79)中的第二项和第三项对谱峰偏移的贡献等于零，这是因为这些项分别遍历 $\boldsymbol{r}$ 和 k 所得的平均值为零。因此，谱峰偏移完全由 I 型应变所决定，此时仅需保留公式(12.79)右边的第一项。II 型与 III 型应变仅影响谱峰的宽化，这些将在第 13 章中进行介绍。

12.2.2.2　宏观及晶间的应变/应力

类似织构相关的做法，可以将 $\varepsilon_i(g) = \varepsilon_i(\varphi_1, \Phi_0, \varphi_2)$ 称为应变/应力取向分布函数(strain/stress orientation distribution function，SODF)(这里的 ε_i 同样是一个占位符)。不过与织构中的相反，SODF 遍历所有变量所得的平均值并不等于 1，而是得到了宏观的应变/应力

$$\bar{\varepsilon}_i = \frac{1}{8\pi^2} \int_0^{2\pi} \int_0^{\pi} \int_0^{2\pi} \varepsilon_i(\varphi_1, \Phi_0, \varphi_2) f(\varphi_1, \Phi_0, \varphi_2) \sin \Phi_0 \mathrm{d}\varphi_1 \mathrm{d}\Phi_0 \mathrm{d}\varphi_2 \tag{12.81}$$

即这个 SODF 与同下面所定义的差值，称为晶间应变/应力(intergranular strain/stress)一样，都是宏观量

$$\Delta\varepsilon_i(\varphi_1, \Phi_0, \varphi_2) = \varepsilon_i(\varphi_1, \Phi_0, \varphi_2) - \bar{\varepsilon}_i \tag{12.82}$$

显然，经过织构加权后，晶间应变/应力遍历所有变量所得的积分等于零。引起晶间应变/应力的原因可以是弹性或者塑性变形、物相转变、热处理、复合材料中面间距 d 的失配以及热扩散系数存在差异。一般说来，要全面说明某一材料中的应变/应力状态就需要同时明确公式(12.81)所给的平均值以及由公式(12.82)得到的晶间应变/应力。

衍射实验可以直接给出的并不是 SODF，而是公式(12.80)所给的应变极

分布。它与 SODF 的关系就如同织构中的极分布，不过两者存在着一个重要差别：此时不再是一个分布，而是六个单独的 SODF 被投影到 (Ψ, γ) 空间中，而且这六者严格满足线性组合关系[即公式（12.67）]。公式（12.80）所给的应变极分布所包含的、作为一个归一化因子使用的织构极分布 $p_h(\boldsymbol{y})$ 并不能通过衍射测试直接给出。这个因子可以采用简化的极分布来代替，这是因为在衍射测试中，关于 $-\boldsymbol{h}$ 和 $\boldsymbol{h}$ 的谱峰位置是不能区分的，从而可以得到如下的应变极分布表达式：

$$\langle \varepsilon_h(\boldsymbol{y}) \rangle = \frac{1}{2P_h(\boldsymbol{y})} \left[\begin{array}{l} \dfrac{1}{2\pi} \displaystyle\int\limits_{h \parallel y} \mathrm{d}\omega \varepsilon_h(\varphi_1, \Phi_0, \varphi_2) f(\varphi_1, \Phi_0, \varphi_2) + \\ \dfrac{1}{2\pi} \displaystyle\int\limits_{-h \parallel y} \mathrm{d}\omega \varepsilon_h(\varphi_1, \Phi_0, \varphi_2) f(\varphi_1, \Phi_0, \varphi_2) \end{array} \right] \quad (12.83)$$

需要指出的是，上述各公式中的尖括号 $\langle \cdots \rangle$ 表示遍历某衍射方向上所有晶粒的取向所得的平均值，而平均值上面加上一横杠则意味着这个数值是针对欧拉空间的所有晶粒取向的平均。

12.2.3 应变/应力状态的衍射分析

几十年来，应变或应力衍射分析的主要目的就是确定材料中的平均应变张量 $\bar{e}$ 和平均应力张量 $\bar{s}$。这种求解过程的基础就是假定一个单晶晶粒中的弹性应变张量 $e(g)$ 和弹性应力张量 $s(g)$ 同上述的平均张量 $\bar{s}$ 和 $\bar{e}$ 存在如下的关系：

$$e(g) = S^*(g)\bar{s} \quad (12.84a)$$
$$s(g) = C^*(g)\bar{e} \quad (12.84b)$$

其中 $S^*(g)$ 和 $C^*(g)$ 是四阶张量，用于描述多晶材料所包含晶粒的弹性行为[并不需要等于公式（12.73）所给的单晶的柔度张量和刚度张量]。如果公式（12.84）成立，那么衍射实验所得的平均应变计算如下：

$$\langle \varepsilon_h(\boldsymbol{y}) \rangle = \sum_{j=1}^{6} R_j(\Psi, \gamma; \Phi, \beta)\bar{s}_j \quad (12.85)$$

其中系数 R_j 称为衍射应力因子（diffraction stress factor）。公式（12.84）所给的关系仅在只考虑晶粒的弹性相互作用时才是正确的。换句话说，公式（12.84）右边的部分反映了晶粒中由弹性作用所引起的应变和应力。经典模型可以描述这些弹性相互作用并且采用公式（12.83），通过解析式或者数值计算得到衍射应力因子 R_j 的结果，典型例子有 Voigt[28]、Reuss[29] 和 Kroner[30] 等模型。随后就可以用公式（12.85）来拟合测试所得的有关样品中若干个谱峰和取向，从而得到平均应力。对于各向同性（非织构）的样品，公式（12.85）在 $\sin^2\Psi$ 和 $\sin 2\Psi$ 下是线性运算，这也是传统"$\sin^2\Psi$ 法"的基本公式[31,32]。大多数实验数据可以用这种方法来处理，甚至包括具有微弱织构的样品。

如果是织构样品，那么谱峰偏移与 $\sin^2\Psi$ 之间的关系是非线性的，仅在采用 δ 函数近似描述样品的某些主要取向上的织构极分布时才有解析表达式可用[33]。不过，这种近似是粗略的，尤其是晶粒的弹性相互作用并不是 Reuss 类型时，此时更好的做法是采用数值型计算来得到衍射应力因子。

求织构样品中的应力需要预先且准确知道织构的信息。为了避免这个耗时的步骤并且提高应力确定的准确性，Ferrari 与 Lutterotti[34] 将这种应力分析纳入 Rietveld 法中，让应力参数与织构球谐系数乃至结构参数一起精修。Balzar 及其同事[35] 也采用 Rietveld 法。他们在 GSAS 中使用 Voigt 类型的公式，从多个中子飞行时间衍射谱图中求得 Al/SiC 复合材料的平均应变张量。GSAS 软件也包含了描述各种 Laue 群下静液压（hydrostatic pressure）所引起的谱峰偏移（文献[36] 的图 5）的公式。这些公式可以用于模拟热膨胀效应以及高水合度晶体的一些溶剂效应。

某些情况下，测试所得应变与 $\sin^2\Psi$ 的非线性关系明显，尤其是塑性变形后的金属样品，这时是不能用织构或者应力梯度效应来解释的。总体上看，公式（12.84）的局限性过大，这是因为它们并没有考虑塑性作用引起的应变和应力。因此，对于上述的情况，这两个公式必须用正确的公式（12.73）来代替

$$e(g) = S(g)[\bar{s} + \Delta s(g)], \quad s(g) = C(g)[\bar{e} + \Delta e(g)] \quad (12.86)$$

换句话说，要解释应变实验值与 $\sin^2\Psi$ 之间紧密的非线性关系，就要考虑平均应力与应变以及所有的晶间应力与应变。计算所有晶间应力可采用的办法有两种：第一种是从多晶样品中晶粒的塑性流变（plastic flow）模型出发，计算塑性作用所引起的应力[37,38]；第二种是从实验所测的针对若干极和大量（Ψ，γ）点的应变极分布 $\langle \varepsilon_h(y) \rangle$ 经过反向运算而得到应变或应力的取向分布函数 $\varepsilon_i(\varphi_1, \Phi_0, \varphi_2)$。这种方法不需要对晶粒的弹性或者塑性相互作用进行建模。与此相反，这种关于弹性作用或者塑性变形样品 SODF 的求解本身就可以给出晶粒间相互作用的重要力学机制。

为了确定 SODF，Wang 及其同事[39-42]、Behnken[43] 提出并检测了一种基于一般球谐函数来表达上述这些函数的手段。Wang 和 Behnken 的方法假定 ODF（织构）信息是已知的，并且需要拟合个体谱峰来获得其峰值位置。这种方法仅能使用孤立谱峰来完成峰值位置的准确确定，从而必然丢失了衍射谱图中的大量信息。为了克服该法的这些缺点，Popa 和 Balzar[21] 将这种球谐函数分析纳入 Rietveld 法中进行使用，即将应变谐波系数与织构系数乃至结构等其他参数一起精修。与前述的 SODF 不同，Popa 和 Balzar 采用的是 WSODF，此时，应变取向函数经过了织构加权，而且所实施的球谐函数分析适用于所有的 Laue 群。与此相反且需要指出的是，Wang 和 Behnken 的方法仅能用于立方晶体坐标系和正交样品坐标系的情形。采用傅里叶合成或者 WIMV 等直接反向运算的手段，

Rietveld 精修所得的应变谐波系数可以进一步用于构建 WSODF，然后是 SODF。对于每个张量分量，从精修所得的系数 ε_i 可以计算出若干个极图 $\langle \varepsilon_i(\boldsymbol{h},\boldsymbol{y}) \rangle$，然后再用这些极图作为 WIMV 法的输入信息得到取向分布函数。

接下来的章节要介绍三个方面：各向同性多晶中应变或应力的经典近似；静液压下的各向同性多晶以及面向任何晶体与样品坐标系，用于确定织构样品中的平均应变或应力张量以及晶间应变或应力的球谐分析。这三部分所得的大多数与谱峰偏移有关的公式都可用于 Rietveld 操作中，不过，目前已经实现的只是其中的一部分。

12.2.4　各向同性样品中的应变/应力——经典近似

多晶样品的"各向同性"表示其不存在择优取向，即 $f(\varphi_1, \varPhi_0, \varphi_2) = 1$。如果考虑弹性作用，那么这种样品整体看来是各向同性的，但是就具体晶粒而言，更常见的情况是各向异性。从这一点来说，一个非织构的多晶样品也可以认为是准各向同性(quasi-isotropic)的。

12.2.4.1　Voigt 模型

在 Voigt 提出的模型中，以样品坐标系来表示的晶间应变等于零，从而晶粒中的应变张量与宏观应变是一样的

$$e_i(\varphi_1, \varPhi_0, \varphi_2) = \bar{e}_i \tag{12.87}$$

为了得到同样坐标系下的应力张量，可以将公式(12.87)代入公式(12.73a)，最终得到一个类似于公式(12.84b)的结果。而要计算宏观应力就需要在整个欧拉空间中对这个表达式进行积分。这种积分运算仅作用于单晶的刚度张量元素公式(12.74a)并且可以实现解析型的计算。宏观应力的计算公式如下：

$$\bar{s}_i = \sum_{j=1}^{6} \bar{C}_{ij}^V \rho_j \bar{e}_j \tag{12.88}$$

在公式(12.88)中，$\bar{C}_{ij}^V$ 是各向同性多晶的平均弹性刚度常数，具体可以采用单晶的刚度常数通过下述公式求得：

$$\bar{C}_{11}^V = \frac{C_{11} + C_{22} + C_{33}}{5} + \frac{2(C_{12} + C_{13} + C_{23} + 2C_{44} + 2C_{55} + 2C_{66})}{15} \tag{12.89a}$$

$$\bar{C}_{12}^V = \frac{C_{11} + C_{22} + C_{33} - 2C_{44} - 2C_{55} - 2C_{66}}{15} + \frac{4(C_{12} + C_{13} + C_{23})}{15} \tag{12.89b}$$

加上指标 V 是为了与平均柔度常数张量转置后所得的刚度常数互相区分开来，而平均柔度常数可以通过在欧拉空间中积分公式(12.74b)而得到。

要得到相应于 Voigt 模型的谱峰偏移，必须将公式(12.87)代入公式

(12.67b)中，然后将公式(12.67b)代入公式(12.83)中。此时，以公式(12.83)计算平均值并不复杂，可以得到

$$\langle \varepsilon_h(\boldsymbol{y}) \rangle = \sum_{j=1}^{6} F_j \rho_j \bar{e}_j \tag{12.90}$$

公式(12.90)可以转化为类似公式(12.85)的表达式——只要将公式(12.88)逆向运算，然后将所得的 $\bar{e}_j$ 代入公式(12.90)中，这个公式就变为

$$\langle \varepsilon_h(\boldsymbol{y}) \rangle = [F_1 \bar{S}_{11}^V + (F_2 + F_3) \bar{S}_{12}^V] \bar{s}_1 + [F_2 \bar{S}_{11}^V + (F_1 + F_3) \bar{S}_{12}^V] \bar{s}_2 +$$
$$[F_3 \bar{S}_{11}^V + (F_1 + F_2) \bar{S}_{12}^V] \bar{s}_3 + 2 (\bar{S}_{11}^V - \bar{S}_{12}^V)(F_4 \bar{s}_4 + F_5 \bar{s}_5 + F_6 \bar{s}_6)$$
$$\tag{12.91}$$

在公式(12.91)中，$\bar{S}_{ij}^V$ 是刚度张量 $\bar{C}_{ij}^V$ 转置运算后所得的柔度张量

$$\bar{S}_{11}^V = \frac{\bar{C}_{11}^V + \bar{C}_{12}^V}{\bar{C}_{11}^V (\bar{C}_{11}^V + \bar{C}_{12}^V) - 2 (\bar{C}_{12}^V)^2} \tag{12.92a}$$

$$\bar{S}_{12}^V = \frac{- \bar{C}_{12}^V}{\bar{C}_{11}^V (\bar{C}_{11}^V + \bar{C}_{12}^V) - 2 (\bar{C}_{12}^V)^2} \tag{12.92b}$$

从公式(12.90)或者公式(12.91)可以看出，在这种有关晶粒相互作用的 Voigt 模型的框架下，相对谱峰偏移同 Miller 指数无关，而这一点与实验结果经常矛盾。下面的 Reuss 模型同样也有这种关系。

12.2.4.2 Reuss 模型

Reuss[29]假定相应于样品坐标系的晶间应力为零，从而

$$s_i(\varphi_1, \Phi_0, \varphi_2) = \bar{s}_i \tag{12.93}$$

为了算出宏观应变，公式(12.93)要代入公式(12.73b)中，然后在欧拉空间中积分，从而得到

$$\bar{e}_i = \sum_{j=1}^{6} \bar{S}_{ij}^R \rho_j \bar{s}_j \tag{12.94}$$

其中 $\bar{S}_{ij}^R$ 就是各向同性多晶的平均柔度常数，具体可以从单晶的柔度常数出发，采用下述类似公式(12.89)的表达式得到

$$\bar{S}_{11}^R = \frac{S_{11} + S_{22} + S_{33}}{5} + \frac{2(S_{12} + S_{13} + S_{23} + 2S_{44} + 2S_{55} + 2S_{66})}{15} \tag{12.95a}$$

$$\bar{S}_{12}^R = \frac{S_{11} + S_{22} + S_{33} - 2S_{44} - 2S_{55} - 2S_{66}}{15} + \frac{4(S_{12} + S_{13} + S_{23})}{15} \tag{12.95b}$$

需要指出的是，$\bar{S}_{ij}^R$ 和 $\bar{S}_{ij}^V$ 是有差别的，同样地，将 $\bar{S}_{ij}^R$ 转置运算而得的刚度常数 $\bar{C}_{ij}^R$ 与前面定义的 $\bar{C}_{ij}^V$ 也是不一样的。

要计算谱峰偏移，可以采用结果完全一样的两种办法——正如 Voigt 近似

所做的从公式(12.67b)出发或者从公式(12.67a)出发。前一种方法中，公式(12.93)要代入公式(12.73b)中，然后将公式(12.73b)和公式(12.74b)同时代入公式(12.67b)中，这时的谱峰偏移变为

$$\langle \varepsilon_h(y) \rangle = \sum_{i=1}^{6} F_i \rho_i \sum_{l=1}^{6} \bar{s}_l \sum_{j=1}^{6} \sum_{k=1}^{6} S_{jk} \rho_k \langle P_{ij} Q_{kl} \rangle \qquad (12.96)$$

第二种办法是将公式(12.93)代入公式(12.66b)中，然后将公式(12.66b)代入公式(12.64b)，再将公式(12.64b)代入公式(12.67a)中，从而得到如下的谱峰偏移：

$$\langle \varepsilon_h(y) \rangle = \sum_{i=1}^{6} E_i \rho_i \sum_{l=1}^{6} \bar{s}_l \sum_{j=1}^{6} S_{ij} \rho_j \langle Q_{jl} \rangle \qquad (12.97)$$

显然，公式(12.97)要比公式(12.96)方便多了。这是因为前者只要计算 36 个积分项，而后者则要计算 1 296 个。Behnken 和 Hauk[44] 从样品坐标系描述的应变分量出发，提出了一种改进方法。在这种方法中，对于某些 Laue 群而言，谱峰偏移相应于点群操作的守恒性被破坏了。后来，Popa[45] 从公式(12.97)出发，给出了能满足所有 Laue 群守恒性条件的表达式。这里接下来要介绍的就是后面这种改进方法。

公式(12.97)右边部分中的平均值项可以计算如下：

$$\langle Q_{ij} \rangle = \frac{1}{2\pi} \int_0^{2\pi} d\omega \, Q_{ij}(\varphi'_1, \Phi'_0, \varphi'_2) \qquad (12.98)$$

其中积分项内的矩阵元素 Q_{ij} 由公式(12.71)和公式(12.72)给出，而满足 **h** 平行于 **y** 的欧拉角矩阵($\varphi'_1, \Phi'_0, \varphi'_2$)则由公式(12.7)和公式(12.8)给出。公式(12.98)中的积分是可以解析计算的，最终得到如下的公式(12.99)：

$$\langle Q_{ij} \rangle = \begin{cases} \dfrac{(3F_j - 1)E_i}{2} + \dfrac{\delta_i(1 - F_j)}{2}, & j = 1,2,3 \\ 3F_j E_i - \delta_i F, & j = 4,5,6 \end{cases} \qquad (12.99)$$

$$(\delta_1, \cdots, \delta_6) = (1,1,1,0,0,0)$$

将公式(12.99)代入公式(12.97)中并且重排各项，最终公式将变为

$$\langle \varepsilon_h(y) \rangle = \frac{(\bar{t}_s - \bar{s}_y)r_2}{2} + \frac{(3\bar{s}_y - \bar{t}_s)r_4}{2} \qquad (12.100)$$

其中的 $\bar{t}_s$ 和 $\bar{s}_y$ 分别是矩阵 $\bar{s}$ 的迹和沿 **y** 方向的宏观应力

$$\bar{t}_s = \bar{s}_1 + \bar{s}_2 + \bar{s}_3 \qquad (12.101a)$$

$$\bar{s}_y = \sum_{i=1}^{6} F_i \rho_i \bar{s}_i \qquad (12.101b)$$

谱峰偏移与 Miller 指数的关系由因子 r_2 和 r_4 来确定。它们分别可以写成方向余弦 a_i 的二次式和四次式。对于三斜对称性，这两个因子可以计算如下：

$$r_2 = (S_{11} + S_{12} + S_{13})a_1^2 + (S_{12} + S_{22} + S_{23})a_2^2 + (S_{13} + S_{23} + S_{33})a_3^2 +$$
$$2(S_{14} + S_{24} + S_{34})a_2a_3 + 2(S_{15} + S_{25} + S_{35})a_1a_3 +$$
$$2(S_{16} + S_{26} + S_{36})a_1a_2 \qquad (12.102)$$
$$r_4 = S_{11}a_1^4 + S_{22}a_2^4 + S_{33}a_3^4 + 2(S_{23} + 2S_{44})a_2^2a_3^2 + 2(S_{13} + 2S_{55})a_1^2a_3^2 +$$
$$2(S_{12} + 2S_{66})a_1^2a_2^2 + 4(S_{14} + 2S_{56})a_1^2a_2a_3 + 4(S_{25} + 2S_{46})a_1a_2^2a_3 +$$
$$4(S_{36} + 2S_{45})a_1a_2a_3^2 + 4S_{24}a_2^3a_3 + 4S_{34}a_2a_3^3 + 4S_{15}a_1^3a_3 + 4S_{35}a_1a_3^3 +$$
$$4S_{16}a_1^3a_2 + 4S_{26}a_1a_2^3 \qquad (12.103)$$

而对于更高的对称性，r_2 和 r_4 可以利用表 12.5 进行推导，其结果可分别参考表 12.6 和表 12.7 中。

在表 12.7 中可以看到 $4/m$ 群与 $4/mmm$ 群的 r_4 之间差了一项。$4/m$ 群中多出来的一项可用来分离实际上并不等价，但是在没有宏观应力的时候却重叠在一起的衍射。同样的结果也存在于 $\bar{3}$ 群中。另外，对于非等价但是重叠的谱峰来说，微观应力所引起的各向异性谱峰宽化效应也是不一样的[46]。

表 12.6　高于三斜对称性时 r_2 的二次式列表

$2/m(c)$	$(S_{11} + S_{12} + S_{13})a_1^2 + (S_{12} + S_{22} + S_{23})a_2^2 + (S_{13} + S_{23} + S_{33})a_3^2 +$ $2(S_{16} + S_{26} + S_{36})a_1a_2$
$2/m(b)$	$(S_{11} + S_{12} + S_{13})a_1^2 + (S_{12} + S_{22} + S_{23})a_2^2 + (S_{13} + S_{23} + S_{33})a_3^2 +$ $2(S_{15} + S_{25} + S_{35})a_1a_3$
mmm	$(S_{11} + S_{12} + S_{13})a_1^2 + (S_{12} + S_{22} + S_{23})a_2^2 + (S_{13} + S_{23} + S_{33})a_3^2$
四方，三方，六方	$(S_{11} + S_{12} + S_{13})(a_1^2 + a_2^2) + (2S_{13} + S_{33})a_3^2$
立方	$S_{11} + 2S_{12}$

表 12.7　高于三斜对称性时 r_4 的四次式列表。方括号中的项是从 $4/mmm$ 和 $\bar{3}m$ 群分别得到 $4/m$ 和 $\bar{3}$ 群的 r_4 时所需要额外添加的项目

$2/m(c)$	$S_{11}a_1^4 + S_{22}a_2^4 + S_{33}a_3^4 + 2(S_{23} + 2S_{44})a_2^2a_3^2 + 2(S_{13} + 2S_{55})a_1^2a_3^2 +$ $2(S_{12} + 2S_{66})a_1^2a_2^2 + 4(S_{36} + 2S_{45})a_1a_2a_3^2 + 4S_{16}a_1^3a_2 + 4S_{26}a_1a_2^3$
$2/m(b)$	$S_{11}a_1^4 + S_{22}a_2^4 + S_{33}a_3^4 + 2(S_{23} + 2S_{44})a_2^2a_3^2 + 2(S_{13} + 2S_{55})a_1^2a_3^2 +$ $2(S_{12} + 2S_{66})a_1^2a_2^2 + 4(S_{25} + 2S_{46})a_1a_2^2a_3 + 4S_{15}a_1^3a_3 + 4S_{35}a_1a_3^3$
mmm	$S_{11}a_1^4 + S_{22}a_2^4 + S_{33}a_3^4 + 2(S_{23} + 2S_{44})a_2^2a_3^2 + 2(S_{13} + 2S_{55})a_1^2a_3^2 +$ $2(S_{12} + 2S_{66})a_1^2a_2^2$
$4/mmm$ $4/m$	$S_{11}(a_1^4 + a_2^4) + S_{33}a_3^4 + 2(S_{13} + 2S_{44})(a_1^2 + a_2^2)a_3^2 + 2(S_{12} + 2S_{66})a_1^2a_2^2 +$ $[4S_{16}(a_1^2 - a_2^2)a_1a_2]$

354

$\bar{3}m$ $\bar{3}$	$S_{11}(a_1^2 + a_2^2)^2 + S_{33}a_3^4 + 2(S_{13} + 2S_{44})(a_1^2 + a_2^2)a_3^2 + 4S_{14}(3a_1^2 - a_2^2)a_2a_3 + $ $[4S_{15}(a_1^2 - 3a_2^2)a_1a_3]$
六方	$S_{11}(a_1^2 + a_2^2)^2 + S_{33}a_3^4 + 2(S_{13} + 2S_{44})(a_1^2 + a_2^2)a_3^2$
立方	$S_{11}(a_1^4 + a_2^4 + a_3^4) + 2(S_{12} + 2S_{44})(a_2^2a_3^2 + a_1^2a_3^2 + a_1^2a_2^2)$

12.2.4.3 Hill 平均

Voigt 和 Reuss 模型粗略描述了各向同性多晶样品在两种极端的晶粒相互作用条件下所具有的应变或应力状态。在考察了这两个模型计算所得的弹性常数后，Hill[47] 发现，它们一个比真实的弹性常数高，而另一个则低于真实值，从而两者的算术平均值与真实值相当接近。因此，实际操作中可以得到更准确的谱峰偏移的方法就是采用公式(12.91)和公式(12.100)分别得到的 Voigt 和 Reuss 谱峰偏移结果的算术平均值，而更好的做法就是采用加权平均值，相应的权重 w $(0 < w < 1)$ 可以通过最小二乘分析法进行精修

$$\langle \varepsilon_h(\boldsymbol{y}) \rangle = w\langle \varepsilon_h(\boldsymbol{y}) \rangle^V + (1 - w)\langle \varepsilon_h(\boldsymbol{y}) \rangle^R \qquad (12.104)$$

12.2.4.4 Kroner 模型

Kroner[30] 提出的可以模拟晶粒相互作用的模型要好于 Voigt 或者 Reuss 模型。按照 Kroner 的观点，每一个晶粒都是连续且均匀基质中的一个包裹体，而这种基质具有该多晶材料的弹性性质。对于各向同性的多晶，包裹体中的应变计算如下：

$$e_i(g) = \sum_{j=1}^{6}[\bar{S}_{ij}^R + t_{ij}(g)]\rho_j\bar{s}_j \qquad (12.105)$$

在这个表达式中，与公式(12.84a)类似，第一项就是公式(12.94)所给的各向同性基质的应变。第二项则是该基质所引起的晶粒中的应变，具体采用有关椭球形包裹体的 Eshelby 理论[48]进行计算。张量 $t_{ij}(g)$ 给出了包裹体和基质各自柔度常数的差异，并且满足 $\bar{t}_{ij} = 0$。现在要计算谱峰偏移可以将公式(12.105)代入公式(12.67b)，然后进一步代入公式(12.83)。仅当晶粒包裹体为球形并且具有立方对称性时才可以采用解析型计算获得谱峰偏移。这时的计算公式类似于公式(12.91)，但是其柔度常数并不一样。根据 Bollenrath 等[49]的研究，这种条件下需要将公式(12.91)中的柔度常数改为如下的形式：

$$\bar{S}_{11}^V \rightarrow \bar{S}_{11}^R + T_{11} - 2T_0\varGamma \qquad (12.106a)$$

$$\bar{S}_{12}^V \rightarrow \bar{S}_{12}^R + T_{12} + T_0\varGamma \qquad (12.106b)$$

$$T_0 = T_{11} - T_{12} - 2T_{44} \qquad (12.106c)$$

$$\Gamma = a_2^2 a_3^2 + a_1^2 a_3^2 + a_1^2 a_2^2 \tag{12.106d}$$

其中柔度常数 T_{11}、T_{12} 和 T_{44} 可以由单晶的柔度常数采用一系列繁琐的代数公式进行计算,这些公式已经在很多文献中进行了讨论[24,33,49,50],这里就不再赘述了。对于立方对称性的特殊情形,基质的柔度常数 $\bar{S}_{11}^R$ 和 $\bar{S}_{12}^R$ 可以由公式 (12.95) 给出。

12.2.4.5 sin$^2 \Psi$ 法

谱峰偏移公式 (12.91) 和公式 (12.100) 的各项可以进行如下重排,从而方便实验数据的处理:

$$\langle \varepsilon_h(y) \rangle = S_1(\bar{s}_1 + \bar{s}_2 + \bar{s}_3) + \frac{1}{2}S_2\bar{s}_3 +$$

$$\frac{1}{2}S_2(\bar{s}_1 \cos^2\gamma + \bar{s}_2 \sin^2\gamma - \bar{s}_3 + \bar{s}_6 \sin 2\gamma) \sin^2\Psi +$$

$$\frac{1}{2}S_2(\bar{s}_4 \sin\gamma + \bar{s}_5 \cos\gamma) \sin 2\Psi \tag{12.107}$$

其中因子 S_1 和 S_2 称为衍射弹性常数。对于上述各种模型,它们可以分别进行如下计算:

$$S_1 = \bar{S}_{12}^V, \quad S_2 = 2(\bar{S}_{11}^V - \bar{S}_{12}^V) \qquad\qquad \text{——Voigt}$$

$$S_1 = \frac{r_2 - r_4}{2}, \quad S_2 = 3r_4 - r_2 \qquad\qquad \text{——Reuss}$$

$$S_1 = \bar{S}_{12}^R + T_{12} + T_0\Gamma, \quad S_2 = 2(\bar{S}_{11}^R - \bar{S}_{12}^R + T_{11} - T_{12} - 3T_0\Gamma) \quad \text{——Kroner(立方)}$$

$$\tag{12.108}$$

除了 Voigt 模型,其余模型的衍射弹性常数都与 Miller 指数有关。

对于 Ψ 值一样而分别位于 γ 和 $\gamma + \pi$ 的谱峰偏移来说,公式 (12.107) 可以分为两个线性的等式,一个基于 $\sin^2\Psi$ 而另一个与 $\sin 2\Psi$ 有关

$$\langle \varepsilon_h \rangle^+ = \langle \varepsilon_h(\Psi, \gamma) \rangle + \langle \varepsilon_h(\Psi, \gamma + \pi) \rangle$$

$$= 2S_1(\bar{s}_1 + \bar{s}_2 + \bar{s}_3) + S_2\bar{s}_3 +$$

$$S_2(\bar{s}_1 \cos^2\gamma + \bar{s}_2 \sin^2\gamma - \bar{s}_3 + \bar{s}_6 \sin 2\gamma) \sin^2\Psi \tag{12.109}$$

$$\langle \varepsilon_h \rangle^- = \langle \varepsilon_h(\Psi, \gamma) \rangle - \langle \varepsilon_h(\Psi, \gamma + \pi) \rangle = S_2(\bar{s}_4 \sin\gamma + \bar{s}_5 \cos\gamma) \sin 2\Psi$$

$$\tag{12.110}$$

因此,如果对给定的三个 γ 值(例如 0、$\pi/4$ 和 $\pi/2$),可以同时在 γ 和 $\gamma + \pi$ 位置测得一个或者多个以 Ψ 为自变量并且取值范围在 $(0, \pi/2)$ 的谱峰偏移值,那么就可以从这些直线的截距和斜率求得应力张量元素 $\bar{s}_i$ 的数值。具体计算中

假定单晶弹性常数是已知的，并且公式（12.109）和公式（12.110）中的衍射弹性常数可以采用前述的某种模型进行计算。这就是传统的"$\sin^2 \Psi$"法。另一种不同的方法是将公式（12.107）用于最小二乘分析或者纳入 Rietveld 程序中加以执行。只要可以得到多个（Ψ，γ）点的衍射谱图，那么应力张量元素就可以与结构及其他参数一起被精修。需要指出的是，GSAS 软件采用的是 Voigt 型的公式（12.90）而不是公式（12.107），从而它所精修的参数是应变张量元素 $\bar{e}_i$。

12.2.4.6 单晶弹性常数的确定

衍射弹性常数与 Miller 指数之间的关系可以用来从粉末衍射数据中得到单晶的弹性常数。实际上，可以假定某个已知的轴向应力 $\bar{s}_3$ 被施加在多晶样品上。由于该应力张量的其他分量为零，因此，公式（12.107）就变为

$$\langle \varepsilon_h(y) \rangle = \left(S_1 + \frac{1}{2} S_2 \cos^2 \Psi \right) \bar{s}_3$$

通过测试 $\Psi = 0$ 和 $\Psi = \pi/2$ 时的谱峰偏移就可以同时得到 S_1 和 S_2。如果这种测试能对多个谱峰重复进行，那么采用最小化 χ^2 ——衡量所测衍射弹性常数与通过前述某一模型（除了 Voigt）计算所得结果之间差值的变量——也可以得到单晶弹性常数的结果。对于给定的 Laue 群，需要测试的衍射峰数目必须高于独立的单晶弹性常数的数目。已经报道的有关铝、铜和钢材采用这种方法所得的单晶弹性常数与那些利用单晶的超声脉冲法所得的结果之间的比较证实这种衍射分析手段是可靠的。

12.2.5 各向同性多晶中的静液压

关于各向同性多晶在静液压作用下的应变或应力问题，已有文献提出了一个尚未被验证的假设，即在晶体坐标系中，晶间应变取值为零，从而有

$$\varepsilon_i(\varphi_1, \Phi_0, \varphi_2) = \bar{\varepsilon}_i \qquad (12.111)$$

为了得到样品坐标系中的应变张量，可以将公式（12.111）代入公式（12.65a）中；而要得到应力张量，则是代入公式（12.64a），然后再将新的公式（12.64a）代入公式（12.66a）中，这就得到了

$$e_i(g) = \sum_{j=1}^{6} P_{ij}(g) \bar{\varepsilon}_j \qquad (12.112a)$$

$$s_i(g) = \sum_{l=1}^{6} \rho_l \bar{\varepsilon}_l \sum_{j=1}^{6} P_{ij}(g) C_{jl} \qquad (12.112b)$$

通过公式（12.112）在整个欧拉空间的平均就可以得到宏观应变和应力。这个平均运算仅对矩阵 P 起作用，加上各向同性多晶的预定条件，那么就有

$$\overline{P}_{ij} = \begin{cases} \dfrac{1}{3} \text{,如果 } i,j = 1,3 \\ 0 \text{,如果 } i \text{ 或者 } j > 3 \end{cases} \quad (12.113)$$

从而宏观应变与应力计算如下:

$$\overline{e}_1 = \overline{e}_2 = \overline{e}_3 = \overline{e} = \frac{\overline{\varepsilon}_1 + \overline{\varepsilon}_2 + \overline{\varepsilon}_3}{3}, \quad \overline{e}_4 = \overline{e}_5 = \overline{e}_6 = 0 \quad (12.114a)$$

$$\overline{s}_1 = \overline{s}_2 = \overline{s}_3 = \overline{s} = \frac{1}{3} \sum_{l=1}^{6} \rho_l \overline{\varepsilon}_l (C_{1l} + C_{2l} + C_{3l}), \quad \overline{s}_4 = \overline{s}_5 = \overline{s}_6 = 0$$

$$(12.114b)$$

需要指出的是,公式(12.114)的构造是专门针对处于静液压作用下样品的应变或应力计算的。

要求得谱峰偏移,可以将公式(12.111)代入公式(12.67a)中,然后再将新的公式(12.67a)再代入公式(12.83),最后得到

$$\langle \varepsilon_h \rangle = \overline{\varepsilon}_1 a_1^2 + \overline{\varepsilon}_2 a_2^2 + \overline{\varepsilon}_3 a_3^2 + 2\overline{\varepsilon}_4 a_2 a_3 + 2\overline{\varepsilon}_5 a_1 a_3 + 2\overline{\varepsilon}_6 a_1 a_2 \quad (12.115)$$

正如所预料的一样,这里的谱峰偏移与样品中的取向无关。相对于在应变 $\overline{\varepsilon}_i$ 上施加限制的 Laue 群的对称操作,这类谱峰偏移必定满足守恒的要求。表 12.8 列出了晶体对称性高于三斜时这类谱峰偏移的计算公式。

上述这些公式纳入 Rietveld 软件中并不困难,此时,$\overline{\varepsilon}_i$ 是可精修的参数。实际上 GSAS 软件中已经实现了这些功能(图5),不过,GSAS 手册[5]中给出的介绍与本文不同,并没有揭示出这些被精修的参数与宏观静液压下的应变和应力之间的具体联系。

目前,这个假说可以完整描述各向同性样品在静液压下的应变或应力状态。实际操作中,从精修所得的 $\overline{\varepsilon}_i$ 出发,既可以计算出宏观应变 $\overline{e}$ 和应力 $\overline{s}$,也可以得到晶间应变 $\Delta e_i(g)$ 和应力 $\Delta s_i(g)$,两者都是非零的数值。需要注意的是,这个假说并没有就晶粒相互作用的本质进行预设,不管它是弹性的还是塑性的。由公式(12.112)是不能得到公式(12.84)型的关系的,实际上仅能得到公式(12.86)型的关系。因此,在宏观应力和应变之间,Hooke 关系所给出的线性齐次方程在这种情况下是不能成立的。

最后要提到的是虽然这种静液压作用下的状态也可以在传统模型的框架内进行分析,但是不能实现完整的描述。因为相关模型不是忽略了某种应变或应力,就是不能顾及另一种应变或应力。例如,在公式(12.107)中,如果设定 $\overline{s}_1 = \overline{s}_2 = \overline{s}_3 = \overline{s}, \overline{s}_4 = \overline{s}_5 = \overline{s}_6 = 0$,那么可以得到 $\langle \varepsilon_h \rangle = (3S_1 + S_2/2)\overline{s}$。此时,在 Voigt 和 Kroner 模型中,$\langle \varepsilon_h \rangle$ 与 Miller 指数无关。而对于 Reuss 模型,这种依赖关系与公式(12.115)和表 12.8 所示的类似。不过,这里对于所有的 Laue 群来说,精修参数仅有一个,那就是宏观应力 $\overline{s}$,而且在绝大多数情况下

精修所得的 $\bar{s}$ 值是错的。

表 12.8 对称性高于三斜的所有 Laue 群中，各向同性样品由静液压所引起的
谱峰偏移 $\langle \varepsilon_h \rangle$。其中 $\bar{\varepsilon}_i$ 是 Rietveld 程序中的可精修参数

$2/m(\boldsymbol{c})$	$\bar{\varepsilon}_1 a_1^2 + \bar{\varepsilon}_2 a_2^2 + \bar{\varepsilon}_3 a_3^2 + 2\bar{\varepsilon}_6 a_1 a_2$
$2/m(\boldsymbol{b})$	$\bar{\varepsilon}_1 a_1^2 + \bar{\varepsilon}_2 a_2^2 + \bar{\varepsilon}_3 a_3^2 + 2\bar{\varepsilon}_5 a_1 a_3$
mmm	$\bar{\varepsilon}_1 a_1^2 + \bar{\varepsilon}_2 a_2^2 + \bar{\varepsilon}_3 a_3^2$
四方、三方、六方	$\bar{\varepsilon}_1 (a_1^2 + a_2^2) + \bar{\varepsilon}_3 a_3^2$
立方	$\bar{\varepsilon}_1$

12.2.6 宏观应变或应力的球谐函数分析

近年来，有关采用球谐函数以衍射法来分析宏观应变和应力的进展已经在 12.2.3 节中做了概括。这里再回顾一下。首先，经典模型在描述晶间应变和应力方面过于粗糙，并且很多情况下难以解释衍射谱峰偏移对 $\sin^2 \Psi$ 的强烈的非线性依赖关系，甚至在考虑了织构后也没有得到改善。因此，解决这个问题的可行手段就是去掉任何描述晶粒相互作用的物理模型，改用测试所得的应变极分布 $\langle \varepsilon_h(\boldsymbol{y}) \rangle$ 进行逆向运算，从而得到应变或应力取向分布函数 SODF 来全面描述样品中的应变和应力状态。

类似于描述织构的 ODF，SODF 可以采用广义球谐函数进行傅里叶分析。不过，它们之间具有三个重要的区别。首先是不同于采用一个分布（ODF），需要同时分析的 SODF 有六个。其中应变或者应力张量的分量可以在样品坐标系或者晶体坐标系中进行分析。第二个差别与晶体和样品对称操作下的守恒性有关。ODF 对于晶体和样品对称性操作而言都是守恒的，与此相反，虽然这六个 SODF 在样品坐标系下关于晶体对称操作也是守恒的，但是如果该样品坐标系改用等价的另一个样品坐标系，那么它们需要类似公式（12.65）规定的那样进行变换。反过来看，对于晶体坐标系表示的 SODF，如果该坐标系转为与之等价的坐标系，那么同样类似公式（12.65）对 SODF 进行变换，但是它们对于样品坐标系的任何旋转仍然保持守恒性。因此，有关 SODF 的球谐系数的选律理所当然与 ODF 的选律存在着差别。第三个不同点就是公式（12.83）中，对某衍射遍历所有晶粒求平均值的计算公式在构造上是不同于公式（12.5）和公式（12.11）的。与公式（12.5）相比，在公式（12.83）中需要将 SODF 与 ODF 的乘积进行积分，这就额外增加了计算的难度。

已有文献中，基于 SODF 的球谐函数表达式的方法有三种，分别由 Wang

及其合作者[39,40]、Behnken[43]以及 Popa 和 Balzar[21] 提出。其中 Wang 等[39,40]提出的方法采用了样品坐标系下应力张量 $s_i(g)$ 的球谐函数表达式，从而 $l=0$ 时的谐波系数就是宏观应力 $\bar{s}_i$。不过，为了计算宏观应变 $\bar{e}_i$，$l=0$，2，4 时的谐波系数都是需要使用的。Behnken[43] 对 $e_i(g)$ 和 $s_i(g)$ 都给出了球谐级数展开公式，二者各自独立。此时，虽然 $\bar{e}_i$ 和 $\bar{s}_i$ 都是 $l=0$ 时这两个不同级数中的谐波系数，但是采用最小二乘法求得它们所需的计算量要比 Wang 等的方法大。在公式（12.83）中，Wang 和 Behnken 都使用公式（12.67b）来计算 $\varepsilon_h(g)$。随后在基于 $s_i(g)$ 的谐波求和级数得到应变极分布 $\langle\varepsilon_h(y)\rangle$ 后，以样品坐标系表示的单晶柔度常数会出现在公式（12.83）中并作为 SODF 和 ODF 的辅助因子。另外，就公式（12.83）中的积分，Behnken 采用了数值型计算，而 Wang 等则采用 ODF 的球谐表达式和 Clebsch - Gordan 系数来表示 SODF、ODF 和单晶柔度常数在一个级数中的乘积，随后类似于织构中的 ODF 进行积分运算。不管是 Wang 还是 Behnken，他们都是只考虑了立方晶体对称性和正交样品对称性的情形，并且根据前述欧拉空间中同时包含的守恒和非守恒性质提出了相应的对称化球谐函数。第三种方法由 Popa 和 Balzar[21] 提出。这种方法与 Wang 和 Behnken 的方法类似，但是存在一个重要的差别，即将求应变张量的分量的问题与织构问题等价处理，从而明显简化了数学处理。这种将要在下文介绍的方法适用于任意晶体和样品对称性，并且可用于 Rietveld 软件中。

12.2.6.1 应变计算的广义球谐函数展开

Popa 和 Balzar[21] 所提的方法中，球谐函数表达式不是针对 SODF 的，而是基于 SODF 和 ODF 的乘积，也就是织构加权后的 SODF（WSODF）

$$\tau_i(\varphi_1,\Phi_0,\varphi_2)=\varepsilon_i(\varphi_1,\Phi_0,\varphi_2)f(\varphi_1,\Phi_0,\varphi_2) \qquad (12.116)$$

上述乘积中，用于 SODF 的应变张量的分量以晶粒坐标系来表示。这种条件下的宏观应变 $\bar{e}_i$ 和应力 $\bar{s}_i$ 的计算就只需要 $l=0$ 和 $l=2$ 时的谐波系数（参见 12.2.6.3 节）。类似于 ODF[公式（12.23）]，这些 WSODF 可以展开为广义球谐函数的级数

$$\tau_i(\varphi_1,\Phi_0,\varphi_2)=\sum_{l=0}^{\infty}\sum_{m=-l}^{l}\sum_{n=-l}^{l}c_{il}^{mn}\exp(im\varphi_2)P_l^{mn}(\Phi_0)\exp(in\varphi_1) \qquad (12.117)$$

针对整个欧拉空间的积分可以得到 $c_{i0}^{00}=\bar{\tau}_i=\bar{\varepsilon}_i$，并且公式（12.117）中的 $l=0$ 项代表了 12.2.5 节中所讨论的各向同性多晶在静液压作用下的应变或应力状态；其余各项则描述了该各向同性多晶中真实的应变或应力状态相对于静液压作用下状态的偏离。要计算谱峰偏移，可以将公式（12.67a）代入公式（12.83），此时 τ_i 会出现，然后用公式（12.117）来表示。相关计算遵循 12.1.4.1 中的描述，从而可以得到

$$\langle \varepsilon_h(\boldsymbol{y}) \rangle P_h(\boldsymbol{y}) = \sum_{l=0}^{\infty} \frac{4}{2l+1} I_l(\boldsymbol{h},\boldsymbol{y}) \ , \ l \text{ 为偶数} \qquad (12.118)$$

$$\begin{aligned} I_l(\boldsymbol{h},\boldsymbol{y}) = \ & a_1^2 t_{1l}(\boldsymbol{h},\boldsymbol{y}) + a_2^2 t_{2l}(\boldsymbol{h},\boldsymbol{y}) + a_3^2 t_{3l}(\boldsymbol{h},\boldsymbol{y}) + \\ & 2a_2 a_3 t_{4l}(\boldsymbol{h},\boldsymbol{y}) + 2a_1 a_3 t_{5l}(\boldsymbol{h},\boldsymbol{y}) + 2a_1 a_2 t_{6l}(\boldsymbol{h},\boldsymbol{y}) \end{aligned} \qquad (12.119)$$

$$t_{il}(\boldsymbol{h},\boldsymbol{y}) = A_{il}^0(\boldsymbol{y}) P_l^0(\Phi) + \sum_{m=1}^{l} \left[A_{il}^m(\boldsymbol{y}) \cos m\beta + B_{il}^m(\boldsymbol{y}) \sin m\beta \right] P_l^m(\Phi)$$
$$(12.120)$$

$$A_{il}^m(\boldsymbol{y}) = \alpha_{il}^{m0} P_l^0(\Psi) + \sum_{n=1}^{l} (\alpha_{il}^{mn} \cos n\gamma + \beta_{il}^{mn} \sin n\gamma) P_l^n(\Psi), \ (m=0,l)$$
$$(12.121)$$

$$B_{il}^m(\boldsymbol{y}) = \gamma_{il}^{m0} P_l^0(\Psi) + \sum_{n=1}^{l} (\gamma_{il}^{mn} \cos n\gamma + \delta_{il}^{mn} \sin n\gamma) P_l^n(\Psi), \ (m=1,l)$$
$$(12.122)$$

类似于表 12.1 所给的结果，上述系数 α_{il}^{mn}、β_{il}^{mn}、γ_{il}^{mn} 和 δ_{il}^{mn} 可以通过系数 c_{il}^{mn} 的线性变换而得到。公式（12.118）~ 公式（12.122）是普适性公式，可以用于晶体与样品的对称性均为三斜时的衍射线偏移计算。对于给定的 l 值，总的系数个数是 $6(2l+1)^2$。如果晶体与样品的对称性高于三斜，那么系数的数目将降低。此时，部分系数取零值，另外，也有部分系数会彼此关联在一起。

12.2.6.2 Laue 群对应的选律

要得到各个 Laue 群相应的选律，可以将针对旋转的守恒条件应用于织构加权后的谱峰偏移 $\langle \varepsilon_h(\boldsymbol{y}) \rangle P_h(\boldsymbol{y})$ 的计算中。由于公式（12.118）中不同 l 值相应的项目是独立的，因此这些守恒条件必须用于每一个 I_l 值的场合。

现在讨论一下受晶体对称性作用而得到的选律。一个沿着 x_3 轴的 r 重轴可以将 Φ、β、a_1 和 a_2 按如下规律进行变换：$\Phi \to \Phi$，$\beta \to \beta + 2\pi/r$，$a_1 \to a_1 \cos(2\pi/r) - a_2 \sin(2\pi/r)$ 及 $a_2 \to a_1 \sin(2\pi/r) + a_2 \cos(2\pi/r)$。将这些守恒条件应用于公式（12.119），就可以得到六个线性公式的组合

$$t_{il}\left(\Phi, \beta + \frac{2\pi}{r}, \boldsymbol{y}\right) = \sum_{k=1}^{6} f_{ik}(r) t_{kl}(\Phi, \beta, \boldsymbol{y}) \qquad (12.123)$$

这些公式正是公式（12.65）针对某个特定 r 值的转换结果。另外，如果将公式（12.120）代入公式（12.123）中，可以得到以 A_{il}^m 和 B_{il}^m 表示的齐次方程组。仅当 m 取某些数值时，它才有非平凡解。如果除了沿 x_3 轴的 r 重轴，另外还有沿 x_1 轴的二重轴，那么 A_{il}^m 和 B_{il}^m 还必须额外满足由于 I_l 针对变换 $\Phi \to \pi - \Phi$，$\beta \to -\beta$ 和 $(a_2, a_3) \to (-a_2, -a_3)$ 的守恒性而附加的条件。表 12.9 ~ 表 12.12 列出了非立方 Laue 群中由于晶体对称性而形成的选律。

需要指出的是，虽然属于不同应变张量分量的系数是相关的，但是所有的

关联式中都仅含有两个系数。如果 mmm 和 $4/mmm$ 棱柱的主对角线变为三重轴，那么就可以分别得到立方群 $m\bar{3}$ 和 $m\bar{3}m$，此时就会分别在原有正交和四方群的 A_{il}^m 和 B_{il}^m 系数中额外引入其他关联，而这些关联表达式中所包含的系数就超过两个了。它们可以利用以方向余弦 a_i 表示的 I_l 值并且设定在变换 $(a_1, a_2, a_3) \rightarrow (a_2, a_3, a_1)$ 下是守恒的而被计算出来。表 12.13 和表 12.14 分别给出了这种立方三重轴追加于 mmm 和 $4/mmm$ 群上的关联性。

表 12.9　Laue 群 2/m 和 mmm 中由于晶体对称性而得到的选律

$2/m$	mmm
$i = 1, 2, 3, 6: \begin{cases} A_{il}^0 \\ A_{il}^m, B_{il}^m, m = 2k \end{cases}$ $i = 4, 5: A_{il}^m, B_{il}^m, m = 2k - 1$	$i = 1, 2, 3: \begin{cases} A_{il}^0 \\ A_{il}^m, m = 2k \end{cases}$ $B_{4l}^m, m = 2k - 1$ $A_{5l}^m, m = 2k - 1$ $B_{6l}^m, m = 2k$

表 12.10　Laue 群 4/m 和 4/mmm 中由于晶体对称性而得到的选律

$4/m$	$4/mmm$
$\begin{cases} A_{1l}^0 \\ A_{1l}^m, B_{1l}^m, m = 2k \end{cases}$	$\begin{cases} A_{1l}^0 \\ A_{1l}^m, m = 2k \end{cases}$
$\begin{cases} A_{2l}^0 = A_{1l}^0 \\ A_{2l}^m = (-1)^k A_{1l}^m, B_{2l}^m = (-1)^k B_{1l}^m, m = 2k \end{cases}$	$\begin{cases} A_{2l}^0 = A_{1l}^0 \\ A_{2l}^m = (-1)^k A_{1l}^m, m = 2k \end{cases}$
$\begin{cases} A_{3l}^0 \\ A_{3l}^m, B_{3l}^m, m = 4k \end{cases}$	$\begin{cases} A_{3l}^0 \\ A_{3l}^m, m = 4k \end{cases}$
$A_{4l}^m, B_{4l}^m, m = 2k - 1$	$B_{4l}^m, m = 2k - 1$
$A_{5l}^m = (-1)^{k-1} B_{4l}^m, B_{5l}^m = (-1)^k A_{4l}^m, m = 2k - 1$	$A_{5l}^m = (-1)^{k-1} B_{4l}^m, m = 2k - 1$
$A_{6l}^m, B_{6l}^m, m = 4k - 2$	$B_{6l}^m, m = 4k - 2$

　　对于受应力作用而产生织构的样品要同时考虑两种样品对称性：织构的和应变或应力的样品对称性。虽然有时两者是一回事，但是多数情况下应变或应力的样品对称性较低。公式（12.107）给出了一个简单的示例，此时，织构具有球形对称性而应变的样品对称性是一般的三斜对称。显然，织构的样品对称性必定是应变样品对称性的超群，这是因为 $P_h(y)$ 对于两种样品对称性来说必须都是守恒的。可以认为样品对称性在选律方面所起的作用与具有同样样品对称性的织构所起的作用是一样的。实际操作中，直接应用这些守恒条件的公式（12.121）和公式（12.122）本身就等同于公式（12.38）和公式（12.39）。因此，指数为 n 时针对系数 α_{il}^{mn}、β_{il}^{mn}、γ_{il}^{mn} 和 δ_{il}^{mn} 的选律就是表 12.3 所列的结果。

表 12.11 Laue 群 $\bar{3}$ 和 $\bar{3}m$ 中由于晶体对称性而得到的选律。对于 $\bar{3}m$ 有两种特有的状态: 当 m 为偶数时, 取垂直线左边的部分; 当 m 为奇数时, 则取垂直线右边的部分

$\bar{3}$	$\bar{3}m$
$\begin{cases} A_{1l}^{0} \\ A_{1l}^{m},\ B_{1l}^{m},\ m = 3k-2,\ 3k-1,\ 3k \end{cases}$	$\begin{cases} A_{1l}^{0} \\ A_{1l}^{m}\ \vert\ B_{1l}^{m},\ m = 3k-2,\ 3k-1,\ 3k \end{cases}$
$\begin{cases} A_{2l}^{0} = A_{1l}^{0} \\ A_{2l}^{m} = A_{1l}^{m},\ B_{2l}^{m} = B_{1l}^{m},\ m = 3k \\ A_{2l}^{m} = -A_{1l}^{m},\ B_{2l}^{m} = -B_{1l}^{m},\ m = 3k-2, \\ \qquad\qquad\qquad\qquad\qquad\qquad 3k-1 \end{cases}$	$\begin{cases} A_{2l}^{0} = A_{1l}^{0} \\ A_{2l}^{m} = A_{1l}^{m}\ \vert\ B_{2l}^{m} = B_{1l}^{m},\ m = 3k \\ A_{2l}^{m} = -A_{1l}^{m}\ \vert\ B_{2l}^{m} = -B_{1l}^{m},\ m = 3k-2,\ 3k-1 \end{cases}$
$\begin{cases} A_{3l}^{0} \\ A_{3l}^{m},\ B_{3l}^{m},\ m = 3k \end{cases}$	$\begin{cases} A_{3l}^{0} \\ A_{3l}^{m}\ \vert\ B_{3l}^{m},\ m = 3k \end{cases}$
$A_{4l}^{m},\ B_{4l}^{m},\ m = 3k-2,\ 3k-1$	$A_{4l}^{m}\ \vert\ B_{4l}^{m},\ m = 3k-2,\ 3k-1$
$\begin{cases} A_{5l}^{m} = B_{4l}^{m},\ B_{5l}^{m} = -A_{4l}^{m},\ m = 3k-2 \\ A_{5l}^{m} = -B_{4l}^{m},\ B_{5l}^{m} = A_{4l}^{m},\ m = 3k-1 \end{cases}$	$\begin{cases} B_{5l}^{m} = -A_{4l}^{m}\ \vert\ A_{5l}^{m} = B_{4l}^{m},\ m = 3k-2 \\ B_{5l}^{m} = A_{4l}^{m}\ \vert\ A_{5l}^{m} = -B_{4l}^{m},\ m = 3k-1 \end{cases}$
$\begin{cases} A_{6l}^{m} = B_{1l}^{m},\ B_{6l}^{m} = -A_{1l}^{m},\ m = 3k-2 \\ A_{6l}^{m} = -B_{1l}^{m},\ B_{6l}^{m} = A_{1l}^{m},\ m = 3k-1 \end{cases}$	$\begin{cases} B_{6l}^{m} = -A_{1l}^{m}\ \vert\ A_{6l}^{m} = B_{1l}^{m},\ m = 3k-2 \\ B_{6l}^{m} = A_{1l}^{m}\ \vert\ A_{6l}^{m} = -B_{1l}^{m},\ m = 3k-1 \end{cases}$

表 12.12 Laue 群 $6/m$ 和 $6/mmm$ 中由于晶体对称性而得到的选律

$6/m$	$6/mmm$
$\begin{cases} A_{1l}^{0} \\ A_{1l}^{m},\ B_{1l}^{m},\ m = 6k-4,\ 6k-2,\ 6k \end{cases}$	$\begin{cases} A_{1l}^{0} \\ A_{1l}^{m},\ m = 6k-4,\ 6k-2,\ 6k \end{cases}$
$\begin{cases} A_{2l}^{0} = A_{1l}^{0} \\ A_{2l}^{m} = A_{1l}^{m},\ B_{2l}^{m} = B_{1l}^{m},\ m = 6k \\ A_{2l}^{m} = -A_{1l}^{m},\ B_{2l}^{m} = -B_{1l}^{m},\ m = 6k-4,\ 6k-2 \end{cases}$	$\begin{cases} A_{2l}^{0} = A_{1l}^{0} \\ A_{2l}^{m} = A_{1l}^{m},\ m = 6k \\ A_{2l}^{m} = -A_{1l}^{m},\ m = 6k-4,\ 6k-2 \end{cases}$
$\begin{cases} A_{3l}^{0} \\ A_{3l}^{m},\ B_{3l}^{m},\ m = 6k \end{cases}$	$\begin{cases} A_{3l}^{0} \\ A_{3l}^{m},\ m = 6k \end{cases}$
$A_{4l}^{m},\ B_{4l}^{m},\ m = 6k-5,\ 6k-1$	$B_{4l}^{m},\ m = 6k-5,\ 6k-1$
$\begin{cases} A_{5l}^{m} = B_{4l}^{m},\ B_{5l}^{m} = -A_{4l}^{m},\ m = 6k-5 \\ A_{5l}^{m} = -B_{4l}^{m},\ B_{5l}^{m} = A_{4l}^{m},\ m = 6k-1 \end{cases}$	$\begin{cases} A_{5l}^{m} = B_{4l}^{m},\ m = 6k-5 \\ A_{5l}^{m} = -B_{4l}^{m},\ m = 6k-1 \end{cases}$
$\begin{cases} A_{6l}^{m} = -B_{1l}^{m},\ B_{6l}^{m} = A_{1l}^{m},\ m = 6k-4 \\ A_{6l}^{m} = B_{1l}^{m},\ B_{6l}^{m} = -A_{1l}^{m},\ m = 6k-2 \end{cases}$	$\begin{cases} B_{6l}^{m} = A_{1l}^{m},\ m = 6k-4 \\ B_{6l}^{m} = -A_{1l}^{m},\ m = 6k-2 \end{cases}$

$l=0$	$A_{30}^0 = A_{20}^0 = A_{10}^0$

$l=2$
$$A_{12}^2 = (2/3)^{1/2} (A_{12}^0 + 2A_{32}^0), \quad A_{22}^2 = -(2/3)^{1/2} (A_{22}^0 + 2A_{32}^0)$$
$$A_{32}^2 = -(2/3)^{1/2} (A_{12}^0 - A_{22}^0) + 2(B_{42}^1 - A_{52}^1)$$
$$B_{62}^2 = (3/2)^{1/2} (A_{12}^0 + A_{22}^0 + A_{32}^0)/2 + (B_{42}^1 + A_{52}^1)/2$$

$l=4$
$$A_{14}^4 = -3 (2/35)^{1/2} A_{14}^0 + 8 (2/35)^{1/2} A_{34}^0 + 2A_{14}^2/7^{1/2}$$
$$A_{24}^4 = -3 (2/35)^{1/2} A_{24}^0 + 8 (2/35)^{1/2} A_{34}^0 - 2A_{24}^2/7^{1/2}$$
$$B_{44}^3 = -2(A_{14}^0 + 3A_{24}^0)/35^{1/2} + (27/4) A_{34}^0/35^{1/2} - (1/2)(6A_{24}^2 + 5A_{34}^2)/14^{1/2} -$$
$$(3B_{44}^1 + 4A_{54}^1)/7^{1/2} + (1/4)A_{34}^4/2^{1/2}$$
$$A_{54}^3 = 2(3A_{14}^0 + A_{24}^0)/35^{1/2} - (27/4)A_{34}^0/35^{1/2} - (1/2)(6A_{14}^2 + 5A_{34}^2)/14^{1/2} +$$
$$(4B_{44}^1 + 3A_{54}^1)/7^{1/2} - (1/4)A_{34}^4/2^{1/2}$$
$$B_{64}^2 = (2/5)^{1/2} (A_{14}^0 + A_{24}^0 - 2A_{34}^0) - (A_{14}^2 - A_{24}^2)/2 - 2^{1/2}(B_{44}^1 + A_{54}^1)$$
$$B_{64}^4 = -(2/35)^{1/2} (A_{14}^0 - A_{24}^0) + (A_{14}^2 + A_{24}^2 + 3A_{34}^2/2)/7^{1/2} - (2/7)^{1/2}(B_{44}^1 - A_{54}^1)$$

$l=0$ 　$A_{30}^0 = A_{10}^0$

$l=2$ 　$A_{12}^2 = (2/3)^{1/2} (A_{12}^0 + 2A_{32}^0), \quad B_{62}^2 = (3/2)^{1/2}(A_{12}^0 + A_{32}^0/2) + B_{42}^1$

$l=4$
$$A_{14}^4 = -3 (2/35)^{1/2} A_{14}^0 + 8 (2/35)^{1/2} A_{34}^0 + 2A_{14}^2/7^{1/2}$$
$$B_{44}^3 = -8A_{14}^0/35^{1/2} + (27/4) A_{34}^0/35^{1/2} + 3A_{14}^2/14^{1/2} - 7^{1/2}B_{44}^1 + (1/4)A_{34}^4/2^{1/2}$$
$$B_{64}^2 = 2 (2/5)^{1/2}(A_{14}^0 - A_{34}^0) - A_{14}^2 - 8^{1/2}B_{44}^1$$

12. 2. 6. 3　平均应变和应力的确定

要同时计算 $\bar{e}_i$ 和 $\bar{s}_i$，只要利用 $l=0$ 和 $l=2$ 时的系数 α_{il}^{mn}、β_{il}^{mn}、γ_{il}^{mn} 和 δ_{il}^{mn} 就可以了。这个明显的结论可以分别通过如下操作得到：联合公式 (12. 117) 和公式 (12. 65a) 代入以 e_i 形式表示的公式 (12. 81) 中以及联合公式 (12. 117)、公式 (12. 66a) 和公式 (12. 64a) 代入以 s_i 形式表示的公式 (12. 81) 中 [提醒一下，公式 (12. 81) 中的 ε_i 是一个占位符，表示任一种应变或者应力分量]。所得的结果中，$l=1$ 和 $l>2$ 相应的项目的积分值为零。其原因在于矩阵 $\boldsymbol{P}$ 的元素是两个欧拉矩阵元素乘积之和，而且广义谐波函数也满足正交的关系。这样一来，公式（12.117）就只剩下了 $l=0$ 和 $l=2$ 所相应的项，其可以重排成仅有正的指数 m 和 n 的公式。此时，原来要代入公式（12.81）的公式（12.117）部分就改成了下面被截断后的 WSODF：

$$\tau_i'(\varphi_1, \Phi_0, \varphi_2) = \sum_{k=0}^{25} g_{ik} R_k(\varphi_1, \Phi_0, \varphi_2) \tag{12.124}$$

其中函数 $R_k(\varphi_1, \Phi_0, \varphi_2)$ 是 $\cos(m\varphi_2 \pm n\varphi_1) Q_l^{mn}(\pm \cos \Phi_0)$ 或者 $\sin(m\varphi_2 \pm n\varphi_1) Q_l^{mn}(\pm \cos \Phi_0)$ 项的线性组合，并且满足当 $m+n$ 为偶数时，$Q_l^{mn} = P_l^{mn}$；当 $m+n$ 为奇数时，$Q_l^{mn} = iP_l^{mn}$。矩阵 $\mathbf{g}$ 的元素就是 $l=0, 2$ 时的谐波系数。这个矩阵的第 i 行元素如下所示：

$$\mathbf{g}_i = \begin{pmatrix} \alpha_{i0}^{00}, & \alpha_{i2}^{00}, & \alpha_{i2}^{01}, & \beta_{i2}^{01}, & \alpha_{i2}^{02}, & \beta_{i2}^{02}, & \alpha_{i2}^{10}, & \alpha_{i2}^{11}, & \beta_{i2}^{11}, & \alpha_{i2}^{12}, & \beta_{i2}^{12}, & \gamma_{i2}^{10}, & \gamma_{i2}^{11}, \\ \delta_{i2}^{11}, & \gamma_{i2}^{12}, & \delta_{i2}^{12}, & \alpha_{i2}^{20}, & \alpha_{i2}^{21}, & \beta_{i2}^{21}, & \alpha_{i2}^{22}, & \beta_{i2}^{22}, & \gamma_{i2}^{20}, & \gamma_{i2}^{21}, & \delta_{i2}^{21}, & \gamma_{i2}^{22}, & \delta_{i2}^{22} \end{pmatrix} \tag{12.125}$$

将公式（12.124）与公式（12.65a）或者公式（12.66a）及公式（12.64a）组合起来并代入公式（12.81）中，所得到的公式需要在欧拉空间中计算 P_{ij} 和 R_k 函数乘积的积分，共 936 个。虽然解析型计算积分是可以实现的，但是实际采用的是数值型计算过程。这些积分中仅有 73 个不等于零。最终，宏观应变张量可以计算如下：

$$\bar{e}_1, \bar{e}_2 = \frac{2}{3}(g_{10} + g_{20} + g_{30}) + \frac{1}{15}(g_{11} + g_{21} - 2g_{31}) -$$

$$\sqrt{\frac{3}{2}} \frac{1}{30}(\pm g_{14} \pm g_{24} \mp 2g_{34} + 2g_{4,11} + g_{1,16} - g_{2,16} + 2g_{6,21}) \pm$$

$$\frac{1}{20}(2g_{59} + 2g_{4,14} + g_{1,19} - g_{2,19} + 2g_{6,24}) \tag{12.126a}$$

$$\bar{e}_3 = \frac{2}{3}(g_{10} + g_{20} + g_{30}) - \frac{2}{15}(g_{11} + g_{21} - 2g_{31}) +$$

$$\sqrt{\frac{3}{2}} \frac{1}{15}(2g_{4,11} + g_{1,16} - g_{2,16} + 2g_{6,21}) \tag{12.126b}$$

$$\bar{e}_4 = -\sqrt{\frac{3}{2}} \frac{1}{30}(g_{13} + g_{23} - 2g_{33}) +$$

$$\frac{1}{60}(g_{58} + g_{4,13} + 3g_{1,18} - 3g_{2,18} + 6g_{6,23}) \tag{12.126c}$$

$$\bar{e}_5 = -\frac{\sqrt{\dfrac{3}{2}}}{30}(g_{12} + g_{22} - 2g_{32}) +$$

$$\frac{1}{60}(g_{57} + g_{4,12} + 3g_{1,17} - 3g_{2,17} + 6g_{6,22}) \qquad (12.126\text{d})$$

$$\bar{e}_6 = -\frac{\sqrt{\dfrac{3}{2}}}{30}(g_{15} + g_{25} - 2g_{35} + g_{16} + g_{26} - 2g_{36}) +$$

$$\frac{1}{20}(2g_{5,10} + 2g_{4,15} + g_{1,20} - g_{2,20} + 2g_{6,25}) \qquad (12.126\text{e})$$

此时，宏观应力张量的元素具有完全一样的表达式，其差别仅仅是矩阵 g 要换成如下定义的矩阵 g'：

$$g'_{jk} = \sum_{l=1}^{6} C_{jl}\rho_l g_{lk} \qquad (12.127)$$

需要指出的是，公式（12.127）中的 C_{jl} 是单晶刚度常数。

12.2.6.4 谱峰偏移的简化谐波表达式

当不需要计算各个 WSODF 并且对平均应变和应力张量不感兴趣时，就可以采用与前面不同的、仅用于校正应力所引起的线形偏移的处理措施。此时，改用更少的参数来表示 I_l 是可行的。要做到这一点，可以将公式（12.120）中的角度组合（Φ，β）改用方向余弦 a_i 代替，然后将结果代入公式（12.119）中并且重排各项，I_l 就变为

$$I_l(\boldsymbol{h},\boldsymbol{y}) = \sum_{k=1}^{k_l} M_{kl}(\boldsymbol{\Psi},\gamma) J_{k,l+2}(a_1,a_2,a_3) \qquad (12.128)$$

其中 $J_{k,l+2}$ 是关于变量 a_1、a_2 和 a_3 的 $l+2$ 次齐次多项式，满足 Laue 群对称操作下的守恒条件。对于 $l=0$ 和 $l=2$ 的结果可以由表 12.6 和表 12.7 推导出来，而关于 $l=4$ 的多项式则列于表 12.15 中。

函数 $M_{kl}(\boldsymbol{\Psi}$，$\gamma)$ 是 $A_{il}^{mn}(\boldsymbol{\Psi}$，$\gamma)$ 和 $B_{il}^{mn}(\boldsymbol{\Psi}$，$\gamma)$ 的线性组合，可以写成如下的形式：

$$M_{kl}(\boldsymbol{\Psi},\gamma) = \mu_{kl}^0 P_l^0(\boldsymbol{\Psi}) + \sum_{n=1}^{l}(\mu_{kl}^n \cos n\gamma + \nu_{kl}^n \sin n\gamma)P_l^n(\boldsymbol{\Psi})$$

$$(12.129)$$

如果样品对称性高于三斜，那么系数 μ_{kl}^n 和 ν_{kl}^n 遵循具有相同样品对称性的织构相应的选律。级数展开公式（12.128）中函数 M_{kl} 的最大数目 k_l 必定等于或者小于公式（12.119）和公式（12.120）中函数 A_{il}^{mn} 和 B_{il}^{mn} 的总数目——不过，晶

体对称性高于三斜的时候通常会小很多。例如，对于 Laue 群 $\bar{3}$，在 $l = 4$ 时，A_{il}^{mn} 和 B_{il}^{mn} 的总个数是 18，但 $k_4 = 10$。这个特性对于 Rietveld 精修是有意义的——待精修的参数个数应该尽可能少。另一个需要注意的就是，由系数 μ_{kl}^n 和 ν_{kl}^n 是没法得到 WSODF 以及平均应变和应力张量的。

表 12.15 针对所有 Laue 群具有守恒性的多项式 $J_{k,6}$。方括号中的项目表示由 mmm 得到 $2/m$ 时需要添加的项目，其余以此类推

mmm	$a_1^6,\ a_2^6,\ a_3^6,\ a_1^4 a_2^2,\ a_1^2 a_2^4,\ a_1^4 a_3^2,\ a_1^2 a_3^4,\ a_2^4 a_3^2,\ a_2^2 a_3^4,\ a_1^2 a_2^2 a_3^2,$
$+[2/m]$	$[\,a_1^5 a_2,\ a_1 a_2^5,\ a_1^3 a_2^3,\ a_1^3 a_2 a_3^3,\ a_1 a_2^3 a_3^3,\ a_1 a_2 a_3^5\,]$
$4/mmm$	$a_1^6 + a_2^6,\ a_3^6,\ (a_1^4 + a_2^4) a_3^2,\ (a_1^2 + a_2^2) a_3^4,\ a_1^2 a_2^2 a_3^2,\ (a_1^2 + a_2^2) a_1^2 a_2^2,$
$+[4/m]$	$[\,(a_1^2 - a_2^2) a_1 a_2 a_3^2,\ (a_1^4 - a_2^4) a_1 a_2\,]$
$\bar{3}m$	$(a_1^2 + a_2^2)^3,\ a_3^6,\ (a_1^2 + a_2^2)^2 a_3^2,\ (a_1^2 + a_2^2) a_3^4,\ (a_1^2 + a_2^2)(3a_1^2 - a_2^2) a_2 a_3,$
$+[\bar{3}]$	$(3a_1^2 - a_2^2) a_2 a_3^3,\ a_1^6 - 15 a_1^4 a_2^2 + 15 a_1^2 a_2^4 - a_2^6,$
	$[\,(a_1^2 + a_2^2)(a_1^2 - 3a_2^2) a_1 a_3,\ (a_1^2 - 3a_2^2) a_1 a_3^3,\ (3a_1^2 - a_2^2)(a_1^2 - 3a_2^2) a_1 a_2\,]$
$6/mmm$	$(a_1^2 + a_2^2)^3,\ a_3^6,\ (a_1^2 + a_2^2)^2 a_3^2,\ (a_1^2 + a_2^2) a_3^4,\ a_1^6 - 15 a_1^4 a_2^2 + 15 a_1^2 a_2^4 - a_2^6,$
$+[6/m]$	$[\,(3a_1^2 - a_2^2)(a_1^2 - 3a_2^2) a_1 a_2\,]$
$m\bar{3}$	$a_1^4 a_2^2 + a_2^4 a_3^2 + a_3^4 a_1^2,\ a_1^4 a_3^2 + a_2^4 a_1^2 + a_3^4 a_2^2$
$m\bar{3}m$	$a_1^4 a_2^2 + a_2^4 a_3^2 + a_3^4 a_1^2 + a_1^4 a_3^2 + a_2^4 a_1^2 + a_3^4 a_2^2$

12.2.6.5 Rietveld 程序中的应用

关于应变与应力分析中球谐函数的实际应用，迄今为止，由 Behnken[43] 和 Wang 等[41,42,51] 报道的乃至最近 Popa 等[52] 提出的手段是采用最小二乘法，基于谱峰偏移的计算结果来拟合谱峰偏移测试值，而这些测试值又是通过个体谱峰的拟合得到的。这种方法需要知道极分布 $P_h(y)$ 并通过长时间的计算。另外，由于难以准确确定重叠峰的峰值位置，因此这种操作仅是利用了有限的若干个孤立谱峰的信息。

前面介绍的有关 WSODF 的球谐分析的衍变结果与 ODF 的类似，因此，同样可以纳入 Rietveld 软件中使用，这就可以采用整张衍射谱图所包含的全部信息，而不是仅仅几个谱峰。此时，应变参数可以和织构参数、结构参数及其他参数一起精修。具体的实现方式可以分成三个层次。最容易的做法就是采用针对任意 l 的公式（12.118）和公式（12.128），此时，可以拟合由应力而造成偏移的峰值位置，但是并不能得到平均应变和应力张量以及 WSODF。进一步的做法是混合使用 $l = 2$ 时公式（12.118）和公式（12.119）相应项的结果——其余仍然采用公式（12.118）和公式（12.128）。虽然既可以拟合谱峰位置，也可以得

到 $\bar{e}_i$ 和 $\bar{s}_i$，但是还是没办法构建出 WSODF。更进一步的做法是，针对任意 l 值采用公式（12.118）和公式（12.119），从而可以完整获得平均应变和应力张量以及晶间应变和应力张量。利用 Rietveld 精修所得的满足 l 为偶数时的系数就可以直接由公式（12.117）计算出 WSODF，然后进一步得到 $e_i(g)$ 和 $s_i(g)$。另外，也可以类似于织构中的做法，利用精修所得的应变谐波系数来计算加权后的应变极分布 $\tau_i(\boldsymbol{h}, \boldsymbol{y})$，然后进一步得到应变极分布 $e_i(\boldsymbol{h}, \boldsymbol{y})$ 和应力极分布 $s_i(\boldsymbol{h}, \boldsymbol{y})$。虽然按道理说，采用 WIMV 等直接逆向运算的方法是可以得到这些应变或应力极图的逆运算结果的，但是到目前为止，这种操作还没被试验过。

参考文献

1. H. J. Bunge, *Texture Analysis in Material Science*, Butterworth, London, 1982.

2. R. D. Williams, *J. Appl. Phys.*, 1968, **39**, 4329.

3. J. Imhof, *Textures Microstruc.*, 1982, **5**, 73.

4. S. Matthies and G. W. Vinel, *Phys. Status Solidi B*, 1982, **112**, K111.

5. S. Matthies, H. R. Wenk and G. W. Vinel, *J. Appl. Crystallogr.*, 1988, **21**, 285.

6. H. R. Wenk, S. Matthies and L. Lutterotti, *Mater. Sci. Forum*, 1994, **157-162**, 473.

7. S. Matthies, L. Lutterotti and H. R. Wenk, *J. Appl. Crystallogr.*, 1997, **30**, 31.

8. A. Le Bail, H. Duroy and J. R. Fourquet, *Mater. Res. Bull.*, 1988, **23**, 447.

9. W. A. Dollase, *J. Appl. Crystallogr.*, 1986, **19**, 267.

10. A. March, *Z. Kristallogr.*, 1932, **81**, 285.

11. R. A. Young and D. B. Wiles, *J. Appl. Crystallogr.*, 1982, **10**, 262.

12. A. C. Larson and R. B. Von Dreele, *GSAS-General Structure Analysis System*, Report LAUR 86-748, Los Alamos National Laboratory, New Mexico, 1986.

13. M. Ahtee, M. Nurmela, P. Suortti and M. Jarvinen, *J. Appl. Crystallogr.*, 1989, **22**, 261.

14. N. C. Popa, *J. Appl. Crystallogr.*, 1992, **25**, 611.

15. R. B. Von Dreele, *J. Appl. Crystallogr.*, 1997, **30**, 517.

16. H. R. Wenk, *J. Appl. Crystallogr.*, 1991, **24**, 920.

17. C. J. Howard and E. H. Kisi, *J. Appl. Crystallogr.*, 2000, **33**, 1434.

18. R. J. Roe, *J. Appl. Phys.*, 1965, **36**, 2024.

19. H. J. Bunge, *Z. Metallkd.*, 1965, **56**, 872.

20. H. J. Bunge, *Mathematische Methoden der Texturanalyse*, Akademieverlag, Berlin, 1969.

21. N. C. Popa and D. Balzar, *J. Appl. Crystallogr.*, 2001, **34**, 187.

22. I. C. Noyan and J. B. Cohen, *Residual Stress*, Springer-Verlag, New York, 1987.

23. V. Hauk, *Structural and Residual Stress Analysis by Nondestructive Methods*, Elsevier, Amsterdam, 1997.

24. U. Welzel, J. Ligot, P. Lamparter, A. C. Vermeulen and E. J. Mittemeijer, *J. Appl. Crystallogr.*, 2005, **38**, 1.

25. L. Landau and E. Lifchitz, *Theorie de l' elasticite*, Edition Mir, Moscow, 1967.

26. J. F. Nye, *Physical Properties of Crystals*, University Press, Oxford, 1957.

27. W. A. Wooster, *Tensors and Group Theory for Physical Properties of Crystals*, Clarendon Press, Oxford, 1973.

28. W. Voigt, *Lehrbuch der Kristallphysik*, Teubner Verlag, Berlin-Leipzig, 1928.

29. A. Reuss, *Z. Angew. Math. Mech.*, 1929, **9**, 49.

30. E. Kroner, *Z. Phys.*, 1958, **151**, 504.

31. V. Hauk, *Arch. Eisenhuttenwesen*, 1952, **23**, 353.

32. A. L. Christenson and E. S. Rowland, *Trans. ASM*, 1953, **45**, 638.

33. H. Dolle, *J. Appl. Crystallogr.*, 1979, **12**, 489.

34. M. Ferrari and L. Lutterotti, *J. Appl. Phys.*, 1994, **76**, 7246.

35. D. Balzar, R. B. Von Dreele, K. Bennett and H. Ledbetter, *J. Appl. Phys.*, 1998, **84**, 4822.

36. R. B. Von Dreele, http: //www. ccp14. ac. uk/ccp/ccp14/ftp-mirror/gsas/public/gsas/manual/, 2004.

37. A. Baczmanski, K. Wierzbanowski and J. Tarasiuk, *Z. Metallkd.*, 1995, **86**, 507.

38. K. Van Acker, J. Root, P. Van Houtte and E. Aernoudt, *Acta Mater.*, 1996, **44**, 4039.

39. Y. D. Wang, R. Lin Peng and R. McGreevy, *Proceedings of the Twelfth International Conference on Textures of Materials ICOTOM-12*, Canada, August 9-13, NRC Research Press, Ottawa, 1999, p. 553.

40. Y. D. Wang, R. Lin Peng, X. H. Zeng and R. McGreevy, *Mater. Sci. Forum*, 2000, **347-349**, 66.

41. Y. D. Wang, R. Lin Peng and R. McGreevy, *Philos. Mag. Lett.*, 2001, **81**, 153.

42. Y. D. Wang, X. L. Wang, A. D. Stoica, J. W. Richardson and R. Lin Peng, *J. Appl. Crystallogr.*, 2003, **36**, 14.

43. H. Behnken, *Phys. Stat. Sol. A*, 2000, **177**, 401.

44. H. Behnken and V. Hauk, *Z. Metallkd.*, 1986, **77**, 620.

45. N. C. Popa, *J. Appl. Crystallogr.*, 2000, **33**, 103.

46. N. C. Popa, *J. Appl. Crystallogr.*, 1998, **31**, 176.

47. R. Hill, *Proc. Phys. Soc. London Ser. A*, 1952, **65**, 349.

48. J. D. Eshelby, *Proc. Phys. Soc. London Ser. A*, 1957, **241**, 376.

49. F. Bollenrath, V. Hauk and E. H. Muller, *Z. Metallkd.*, 1967, **58**, 76.

50. T. Gnaupel-Herold, P. C. Brand and H. J. Prask, *J. Appl. Crystallogr.*, 1998, **31**, 929.

51. Y. D. Wang, R. Lin Peng, X. L. Wang and R. McGreevy, *Acta Mater.*, 2002, **50**, 1717.

52. N. C. Popa, D. Balzar, G. Stefanic, S. Vogel, D. Brown, M. Bourke and B. Clausen, *Adv. X-Ray Anal.*, 2005, **47**, CD-ROM.

第13章

微结构性质：点阵缺陷和晶畴尺寸效应

Paolo Scardi

Department of Materials Engineering and
Industrial Technologies, University of Trento,
38050 via Mesiano 77, Trento, Italy

13.1 引言

关于粉末衍射（powder diffraction，PD）谱图的线形分析（line profile analysis，LPA）差不多从粉末衍射诞生时就开始了。不过，尽管自从 Scherrer 的开创性研究（1918）[1]以来已经过去了漫长的岁月，而且这几十年里相关的文献和教材也是汗牛充栋[2-5]，但是线形分析依然是一门活跃的研究学科[6,7]。

LPA 可以用于研究材料的微结构和点阵缺陷的性质。其主要应用包括：晶畴尺寸和形状的研究，其中又包含了分散效应（即存在某种尺寸分布）[2-5,8,9]、线缺陷的本质和密度（一般是位错，不过也可以是旋错）[10-12]、平面缺陷（例如孪晶和层错）[2,3,6,13]、发生无序/有序相变时材料内部的反相畴[2,3,14-16]、引入错配所产生的微应变[17,18]、纳米晶材料中的晶粒表面弛豫[19]以及组分的变动[20]等。

本章将简单介绍一下 PD 中谱线宽化的起源，探讨其中最常见的原因；然后给出 LPA 潜在的、尤其是当前有关面向全谱法的发展情况[7]。

在引言部分（13.1 节）之后，将采用倒易空间中 PD 的相关概念对谱线宽化的来源进行讨论，其中包括最常见的尺寸和应变宽化。另外，也概略说明一下其他因素（层错、反相畴和仪器）（13.2 节）。接下来就是有关传统方法的简单总结，然后是有关现代技术普适性观点的介绍（13.3 节）。这种观点是基于全谱分析法来研究微结构和点阵缺陷的，与用于结构精修的 Rietveld 法[21] 非常相似。最后就是给出若干有关全谱建模法的应用（13.4 节）。

13.2　谱线宽化的起源

13.2.1　尺寸宽化

正如第 1 章所述，对于完美的无限大晶体，其倒易点阵由阵点构成，每一个阵点相应于一组具有 Miller 指数（hkl）的平面，从而可以通过如下的几何关系来定义倒易空间中的衍射条件，即当入射光束和衍射光束满足散射矢量 $\underline{d}^* = (\underline{\nu} - \underline{\nu}_0)/\lambda$ 通过原点与某点（hkl）存在如下关系时，就可以发生衍射：

$$\frac{\underline{\nu} - \underline{\nu}_0}{\lambda} = \underline{d}^*_{hkl} \tag{13.1}$$

对于 PD 而言，如图 13.1 所示，这个衍射条件实际上包含了所有位于衍射球，或者说是 Ewald 球的等效点（参见第 1 章），从而产生了谱峰多重性和对称性重叠的概念[22]。

对于完美晶体，阵点的大小唯一取决于仪器因素（包括射线的辐射属性和光学设施）以及吸收，因此，衍射强度进一步局限于环绕每个阵点的一个窄小区域内［图 13.2（a）］，FWHM 相当小。更详细的有关仪器对谱峰宽化和线形的影响可以参见第 4 章和第 5 章。

当晶畴（或者晶粒，即相干散射区域）大小有限时，其衍射强度不再局限于一个点，而是蔓延成尺寸、形状与晶粒的尺寸、形状有关的一个区域[22]。

例如，如果一个立方相的晶畴是边长为 $D = Na$ 的立方体（N 是正整数），那么相应的倒易空间阵点就具有同样的对称性，并且倒易空间中的衍射强度体现为干涉函数的形式[3]。如图 13.2（b）所示，对于（$00l$）点，其强度计算如下：

$$Y(d^*) \propto \frac{\sin^2(\pi N a s_{00l})}{(\pi a s_{00l})^2} \tag{13.2}$$

对于其他（hkl）以及不同形状的晶粒，这个表达式就要发生变化，从而产生了

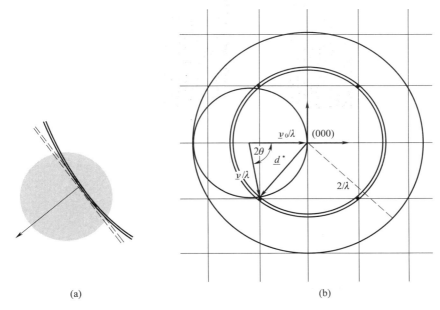

v_0/λ (000)

2θ

d^*

v/λ

$2/\lambda$

(a)   (b)

图 13.1　倒易空间（2D）中的衍射条件示意图：Ewald 球（半径为 $1/\lambda$）、极限球（半径为 $2/\lambda$）和 PD 球（双线标示，半径为 $\underline{d}^*$）。（a）是 PD 球和倒易空间点相交结果的放大图，其中包含了用于逼近的正切平面（虚线），而箭头则表示衍射球在 PD 测试时的扩张方向

不同宽度和形状的强度线形。

　　在粉末衍射测试中，Ewald 球在倒易空间中移动并与满足公式（13.1）的阵点相交。这就意味着粉末测试所收集的信号是倒易空间中衍射强度在衍射球和倒易空间阵点相交所成曲面（图 13.1）上的积分。这种遍历每个倒易空间阵点的球形横断面的繁琐积分可以进行近似运算，其中最准确的结果就是采用 Ewald 球在该点（图 13.1）的切面给出的横断面上的积分来拟合[2,23]①。

　　对于图 13.2 所示的具体例子，相交曲面是一个统一的正方形，与 s_{00l} 无关，其积分值就可以利用公式（13.2）乘以一个比例常数项来计算，从而在粉末谱图中观测到的谱峰线形就具有和公式（13.2）同样的函数类型。不过，对于不同的（hkl），其积分曲面是倒易空间变量 s_{hkl} 的函数，因此，PD 的谱峰线形也就具有不同的宽度和形状。具体例子可以参见图 13.3 给出的（100）、（110）和（111）的 PD 线形。这张图取自由 $D = 10$ nm 的立方晶粒组成的粉末。

　　表征峰宽常用的是积分宽度（integral breadth，IB），即积分强度（谱峰面

---

　　① 对于足够小的并且具有等轴对称外形的区域，这种正切平面逼近是有效的。不过，在某些场合下，例如存在层错或者某些倒易空间阵点为沿着堆积方向延伸的棒形（13.2.3 小节）时，这种逼近就不能使用了，此时就必须遍历球形（或者至少是圆柱）横断面进行积分运算。[2]

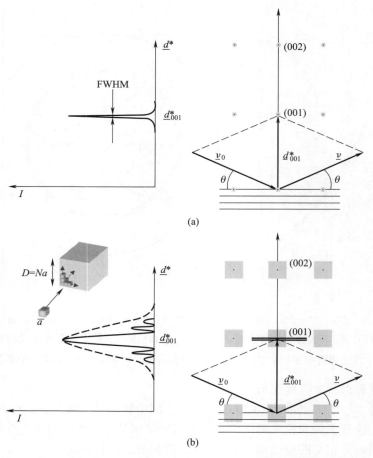

(a)

(b)

图 13.2　理想完美晶体(a)和边长为 D 的立方晶畴构成的晶体[(b)中的内置图]在倒易空间中(001)衍射条件(右)和衍射强度大小(左)的示意图。图(b)也给出了立方晶粒构成的分散体系相应的线形(虚线)

积)和峰值的比值。对于边长 $D = Na$ 的立方晶粒产生的(00l)衍射，PD 谱峰线形的 IB 可以很方便地采用公式(13.2)表示的线形函数的特性得到

$$\beta(s) = \frac{\int_{-\infty}^{\infty} I(s)\,\mathrm{d}s}{I(0)} = \frac{\int_{-\infty}^{\infty} \dfrac{\sin^2(\pi Nas)}{(\pi as)^2}\,\mathrm{d}s}{\lim\limits_{s \to 0} \dfrac{\sin^2(\pi Nas)}{(\pi as)^2}} = \frac{Na}{(Na)^2} = \frac{1}{D} \qquad (13.3)$$

这就是著名的谢乐公式。它将峰宽与晶粒大小关联在一起，此处就是将倒易空间中的 IB 和晶粒的立方边分别关联起来。IB 与晶畴尺寸的这种反比性对于任何晶形(以及点阵对称性)都是有效的[24,25]。公式(13.3)还可以写成如下更一

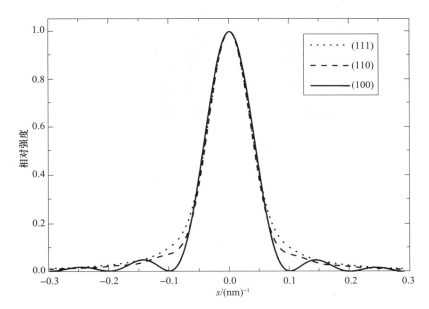

图 13.3　关于某个立方晶粒体系（边长 $D = 10$ nm）的 PD 谱峰线形：（100）（实线）、（110）（虚线）和（111）（点线）——这些倒易空间中的线形已经归一化

般的形式：

$$\beta(s) = \frac{K_\beta}{D} \tag{13.4}$$

其中谢乐常数 K_β 与（hkl）衍射和晶粒形状有关[2,8,9]［对于立方晶粒的（$00l$）衍射线，$K_\beta = 1$］。

在 2θ 空间中考虑 IB 会更为方便，此时可以直接观测粉末谱图的谱峰线形作为参考。变量从倒易空间到 2θ 空间的变化可以计算如下：

$$ds = d\left(\frac{1}{d} - \frac{1}{d_{hkl}}\right) = d\left(\frac{2\sin\theta}{\lambda} - \frac{2\sin\theta_{hkl}}{\lambda}\right) = \frac{2\cos\theta}{\lambda}d\theta$$

$$= \frac{\cos\theta}{\lambda}d2\theta \tag{13.5}$$

虽然公式（13.5）理论上是应用于无穷小量，不过，在线形不是太大的前提下，这个公式也可以用于公式（13.4）中的 IB，从而得到

$$\beta(2\theta) = \frac{\lambda K_\beta}{D\cos\theta} \tag{13.6}$$

现实中是不可能有上述（$00l$）的线形（图 13.3）之类的好事。这是因为哪怕是具有同样形状的晶粒也会存在一个尺寸分布，从而使得谱峰线形拖成了如图 13.2（b）所示的钟形曲线。

对于多分散体系，虽然谢乐公式仍然有效，即峰宽仍旧反比于晶畴尺寸，但是尺寸参数的意义是不一样的。例如，如果晶粒具有同样的形状而大小不一样，那么谢乐公式将变为

$$\beta(2\theta) = \frac{\lambda}{\langle L \rangle_v \cos\theta} \tag{13.7}$$

其中$\langle L \rangle_v = M_4/K_\beta M_3$；$M_3$和$M_4$分别是尺寸分布的三阶矩和四阶矩[8,9]。出于这个原因，$\langle L \rangle_v$被看作体积加权的平均尺寸。显然，基于这些考虑，谢乐公式中尺寸参数的解释因为所研究材料性质的不同就变得复杂起来。因此，$\langle L \rangle_v$也叫做表观晶畴尺寸。总之，符合公式(13.6)的简单情况仅有单分散的体系，即尺寸分布是以D为中心的δ函数，而对于任意晶粒形状和尺寸分布的样品，该尺寸参数的含义就明显不同了。

实际上，谢乐公式所提出的峰宽和平均尺寸之间的反比性是受限于晶畴尺寸的，即尺寸大小应能够在粉末谱图上产生可观测到的效应。不过，可以根据近似的需要往更小的范围扩展[几 nm(≈2 nm)，具体取决于物相][2,26]①，至于更高的范围则受限于设备的分辨率，也就是设备线形(instrumental profile, IP)的宽度。传统实验室粉末衍射仪采用标准商业化光学设施，一般可允许测试的最大晶畴尺寸约为 200 nm。如果超过这个数值，晶畴尺寸的效果很难从设备宽化中分离出来。不过，采用合适的高分辨光学设施可以超越这个限制，例如使用同步辐射的很多衍射仪实际可达到的阈限是几 μm。

13.2.2 应变宽化

大多数实际的晶体中带有点阵局部畸形引起的不完美性，从而在晶体内部产生了不均匀的应变场。这种应变对于倒易空间中阵点的位置、形状和大小，乃至最终产生的 PD 谱峰线形的影响通常要比晶畴尺寸产生的更为复杂。囿于本书篇幅所限，这里就不详细介绍这种应变宽化了，有兴趣的读者可以参考本章引用的文献[2-4,10]。下面的章节仅仅介绍简化的、有启迪性的内容[2,27]。

首先考虑以 $\varepsilon = \Delta d/d$ 表示的宏观均匀应变(或者称为宏观应变)的影响。采用布拉格定律的微分公式(假设波长固定)

$$0 = 2\Delta d \sin\theta + 2d\Delta\theta \cos\theta \tag{13.8}$$

代入上述的应变并且重排各项可以得到

$$\Delta 2\theta = -2\tan\theta \frac{\Delta d}{d} = -2\varepsilon\tan\theta \tag{13.9}$$

---

① 如果晶畴尺寸是几 nm 的数量级，表面效应就显著起来，这时，基础的衍射规律，例如布拉格定律就不再适用。[26]

这个常用的结果就是第 12 章所讨论的残余应力（实际上是残余应变）的衍射技术分析的基础。正如图 13.4(b)所示，宏观应变将引起 PD 衍射的位移。可以测试不同样品取向和不同谱峰对应的应变影响，从而给出相当详细的有关应变张量的信息，而且经过合适建模后也可以得到应力张量的信息[28]。

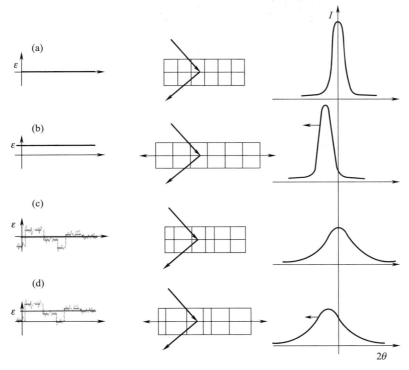

图 13.4　各种应变条件下的 PD 谱峰线形：(a)零应变（既没有宏观应变也没有微观应变）；(b)存在宏观应变；(c)存在微观应变；(d)同时含有微观和宏观应变时的影响。另外，左边给出了应变 (ε)随材料内部位置的变化，而该材料的微观结构可以参见中间的绘图

如果应变场不是以晶粒尺寸或者小于晶粒尺寸作为长度比例而均匀分布的，那么根据公式(13.9)，材料的不同部位发生衍射时的角度将略有差别，从而形成一个宽化的线形。线形的宽度和形状主要取决于应变在材料中的分布[2]。考虑应变的均方根（或者说微观应变）$\langle \varepsilon^2 \rangle^{1/2}$，那么由公式(13.9)可以得到

$$\beta(2\theta) \propto \langle \varepsilon^2 \rangle^{\frac{1}{2}} \tan \theta \qquad (13.10)$$

微观应变对于倒易点阵阵点具有相当独特的效果——基于从 2θ 到倒易空间的变换因子 $\cos \theta / \lambda$ ［公式(13.5)］，公式(13.10)意味着

$$\beta(s) \propto \frac{2 \sin \theta_{hkl}}{\lambda} = d^*_{hkl}$$

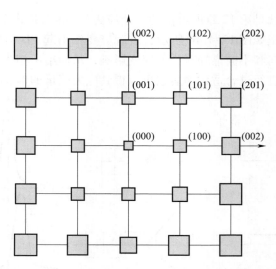

图 13.5　倒易空间应变宽化的效果。在这张示意图中，根据公式(13.10)，阵点的大小随着离开原点的距离而增加

因此，与晶畴尺寸对所有倒易空间阵点的影响一样(即同样的宽度和形状)的情况(图 13.2)相反，应变宽化是逐点变动的，一般随着衍射阶数而增加(图 13.5)。

正如图 13.4(c)所示，应变可以随晶粒不同而变化——弹性各向异性介质中塑性变形的结果就是如此。不过，也可以是在单个晶粒中发生变化——例如存在位错时(这两种有时也分别称为第二应变和第三应变)。需要指出的是，即使宏观应变(应变分布平均值)为零[图 13.4(c)]，对于粉末样品仍然可以观测到应变宽化的效果。另外，宏观应变和微观应变同时作用的结果就是衍射线形既出现了位移，也产生了宽化[图 13.4(d)]。

13.2.3　谱线宽化的其他原因

正如 13.1 节所讨论的，引起谱线宽化的原因是多方面的。前面的小节中只考虑了最常见因素中的两种：尺寸宽化(13.2.1 节)和应变宽化(13.2.2 节)。如此一来，理所当然也要考虑一下 PD 谱图所观测到的效应还能分辨出其他谱线宽化因素的问题。要探讨这个问题，就要考虑两种影响线形的点阵缺陷。

层错是晶体结构中的一种二维缺陷，也是材料中常见的缺陷。层错的特征就是沿原子层堆积方向上的无序改变甚至破坏了该方向上的相干衍射[2]。这就意味着倒易空间中可以观察到某些点沿某一具体方向扩展为棒状，而另一些点则不受影响。这一属性提供了在衍射线宽化中区别层错的标志，从而便于详细研究层错[2,7]。

一般说来，层错的存在相当于抑制了相干长度，从而减小了沿特定方向的表观晶畴尺寸。对于简单的例子，即满足低堆积（α）和低孪晶（β）层错概率的条件下[3]，所测得的晶畴尺寸可以看作与实际平均尺寸$\langle L\rangle$和平均层错尺寸$\langle L\rangle_F$相关的有效尺寸L_{eff}

$$\frac{1}{L_{eff}} \approx \frac{1}{\langle L\rangle} + \frac{1}{\langle L\rangle_F} \qquad (13.11)$$

其中$\langle L\rangle_F$取决于α、β和(hkl)。已有文献给出了针对 FCC、BCC 和 HCP 的选择规律，可以决定哪些衍射会存在层错宽化以及宽化的数量[3]。需要清楚的是，对于一组$\{hkl\}$衍射而言，如果其中的(hkl)组合方式不同，那么选择规律也是不同的，从而所得的层错将导致粉末谱图上峰形的复杂变化，甚至谱峰轻微的位移和非对称性也可以认为是由于层错的存在[29]。

反相畴界（anti-phase domain boundary，APB）是好几个金属间化合物体系在无序-有序相变时会出现的一种典型三维缺陷。APB 也会影响表观晶畴尺寸，但是具有与层错完全不同的选择规律[3,14,15]。Cu_3Au 就是可以形成 APB 的典型材料。其无序结构是 FCC，冷却到 390 ℃将转为 L12 有序的超结构。无序-有序相变的结果，即所得到的有序相，除了具有无序相中也可以观测到的基本衍射，还出现了超结构衍射线[图 13.6 中的(111)和(002)]。在从高温无序相冷却时，有序化过程会在材料的好几个位置发生，从而形成了多个相畴，随后相畴长大，最终彼此接触，从而形成畴界。

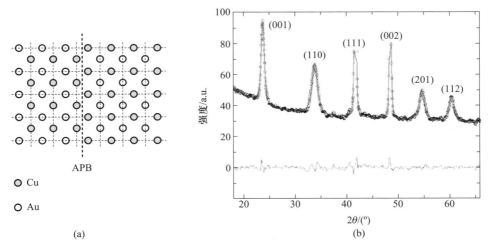

图 13.6　Cu_3Au 的反相畴和 APB(a)以及有序相的衍射谱图(b)，其中截断了超结构线（尖锐且强度很高）①。数据值(○)取自参考文献[3]的图 12.9，图中也示出了 WPPM 结果（实线）以及实验和建模数据的差值（残差，参见底部的曲线）[16a]

---

① 即(111)和(002)两条衍射线被人为截断，从而给出完整的谱峰（不光滑）。——译者注

由于有序化过程可以发生于不处于平衡态的原子格位，因此所得的边界是不连续的，从而所分割的区域具有不同的相关系，这样的边界就称为 APB(图 13.6)。

由于能量最小化的原因，Cu_3Au 的 APB 更容易在 {001} 晶面族发生，相应于半对角滑移，从而避免金原子成为第一层近邻原子[2,3]。其对 PD 谱峰线形的影响相当独特，即仅仅涉及超结构衍射峰，而基本衍射的谱峰则不会受到 APB 的影响。对于 Cu_3Au 的 {00l} APB，超结构衍射的 IB 与横贯一个 APB 的概率 γ 有关

$$\beta(2\theta) = \frac{\lambda\gamma(\,|h| + |k|\,)}{a\cos\theta\,(h^2 + k^2 + l^2)^{\frac{1}{2}}} \tag{13.12}$$

其中 Miller 指数 h 和 k 具有同样的奇偶性[3]。图 13.6 所示为 Cu_3Au 有序相的 PD 谱图。该物相是由高温无序相冷却后并且在 360 ℃ 退火 1/2 h 得到的。超结构衍射线的不同宽度和基本衍射线没有体现同样的线宽随角度变化的现象都证明了 APB 的存在。尽管 APB 影响的是表观尺寸，不过，很明显可以看出这种谱线宽化类型不会与 13.2.1 节中的晶畴尺寸效应混淆起来。

总体上看，不同谱线宽化因素，例如尺寸、应变、层错、APB 等所产生的谱线线形效应一般是不同的，从而使得所有这些属性可以借助各自所产生的谱线宽化相对于每个给定衍射峰的散射矢量和 Miller 指数的特定依赖关系进行研究。正如下面章节将要介绍的，大多数 LPA 方法就是基于若干个谱峰的线形体现的谱线宽化信息来分离得到各种影响效应的。

为了全面认识材料中有关这些最常见的谱线宽化来源的分布，还需要考虑一下设备线形。正如第 5 章和第 6 章所讨论的，波长分散、样品吸收和设备光学设施通常会产生一定宽度的 IP[2,5]。它被看作一种外来的线形——尽管吸收实际上是与样品有关的属性。这种 IP 通常会出现在 PD 谱图中，与所研究样品内含的微观结构属性和点阵缺陷所产生的本征线形共同影响最终的谱图线形。

传统处理 IP 的手段是基于解卷积技术。实际上 PD 线形就是不同因素[IP、尺寸(S)、应变(D)、层错(F)等]所产生的线形分量的卷积($\otimes$)[5]：

$$I(s) = I^{IP}(s) \otimes I^S(s) \otimes I^D(s) \otimes I^F(s) \otimes \cdots \tag{13.13}$$

$I(s)$ 的傅里叶变换(Fourier transform，FT)结果等于公式(13.13)右侧各个线形分量的 FT 结果的乘积，从而可以采用 Stokes 操作将外来分量分离出来[3,5,30]。另外，对于待研究样品的 PD 谱图，收集一张将同样的样品经过高温退火等适当处理去除各种本征线形宽化因素后的 PD 谱图是有必要的[5]。假定谱峰线形能有效分离，并且背景也可以合理去除，那么不管是待研究样品还是相应退火后的样品，都可以获得单个线形的 FT。此时，待研究样品和退火样品的 FT 之间的比值就是本征线形分量的 FT，可以直接用于 LPA(例如采用傅里叶方法，参见 13.3 节)或者基于傅里叶逆转换重建一个纯粹的本征线形。

按道理说，上述的做法是可靠的，但是实际操作中却有多个不足。首先是难以去除背景并且分离重叠的谱峰线形，后者在许多现实感兴趣的例子中是存在的——线形越宽（即越适合于 LPA），则 PD 谱图中的谱峰重叠不可避免地会更加严重。另外，Stokes 法是采用数值解来处理傅里叶分析的，这就意味着源自信号取样和截断的各种缺陷是不可避免的[31]。

迄今为止，针对上述问题提出的有效替代方法有两种，第一种是基于 LPA 之前的线形拟合阶段的改进[32]。大多数 PD 设备的 IP 可以采用简单的分析型线形函数，例如 Voigt、pseudo‐Voigt 或者 Pearson‐Ⅶ（参见第 4 章）进行合理建模。通过合适线形标准样品（例如 NIST 发布的 LaB_6 SRM 660a[33]）谱图的线形拟合就可以获得所用设备的 IP 参数描述，即 IP 参数的变化规律，一般就是宽度和形状随粉末衍射 2θ 的变化。所得的这个 IP 随后就可以用于解卷积过程（数值型或者分析型处理均可[32,34,35]）。

另一种可行的替代方法是采用所谓的基本参数法来分析 IP（参见第 5 章和第 6 章）。实际上，IP 本身也体现为线形的卷积，这些线形分量主要来自波长分散、光学元件和吸收[5]。如果 PD 设备的几何设置是已知的并且信息足够准确，那么 FPA 就可以提供 IP 的计算结果而不需要使用标准粉末样品[36,37]。

最后需要提一下的是，除了上述的解卷技术，也可以采用卷积方法。后者的优势在于假定已经拥有 IP 的参数化描述，那么通过这些信息就可以直接基于测试数据一步完成 LPA。另外，与这类分析有关的软件包也已经面世[38]。

13.3　传统方法与创新方法的对比

13.3.1　积分宽度法

13.2 小节所示方法的一个自然衍伸就是不同谱线宽化来源相应的 IB 表达式是可以组合起来的。这就是 20 世纪 40 年代末出现的 Williamson‐Hall 法的基础[5,39-41]。基于公式（13.7）和公式（13.10），尺寸与应变的贡献可以联合起作用而得到

$$\beta(s) \approx \frac{1}{\langle L \rangle_V} + 2e \cdot d_{hkl}^* \qquad (13.14)$$

其中 e 被看作微观应变的上限[2,5]（在满足 Stokes 和 Wilson 假设的范围时[5,42]，$e = 1.25 \langle \varepsilon^2 \rangle^{1/2}$）。

根据这个公式，回归分析所得的 $\beta(s)$‐d_{hkl}^* 直线（称为 WH 图）的斜率就是 $2e$，而截距则是表观尺寸 $\langle L \rangle_V$ 的倒数。另外，这个公式隐含的假设就是 $\beta(s)$ 相应于本征线形，即需要先去掉 IP 分量。

作为 WH 法应用的一个实例，图 13.7 所示为某个氧化铈稳定氧化锆粉末样品［添加了 20wt% 的硅标准样品（来自 NIST 的 SRM 640b）］的衍射谱图及其针对这个四方氧化锆物相的 WH 图。这个 WH 图表明同时存在尺寸和应变效应（分别相应于非零的截距和斜率），而通过拟合公式（13.14）所得的最好结果可以得到：$\langle L \rangle_V = 18(1)$ nm 且 $e = 0.002\ 4(3)$ [38]。

公式（13.14）可以进一步调整而包含层错项[43-45]。另外，还可以给出来自弹性介质的各向异性或者特定的缺陷原因[42]（例如位错[43-47]）所产生的应变各向异性。

公式（13.14）的缺点在于积分宽度的这种加和方式是一种随意的选择，仅适用于比较极端的条件。客观来说，基于公式（13.13）给出的各种线形分量的卷积机制，不同 IB 成分可以采用相加求和的方式来处理的前提就是相关的宽化来源（以及有关的线形成分）具有特殊的属性。实际上，公式（13.14）适用于 $I^S(s)$ 和 $I^D(s)$ 都具有洛伦兹线形的情形，而对于高斯线形的情形，需要采用下面的表达式[5]：

$$\beta^2(s) \approx \left(\frac{1}{\langle L \rangle_V} \right)^2 + 4e^2 \cdot d^{*\,2} \tag{13.15}$$

遗憾的是，很少有样品能满足公式（13.14）或者公式（13.15）（或者其他可用组合方式[5,39,47]）的假定，即现实中的例子通常不会完美对应洛伦兹或高斯线形的任一种简单组合。一般来说，不同 IB 成分的这种加和规则并不是一个先验结果（a priori）①，因此，使用公式（13.14）、公式（13.15）或者其他宽化项目的组合方式多少都可看作随意性的做法——除非就谱线宽化来源已经做了特定的假设。

不管怎样，IB 法还是非常流行的，这是因为它们不仅简单，而且可以快速估计谱线宽化的主要来源。如果应用得法，IB 法也可以提供相当多的信息和很不错的分辨率[48]。不过，一般来说，IB 法应当仅仅看作一种用于定性地预先评价谱线宽化主要因素的简单且有用的工具。

13.3.2　傅里叶法

正如公式（13.13）以及 13.2.3 节中的相关讨论所述，傅里叶分析是处理线形的必然选择。相比于 IB 法，它在分离不同谱线宽化来源方面效果要更好，而且适用性也更一般化。

Warren - Averbach 法就是基于这种思想来处理尺寸和应变效应同时存在的

―――――――――――

① 所谓的先验结果就是通过其他信息，在实施操作前就明确这个操作是合理适用的。——译者注

情形。一旦合理确定了 IP(例如通过解卷操作),那么本征线形的傅里叶展开可以写为

$$I(s) = k(s) \sum_{L=-\infty}^{\infty} A_L \mathrm{e}^{2\pi i L s} \tag{13.16}$$

其中 $L = n \cdot d_{hkl}$(n 为整数)称为傅里叶长度;$k(s)$ 则包括了常数项以及 s 的各种已知函数值(洛伦兹-极化因子、结构因子的平方等)。基于公式(13.13)表达的卷积原理,傅里叶系数 A_L 可以写成发生作用的尺寸(S)和应变(D)效应各自系数的乘积

$$A_L = A_L^S A_L^D \tag{13.17}$$

WA 法通过应变 r. m. s. $\langle \varepsilon_{hkl}^2(L) \rangle^{1/2}$ 给出了应变系数的近似表达式[1],据此采用对数形式,公式(13.17)就可以改为[3]

$$\ln A_L \cong \ln A_L^S - 2\pi^2 L^2 \langle \varepsilon_{hkl}^2(L) \rangle d_{hkl}^{*2} \tag{13.18}$$

幸好仅有应变项取决于散射矢量,因此,公式(13.18)就可以用来分离晶畴尺寸和微应变项——要求解公式(13.18)来算出 A_L^S 和 $\langle \varepsilon_{hkl}^2(L) \rangle^{1/2}$,至少需要同一(hkl)晶面族的两条衍射。

图 13.8 示出了图 13.7 所示的稳定化氧化锆粉末的 WA 图[3]:$\ln A_L$ 作为 d_{0ll}^{*2} 的函数被绘制成图,(0ll)族的自变量 d_{0ll}^{*2} 选取了三条衍射(011)、(022)和(033)。根据公式(13.18),各条回归线的截距和斜率分别给出了尺寸和微应变的傅里叶系数,从而可以计算出不同的傅里叶长度 L。

图 13.9 所示为关于这些(0ll)晶面的 WA 分析结果,其中 A_L^S(a)和 $\langle \varepsilon_{hkl}^2(L) \rangle^{1/2}$(r. m. s.)(b)分别绘制成傅里叶长度的函数。

与 IB 法给出的平均微应变($\langle \varepsilon^2 \rangle^{1/2}$)或者上限($e$)(13.3.1 节)不同,WA 法能给出更为详细的信息,即晶胞沿散射方向每隔间距 L 的应变 r. m. s. 值。另外,WA 法所给的晶畴尺寸信息也更为丰富,此时可以得到傅里叶空间中对 PD 线形有贡献的整体晶畴尺寸分布的信息。

如果利用傅里叶系数的性质以及归一化条件($A_{L=0}^S = 1$),就可以得到类似表征平均晶畴尺寸的 IB 结果的等效值[2,4,9,24]:

$$\langle L \rangle_V = \sum_L A_L^S \tag{13.19}$$

其中加和遍历满足 $A_L^S \neq 0$(A_L^S 被定义为 L 的偶函数)的所有 L 值(包括正值和负值)。

Bertaut 指出,尺寸傅里叶系数(参见图 13.9)的导数也可以采用下式与某种平均晶畴尺寸联系起来[3,4,49]:

---

① r. m. s. 是 root-mean-square 的缩写,即"均方根",此处保留原文的风格。——译者注

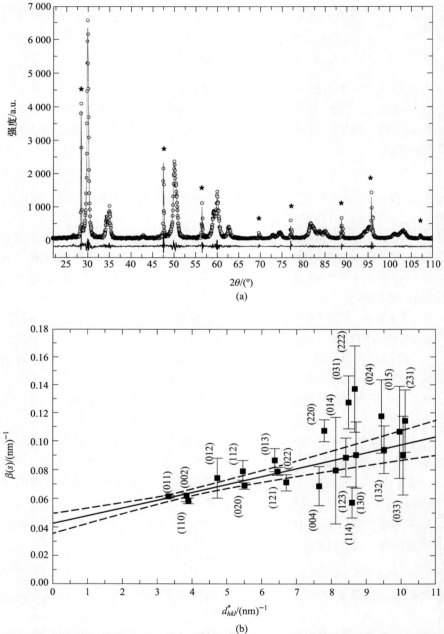

图 13.7 混合 20wt% 标准硅的氧化铈稳定氧化锆粉末的 XRD 谱图[38]，其中图（a）包含了实验数据（○）、谱图拟合结果（实线）和二者的差值（即残差，底部的曲线），图（b）示出了这个被稳定化的氧化锆物相的 WH 图，其中标出了 Miller 指数，给出了置信度为 95%的回归拟合线（实线：拟合直线，虚线：置信区间，此图从参考文献[38]复制，已经得到国际晶体学会的许可）

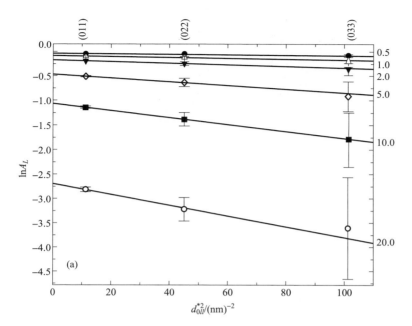

图 13.8　图 13.7 所示样品的 WA 图:以稳定化氧化锆物相的 $(0ll)$ 线形给出的傅里叶系数的对数值作为函数相对于倒易空间变量的平方值绘制谱图,其中包含了来自多个傅里叶长度值(右侧,单位为 nm)的不同直线(此图从参考文献[38]复制,已经得到国际晶体学会的许可)

$$-\frac{\mathrm{d}A_L^S}{\mathrm{d}L}\bigg|_{L=0} = \frac{1}{\langle L\rangle_S} \tag{13.20}$$

公式(13.20)给出的平均尺寸 $\langle L\rangle_S$ 是面积加权的平均尺寸,不要和公式(13.19)以及 IB 法给出的 $\langle L\rangle_V$ 相混淆。一般来说,这两个数量是不一样的,不过,其差距会随着尺寸分布的窄化而变小[24]。

如果每一个晶畴是由晶胞重叠构成的柱体(实际上是这些晶胞沿所考虑的特定[hkl]方向进行投影),那么相应的散射晶畴就可以用长度为 L 的柱体所占的比例值构成的柱长分布 $p(L)$ 来描述。Bertaut 据此进一步分析得到 $p(L)$ 正比于 A_L^S 的二阶导数[3,4,49]

$$p(L) \propto \frac{\mathrm{d}^2 A_L^S}{\mathrm{d}L^2} \tag{13.21}$$

图 13.10 所示的 $L \cdot p(L)$ 分布来自图 13.9(a)所示的尺寸傅里叶系数。在这种特定的情况下,L 为柱体长度。由这个分布可以同时得到面积加权平均尺寸[同公式(13.20)的结果]以及体积加权平均尺寸[同公式(13.19)的结果],这两者同样可以分别叫做面积加权平均柱长和体积加权平均柱长[3,4]

$$\langle L \rangle_S = \frac{\sum\limits_L Lp(L)}{\sum\limits_L p(L)} \qquad (13.22a)$$

$$\langle L \rangle_V = \frac{\sum\limits_L L^2 p(L)}{\sum\limits_L Lp(L)} \qquad (13.22b)$$

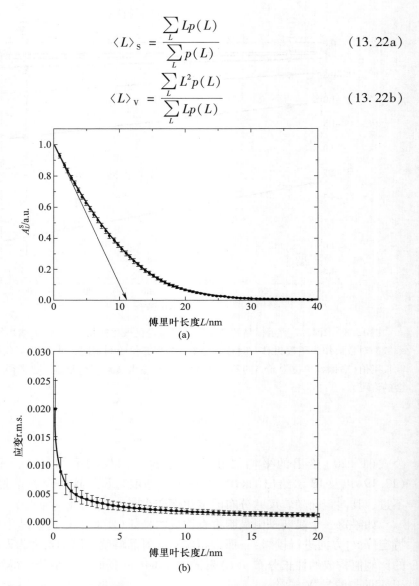

图 13.9   图 13.7 和图 13.8 数据的 WA 分析结果：尺寸傅里叶系数（a）和应变 r. m. s.
（b）被绘制成傅里叶长度的函数。（a）中的箭头给出了 $L=0$ 处的斜率[参见文中叙述和公式
（13.20）]（此图从参考文献[38]复制，已经得到国际晶体学会的许可）

对于图 13.7 的例子，采用公式（13.19）和公式（13.20）[或者采用公式
（13.22）]得到的数值是$\langle L \rangle_S = 11(1.5)$ nm，$\langle L \rangle_V = 17(1)$ nm。虽然 WA 法分
析是针对某个特定的（hkl），而 IB 法给出的是遍历不同的（hkl）的平均，但是

通过 WA 法得到的体积加权平均尺寸与 IB 分析得到的数值(图 13.7)符合得很好。

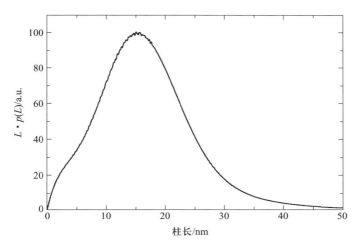

图 13.10　根据图 13.9 所示的尺寸傅里叶系数计算的柱长分布$[L \cdot p(L)]$曲线(此图从参考文献[38]复制,已经得到国际晶体学会的许可)

微应变结果也较为一致:IB 结果[0.002 4(3)]相应于图 13.9(b)中近似满足$L \approx \langle L \rangle_S$时的应变 r. m. s. 值。虽然这个例子中,WH 法和 WA 法给出了一致的结果,但是不应当将此看作一个规律。这是由于这两种 LPA 法背后的假定是不一样的,因此所得结果未必都会一致。

上面的讨论解释了为什么 LPA 结果可能需要进一步的分析,即将结果与其他技术[例如高分辨电子显微术(high resolution electron microscopy, HREM)]得到的尺寸值进行对比。公式(13.22)的平均尺寸值并不代表 TEM 照片可观测到的晶畴的维度(例如直径)。虽然基于柱长分布的尺寸效应说明具有相当广泛的应用,但是需要实际晶畴形状满足某些假设,有时还需要预先给定尺寸分布,这样直接给出的结果才能同其他技术所给的相当。对于同种形状晶畴形成的多分散体系,可以得到[9]

$$\langle L \rangle_S = \frac{1}{K_k} \frac{M_3}{M_2} \qquad (13.23a)$$

$$\langle L \rangle_V = \frac{1}{K_\beta} \frac{M_4}{M_3} \qquad (13.23b)$$

其中K_k是面向面积加权平均尺寸的谢乐常数,其关于几种简单晶粒形状的取值可以自行查阅文献[2,8,9];M_i是公式(13.7)所示的尺寸分布的矩值。如果晶畴形状只需用一个长度参数来描述(例如球、立方体、正四面体和正八面体

387

等)并且该参数的分散性可以用一个简单的、二参数(例如平均值和方差)的分布来描述,那么就可以解出方程组(13.23)——只要两种加权的平均尺寸可以从 LPA 中得到,那么就可以明确晶畴尺寸分布。例如,对于球形晶粒且直径呈对数正态分布的特定样品,该方程组就是[9,50]

$$\langle L \rangle_\text{S} = \frac{2}{3}\exp\left(\mu + \frac{5}{2}\sigma^2\right) \tag{13.24a}$$

$$\langle L \rangle_\text{V} = \frac{3}{4}\exp\left(\mu + \frac{7}{2}\sigma^2\right) \tag{13.24b}$$

从而可以被求解而给出对数正态平均值 μ 和方差 σ。

关于应变 r. m. s. 值[图 13.9(b)]的解释同样是复杂的。要得到所观测到的微应变相应的点阵缺陷过剩能量的信息,就特定的缺陷类型以及相关的应变场做些假设是必须的[17]。具体的例子可以参见下面的章节。

最后,即使 WA 分析已经被当作稳定的 LPA 方法,还是应当认识到,不管怎样,它的有效性是受限于其背后的假设和近似的[3,11,17,31]。除了这些理论上的问题,一些实际的考虑也是需要的:正如 IB 法所遇到的——谱峰线形的重叠和背景的存在会使正确提取单个谱峰线形信息的工作变得困难,甚至是不可能的,而这又是应用常规 WH 法和 WA 法的前提。为了克服这个问题,大多数现代 LPA 操作引入了线形拟合步骤(参见第 4 章和第 5 章)。下面将介绍线形拟合与 LPA 的联合应用。

13.3.3　线形拟合与传统 LPA 方法

由于存在着复杂的背景以及谱峰的重叠,大多数传统 LPA 方法并不能有效处理纳米晶体和严重变形材料等有研究意义的体系——泛泛来说就是大多数存在峰形宽化的重要体系。

对上述问题的一种简单的解决办法就是通过线形拟合将 PD 谱图分解为各个线形成分和背景,然后再运用 LPA 方法(IB 或者傅里叶分析)。前面讨论多次的例子就使用了这种操作——图 13.7(a)展示的就是 MarqX 程序进行全粉末谱图拟合(WPPF)所得的结果[38]。

运用线形拟合策略,尤其是 WPPF 具有如下多方面的优点:可以方便分析具有谱峰重叠、复杂背景和多种物相的谱图;对于各种不同的问题,甚至在缺乏当前物相的详细结构信息时都可以便捷地进行处理;可以将 IP 纳入分析过程——正如图 13.7 所示,基于前面关于线形标准样品的分析所得的 IP 的参数化表达式可以用来反映外来的线形成分;最后,如果需要的话,积分强度可以利用某个合适的结构模型进行约束,然后 WPPF 就可以转变为 Rietveld 法(参见第 9 章)。

关于 WPPF 各方面的更进一步讨论可以参见第 5 章。这里需要重点强调的事情就是，线形拟合的有效性受限于其基本假设，即采用某个先验性选定的线形函数却没有任何有力的依据可以证明这种特定的函数类型能够用于待研究的例子。这种武断假定产生的各种后果有很大的差别。例如，大多数实际案例中，线形拟合可以给出谱峰位置和面积的可靠结果，而与此同时，对于影响这些线形参数的效应却知之甚少并欠缺考虑。另外，关于线形函数的武断选择通常会在宽度和形状参数中引入系统误差，从而必定在后继的 LPA 中引入一个偏差，产生难以预料的后果。因此，对于复杂的问题以及为了获得更可靠的结果，去掉这个先验性选择的线形函数就成了自然的做法，这就得到了下面章节将要讨论的全粉末谱图建模（WPPM）法。

13.3.4　全粉末谱图建模

为了避免武断采用（先验性选定）自身参数并没有直接且明确地与物理可测的量相关联的线形函数，可以改用如下的方法：直接采用待研究材料存在的微观结构和点阵缺陷对应的物理模型来表达线形，这就是 WPPM 方法[9,16a,51-57]。这里所提的建模（modelling）与拟合（fitting）是相反的，因为前者在所有分析阶段中都在采用物理信息，而后者则是采用某个先验性选择的（虽然看来合适）的线形模式来处理 PD 线形。

这里简要概述一下 WPPM 的物理基础，同时给出实际研究体系的几个应用例子。有兴趣的读者可以在所引用的文献中进一步找到详细的介绍[9,16a,51-57]。关于一个 $\{hkl\}$ 谱峰线形傅里叶转换的 WPPM 的基础表达式是

$$I_{\{hkl\}}(s_{hkl}) = k(s_{hkl}) \cdot \sum_{hkl} w_{hkl} \int_{-\infty}^{\infty} \mathbb{C}_{hkl}(L) \exp[2\pi \mathrm{i} L(s_{hkl} - \delta_{hkl})] \mathrm{d}L \quad (13.25)$$

该加和遍历构成这个 $\{hkl\}$ 族的所有等效 (hkl) 衍射面（对于立方晶系，这就意味着所有 h、k 和 l 的排列——包括正、负符号的变化）；w_{hkl} 和 δ_{hkl} 分别是关于 (hkl) 分量对应的布拉格条件的权重和偏移（源自层错等点阵缺陷）[3]——采用这种方式就可以明确表示点阵缺陷在不同 (hkl) 方向上可能产生的不同效果。

公式（13.25）的核心部分就是 FT，即 $\mathbb{C}_{hkl}(L)$。根据公式（13.13），这一项可以写成所有起作用的外来和本征线形成分分别进行 FT 的乘积

$$\mathbb{C}_{hkl}(L) = T_{\mathrm{pV}}^{\mathrm{IP}} \cdot A_{\{hkl\}}^{\mathrm{S}} \cdot A_{\{hkl\}}^{\mathrm{D}} \cdot (A_{\{hkl\}}^{F} + \mathrm{i} B_{\{hkl\}}^{F}) \cdot A_{\{hkl\}}^{\mathrm{APB}} \cdots \quad (13.26)$$

公式（13.26）包含的项目有 IP 以及尺寸（$A_{\{hkl\}}^{\mathrm{S}}$）、位错（$A_{\{hkl\}}^{\mathrm{D}}$）、层错（$A_{\{hkl\}}^{F} + \mathrm{i} B$）和反相畴界（$A_{\{hkl\}}^{\mathrm{APB}}$）的贡献。各个 FI 的具体表达式在本章附录中给出。这里的 IP 可以通过某个合适线形标准得到的 pseudo-Voigt 函数的 FT（$T_{\mathrm{pV}}^{\mathrm{IP}}$）来表示

（13.2.3 节）。

　　同公式（13.13）隐含的一样，这种公式的优点就在于可以方便地采纳新增的谱线宽化因素，只要在公式（13.26）中添加相关的项目就可以了[19]。具体建模的时候，谱峰面积可以是自由建模的参数，也可以是结构模型约束的数值[54]（如同 Rietveld 法）[21]；而背景可以利用合适的多项式（幂指数或者 Chebyshev 多项式）[57]进行建模。另外，布拉格峰的位置可以同点阵参数关联起来（也可以按可建模的参数来考虑）。最后，粉末衍射几何中典型的设备像差（例如零点和样品相对于设备轴线的偏移）也可以一并考虑[57]。

　　总之，WPPM 法可以基于所研究物相的物理模型，同时进行结构和微结构的精修，不需要任何武断性的线形函数。基于公式（13.26）中提到的项目，以最小二乘分析来优化的待精修参数并不多，也就是某个合理相干晶畴尺寸分布的平均值（μ）和方差（σ）、位错密度（ρ）、有效外围截断半径（effective outer cut-off radius，R_e）和特征值（f_E，即有效刃型位错比例）、孪晶层错（β）、变形层错（α）和 APB 概率（γ）。

13.4　WPPM：应用示例

13.4.1　严重变形的金属粉末

　　近年来，几篇有关纳米晶粉末[19,54,56,58]及严重变形的陶瓷[57,59]与金属材料[53,55,60]的文献中报道了 WPPM 的应用结果。其中最适合于说明 WPPM 潜力的研究案例就是球磨过的金属粉末。下面给出的例子就是针对球磨所得金属的更为一般化的微结构和点阵缺陷研究[61]。

　　要讨论的材料属于具有 α - Fe 的 BCC 结构的铁基合金（$Fe_{1.5}Mo$）粉末。该金属粉末利用行星式球磨机（Fritsch Pulverisette 4 型）进行球磨，采用回火后的 Cr 钢球（100Cr 6）和配套的磨罐（X210Cr12 型，体积为 80 mL），磨球和粉末的质量比为 10:1。在密闭的充 Ar 环境下，通过逐渐延长研磨时间而得到了不同的样品，研磨时保持主盘转速 $\Omega = 300$ r·min^{-1}，并且球罐旋转与主盘速度的比例 $\omega/\Omega = -1.8$。

　　粉末衍射测试在位于法国 Grenoble 的 ESRF 的 ID31 线站中进行，采用标准的毛细管几何设置。测试时，粉末样品装在硼硅玻璃毛细管（直径为 0.3~0.5 mm，具体取决于粉末尺寸）中，接着将毛细管密封，然后以 3 000 r·min^{-1} 的速度旋转，与此同时，在 4°~100°（2θ）范围内按照 4° min^{-1} 的速度收集数据，所用单色化辐射的波长 $\lambda = 0.063 250$ nm。关于线站设备几何设置和操作的详细介绍可以参见其他文献[62]。这里采用的设备线形已经预先根据

13.2.3 节描述的步骤采用 NIST LaB$_6$ 标准粉末(SRM 660a)[33] 得到了。

数据采用 WPPM 进行分析,具体涉及从(110)到(444),覆盖 4°～100° 范围的 28 条 BCC 结构的衍射线。对于重叠衍射[例如(330)和(411)]的强度精修采用了结构约束的手段,从而进一步减小了自由建模参数的数目。作为这个 WPPM 分析的图形化结果的一个示例,图 13.11 所示为两个分别球磨 2 h(a)和 96 h(b)的粉末样品的实验谱图和模拟谱图。其中内置的对数坐标图用于突出谱峰拖尾和背景区域的细节。这个模拟结果非常好:除 ID31 设备特有的高光通量、高能量、严格单色和高分辨率提供了优异的计数统计和设备分辨率条件以外,还有 WPPM 在这个案例中非常有效的原因。后者是因为所得谱图包含了几组晶体学方向不同的多重阶数的衍射:(110)/(220)/(330)/(440)、(200)/(400)/(600)、(211)/(422)、(310)/(620)和(222)/(444),从而使得源于位错的各向异性谱线宽化能够可靠地与其他宽化因素分离开来。

图 13.12 所示为球磨时间不同的一些样品的晶畴尺寸分布。WPPM 分析时假定为球形晶畴并且直径具有对数正态分布——这个模型已经得到多篇文献所提观测结果的支持(参见文献[55]及其所引的文献)。从图中可以看出,球磨导致晶畴尺寸由初始粉末的约 120 nm 快速降低到 40～50 nm,随后近似保持这一数值直到 32 h。球磨开始时体系出现了强烈的塑性变形:电子显微镜图像显示金属颗粒的形状发生了剧烈变化,在碟片状颗粒的平板方向不断吸附较小的颗粒并且逐渐固化,过了这个塑性变形区域,进一步的球磨引起的硬化使得晶粒开始连接,不断产生近于等轴的新晶粒。因此,球磨 32 h 后,晶畴尺寸分布在图 13.12 中变得更为狭窄并且移向更低的数值,最终平均尺寸约为 18 nm。

尽管尺寸和位错效应都对观测到的谱线宽化做出了贡献,但是这个示例中的主要因素还是强烈机械处理所产生的位错。这个位错类型相应于 BCC α-Fe 的 $\{110\}\langle\overline{1}11\rangle$ 主滑移系[伯格斯(Burgers)矢量模 $|\boldsymbol{b}| = a\sqrt{3}/2$],其平均对比因子(average contrast factor)$\overline{C}_{\{hkl\}}$ 可以利用纯铁的弹性常数($c_{11} = 237$ GPa,$c_{12} = 141$ GPa,$c_{44} = 116$ GPa)进行计算①。以 $H = (h^2k^2 + k^2l^2 + l^2h^2)/(h^2 + k^2 + l^2)^2$②作为自变量来计算 $\overline{C}_{\{hkl\}}$ 所得的结果[根据附录的公式(B10)]参见图 13.13。

---

① 平均对比因子体现了衍射矢量与位错相关矢量的关系,有兴趣的读者可以进一步参考本章给出的文献。——译者注

② 原文漏掉括号,图 13.13 的图题也同样有遗漏。——译者注

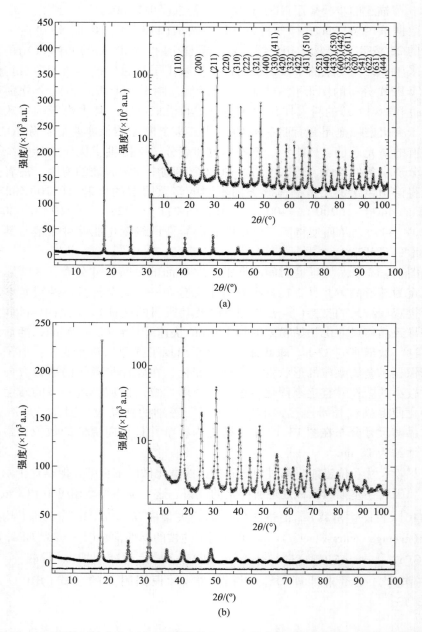

图 13.11　球磨 2 h(a)和 96 h(b)所得的 $Fe_{1.5}Mo$ 粉末的 WPPM 结果，其中包括实验数据(○)、线形拟合结果(实线)以及二者的差值(即残差，参见底部的谱线)。内置图以对数坐标给出了布拉格峰及其 Miller 指数

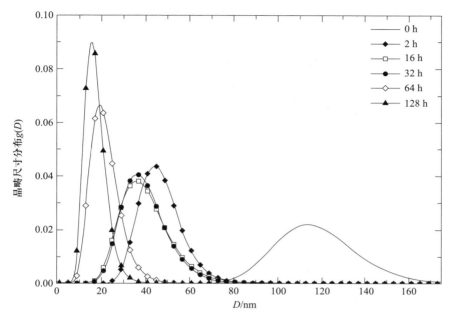

图 13.12　球磨时间从 0 h（原始粉末）增加到 128 h 所得的 $Fe_{1.5}Mo$ 粉末样品各自对应的晶畴尺寸分布

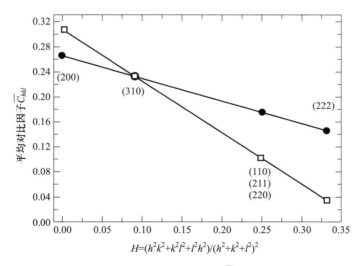

图 13.13　铁中螺型（□）和刃型（●）位错（$\{110\}\langle\bar{1}11\rangle$ 主滑移系）以 $H = (h^2k^2 + k^2l^2 + l^2h^2)/(h^2 + k^2 + l^2)^2$ 为自变量分别得到的平均对比因子函数曲线

图 13.13 所示为有关刃型位错和螺型位错的 $\overline{C}_{\{hkl\}}$ 的可取值范围。由于此处所有的刃型位错和螺型位错对应的平均对比因子 $\overline{C}_{\{hkl\}}$ 可以确定,因此以有效刃型位错比例 f_E[参考附录中的公式(B11)]表示的位错特征值就可以同平均位错密度 ρ 和有效外围截断半径 R_e 一起通过 WPPM 进行精修而得到具体的结果。

图 13.14 所示为 WPPM 精修所得的位错密度值和平均晶畴尺寸的图谱。从图中可以看出,位错密度的变化与前面所述的晶畴尺寸变化是相反的:首先增加到 $\rho \approx 0.3 \times 10^{16}$ m^{-2};接着就近似为常数直到球磨 32 h,然后进一步球磨,直到 128 h 又继续上升,最终达到 2.0×10^{16} m^{-2} 左右。

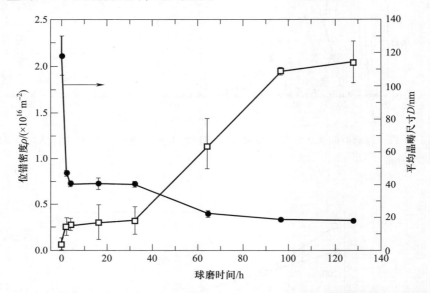

图 13.14　平均位错密度(左轴,□)和平均晶畴尺寸(右轴,●)随球磨时间增加的变化

精修所得的有效刃型位错比例随球磨时间的变化示于图 13.15 中,其中同时给出了所谓的 Wilkens 参数 $R_e\rho^{1/2}$。这个参数可以用来衡量位错相互作用和屏蔽效应[11,63]。不过,关于这两个参数的物理性讨论通常要谨慎对待,这是因为与真实情况相比,有关位错谱线宽化的 Wilkens – Krivoglaz 模型所依据的基础假设通常过于理想了。实际的线缺陷可能会比这里讨论的直线刃型或螺型位错更为复杂,更为不均匀分布,同时位错系统也会远远偏离 Wilkens 所假定的严格随机分布[11,63]。

不管具体的物理解释是什么,图 13.15 的结果为所采用模型的可靠性提供了证据。其中 f_E 的精修结果在 $0.5 \sim 0.6$ 之间,处于纯刃型或者纯螺型位错状况的范围内,从而支持了所选择的位错模型和 $\{110\}\langle\overline{1}11\rangle$ 滑移系。而一直远大于 1 的 Wilkens 参数也表明 Wilkens - Krivoglaz 法的确适合于处理这个实例。超过 32 h 后，$R_e\rho^{1/2}$ 呈现的下降行为暗示进一步的球磨增强了位错的相互作用，这个推论也得到了位错密度、晶畴尺寸和晶粒形貌随处理时间而呈现的变化趋势的支持。

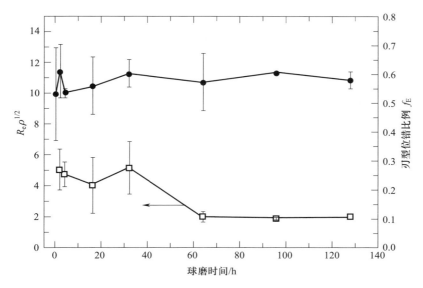

图 13.15　样品的 Wilkens 参数 $R_e\rho^{1/2}$（左轴，□）和有效刃型位错比例 f_E（右轴，●）随球磨时间增加的变化

　　严重变形的纳米晶材料的点阵参数测试如果采用以平板样品的 Bragg - Brentano 几何设置为主的实验室设备将是一项困难的任务。因为此时样品的形貌（粗糙度）及其在设备中定位的误差都相当大，导致峰值位置产生系统性的误差。基于此，ID31 的毛细管装样和平行光几何设置可以得到更可靠的结果，从而可以观测到点阵参数呈现轻微的但仍然渐进增加的变化，如图 13.16 所示，类似于位错密度所呈现的变化趋势。因此，除了球磨中不断增大的杂质玷污效应[61]，这种点阵参数的增加与点阵位错的结合所引起的体积变化是相关的。

　　使用这些 WPPM 结果还可以进一步获得其他结论。例如，可以通过晶畴尺寸和位错密度的比较来估算每个晶畴上的位错数目：假定位错为直线型且随机分布——这当然是一个相当粗糙的近似——那么平均位错间距就是 $1/\rho^{1/2}$，从而参数 $\langle D \rangle\rho^{1/2}$ 就给出了每个晶畴中随机分布的位错数目的平均值。由图 13.14 的数值可以发现，无论 ρ 和 $\langle D \rangle$ 随球磨时间的变化有多么复杂，得到的是一个近于常数的 $\langle D \rangle\rho^{1/2} \approx 2 \sim 3$。

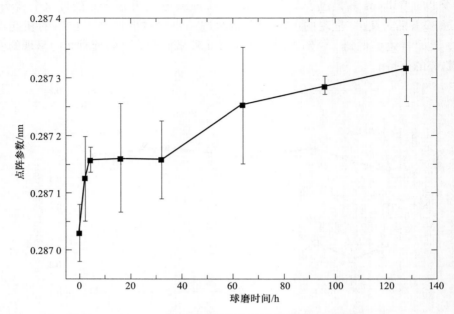

图 13.16　$Fe_{1.5}Mo$ 粉末的点阵参数随球磨时间增加的变化趋势

13.4.2　氧化铈纳米晶粉末

　　推动 WPPM 法发展的主要动力之一就是纳米材料领域日益提高的需求。其中一个有关纳米技术所需的基本信息工作就是明确晶畴的分布。正如下面要讨论的示例，在大多数情况下，由于这种分布等效于晶粒的尺寸分布，因此这个信息非常有价值。另外，因为常见的纳米晶体材料的晶粒就是单个的晶畴，所以也就可以预计此时得到的 WPPM 结果与 HREM 等其他技术所得的尺寸分布将符合得很好。

　　这里介绍的例子是近年来报道的关于溶胶-凝胶法得到的氧化铈粉末的 WPPM 研究工作[58]。由于所考虑的样品来自 400 ℃ 热处理过的干凝胶，因此对谱线线形起主要影响的是晶畴尺寸——尽管微应变也给出了一个相对较小的但是不可忽略的贡献，这个微应变可能来自成长中的位错[19,56]。由于 TEM 照片显示实际的颗粒是单个等轴的晶畴，因此实施 WPPM 时可以假定是直径具有 $g(D)$ 分布的球形晶粒。在尺寸效应占据优势的前提下，更详细地研究尺寸分布是一件值得做的事情，可能的话就不要利用某个先验确定的分布曲线对分析进行约束。为了实现这个目的(参见附录)，$g(D)$ 采用可以在 WPPM 过程中进行精修的直方图来表示。初始的(先验的)$g(D)$ 是一个代表最一般的并且无偏倚的均匀分布，随后的最小二乘最小化将独立精修每一个柱高，从而得到最

终的 $g(D)$ 形状。

图 13.17 所示为 WPPM 的结果：无论谱峰线形之间的重叠如何严重，模拟和实验数据之间的一致性还是相当好的。虽然这张谱图是在常规实验室设备上利用铜靶收集的，但是所得衍射线的数目还是足够大的，这就确保了模拟过程的可靠性。

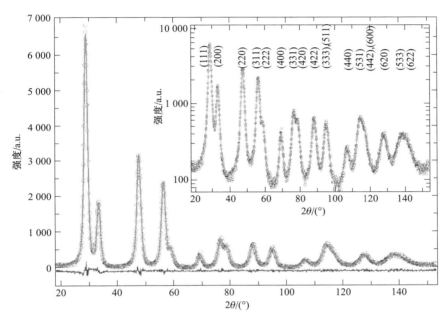

图 13.17　氧化铈纳米晶粉末的 WPPM 结果，其中包括实验数据(○)、线形拟合结果（实线）以及二者的差值(即残差，参见底部的谱线)。内置图以对数坐标给出了布拉格峰及其 Miller 指数(此图从参考文献[58]复制，已经得到国际晶体学会的许可)

图 13.18 所示为相应的晶畴尺寸分布，其中包括了 HREM 图像得到的晶畴尺寸分布结果[19,56,58]以及（均匀的）先验性的 $g(D)$。WPPM 和 HREM 的结果符合得很好，近似于对数正态分布，平均尺寸稍小于 5 nm。

尽管尺寸效应占据主要地位，但是仍可以测试出一个微弱的却不可忽略的微应变效应。在假定存在生长中的位错[19,56]的前提下，通过精修可以得到平均位错密度为 $1.4(4) \times 10^{16}$ m^{-2}。得到这样一个相当大的数值部分是由于相应的（异常）有效外围截断半径值(ρ 和 R_e 是相关的)小的缘故，但是无论如何，上述所得的小晶畴尺寸的确是合理的结果。不管怎样，通常情况下，在尺寸效应占优势的时候，例如在这个示例中，微应变效应其实是对这个线形建模的校正：根据微弱的应变贡献而得到的具体数值很容易受到大误差的影响，从而其结果需要谨慎对待——更多的时候应该看作一个校正项，而不是合理的物理信息。

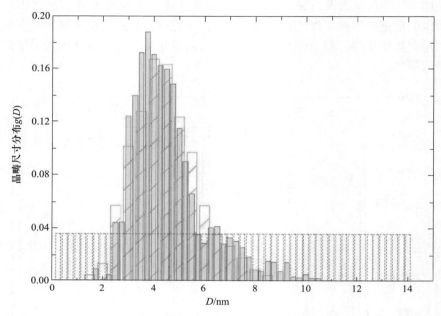

图 13.18　图 13.17 所示的氧化铈纳米晶粉末的晶畴尺寸（直径）分布，其中包括 WP-PM 结果（光亮条）、HREM 结果（阴影条）和 WPPM 初始采用的 $g(D)$（点状条）（此图从参考文献[58]复制，已经得到国际晶体学会的许可）

需要注意的是，图 13.17 和图 13.18 的示例显示的详细信息只能在如下特定的条件下才有可能得到：

（1）通常需要足够的实验信息。为了降低误差和确保建模算法的稳定运行，谱图必须包含尽可能多的衍射。

（2）数据的统计质量必须好，这也是一般性的要求，并不仅仅限于 WP-PM。例如，尺寸分布形状等详情的研究仅能基于高质量的衍射谱图。

（3）当分布宽或者多模时，要求（2）就更为必要了。因为数据的噪声能够严重影响复杂晶畴尺寸分布的谱线宽化的建模结果[58]。

（4）能够分离尺寸、应变、层错和其他多种可能的谱线宽化因素的成功率也取决于所得实验信息的数量和质量。无论如何，占据优势的效应所得的结果是最好的，尤其在可以通过产生特定线形宽化[例如依赖于（hkl）的]的规则来确定不同效应之间的关联性时更是如此——分别针对层错和位错的公式，即公式（B5）~ 公式（B7）和公式（B8）~ 公式（B11）中所包含的线宽随（hkl）的变化关系就是这种规则的典型例子。

致谢

非常感谢 M. Leoni 对于本文的建议和认真审阅以及 M. D'Incau 在球磨和衍射数据收集上提供的支持。另外，也要感谢 ID31 线站职员以及欧盟在 Grenoble 的 ESRF 测试中的支持。

本工作部分得到了意大利教育部、大学部和研究部所提的 PRIN 计划（2005—2006）的基础研究基金项目《微结构、形貌与反应性——矿物中结晶和溶解过程的建模和评估》的支持。

主要符号列表

a	立方相晶胞参数
$A^{\mathrm{S}}_{\{hkl\}}$，$A^{\mathrm{D}}_{\{hkl\}}$，$A^{\mathrm{APB}}_{\{hkl\}}$，$A^{\mathrm{F}}_{\{hkl\}} + \mathrm{i}B^{\mathrm{F}}_{\{hkl\}}$，$A^{\mathrm{C}}_{\{hkl\}}$	线形成分的傅里叶变换，分别对应于晶畴尺寸、位错、APB、层错和化学计量变动
APB	反相畴界
$\boldsymbol{b}$	伯格斯矢量
$\mathbb{C}_{hkl}(L)$	(hkl) 线形成分的傅里叶变换
$\overline{C}_{\{hkl\}}$	平均位错对比因子
d_{hkl}	(hkl) 各平面之间的距离
$\underline{d}^*$	（倒易空间）散射矢量（$d^* = 2\sin\theta/\lambda$）
$\underline{d}^*_{hkl}$	满足 (hkl) 平面对应的布拉格条件的散射矢量
$f^*(\eta)$	Wilkens 函数
f_{E}	有效刃型位错比例
FPA	基本参数法
FT	傅里叶变换
FWHM	半高宽
$g(D)$	球形晶畴的直径分布
HREM	高分辨电子显微术
$I(\theta)$，$I(s)$	粉末谱图的衍射强度（分别取 2θ 空间和倒易空间单位）
IB	积分宽度
IP	设备线形
K_β，K_k	体积加权和面积加权的谢乐常数

$L = n \cdot d_{hkl}$	(n 为整数)傅里叶长度
$\langle L \rangle_\text{S}$	表面加权平均柱长①
$\langle L \rangle_\text{V}$	体积加权平均柱长
LPA	线形分析
M_i	尺寸分布的 i 阶矩
$p(L)$	柱长分布
PD	粉末衍射
pV	pseudo-Voigt 函数
R_e	位错的有效外围截断半径
$s_{hkl} = \underline{d}^* - \underline{d}^*_{hkl}$	从倒易空间阵点 (hkl) 沿 $\underline{d}^*$ 方向的间距
T^IP_pV	pV 函数建模的 IP 的傅里叶变换
TEM	透射电子显微镜
$V(D)$	晶粒体积(D 为长度参数)
$w_{hkl},\ \delta_{hkl}$	相应于 (hkl) 的布拉格条件的加权和偏移
WA	Warren – Averbach
WH	Williamson – Hall
WPPF	全粉末谱图拟合
WPPM	全粉末谱图建模
$Y(d^*)$	倒易空间的衍射强度
$\alpha,\ \beta$	变形层错概率和孪晶层错概率
$\beta(s),\ \beta(2\theta)$	倒易空间和 2θ 空间中的积分宽度
$\beta_\text{G},\ \beta_\text{C}$	高斯型和洛伦兹型 IB 成分
γ	穿过某个 APB 的概率
$\langle \varepsilon^2 \rangle^{1/2}$	应变的均方根(微应变)
η	pV 线形函数的混合参数
θ_{hkl}	(hkl) 面的布拉格角
λ	射线波长
$\mu,\ \sigma$	相干晶畴尺寸分布的平均值和方差
$\underline{\nu}_0,\ \underline{\nu}$	分别为入射光束和衍射光束的单位矢量[规范化四元数(versors)]
ρ	平均位错密度
σ_s	倒易空间的 HWHM
ω	半高宽的一半(HWHM)

---

① 本文的正文部分用 area-weighted,就下标来看,应该用 surface,不过实际用的都是面积数值。——译者注

附录 B 线形成分的傅里叶变换

B.1 设备线形(IP)

IP 的参数化描述可以通过某个线形标准样品所得谱图的建模来实现,这种建模是基于 pseudo-Voigt 分析函数的(参见第 4 章、第 5 章和本章的 13.2.3 节)[35]:

$$pV(x) = I_0 \left\{ (1 - \eta) \exp\left(-\frac{\pi x^2}{\beta_G^2} \right) + \eta \left[1 + \left(\frac{\pi x}{\beta_C} \right)^2 \right]^{-1} \right\} \quad (B1)$$

其中 $x = s_{hkl}$ 或者 $x = 2\theta - 2\theta_{hkl}$,具体取决于是表示倒易空间还是 2θ 空间中的高斯型(β_G)和洛伦兹型(β_C)IB 成分;η 是混合参数(也叫洛伦兹比例);I_0 是峰值强度。如果将半高宽的一半(half width at half maximum,HWHM)表示为 ω,那么 $\beta_G = \omega \cdot (\pi/\ln 2)^{1/2}$,并且 $\beta_C = \omega \cdot \pi$。这时,$\omega$ 和 η 随 2θ 的变化就可以明确并且用来计算如下 pV 的 FT:

$$T_{pV}^{IP} = (1 - k) \exp\left(\frac{-\pi^2 \sigma_s^2 L^2}{\ln 2} \right) + k \exp(-2\pi\sigma_s L) \quad (B2)$$

其中 $k = \left[1 + (1 - \eta)/(\eta\sqrt{\pi\ln 2}) \right]^{-1}$ 且 $\sigma_s = \omega \cos\theta_{hkl}/\lambda$,即倒易空间中半高宽的一半。

B.2 晶畴尺寸(S)

一个具有体积 $V(D)$ 并且尺寸分散采用 $g(D)$ 分布的晶粒体系,其所产生的晶畴尺寸成分的 FT 可以写成如下的通用格式:

$$A_{|hkl|}^S(L) = \frac{\int_{L \cdot K^c(hkl)}^{\infty} A_c^S(L,D) g(D) V(D) \mathrm{d}D}{\int_0^{\infty} g(D) V(D) \mathrm{d}D} \quad (B3)$$

其中晶粒形状是简单的一元(D)凸形(convex shape)(例如球、立方体、正四面体和正八面体)[9];$A_c^S(L, D)$ 是单个晶粒的 FT——利用 Wilson 的公用体积函数(common-volume function)就可以简单算出来[2,24];$K^c(hkl)$ 是晶粒形状和特定(hkl)的函数。有关 $A_c^S(L, D)$ 和 $K^c(hkl)$ 的表达式可以查阅具体的文献[9,55]。

在给定 $g(D)$ 函数的前提下,公式(B3)可以求得分析解[24];如果 $g(D)$ 是利用精修得到各个柱高而组成的一般性直方图,那么公式(B3)也可以求得数值解[58]。这里介绍一个有关前者的例子:假定体系由对数正态分布的球形晶粒构成,$g(D)$ 的平均值和方差分别为 μ 和 σ,那么

$$A_l^S(L) = \frac{1}{2} Erfc\left(\frac{\ln|L| - \mu - 3\sigma^2}{\sigma\sqrt{2}}\right) - \frac{3}{4}|L|Erfc\left[\frac{\ln|L| - \mu - 2\sigma^2}{\sigma\sqrt{2}}\right] \cdot$$

$$\exp\left(-\mu - \frac{5}{2}\sigma^2\right) + \frac{1}{4}|L|^3 Erfc\left(\frac{\ln|L| - \mu}{\sigma\sqrt{2}}\right)\exp\left(-3\mu - \frac{9}{2}\sigma^2\right) \quad (B4)$$

下标 $\{hkl\}$ 在这里（球形晶粒）是多余的，可以忽略。有关其他分布的表达式也已经见诸文献[9,55]；虽然公式（B3）针对更为复杂的晶粒形状和尺寸分布的扩展公式会难于处理，但是按道理，通常都是可以求解的。

B.3 层错（F）

可以根据各种近似来处理层错[2,3,13,64]。存在概率小且为 FCC 材料体系中的孪晶（β）层错和变形（α）层错，可以使用 Warren 理论的改进版本进行处理[3,29]，具体 FT 的实部和虚部的表达式如下所示：

$$A_{hkl}^F(L) = (1 - 3\alpha - 2\beta + 3\alpha^2)\left|\frac{1}{2}Ld_{\{hkl\}}^* \frac{L_0}{h_0^2}\sigma_{L_0}\right| \quad (B5a)$$

$$B_{hkl}^F(L) = -\sigma_{L_0} \cdot \frac{L}{|L|} \cdot \frac{L_0}{|L_0|} \cdot \frac{\beta}{(3 - 6\beta - 12\alpha - \beta^2 + 12\alpha^2)^{\frac{1}{2}}} \quad (B5b)$$

其中 $L_0 = h + k + l$，$h_0^2 = h^2 + k^2 + l^2$，σ_{L_0} 是符号函数，具体定义如下：

$$\sigma_{L_0} = \begin{cases} +1 \rightarrow L_0 = 3N + 1 \\ 0 \rightarrow L_0 = 3N \qquad N = 0, \pm 1, \pm 2, \cdots \\ -1 \rightarrow L_0 = 3N - 1 \end{cases} \quad (B6)$$

层错也可以产生如下的相对于布拉格条件的偏移：

$$\delta_{hkl} = \left\{\frac{1}{2\pi}\arctan\left[\frac{(3 - 12\alpha - 6\beta + 12\alpha^2 - \beta^2)^{\frac{1}{2}}}{1 - \beta}\right] - \frac{1}{6}\right\}d_{\{hkl\}}^* \cdot \frac{L_0}{h_0^2}\sigma_{L_0}$$

$$\quad (B7)$$

B.4 位错（D）

位错和向错等常见的线缺陷的存在将产生明显的各向异性谱线宽化，即具体的谱线宽化是随晶畴中不同的 $[hkl]$ 方向而变的——这是弹性介质的各向异性（可以采用刚度系数 c_{ij} 等弹性张量来表示）和线缺陷取向的各向异性（例如位错线和伯格斯矢量）联合作用的结果。

根据 Wilkens - Krivoglaz 近似[10,11,63]，由平均密度 ρ、伯格斯矢量 b 和有效外围截断半径 R_e 表示的位错体系产生的衍射线形的 FT 计算如下[11,63]：

$$A_{\{hkl\}}^D(L) = \exp\left[-\frac{1}{2}\pi|b|^2\overline{C}_{\{hkl\}}\rho d_{\{hkl\}}^{*2} \cdot L^2 f^*\left(\frac{L}{R_e}\right)\right] \quad (B8)$$

其中 $f^*(\eta)$ 是 Wilkens 函数[11,63]，其表达式如下：

$$f^*(\eta) = \frac{256}{45\pi\eta} - \frac{1}{\eta^2}\left(\frac{11}{24} + \frac{\ln 2\eta}{4}\right), \quad \eta > 1 \tag{B9a}$$

并且

$$f^*(\eta) = \frac{7}{4} - \ln 2 - \ln\eta + \frac{256}{45\pi\eta} + \frac{2}{\pi}\left(1 - \frac{1}{4\eta^2}\right)\int_0^\eta \frac{\arcsin x}{x}\mathrm{d}x -$$

$$\frac{1}{90\pi}\left(\frac{769}{2\eta} + 41\eta + 2\eta^3\right)\sqrt{1 - \eta^2} -$$

$$\frac{1}{\pi}\left(\frac{11}{12\eta^2} + \frac{7}{2} + \frac{\eta^2}{3}\right)\arcsin\eta + \frac{\eta^2}{6}, \quad 0 \le \eta < 1 \tag{B9b}$$

$\overline{C}_{\{hkl\}}$ 是反映各向异性主要影响的平均对比因子[11,65,66]。对于所研究物相,这个对比因子可以用其劳厄群的四阶晶体学不变量来表示[66]。换句话说,$\overline{C}_{\{hkl\}}$ 可用于任何点阵对称性,例如在采用 Popa 给定的不变量来表示时[66,67]。

关于各种对称性下这个平均对比因子的详细表达式和计算结果可以查阅已有文献[66,68,69]。其中对于立方晶系,它的基于不变量的表达式如下所示[53]:

$$\overline{C}_{\{hkl\}} = A + BH = A + B\frac{h^2k^2 + k^2l^2 + l^2h^2}{(h^2 + k^2 + l^2)^2} \tag{B10}$$

其中任一位错滑移系$(hkl)[h'k'l']$(即已知位错线和伯格斯矢量)的 A 和 B 在给定所研究物相的弹性张量后可以被计算出来。对于立方相的刃型(E)位错和螺型(S)位错,所得的一般性表达式是

$$\overline{C}_{\{hkl\}} = f_E \overline{C}_{E,\{hkl\}} + (1 - f_E)\overline{C}_{S,\{hkl\}}$$

$$= [f_E A_E + (1 - f_E)A_S] + [f_E B_E + (1 - f_E)B_S]H \tag{B11}$$

其中刃型位错比例f_E可以看作反映平均位错特征值的有效参数。如果已知上述这个关于刃型位错和螺型位错(A_E、B_E、A_S、B_S)的对比因子,那么仅用公式(B8)中的三个建模参数ρ、R_e和f_E,就可以描述谱线的宽化。

有关 Wilkens 进一步的讨论以及更为严谨的实施可以参见本文引用的文献[65]。

B.5 反向畴界(APB)

源自 APB 的谱线宽化有点类似于层错造成的结果[3],哪怕这种 FT 是客观存在的并且没有谱峰的偏移。根据 Wilson 的观点,$A_{\{hkl\}}^{APB}(L)$可以写成关于 L 的某种指数函数。对于 Cu_3Au 中的 APB(13.2.3 节),有[2,14]

$$A_{\{hkl\}}^{APB}(L) = \exp[-2\gamma d_{hkl}^* L \cdot f(h,k,l)] \tag{B12}$$

其中$f(h,k,l)$依赖于所考虑的具体的 APB。对于基本衍射线,$A_{\{hkl\}}^{APB}(L) = 1$。

在 Cu_3Au 中，沿 $\{100\}$ 方向并且没有金原子——金原子成键(13.2.3 节)的条件下[1]，$f(h, k, l) = (|h| + |k|)/(h^2 + k^2 + l^2)$($l$ 是不需同奇偶的指数)。详尽的不同 APB 取向的 $f(h, k, l)$ 表达式可以参见已有文献[14,15]。

B.6 化学计量变动(C)

化学计量变动也会产生谱线宽化效应，而且除了立方相外，其他物相的宽化也和 (hkl) 有关[20]。其对于线形的影响直接由变动的本质所决定：如果组分变化可以用某个合适的函数，例如高斯曲线来表示，那么所得的线形成分也是高斯型的，此时，这种效应的 FT 如下表示：

$$A^C_{\{hkl\}}(L) = e^{-\pi\beta^2 L^2} \tag{B13}$$

其中积分宽度 β 与相应劳厄群的不变量有关[20]

$$\beta^2 \propto \sum_{H+K+L=4} S_{HKL} \cdot h^H k^K l^L \tag{B14}$$

S_{HKL} 可以作为精修参数进行处理，其间要受到具体劳厄群的对称性限制。例如，对于六方相

$$\sum_{H+K+L=4} S_{HKL} \cdot h^H k^K l^L = S_{400}(h^4 + k^4 + 3h^2k^2 + 2h^3k + 2hk^3) +$$

$$S_{202}(h^2l^2 + k^2l^2 + hkl^2) + S_{004}l^4 \tag{B15}$$

就需要追加一个限制条件：$S_{202} = \pm 2(S_{400}S_{004})^{1/2}$。如果已知点阵参数和组成(例如 $\varepsilon-FeN_x$ 中的参数 a 和 c)[20]，那么建模时还可以增加新的约束。

其他多个可能存在的谱线宽化因素可以进行类似处理。相应的 FT 表达式一般是分析型的，不过，有些时候也可以是数值型的，例如，晶粒表面的弛豫效应[19]。不管怎样，正如公式(13.26)所反映的，每一种谱线宽化作用被引入 WPPM 算法的方式都是一样的。因此，组合各种谱线宽化因素在 WPPM 中是轻而易举的事情。

参考文献

1. P. Scherrer, *Göttingen Nachrichten*, 1918, **2**, 98.

2. A. J. C. Wilson, *X-Ray Optics*, 2nd edn., Methuen, London, 1962.

3. B. E. Warren, *X-Ray Diffraction*, Addison-Wesley, Reading, MS, 1969.

4. A. Guinier, *X-Ray Diffraction in Crystals*, *Imperfect Crystals and Amorphous Bodies*, Freeman,

---

① 这里的 $\{100\}$ 是参考文献[3]的原文，而 13.2.3 节则采用了另一种朝向($\{001\}$)。相应地，图 13.6 的衍射指数也与参考文献[3]的图 12.9 不同。——译者注

San Francisco, 1963. Reprinted by Dover, New York, 1994.

5. H. P. Klug and L. E. Alexander, *X-Ray Diffraction Procedures for Polycrystalline and Amorphous Materials*, 2nd edn. , Wiley, New York, 1974.

6. *Defect and Microstructure Analysis by Diffraction*, ed. R. L. Snyder, J. Fiala, H. J. Bunge, IUCr series, Oxford University Press, New York, 1999.

7. *Diffraction Analysis of the Microstructure of Materials*, ed. E. J. Mittemeijer and P. Scardi, Springer Series in Materials Science, vol. 68, Springer-Verlag, Berlin, 2004.

8. J. I. Langford and A. J. C. Wilson, *J. Appl. Crystallogr.* , 1978, **11**, 102.

9. P. Scardi and M. Leoni, *Acta Crystallogr.* , Sect. A, 2001, **57**, 604.

10. M. A. Krivoglaz, *X-Ray and Neutron Diffraction in Nonideal Crystals*, Springer-Verlag, Berlin, 1996.

11. M. Wilkens, in *Fundamental Aspects of Dislocation Theory*, ed. J. A. Simmons, R. de Wit, R. Bullough, Vol. II, National Bur. Stand. , (US) Special Publication No. 317, Washington, D. C. 1970, p. 1195.

12. P. Klimanek, V. Klemm, M. Motylenko and A. Romanov, *Adv. Eng. Mater.* , 2004, **6**, 861.

13. M. Leoni, A. F. Gualtieri and N. Roveri, *J. Appl. Crystallogr.* , 2004, **37**, 166.

14. A. J. C. Wilson, *Proc. R. Soc. London*, Ser. A, 1943, **181**, 360.

15. A. J. C. Wilson and L. Zsoldos, *Proc. R. Soc. London*, Ser. A, 1966, **290**, 508.

16. (a) P. Scardi and M. Leoni, *CPD Newsletter*, 2002, **28**, 8; (b) P. Scardi and M. Leoni, *Acta Mater.* , 2005, **53**, 5229.

17. J. G. M. van Berkum, "Strain Fields in Crystalline Materials", PhD Thesis, Technische Universiteit Delft, Delft, The Netherlands, 1994. ISBN 90-9007196-2.

18. T. C. Bor, "Strain Fields in Crystalline Solids", PhD Thesis, Technische Universiteit Delft, Delft, The Netherlands, 2000. ISBN 90-9013758-0.

19. M. Leoni and P. Scardi, in *Diffraction Analysis of Materials Microstructure*, ed. E. J. Mittemeijer and P. Scardi, Springer Series in Materials Science, vol. 68, Springer-Verlag, Berlin, 2004, p. 413.

20. A. Leineweber and E. J. Mittemeijer, *J. Appl. Crystallogr.* , 2004, **37**, 123.

21. *The Rietveld Method*, ed. R. A. Young, Oxford University Press, Oxford, 1993.

22. C. Giacovazzo, H. L. Monaco, G. Artioli, D. Viterbo, G. Ferrari, G. Gilli, G. Zanotti and M. Catti, *Fundamentals of Crystallography*, 2nd edn. , IUCr, Oxford University Press, New York, 2002.

23. A. L. Patterson, *Phys. Rev.* , 1939, **56**, 972.

24. A. R. Stokes and A. J. C. Wilson, *Proc. Cam. Phil. Soc.* , 1942, **38**, 313.

25. A. R. Stokes and A. J. C. Wilson, *Proc. Cam. Phil. Soc.* , 1944, **40**, 197.

26. E. Grzanka, B. Palosz, S. Gierlotka, S. Stel'makh, R. Pielaszek, U. Bismayer, J. Neuefeind, P. Jovari and W. Palosz, *Mater. Sci. Forum*, 2004, **443-444**, 39.

27. L. H. Schwartz and J. B. Cohen, *Diffraction from Materials*, Springer-Verlag, Berlin, 1987.

28. I. C. Noyan and J. B. Cohen, *Residual Stress*, Springer-Verlag, New York, 1987.

29. L. Velterop, R. Delhez, Th. H. de Keijser, E. J. Mittemeijer and D. Reefman, *J. Appl. Crystallogr.*, 2000, **33**, 296.

30. A. R. Stokes, *Proc. Phys. Soc. London*, 1948, **61**, 382.

31. R. Delhez, T. H. de Keijser and E. J. Mittemeijer, in *Accuracy in Powder Diffraction*, ed. S. Block and C. R. Hubbard, NBS Special Publication No. 567, US Dept of Commerce, Gaithersburg MA, 1980, p. 213.

32. S. Enzo, G. Fagherazzi, A. Benedetti and S. Polizzi, *J. Appl. Crystallogr.*, 1988, **21**, 536.

33. J. P. Cline, R. D. Deslattes, J. -L. Staudenmann, E. G. Kessler, L. T. Hudson, A. Henins and R. W. Cheary, *Certificate SRM 660a*. NIST, Gaithersburg, MD, 2000.

34. M. Leoni, P. Scardi and J. I. Langford, *Powder Diffr.*, 1998, **13**, 210.

35. P. Scardi and M. Leoni, *J. Appl. Crystallogr.*, 1999, **32**, 671.

36. R. W. Cheary and A. A. Coehlo, *J. Appl. Crystallogr.*, 1992, **25**, 109.

37. Bruker AXS, *TOPAS V2.1: General Profile and Structure Analysis Software for Powder Diffraction Data. – User's Manual*, Bruker AXS, Karlsruhe, Germany, 2003.

38. Y. H. Dong and P. Scardi, *J. Appl. Crystallogr.*, 2000, **33**, 184.

39. W. H. Hall, *Proc. Phys. Soc. London*, A, 1949, **62**, 741.

40. G. K. Williamson and W. H. Hall, *Acta Metall.*, 1953, **1**, 22.

41. J. I. Langford, in *Accuracy in Powder Diffraction II*, ed. E. Prince and J. K. Stalick, NIST Spec. Pub. No. 846, US Dept of Commerce, Gaithersburg MA, 1992, p. 110.

42. A. R. Stokes and A. J. C. Wilson, *Proc. Phys. Soc. London*, 1944, **56**, 174.

43. T. Ungár, S. Ott, P. G. Sanders, A. Borbely and J. R. Weertman, *Acta Mater.*, 1998, **46**, 3693.

44. R. Kužel, J. Čížek, J. Procházka, F. Chmelík, R. K. Islamgaliev and N. M. Amirkhanov, *Mater. Sci. Forum*, 2001, **378-381**, 463.

45. P. Scardi, M. Leoni and R. Delhez, *J. Appl. Crystallogr.*, 2004, **37**, 381.

46. T. Ungár and A. Borbely, *Appl. Phys. Lett.*, 1996, **69**, 3173.

47. T. Ungár, J. Gubicza, G. Ribarik and A. Borbely, *J. Appl. Crystallogr.*, 2001, **34**, 298.

48. D. Louër, J. P. Auffrédic, J. I. Langford, D. Ciosmak and J. P. Niepce, *J. Appl. Crystallogr.*, 1983, **16**, 183.

49. F. Bertaut, *C. R. Acad. Sci. Paris*, 1949, **228**, 492.

50. C. E. Krill and R. Birringer, *Philos. Mag.*, 1998, **77**, 621.

51. P. Scardi, M. Leoni and Y. H. Dong, *Mater. Sci. Forum*, 2001, **378-381**, 132.

52. P. Scardi, M. Leoni and Y. H. Dong, *CPD Newsletter*, 2001, **24**, 23.

53. P. Scardi and M. Leoni, *Acta Crystallogr.*, Sect. A, 2002, **58**, 190.

54. P. Scardi, *Z. Kristallogr.*, 2002, **137**, 420.

55. P. Scardi and M. Leoni, in *Diffraction Analysis of Materials Microstructure*, ed. E. J. Mitte-

meijer and P. Scardi, Springer Series in Materials Science, vol. 68, Springer-Verlag, Berlin, 2004, p. 51.

56. M. Leoni, R. Di Maggio, S. Polizzi and P. Scardi, *J. Am. Ceram. Soc.*, 2004, **87**, 1133.
57. M. Leoni, T. Confente and P. Scardi, *Z. Kristallogr. Suppl.*, 2006, **23**, 249.
58. M. Leoni and P. Scardi, *J. Appl. Crystallogr.*, 2004, **37**, 629.
59. M. Leoni, G. De Giudici, R. Biddau and P. Scardi, *Z. Kristallogr. Suppl.*, 2006, **23**, 111.
60. P. Scardi, *Z. Metall.*, 2005, **96**, 698.
61. M. D'Incau, M. Leoni and P. Scardi, *J. Mater. Res.*, 2007, **22**, 1744.
62. O. Masson, E. Dooryhée, R. W. Cheary and A. N. Fitch, *Mater. Sci. Forum*, 2001, **378-381**, 300.
63. M. Wilkens, *Phys. Status Solidi A*, 1970, **2**, 359.
64. E. Estevez-Rams, M. Leoni, P. Scardi, B. Aragon-Fernandez and H. Fuess, *Philos. Mag.*, 2003, **83**, 4045.
65. N. Armstrong, M. Leoni and P. Scardi, *Z. Kristallogr. Suppl.*, 2006, **23**, 81.
66. M. Leoni, J. Martinez-Garcia and P. Scardi, *J. Appl. Crystallogr.*, 2007, **40**, 719.
67. N. Popa, *J. Appl. Crystallogr.*, 1998, **31**, 176.
68. P. Klimanek and R. Kužel, *J. Appl. Crystallogr.*, 1988, **21**, 59.
69. R. Kužel and P. Klimanek, *J. Appl. Crystallogr.*, 1988, **21**, 363.

第14章

使用面探测器的二维衍射

Bernd Hinrichsen,*Robert E. Dinnebier* 和 *Martin Jansen*

Max Planck Institute for Solid State Research,

Stuttgart, Germany

14.1　二维探测器

　　用于 X 射线衍射的第一代二维探测器就是传统的胶片。它既可用于单晶衍射实验，也可用于进行粉末衍射，已经有几十年的历史了。如果从二维探测的角度来说，那么最先取代它的是成像板（image plate）①，随后又出现了 CCD 相机（图 14.1）。胶片在当前已经很少使用，例外的情况或许是单晶成像时还在使用的"拍立得"（Polaroid）胶片。如果要相互比较多种不同探测器，以便从中选择最适合某一特定实验的类型，那么就要关注一些关键的技术属性。它们通常就是量子探测效率（detective quantum efficiency, DQE）、空间响应特性、尺寸、速度和动态范围[1]。

---

　　①　也有采用 imaging plate，中译多样，例如成像屏、影像板等，这里统一采用成像板。——译者注

DQE[2]可以用于测试由于仪器因素而引起的信噪比的退化,按照下面的公式(14.1)定义:

$$\mathrm{DQE} = \frac{\left[\dfrac{I^2_{\mathrm{out}}}{\sigma^2_{\mathrm{out}}}\right]}{\left[\dfrac{I^2_{\mathrm{in}}}{\sigma^2_{\mathrm{in}}}\right]} = \frac{1}{NR^2_{\mathrm{out}}} \qquad (14.1)$$

其中 I 和 σ 分别表示输入(I_{in})与输出(I_{out})强度以及输入(σ_{in})与输出(σ_{out})信号强度的标准偏差;N 是入射的 X 射线光子数;R_{out} 是输出信号的相对方差。一个 DQE 为 50% 的探测器要达到与 DQE 为 100% 的探测器同样的信号方差,所需的计数时间必须增加一倍。

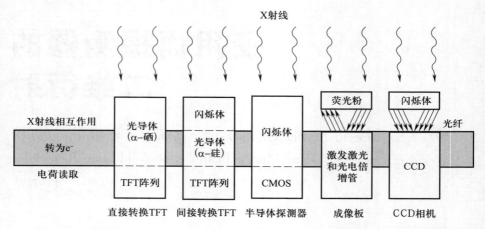

图 14.1　探测器类型示意图——分别用各自的基本单元来表示的 5 种不同的探测器设计(引自参考文献[4])

空间响应特性[3]通常采用点扩展函数(point spread function,PSF)来表征——δ 函数激励下的探测器信号。虽然理想的点扩展也是一个 δ 函数,但是实验中这种情况很难出现,这是因为探测器本质上会对信号施加一个高斯展宽(Gaussian spread)的效果。影响粉末衍射实验有限分辨率的主要因素通常就是点扩展函数。

探测器的尺寸是决定可涉及倒易(或者 q)空间范围的重要因素。探测器越大,那么其面积就越大,因此,一次曝光时可涉及的 q 空间也越大。而且更大的尺寸也使得探测器可以放在距离样品更远的地方,从而提高分辨率。

当利用同步辐射获取数据时,探测器的速度极为重要——读出时间应当尽量最小化,从而确保在线实验的时间分辨率高以及昂贵的同步辐射射线的有效利用。

最后，探测器的动态范围限制了一张图上可记录的强度差别。动态范围越大，就越有利于获得具有强烈对比度的信号。

14.1.1　CCD 探测器

X 射线晶体学中最广泛使用的探测器类型估计就是 CCD 相机了。这类探测器也已用于多个领域，而且其技术的广泛持续发展也有助于促进相对小型的 X 射线探测器件的进步。CCD 相机的最大优势就是分辨率高和读出时间短，这对于死时间占据测试时间的大部分的单晶衍射是非常重要的事情。而其缺点则来自它的三种基本特性。首先，荧光屏必须根据所用的波长进行优化——射线能量越高，所需的荧光层厚度就要越大才能完全吸收掉入射的射线；但是层厚的加大是不利的。这是由于被激发电子在荧光层中是通过球形分散而消耗的，因此随着层厚的增加，PSF 会增大。其次，光线通过纤维状光锥从较大的荧光层被引导到较小的 CCD 芯片上。这种光束锥化过程通常会导致原始图像不能完全在 CCD 上获得重现，这就必须利用探测器的电子线路(硬件)尽可能地进行校正。一些将 CCD 面积做得与荧光层同等大小的探测器可以避开这种误差。最后的一个主要缺陷就是 CCD 芯片的本征暗电流，要降低它就需要一直冷却探测器。

14.1.2　成像板探测器

在同步辐射和实验室测试中，首先取代胶片的数字技术就是成像板。它的设计是相当简单的：一层含有色心的 $BaF(Br,I):Eu^{2+}$ 被沉积在一块坚挺的，可以看作基"板"的薄膜上，然后将这块板曝光于 X 射线的辐照下，随后可以采用在线方式或者操作起来更麻烦的离线方式对所得图像进行扫描。扫描器扫描图像的过程就是激发色心并且测试所发射的光线。激发色心并不需要太多的能量，一般采用红色激光就已足够了，而放在激光路径上的光电倍增管则可以探测被激发出来的绿光。

成像板的最大优势就是尺寸大、价格低以及动态范围广。后者使得它可以作为二维粉末衍射探测器。它们的主要缺点就是由于扫描耗时，因此，死时间长，对于大图像来说要消耗差不多 2 min 的时间。不过，Rigaku MSC 公司提出了一种解决这个问题的实用方案，即采用两个甚至三个探测器组成一台探测器系统，这样一来，当某个探测器正在扫描时，其余的就可以用于曝光，而一个精确的旋转系统可以将成像板从某个位置转移到别处去。然而，成像板探测器的前景看来是相当暗淡的，尤其是考虑到平板探测器(flat panel detector)和单光子计数杂化像素探测器(single photon counting hybrid pixel detector)时更是如此。

14.1.3　平板探测器

廉价的薄膜晶体管(thin film transistor，TFT)阵列大量用于现代计算机显示器和电视中。这种读取系统可以和无定形杂化硅或者无定形硒组合在一起，其中硅或者硒被沉积在 TFT 阵列巨大的表面上并且作为 X 射线的转化层。虽然在医疗成像用 X 射线探测器方面，平板探测器已经被证明是相当合适的，但是到目前为止，还没有在晶体学领域发挥作用[5]。其中主要的不足就在于噪声水平高。不过，有理由推测，在不久的将来，这类探测器将会成为标准的配置。

通常可以将平板探测器分成直接转换和间接转换两大类型[4]。对于直接转换的探测器，可以通过无定形硒层等将 X 射线光子一步转化为电子。反之，对于间接型的探测器，就需要额外增加一个步骤——首先是闪烁层(光导体)将 X 射线转化为可见光，然后进一步通过无定形硅层转化为电子。由于光子的辐射状扩散以及光子同无定形硅相互作用的存在，因此间接方式中分辨率的降低是不可避免的。对于任何一种荧光探测层而言，都是可以针对 X 射线波长和更底层的光子探测特性进行优化的，其方式就是调整层厚和闪烁材料。当前最为常用的材料是气相生长的 CsI:Tl。这种化合物被长成圆柱形的结构并且可以起到与光纤类似的导光作用，从而降低了侧向散射。另外，CsI:Tl 的原子序数大，因此，可以强烈吸收 X 射线，从而有利于提高 X 射线的转换效率。其他处于研发中的可用光导体材料有 HgI_2、PbI_2 和 CdZnTe (CZT) 等。其中值得一提的就是采用高压技术生长的 CZT。它已经被迅速应用到各种医疗型探测器上[6]。

14.1.4　杂化像素探测器

物如其名，硅像素阵列探测器就是以硅作为初级探测层的探测器①。基于光电效应，3.65 eV 的入射 X 射线可以在硅中产生一个电子/空穴对，这就意味着 1 mm 厚的硅层在吸收了 98% 的能量为 12 keV 的 X 射线光子后可以得到 3 220 个电子。相反地，CCD 则只能产生大约 10 个电子。另外，几纳秒的读出时间也足以让这种探测器技压群雄了。还有，既然中间不需要锥化导光，而且也没有中断读出的部件，那么这类探测器不会出现畸变也是理所当然的。不过，尽管存在着如此压倒性的优势，但是样机的价格高以及读出电路设计的昂贵却成了像素探测器快速发展的障碍。无论如何，目前还是有几个团队，尤其

---

①　杂化探测器属于固态探测器，所谓的杂化就是半导体 PN 结和集成电路组合联用，通过光电效应由高能辐射直接转为电信号。——译者注

是晶体学方面的团队正在为这类探测器的实现而努力。其中 Christian Broenni-mann 等已经成功建立了一台 6M 像素的探测器用来研究蛋白质晶体学[7,8]，其像素尺寸是 $172 \times 172 \ \mu m^2$。虽然这个尺寸要比 CCD 的大，但是其单个像素的理想点扩展函数相对于 CCD 探测器而言，其分辨率仍有明显的改善。此台像素探测器由 18 个模块所构成的阵列组成，总覆盖面积是 $210 \times 240 \ mm^2$，一个满帧的读出时间是 6.7 ms，这就意味着在连续旋转单晶进行数据收集时，并不需要用快门来隔断各帧，以便分开记录。

杂化像素探测器已经用于粉末衍射领域[9]。大的衍射设备制造商都在各自的产品中提供了这类探测器，不过，令人失望的是都作为点探测器而不是以面探测器来使用。位于瑞士保罗谢勒研究所（Paul Scherrer Institute，PSI）的瑞士光源（Swiss light source，SLS）中的材料科学线站就安装了一台水平型杂化像素探测器，成像覆盖角度范围固定为 $60°(2\theta)$。它同样不是一台真正的二维探测器——虽然它比前述的二维探测器具有更快的读出时间，从而可以在几分之一秒内就获得一整张衍射谱图。不过，话说回来，杂化像素探测器将在二维衍射中大放光彩还是显而易见的事情。

14.2　衍射几何

早期粉末衍射实验记录衍射谱图大多数是基于德拜-谢乐实验模式。一条宽阔的胶片带被装在圆柱形的盒子中用来记录最早的所谓二维粉末衍射数据。与现代化的方法不一样，当时胶片上的细横条衍射线就是唯一被使用的部分且所记录的强度还停留在光学定性分析的阶段。电子闪烁计数器的使用彻底改变了这个局面，使得强度不再是定性的，而是成了可以定量化的事物。这样一来，在单晶领域广泛应用的强度校正函数，即洛伦兹和极化校正（参见 14.3 节）被引入到粉末衍射领域也是理所当然的事情了。

探测器的持续发展引发了粉末衍射领域的又一次革新。20 世纪 90 年代初，首先是用于单晶衍射领域的大屏幕探测器开始在同步辐射线站中用于粉末衍射测试。虽然初期的实验只能利用图像中的细横条衍射线[10]，但是随着免费软件的推广[11]，将图像积分成一张标准的一维粉末衍射谱图再进行分析已成为流行的做法。

二维粉末衍射的概念并没有包含任何特殊的几何因素，它不过是强调信号测试的二维性罢了。不难想到，这类探测器可以做成圆柱形，就如同魏森堡相机（Weissenberg camera）中采用的胶片那样。此种圆柱形探测器在目前仍广泛用于现代化的单晶衍射仪中——不管是常规实验室[12]还是中子线站[13]。不过，在现代粉末衍射领域很难看到这种设计，到处充斥的则是大面积的成像板探测器——前所未有的高动态范围和快速的读取时间是它们目前在粉末衍射领域被广泛使用的原因。

实验几何设置的确定是获得高准确性且高分辨率衍射角度值、谱峰线形、吸收效应乃至高滤波等因素的先决条件。尤其是从谱峰线形中剥离掉来自仪器因素的微观结构效应更需要知道准确的 2θ 数值。总之，准确的校正是能否从二维图像中获得高质量粉末谱图的最大影响因素之一。

常规情况下，探测器是垂直于初级光束（primary beam）放置的，此时二者相交于探测器的中心。这种设置有如下一些好处：可以获得完整的布拉格锥（Bragg cone）并且这个圆锥在探测器上的投影更接近理想的圆形。不过，有些时候探测器也可以偏心或者倾斜于初级光束放置，这是一种增大可探测的 q 空间范围的高性价比方法，其缺点就在于此时得到的是严重的椭圆锥投影，而且失去了衍射锥的所有方位角信息。

从二维图像获得标准的粉末衍射谱图需要每个像素点的衍射角信息。相应于这些角度的误差必须等于或者小于探测器的分辨率。而探测器的分辨率主要由点扩展函数（PSF）决定。另外，有关空气吸收的计算需要知道样品到每一个像素点的距离。这个方位角信息对于洛伦兹和极化校正是至关重要的，而对于与探测器有关的入射角校正也是如此。接下来要介绍的就是在数据还原中可能会起到重要作用的各种几何数值相应的偏差。

14.2.1　二维衍射的分辨率和 FWHM

影响二维探测器分辨率的主要因素是 PSF。成像板上各衍射线的 FWHM 分布行为可以很好地说明这一点。一个标准成像板的 PSF 大约是 300 μm。在光束严格平行的条件下，宽度为 d 的衍射光束落在成像板的投影长度 Δl 计算如下：

$$\frac{d}{\cos \Psi} = \Delta l \tag{14.2}$$

这就可以得出更高的入射角（Ψ）相应的衍射光束的投影在成像板上的足迹（footprint）[①]更大，因此，理论上更高入射角处的衍射光束具有更宽的 FWHM。然后实验事实却是背道而驰。这种看来反常的行为要如何解释呢？其实答案就在于探测器的 PSF。如果入射光束的半宽恰好低于探测器的点扩展范围，那么它们的取值对探测器来说是没有差别的。这样一来，入射光束不断增加的足迹就被探测器的点扩展湮没掉了，从而丧失了想象中的角度依赖性。基于此，改

---

① 虽然此处翻译成"覆盖区域"较为稳妥，但是这种翻译容易在后面的行文中引起混乱，因此，译成拟人化的"足迹"。——译者注

变入射角和样品间距时，"包含于谱峰中的点（即像素）的数目……没有改变"就再正常不过了[10]。实际上，在更高入射角处衍射 X 射线 FWHM 的减少更为本质的原因是每个像素的角度分辨率（参见图 14.2）。

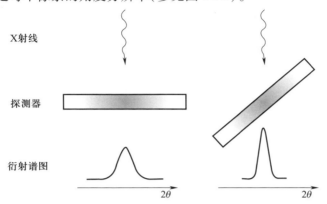

图 14.2　入射角对最终角度投影尖锐性的影响。探测器的点扩展性质保持固定。垂直和倾斜放置的探测器对应的角度分辨率之间的差异导致倾斜型具有更尖锐的谱峰

　　基于入射角度和探测器与样品之间的距离，一台实验设备的分辨率就可以计算出来。这个分辨率采用随衍射角（2θ）、探测器 PSF 和样品与探测器的间距（D）而变化的衍射光束的 FWHM 来表示（参见图 14.3）。为了简化讨论，假定探测器的倾度可以忽略，那么投影半径就与样品–探测器间距和衍射角按照下面的公式关联起来了（参见图 14.5）：

$$D \tan 2\theta = r \qquad (14.3)$$

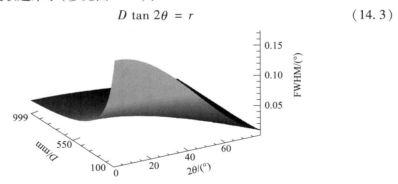

图 14.3　二维探测器点扩展对衍射光束 FWHM 的影响。假定探测器完全垂直于初级光束，而且点扩展值取为 300 μm。这里忽略了样品本身对谱峰宽度的影响

如果加上来自点扩展贡献的 FWHM，就可以得到

$$D \tan(2\theta + \text{FWHM}) = r + \text{PSF} \qquad (14.4)$$

由于公式（14.3）仍然成立，因此公式（14.4）可以写为

$$D \tan(2\theta + \mathrm{FWHM}) = D \tan 2\theta + \mathrm{PSF} \tag{14.5}$$

然后以 2θ 和 PSF 作为自变量，求解 FWHM 可以得到

$$\mathrm{FWHM} = \arctan\left(\frac{D \tan 2\theta + \mathrm{PSF}}{D}\right) - 2\theta \tag{14.6}$$

为了说明对衍射光束的 FWHM 的影响，这里计算了一个涵盖 $0°\sim 80°$ 的 2θ 范围以及 $100 \sim 1\,000$ mm 的样品-探测器间距范围的曲面，假定点扩展值是 300 μm（参见图 14.4）。

由于探测器分辨率可以粗略看作足迹与 PSF 的卷积。将这个关系代入公式（14.6），对应于理想的没有倾斜的探测器就可以得到如下的表达式：

$$\mathrm{FWHM} = \arctan\left(\frac{D \tan 2\theta + \mathrm{PSF_{conv}}}{D}\right) - 2\theta \tag{14.7}$$

由于足迹和 PSF 都可以描述成高斯函数，因此它们卷积的 FWHM 就可以由如下的公式计算：

$$\mathrm{PSF_{conv}} = \sqrt{\mathrm{PSF}^2 + (d \sec 2\theta)^2} \tag{14.8}$$

这样就可以计算一个典型成像板的分辨率（参见图 14.4）。该成像板的 PSF 为 0.3 mm，所用衍射光束宽也是 0.3 mm，样品-探测器间距为 100 mm，计算所取的衍射角范围从 $0°$ 变化到 $70°$ 的 FWHM。

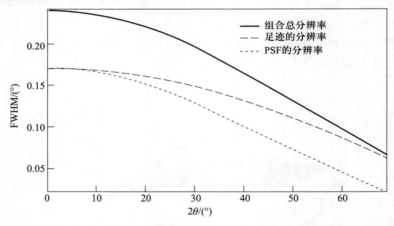

图 14.4　关于理想放置的常规成像板探测器的分辨率分布示例。该探测器距离样品 100 mm。从图中可以看出，宽为 0.3 mm 的衍射光束的足迹和探测器的 0.3 mm 的 PSF 在整个衍射角度范围内对分辨率数值的影响是不一样的

基于已知的衍射光束宽、探测器的 PSF 和探测器间距是可以估计衍射实验所得的谱线宽度的。如果二维探测器是倾斜放置，那么这种操作就要更为复杂，其本质上就是在入射角以及角度分辨率中引入方位角的因素，从而得到

FWHM 与方位角有关的衍射图像。这种谱线宽度随探测器朝向的变化可以采用公式(14.9)来完整表达。这个公式的推导与公式(14.6)一样，只不过其开始于更为复杂的由公式(14.13)给出的有关倾斜探测器的规定

$$\text{FWHM} = \arctan \sqrt{\frac{\left[x_{\text{PSF}} \cos(\text{rot}) + y_{\text{PSF}} \sin(\text{rot})\right]^2 \cos^2(\text{tilt}) + \left[y_{\text{PSF}} \cos(\text{rot}) - x_{\text{PSF}} \sin(\text{rot})\right]^2}{\left\{D + \left[x_{\text{PSF}} \cos(\text{rot}) + y_{\text{PSF}} \sin(\text{rot})\right] \sin(\text{tilt})\right\}^2}} -$$

$$\arctan \sqrt{\frac{\left[x \cos(\text{rot}) + y \sin(\text{rot})\right]^2 \cos^2(\text{tilt}) + \left[y \cos(\text{rot}) - x \sin(\text{rot})\right]^2}{\left\{D + \left[x \cos(\text{rot}) + y \sin(\text{rot})\right] \sin(\text{tilt})\right\}^2}} \qquad (14.9)$$

$$x_{\text{PSF}} = x + \text{PSF}, \quad y_{\text{PSF}} = y + \text{PSF}$$

关于 rot 和 tilt 两项的详细解释请自行参考图 14.6 和图 14.8。反映谱线宽度的因素也可以采用更一般性的项，即衍射角(2θ)、方位角(α)、探测器取向(D、rot、tilt)和探测器点扩展(PSF)。为了推出上述的公式，可以从公式(14.3)开始，不过，需要调整一下，以便适应倾斜的探测器，这可以通过在样品与探测器的间距上添加一个距离 z。它反映了到探测器上衍射点的这个间距在初级光束矢量上投影的变化。正如图 14.7(a)所示，这种变化源于探测器的倾斜并且容易计算。在推导公式时必须加上这个可以窄化倾斜光束有效宽度(图 14.2)的因子，从而得到公式(14.5)被调整后的结果

$$(D + z) \tan\left\{2\theta + \text{FWHM} \cos\left[\text{tilt}(\cos \alpha)\right]\right\} = (D + z) \tan 2\theta + \text{PSF} \qquad (14.10)$$

距离上的变动可以采用如下的公式计算：

$$z = r \sin(\text{tilt}) \qquad (14.11)$$

这里的半径是可求的，具体由下面的公式(14.38)给出。替换掉公式(14.11)和公式(14.10)中所有的 z 和 r 值，求解 FWHM 并且简化后可以得到公式(14.10)的基本构成

$$\text{FWHM} = \text{arccot}\left(\frac{\text{num}}{\text{den}}\right) \sec\left[\text{tilt}(\cos \alpha)\right] - 2\theta$$

$$\text{num} = D + D\left[\cos \alpha + \cos(\text{tilt}) \tan(\text{tilt}) \tan 2\theta\right] \qquad (14.12)$$

$$\text{den} = \text{PSF} + \tan 2\theta \begin{bmatrix} D + D \sin(\text{tilt}) \tan 2\theta \\ + \cos \alpha \tan(\text{tilt})(\text{PSF} + D \tan 2\theta) \end{bmatrix}$$

仅当考虑沿某个方位角延伸的、纤细的德拜-谢乐衍射条纹时才能有这样的简化操作[10]。

当采用聚焦光路时[14]，探测器到光学元件的距离是固定的并且光束的焦斑远小于探测器的 PSF。因此，这时的分辨率就仅仅受限于探测器的 PSF。为了降低所得的线宽，唯一的办法就是增加样品与探测器的间距，如果还想采用倾斜探测器的方法就会产生偏离聚焦条件的后果。

14.2.2 衍射角转换

公式(14.13)可以将探测器相对于初级光束的非正交性以及样品-探测器间距同衍射角关联起来。推导这个公式并不困难，只需将垂直于圆锥轴线的平面往外旋转两次就可以了。第一次旋转是围绕 x 轴进行的，正如图 14.5 所示，旋转的结果就是圆锥截面变成椭圆，这时圆锥轴线与该平面的交点就成了椭圆的一个焦点，而原先圆形圆锥截面的半径也变成了半正焦弦(semi-latus rectum，参见图 14.10)。第二次旋转是围绕该平面过上述焦点——即圆锥轴线与该平面的交点——的法线进行的，其旋转后的结果参见图 14.8。这种转换可以得到以实验可测参数表达的关于圆锥截面的一般公式

$$2\theta = \arctan \sqrt{\frac{\cos^2(\text{tilt})\{[x\cos(\text{rot}) + y\sin(\text{rot})]^2 + [-x\sin(\text{rot}) + y\cos(\text{rot})]^2\}}{\{D + \sin(\text{tilt})[x\cos(\text{rot}) + y\sin(\text{rot})]\}^2}}$$

$$(14.13)$$

参数 x、y、tilt、rot 和 D 的定义可以参见图 14.5 ~ 图 14.8 的描绘。关于这个公式的推导已经报道于参考文献[11]，其中就是借助了图 14.5 ~ 图 14.8。另外，参考文献[15]在计算圆锥曲线的同时也详细综述了这种转换。不过，其中采用三个角度来描述探测器相对于散射锥的朝向。由于探测器的任一取向仅用两个角度就足以表示，因此此处的角度转换就采用两个角度的形式。

图 14.5 示出了正交于圆锥轴线的圆锥截面，而衍射角即圆锥张角的一半可以通过公式(14.14)来计算。公式中所有的坐标基于圆锥坐标系，其中 z 轴就是圆锥轴线，x 和 y 则给出了垂直于该轴线的平面，而探测器平面就处于从圆锥顶点沿圆锥轴线经过长度为 D 的位置

$$x^2 + y^2 = D^2 \tan^2 2\theta \qquad (14.14)$$

此处的介绍中，圆锥轴线与初级光束是重叠的。因此，对于圆锥截面从圆形变为椭圆的情形，平面法线和圆锥轴线的交角就要大于零。

上述情形可以通过绕等效于 x 轴的水平平面轴旋转圆锥轴线来实现，其结果参见图 14.6 和图 14.7。为了匹配已有的规定[11]，可以将探测器绕 y 轴倾斜，从而需要将坐标系根据倾斜后的探测器进行调整，相应地，修改其坐标的标记为 x' 和 y'(图 14.7):

$$\left[\frac{Dx'\cos(\text{tilt})}{D + x'\sin(\text{tilt})}\right]^2 + \left[\frac{Dy'}{D + x'\sin(\text{tilt})}\right]^2 = D^2 \tan^2 2\theta \qquad (14.15)$$

此时，公式(14.15)可以进一步简化为公式(14.16):

$$x'^2 \cos^2(\text{tilt}) + y'^2 = [D + x'\sin(\text{tilt})]^2 \tan^2 2\theta \qquad (14.16)$$

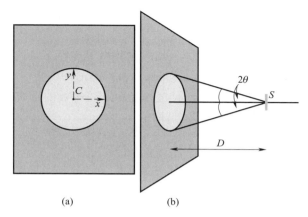

图 14.5　探测器正交于初级 X 射线束放置时所得的圆形圆锥截面示意图：（a）垂直于探测器的视图；（b）侧视图，显示初级光束从右侧进入的情景。初级光束和样品 S 发出的衍射光束与探测器相交于探测器平面，其中初级光束的交点是上述圆心。这里为了清晰起见，只画了一个衍射圆锥。从样品到探测器并且沿着初级光束的距离用 D 表示。探测器坐标系以相应于光束中心的 x 和 y 标记

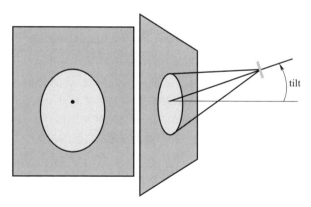

图 14.6　绕水平轴倾斜的探测器所得的椭圆形圆锥截面。它是一个沿中央垂直轴线做镜面对称的椭圆

在加入一个绕通过前述的该椭圆焦点的法线旋转的角度值后就可以得到图 14.8 所示的通用椭圆。

此时就要如下所示在 x 和 y 值中分别加上该旋转的余弦项和正弦项。同样可以分别将旋转后所得的坐标结果标记为 x'' 和 y''

$$
\begin{aligned}
x' &= x'' \cos(\text{rot}) + y'' \sin(\text{rot}) \\
y' &= y'' \cos(\text{rot}) - x'' \sin(\text{rot})
\end{aligned}
\tag{14.17}
$$

将这些表示旋转操作的方程代入公式(14.16),就可以得到如下的公式(14.18):

$$[x'' \cos(\text{rot}) + y'' \sin(\text{rot})]^2 \cos^2(\text{tilt}) + [y'' \cos(\text{rot}) - x'' \sin(\text{rot})]^2$$
$$= \{D + [x'' \cos(\text{rot}) + y'' \sin(\text{rot})] \sin(\text{tilt})\}^2 \tan^2 2\theta \qquad (14.18)$$

公式(14.18)可以重排成早期提出的与公式(14.13)等效的形式

$$2\theta = \arctan \sqrt{\frac{[x'' \cos(\text{rot}) + y'' \sin(\text{rot})]^2 \cos^2(\text{tilt}) + [y'' \cos(\text{rot}) - x'' \sin(\text{rot})]^2}{\{D + [x'' \cos(\text{rot}) + y'' \sin(\text{rot})] \sin(\text{tilt})\}^2}}$$

$$(14.19)$$

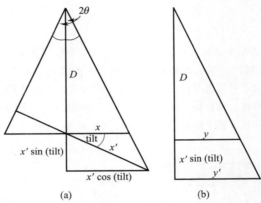

图 14.7　Kumar[15]从探测器正交时的 x 和 y 值推导倾斜时的 x' 和 y' 值所用的几何构图:(a)用于计算 x 和 x' 之间关系的几何构图,其中利用了 D 和 x 构成的三角形(小三角形)以及 $D + x \sin(\text{tilt})$ 与 $x' \cos(\text{tilt})$ 构成的三角形之间的相似性;(b)用于计算 y 和 y' 之间关系的几何构图,这里同样利用了小三角形和大三角形之间的相似性

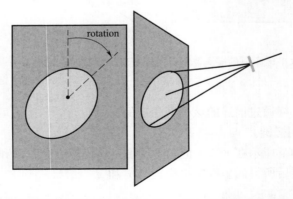

图 14.8　任意倾角的通用示意图,所加入的 rotation 角度值可以用于描述各种可能的探测器倾度

14.2.3　入射角度和光线传播距离的计算

衍射光束落在探测器上的入射角经常作为校正探测器消光性（flatness）的因素之一。这是因为一束衍射光束透入成像板或者探测器的荧光层时，其穿透深度取决于入射的角度和针对所用波长与荧光材料的线性衰减因子。

正如图 14.9 所示，最小与最大入射角可以通过公式（14.20）给出

$$\Psi_{min} = 2\theta - tilt$$
$$\Psi_{max} = 2\theta + tilt \qquad (14.20)$$

其中 tilt 可以代之以有效的倾度 $tilt_{eff}$，而 $tilt_{eff}$ 可以计算如下：

$$tilt_{eff} = tilt \sin(\alpha - rot) \quad (14.21)$$

从而得到有效入射角

$$\Psi_{eff} = 2\theta - tilt \sin(\alpha - rot)$$
$$(14.22)$$

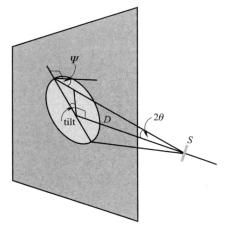

图 14.9　求入射角的示意图。其中包含入射角 Ψ 的余角以及 tilt 的小三角形可以用于推导计算入射角的公式

可以通过图 14.9 的描绘获得衍射线从样品到探测器上每个点的距离——利用正弦定理可以得到公式（14.23）

$$\frac{\sin(90° - \Psi)}{D} = \frac{\sin[180° - 2\theta - (90° - \Psi)]}{ray\ distance} \qquad (14.23)$$

进一步可以简化为

$$ray\ distance = D(\cos 2\theta + \sin 2\theta \tan \Psi) \qquad (14.24)$$

14.2.4　通用型转换

由于大多数谱图识别算法描述椭圆时采用的是传统的几何参数，即半长轴、半短轴和离心率，因此本节将给出晶体学和标准系统之间的所有必需的转换。基于前述结果，接下来的转换需要计算出探测器上任一个衍射点的正确笛卡尔坐标，这意味着确定函数值 $x, y = f(2\theta, \alpha, D, tilt, rot, X_0, Y_0)$——该信息对于计算和描绘理论椭圆位置是重要的。

如公式（14.25）所示，独立于倾度的半正焦弦可以用散射角和样品-探测器间距来表示

$$D \tan 2\theta = l \qquad (14.25)$$

由图 14.9 和图 14.10 以及正弦定理可以得到如下的关系：

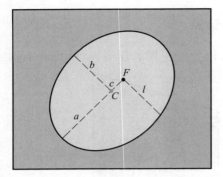

图 14.10　常用的椭圆参数示意图。
其中 C 为中心，F 表示一个焦点，a 为半
长轴，b 为半短轴，l 为半正焦弦

$$\frac{\sin 2\theta}{a - c} = \frac{\sin (90° - 2\theta + \text{tilt})}{D}$$
(14.26)

重排各项可以得到如下公式：

$$c = a - D \sec (\text{tilt} - 2\theta) \sin 2\theta$$
(14.27)

不过，通过图 14.9 和图 14.10 以及正弦
定理同样也可以得到如下的关系式：

$$\frac{\sin 2\theta}{a + c} = \frac{\sin (90° - 2\theta - \text{tilt})}{D}$$
(14.28)

再次重排各项可以得到

$$c = - a + D \sec (\text{tilt} - 2\theta) \sin 2\theta \qquad (14.29)$$

以公式（14.27）和公式（14.29）建立等式并对 a 求解可以得到如下的公式：

$$\frac{D \cos (\text{tilt}) \sin 4\theta}{\cos (2\text{tilt}) + \cos 4\theta} = a \qquad (14.30)$$

调整变量的排列同理可以得到 c 的表达式，它与前述 a 的表达式非常相似

$$\frac{2 D \sin (\text{tilt}) \sin^2 2\theta}{\cos (2\text{tilt}) + \cos 4\theta} = c \qquad (14.31)$$

$$al = b^2 \qquad (14.32)$$

基于常识性的公式（14.32），半短轴可以表达成散射角、倾度和样品–探测器
间距，正如公式（14.33）所示

$$\frac{D \sqrt{\cos (\text{tilt})} \sqrt{\sin 2\theta} \sqrt{\tan 2\theta}}{\sqrt{\cos (2\text{tilt}) + \cos 4\theta}} = b \qquad (14.33)$$

此时可以将 a 和 c 代入众所周知的等式 $e = c/a$，从而给出作为校正参数之
一的离心率的表达式

$$\tan (\text{tilt}) \tan 2\theta = e \qquad (14.34)$$

14.2.4.1　探测器坐标系转换

现在尝试利用上述的校正值和衍射参数来推导探测器坐标系。在这些计算
中可以采用如下一些有关椭圆的众所周知的恒等式：

$$e = \sqrt{1 - \frac{b^2}{a^2}} \qquad (14.35)$$

$$c = \sqrt{a^2 - b^2} \qquad (14.36)$$

这样一来，测得的距离该焦点的椭圆半径就可以用离心率、半长轴和方位角来
描述

$$r_{\text{focus-ellipse}} = \frac{a(1 - e^2)}{1 + e \cos \alpha} \tag{14.37}$$

将公式(14.34)代入公式(14.37)可以得到

$$r_{\text{focus-ellipse}} = \frac{D \tan 2\theta}{1 + \cos \alpha \tan (\text{tilt}) \tan 2\theta} \tag{14.38}$$

此时，笛卡尔坐标可以计算如下：

$$y_d = r_{\text{focus-ellipse}} \sin (\alpha - \text{rot}) \tag{14.39}$$

$$x_d = r_{\text{focus-ellipse}} \cos (\alpha - \text{rot}) \tag{14.40}$$

其中 x_d 和 y_d 分别是 x 和 y 相对于焦点的位置。从方位角中扣除旋转角就可以表达椭圆与坐标轴呈斜交的状态。

14.3　强度校正

正如衍射角是获得正确点阵参数的关键，强度也是精确给定原子位置、元素类型以及它们的占位和位移参数的基础。不过，实验室衍射仪广泛采用水平型点式探测器以及后来的一维位敏探测器的现状妨碍了二维几何校正通用公式的推广，反而是作为其特例的水平型校正得到了广泛应用。然而，这些校正通常不适合用于校正二维探测器所收集的数据。因此，下面讨论一下影响衍射光束强度的重要实验因素以及相应的二维校正函数。

14.3.1　洛伦兹校正

粉末衍射数据的洛伦兹校正与单晶数据中所用的稍有不同。对于单晶数据的校正只需一个旋转因子，而粉末校正还要增加一个统计因子[24]。这个因子用来校正晶粒处于衍射位置的可能性。该因子直接取决于 $(\sin \theta)^{-1}$ 并且包含于常用的洛伦兹校正公式中

$$L^{-1} = \sin 2\theta \sin \theta \tag{14.41}$$

洛伦兹在一次讲座中给出了常用于校正某个衍射扫过 Ewald 球壳时的强度变化的方法[25]。对于理想的单晶，其应用方式就是将单个衍射的强度沿 Ewald 球的最短横贯区进行标准化。这种操作可以通过正空间中晶体的转动来实现。因此，这种校正不仅取决于晶体的旋转矢量，同时也和探测方法有关，一般采用如下的公式：

$$|F_{hkl}|^2 \propto \frac{\mathrm{d}z}{\mathrm{d}s} \int I_{xy}(s) \, \mathrm{d}s \tag{14.42}$$

其中 I_{xy} 就是所测试的衍射强度，它是扫描变量 s 的函数。而 z 的方向垂直于该

衍射位置所处的 *Ewald* 球面。对于典型的四圆衍射仪[26]，遍历 s 进行积分并且对衍射在小角度范围内的正弦项和余弦项进行近似可以得到如下的公式：

$$L^{-1} = -\left[\Delta\omega_i \sin\gamma\cos\nu + \Delta\chi_i \sin\omega\sin\nu + \right.$$
$$\left. \Delta\varphi_i(\cos\chi\sin\gamma\cos\nu - \cos\omega\sin\chi\sin\nu)\right] \tag{14.43}$$

对于二维粉末衍射最常用的单轴旋转的实验设置，上述函数可以简化为[16]

$$L^{-1} = \cos\mu\sin\gamma\cos\nu \tag{14.44}$$

其中 μ 为样品旋转轴与初级光束法平面的夹角；γ 为衍射的水平位移角度；ν 为衍射的垂直位移角度。

图 14.11　探测器处于理想位置时单晶的二维洛伦兹校正结果。注意一下中间谷底处的零值，由于此处要与洛伦兹校正的倒数相乘，所以将引起强度的发散。这就意味着这一区域的强度是没有意义的。另外，这个处于中心的波谷是平行于样品旋转轴的

对于众所周知的公式（14.44）的水平形式可以通过将旋转轴和初级光束垂直，并且将其垂直位移降到零而得到——此时 γ 就是衍射角

$$L^{-1} = \sin 2\theta \tag{14.45}$$

上述从二维形式向一维水平形式的简化是采用点探测器或者至多加上线型位敏探测器的水平衍射仪几何所必需的。重要的是，这种校正既不能用于 Bragg - Brentano 几何，也不能用于平板透射几何，而是仅对德拜-谢乐几何有效。

采用面探测器的粉末衍射必须应用二维的校正（图 14.11）。此时，可以利用一个由公式（14.44）基于①更容易得到的散射角 2θ 和方位角 α 推导出来的表达式

$$L^{-1} = \cos\mu\frac{\cos\alpha\tan 2\theta}{\sqrt{1 + \cos^2\alpha\tan^2 2\theta}\sqrt{1 + \sin^2\alpha\tan^2 2\theta}} \tag{14.46}$$

将上述的统计因子与这个公式联用就得到了针对在光束中旋转的粉末样品的洛伦兹校正的通用公式

$$L^{-1} = \sin\theta\cos\mu\frac{\cos\alpha\tan 2\theta}{\sqrt{1 + \cos^2\alpha\tan^2 2\theta}\sqrt{1 + \sin^2\alpha\tan^2 2\theta}} \tag{14.47}$$

高准直光束的洛伦兹校正　前述样品在光束中旋转所进行的校正应当满足粉末样品如同单晶那样在光束中旋转，即所有的晶粒在旋转时应当保持处于光束内部。然而，准直的光束尺寸可以小于样品旋转时所包围的范围，那么旋转

---

① 原文此处误为"independent"。——译者注

对最终所得的洛伦兹因子的作用就会弱化。此时，可以引入一个 R_L 项来定量表示旋转洛伦兹因子，其取值落在没有任何旋转单元时的 0 与所有晶粒的全部旋转都处于光束中的 1 之间（图 14.12）。引入这个因子后可以得到

$$L^{-1} = \sin \theta R_L \cos \mu \frac{\cos \alpha \tan 2\theta}{\sqrt{1 + \cos^2\alpha \tan^2 2\theta}\sqrt{1 + \sin^2\alpha \tan^2 2\theta}} \qquad (14.48)$$

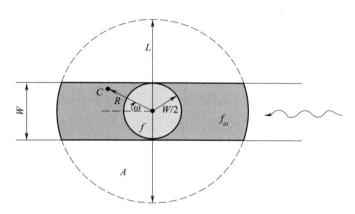

图 14.12　相对洛伦兹因子。此图示出了某个直径为 L 的毛细管在宽度为 W 的光束照射下垂直截面的情景。其中仅有内部涂成浅灰色的圆中包含的晶粒才能完全（2π）在光束中旋转。超过这个范围但是仍然被光束穿过的晶粒只能获得有限的旋转 ω，从而以单晶模式计算的洛伦兹因子在用于这部分晶粒时需要降低其数值

R_L 的引入是以旋转轴垂直于初级光束作为前提的。如果一个晶粒旋转 $\omega = 2\pi$ 时始终落在光束中，那么上述常用的洛伦兹公式是有效的。对于旋转半径小于光束直径的一定数目的晶粒来说，这个结论也是对的。对于超出这个半径的晶粒，可以采用取决于其旋转半径以及初级光束宽度的某个旋转角度 ω_{eff} 来满足这个结论，其定义如下：

$$\omega_{eff} = 4 \ \arcsin \frac{W}{R} \qquad (14.49)$$

其中 W 为光束宽度；R 为旋转半径。由于在 $R = W$ 和 $R = L$（其中 L 是毛细管直径）之间的所有晶粒受旋转半径的影响是不同的，因此需要对这个范围进行积分

$$\Omega_{eff} = \int_y^1 \omega_{eff}(y)\,\mathrm{d}y = 2(\pi - 2\sqrt{1 - y^2} - 2y \arcsin y), \quad y = \frac{W}{L} \qquad (14.50)$$

有趣的是，当光束宽度与样品旋转半径比例趋于零时，这个积分趋于一个常数，为 33°左右。

$$\lim_{y \to 0}\int_y^1 \omega_{eff}(y)\,\mathrm{d}y = \frac{\pi}{2} - 1 \qquad (14.51)$$

接下来就要将这类旋转与整体被照射的面积联系起来。具体的归一化过程采用整体被照射面积对应的平均旋转角度与标准洛伦兹校正的完全 2π 旋转角度做比较的方式

$$R_L = \frac{2\pi f + \Omega_{\text{eff}} f_\omega}{2\pi (f + f_\omega)} \tag{14.52}$$

其中 f 是旋转时完全处于准直的初级光束内的晶粒面积；f_ω 是旋转时仅有部分位于光束中的晶粒面积（图 14.13）。这些数值计算如下：

$$A = \frac{1}{4} \left[L^2 \cos^{-1} \left(\frac{W}{L} \right) - W\sqrt{L^2 - W^2} \right] \tag{14.53}$$

$$f = 2\pi \left(\frac{W}{2} \right)^2 \tag{14.54}$$

$$f_\omega = 2\pi \left(\frac{L}{2} \right)^2 - f - 2A \tag{14.55}$$

重新整理公式（14.55）并且简化可以得到如下的公式（14.56）：

$$f_\omega = \frac{1}{2} \left[L^2 \pi + W(-\pi W + \sqrt{L^2 - W^2}) - L^2 \cos^{-1} \left(\frac{W}{L} \right) \right] \tag{14.56}$$

从而公式（14.52）就变成

$$R_L = \frac{2\pi f + \Omega_{\text{eff}} f_\omega}{2\pi \left[2\pi \left(\frac{L}{2} \right)^2 - 2A \right]} \tag{14.57}$$

当简化为基本参数的函数时，就可以得到校正因子 R_L 的最终表达式

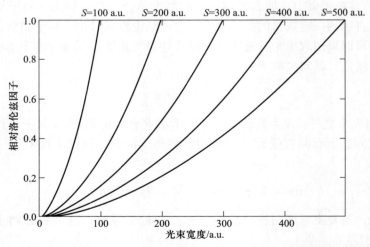

图 14.13 相对洛伦兹因子。此图显示了准直后小于样品尺寸的初级光束相应的校正因子的表现。假如初级光束尺寸大于样品直径，那么该因子为 1

$$R_L = \frac{\pi^2 W^2 + \frac{1}{4}\pi\left[L^2\pi + W(-\pi W + \sqrt{L^2 - W^2}) - L^2 \arccos\left(\frac{W}{L}\right)\right]\left[\pi - 2\sqrt{1 - \frac{W^2}{L^2}} - \dfrac{2W\arcsin\left(\frac{W}{L}\right)}{L}\right]}{\pi\left[L^2\pi + W\sqrt{L^2 - W^2} - 2L^2\arccos\left(\frac{W}{L}\right)\right]}$$

$$(14.58)$$

为了显示这个校正因子在不同光束尺寸和毛细管时的表现，这里给出了一个简单的二维图例。在图 14.13 中可以看到，当光束尺寸趋于零时，R_L 也接近零，而当光束尺寸等于或大于样品直径时，这个标准校正因子就是 1。

14.3.2　偏振校正

当 X 射线被某个点阵平面衍射时，它们将被部分偏振（极化），这就会引起强度的下降，具体取决于衍射角度的数值。对于一束完全非偏振的初级光束，需要应用如下的校正[17]：

$$P = \frac{1}{2}(1 + \cos^2 2\theta) \qquad (14.59)$$

假如初级光束是偏振的，那么该校正就要改成[18-21]

$$P = P_0 - P' \qquad (14.60)$$

$$P_0 = \frac{1}{2}(1 + \cos^2 2\theta) \qquad (14.61)$$

$$P' = \frac{1}{2}J'\cos 2\alpha \sin^2 2\theta \qquad (14.62)$$

其中

$$J' = \frac{I_\pi - \mu I_\sigma}{\mu(I_\pi + I_\sigma)} \qquad (14.63)$$

其中 I_π 和 I_σ 分别是垂直和水平方向的强度。而单色器角度与 μ 的关系由下式给出：

$$\mu = \cos^2 2\theta_m \qquad (14.64)$$

如果已经知道单色器角度（$2\theta_m$）和 X 射线束的初始偏振信息，那么就可以计算有效偏振因子。不过，基于二维衍射强度可以精修这个参数，从而得到可靠的数值（图 14.14）。

14.3.3　入射角校正

基于衍射光束撞击到探测器平面所成的角度进行强度校正的成果最早是由 Gruner 在有关 CCD 探测器的工作中提出的[2]。从那以后这种校正发展的动力则主要来自电子密度研究者对面探测器高质量强度数据获取的不懈追求。从图 14.15 可以清楚看出这种入射角是如何影响光束在探测层中所通过的路径的。

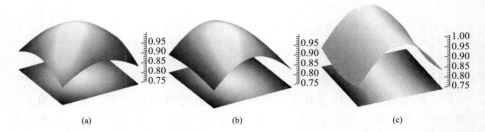

(a)   (b)   (c)

图 14.14　探测器处于理想位置时的二维偏振校正结果。其中偏振因子被设置为〔从（a）到（c）〕0.1、0.5 和 0.99。偏振校正结果以三维渲染曲面来表示，其下方的灰度图也给出了同样的信息。校正操作就是将原始强度值除以图中所显示的校正值

光束在探测层中所经历的这段距离等于 $d/\cos\varPsi$，其中 $\varPsi$ 就是入射角，而 d 则是探测层的厚度。

如果在探测层中产生的可见光的吸收可以忽略，那么入射角的校正就与探测器类型无关[22]（CCD 或者 IP）（图 14.16）

$$K = \frac{1 - \mathrm{e}^{\frac{-\mu d}{\cos\varPsi}}}{1 - \mathrm{e}^{-\mu d}}$$

$$= \frac{1 - \mathrm{e}^{\frac{\ln T_\downarrow}{\cos\varPsi}}}{1 - T_\downarrow} \tag{14.65}$$

而且

$$I_{\mathrm{corr}} = \frac{I_{\mathrm{obs}}}{K} \tag{14.66}$$

而 $T_\downarrow$ 是沿法线入射的探测器层中的透过率。这样就可以得到完整的校正函数如下：

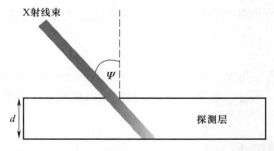

图 14.15　入射角校正示意图。其中入射光束在厚度为 d 的探测层所经过的路径取决于入射角 $\varPsi$，从而在层中走过的长度就是 $d/\cos\varPsi$。如果光束没有被探测层完全吸收，那么就需要执行这种校正。否则，高入射角度的衍射将会因为更长的探测路径而错误地给出更高的强度值。这种校正的目的就是尝试将强度以入射的衍射光束的方向垂直于平面的状态进行标准化

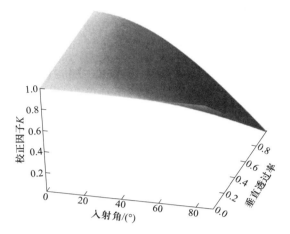

图 14.16　入射角校正因子。入射角范围为 0°~90°并且垂直透射率由 0 到 1 时所相应的校正因子计算值来自参考文献 [22]。校正时将所测强度除以校正因子 K。显然，当 X 射线被完全吸收以及入射角取 0°时，这个校正因子都等于 1

$$I_{\downarrow} = I_{\text{obs}} \frac{1 - T_{\downarrow}}{1 - e^{\frac{\ln T_{\downarrow}}{\cos \Psi}}} \qquad (14.67)$$

某些配置 CCD 相机的单晶衍射仪采用了如下的经验校正公式：

$$K = 1 + m(1 - \cos \Psi) \qquad (14.68)$$

其中 m 是表征探测器-波长联合作用效果的系数。例如，针对铜辐射的 CCD 探测器，最优值是 $m = 0.176\ 3$，而对于钼辐射则是 $m = 0.327\ 4$。到目前为止，并没有关于这个公式如何推导的报道。

Fit2D 软件包[11]采用的校正公式是

$$K = \cos^3 \Psi \qquad (14.69)$$

同样，这种校正公式的来源也没有公开报道过。

下面的公式是针对成像板并且额外考虑激发光和发射光的吸收后所得的更为复杂的函数[23]：

$$
\begin{aligned}
I_f^F(x, y, z, \nu, \kappa, \Psi) &= k I_z^x I_y^\varepsilon \\
&= k I(x, y) \exp\left[\left(\frac{-\mu_g}{\cos \nu} + \frac{\mu_p}{\cos \nu} - \frac{\mu_y}{\cos \Psi} \right) z_p \right] \qquad (14.70)
\end{aligned}
$$

将这个函数用于单晶数据，在研究 CeB_6 的电子密度时可以给出更好的归一化结果。公式（14.70）中，μ_g、μ_p 和 μ_y 分别表示成像板层中激发光、X 射线和发射光的线性吸收系数，相应的入射角分别是 ν、κ 和 Ψ；z_p 是入射 X 射线矢量的大小。

参考文献

1. E. M. Westbrook, *Detectors for Crystallography and Diffraction Studies at Synchrotron Sources*, SPIE, Denver, CO, 1999.

2. S. M. Gruner, J. R. Milch and G. T. Reynolds, *IEEE Trans. Nucl. Sci.*, 1978, **25**, 562-565.

3. C. Ponchut, *J. Synchrotron Radiat.*, 2006, **13**, 195-203.

4. H. G. Chotas, J. T. Dobbins III and C. E. Ravin, *Radiology*, 1999, **210**, 595.

5. S. Ross, G. Zentai, K. S. Shah, R. W. Alkire, I. Naday and E. M. Westbrook, *Nucl. Instrum. Methods Phys. Res. Sect. A*, 1997, **399**, 38.

6. D. G. Darambara, *Nucl. Instrum. Methods Phys. Res. Sect. A*, 2006, **569**, 153.

7. C. Broennimann, E. F. Eikenberry, B. Henrich, R. Horisberger, G. Huelsen, E. Pohl, B. Schmitt, C. Schulze-Briese, M. Suzuki, T. Tomizaki, H. Toyokawa and A. Wagner, *J. Synchrotron Radiat.*, 2006, **13**, 120-130.

8. G. Hulsen, C. Broennimann, E. F. Eikenberry and A. Wagner, *J. Appl. Crystallogr.*, 2006, **39**, 550-557.

9. F. Fauth, B. Patterson, B. Schmitt and J. Welte, *Acta Crystallogr.*, *Sect. A*, 2000, **56**, s223.

10. P. Norby, *J. Appl. Crystallogr.*, 1997, **30**, 21-30.

11. A. P. Hammersley, S. O. Svensson, M. Hanfland, A. N. Fitch and D. Häusermann, *High Pressure Res.*, 1996, **14**, 235-248.

12. Rigaku, *Rigaku J.*, 2004, **21**, 39- 42.

13. J. M. Cole, G. J. McIntyre, M. S. Lehmann, D. A. A. Myles, C. Wilkinson and J. A. K. Howard, *Acta Crystallogr.*, *Sect. A*, 2001, **57**, 429- 434.

14. R. B. von Dreele, P. L. Lee and Y. Zhang, *Z. Kristallogr.*, 2006, **23**, 3-8.

15. A. Kumar, PhD Thesis, Austin College, USA, 2006.

16. M. Buerger, *Contemporary Crystallography*, McGraw-Hill, New York, 1970.

17. H. Lipson and J. I. Langford, in *International Tables for Crystallography*, *Vol.* C, eds. A. J. C. Wilson and E. Prince, Springer, Chester, 1999, pp. 590-591.

18. L. Azaroff, *Acta Crystallogr.*, 1955, **8**, 701-704.

19. L. Azaroff, *Acta Crystallogr.*, 1956, **9**, 315.

20. R. Kahn, R. Fourme, A. Gadet, J. Janin, C. Dumas and D. Andre, *J. Appl. Crystallogr.*, 1982, **15**, 330-337.

21. E. Whittaker, *Acta Crystallogr.*, 1953, **6**, 222-223.

22. J. Zaleski, G. Wu and P. Coppens, *J. Appl. Crystallogr.*, 1998, **31**, 302-304.

23. K. Tanaka, T. Yoshimi and N. Morita, *Acta Crystallogr.*, *Sect. A*, 2005 **61**, C146.

24. L. Zevin, *Acta Crystallographica*, *Section A*, 1990, **46**, 730-734.

25. L. Azaroff, *Elements of X-Ray Crystallography*, McGraw-Hill, 1968, New York.

26. W. R. Busing and H. A. Levy, *Acta Crystallographica*, 1967, **22**, 457- 464.

第15章

非常规条件下的
粉末衍射

Poul Norby[a] 和 *Ulrich Schwarz*[b]

[a]Department of Chemistry and Centre for Materials
Science and Nanotechnology, University of Oslo,
P. O. Box 1033, Blindern, N-0315 Oslo, Norway;
[b]Max-Planck-Institut für, Chemische Physik fester Stoffe,
Nöthnitzer Strasse 40, 01187 Dresden, Germany

15.1 引言

由于粉末衍射非常适合于非常规条件下的测试研究，因此很自然地，粉末衍射的一个早期应用就是高温下的相转化研究；随后很快就出现了面向低温和高压研究的装置；再后来，也成功实现了原位、时间分辨(time-resolved)和现场(in operando)粉末衍射的应用。

粉末衍射是一种非接触和非破坏性的表征方法。它能够提供与晶体结构、物相组成和微结构有关的大量信息，并且允许构建样本测试环境以满足多种非常规环境研究的要求。采用 X 射线粉末衍射进行非常规环境以及原位研究的一个问题就是 X 射线需要穿透容器和样品架，例如，高压实验中 X 射线辐射必须穿透金刚砧室（diamond anvil cell）①，而原位研究催化剂时则需要穿透作为反应腔的钢制容器。另外，对于时间分辨的实验，高时间分辨率的要求也是一个限制因素。如果利用可以轻易穿透大多数金属容器的中子，那么就可原位研究放在容器内的材料。不过，中子衍射实验不仅需要大量的样品，而且现有弱小的中子通量产生的时间分辨率也是相当有限的。同步辐射 X 射线源的发展是非常规环境粉末衍射的一个主要推动力量。超高的同步辐射 X 射线强度以及各种强大插入件的发展可以完成具有很高时间分辨率的时间分辨实验。除此以外，基于同步 X 射线辐射的高能量，装在相当厚壁的金属容器中的材料信息也可以被提取出来。利用聚焦高能 X 射线束，还可以获得放在高压金刚石对顶砧中的数量极少（tiny）材料的高质量衍射数据。

与强大 X 射线源和中子源的发展同步，效率更高的探测器的逐渐发展使在极短时间内获得很好的粉末衍射数据成为现实。位敏探测器和面探测器的使用能够同时获得一张衍射谱图的大部分内容。这样一来，几十年前难以想象的非常规且原位的粉末衍射研究在当前已经可以常规化进行。

15.2 原位粉末衍射

"原位粉末衍射"这一术语已经被用于描述多种不同类型的实验，至今并没有公认的定义。不过，将所有非常规实验定义为"原位"是可行的——因为这些实验必须在所需的高温或高压条件下进行。

高压研究将在本章的后面部分介绍，这里要讨论的是：

（1）动态粉末衍射，即开展时间分辨的实验以跟踪在化学或物理反应中及处理中材料的变化；

（2）静态实验，即有关材料的信息是从位于静态稳定条件下的某个复杂体系中提取的，例如反应器中处于正常工作条件下的催化剂的研究。

在原位实验中，某个体系或者某种材料被放在促使化学或者物理过程发生的非常规条件下进行研究。这种研究既可以是时间分辨的化学反应研究，例如材料合成（固相反应、溶胶-凝胶反应、水热反应和薄膜生长等）过程、锂电池

---

① 国内有两种译法：金刚石对顶砧和金刚石压腔，分别侧重于 anvil（砧）和 cell（腔），但是英文中关于这两种译法却分别有"diamond anvil"和"pressure cell"与其对应，有别于本文的"diamond cell"，而且各自的译文也仅反映这种容器的一些特点，因此，本文基于内在含义翻译成描述较为全面的"金刚砧室"。——译者注

在充/放电循环中阴极和阳极材料的变化、吸收/解吸过程、离子交换以及层状或微孔材料的插层反应；也可以是处于作业环境中的催化剂、正在吸收和释放氢气的储氢材料以及电化学反应的研究等；还可以是关于物理性加工或者相互作用中的材料的研究，例如振荡电场中的压电材料、机械处理下金属材料的应变/应力发展的研究或者外部施加磁场后的化学反应。

本文并没有特意区分原位和现场实验两个概念。"现场"一般需要被研究的体系处在与工业处理等完全一样的条件下，而"原位"则表示模拟了如合成与化学反应的时间分辨研究所需的条件。

虽然难于说出原位粉末衍射最早是用于解决哪个具体问题的，但是可以确定的是，刚开始时的原位实验是一些为了获得结构信息和动力学数据而实施的中子粉末衍射[1-3]。允许采用金属容器并且适合大体积样品的特性使得中子衍射成为原位研究的合理选择，虽然它的中子通量小，但限制了可以实现的时间分辨率。由于 ILL 光源的中子粉末衍射仪 D1B 配置了位敏探测器，因此可以实现以 3～5 min 的时间分辨率表征石膏的水合作用等研究。图 15.1 所示为该反应的时间分辨三维粉末衍射谱图，从图中可以清楚看出水合物相的形成过程。

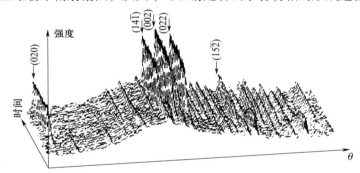

图 15.1　某反应过程的衍射谱图变化示例。每隔 5 min 拍摄一张谱图。该示例给出了 $CaSO_4$ 不同水合程度的结果[2]

上述的这些研究对于理解水泥的水合过程是非常有价值的。从那以后又报道了很多采用中子和同步 X 射线粉末衍射来跟踪这类反应过程的原位研究工作。铝酸三钙（即 C_3A——硅酸盐水泥①中的重要成分）水合作用的同步辐射研究标志着时间分辨率的进步[4]。采用间隔时间低至 0.3 s 的时间分辨率，在水合作用的初始阶段发现了一个迄今为止未见报道的短寿命中间物相。

这些早期实验促进了原位粉末衍射在其他体系中的大量应用。到目前为

---

① "portland cement"就是普通的"硅酸盐水泥"，也有音译为"波特兰水泥"，本文采用前者，便于理解。——译者注

止，随着需要解决的挑战性实验问题的日益增多，原位粉末衍射依然是一个快速发展的研究领域。

原位粉末衍射实验能取得爆炸性发展的主要原因就是高强度同步 X 射线源的进步。强度很高就意味着时间分辨率很好，这就可以实现超快反应的跟踪。另外，高能 X 射线辐射的可用性还可以完成壁厚相当可观的钢制容器中体系的原位研究，从而实现材料在正常反应条件下的表征。

因为原位粉末衍射实验的报道数量繁多，所以下面就不打算详细地进行介绍，而是集中于在实施原位粉末衍射实验时应当考虑的重要问题。

15.2.1 技术和设施

15.2.1.1 同步 X 射线辐射

基于同步 X 射线辐射的原位粉末衍射研究既可以采用能量色散的衍射法，也可以是变动角度的衍射法。

对于能量色散 X 射线衍射（energy dispersive X-ray diffraction，EDXRD），入射到样品上的 X 射线是包含各种能量（白光）的光束。可以分辨能量的固态 Si 或者 Ge 探测器安装在固定的角度位置，以便用来分析散射光束的能量/强度分布。如果在不同的散射角度放置多台探测器，那么就可以覆盖更宽阔的面间距范围，同时还可以降低荧光、材料或者容器吸收边的干扰。现代化的原位能量色散粉末衍射中，多探测器已经是一种常用设施，例如，在 Daresbury 实验室[5,6]做实验时，原位研究就采用了一套三元探测器系统（图 15.2）。

在原位研究中采用能量色散衍射有很多优点。首先，这种设施在曝光时不

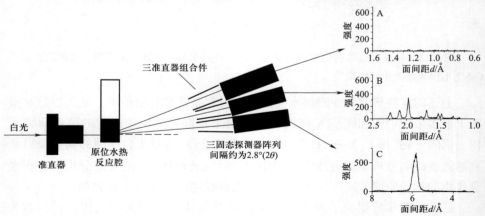

图 15.2 Daresbury 实验室 16.4 线站的三元探测器示意图。该设施面向微孔材料的合成研究。需要注意的是，下方的探测器的安装角度位于 1.1°和 1.4°之间，从而可以观测到面间距 d 在 0.5～20 Å 范围内的衍射线

用移动部件，因此，可以固定部件放置的角度，这就可以简化特殊反应腔的设计，而且也更容易在单个实验中组合多种实验技术。其次，探测器低角度放置时可以记录高能的衍射，而这种衍射更有利于厚壁容器在现场研究中的应用。还有一个重要的优点就是在入射光束和衍射光束上采用准直器后，就可以有选择性地获取样品中某一小体积元发出的衍射。这就可以用来消除源自容器材料或者体系其他材料的衍射——在研究被覆盖的界面、多层结构（例如电池或者燃料电池）或水热合成时，这是一个巨大的优势。最后，能量色散衍射可以实现短曝光和短读出时间，从而可以获得高时间分辨率。

能量色散粉末衍射的缺点就是探测器在能量分辨率方面的有限性导致谱图分辨率低。这就使得它难于获得准确的晶胞参数。另外，荧光线和吸收边也会影响所收集的谱线。因此，采用能量色散衍射数据一般是难以通过 Rietveld 精修等技术获得结构信息的。

角度变化的衍射是基于常规或者同步光源的 X 射线粉末衍射实验采用的主要方式。它使用单色化后的 X 射线束并且所记录的散射强度是衍射角度的函数值。利用角度色散衍射可以得到很准确的晶胞参数，也可以收集到适合于采用 Rietveld 精修进行结构研究的数据。这种测试方式的时间分辨率主要取决于所用的探测系统。相关的探测器可以是点探测器、一维（位敏）探测器或者面探测器。选择一维或二维探测器可以明显提高计数效率，因为谱图的大部分内容可以一次性收集。除此以外，采用这两类探测器的重要性还在于时间分辨（及温度分辨）粉末衍射实验能够在尽可能短的时间内收集到全部粉末衍射谱图，乃至更进一步地在同一时刻获得整张谱图。这不仅提高了时间分辨率，而且可以避免采用扫描型探测器（例如点探测器或者小型位敏探测器）会出现的材料在扫描开始和结束中可能已经发生改变的问题——它将给谱图的分析，特别是结构信息的获取带来麻烦。当采用大型位敏探测器或者面探测器收集一整张谱图的时候，任何在测试或者曝光时发生的变化都会反映在记录下来的这一整张谱图上。

需要强调的是，在采用一维或者二维探测器时（没有聚焦几何设置），所得角度分辨率（即衍射峰的宽度）将主要取决于样品的尺寸。因此，必须保证样品尺寸不能过大，这就使得面向原位研究的反应腔的设计变得困难起来。另外，要想在不妨碍衍射光束传播的条件下设计环境腔或者实施组合式实验将更为困难。角度分辨率的一种提高办法就是增加样品和探测器之间的距离。但是，这样一来就降低了可测试的角度范围——毕竟探测器的尺寸是有限的。当采用一维探测器时，更大的样品-探测器间距还意味着被取样的德拜-谢乐环的局部区域变小了。总之，通常需要在分辨率、测试角度范围和强度之间进行均衡。一般来说，配置面探测器的同步辐射光源设备的角度分辨率与实验室采用

CuKα₁ 辐射的高分辨率粉末衍射仪的结果相当。

如果采用二维探测器，那么整条或者绝大部分的德拜-谢乐环将被收集。除了可以提高计数统计结果，还可以避免少量样品产生的负面效应，即晶粒数目的非统计性以及更进一步的织构。这类探测器的几何效应将在第 14 章详细介绍。

利用高分辨率同步 X 射线粉末衍射进行时间分辨原位研究的局限在于可得到的衍射强度不高，这就最终限制了可用的时间分辨率。要降低获取每套数据集所需的时间可以采用多个分析器晶体。另外，ESRF 中的 ID31 以及位于 APS 中的 11－ID 等在配置多个分析器晶体的前提下，还在光束中放置插入件（摇摆器或者波荡器）的高分辨率粉末衍射仪的出现也使得在高时间分辨率的前提下获取超高分辨率的数据成为可能。这个进步将极大促进原位粉末衍射在解决日益增长的、更为复杂问题中的应用。

15.2.1.2 常规实验室 X 射线源

必须强调的是，不管是来自密封管还是旋转靶，实验室 X 射线源在大多数情况下都能很好地完成原位实验，尤其是配置位敏探测器时。当然，在时间分辨率和样品或者容器的吸收上同样存在着许多问题和限制。大多数实验室粉末衍射仪使用的是铜靶发出的 X 射线。由于衰减过于明显，因此这种射线很难用于厚样品的测试。不过，如果在有限的 2θ 范围内进行数据收集，那么铜靶一般还是可以做到的，从而可以用于跟踪某一些谱线如何演变的实验。常规粉末衍射仪也可以配置点探测器来实现快速扫描。如果采用的是小型位敏探测器，那么可以将这个探测器的位置固定，从而可以实现时间间隔小于 1 min 的实验。

值得注意的是，大多数情况下，常规实验室会拥有一台单晶衍射仪，并且装上了 Mo 靶和面探测器。这种仪器可以作为原位粉末衍射研究的一种高级设备，因为一般来说，针对毛细管样品建立一个加热系统以及在设备上装上一个反应腔是可以在这种单晶衍射仪上实现的；而且钼靶发出的 X 射线辐射的能量要高于铜靶的，这就减少了吸收的麻烦。另外，这种设备能在短暂的曝光时间中收集到整条德拜-谢乐环，从而获得了高统计性的数据。最后，大多数单晶衍射仪的读取时间短，可以实现高时间分辨率。不过，采用基于发散光束的标准单晶衍射仪收集的粉末衍射数据并不具有足够的角度分辨率，从而得到的是宽衍射峰构成的衍射谱图。因此，大多数情况下是不能得到可靠的晶胞参数的。不管怎样，由于一般实验中已经详细知道了体系的物相，因此这种差劲的分辨率并不是一个大问题。毕竟在跟踪物相演变或者转化时，强度高通常要比分辨率好更为重要。

实验室光源可以实现的时间分辨率在很多场合下已经足够用来跟踪化学反应以及研究给定环境下的材料体系。这是因为很多化学反应和合成过程需要几小时，从而通过实验室实验就可以获得不错的结果。另外，在进行同步辐射实验之前，采用常规实验室光源所做的实验也是很有参考价值的。

15.2.1.3　中子衍射

原位研究采用中子衍射具有很多优势。首先中子散射是作用在原子核上的，这就意味着散射能力不再由原子序数决定。因此，中子散射对氢和氚等一些轻原子敏感，从而中子衍射非常适合于储氢材料等的现场研究。其次，中子的高穿透能力意味着可以采用大块样品并且能够轻松穿透容器——只要容器所用的材料合适。由于钒的散射交叉截面小，因此经常用来制作反应容器。另外，一种零中子散射的 Ti – Zr 合金(67.7at% Ti，32.2at% Zr)[7,8]也已被用来制作反应腔(图 15.3)。该反应腔可用于水热反应的原位中子粉末衍射研究。这种零散射是由于 Ti 和 Zr 的散射因子符号相反，因此相干散射交叉截面为零，从而来自这个高压釜材料的所有布拉格衍射的最终强度都是零。

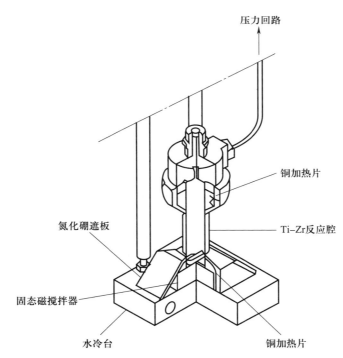

图 15.3　用于获取原位中子粉末衍射数据的 Oxford/ISIS 实验线站中的水热反应腔示意图

从中子源出来的中子通量要比 X 射线源的小很多，因此中子与材料的相互作用更弱。这就导致所得的时间分辨率要低于 X 射线源的，从而进行时间分辨型的研究时，必须配备高效探测器(一维或者二维)或者采用高通量的中子源(例如散裂源)，两者同时使用效果更好。

15.2.1.4　反应腔和样品台

采用原位粉末衍射解决特殊材料科学问题的过程中涌现了大量富有创意的样品台和反应腔。通常情况下，原位研究需要自行制作用于开展一个或者一系列实验的样品台，很多研究更是需要相关样品设施的发展。不过，目前已经有了若干种较为通用的样品架和反应器，其适应性强，能够用于多种不同种类的实验。虽然以往完成的很多原位粉末衍射研究为各种条件下材料探索所需技术的发展和完善做出了贡献——这就具有了一个先验的基础，但是与此同时，需要探讨的问题的数目也在日益增多且越来越复杂。换句话说，这一领域一方面已经步入了成熟期，而另一方面，当前越来越多的研究仍然在为相关研究所涉及的处理过程增添新的知识。相关技术的发展仍然会不断深入，将多种实验技术组合起来，以便从一个实验就能获得全面的信息的做法将是今后发展的重点。接下来将列举一些反应腔的示例。

在原位粉末衍射研究中，固体与气体之间的反应是常见的现象，具体包括真实或者模拟条件下的催化剂研究、固体的氧化或还原、预定条件下气体的吸收与解吸以及包含气体试剂的合成过程等。

目前可用于此类反应的反应腔为数不少。其中最简单的就是大多数设备都可以实现的高温腔。这种反应腔是将固体样品沉积在一条白金带上，随后白金带通上电流就可以实现样品的加热。反应腔中通常充满或者不断被通入惰性气体，不过，所用的样品不一定需要惰性气氛保护，而是可以暴露于其他气氛中。这种技术的局限性在于其内的气体不得损害加热带或者反应腔。这就意味着高温下不能采用氢气，因为它能够破坏白金带。同样地，实验中如果采用了高氧化性或者腐蚀性的气体就要小心对待。这种样品设施内具有较大的温度梯度，而且样品所面临的环境以及梯度也难以很好地得到控制。

利用流式（flow-through）反应腔可以更好地控制反应条件，从而减小温度梯度和浓度梯度。目前针对反射几何设置和透射几何设置已经有好多种反应腔可供使用。

基于毛细管的微型反应腔的前沿性进展可以参见 Clausen 等有关真实操作条件下的催化剂研究的报道[9,10]。这种反应腔既可以用于原位 EXAFS，也可以用于透射几何粉末衍射研究（还可以用于组合 XAS/XRD 的实验）。这种反应腔的基础就是装在 Swagelok 装置上，利用套管固定的标准石英玻璃管。它可以让气流直接通过反应腔，从而实现废气的分析，以便将所观测到的变化与催化活性联系起来。这种毛细管的局部区域可以利用热空气吹风机或者电阻加热器进行加热。由于其内的气体体积非常小，而且在高温下，气体仅和毛细管以及样品接触，因此这种设置也可以用于腐蚀性或者还原性的气体。更进一步地看，这种设置可以实现反应腔中压强和气体组成的准确控制，而且也可以维持特定的水蒸气气压，这可以通过在反应腔中补水或者采用针对液体的某种质流控制器向经过反应腔的气流中添加适当数量的水来实现。标准石英玻璃毛细管（直径为 0.5 mm 或者 0.7 mm）能承受的压强是 50～100 bar（具体取决于反应条件），因此，这种反应腔甚至可以用于中等压强下催化反应的研究。由于毛细管壁厚度为 0.01 mm（10 μm），因此所产生的吸收很小。如果研究中需要更高的压强，那么反应腔可以采用钢制管子，但是要穿透这个样品容器而获得内部样品的衍射谱图就必须采用更高能量（以及更高强度）的射线。此类设置的最新进展是单晶蓝宝石（刚玉）管的使用[11]。虽然这些管子的厚度都要大于原来的石英玻璃毛细管，但是可以承受更高的实际压力。以单晶管做成的反应腔主要适合于采用同步辐射的原位粉末衍射实验。

已有的面向反射几何的反应腔主要是基于这样一种设置：粉末放在某种陶瓷熔块上，然后让气体流经这个样品台（例如参考文献[12]以及图 15.4）。

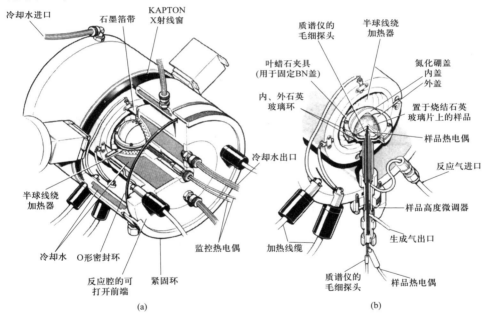

图 15.4　Siemens D-500 配置的高温腔的剖面图。图（b）是样品室的放大图，它位于图（a）所示的炉子中间[12]

由于样品腔必须确保 X 射线辐射可以通过，因此样品腔通常要盖上一个散射和吸收都很弱的材料，例如氮化硼等制作的圆顶，从而在保证通光的同时可以密封样品腔，实现腔内流体和环境的控制。显然，由于包覆样品腔的圆顶占据了大部分的表面积，因此腔内能施加的压强是有限的。另外，采用圆顶形的密封结构可以实现衍射光束在所有散射角位置都垂直于该密封件的壁面，这就减少了吸收并且确保吸收大小与角度无关。

　　针对水热和溶剂热合成的时间分辨研究也发展了相应的反应腔。这种研究除了获得材料结晶过程中的动力学信息，还可以得到中间或者过渡的物相。为了在体系所含液体的沸点以上研究晶化过程，体系就需要被施加一个压强。接下来就介绍一下研究水热和溶剂热反应的两种手段。

　　第一种就是基于上述研究催化剂所用的毛细管腔发展起来的微反应腔。与前者采用的流体注入方式不同，反应混合物被装在封闭的石英玻璃毛细管（例如直径为 0.7 mm）中，然后再放到 Swagelok 装置上。在这种反应腔中，反应混合物的表面可以施加惰性气体（例如 N_2）产生的压强，并且毛细管的局部可以加热到所需的温度（图 15.5）。

　　当所施加的压强高于反应温度下反应混合物的蒸汽压时就进入了水热或溶剂热反应[13,14]。图 15.6 给出了某种分子筛在水热下发生变化的时间分辨原位粉末衍射数据的示例。

　　石英玻璃毛细管腔可以承受的最高压力至少是 25 bar（具体取决于化学环境，如果在碱性条件下使用，高温时石英玻璃会被腐蚀，毛细管在短时间内会因此而破裂），这就意味着可以研究高达 260 ℃左右的水热反应。如果需要更

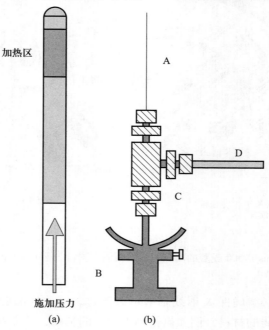

图 15.5　玻璃毛细管（A）通过 Swagelok T 形件（C）装在测角仪头部（B）的示意图。采用连接管（D）可以施加氮气压。（a）是毛细管的放大图[13]

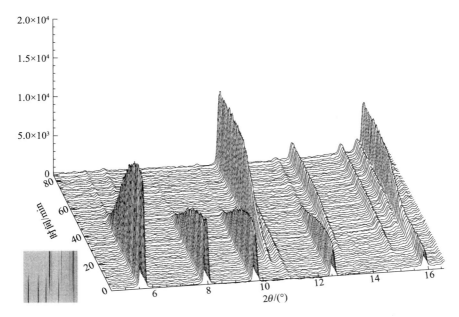

图 15.6　分子筛 Li/Na LTA 水热转化为分子筛 Li A(BW)时所得的时间分辨三维粉末衍射图。体系温度在 5 min 内渐变到 200 ℃，然后就一直保持在这个温度[13]

高的温度，从而也意味着更高的压强，那么可以采用钢管以及液压系统。这种技术已经用于温度高于 350 ℃ 并且压强为几百 bar 的高温水热反应研究[15]。

　　基于毛细管的体系都有一个缺陷，那就是相比实验室合成而言，反应体系的体积很小，这可能会影响到结晶机制。另外，加热也只能发生在毛细管的一小块区域上，因此，必须注意避免发生由于热梯度而产生的对流效应。为了最小化热梯度产生的效应，毛细管被加热的部分应当比 X 射线束更粗一些。

　　另一种研究水热和溶剂热反应的手段就是采用能量色散衍射。此时可以使用常规大小的实验室用高压釜。该高压釜上有一小块区域被削薄，从而确保 X 射线可以透过这里的釜壁[6]。然后利用准直狭缝来确保高压釜内部仅有这一区域对应的一个小体积元发出的衍射被记录下来。为了避免材料的沉积，实验时需要不断搅拌。

15.3　高压粉末衍射

15.3.1　引言

　　与温度和组成一样，压强也是一个基本状态变量，因此，改变压强可以相应地改变固体的性质。在物相结构不变的条件下，施压的结果就是原子间距连续缩短。不同种类的化学键在压强作用下通常有不同的变化，从而产生了如共价型或金属型固体中的不同压缩率(图15.7)。

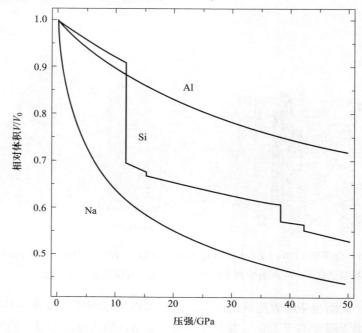

图 15.7 三种主族元素的压强-体积关系曲线。其中 Al 和 Na 在给定压强范围内是连续压缩的，而硅由于发生了物相结构转变，因此呈现不连续的体积变化

相应地，由原子或分子低对称性排列构成的各种化学键通常也会给出明显各向异性的压缩率。另外，由于压强诱导相变而发生的结构重建过程会伴随着体积的不连续下降和配位数的增加。这种结构变化不仅改变了晶体结构中的配位环境，而且通常也会引起固体电子性质的变化。

从 20 世纪 90 年代开始，组合金刚砧室(diamond anvil cell，DAC)和成像板探测器的技术逐渐成为研究压缩率和结构变化的常规手段。对于以标准实验室密封光源为基础的设置，可实现的压强范围最高大约是 50 GPa，而采用特制压力腔的第三代同步辐射光源设置可以达到好几百 GPa——如果砧台采用金刚石制作，那么超过 100 GPa 的实验往往会以砧台的毁坏而告终。另外，基于特制的低温系统或者加热设备(激光、电阻丝等)，可以实现的温度从大约 4 K 开始，最高可达几千 K。

接下来的章节中假定所施加的压强是无方向性的，即静液压(hydrostatic pressure)或者准静(液)压(quasi-hydrostatic pressure，如下所示)。需要注意的是，高压衍射中压强的单位通常采用吉帕斯卡（Giga-Pascal，GPa，1 Pa = 1 N·m^{-2}），不过更老的文献通常采用的是千巴（kbar，1 kbar = 0.1 GPa）。

15.3.2　金刚砧室

X 射线衍射和光谱测试中，金刚砧室是最通用的产生压强的工具。以金刚石作为制造顶砧的材料集合了金刚石在机械硬度和可透电磁辐射方面的优势[16]。

下面介绍一下用作 X 射线衍射高压工具的 DAC 的工作原理（图 15.8）。

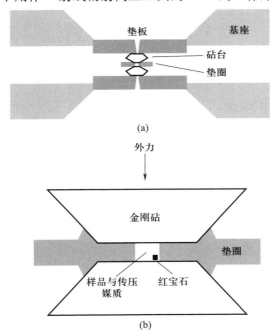

图 15.8　金刚砧室的详细构造图：（a）带有基座的构造；（b）包含金刚砧和垫圈的内部构造

金刚石常用的尺寸是几 mm，质量是 0.2~0.5 克拉（1 克拉 = 0.2 克）。在 DAC 技术刚开始发展的时候，采用宝石型多面体切割的金刚石的尖端被切掉，从而获得一个直径在 0.1~1 mm 之间的底面。目前的金刚石外形已经简化了，从而实现更好的性能。用于放置金刚砧的基座可以将来自腔体的作用力传递给金刚石台面。对于常规尺寸的金刚石，其相应的基座承受的最大作用力通常是 10 kN，应力大约是 2 GPa，这就要求基座通常要采用碳化钨等硬质材料来制作——尽管也有采用钢铁或者由小原子序数元素构成的铍或硼等材料的做法。在这些支撑架内部开凿了圆柱形或者圆锥形孔洞，以便让光束能落到砧顶和样品上。金刚石大多通过商业环氧树脂胶固定在基座上，不过，对于特定的实验，例如，高温测试时就要采用铜或钢铁机制而成的金属环来固定。基座一般都设计成可以用来调整金刚砧的取向（台面平行，尽量不倾斜）以及侧面位置（一致的台面位置）。

在两个金刚砧之间是一圈金属密封件，典型厚度是 0.2 mm。这层金属箔预先在两个金刚砧之间冷压一下，缩进的长度典型值是 40 μm，从而使得最终的形状能完美匹配金刚石，并且确保贴紧金刚石在接近顶部区域的圆锥侧面。为了实现高于 100 GPa 的超高压强（图 15.9），金刚砧可以采用直径为 0.3 mm 的小底面并且将其顶部的外围斜切成钝角。

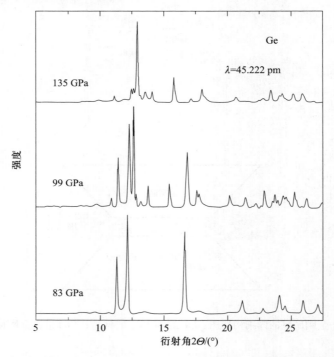

图 15.9　在 1Mbar(100 GPa) 范围下采用同步辐射测试的 Ge 的衍射谱图。衍射峰强度的变化表明发生了从初基六方排列到正交型晶体结构的相变[44]

制作密封件的材料通常是不锈钢或者铍等金属，不过，也可以采用钼、钨、钪和铼等硬质金属——尤其是需要超高压强的时候。其中心被钻了一个孔作为放置样品、压强感应物和媒质的高压腔。对于施加负载时孔洞保持稳定性而言，这个孔洞处于前述预压而缩进的多边形面的中心位置是非常重要的。样品周围的空隙被传压媒质所充满，后者一般是液体。当作用力施加到平行取向的金刚砧顶部时，这个密封垫圈会发生塑性变形，其体积减小所产生的压强就被媒质传递给了样品。为了获得高压，这个孔洞直径和位置在压缩时保持稳定是关键。要达到最大允许的压强需要具有一定的经验，这是因为上述的稳定性与样品压缩率、传压媒质、垫圈材料、孔洞与砧顶的尺寸比例（一定不能超过1/3）、圆柱形孔洞的高度（垫圈的厚度）以及砧面和垫圈面之间的摩擦系数都有关系。金刚石微小的顶部（底面）必须准确定位，即取向要绝对彼此平行并且精确位于另一块金刚砧的上方。稍微有点偏差都会产生巨大的剪切力从而导致砧台损坏。

用于产生压强的作用力可以来自螺栓[17,18]或气膜[19]，然后通过基座传递给金刚石。有关各种金刚砧室的设计和定位过程的详细综述可以自行参考文献[20]。

15.3.3 传压媒质

在充当样品腔的圆柱形空隙中，某种一般是液体的合适的压强传递媒质被用于提供静液压条件。当然，CsCl 等抗剪强度小的软盐类也可以用于一些实验测试中。判断传压媒质是否合适的一个条件就是在 X 射线的辐照下不会和待研究样品发生化学反应。

当压强增加时，液体媒质将发生固化，从而样品受到的压力，也就是产生的应力和应变具有方向性。通常将这种压缩条件称为准静压。经常使用的按1:4的比例混合的甲醇/乙醇混合物在 10 GPa 左右压强作用下将转为玻璃态[21]。对于常规尺寸的垫圈空隙，这种固化后的混合物可以给出大约 50 GPa 的压强，其压强梯度最多是 15%[22]。实验[23]表明，当压强较高时，DAC 中的径向压强分布会成为一个极大的麻烦。如果压强感应物的位置和 X 射线束位置有明显的偏离，那么由于压强梯度引起的压强差将产生系统性的测试误差。另外，显著的压强不均一性也会造成晶体样品的破坏以及 X 射线衍射谱图的严重线形宽化。要减小这些麻烦，可以采用氮气或者惰性气体作为压强传递媒质。虽然它们在高压下也会发生固化，但是由于抗剪强度低，因此可以有效阻止应变作用力的传播，从而能够作为传压媒质被广泛使用[24,25]。需要指出的是，虽然氩气由于自身在准静压方面的优势（尤其是在低温下）用得很广泛，但是向样品腔中引入这种惰性气体的过程可是一个技术活——要么是冷却到 4 K 左右的液化，要么是增压到接近 0.2 GPa，不管选择哪一种都不容易操作。

15.3.4 衍射测试

压力腔的设计需要保证 X 射线束能够穿透由低原子序数，例如铍或金刚石等材料构成的机制部件。尽管如此，在采用钼的 Kα 射线时，还是有 50% ~ 90% 的初级光束强度被吸收掉，具体数量取决于压力腔的设计，尤其是金刚石的尺寸。另外，吸收很大的由钢铁或者碳化钨制成的压力设施的某些部位将限制可用的散射角范围。这类源自高散射角范围处的遮挡问题可以通过硬 X 射线来克服，而且短波长射线的使用还能够测试小 d 值的衍射线（图 15.10）。

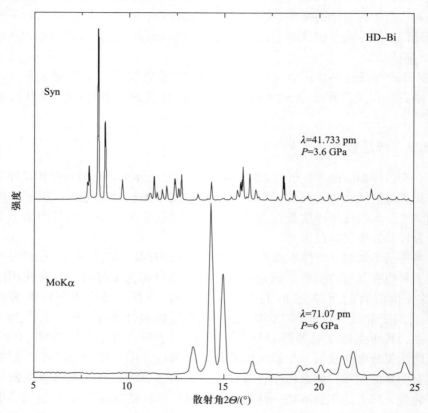

图 15.10　高压调制下铋的衍射谱图。底部的图源自常规密封光源，而上部的数据测自同步辐射（未发表结果）

　　同步辐射光源同时具有高亮度波长可调和低发散的优点，因此，所得的衍射图像具有极好的分辨率和信噪比。更进一步地说，其典型大小为 30 μm 甚至更小的光斑可以确保测试面积接近金刚砧室中具有小压强梯度的中心部位。这样就可以获得相比于密封光源测试，线宽明显降低的高分辨率衍射谱图。不过，小光斑会产生粉末均匀性不好的麻烦，即光束覆盖范围内满足衍射条件的晶粒数目没办法实现各种方向的随机分布。因此，同步辐射光源衍射实验需要将粉末颗粒的大小降低到 10 μm 以下，并且在测试时摇摆金刚砧室，典型摇摆角度是 ±3°。在组合使用现代化的二维探测器的条件下，大多数样品经过处理后，其质量都足以获得可用于全衍射谱最小二乘精修的衍射谱图（图15.11）。

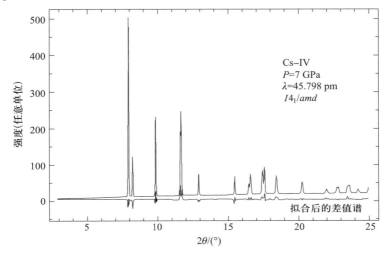

图 15.11　高压调制所得的四方铯的全衍射谱结构精修结果（未发表成果）

采用二维成像板作为 X 射线探测器可以明显降低粉末均匀性缺乏问题的影响。同时，这种探测器可提供的高灵敏度以及整个或者其绝大部分衍射环的可获得性也明显提高了粉末衍射实验可以达到的信噪比。在数据分析时，二维图像要通过强度的方位角积分转化为常规的一维（强度-衍射角）数据[26]。当前在采用面探测器与第三代同步辐射光源的组合下，甚至散射能力低的氢或锂等元素也可以进行高压衍射测试（图15.12）。

由于金刚石的高指数衍射会干扰样品的光学定心操作，而且金刚砧室的机械构造会妨碍某些方向上光线的传输，因此高压下的单晶测试更加复杂，需要预先通过准确测定对称等效衍射的位置来明确方向矩阵。单晶的准确位置和定心所需要的平移就依靠这些数据的计算结果来确定[27]。一次调整后，相关操作要再重复若干次，从而在这样一种交互过程中实现晶体的定心。

可涉及的散射角范围的有限性会导致高压实验中的 Ewald 球的局部受到遮挡。如果装置的几何设置已经明确，那么这个被遮挡的区域可以被计算出来，从而将其中的衍射从测试或者数据还原过程中排除出去。最后还要考虑的就是金刚石和铍的吸收效应。解决这种广泛存在的复杂吸收问题的一种办法就是采用具有大圆锥开口的垫板以及形状尽量接近球形的金刚石，从而相关的吸收与方向无关[28]。

很多情况下，高对称性的晶体在可涉及的角度范围内是可以收集到完整的数据集的，而对于对称性低的化合物，其晶体可以在第一轮数据收集后重新定

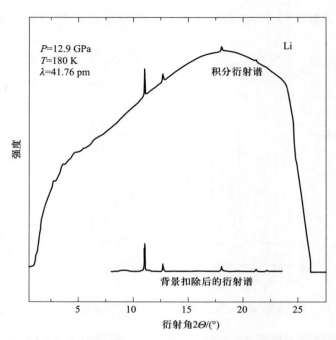

图 15.12　高压和低温环境下测试所得的 Li 的衍射谱图。上部的谱图来自二维成像板所得谱图积分后的原始数据，其校正背景后的强度结果显示于下方图中。测试背景来自金刚石的康普顿散射

向，然后再次测试。不过很多时候，这种处理将破坏所研究的样品。因此，更常用的是基于较少衍射数据的最小二乘精修，与之相应的，精修时所用的参数数量也要减少，这可以通过将原子位移描述为各向同性以及更进一步的参数之间的约束来实现。另外，为了及时获得衍射数据，大粒单晶更为适合。不过，样品不要超过压力腔大小的一半，否则在施加外力的时候可用空闲体积会明显缩小，从而样品将直接受到金刚石或者金属垫圈的挤压，导致这颗样品晶体被破坏掉。

15.3.5　压强测试

　　金刚砧室的原位压强测试可以采用与样品和传压媒质一起放在压力腔中的校准物质来实现。通常采用的方法就是激光诱导红宝石晶体发光[29,30]，其发射光峰值对应的波长主要与所受到的压强有关，并且就算是晶体很小，也可以获得足以让标准光谱仪感应到的发光强度（图 15.13）。

　　某种掺钐的硼酸盐也可以用于校准。其发光峰值的波长与压强相关。这种化合物的优点在于可以实现很高压强（高于 100 GPa）范围内更精确压强值的确

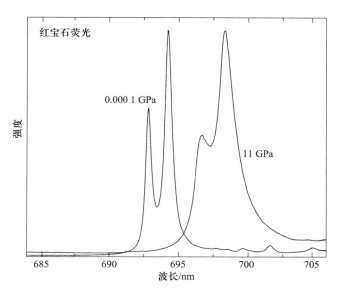

图 15.13　红宝石薄片在氩离子激光器 488 nm 蓝光激发下的发光谱图。其中双线结构之间的偏移随压强沿长波方向变化的系数是 2.74 GPa·nm⁻¹(参考文献[30])。如图所示，在 11 GPa 下的测试结果可以明显看到宽化现象，这是由于压强分布的不均一以及所用传压媒质石蜡内部产生了应变的缘故

定，同时其谱线位置随温度的变化是可以忽略的，这一点与红宝石正好相反[31]。

　　其他校准压强的方法还可以是加入已知精确状态方程式的盐类化合物[32]或者金属粉末[33]。在这些实验中，校准物的衍射线与样品的衍射线被同时记录，然后采用最小二乘，通过这些衍射线的位置计算点阵参数，随后用这个实验测得的体积和校准所用的状态方程计算出测试时的压强。其中钽[34]等金属微晶粉体可以用来测试非常高的压强。不过，这种高压测试技术存在着校准物的衍射线会与样品的衍射峰重叠的问题。

15.3.6　热力学探讨

　　高压衍射实验提供了压力下点阵参数变化，也就是样品体积变化的信息。如果是化学组分固定的纯相物质，并且没有外部物理场，那么热力学参数：体积 V、温度 T 和压强 P，将通过状态方程关联在一起，也就是每一个状态变量值都可以定义成其他两个参数构成的函数。这些状态方程的偏导数与一些宏观物理量有关，例如，经常用到的某一物相在给定温度并且压力为零时的等温体积模量 B_0 可以这样计算：$B_0 = -V_0(\partial P/\partial V)$，$T$ 为常数且 $P = 0$。而 $B_0(V)$ 的倒

数就是等温压缩率 κ。状态方程也可以采用热力学函数，例如内能 U 或者亥姆霍斯（Helmholtz）自由能 F 的导数来表示。不过，实际用于描述固体宏观属性的通常是半经验的方程，下面将更详细地介绍其中的一些例子。

如果体积变化并不大，那么体积模量可以展开成以压强 $P = 0$ 为初值的幂级数

$$B(P) = -V\frac{\mathrm{d}P}{\mathrm{d}V} = B_0 + B_0'P + \cdots \tag{15.1}$$

其中当 $V = V_0$ 时

$$B_0 = -V\frac{\partial P}{\partial V} \tag{15.2}$$

并且当 $P = 0$ 时

$$B_0'P = \frac{\partial B}{\partial P} \tag{15.3}$$

B_0' 反映了等温体积模量 B_0 随压强的变化，即材料在压力作用下的刚硬程度（the stiffening）。如果仅考虑上述级数展开式的前两项，将温度看作常数，积分后就可以得到著名的 Murnaghan 状态方程[35]

$$P(V) = \frac{B_0}{B_0'} \times \left(\frac{V_0}{V}B_0' - 1\right) \tag{15.4}$$

将方程改成以 P 为自变量，就得到了经常使用的反 Murnaghan 方程

$$V(P) = \frac{V_0\left(1 + P\frac{B_0'}{B_0}\right)^{-1}}{B_0'} \tag{15.5}$$

Brich 给出了一种能够独立推导出压强和体积之间关系的方法。假定各向变形相同，那么应变张量 e_{ij} 就可以看作一个标量 e[36]。随后就可以将亥姆霍斯自由能展开成关于这个等静应变（isostatic strain）e 的幂级数，同时采用如下的弹性变形与体积的关系式：

$$\frac{V_0}{V} = (1 - 2e)^{\frac{3}{2}} \tag{15.6}$$

在假定温度为常数的条件下，对这个以 V 为自变量的级数的前三项求导后就得到了 Brich 方程

$$P(V) = \frac{3}{2}B_0\left[\left(\frac{V_0}{V}\right)^{\frac{7}{3}} - \left(\frac{V_0}{V}\right)^{\frac{5}{3}}\right]\left\{1 - \frac{3}{4}(4 - B_0') \times \left[\left(\frac{V_0}{V}\right)^{\frac{2}{3}} - 1\right]\right\} \tag{15.7}$$

显然，当 $\Delta V_0/V_0 \to 0$ 时，Murnaghan 和 Birch 状态方程是等价的。

在另一种同样可以处理压强与体积关系的微观模型中[37-42]，预先假定结合能（binding energy）和原子间距之间的关系是普适的。这种设想的有效性已经在金属、被金属吸附的气体乃至纯金属之间的各种界面的研究中得到了证

实。其中结合能 $E(a)$ 和间距 a 之间的这种内部依赖关系可以分解为函数 $E^*(a^*)$ 与 a 处于平衡间距 a_0 时的内聚能 (cohesion energy) E_0 的乘积

$$E(a) = E_0 E^*(a^*) \tag{15.8}$$

$$a^* = \frac{a - a_0}{L} \tag{15.9}$$

从公式可以看出，通用函数 $E(a^*)$ 的调整可以通过比例长度值 L 来实现。对于共价固体，其结合能和键长同样具有上述的这种关系。不过，静电库仑势和范德瓦耳斯相互作用势随原子间距增加而变化的规律却与此不同。不管怎样，当体积减小时，影响各种不同成键类型固体的压强与体积的相互关系的各种因素中，波函数的重叠占主导地位，这就使得固体压缩问题可以通过一种通用的方式来处理。基于上述通用模型，压强 P 关于体积的函数可以通过内聚能函数的导数来计算

$$P(V) = -\frac{E_0}{4\pi r^2} \frac{1}{L} E^{*\prime}(a^*) \tag{15.10}$$

在引入描述作用力的函数以及胡克 (Hook) 定律后，利用比例化过程可以得到一个通用函数。它可以简化为如下的压强-体积关系式：

$$P = 3B_0 \left(\frac{V}{V_0}\right)^{\frac{2}{3}} \left[1 - \left(\frac{V}{V_0}\right)^{\frac{1}{3}} \times e^{\eta}\right] \tag{15.11}$$

其中

$$\eta = 1.5(B_0' - 1) \times \left[1 - \left(\frac{V}{V_0}\right)^{\frac{1}{3}}\right] \tag{15.12}$$

有关各种状态方程以及不同理论乃至实验问题的讨论可以参见更早的综述[43]。

对于热力学平衡条件下的可逆相变，吉布斯 (Gibbs) 自由能 G、内能 U、温度 T、熵 S、体积 V 和压强 P 之间的关系可以表示如下：

$$\Delta G = \Delta U - T\Delta S + P\Delta V = 0 \tag{15.13}$$

或者

$$\Delta U = T\Delta S - P\Delta V \tag{15.14}$$

由于温度引起的相变通常伴随着少量的体积变化，因此内能的改变是由熵项 $T\Delta S$ 决定的。对于压力引起的相变，体积的改变为百分之几十，此时，在室温下是以 $P\Delta V$ 项为主，而熵项可以忽略。这种情况下，相变过程中所做的功 ΔW 就是

$$\Delta W = -\int P \partial V, \quad T \text{ 为常数} \tag{15.15}$$

对于典型离子晶体例如 ZnS 等而言，这个功近似等于该点阵能中 Madelung 项

目部分的 1% 。

精选综述

原位衍射相关：

P. Norby，*in-situ* XRD as a tool to understanding zeolite crystallization，*Curr. Opin. Colloid Interface Sci.* ，2006，**11**，118-125.

J. Munn，P. Barnes，D. Häusermann，S. A. Axon and J. Klinowski，*in-situ* studies on the hydrothermal synthesis of zeolites using synchrotron energy-dispersive X-ray diffraction，*Phase Trans.* ，1992，**39**，129-134.

R. I. Walton and D. O'Hare，Watching solids crystallise using *in situ* powder diffraction，*Chem. Commun.* ，2000，2283-2291.

R. J. Francis and D. O'Hare，The kinetics and mechanisms of the crystallisation of microporous materials，*J. Chem. Soc.* ，*Dalton Trans.* ，1998，3133-3148.

高压衍射相关：

High-pressure Crystallography，ed. A. Katrusiak and P. McMillan，NATO Science Series 2，2003，vol. 140.

M. I. McMahon，*Z. Kristallogr.* ，2004，**219**，742.

M. I. McMahon and R. J. Nelmes，*Chem. Soc. Rev.* ，2006，**35**，943.

R. J. Nelmes and M. I. McMahon，*Semiconductors Semimetals*，1998，**54**，145.

U. Schwarz，*Z. Kristallogr.* ，2004，**219**，376.

U. Schwarz，*Z. Kristallogr.* ，2006，**221**，420.

K. Syassen，*Physica B&C*，1986，**139**，277.

参考文献

1. C. Riekel and R. Schollhorn，*Mater. Res. Bull.* ，1976，**11**，369-376.

2. A. N. Christensen，M. S. Lehmann and J. Pannetier，*J. Appl. Crystallogr.* ，1985，**18**，170-172.

3. A. N. Christensen，H. Fjellvåg and M. S. Lehmann，*Acta Chem. Scand. Ser. A*，1985，**39**，593-604.

4. A. C. Jupe，X. Turrillas，P. Barnes，S. L. Colston，C. Hall，D. Hausermann and M. Hanfland，*Phys. Rev. B*，1996，**53**，R14697.

5. P. Barnes，A. C. Jupe，S. L. Colston，S. D. Jacques，A. Grant，T. Rathbone，M. Miller，S. M. Clark and R. J. Cernik，*Nucl. Instrum. Methods Phys. Res. Sect. B*，1998，**134**，310-313.

6. G. Muncaster，A. T. Davies，G. Sankar，C. R. A. Catlow，J. M. Thomas，S. L. Colston，P. Barnes，R. I. Walton and D. O'Hare，*Phys. Chem. Chem. Phys.* ，2000，**2**，3523-3527.

7. R. I. Walton，R. J. Francis，P. S. Halasyamani，D. O'Hare，R. I. Smith，R. Done and R. Humpreys，*Rev. Sci. Instrum.* ，1999，**70**，3391.

8. R. I. Walton, R. I. Smith and D. O'Hare, *Microporous Mesoporous Mater.* , 2001, **48**, 79-88.

9. B. S. Clausen, G. Steffensen, B. Fabius, J. Villadsen, R. Feidenhans and H. Topsoe, *J. Catal.* , 1991, **132**, 524-535.

10. B. S. Clausen, L. Grabaek, G. Steffensen, P. L. Hansen and H. Topsoe, *Catal. Lett.* , 1993, **20**, 23-36.

11. D. G. Medvedev, A. Tripathi, A. Clearfield, A. J. Celestian, J. B. Parise and J. Hanson, *Chem. Mater.* , 2004, **16**, 3659-3666.

12. D. C. Puxley, G. D. Squire and D. R. Bates, *J. Appl. Crystallogr.* , 1994, **27**, 585-594.

13. P. Norby, *J. Am. Chem. Soc.* , 1997, **119**, 5215-5221.

14. P. Norby, A. Nørlund Christensen and J. C. Hanson, *Inorg. Chem.* , 1999, **38**, 1216-1221.

15. P. Norby, J. C. Hanson, A. N. Fitch, G. Vaughan, L. Flaks and A. Gualtieri, *Chem. Mater.* , 2000, **12**, 1473.

16. A. van Valkenburg, *Diamond Res.* , 1964, 17.

17. L. Merrill and W. A. Bassett, *Rev. Sci. Instrum.* , 1974, **45**, 290.

18. D. M. Adams, A. G. Christy and A. J. Norman, *Measurement Sci. Technol.* , 1993, **4**, 422.

19. R. Letoullec, J. P. Pinceaux and P. Loubeyre, *High Pressure Res.* , 1988, **1**, 77.

20. *High-pressure Techniques in Chemistry and Physics*, ed. W. B. Holzapfel and N. S. Isaacs, Oxford University Press, Oxford, 1997.

21. G. J. Piermarini, S. Block and J. D. Barnett, *J. Appl. Phys.* , 1973, **44**, 5377.

22. J. W. Otto, J. K. Vassiliou and G. Frommeyer, *Phys. Rev. B*, 1998, **57**, 3253.

23. L. Goettel, H. K. Mao and P. M. Bell, Rev. Sci. Instrum. , 1985, **56**, 1422.

24. K. Takemura, *J. Appl. Phys.* , 2001, **89**, 662.

25. R. J. Angel, M. Bujak, J. Zhao, G. D. Gatta and St. D. Jacobsen, *J. Appl. Cryst.* , 2007, **40**, 26.

26. R. O. Piltz, M. I. McMahon, J. Crain, P. D. Hatton, R. J. Nelmes, R. J. Cernik and G. Bushnell-Wye, *Rev. Sci. Instrum.* , 1992, **63**, 700.

27. H. E. King and L. W. Finger, *J. Appl. Crystallogr.* , 1979, **12**, 374.

28. H. Ahsbahs, *Z. Kristallogr.* , 2004, **219**, 305.

29. R. A. Forman, G. J. Piermarini, J. D. Barnett and S. Block, *Science*, 1972, **176**, 284.

30. G. J. Piermarini, S. Block, J. D. Barnett and R. A. Forman, *J. Appl. Phys.* , 1975, **46**, 2774.

31. F. Datchi, R. LeToullec and P. Loubeyre, *J. Appl. Phys.* , 1997, **81**, 3333.

32. D. L. Decker, *J. Appl. Phys.* , 1971, **42**, 3239.

33. H. K. Mao, P. M. Bell, J. W. Shaner and D. J. Steinberg, *J. Appl. Phys.* , 1978, **49**, 3276.

34. M. Hanfland, K. Syassen and J. Köhler, *J. Appl. Phys.* , 2002, **91**, 4143.

35. F. D. Murnaghan, *Proc. Natl. Acad. Sci. U. S. A.* , 1944, **50**, 244.

36. F. Birch, *Phys. Rev.* , 1947, **71**, 809.

37. J. H. Rose, J. Ferrante and J. R. Smith, *Phys. Rev. Lett.* , 1981, **47**, 675.

38. J. R. Smith, J. Ferrante and J. H. Rose, *Phys. Rev. B*, 1982, **25**, 1419.

39. J. Ferrante, J. R. Smith and J. H. Rose, *Phys. Rev. Lett.* , 1983, **50**, 1385.

40. J. H. Rose, J. R. Smith and J. Ferrante, *Phys. Rev. B*, 1983, **28**, 1835.

41. J. H. Rose, J. R. Smith, F. Guinea and J. Ferrante, *Phys. Rev. B*, 1984, **29**, 2963.

42. P. Vinet, J. Ferrante, J. R. Smith and J. H. Rose, *J. Phys. C*, 1986, **19**, L467.

43. W. B. Holzapfel, *High Pressure Res.* , 1998, **16**, 81.

44. K. Takemura, U. Schwarz, K. Syassen, M. Hanfland, N. E. Christensen, D. L. Novikov and I. Loa, *Phys. Rev. B*, 2000, **62**, R10603.

第16章

基于全散射和原子对分布函数(PDF)的局域结构分析

Simon Billinge

Department of Physics and Astronomy,4268 Biomedical
Phys. Sciences Building,Michigan State University,
East Lansing,MI 48824,USA

16.1 引言

目前研究的具有重要技术或者科学性质的材料正在趋于高度复杂化。这些材料的构成元素众多，晶胞尺寸大，并且经常具有低维或无公度的结构[1]。另外，它们的非周期性无序，即结构中的某些部位偏离平均晶体结构的现象也不断出现。还有，晶体的严格定义对于纳米粒子已经失效——因为无限周期性的前提已不再成立。无论如何，这些材料的结构还是必须加以明确的。粉末衍射是表征这些材料的重要手段，但是我们所需采用的已经远非布拉格公式和晶体学分析了。

全散射(total scattering)是一种可以在同样的基础上同时处理布拉格散射和漫散射的方法[2]，其所需的粉末衍射数据的获取基本上雷同于常规的粉末测试，不过，需要对背景强度的外来因素，例如康普顿散射、荧光、样品架的散射等进行充分地校正，而且所测得的强度要利用入射光通量进行归一化①。所得到的相干散射强度 $I(Q)$ 是如下所得的散射矢量模 Q 的连续函数：

$$Q = |\boldsymbol{Q}| = 2k \sin \theta = \frac{4\pi \sin \theta}{\lambda}$$

其中在布拉格峰位置处显现出尖锐的强度分布，而各峰之间则是宽化的漫散射部分。对于全散射来说，通常用于分析的是这种散射强度以每原子散射数作为绝对单位表示的归一化结果 $S(Q)$[2]。$S(Q)$ 的计算就是将 $I(Q)$ 除以散射体数目 N 和每原子的平均散射功率。对于 X 射线，这个每原子平均散射功率就是原子形状因子 $f(Q)$ 的平方值，而对于中子则是相干散射的交叉截面。如果存在的原子不止一种(或者对于中子，所用同位素超过一种)，那么还要额外扣掉一个非相干散射项[即劳厄单调漫散射(Laue monotonic diffuse scattering)]。计算所得的 $S(Q)$ 称为全散射结构函数。它是一个量纲一的数量值，同时其归一化条件满足平均值 $\langle S(Q) \rangle = 1$，这里的尖括号代表遍历 Q 求平均值。这种定义的确复杂，其实需要记住的就是，$S(Q)$ 本质上就是校正过实验误差并且合理归一化后的粉末衍射谱图。这就意味着直接进行 Rietveld 精修是完全正常的——但现实中由于采用 Rietveld 精修程序编码进行详尽校正和参数化公式过程中产生的数据点太少，以至从来没有人做过。这种状况随着将来计算能力的提高和解决更为复杂问题的需要可能会被改变。有关 $S(Q)$ 的一个示例可以参见图 16.1。

实际操作时，用于全散射研究的 $S(Q)$ 需要在大范围 Q 值区间上进行测试。$S(Q)$ 的相干强度(即特征)会随着 Q 的增加而逐渐消失，这是由于 Debye - Waller 因子的影响，它反映了材料中原子的热运动、量子零点运动以及所有的静态位移无序。当 Q 值达到 30 ~ 50 $\mathring{A}^{-1}$ 时[具体数值取决于温度和成键的刚性 (stiffness of the bonding)]，$S(Q)$ 就不再包含有任何属性，也就不需要对更大的 Q 值进行测试了。不过，这样的测试范围还是要比采用实验室 X 射线或者反应堆中子束的常规粉末衍射实验大很多——背散射模式下可获取的 CuKα 管的最大 Q 值大约是 8 $\mathring{A}^{-1}$，而 MoKα 管的不过是 16 $\mathring{A}^{-1}$。常规的全散射测试可以采用 Mo 或者 Ag 管等实验室光源。不过，要获得最高的正空间分辨率以及最好的统计结果，最好还是考虑用同步辐射数据。至于中子散射，能提供高通

---

① "normalization"表示正交化或归一化，由于全散射平均值为 1，因此按"归一化"翻译。——译者注

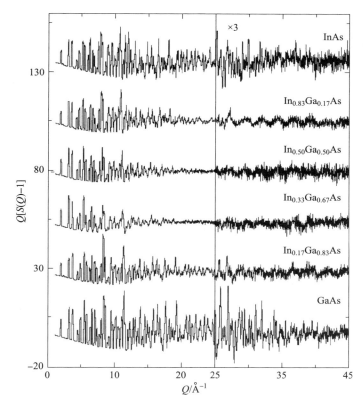

图 16.1　还原后的 $S(Q)$ 函数 $Q[S(Q)-1]$ 示例。该数据来自 $In_xGa_{1-x}As$ 体系的半导体合金样品，收集于纽约的康奈尔大学的 CHESS 同步光源，采用 X 射线散射（复制自参考文献[4]，ⓒ2001 已获得美国物理学会的许可）

量、短波长的超热中子的散裂中子源也是这类实验的理想情况。

　　全散射 $S(Q)$ 函数与标准粉末衍射测试的不同除了所研究的 Q 值范围外，还包括归一化这一个重要因素，即所测得的强度需要除以样品的全散射交叉截面。对于中子，这个散射交叉截面简单说来就是 $\langle b \rangle^2$，其中 b 是以 barn① 为单位的材料中原子的相干中子散射长度，尖括号代表遍历样品中不同类型原子核（包括不同化学类型和同位素种类）求平均值。这部分内容将在后面更详细地进行介绍。散射长度 b 是 Q 的函数，其值是固定的，因此，正好可以作为全局归一化系数的一部分。不过，在 X 射线散射情况下，样品的散射交叉截面是原子形状因子的平方，即 $\langle f(Q) \rangle^2$，随 Q 而变化，它在 Q 值很高时会变得非常小。因此，在归一化过程中，高 Q 值的数据需要进行放大（即除以某个小数

----

① barn 为核子有效截面单位，1 barn = $10^{-24}cm^2$。——译者注

量值）。这样一来，在高 Q 值范围内，甚至一个常规数据分析中会被完全忽略的极弱强度值在全散射实验中也会变得相当重要。由于高 Q 值处信号弱，因此在这个区域保证所收集的数据具有合理的统计结果是一件重要的事情，这就出现了令前来参观线站或者实验室的一般粉末衍射同行为之奇怪的、表面看起来矛盾的事情：时间被大量用于计数，在高 Q 值区域所得的数据曲线相当平坦且毫无特别之处。图 16.2 所示为这种数据的一个例子。

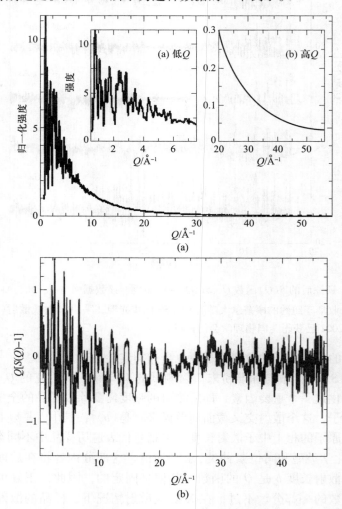

图 16.2　原始数据与归一化且还原后的全散射结构函数 $F(Q) = Q\,[S(Q) - 1]$ 的对比。样品来自某个研究电荷密度波的有机物，数据取自 CHESS 同步光源的 X 射线数据。图(a)是原始数据，其内置图给出了局部的放大，其中 $20 < Q < 45$ 的高 Q 值数据是平滑的且无特征的，但是经过归一化并且除以原子形状因子的平方后，衍射谱图中的这一区域明显存在着重要的漫散射信息(b)

总之，全散射实验相对于传统粉末衍射分析额外增加的价值在于，一方面包括了漫散射和布拉格峰强度的同时分析，另一方面则是大范围的 Q 值对应数据的获取以及为获得高 Q 值区域信息而不断增加的权重。实际上，全散射这一名称就是基于测试全部 Q 空间中的全部相干散射这一事实而来的。

全散射数据可以直接在倒易空间中建模拟合 [即拟合 $S(Q)$ 函数]。不过，也可以改用直观的方式，将数据经傅里叶变换转为正空间中的原子对分布函数 (PDF)，然后就在正空间中建模拟合。这个还原后的对分布函数是通过如下对 $S(Q)$ 的正弦傅里叶变换而得到的：

$$G(r) = \frac{2}{\pi} \int_0^\infty Q[S(Q) - 1] \sin(Qr) dQ \qquad (16.1)$$

图 16.3 给出了这种 $G(r)$ 的示例，其中采用了与图 16.1 同样的一套数据。

PDF 是正空间中的一种概率分布函数，用于表征材料中在间隔距离为 r 处可以找到原子对的概率。函数的峰值相应于高概率，而基线则表示在该间距处找到原子对的概率为零。虽然现在已经有一大堆具有不同的定义和归一化条件（和单位）[2,3] 的分布函数可以用于不同的场合，但是它们所给信息都存在着同样的内容，即在间隔 r 处找到原子对的概率。

可以利用图 16.3 来解释这个函数。从该图可以看到，低于最近邻谱峰约 2.5 Å 的位置就不再有其他谱峰了（不包括测试得到的低 r 处的伪迹）[4]，而且该距离正是 GaAs 中的 Ga - As 间距，或者说是稍大于 InAs 中的 In - As 间距 r。这是因为两原子彼此之间的间隔不可能比这个最近间隔再小了，所以在这个距离之内能找到一对原子的概率是零，而在正好约为 2.5 Å 这一最近邻位置处找到原子对的概率则相当大——因为这对原子的键长就是这个间距。超过 2.5 Å，找到原子对的概率又回到零，这种局面一直持续到大约 3.5 Å 位置，即第二近邻配位壳层处，才被打破，随后则是约 4.5 Å 处的第三近邻配位壳层……这种图是具有突变及界限清楚的配位壳层的晶体材料所特有的，而这些配位壳层的位置就取决于该晶体的结构，因此，拟合这些谱峰就可以获得晶体结构信息。对于液体和无定形物质等更为无序的材料，PDF 的第二和第三近邻配位壳层将变宽并且随 r 的增加，其可反映的属性被迅速湮没。

晶体中除了最近邻原子的信息，更大 r 范围中的成对关联性也是重要的结构信息。实际测试时如果采用 Q 空间分辨率高的数据，那么 PDF 的表征范围可以是数十到数百纳米（数百到数千埃）并且可以确保所得结构信息数值的可靠性（图 16.4）[5]。

正如后面要讨论的，PDF 可以利用结构模型进行拟合，从而获得有关短程和中程结构信息的定量结果。近年来，针对纳米晶粒还出现了采用 PDF 的从头法进行结构解析[6]。

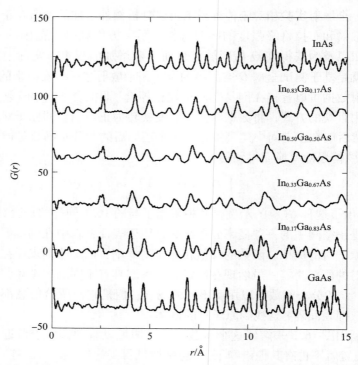

图 16.3　源自图 16.1 所示的半导体合金 $In_xGa_{1-x}As$ 的结构函数的 $G(r)$ 函数示意图（复制自参考文献[4]，©2001 已获得美国物理学会的许可）

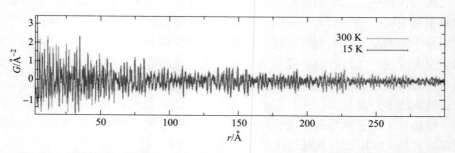

图 16.4　扩展到高 r 值的 PDF 图。该图取自 Zn_4Sb_3 在两个不同温度下得到的 PDF 结果。具体可查阅参考文献[5]。需要说明的是，可测数据范围仅仅受限于测试条件可达到的分辨率。基于此，因为本图是在洛斯阿拉莫斯（Los Alamos）国家实验室的 NPDF 设备上收集的高分辨率中子数据，所以改用 X 射线同步辐射光源就可以获得 r 范围更广的 PDF

　　通过这种方法可以得到哪些科学性的信息呢？虽然有关这方面的更详细讨论将在下文展开，不过，这里还是要强调一下，即漫散射可以给出结构中的非周期性局部畸形。通常采用的晶体结构可以看作平均的或者平均场下给出的结构解。从物理上说，这种平均场近似所得的模型忽略了扰动的影响。然而有些时候，例如，接近二阶相变的结构研究中就不能局限于这种平均场，而必须进一步探索局域的结构扰动。类似的情形也见于相对于平均结构的局部偏离导致材料出现有用性能的场合（例如巨磁阻亚锰酸盐中的绝缘相分析[7]）。全散射法另一个重要的、需要强调的方面就是，它以同样的方式来处理布拉格散射和漫散射强度，这就意味着可以直接研究同时包含布拉格散射和漫散射强度的样品，或者是纳米材料等表现的介于布拉格散射和漫散射之间的有关属性。

当前可以利用全散射分析解决的问题是多种多样的：传统上它就用于液体和无定形材料的研究[12,13]，后来扩展到晶体材料中的无序研究，现在则应用于纳米结构材料，而且日趋扩大。这种 PDF 法的现代应用示例可以进一步参考近期发表的几篇综述[2,8,9]。

16.2 理论

16.2.1 单组分体系

16.2.1.1 实验可测的 PDF 函数

全散射法的基础就是经过归一化的测试样品所得的散射强度，即全散射结构函数 $S(\mathbf{Q})$ [2,10,11]。其中波矢 $\mathbf{Q}$ 是一个矢量，并且一般说来强度的变化 $S(\mathbf{Q})$ 是依赖于其在 Q 空间中的朝向的。不过，当样品各向同性，例如样品是粉末的时候，这种强度变化就仅仅取决于 $\mathbf{Q}$①的模，而和它的方向无关。全散射法的这种最大的优势在当前已经被用于研究粉末、液体或者玻璃样品的各向同性散射。在这种条件下，某个样品的散射强度取决于德拜公式[14]

$$I_{\mathrm{coh}}(Q) = \sum_{m,n} f_m(Q) f_n^*(Q) \frac{\sin Qr}{Qr} \qquad (16.2)$$

其中每一个加和都遍历样品中所有的散射中心。这个公式其实是标准散射公式的取向平均值

$$I_{\mathrm{coh}}(\mathbf{Q}) = \sum_{m,n} f_m(Q) f_n^*(Q) \mathrm{e}^{\mathbf{Q} \cdot (\mathbf{r}_m - \mathbf{r}_n)} \qquad (16.3)$$

其中 $\mathbf{r}_m$ 是第 m 个原子的位置矢量，这里的加和同样也要遍历固体中的每一个原子。

由公式(16.2)最终可以得到如下包含相干散射强度项的 $S(Q)$

$$S(Q) = \frac{1}{N \langle f(Q) \rangle^2} [I_{\mathrm{coh}}(Q) + \langle f(Q) \rangle^2 - \langle f^2(Q) \rangle] \qquad (16.4)$$

———————

① 原文字符为标量，实际应该用矢量表示。——译者注

其中尖括号表示遍历原子类型(对于中子,还要考虑同位素)的平均值。对于最常用的接近吸收边的情况,X 射线散射因子是复数[参阅下面的公式(16.30)]。虽然相关讨论将在下文给出,不过为了叙述的完整性,这里就重复一下这些平均值的详细表达式

$$\langle f(Q) \rangle^2 = \sum_{\alpha\beta} c_\alpha c_\beta \{ [f_\alpha(Q) + f'_\alpha][f_\beta(Q) + f'_\beta] + f''_\alpha f''_\beta \} \quad (16.5)$$

并且

$$\langle f^2(Q) \rangle = \sum_{\alpha\beta} c_\alpha^2 \{ [f_\alpha(Q) + f'_\alpha]^2 + (f''_\alpha)^2 \} \quad (16.6)$$

显然,对于单组分体系,$\langle f(Q) \rangle^2 = \langle f^2(Q) \rangle$,并且有

$$S(Q) = \frac{I_{\text{coh}}(Q)}{N\langle f(Q) \rangle^2}$$

其他项目则考虑了非相干弹性背景,即位于不同格位且具有不同散射长度的原子的贡献。

同样地,以 $S(Q)$ 形式表达的散射强度的傅里叶变换结果就是公式(16.1)定义的还原后的原子对分布函数 $G(r)$。对于单组分样品而言,这个结论是严格成立的。而关于更频繁研究的多元素的情形,稍后将就某个实际工作中很有效的近似扩展公式进行讨论。

另外,也可以推导公式(16.1)的反向变换而得到以 $G(r)$ 表示的结构函数 $S(Q)$

$$S(Q) = 1 + \frac{1}{Q}\int_0^\infty G(r) \sin(Qr) \mathrm{d}r \quad (16.7)$$

目前,基于 $G(r)$ 乘以或者加上某些常数就可以得到其他几种类似的关联函数。虽然它们包含了同样的结果信息,但是在某些细节上可以提供的信息稍有差别。关于其内在联系的详细讨论可以自行查阅文献[3]。其中 $G(r)$ 是直接从散射数据经过傅里叶变换所得的函数。它在零值附近振荡并且在高 r 处渐进零值,同时在 $r=0$ 附近通常以 $-4\pi\rho_0$ 的斜率趋于零,其中 ρ_0 表示材料的平均原子计数密度。从实用的观点看,$G(r)$ 的价值就在于数据的随机不确定性(来自测试过程)对于不同的 r 是一个常数。这就意味着计算和测试所得的 $G(r)$ 曲线的差值波动对于所有的 r 值都具有同样的统计显著性。举个例子,如果观测到的差值曲线波动随着 r 的递增而递减,那么就暗示所用的模型在间距更长的时候拟合结果更好(此时采用的可能是一个表示平均晶体结构的模型)。而这类推断并不能直接从其他不同归一化所得的函数[例如 $\rho(r)$ 或者 $g(r)$,见参考

文献[2]的差值曲线中得到。$G(r)$函数更有价值的优点是其振荡幅度可以直接衡量样品结构的一致性程度。例如，在具有理想结构一致性的晶体中，$G(r)$的振荡将以固定的峰-峰振幅而无限地扩展下去[15]。不过，在真实的测试中，所得的$G(r)$峰-峰信号幅度会逐渐减弱，这是因为测量给出的Q的分辨率是有限的，所以测试结果所能反映的空间一致性程度要低于样品自身真正具有的结构一致性。更高的Q的分辨率可以反映更大r范围的结构一致性信息。相反，对于部分结构无序的样品，$G(r)$的信号幅度会比Q的分辨率所导致的结果下降得更快，从而可以用于纳米颗粒直径等的样品中结构一致性的测试。

另一个经常提到的函数$g(r)$被称为对分布函数。这个函数的归一化条件是$r \to \infty$，$g(r) \to 1$，其特性在于如果间距r小于成对原子的最近接触距离，那么$g(r)$的值是零。另外，这个函数与对密度函数(pair density function)$\rho(r)$关系密切，即$\rho(r) = \rho_0 g(r)$。由此可以容易看出，在高r值范围内，$\rho(r)$将围绕材料的平均原子数目密度振荡，并且其振荡平均值渐进趋于ρ_0，而当$r \to 0$时则变为零。上述这些关联函数之间的关系可以表达为如下公式：

$$G(r) = 4\pi r[\rho(r) - \rho_0] = 4\pi\rho_0 r[g(r) - 1] \tag{16.8}$$

最后介绍一下径向分布函数(radial distribution function，RDF)，可以如下定义：

$$R(r) = 4\pi r^2 \rho(r) \tag{16.9}$$

其与$G(r)$存在如下的关系：

$$G(r) = \frac{R(r)}{r} - 4\pi r\rho_0 \tag{16.10}$$

$R(r)$函数的重要性就在于它最接近客观现实中的结构。这是因为$R(r)\mathrm{d}r$可以给出距离某个原子为r且厚度为$\mathrm{d}r$的球壳中包含的原子数目。例如，基于这个函数就可以如下计算材料的配位数目或者说近邻原子数目N_C：

$$N_\mathrm{C} = \int_{r_1}^{r_2} R(r)\mathrm{d}r \tag{16.11}$$

其中r_1和r_2分别定义了相应于所求配位壳层的 RDF 谱峰的始末位置。

16.2.1.2　与结构有关的 PDF 函数

这里要介绍的是有关从原子模型计算 PDF 的方案。假定某个原子模型中包含大量的原子，其位置以相应于某个原点的矢量r_ν来表示，那么从数学角度来说，这就相当于给定了一系列δ函数$\delta(r - r_\nu)$，从而可以得到如下的 RDF：

$$R(r) = \frac{1}{N} \sum_\nu \sum_\mu \delta(r - r_{\nu\mu}) \tag{16.12}$$

其中$r_{\nu\mu} = |r_\nu - r_\mu|$反映第$\nu$个原子和第$\mu$个原子之间距离的大小，而双重加和运算需要遍历两次样品中所有的原子。虽然稍后还会详细介绍原子类型多于一个的样品的处理，但是为了叙述完整，这里也给出了此时采用的$R(r)$表达式：

$$R(r) = \frac{1}{N} \sum_{\nu} \sum_{\mu} \frac{b_{\nu} b_{\mu}}{\langle b \rangle^2} \delta(r - r_{\nu\mu}) \qquad (16.13)$$

其中两个 b 分别表示第 ν 个原子和第 μ 个原子独立于 Q 的相干散射长度；$\langle b \rangle$ 是样品的平均散射长度。对于 X 射线的情形，b 值可以改用原子序数 Z 来代替。

公式(16.12)给定的 $R(r)$ 具有所需的性质，即针对某个范围，例如，针对近邻配位壳层计算 $R(r)\mathrm{d}r$ 的积分值就可以得到该范围内的近邻原子的平均数目（即配位数）。这是因为函数的积分值是 1，从而每对原子对应于一个 δ 函数。

16.2.2 多组分体系

对于单组分样品，合理归一化后的 $R(r)$ 可以直接采用公式(16.11)给出配位数。对于多组分体系，$R(r)$ 的定义是公式(16.13)。如果将其代入公式(16.11)，并不能直接得到配位数，而是所涉及原子的散射长度加权后的配位数。如果已知所涉及的原子种类，那么就可以提取出配位数，否则不可以。另外，采用不同的加权方案是可行的。到目前为止，最普遍的做法是 Faber 和 Ziman 提出的[16]，可以称为偏对分布函数(partial pair distribution function) $G_{\alpha\beta}(r)$ 的方案。这个偏函数等价于 $G(r)$，但是仅包含材料中以 α 类原子为中心的 β 类原子的原子对分布信息[17]，从而总的 $G(r)$ 可以简单通过遍历所有 α 类原子相应的偏函数值的适当加权求和而得到。

在偏结构函数 $S_{\alpha\beta}(Q)$ 和全结构函数 $S(Q)$ 之间存在着等价关系。在 Faber-Ziman 方案中采用的加权要使每个偏结构因子 $S_{\alpha\beta}(Q)$ 都和全结构因子具有如下同样的属性：$Q \to \infty$，$S_{\alpha\beta}(Q) = 1$。这就意味着可以如同全结构函数一样定义 $S_{\alpha\beta}(Q)$ 和 $G_{\alpha\beta}(r)$ 之间的傅里叶耦合关系，即

$$G_{\alpha\beta}(r) = \frac{2}{\pi} \int_0^{\infty} Q[S_{\alpha\beta}(Q) - 1] \sin(Qr)\mathrm{d}Q \qquad (16.14)$$

采用上述这种便利做法的麻烦就是全函数，即 $S(Q)$ 和 $G(r)$ 不再是偏函数的简单加和，而是加权后的加和

$$S(Q) = \sum_{\alpha} \sum_{\beta} \frac{c_{\alpha} c_{\beta} b_{\alpha} b_{\beta}}{\langle b \rangle^2} S_{\alpha\beta}(Q)$$

$$G(r) = \sum_{\alpha\beta} \frac{c_{\alpha} c_{\beta} b_{\alpha} b_{\beta}}{\langle b \rangle^2} G_{\alpha\beta}(r) \qquad (16.15)$$

其中 $\langle b \rangle = \sum_{\alpha} c_{\alpha} b_{\alpha}$ 且 c_{α} 是样品中 α 类原子的原子分数。这样一来就得到如下的偏径向分布函数：

$$R_{\alpha\beta}(r) = \frac{1}{N} \frac{\left(\sum_{\alpha} c_{\alpha} b_{\alpha}\right)^2}{c_{\alpha} c_{\beta} b_{\alpha} b_{\beta}} \sum_{\nu \in |\alpha|} \sum_{\mu \in |\beta|} \delta(r - r_{\nu\mu}) \qquad (16.16)$$

同时有

$$G_{\alpha\beta}(r) = \frac{\left(\sum\limits_{\alpha} c_{\alpha}b_{\alpha}\right)^2}{c_{\alpha}c_{\beta}b_{\alpha}b_{\beta}} \frac{1}{Nr} \sum_{\nu \in |\alpha|} \sum_{\mu \in |\beta|} \delta(r - r_{\nu\mu}) - 4\pi r\rho_0 \qquad (16.17)$$

定义绕某个 α 原子的 β 原子数目为 $N_{\mathrm{C}}^{\alpha\beta}$，那么就可以得到

$$N_{\mathrm{C}} = \sum \frac{c_{\alpha}c_{\beta}b_{\alpha}b_{\beta}}{\langle b \rangle^2} N_{\mathrm{C}}^{\alpha\beta}(r) \qquad (16.18)$$

X 射线测试时采用这个公式会遇到麻烦，这是因为散射长度 b 在 X 射线测试中相应于依赖 Q 的散射因子 $f(Q)$。有了这个依赖于 Q 的因子，公式(16.1)中的简单傅里叶耦合关系就被破坏了。针对 X 射线测试，从上述结构函数出发，可以导出如下的近似表达式：

$$S(Q) = \sum_{\alpha\beta} \frac{c_{\alpha}c_{\beta}f_{\alpha}(Q)f_{\beta}^*(Q)}{\langle f(Q) \rangle^2} S_{\alpha\beta}(Q) \qquad (16.19)$$

其中星号代表复共轭，而加权因子

$$w_{\alpha\beta}(Q) = \frac{c_{\alpha}c_{\beta}f_{\alpha}(Q)f_{\beta}^*(Q)}{\langle f(Q) \rangle^2}$$

是取决于 Q 的。这个时候的全 PDF 就不再是偏 PDF 的加权值之和了。采用分离 $f(Q)$ 及其依赖于 Q 的部分可以近似处理这种情况，这就是所谓的 Morning-star – Warren 近似[18]。此时，平均形状因子中依赖于 Q 的部分计算如下：

$$\bar{f}(Q) = \frac{\sum\limits_{\alpha} c_{\alpha}f_{\alpha}(Q)}{\sum\limits_{\alpha} c_{\alpha}f_{\alpha}(0)} \qquad (16.20)$$

从而得到近似关系 $f_{\alpha}(Q) = Z_{\alpha}\bar{f}(Q)$，其中 Z_{α} 是第 α 种元素的原子序数，其值近似等于 $f_{\alpha}(0)$，因此，当前的加权因子 $w_{\alpha\beta}$ 粗略说来是独立于 Q 的。虽然表面看来这种近似相当粗陋，但是它的确有效——已经成功实现了多组分体系中多种元素的 X 射线 PDF 的建模拟合。

另外，也可以采用其他的加权方案，例如二元体系中有时就采用 Bathia 和 Thornton 提出的方案。有兴趣详细了解的读者可以自行参考其他资料[2,10]。

普通的全散射粉末衍射测试得到的是化学上不可分辨的全 PDF。通过建模可以提取出化学上可分辨的信息，这个过程通常通过 PDFfit 等线形拟合程序来完成[19]。不过，对于复杂的材料，有时还是希望能直接获得化学上可分辨的信息，用于协助相关的研究。其中对于非常局部的范围中的信息可以采用扩展 X 射线吸收精细结构(extended X-ray absorption fine structure，EXAFS)等互补性测试来实现[20]；另外，也可以在 PDF 测试中确定化学上可分辨的信息，其实现方法就是差值法(differential method)[17]。此时，需要两组除了化学组成中某

一个成分的散射能力发生变化，其余完全一样的测试结果，然后通过这两个测试间的差异，即差值 PDF，就可以给出所研究化学元素种类的配位结构环境。基于前面定义的偏 PDF，差值 PDF（differential PDF，DPDF）即 G_α 可以表示如下：

$$G_\alpha(r) = \sum_\beta \frac{c_\beta b_\beta}{\langle b \rangle} G_{\alpha\beta}(r) \tag{16.21}$$

结合各个 DPDF，可以得到全 PDF 的表达式

$$G(r) = \sum_\alpha \frac{c_\alpha b_\alpha}{\langle b \rangle} G_\alpha(r) \tag{16.22}$$

DPDF 与如下的差值结构函数（different structure function，DSF）：

$$S_\alpha(Q) = \sum_\beta \frac{c_\beta b_\beta}{\langle b \rangle} S_{\alpha\beta}(Q) \tag{16.23}$$

可以通过下面的傅里叶变换关联起来：

$$G_\alpha(r) = \frac{2}{\pi} \int_0^\infty Q[S_\alpha(Q) - 1] \sin(Qr) \mathrm{d}Q \tag{16.24}$$

同样地，DSF 与全结构函数也存在如下的关系：

$$S(Q) = \sum_\alpha \frac{c_\alpha b_\alpha}{\langle b \rangle} S_\alpha(Q) \tag{16.25}$$

理论上，这些偏 PDF 可以通过二阶或更高阶的差值来确定。另外，由于一个含 n 种元素的化合物含有 $n(n+1)/2$ 个偏 PDF，因此要获得所有的偏 PDF 值，就需要对同一个样品独立测试 $n(n+1)/2$ 次。例如，对于 $n=2$ 的二元化合物，就需要三套独立的数据来求出三个偏 PDF。

具体实验中，采用中子散射时可以利用同位素取代物来获得差值 PDF，而 X 射线测试则利用 X 射线反常散射，其中中子测试要更为简便。这是因为一个元素的不同同位素是化学等价却有着不同的中子散射能力，从而可以利用不同的同位素（或者不同的同位素丰度比例）合成相同的化合物。假定元素 α 的同位素 1 的散射长度为 $b_{\alpha 1}$，则其相应化合物产生的散射为

$$S_1(Q) = \frac{1}{\langle b_1 \rangle^2} \left[(c_\alpha b_{\alpha 1})^2 S_{\alpha\alpha}(Q) + 2c_\alpha b_{\alpha 1} \sum_{\beta \neq \alpha} c_\beta b_\beta S_{\alpha\beta}(Q) + \sum_{\beta\gamma \neq \alpha} c_\beta c_\gamma b_\beta b_\gamma S_{\beta\gamma}(Q) \right] \tag{16.26}$$

其中

$$\langle b_1 \rangle = c_\alpha b_{\alpha 1} + \sum_{\beta \neq \alpha} c_\beta b_\beta \tag{16.27}$$

关于元素 α 的同位素 1 和同位素 2 分别执行的两次实验之间的强度差值 ΔI 计算如下：

$$\Delta I(Q) = \langle b_1 \rangle^2 S_1(Q) - \langle b_2 \rangle^2 S_2(Q) \tag{16.28}$$

这个差值代入公式(16.26)并且简化后就可以得到

$$\Delta I(Q) = 2c_\alpha(b_{\alpha1} - b_{\alpha2})S_\alpha(Q) \qquad (16.29)$$

因此，这个强度差值就直接产生了差值结构函数 $S_\alpha(Q)$，并且通过傅里叶变换可以得到 DPDF。

虽然这种方法在玻璃和液体的测试中更为常见，但是对于复杂的晶体或者纳米晶同样可以用得很好。它的主要麻烦就在于可用同位素价格昂贵且难于获取，另外，合成多个样品也是很困难的事情。目前发展的一种廉价的做法就是化学取代法，即将某种元素改用其他在化学本质上非常接近并且具有不同散射长度的其他元素来代替。

X 射线反常散射法所采用的原理是元素的散射长度在接近吸收共振的时候会发生明显的变化，其散射长度的表达式如下[21]：

$$f(Q,E) = f_0(Q) + f'(E) + if''(E) \qquad (16.30)$$

其中 $f'(E)$ 和 $f''(E)$ 分别是反常散射因子的实部和虚部，当远离共振时，两者为零，可以忽略，而在接近吸收边时却需要考虑。图 16.5 就是 f' 和 f'' 这种能量依赖性的示例[22]。

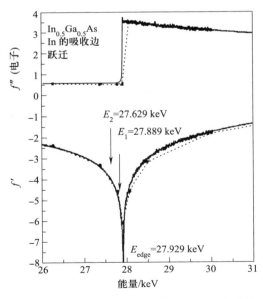

图 16.5　In 元素的散射因子在近吸收边处计算所得的反常分散，其中上半图为虚部 f''，下半图为实部 f'（复制自参考文献[22]，ⓒ2000 已获得美国物理学会的许可）

从公式(16.15)可以得到，在能量 1 处的全 $S(Q)$ 等于

$$S_1(Q) = \frac{1}{\langle f \rangle_1^2} \sum_{\alpha\beta} c_\alpha c_\beta f_\alpha f_\beta^*(Q) S_{\alpha\beta}(Q)$$

$$= \frac{1}{\langle f \rangle_1^2} \left[c_A f_{A1} \sum_\beta c_\beta f_\beta^*(Q) S_{A\beta}(Q) + c.c. + \sum_{\alpha,\beta \neq A} c_\alpha c_\beta f_\alpha f_\beta^*(Q) S_{\alpha\beta}(Q) \right]$$

$$(16.31)$$

其中 $c.c.$ 代表复共轭项，而且已经将包含元素 A 的项目从双重加和中分离出来。同样地，在能量 2 处，可以得到

$$S_2(Q) = \frac{1}{\langle f \rangle_2^2} \left[c_A f_{A2} \sum_\beta c_\beta f_\beta^*(Q) S_{A\beta}(Q) + c.c. + \sum_{\alpha,\beta \neq A} c_\alpha c_\beta f_\alpha f_\beta^*(Q) S_{\alpha\beta}(Q) \right]$$

$$(16.32)$$

将这些函数重新标度到同一个水平上，就可以得到如下有关差值的定义：

$$\Delta S(Q) = \langle f \rangle_1^2 S_1(Q) - \langle f \rangle_2^2 S_2(Q) \tag{16.33}$$

这个差值利用公式（16.31）和公式（16.32）计算如下：

$$\Delta S(Q) = c_A \Delta f_A \sum_\beta c_\beta f_\beta^*(Q) S_{A\beta}(Q) + c.c. \tag{16.34}$$

其中 $\Delta f_A = f_{A1} - f_{A2}$。反常散射校正是散射因子 Δf 的唯一改动，如果考虑反常散射校正的实数部分可以得到

$$\Delta S(Q) = 2c_A \Delta f_A' \sum_\beta c_\beta [f_{0\beta}(Q) + f_\beta'] S_{A\beta}(Q) + 2c_A \Delta f_A'' \sum_\beta c_\beta f_\beta'' S_{A\beta}(Q)$$

$$(16.35)$$

接下来需要得到类似上述公式（16.23）给定的差值结构函数，这可以联用公式（16.23）和公式（16.35），并且重排各个项目而得到如下的差值 $S_A(Q)$：

$$S_A(Q) = \frac{\Delta S(Q)}{2c_A \Delta f_A' \sum_\beta c_\beta [f_{0\beta}(Q) + f_\beta'] + 2c_A \Delta f_A'' \sum_\beta c_\beta f_\beta''} \tag{16.36}$$

通常可以采用 $\Delta f_A'' \ll \Delta f_A'$ 的结果而得到如下的近似表达式：[17]

$$S_A(Q) = \frac{\Delta S(Q)}{2c_A \Delta f_A' \sum_\beta c_\beta [f_{0\beta}(Q) + f_\beta']} \tag{16.37}$$

基于公式（16.1），通过傅里叶变换可以直接得到相应的差值 PDF。

实验上可以采用来自不同能量的两套数据来确定 $\Delta S(Q)$，其中一套接近吸收边而另一套则相距有些距离。由公式（16.37）可以看出 $\Delta S(Q)$ 信号的大小取决于 $\Delta f_A'$，这意味着最佳实验条件就是让这个值尽可能大。从图 16.5 所示的 $f_A'(E)$ 的曲线形状可以发现，对于这种与吸收边有关的测试，其关键就在于尽可能靠近 $f_A'(E)$ 曲线的尖端，即位于吸收边的中点。不过，出于实际的需要，尽管在吸收边处 f' 的变化的确是最快的，但是仍然建议实验时略低于该吸收边。其中一个原因在于近边位置吸收因子剧烈变化，这就使得吸收校正非常

困难；另一个原因就是在低于吸收边的区域，$f_A''(Q)$ 的变化非常慢，从而更有助于满足公式（16.37）所依据的近似条件，而且这个区域中样品发出的荧光也要比高于吸收边能量的区域发出的少很多，因此，实验要在低于样品吸收边的能量位置上执行。

16.3 实验方法

全散射实验的目标就是获得样品的高精确的 $S(Q)$ 数据。这种测试的基本要求与第 2 章详细说明的各种粉末衍射实验和方法的要求一样。不过，为了获得高质量的数据，全散射测试还有更多特殊要求，而且在几何设置和设施方面也有所变化。想要得到高质量的全散射数据需要满足如下条件：

（1）数据测试所涉及的 Q 值要大，这就要求散射角要大，或者入射线的波长足够短。

（2）统计质量要高，尤其是散射信号弱小的高 Q 值处更要做到这一点。

（3）背景散射要低。这是因为准确获得弱小的漫散射信号是一件重要的事，然而高背景却会对此造成麻烦。

（4）设施运行稳定并且准确监控入射光束强度。这是由于数据需要通过入射光束强度进行归一化，因此必须做到入射光束和探测器的属性在实验中不会发生失控的变化，或者这种变化可以进行校正，例如，同步 X 射线和散裂中子测试时监控入射光束强度就是一个典型办法。

X 射线实验可以采用配有 Mo 或者 Ag 光源的实验室衍射仪来完成，所给的 Q 值范围可以分别高达 $Q_{max} \approx 14 \text{ Å}^{-1}$ 和 20 Å^{-1}。虽然这两个数值都小于最优 Q_{max}，但是对于室温下纳米结构材料的简便表征还是可以被接受的。当然，也有采用钨光源的实验尝试，不过，目前在衍射领域中，这类光源还不是标准的配置，而且也买不到支撑这种光源的衍射级别的高压电源，更不用说可以得到配置钨光源的衍射设备了。

全散射 X 射线实验最好采用具有高入射能量的 X 射线同步辐射光源。这些实验使用传统的德拜-谢乐几何配置，其入射能量为 30 ~ 45 keV（例如位于 NSLS 的 X7A 线站以及面向常规粉末衍射的位于 ESRF 的 X31 线站或者位于 APS 的 X11A 线站等）。不过，现今正日益普及的是快速获取 PDF（rapid acquisition PDF，RAPDF）法[23]，即采用二维平板探测器在一次曝光中就得到一套 PDF 数据。有关这种方法的说明可以参见图 16.6。

在 APS 已经建立了专用于 RAPDF 的线站（ID11B），而 NSLS 和 ESRF 两地也正在分别计划建立类似的线站。在这种几何设置中，入射能量为 70 ~ 150 keV 的 X 射线将穿过样品，然后被放在样品后面的一块大面积的成像板探测器所收

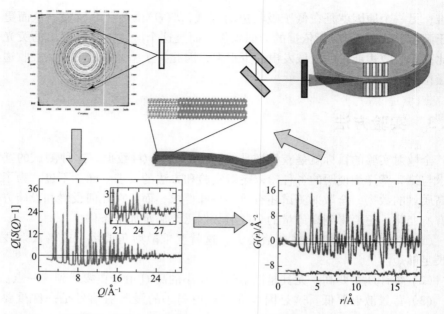

图 16.6　快速获取 X 射线型 PDF 数据的方法，即 RAPDF 法示意图。从同步辐射源（右上方）发出的高能 X 射线强光束经准直和单色化后透过样品的同时也被样品所散射，随后散射光束进入样品后部的二维探测器。按照逆时针方向看图就可以知道所得的二维数据将被还原为一维函数，经过校正和归一化就可以得到全散射结构函数，最后做傅里叶变换就得到了 PDF。通过拟合 PDF 就能获得有关材料的结构信息（本图引自参考文献[8]，已获得许可）

集。实验时要确保光束垂直于探测器和样品并且经过二者的中心，然后在成像板上进行曝光。根据具体样品的散射强度和探测器的灵敏度，获得超过 $Q_{max} =$ 30 Å^{-1}的高质量 PDF 数据所需的曝光可以在短短 30 ms 内完成——通常所需的时间是几 s 到几 min。与采用常规非平行计数（即采用点探测器）法——甚至在同步辐射线站中——所需的 8 ~ 12 h 的数据收集时间相比，RAPDF 测试是相变等过程中局域结构的时间分辨和参数化测试的理想工具[57]。由于这种几何设置自身的原因，这些测试所得的 Q 的分辨率是非常差的，从而减小了晶体材料所得 PDF 可导出的 r 值范围。不过，大多数建模所涉及的 r 值范围本来就相当狭窄，因此，这种技术是一个非常好的折中方案。如果需要测试大范围的 r 值（例如研究长度为 5 ~ 10 nm 的中程范围内的一些有序性问题），那么可以采用第 2 章所介绍的德拜-谢乐几何衍射仪。此时，除了计数时间要延长，而且由于不能在很高的 X 射线能量下工作，因此能达到的 Q_{max} 值也较小。联用这两种方法所给的数据就可以获得正空间和倒易空间中均为高分辨率的数据——这对于复杂材料的研究是一件日益重要的事。

对于中子测试，需要短波长的前提其实已经将实验限制在飞行时间散裂中子源的范围了。虽然采用热中子慢化剂的反应堆中子源也可以为 PDF 研究提供高质量的数据，但是这类设备难以用上。有关散裂中子粉末衍射仪的实验需求与上述的需求列表是一样的。如果飞行路径长度和工作频率足以给出高质量的短波长(0.1~0.4 Å)中子束，那么普通的飞行时间粉末衍射仪就可以用于全散射测试了。由于目前的中子波导还不能有效传输这类短波长的中子，因此要获得最好的数据，就需要飞行路径更短的衍射仪，而中子波导则可用也可不用。现有的可用设施包括位于美国洛斯阿拉莫斯国家实验室 Lujan 中心的 NPDF 和位于英国卢瑟福(Rutherford)实验室 ISIS 中心的 GEM。其中前者已经针对 PDF 的应用进行了改造，虽然它的数据收集时间与 GEM 相比远有不及，但是基于水慢化剂和低背景，这台设备具有优异的稳定性。目前，在新一代散裂中子源，即美国的 SNS 和日本的 J-PARC 的基础上正在建立新的专用于全散射的设施。

散射数据一旦收集完，接下来就必须进行校正和归一化。目前，有好几个可以免费下载的数据校正软件能够用来完成从原始数据得到 PDF 值所需的校正和归一化操作。具体的软件可以浏览 ccp14 软件网站[24]。当前最易使用也用得最为普遍的软件有 PDFgetN[25]、针对散裂中子数据的 Gudrun[26] 以及针对 X 射线数据的 PDFgetX2[27,28]。虽然二维探测器所得的 RAPDF 数据目前必须采用二维数据分析软件包 FIT2D 进行预处理[29]，然而 PDFgetX2 也为准确分析这类数据提供了校正功能。由于本章篇幅所限，这里就不详细介绍校正的过程，不过一些细节可以参考 Egami 和 Billinge 的著作[2]。

16.4 结构建模

与各种粉末衍射实验一样，全散射通过建模操作也可以提取出结构信息。具体的建模既可以在正空间中完成(即计算模型的 PDF，然后与实验所得的 PDF 进行比较)，也可以在倒易空间中完成(即利用德拜公式计算全散射结构函数)。虽然严格来说，正空间与倒易空间能得到的信息是完全一样的(这两个空间可以直接相互转换)，但是实际操作中，不同的建模方式各自得到的信息还是有差别的。一般情况下，拟合 PDF 的模型相应于一个"晶胞"中(不一定是晶体学意义上的晶胞)的少量原子，从而得到的是相当局域性的结构。而倒易空间中的拟合通常面对更大的、包含好几千个原子的模型并且采用蒙特卡罗模拟退火之类的方法，从而可以得到更多的有关中程有序性的信息。这两种方法都可以用于深入探讨待研究的结构，下面分别做下简单的介绍。

16.4.1 基于 PDF 且无关模型的结构信息

根据公式(16.13)所给的 PDF 属于原子对关联函数的定义，结构信息是可以直接从 PDF 中获得的，期间并不需要建立模型。

谱峰位置→化学键长：PDF 谱图中一个峰的位置意味着存在以该位置为间距值的一对原子，当间距小于最近邻间距，即 $r < r_{nn}$ 时，$R(r)$ 曲线的强度为零，而在 r_{nn} 处有一个尖锐谱峰的现象非常普遍，甚至对于玻璃、液体和气体等原子无序的体系也是成立的。然而在无定形材料中就难以确定第二个近邻间距，因为此处的 PDF 谱峰已经出现了展宽。不过，哪怕是无序的材料，这个谱峰还是明显可辨的。在晶体中，由于结构的长程有序，因此所有长度上的近邻原子都是明确定位的并且产生尖锐的谱峰，从而这些谱峰的位置就直接给出了结构中成对原子之间的距离。

谱峰积分→强度配位数：如果可以找到一个明确定义的 PDF 峰，那么正如公式(16.11)所示，通过积分该谱峰包含的面积就可以得到围绕处于原点的原子的相应配位壳层中近邻原子的数目。作为一个例子，现在考虑一下 Ni 晶体。它的一个晶胞内具有 4 个 Ni 原子(面心立方结构)，而每个镍原子有 12 个近邻原子，间距为 2.49 Å[30]。因此，当采用公式(16.12)来构建 PDF 时，就要在位置 $r = 2.49$ Å 处放置 48 个强度单位，具体操作如下：首先在原点处放置一个镍原子，数一下位于 $r = 2.49$ Å 处的近邻原子数目，此处就是 12；然后依次将材料中的每一个原子放在该原点上并重复上述过程。由于在晶体材料中，一个晶胞内包含了所有具有不同环境的原子(理论上)，然后晶胞周期性重复而得到整体的结构，因此仅需将晶胞中的原子放在原点上就可以准确获得该结构的 PDF。这样一来，在这个镍例子中，需要做的就是依次将这 4 个原子放到原点上。实际上，这 4 个原子是等价的，都具有 12 个近邻原子，因此，在 $r = 2.49$ Å 处具有 48 个强度单位。接下来就是将此处的强度值除以该原点上所放过的原子总数 N [根据公式(16.12)]而得到 PDF，这里的 N 值就等于 4。这就给出了 Ni 的配位数——正如所期望的，这个值是 12。因此，对合理归一化所得的实验 RDF 谱图的第一个峰进行积分可以得到 12 个数值，也就是 Ni 的配位数目。如果已知单个 PDF 谱峰的化学起源，并且因此而知道其权重因子，那么多元素样品也可以获得与上述同样的信息。反之，正如经常遇到的那样，如果来自不同化学起源的 PDF 谱峰发生重叠，那么这种操作就要复杂多了。此时，提取信息可以通过直接测试特定的化学成分差值或者各个偏 PDF 值，采用一组高斯函数进行拟合或者采用更好的方法，即完全(full-scale)结构建模等来实现。

谱峰宽度→热或静态无序：由于原子热运动和零点运动(zero-point motion)所体现的原子无序以及任何偏离理想点阵位置的原子静态位移会使得原子-原子间距成为一个分布，从而 PDF 谱峰会宽化成高斯型的谱峰。这时 PDF 谱峰的宽度和形状就包含了实际原子分布概率的信息。例如，一个非高斯型的 PDF

谱峰可能意味着存在非谐的晶体势（anharmonic crystal potential）。

16.4.2　PDF 的建模

相应于无关模型的直接分析，对数据建模可以获得更为丰富的信息。最流行的正空间建模法是一种类似 Rietveld 法的全谱拟合技术，不过，此时被拟合的函数是 PDF[31]。具体操作可以采用流行的 PDFfit 软件来完成[19]。最近，该软件已经有了新的版本，即 PDFgui[32]。这个新版软件在易用性方面有了显著改进，而且可以免费下载[33]。

这种模拟就是采用最小二乘法，通过改变结构模型中的参数以及其他与实验相关的参数的取值来获得模型计算所得的 PDF 和实验数据导出的 PDF 之间的最佳匹配。从结果中可以得到的与样品有关的参数包括晶胞参数（晶胞长度和角度）、以分数坐标表示的晶胞中的原子位置、每个原子的各向异性热振动椭球以及每个位置的平均原子占位率等。

这里强调一下，PDF 模拟同传统 Rietveld 法之间的异同点。两者之间最主要的相同点就是针对某个小晶胞进行建模，并且原子位置以分数坐标来表示。因此，PDF 模拟精修得到的结构参数与来自 Rietveld 法的是完全一致的。而 PDF 模拟与 Rietveld 法之间最主要的区别就在于它要拟合的是包含有关短程原子关联性信息的局域结构。有关无序和短程有序的原子位移的额外信息包含于数据中，并没有体现在平均结构上。通常情况下，为了能完成对这些位移的建模，就需要采用某个比晶体学意义上的晶胞还要大的"晶胞"。当然，在平均结构中引入无序而不改变晶胞大小的策略也很流行。例如，如果从原子势能角度来说，某个原子可以处于两个不同的势能极小值位置之一，但是位于任何一个的概率是随机的，那么可以这样建模：原子位置发生劈裂，并且每个位置恰好各有 50% 的占位率。虽然这种做法并不理想，但是却可以非常有效地近似反映真实的状态，而且作为数据建模的最初探索手段也是非常有用的。

对于晶体材料的 PDF 分析，这种正空间 Rietveld 法是非常有用的，而且也是关键的第一步。这主要是出于两个原因：首先，它与传统 Rietveld 法的相似性意味着某个来自传统 Rietveld 法的结构与 PDF 建模的结果在具体参数数值上是相当的。从而对于明确是否有明显的证据表明需要在平均结构之上进一步考虑局域畸形而言，这种做法是关键的第一步。如果的确有证据表明存在高于平均结构的局域结构畸形，那么就可以将这个模型并入 PDF 模型中进一步处理。采用这种正空间 Rietveld 法的第二个优点就是结构模型的简易性，这就使得结构模型的建立过程变得简便，同时也可以直观且快速地明白模型背后的物理意义。图 16.7 所示为 PDFgui 精修过程的屏幕截图，而通过计算和实验数据所得的 PDF 之间的拟合结果可以参见图 16.8。

PDFfit 原来是为了研究纳米孔块体材料等具有明显无序现象的晶体材料中的无序和短程有序性质。随后人们发现这个软件也可以进一步用于更为严重的无序材料的分析，例如纳米晶材料和纳米孔材料等，而且目前看来，这种应用的扩大化趋势仍将日益增强。

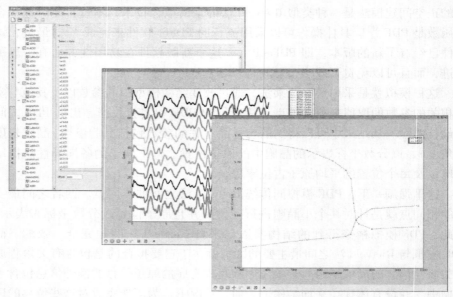

图 16.7　某个 PDFgui 建模项目所得的多个精修操作以及被精修参数的示意图（本图由 Christopher Farrow 友好提供）

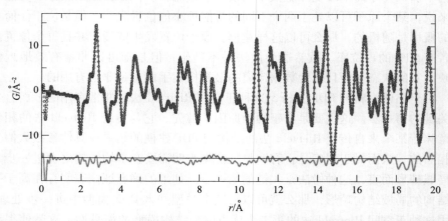

图 16.8　完全收敛的 PDF 拟合结果，其中位于下部的是差值曲线。所用的数据来自 $La_{0.8}Ca_{0.2}MnO_3$ 样品，是采用 NPDF 设备在低温下收集而得的中子粉末衍射数据。在 $r \approx 2$ Å 处的最近邻 Mn – O 峰值之所以为负值是因为中子测试中 Mn 的中子散射强度是负的（本图由 Emil Bozin 友好提供）

16.4.3　倒易空间中的全散射建模

倒易空间中全散射数据的模型拟合通常采用由好几千个原子构成的更大的模型，并且精修是采用蒙特卡罗模拟退火[34]或者其他全局优化策略来完成的。模拟退火通常被用于在复杂的势能景观（potential energy landscape）中找到全局最小值，其中描述体系的参数，例如原子位置等的变动具有一定的随机性，而每一次变动之后都要使用特定的势能函数计算一下体系的能量。如果这次的参数变动降低了体系的能量，那么就接受此时的参数值。反之，如果体系的能量增加了，那么这些参数值既可以被接受，也可以被丢弃，具体根据内定的概率随机决定。对于模拟退火来说，这个用于去掉不好变动的内定可接受概率可以表示为玻尔兹曼（Boltzmann）公式

$$P = \mathrm{e}^{-\left(\frac{\Delta E}{k_{\mathrm{B}} T}\right)} \tag{16.38}$$

其中 ΔE 为能量变化值；k_{B} 是玻尔兹曼常数；T 是体系的温度，其初始值由实验者指定。如果 T 较大，那么就可以接受更多的不好的变动，同时模拟过程也可以查勘更多的能量景观（即更容易避免局部最小值）。随后这个温度会有规律地降低，从而引导退火过程进入了全局的能量最小值。总之，模拟退火是广泛用于统计物理的有力手段，并且拥有与之相应的发达计算机技术[35]。

当模拟退火用于最小化计算与实验衍射谱图之间的差值，即最小化 χ^2 而不是能量的时候，这种方法就成了所谓的反向蒙特卡罗（reverse Monte Carlo）法或者 RMC 法[36]。此时，作为结构模型的是一大盒的、在尽可能少的约束下自行排列的原子。在约束最少的条件下，这个盒子的边界大小以及避免原子重叠的局部硬球排斥是仅有的约束条件。RMC 法在晶体学手段难以奏效的无序材料领域中用得非常广泛。它的优点之一就在于公平性，即所得的结构模型给出的解没有预定的倾向，仅仅是满足实验数据的要求而已。这就意味着任何出现在模型中的结构模式，例如玻璃网络建模时出现的局部四面体原子排列是可能存在的。究其原因就在于模拟退火就其本质而言是为了找到与数据一致的最可能的，从而也是最多样化的结构解。此时，出现在模型中的任何原子关联性（即有序的原子排列）一定是或多或少由所用的数据自身单独决定的。需要提醒的是，这个结论是一个未能被证明的假设，而且同一套数据可以给出两种及以上的不同的结构模式。因此，用户需要自行决定是否采用不同的随机起始模型多次重新探索相空间，并且采用与体系相关的其他信息和数据对所得各种结果进行验证。另外，当需要避免这种麻烦时可引入附加的结构约束条件——虽然可能会存在人为指定结构模型搜索方向的缺陷。总之，在谨慎使用的前提下，RMC 法可以作为研究材料的短程和中程有序的有力手段。

这里顺便说一下，RMC 法中的"蒙特卡罗"特性是因为其回归算法中采用了蒙特卡罗模拟退火。从理论上说，改用其他全局优化算法，例如遗传算法也是可以的，而且所得的结构解是一样的（前提是这些算法的确找到了全局的，而不是局部的最小值）。客观来说，这种建模法的重要特性并不在于蒙特卡罗，更多的还在于基于全散射数据并且通过大规模的建模来模拟中程有序，同时也包括了以价值函数（cost function）的形式存在并且被最小化的拟合优度参数。

现在已经出现了介于 RMC 法和前面所述的 PDF 模拟法之间的数据建模技术，即所谓的 RMC 精修[37]。在这些方法中，某个已知的结构（例如晶体结构）被作为初始模型，然后精修时采用蒙特卡罗法来改进结构，与此同时，从模拟退火的角度来看，这个晶体并没有被"熔化"，即退火过程保持在较低的温度或者同时完成低 Q 值的衍射数据拟合和大 Q 值范围内的全散射数据拟合。这类操作其实就是将 MC 作为局域搜索的手段——当然也可以采用其他回归技术来代替。有时甚至可以在正空间和倒易空间中进行数据拟合[38]——这是同时兼顾长程有序和短程有序的有力工具。

近年来，RMC 已经不再局限于结构研究，而且还扩展到原子动力学领域。虽然从全散射数据中提取声子与点阵动力学信息的合理性尚存争议[39-42]，还未达成最终的一致性结论，但是能够从全散射数据中直接得到点阵动力学信息的确具有潜在的高度实用性。近期研究表明，RMC 法可以用来提取这类信息[43]。

目前，有多种 RMC 建模和精修软件可以免费得到。由 ISIS 团队做技术支持的 RMC 软件可以在 http://www. isis. rl. ac. uk/rmc/网站上找到。另外，作为通用并且操作简便的软件，DISCUS 可以从 http://diffuse. sourceforge. net 网站上下载。这个软件基于 McGreevy 算法来实现 RMC 操作，可以完成单晶、粉末或者无定形数据的建模和结构精修。

16.4.4　新兴建模方法

16.4.4.1　复合建模

随着材料复杂性的提高，单独一种测试所得的数据越来越难以满足唯一确定最终解的需要。因为这个时候求解的过程不好约束，需要进行规范。这就需要额外的、更多的独立性数据，通过给定约束条件以及引入其他先验信息的手段来最优化或者去掉模型中自由度的数目。这种方法可以称为复合建模（complex modeling），其中单词"complex"的含义不是"复杂化"，而是"混合"，就像复数（complex number）中的"complex"表示这种数量就是实数部分和虚数部分的"混合物"一样。图 16.9 所示为复合建模法的构成框架。

其实很多种方法，例如联用已知的化学方面的约束、密度或者硬球排斥等的技术就是这类方法的特例，而下面要介绍的新兴建模方法更是如此。总之，随着时代的变迁，采用复合型数据和复合型建模方法的能力只会日益亟待增强。

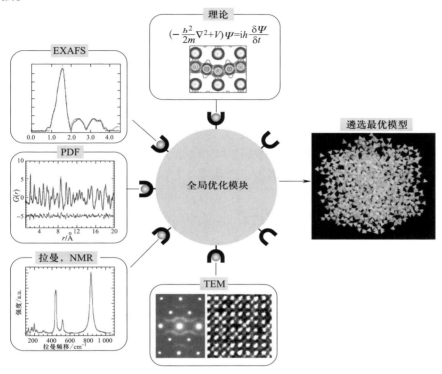

图 16.9 复合建模范例示意图，其中来自不同实验的数据，连同理论性的输入信息一起作为约束条件形成了一个"相干"化的全局优化方案(感谢 I. Levin 的帮助)

16.4.4.2 基于经验势的建模方案

大尺寸模型的自由度可以联用先验性信息进行删减，其中的一个手段就是采用以各种类型原子之间的距离为函数的经验成对势能，这就使得即使模型中的原子数目增加了，其参数数目还是仅取决于原子种类的数目。从理论上说，这些成对势自身就可以确定材料的平衡结构，完全不需要任何实验数据。但是实践中还是需要晶体学的实验，其原因就在于第一性原理的近似性以及经验势(对于现实中的体系)的不确定性比起待选择结构之间的势能差值而言还要大得多。因此，如果没有数据的支持，那么模型的全局能量最小化只能起到指导的作用而已。要将势能作为一种先验性信息引入精修过程，一种有意义的做法就是对原子间势能参数进行精修，相应的过程就是首先根据现有的参数值找到能最小化体系能量的原子排列，接着计算这种构型对应的散射函数及其与测试数据所得结果的差异，从而更新此时的势能参数，如此迭代进行直到收敛为止。这种回归操作中的每一步循环都有一个完整的能量最小化过程，因此，各步的有效收敛是该回归过程中的重中之重。近年来，这种操作已经成功体现在主要用于液体领域的经验势结构精修（empirical potential structure refinement）技术中[44]。具体的模型是利用成对势参数以及针对每对原子计算所得的平均力势 $[U(r)]$ 的初始值建立起来的。这个模型可以通过下式与所测的原子对分布函数直接关联起来：

$$U(r) = -k_B T \ln\left[\frac{\rho(r)}{\rho_0}\right] = -k_B T \ln[g(r)] \qquad (16.39)$$

如果将这个模型中所用的参考势定义为 $U^m(r)$，而源自数据的势能写成 $U^D(r)$，那么需要做的就是想方设法让 $U^m(r)$ 更为接近 $U^D(r)$。为此可以对初始的参考势施加一个微扰，即引入一个代表 $U^m(r)$ 和 $U^D(r)$ 之间差值的量，得到如下新的势能表达式：

$$U_1^m(r) = U_0^m(r) + kT \ln\left[\frac{g^m(r)}{g^D(r)}\right]$$

采用蒙特卡罗法，这个模型就可以弛豫到新的势能状态，从而得到新的 $g(r)$ 计算值，随后就是如此迭代运算，直到收敛为止。这种以经验势结构精修（emprical potential structure refinement，EPSR）为名的技术已被证实是研究复杂液体以及溶液中分子的溶解态的非常有力的工具。如果对于待研究的体系已经有一堆 DPDF 函数（不过并不需要全部给出）可以作为目标函数，那么这种方法的成功率就更为可观了。

类似的方法就是最近用于 $GeSe_2$ 等玻璃体系中[45]，能够同时生成结构与能量方面都合理的模型的实验约束分子弛豫（experimentally constrained molecular relaxation，ECMR）法，其中除了用 RMC 法来更新原子的位置，还在回归循环中联用第一性原理总能量弛豫法来保证所得的构造既能很好拟合实验数据，又是能量上有利的结果。

反向蒙特卡罗法也可以用于从单晶漫散射数据中提取信息。一个典型的例子就是在储氢方面具有重要潜力的钒基氢化物的有效原子对相互作用信息的获得[46,47]。另外，将高度简化的玩具式的势能模型（例如，将分子单元之间的相互作用表示为基于伊辛（Ising）模型的哈密顿算符以及弹簧振子模型等）与蒙特卡罗能量最小化法联用也被证实在研究晶体材料中的漫散射现象上是非常有效的[48]。最后，当针对同一个实验体系存在大量的实验数据和理论模拟时，也可以联用这些理论和实验结果对解空间进行极为详尽的搜索，具体的示例就是无定形 $Si_3B_3N_7$ 的结构研究[49]——实验数据被用于筛选理论预测的结果，从而确定其中最合适的一个解。

16.4.4.3　化学约束

在求解结构时除了采用能量作为约束条件，也可以采用已知的化学信息结合待解问题一起考虑。正如第 9 章和参考文献[50]所讨论的，这种方法已经成为有机固体单晶结构解析的标准做法，而且对于大分子晶体学也是如此，后者的很多结构解析就是以分子拓扑信息作为基础的。例如，采用这种方法的时候，分子不需要用其组成原子的坐标来表示，而是采用所谓的 Z 矩阵来描述[50]，此时，原子位置取决于同近邻原子所成的键长与键角。这种采用分子的内自由度，例如，采用少数几个内部的关于 C—C 单键的二面角旋转来定义分子的做法是非常方便的。自然地，通过这种方法定义好的分子几何形状可以被认为是对求解结构问题的一种约束。

这种几何约束的做法已经被扩展到无机体系和网络体系，形成所谓的几何建模(geometric modeling)技术[51]。这些体系中求解结构的困难在于其所具有的通过桥联原子组成三维无限网络结构的特色，其中桥联原子通过公用顶点连接两个不同的几何对象(例如四面体或者八面体)。一般来说，如果这个结构体系不能被完全弛豫，那么这些桥联原子的确定就会成为麻烦，因为它们将难以同时满足这两个近邻几何对象的位置要求。为了解决这个问题，上述的几何建模法首先给出具有所需的理想尺寸和形状的几何"幽灵"，随后将材料中实际的原子约束在这些"幽灵"的顶点处，其运动以谐振子(harmonic spring)的模型来处理，即原子可以偏离定义这些几何对象的理想位置来实现结构的完全弛豫，但是仅需采用某个能量成本来表示，具体的示意图可以参见图 16.10[52]。

将无序引入待求解体系后同样可以弛豫当前结构而找到能量的最小值。这种做法在最近也已经被推广到从散射数据求解结构的这种反向问题中，形成所谓的几何精修法[53]。实际操作时，具体问题的定义与几何建模法一样，但是不同于上述将原子以弹簧的方式同几何对象的顶点相联系的做法，这里的原子和几何模板的移动要采用蒙特卡罗模拟退火法进行，而是否接受移动后的结果则取决于对数据的拟合效果——这是类似于 RMC 的一种反向几何建模。最近，这种技术已经被成功用于解决高温下 $LaMnO_3$ 中 Jahn-Teller 畸形八面体的短程有序问题。

16.4.4.4　从头法确定纳米结构

更早些时候介绍的 PDF 拟合法本质上是一种精修技术，猜到一个好的初始结构是首要的前提，随后就是精修如原子位置和原子位移参数等模型参数来获得最优的拟合结果，其所用的优化算法是基于局部搜索的，即找到参数空间中最靠近初始值的局部最小值。与此相反，从头法结构解析采用的是搜索全局最小值的算法，并且用来求解结构的初始模型是完全不受约束的(通常是随机

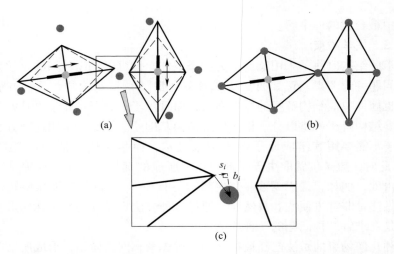

图 16.10 几何建模策略示意图。图中灰色的对象就是根据化学信息对局域结构几何特性进行描述的几何模板，在本处为共顶点的八面体；而红点代表被两个及以上的几何模板所公用的桥联原子。它们采用弹簧的方式进行运动来实现与模板的连接。其结构的弛豫如下进行：模板通过重取向和位移实现与这些桥联原子的最好连接，然后桥联原子移动以最小化弹簧的能量，接着又再次对模板进行重定向和位移，如此迭代进行直到收敛（引自文献 52，2006，版权属美国物理学会，已获得其许可）

的）。这样一来，相应的求解任务就明显要困难很多。虽然正如第 8 章所介绍的，当前晶体学已经发展到如下的程度：单晶领域中这类全局搜索问题已经被大部分解决，而粉末衍射领域中的这类问题在最近也取得了更多的突破。不过，这些基于晶体学的方法并不能在原子级的分辨率上重建纳米结构材料的三维模型。而前述的 RMC 建模以及相关的如 EPSR 等方法实际上就是从头法：即结构配置通过某个初始的且随机选定的（或者其他）模型来求解。然而，这些方法仅能用于存在多个与数据一致的退化解的无序材料领域，在目前还不足以唯一性地解出巴基球（bucky-ball，足球烯）C_{60} 分子等待求的纳米结构。

近年来，纳米结构解析这一重要领域的发展取得了很大的进步。例如，通过所谓的无透镜成像操作，采用相角重构已经可以从衍射数据中重建微米[54]到亚纳米[55]分辨率的二维结构图像[56]。这些方法有望在原子层次上完成结构的重建任务。此外，与此不同的另一种途径，即直接从 PDF 数据中从头解析出纳米结构也取得了发展。虽然在这类场合下暴力性的蒙特卡罗法不能用于包含 20 个原子左右的小纳米簇结构的解析，但是一种新的算法（取名为"Liga"）已经被发展出来用于解决这个问题。采用 Liga 法，从综合后的数据出发已经成功重建了多达 200 个原子左右的纳米簇结构，同时，利用实测的 PDF 数据也唯一性地解出了 C_{60} 的结构[6]。需要说明的是，同一篇文献中也提到某种改进的遗传算法同样可以做到这一点——虽然其效率不如 Liga 法。总体来说，尽管这些发展仍处于早期阶段，但是其前景是相当美好的。

参考文献

1. S. J. L. Billinge and I. Levin, *Science*, 2007, **316**, 561.

2. T. Egami and S. J. L. Billinge, *Underneath the Bragg Peaks: Structural Analysis of Complex Materials*, Pergamon Press, Elsevier, Oxford, England, 2003.

3. D. A. Keen, *J. Appl. Crystallogr.*, 2001, **34**, 172.

4. I. -K. Jeong, F. Mohiuddin-Jacobs, V. Petkov, S. J. L. Billinge and S. Kycia, *Phys. Rev. B*, 2001, **63**, 205202.

5. H. J. Kim, E. S. Bozin, S. M. Haile, G. J. Snyder and S. J. L. Billinge, *Phys. Rev. B*, 2007, **75**, 134103.

6. P. Juhas, D. M. Cherba, P. M. Duxbury, W. F. Punch and S. J. L. Billinge, *Nature*, 2006, **440**, 655.

7. X. Qiu, Th. Proffen, J. F. Mitchell and S. J. L. Billinge, *Phys. Rev. Lett.*, 2005, **94**, 177203.

8. S. J. L. Billinge and M. G. Kanatzidis, *Chem. Commun.*, 2004, 749.

9. T. Proffen, S. J. L. Billinge, T. Egami and D. Louca, *Z. Kristallogr.*, 2003, **218**, 132.

10. B. E. Warren, *X-Ray Diffraction*, Dover, New York, 1990.

11. H. P. Klug and L. E. Alexander, *X-Ray Diffraction Procedures for Polycrystalline and Amorphous Materials*, Wiley, New York, 1974.

12. A. C. Wright, Glass. *Phys. Chem.*, 1998, **24**, 148.

13. A. C. Barnes, H. E. Fischer and P. S. Salmon, *J. Phy. IV*, 2003, **111**, 59.

14. P. Debye, *Annalen der Physik (Berlin, Germany)*, 1915, **46**, 809.

15. V. A. Levashov, S. J. L. Billinge and M. F. Thorpe, *Phys. Rev. B*, 2005, **72**, 024111.

16. T. E. Faber and J. M. Ziman, *Philos. Mag.*, 1965, **11**, 153.

17. D. L. Price and M. -L. Saboungi, in *Local Structure from Diffraction*, ed. S. J. L. Billinge and M. F. Thorpe, Plenum, New York, 1998, p. 23.

18. B. E. Warren, H. Krutter and O. Morningstar, *J. Am. Ceram. Soc.*, 1936, **19**, 202.

19. T. Proffen and S. J. L. Billinge, *J. Appl. Crystallogr.*, 1999, **32**, 572.

20. B. K. Teo, *EXAFS: Basic Principles and Data Analysis*, Springer-Verlag, New York, 1986.

21. P. H. Fuoss, P. Eisenberger, W. K. Warburton and A. I. Bienenstock, *Phys. Rev. Lett.*, 1981, **46**, 1537.

22. V. Petkov, I. -K. Jeong, F. Mohiuddin-Jacobs, T. Proffen and S. J. L. Billinge, *J. Appl. Phys.*, 2000, **88**, 665.

23. P. J. Chupas, X. Qiu, J. C. Hanson, P. L. Lee, C. P. Grey and S. J. L. Billinge, *J. Appl. Crystallogr.*, 2003, **36**, 1342.

24. URL: http://www.ccp14.ac.uk.

25. URL: http://pdfgetn. sourceforge. net/.

26. Information can be found at the ISIS disordered materials group website: http://www. isis. rl. ac. uk/ disordered/dmgroup_ home. htm.

27. X. Qiu, J. W. Thompson and S. J. L. Billinge, *J. Appl. Crystallogr.*, 2004, **37**, 678.

28. URL: http://www. pa. msu. edu/cmp/billinge-group/programs/PDFgetX2/.

29. A. P. Hammersley, S. O. Svenson, M. Hanfland and D. Hauserman, *High Pressure Res.*, 1996, **14**, 235.

30. R. W. G. Wyckoff, *Crystal Structures*, Wiley, New York, 1967, vol. 1.

31. R. A. Young, *The Rietveld Method*, vol. 5 of International Union of Crystallography Monographs on Crystallography, Oxford University Press, Oxford, 1993.

32. C. L. Farrow, P. Juhas, J. W. Liu, D. Bryndin, E. S. Božin, J. Bloch, T. Proffen and S. J. L. Billinge, *J. Phys: Condens. Matter*, 2007, **129**, 1386-1392.

33. URL: http://www. diffpy. org.

34. N. Metropolis and S. Ulam, *J. Am. Stat. Assoc.*, 1949, **44**, 335-341.

35. K. Binder and D. W. Heerman, *Monte Carlo Simulation in Statistical Physics*, Springer-Verlag, Berlin, 1992.

36. R. L. McGreevy, *J. Phys. : Condens. Matter*, 2001, **13**, R877.

37. M. G. Tucker, M. T. Dove and D. A. Keen, *J. Appl. Crystallogr.*, 2001, **34**, 630.

38. M. G. Tucker, A. L. Goodwin, M. T. Dove, D. A. Keen, S. A. Wells and J. S. O. Evans, *Phys. Rev. Lett.*, 2005, **95**, 255501.

39. D. Dimitrov, D. Louca and H. Röder, *Phys. Rev. B*, 1999, **60**, 6204.

40. W. Reichardt and L. Pintschovius, *Phys. Rev. B*, 2001, **63**, 174302.

41. M. F. Thorpe, V. A. Levashov, M. Lei and S. J. L. Billinge, in *From Semiconductors to Proteins: Beyond the Average Structure*, ed. S. J. L. Billinge and M. F. Thorpe, Kluwer/Plenum, New York, 2002, pp. 105-128.

42. I. K. Jeong, R. H. Heffner, M. J. Graf and S. J. L. Billinge, *Phys. Rev. B*, 2003, **67**, 104301.

43. A. L. Goodwin, M. G. Tucker, E. R. Cope, M. T. Dove and D. A. Keen, *Phys. Rev. B*, 2005, **72**, 214304.

44. A. K. Soper, *Chem. Phys.*, 1996, **202**, 295.

45. P. Biswas, D. Tafen and D. A. Drabold, *Phys. Rev. B*, 2005, **71**, 054204.

46. W. Schweika and M. Pionke, in *Local Structure from Diffraction*, ed. S. J. L. Billinge and M. F. Thorpe, Plenum, New York, 1998, p. 85.

47. W. Schweika, *Disordered Alloys: Diffuse Scattering and Monte Carlo Simulations*, Springer-Verlag, Berlin, 1998.

48. T. R. Welberry, *Diffuse X-Ray Scattering and Models of Disorder*, Oxford University Press, Oxford, 2004.

49. M. Jansen, J. C. Schön and L. van Wüllen, *Angew. Chem. , Int. Ed.*, 2006, **45**, 4244.

50. *Structure Determination from Powder Diffraction Data*, ed. W. I. F. David, K. Shankland, L. B. McCusker and C. Baerlocher, Oxford University Press, Oxford, 2002.

51. S. A. Wells, M. T. Dove and M. G. Tucker, *J. Phys. : Condens. Matter*, 2002, **14**, 4567.

52. A. Sartbaeva, S. A. Wells, M. F. Thorpe, E. S. Bozin and S. J. L. Billinge, *Phys. Rev. Lett.*, 2006, **97**, 065501.

53. A. Sartbaeva, S. A. Wells, M. F. Thorpe, E. S. Bozin and S. J. L. Billinge, *Phys. Rev. lett.*, 2007, **99**, 155503.

54. J. Miao, P. Charalambous, J. Kirz and D. Sayre, *Nature*, 1999, **400**, 342.

55. J. M. Zuo, I. Vartanyants, M. Gao, R. Zhang and L. A. Nagahara, *Science*, 2003, **300**, 1419.

56. J. S. Wu and J. C. H. Spence, *Acta Crystallogr. A*, 2005, **61**, 194.

57. P. J. Chupas, K. W. Chapman and P. L. Lee, *J. Appl. Crystallogr.*, 2007, **40**, 463- 470.

第*17*章

粉末衍射计算机软件

Lachlan M. D. Cranswick

Canadian Neutron Beam Centre, National
Research Council Canada, Building 459,
Chalk River Laboratories, Chalk River
ON, Canada, K0J 1J0

17.1 引言

现代粉末衍射技术需要利用计算机软件进行数据的收集和分析工作。由于大多数粉末衍射工作者在数据分析上需要耗费大量的工作时间，因此建议注意一下所能获得的软件并且择优选用显然是有好处的。虽然这里给出了有关哪些软件可能最适于首选的提示和建议，但是囿于笔者个人的经验有限，叙述当然未免偏颇，而且篇幅的限制也使得多数细节只能一笔带过。不过，相关章节的表格中已经给出了参考信息，而有关软件的因特网地址也列于附录 C 中，可供进一步了解。

如果不幸遗漏了读者心仪的软件或者有关功能的介绍欠妥，还请见谅并欢迎赐教，笔者将在本书再版时进行更正。由于软件的剧变和革新可谓"眨眼之间，老母鸡变鸭"，因此不时关注新软件的进展，有助于用上分析效率更高的新方法，从而不但可以节省时间，而且还可以提高从粉末衍射数据所获信息的质量。

17.2　查找与评测软件

17.2.1　新软件的查找

新的粉末衍射软件一般会发布于一个或者多个小范围的刊物与论坛中，主要包括：IUCr 旗下的杂志 *Journal of Applied Crystallography* 和电子版时事通讯 *IUCr Commission on Powder Diffraction Newsletter*；SDPD 邮件列表；Rietveld 用户邮件列表；CCP14 网站以及"Usenet"新闻组（sci. techniques. xtallography）。已有的软件清单可以在 CCP14 网站和 IUCr 旗下的 Sincris 网站上查询。上述网络站点都可以通过如 Google 之类的搜索引擎直接查到。有关加入 Rietveld 邮件列表的操作既可以参见该邮件列表的主页

http://lachlan. bluehaze. com. au/stxnews/riet/intro. htm

也可以参考 SDPD 邮件列表中的信息：

http://www. cristal. org/sdpd/

17.2.2　软件的选用

针对特定问题确定最合适的软件主要有两种途径，其中快捷有效的途径就是询问本单位、本地区或者本学科领域内的同行。听取同行建议的好处在于获取最合适软件的可能性会更大，而且遇到软件问题时也更容易得到帮助。另一种更加正式但也更加耗时的做法就是依靠自己来确认可用软件的范围并且快速完成筛选。在筛选的过程中，哪些软件更有助于解决问题会逐渐清晰，同时也可以发现新颖的操作步骤和分析方法。另外，个人所积累的筛选经验在今后遇到新问题时也是有所裨益的。

17.2.3　重获软件网址

因特网中的网页链接和网站地址很不稳定。软件作者的工作调动、研究所网络政策的变动或者研究团队乃至课题组的撤销等都会导致相关科学软件网址的变化。一旦发现某一软件的网址不再有效，最快的重新找到该软件的途径是采用搜索引擎，例如 Google。如果找不到，那么在有关邮件列表或者因特网新闻组上发帖是下一步努力重获软件的上上之选。

17.3　现有软件

17.3.1　第三方衍射仪控制软件

如果希望提高衍射仪的性价比或者对厂方提供的控制软件不满意，那么可以考虑采用第三方设备控制软件（表 17.1）。比起厂方默认提供的衍射仪控制软件，第三方软件在可视化和易用性方面一般做得更好，更为直观易用，而且可以更好支持非标准的数据收集方法，以及直接输出更多的所需数据格式的文件（例如直接给出 Rietveld 程序所需格式的文件）。当然，不是每个商家都可以提供需要的各种数据收集方法，例如，在本书完稿时，已知的能实现通用的可变计数时间（variable count time，VCT）数据收集功能的仪器或者软件供应商仅有 Bede 一家公司。

表 17.1　现有第三方粉末衍射仪控制软件

软件	参考信息	适用衍射仪/特色
ADM-connect	ADM-connect，（2005），RMSKempten，Kaufbeurer Str. 4，D-87437 Kempten，Germany	适用于 Philips、PANalytical、Siemens、Bruker、ENRAF（含 CPS 120 型）等多个不同厂家的设备
DI DataScan	DataScan，Materials Data，Inc. ，1224 Concannon Blvd. ，Livermore，CA94550，USA	适用于多种衍射仪，也可用于非数字型衍射仪的更新改造
Windows 版 PC-1710/PC-1800	Windows 版 PC-1710/Windows 版 PC-1800，Mark Raven，（2005）CSIRO Land and Water，Urrbrae South Australia，5064，Australia	适用于 Philips PW1710 和 PW1800 型粉末衍射仪
PW1050（GPL'd）	PW1050，J. Kopf，（2005），Institut fuer Anorganische Chemie，Roentgenstrukturanalyse，Martin-Luther-King-Platz 6，D-20146 Hamburg，Germany	X 射线衍射仪可编程控制器 UDS2 的操作界面软件，可参考：Steuerungstechnik Skowronek，Antoniusstrasse 3，PO Box 1346，5170 Julich，Germany，Tel/Fax：+49（0）2462 55756（*J. Appl. Crystallogr.* 1992，**25**，329-330）
TXRDWIN	TXRDWIN，Omni Scientific Instruments，Inc. (2005)	适用于各种不同的粉末衍射仪

软件	参考信息	适用衍射仪/特色
SPEC	SPEC，Certified Scientific Software，PO Box 390640，Cambridge，MA，021390007，USA	适用于同步辐射、中子衍射以及实验室自制的衍射仪

17.3.2 物相鉴定和检索-匹配软件

采用粉末衍射谱图从事基于计算机的结晶物相的鉴定工作一般需要两个独立的条件：包含参考信息的粉末衍射数据库和能载入衍射谱图、检索数据库并且尝试用其中的已知物相来匹配衍射数据的检索-匹配软件。

17.3.2.1 检索-匹配数据库

虽然一般来说，拥有国际衍射数据中心（International Center of Diffraction Data，ICDD）发行的完整的包含晶面间距（D）、衍射强度（I）和其他物相信息的 PDF-2 数据库是再好不过了，但是这个数据库价格高昂，而且一开始也不见得可以立即明确哪款 ICDD 的数据库产品最适合自己。如果购买了常被推荐的 PDF-1 数据库，而不是信息更为全面的 PDF-2 数据库，那么这个新建的粉末衍射实验室在物相鉴定时就会遇到麻烦。不过，考虑到这个数据库的昂贵，包括自己建立的数据库在内的简约型数据库（表 17.2）在处理小范围物相（例如铅蓄电池领域有限的或者常见的物相种类）时是可取的。另外，用户务必注意数据库会存在错误，最常见的是参考谱图中漏掉了弱峰或者附加了假峰。计算理论谱图或者快速 Rietveld 精修是交叉验证检索-匹配程序所得结果的有效途径。

表 17.2 现有的检索-匹配数据库

软件	参考信息	特色
光盘上的 ICDD 粉末衍射文件	International Centre for Diffraction Data，12 Campus Boulevard，Newtown Square，PA，19073-3273，U.S.A.	全面的 X 射线粉末衍射数据
MacDiff	MacDiff：a programme for analysis and display of X-ray powder diffractogrammes on Apple Macintosh platforms，R. Petschick，Geologisch-Paläontologisches Institut，Johann Wolfgang Goethe-Universität Frankfurt am Main，Senckenberganlage 32-34，60054 Frankfurt am Main，Germany	500 多个矿物 X 射线粉末衍射数据组成的免费的矿物数据库，供共享软件 MacDiff 使用

软件	参考信息	特色
Nickel–Nichols 矿物数据库	E. N. Nickel and M. C. Nichols, *Mineral Reference Manual*, Van Nostrand Reinhold, New York, 1991, 250 pp. 和 The Nickel–Nichols Mineral Database, Materials Data, Inc., 1224 Concannon Blvd., Livermore, CA 94550, USA	包含 X 射线强衍射峰数据的矿物数据库，适用于 Hanawalt 强峰检索
Pauling 文件	*The Pauling File Binaries Edition*, Ed. P. Villars, （2002）ASM International, Materials Park, Ohio, USA, ISBN 0-87170-786-1	单质和二元化合物的 X 射线衍射数据库，可用 Hanawalt 强峰检索

主流粉末衍射数据库只有角度色散的 X 射线衍射数据。能量色散的 X 射线衍射数据可以转变为对应的角度色散数据，同样可以被常见的检索-匹配软件使用。相反，处理中子衍射数据的用户想直接找到有关的物相系列作为某个 Rietveld 软件的输入信息，以便进行物相鉴定操作在目前还是困难的。明智的做法是在做中子衍射之前首先采用粉末 X 射线衍射来验证样品的物相纯度，同时结合理论计算谱图鉴别源自附属设施或者样品所处环境而可能存在的杂相。

17.3.2.2　检索-匹配与物相鉴定软件

虽然至少拥有两个或三个检索-匹配软件是最佳的，因为当一个软件不能给出满意的结果时就可以看看别的软件。但是绝大多数检索-匹配软件是商业化的，价格昂贵，对于经济拮据的研究所，就算只购买一个也要倾尽全力，更不用说从一大堆备用软件中找到最适合自己的软件了。大多数检索-匹配软件是连同新的 X 射线衍射仪一起从设备供应商购买的，不过，第三方卖家也在极力推广各自的新版软件。当前最先进的软件倾向于使用第三代（或者更高代）检索-匹配算法。一个高效的检索-匹配软件不仅实现了电脑自动检索，同时还允许用户方便地输入附加信息，例如化学信息或者一系列预定的物相。评价检索-匹配软件的好方法不仅是让它们处理困难的未知多相衍射数据，而且还应当使用已知样品，了解软件从粉末衍射数据库（表17.3）中找到对应物相的能力。劣等的检索-匹配软件不允许输入用户有关样品的信息，从而就算是已知产物的分析，也不得不从头开始检索-匹配的过程。

表 17.3 现有的检索-匹配及物相鉴定软件

软件	参考信息	是否免费
AXES	H. Mändar and T. Vajakas，AXES：a software toolbox in powder diffraction，*Newsletter Int. Union Crystallogr*，*Commission Powder Diffr.*，1998，**20**，31-32 和 AXES1.9：new tools for estimation of crystallite size and shape by Williamson － Hall analysis，H. Mändar，J. Felsche，V. Mikli and T. Vajakas，*J. Appl. Crystallogr.*，1999，**32**，345-350	
Bede Search/Match	Bede Scientific Instruments Ltd，Belmont Business Park，Durham，DH1 1TW，U	
CMPR & Portable LOGIC	CMPR：a powder diffraction toolkit，B. H. Toby，*J. Appl. Crystallogr.*，2005，**38**，1040-1041	是
Crystallographica Search-Match	Oxford Cryosystems Ltd，3 Blenheim Office Park，Lower Road，Long Hanborough，Oxford OX29 8LN，United Kingdom	
DIFFRAC[plus] SEARCH	Bruker AXS GmbH，Oestliche Rheinbrueckenstr. 49，D-76187 Karlsruhe，Germany	
DRXWin	Vicent Primo Martín，El Instituto de Ciencia de los Materiales，Universitat de València-Avda. Blasco Ibáñez，13. 46010，València，Spain	
Jade	Jade，Materials Data，Inc.，1224 Concannon Blvd.，Livermore，CA 94550，USA	
MacDiff	MacDiff：a programme for analysis and display of X-ray powder diffractogrammes on Apple Macintosh platforms，R. Petschick，Geologisch-Paläontologisches Institut，Johann Wolfgang Goethe-Universität Frankfurt am Main，Senckenberganlage 32-34，60054 Frankfurt am Main，Germany	是
MacPDF	ESM Software，2234 Wade Court，Hamilton，OH，45013，USA	
MATCH！	CRYSTAL IMPACT，K. Brandenburg & H. Putz GbR，Postfach 1251，D-53002 Bonn，Germany	
Pulwin	PULWIN：a program for analyzing powder X-ray diffraction patterns，S. Brückner，*Powder Diffr.*，2000，**15**(4)，218-219	是

软件	参考信息	是否免费
RayfleX	GE Inspection Technologies, GmbH, Robert-Bosch-Str. 3, 50354 Huerth, Germany	
SIeve	International Centre for Diffraction Data (ICDD), (2005), 12 Campus Boulevard, Newtown Square, PA 19073-3273 U. S. A.	
Traces	GBC Scientiic Equipment, Monterey Road, Dandenong, Victoria, Australia	
TXRDWIN	Omni Scientiic Instruments, Inc.	
WinDust32	Ital Structures S. r. l. , Via Monte Misone 11/d, 38066 Riva del Garda (TN), Italy	
WinX^{Pow}	STOE & Cie GmbH, Hilpertstr. 10, D-64295 Darmstadt, Germany	
WinXRD	Thermo Electron Corporation	
X′Pert High-Score	PANalytical B. V, Lelyweg 1, 7602 EA Almelo, The Netherlands	
Windows 版 Xplot	Windows 版 Xplot, Mark Raven, (2005) CSIRO Land and Water, Urrbrae South Australia, 5064, Australia	
XPowder	Quetzal Com S. L. La Carrera 5. 18110 HIJAR-Las Gabias. Granada, Spain	
XSPEX	XSPEX, DIANOCORP, (2005), http: // www. dianocorp. com/	
ZDS System	ZDS System, Biskupsky dvur 2, CZ-11000 Praha 1, Czech Republic	

17. 3. 3 晶体结构数据库

目前，三个主流数据库[剑桥有机/金属有机数据库、ICSD(Inorganic Crystal Structure Database)无机/矿物/金属间化合物数据库和 CrystMet 金属/合金/金属间化合物数据库]都采用以年为单位的授权协议(表 17. 4)。传统看法是近几年 ICSD 包含无机化合物和矿物，实际上它已经开始收录金属间化合物数据了。能"一买定终身"的数据库是 Pauling 二进制文件。虽然它包含了如相图的其他信息，但是只有单质元素和二元化合物的数据。网上也有几个免费的矿物和专业数据库(例如 Zeolites，收录不全)。另外，晶体学开放数据库(crystallography

表 17.4　现有的晶体结构数据库及其特色

软件	参考信息	特色	是否免费
美国矿物晶体结构数据库	The American Mineralogist Crystal Structure Database, R. T. Downs and M. Hall-Wallace, *Am. Mineral.*, 2003, **88**, 247-250	矿物	是
CCDC/剑桥结构数据库	The Cambridge Structural Database: a quarter of a million crystal structures and rising, F. H. Allen, *Acta Crystallogr.*, *Sect. B*, 2002, **58**, 380-388	有机和金属有机化合物	
CDS (EPSRC 赞助的化学数据库服务)	"The United Kingdom Chemical Database Service", D. A. Fletcher, R. F. McMeeking, D. J. Parkin, *Chem. Inf. Comput. Sci.*, 1996, **36**, 746-749	允许英国境内的学者和学生访问包括所有主流的晶体学数据库在内的大量的科学数据库	是（仅限英国境内）
COD(晶体学开放数据库)	Crystallography Open Database, (2005) http://www.crystallography.net/	开放数据库，内有预测化合物结构	是
CRYSTMET	CRYSTMET, Toth Information Systems, Inc., 2045 Quincy Avenue, Ottawa, Ontario, K1J 6B2, Canada	金属和合金	
ICDD (国际衍射数据中心) PDF-4 +	International Centre for Diffraction Data, 12 Campus Boulevard, Newtown Square, PA, 19073-3273, U. S. A.	涵盖了 Pauling 文件中的晶体结构坐标数据	
ICSD(无机晶体结构数据库)	光盘: http://www.fiz-informationsdienste.de/en/DB/icsd/网站: http://icsd.ill.fr/icsd/	无机化合物和矿物	

软件	参考信息	特色	是否免费
无公度相数据库	A database of incommensurate phases, R. Caracas, *J. Appl. Crystallogr.*, 2002, **35**, 120-121	无公度相	
LAMA 无公度相结构数据库	Incommensurate Structures Database, E. Kroumova, J. A. Luna, G. Madariaga and J. M. Pérez Mato, Bilbao Crystallographic Server, Euskal Herriko Unibertsitatea/ University of the Basque Country, 2005, http://www.cryst.ehu.es/icsdb/	无公度相和复合物	是
MINCRYST	Information-calculating system on Crystal Structure data for Minerals (MINCRYST), A. V. Chichagov, D. A. Varlamov, R. A. Dilanyan, T. N. Dokina, N. A. Drozhzhina, O. L. Samokhvalova, T. V. Ushakovskaya, *Crystallogr. Rep.*, 2001, **46**(5), 876 879 [由原始文献 *Kristallografiya*, 2001, **46**(5), 950-954 翻译而来]	矿物	是
Pauling File	*The Pauling File Binaries Edition*, ed. P. Villars, ASM International, Materials Park, Ohio, USA, 2002, ISBN 0-87170-786-1	二元氧化物和合金,内含相图	
PDB (蛋白质数据银行)	The Protein Data Bank, H. M. Berman, J. Westbrook, Z. Feng, G. Gilliland, T. N. Bhat, H. Weissig, I. N. Shindyalov and P. E. Bourne, *Nucleic Acids Res.*, 2000, **28**, 235-242	蛋白质和生物大分子	是
分子筛结构数据库	Zeolite Structures Database, Ch. Baerlocher, L. B. McCusker, W. M. Meier and D. H. Olson, http://www.iza-structure.org/, 9-October-2003	已知和预测的分子筛结构	是

493

open database，COD）也正在发展壮大。ICSD 数据库更为有效的检索手段是采用 Marcus、Peter 和 Alan Hewat 三人设计的公共网络/企业内网检索界面。某些国家（例如基于 EPSRC CDS 协议的英国）拥有上述多个数据库的国家级协议，这意味着在这些国家领土内工作的学术研究人员和学生通过因特网能够免费使用它们。

17.3.4　粉末衍射数据格式转换

17.3.4.1　概述

使用数据收集软件直接输出所需要的数据格式会使数据转换操作更为高效省时。如果相关软件缺乏这种功能，或者在某些需要交流衍射谱图的场合，就需要另外进行数据转换操作。这种照道理说是小菜一碟的操作，在面对大量数据文件的时候所需要消耗的时间就相当可观了。一般来说，IUCr 提出的晶体学信息文档/晶体学信息框架（crystallographic information file/crystallographic information framework，CIF）——内含用于粉末衍射的 PowderCIF，可以作为衍射数据传播的标准。Nexus 也可以算作另一个待选的标准，至于 XML 格式更是以开放格式定义的方式赢取了支持。不过，这三种格式都没能获得粉末衍射学术界的集体认同。设备或者数据收集软件的提供商热衷于为绝大多数实验室用户提供自定义的默认文件格式。相当多商家提供的 XRD 数据是二进制格式，这就存在着将来可能识别不出来的风险。因此，如果用户使用的是私密的二进制或者文本文件格式，最好索取一份关于这种文件格式的全面介绍并且妥善保存起来。理论上，如果所有实验室的衍射数据能转化为某种公众型的格式，例如 CIF，并且采用适当的局域离线备份策略来加以保护，那就可以"天下太平"了。

17.3.4.2　二维粉末衍射数据转换为一维数据

由于具有历史悠久、免费可得、接受各种图像格式、可运行于一系列操作系统及其他多种特色（参见表 17.5），Fit2D 已经成为二维到一维数据转换程序中的代表。当然，某些 Windows 平台的类似专用转化软件在操作上会更为直观一些。

表 17.5　现有的能将二维粉末衍射数据积分为一维数据的软件

软件	参考信息	功能
Datasqueeze	Datasqueeze：Program for analyzing 2D diffraction data, especially small angle and powder diffraction, Paul Heiney, pheiney@datasqueezesoftware.com, PMB 252, 303 West Lancaster Ave., Wayne, PA 19087-3938 U.S.A. Available at http://www.datasqueezesoftware.com/, 2002 年发布, 最新更新是 2005 年 2 月	能积分完整二维衍射锥

软件	参考信息	功能
FIT2D	FIT2D V9.129 Reference Manual V3.1，A. P. Hammersley，(1998) ESRF Internal Report，ESRF98HA01T 和 Two-Dimensional Detector Software：From Real Detector to Idealised Image or Two-Theta Scan，A. P. Hammersley，S. O. Svensson，M. Hanfland，A. N. Fitch，and D. Häusermann，*High Pressure Res.*，1996，**14**，235-248	能积分完整二维衍射锥
MAUD	MAUD（Material Analysis Using Diffraction）：a user friendly Java program for Rietveld Texture Analysis and more，L. Lutterotti，S. Matthies and H.-R. Wenk，*Proceeding of the Twelfth International Conference on Textures of Materials*（*ICOTOM*-12），1999，Vol. 1，p. 1599	德拜-谢乐胶片的积分和完整二维衍射锥积分
NIH-Image	NIH 影像处理软件（美国国家卫生研究院开发，获取软件的网址为 http://rsb.info.nih.gov/nih-image/）	德拜-谢乐胶片的积分
Powder3D	Powder3D 1.0：a multi-pattern data reduction and graphical presentation software，B. Hinrichsen，R. E. Dinnebier and M. Jansen，2004；http://www.fkf.mpg.de/xray/html/powder3d.html	正发展积分完整二维衍射锥的功能
SImPA	SImPA（Simplified Image Plate Analysis，简易成像板分析），K. Lagarec and S. Desgreniers（1995-2005），Laboratoire de physique des solides denses，Université d'Ottawa，150，rue Louis Pasteur，Ottawa，Ontario，Canada，K1N 6N5	能积分完整二维衍射锥
XRD2DScan	XRD2DScan：new software for polycrystalline materials characterization using two-dimensional X-ray diffraction，A. B. Rodriguez-Navarro，*J. Appl. Crystallogr.*，2006，**39**，905-909	针对面探测器的 Windows 软件

17.3.4.3　一维粉末衍射数据的格式转换

Windows 平台下运行的 ConvX 由于界面友好并且一个单击就能实现多种文件格式转换，因此成为这一领域的高效软件（参见表 17.6）。PowDLL 软件则擅长于将不规则定义的 ASCII 格式数据转换为标准的 ASCII 格式数据，并且能用于某些新出现的厂家自定义二进制格式文件的转化。虽然某些转换软件提供了多个数据文件（例如采用不同计数时间）的加和功能，但是最好另行使用某种电子制表软件进行独立验证。关于数据文件加和以及计算估计标准偏差的一般

表 17.6　现有的粉末衍射数据转换软件及其支持的文件类型

软件	参考信息	输入文件格式	输出文件格式	转换功能
AXES	H. Mändar and T. Vajakas, AXES: a software toolbox in powder diffraction, *Newsletter Int. Union Crystallog. Commission Powder Diffr.* 1998,**20**,31-32 和 AXESl.9: new tools for estimation of crystallite size and shape by Williamson – Hall analysis, H. Mändar, J. Felsche, V. Mikli and T. Vajakas, *J. Appl. Crystallogr.* ,1999,**32**,345-350	Siemens Diffrac-AT 1 & 3, Bruker DifracPlus 1.01 RAW, Siemens UXD, DBWS + WYRIET, RIETAN, XRS 82, Allmann DIFFRAC, ICDD*. REF, ICDD*. PD3, SCANPI, Y only, X-Y pairs, DiffracINEL, HUBER G600 and G670, Synchrotron SRS, PROFIT, FULLPROF, Guinier Tübingen, GSAS standard, DIFFaX, Philips*. RD, Philips*. UDF, Seifert ASCII, EXTRA, STOE Binary v1.04	Siemens Diffrac-AT 1 & 3, Bruker DifracPlus 1.01 RAW, Siemens UXD, PEAK 91, DBWS + WYRIET, RIETAN, XRS 82, Allmann DIFFRAC, ICDD*. REF, ICDD*. PD3, Y only, X-Y pairs, HUBER G670, PROFIT, FULLPROF, GSAS standard, EXTRA, STOE Binary v1.04	加和
CMPR	CMPR, Brian Toby, NIST Center for Neutron Research, 100 Bureau Drive, Stop 8562, National Institute of Standards and Technology, Gaithersburg, MD, 20899-8562, USA	SPEC, BT-1, pdCIF, COM-CAT, CPI, DBWS/Fullprof, APS DND, GSAS EXP, GSAS raw data, NIST/ ICP	CSV, TXT, GSAS, XDA	加和及多数据集的插值
ConvX	ConvX: Data File Conversion Software for Windows, M. E. Bowden, *Int. Union Crystallogr. , Commission Powder Diffr. Newsletter* ,2000,No. 23,21	Philips VAX-APD, Philips PC-APD (RD 格式), RIET7 Rietveld, GSAS, ASCII 2-theta, I lists, SCANPI, Philips PC-APD (SD 格式)	Philips VAX-APD, Philips PC-APD (RD format), RIET7 Rietveld, GSAS, ASCII 2-theta,I 列表, SCANPI, Sietronics CPI, Siemens DiffracPlus, FullProf	

软件	参考信息	输入文件格式	输出文件格式	转换功能
Fullprof Suite/Win-PLOTR	WinPLOTR: a Windows tool for powder diffraction pattern analysis, T. Roisnel and J. Rodriguez-Carvajal, *European Powder Diffraction*, Pts 1 and 2 Materials Science Forum 378-3: 118-123, Part 1&2, 2001	X-Y, DBWS/Fullprof, Old D1A (ILL), D1B (ILL), Brookhaven sync, G4.1, D2B/3T2/G4.2, HRPT/ DMC (PSI), RX (Socabim), VCT/SR5 (Variable Count Time-Madsen and Hill), GSAS, CPI, PANalytical, ISIS 归一化, ESRF-multi, LLB Saclay 格式, UXD Multscans (Socabim) 6T2	多列 ASCII, XY INSTM 0	归一化以及多数据集的加和
MacDiff	MacDiff: a programme for analysis and display of X-ray powder diffracto-grammes on Apple Macintosh platforms, R. Petschick, Geologisch-Paläontologisches Institut, Johann Wolfgang Goethe-Universität Frankfurt am Main, Senckenberganlage 32-34, 60054 Frankfurt am Main, Germany	Philips ".RD"-APD-VMS, Philips ".RD"-APD-MSDOS, Philips APD-ASCII-MSDOS (APD -"View Scan"), Philips APD-APD-UDF ASCII-MSDOS, Siemens ".RAW"-RAW2-MSDOS, Siemens ".RAW"-New RAW1, Siemens ".RAW"-Old RAW 格式, ".MDI" ASCII 文本, ".OUT" ASCII 文本, Si-etronic ".CPI" ASCII 文本, Lauterjung ASCII 文本, SCINTAG 2000 ASCII	Philips APD-APD-UDF-ASCII-MSDOS, ".MDI" ASCII, Sietronic ".CPI" ASCII, MacXFit of H. Stanjek, ASCII 文本(角度，计数值[,基线],支持多种定界符), MacDif DIFF 格式	

续表

软件	参考信息	输入文件格式	输出文件格式	转换功能
Powder3D	Powder3D 1.0: a multi-pattern data reduction and graphical presentation software, B. Hinrichsen, R. E. Dinnebier and M. Jansen, 2004; http://www. fkf. mpg. de/xray/html/powder3d. html	CHI, XY, XYE, DAT, GSA, UXD	Array, CHI, XYE, GSAS, Fullprof	归一化 多个谱图
Powder Cell	POWDER CELL: a program for the representation and manipulation of crystal structures and calculation of the resulting X-ray powder patterns. , W. Kraus and G. Nolze, J. Appl. Crystallogr. , 1996, **29**, 301-303	Diffrac AT&Plus, STOE Raw, XY, UDF, CPI, Riet7/ LHPM, APX 63 VAL	X Y, Siemens RAW, CPI	
Powder v4	PowderV2: a suite of applications for powder X-ray diffraction calculations, N. Dragoe, J. Appl. Crystallogr. , 2001, **34**, 535	DBWS, GSAS ESD 和 STD, LHPM, Philips PC-UDF, Riet7, Scintag, Siemens ASCII, Sietronics-CPI, Wppf-Profit, Y-free ASCII, X, Y-free ASCII, X, Y, Z-free ASCII, MXP18 UNIX Binary, Mac Science Windows Binary, Philips RD/ SD Binary, 自定义格式	DBWS, GSAS ESD 和 STD, LHPM, Philips PC-UDF, Riet7, Scintag, Siemens, Sietronics-CPI, Wppf-Profit 1, Wppf-Profit 2, Y-free ASCII, X, Y-free ASCII, X, Y, Z-free ASCII, DPLOT	归一化 多个谱图

软件	参考信息	输入文件格式	输出文件格式	转换功能
PowderX	PowderX: Windows-95-based program for powder X-ray diffraction data processing, C. Dong, *J. Appl. Crystallogr.*, 1999, **32**, 838	Mac Science ASCII, BD90 (Raw), X-Y, Rigaku (DAT), Sietronics (CPI), TsingHua Rigaku (USR) Siemens ASCII (UXD), Siemens Binary (RAW), Philips ASCII (UDF), Philips Binary (RD) Mac Science Raw, RIET7 (DAT), ORTEC Maestro (CHN)	ALLHKL (POW), Sietronics (CPI), FOURYA/ XFIT/ Koalariet (XDD), Fullprof (DAT), GSAS (DAT), Rietan (INT), Simpro (DUO), X-Y (XRD), DBWS (DAT), LHPM (DAT)	
PowDLL	PowDLL: a reusable. NET component and XRD data interconversion utility, N. Kourkoumelis (2004-05), http://users. uoi. gr/nkourkou/powdll. htm	Bruker/Siemens RAW (versions 1-3), Philips RD, Scintag ARD, powderCIF, Sietronics CPI, Riet7 DAT, DBWS, GSAS (CW STD), Jade MDI, Rigaku RIG, Philips UDF, UXD, XDA, XDD, ASCII XY	Bruker/Siemens RAW (versions 1-3), Philips RD, Scintag ARD, Sietronics CPI, Riet7 DAT, DBWS, GSAS (CW STD), Jade MDI, Rigaku RIG, Philips UDF, UXD, XDA, XDD, ASCII XY	
POWF	POWF: a program for powder data-file conversion, R. J. Angel, (2005), Virginia Tech Crystallography Laboratory, 3076 Derring Hall, Virgina Tech, Blacksburg, VA 24060, USA; http://www. crystal. vt. edu/crystal/powf. html	ASCII XY, GSAS CW data, Stoe RAW, Siemens UXD, Scintag ARD, DBW, MDI ASCI, MDI MDI, GSAS Cif, Stoe ASCII, Philips UDF	ASCII XY, GSAS CW data, Stoe RAW, Siemens UXD, Scintag ARD, DBW	

软件	参考信息	输入文件格式	输出文件格式	转换功能
Pulwin	PULWIN: a program for analyzing powder X-ray diffraction patterns, S. Brückner *Powder Diffr.*, 2000, **15** (4), 218-219	X-Y, X, INEL CPS 120 (*.adf), PHILIPS (*.udf), SIEMENS (*.uxd)	X-Y, X, INEL CPS 120 (*.adf), PHILIPS (*.udf), SIEMENS (*.uxd)	
VCT-CONV	VCTCONV, M. E. Bowden, CRI IRL, Lower Hutt, New Zealand, (2005)	Variable Count Time RIET7/SR5	GSAS ESD	
WinFIT	WinFit 1.2.1, S. Krumm, (June 1997), Institut fur Geologie, Scholssgarten 5, 91054, Erlangen, Germany	DFA, SIEMENS RAW, TRU, X-Y, ICDD PD3, ZDS, CRI, Philips UDF and RD, Stoe RAW, MDI Jade, MacDIFF DIF, XDA	SIEMENS (*.raw), PHILIPS (*.rd), ASCII, XDA	

操作步骤可在 CCP14 网站上浏览。

格式转换时必须小心翼翼，因为一方面很多文件格式的定义比较独特，而另一方面，软件在转换某些文件格式的时候可能难以满足目标格式的特殊规定。关于后者的一个例子就是某些文件转换软件，在将其他格式文件转换为 GSAS 的 STD 格式文件时并没有在第二个头部栏（即第二行）加上"STD"标记。

某些转换后的文件或多或少需要手工修改一下。例如上述关于 GSAS 格式的例子，就要在转换后的文件的第二行末尾加上"STD"标记。利用某个文本编辑软件（参见表 17.7）很容易检查大多数 ASCII 格式文件中的起始、结束和步进角度。不过，某些 ASCII 格式的文件相当隐晦，例如 Rietveld 精修软件 GSAS 的 STD 和 ESD 文件中，不仅起始与步进角度值以 $1/10°$ 作为单位来表示，而且没有结束角度值，改用数据点数目值。另外，将 UNIX 和 DOS 各自的 ASCII 文件混淆是各类计算机系统中较为常见的问题。对于 MS-Windows 平台，免费文件编辑软件 PFE 不但可以指明某个文件是 UNIX 还是 DOS 的 ASCII 格式，而且利用 File 菜单下的 Save-As 命令能够互相转换并加以保存。关于成列数据的复制或者插入任务，相对于使用电子制表软件来说，采用免费的编辑软件 ConTEXT 不仅能完成这些操作，而且节省了时间。

表 17.7　某些可用于粉末衍射数据转换的文本编辑软件和电子制表软件

软件	有用属性
ConTEXT	共享软件，通过"［CONTROL］L"命令能方便编辑列数据
DPLOT	方便将不同 2θ 步长的数据重组为固定步长的数据
MS Excel	提供简单的数学加和操作以及数据内部转换功能
PFE	灵活直观的文本编辑共享软件，不仅查找与替换功能强大，而且内置 DOS ASCII 和 UNIX ASCII 的转换命令

17.3.5　结构数据的转换与改造

随着 CIF 格式文件在粉末衍射领域作为标准的地位日益提高，结构数据转换工作的频繁性不断下降。由于 Powder Cell 格式相比于 CIF 格式来说具有相对简单的定义，因此它可能是除 CIF 格式外最好的一种结构数据格式。大多数结构数据库可以输出 CIF 格式文件，其中部分数据库也能给出 Powder Cell 格式文件。当前最广泛使用的结构数据转换与改造工具是 Eric Dowty 撰写的 Cryscon 软件（参见表 17.8）。不过，具体操作的时候必须谨慎，并且要检查结果文件——因为一般来说，不管输入条件如何，这些软件大多可以顺利运行并得到所谓的"结果"，而且更多的情况下，用户选择的操作是在没有理解其后果的前提下给出的。

表 17.8　现有的结构数据转换与改造软件

软件	参考信息	输入文件格式	输出文件格式
AXES	H. Mändar and T. Vajakas, AXES: a software toolbox in powder diffraction, *Newsletter Int. Union Crystallogr.*, *Commission Powder Diffr.* 1998, **20**, 31-32 和 AXES1.9: new tools for estimation of crystallite size and shape by Williamson – Hall analysis, H. Mändar, J. Felsche, V. Mikli and T. Vajakas, *J. Appl. Crystallogr.*, 1999, **32**, 345-350	ICSD*.txt, MolDraw, Powder Cell, GSAS EXP, Fullprof PCR	ICSD*.txt, LazyPulvarix, Prec-Plot, Schkal, MolDraw, Powder Cell, Fullprof PCR
Cryscon	Cryscon: crystallographic conversion and utility software, Eric Dowty, Shape Software, 521 Hidden Valley Road Kingsport, TN, 37663, USA, http://www.shapesoftware.com/	Freeform, CCDC FDAT, Shelx INS, CIF, DB-WS, LHPM, ISCD 格式, ORTEP, XtalView Rietan, GSAS, 美国矿物学数据库, Fullprof, PDB, ATOMS, VIBRAT VBR, Raval AT-OMS, WIEN2K	Freeform, CCDC FDAT, Shelx INS, CIF, DBWS, CIF, DBWS, LHPM, ISCD 格式, ORTEP, Rietan, GSAS, Fullprof, Raval ATOMS
Gretep	LMGP-Suite Suite of Programs for the interpretation of X-ray Experiments, J. Laugier and B. Bochu, ENSP/Laboratoire des Matériaux et du Génie Physique, BP 46. 38042 Saint Martin d'Hères, France	Gretep, Poudrix, Shelx, Lazy_Pulverix, Powder Cell, CIF	Shelx, GRETEP, CIF
MolXtl	MolXtl: molecular graphics for small-molecule crystallography, D. W. Bennett, *J. Appl. Crystallogr.*, 2004, **37**, 1038	MolXtl, Shelx, Xmol XYZ, CIF, PDB, Z-matrix	MolXtl, Xmol XYZ, CIF, PDB, Z-matrix, Xtl Cartesian XTC
Open Babel	Open Babel. http://openbabel.sourceforge.net/(2005 年 3 月可访问), 2005	基于笛卡尔坐标的各种主流分子建模格式	基于笛卡尔坐标的各种主流分子建模格式

软件	参考信息	输入文件格式	输出文件格式
Windows 版 ORTEP-Ⅲ	ORTEP-Ⅲ for Windows: a version of ORTEP-Ⅲ with a Graphical User Interface (GUI), L. J. Farrugia, *J. Appl. Crystallogr.*, 1997, **30**, 565	Shelx, CIF, GX, Platon SPF, ORTEP, CSD-FDAT, CSSR XR, Crystals, GSAS EXP, Sybyl MOL, Sybyl MOL2, MDL Molile, XYZ, PDB, Rietica LHPM, Fullprof PCR	ORTEP, Shelx, XYZ
Platon	Single-crystal structure validation with the program PLATON, A. L. Spek, *J. Appl. Crystallogr.*, 2003, **36**, 7-13	包含 Structure Tidy 软件	
Powder Cell	POWDER CELL: a program for the representation and manipulation of crystal structures and calculation of the resulting X-ray powder patterns., W. Kraus and G. Nolze, *J. Appl. Crystallogr.*, 1996, **29**, 301-303	Powder Cell, Shelx, ICSD (TXT)	Powder Cell, Shelx, Opal (XTL), BGMN (STR)
Structure Tidy	STRUCTURE TIDY: a computer program to standardize crystal structure data, L. M. Gelato and E. Parthé, *J. Appl. Crystallogr.*, 1987, **20**, 139-143 和 Inorganic crystal structure data to be presented in a form more useful for further studies, S. -Zu Hu and E. Parthe, *Chin. J. Struct. Chem.* 2004, **23**(10), 1150-1160	将晶体结构数据改为标准坐标数值, 以便和其他结构做对比	
WinGX	WinGX suite for small-molecule single-crystal crystallography, L. J. Farrugia, *J. Appl. Crystallogr.*, 1999, **32**, 837-838	CSSR, Shelx, Cif, CSD/CCDC FDAT, GX	Shelx, CIF, GX, SPF/Platon, CACAO

17.3.6 粉末衍射谱图的浏览与处理

笔者推荐使用 XFIT/Koalariet 软件来快速查看单个或者多个衍射数据文件，遗憾的是，这个软件已经不再更新（参见表 17.9）。作为 Rietveld 软件包 Fullprof 的一个模块的 WinPLOTR 也是数据可视化与处理的有用工具，可以接受各种常见的数据格式并且能够分别以 2θ、晶面间距 D、Q 以及 $\sin \theta/\lambda$ 来显示数据，从而非常适合于比较取自不同波长的数据。另外，新出现的 Powder3D 是非常有效的处理大量数据集的软件——作为非常规环境原位衍射测试工程的组成部分，这个软件的设计目标就是成百上千个数据的可视化，所含的"二维胶片模式（2D film mode）"能实现几十到上千个数据的浏览。

17.3.7 寻峰与谱峰线形分析

关于寻峰和谱峰线形分析，笔者再次推荐使用 XFIT/Koalariet。在手动寻峰的时候，相比于其他软件，XFIT 提供的 Marquardt 拟合运行得特别地鲁棒和稳定。另外，它还包含了用于 Bragg – Brentano XRD 衍射几何的基本参数谱峰线形分析功能。不过，由于 XFIT 已经不再更新，因此持续改进的 WinPLOTR 值得一试。这个软件包含了自动与手动寻峰、谱峰线形分析和输出多个指标化程序所需结果文件的功能。另外，基于开放 GPL 协议的 Fityk 也是一个谱峰线形分析工具。该软件可运行于 Linux、FreeBSD、MS Windows 和 MacOS X 平台下，具有多种常见的峰形函数，同时支持用户自定义函数（参见表 17.10）。

17.3.8 粉末指标化

17.3.8.1 粉末指标化软件

由于指标化是粉末衍射数据解析结构过程中的一个繁琐的瓶颈问题，因此尽可能多地尝试不同的软件（参见表 17.11）是可取的。传统公认的"指标化三剑客"是 Dicvol、Treor 和 Ito。不过，目前指标化软件已经发展到可容许更大的杂峰强度和能处理更低质量数据的水平。虽然 Dicvol 已经升级到 Dicvol 2004 与 Dicvol 2006，Treor 也升级到 Treor 2000（从属于结构解析软件 EXPO），但是新出现的 X-Cell、Topas Indexing、MAUD 和 McMaille 软件在杂峰或者更差劲数据方面更有效。目前，从指标化可用的选项来看，Topas 软件包是处理困难数据的最好工具。它同时还提供了不需要用户预先寻峰的全谱蒙特卡罗指标化功能。如果用尽这些五花八门的软件都不能指标化，那么为了获得晶胞参数，用户就只能求助于透射电子显微镜（transmission electron microscopy，TEM）或者进行更麻烦的单晶生长工作了。

17.3.8.2 粉末指标化软件组合包

Robin Shirley 提供的软件包涵盖了八种以上不同的指标化软件,是最值得推荐的指标化组合包。不过,自从他因肝炎在 2005 年 3 月过世后,该软件就不再更新。作为 Fullprof 软件包的一部分,目前广泛流行,功能强大并且持续改进的 WinPLOTR 软件可以作为其取代者(参见表 17.12)。

表 17.9 现有的粉末衍射谱图浏览与处理软件

软件	参考信息	数据格式
AXES	H. Mändar and T. Vajakas, AXES: a software toolbox in powder diffraction, *Newsletter Int. Union Crystallogr.*, *Commission Powder Diffr.* 1998, **20**, 31-32 和 AXES1. 9: new tools for estimation of crystallite size and shape by Williamson – Hall analysis, H. Mändar, J. Felsche, V. Mikli and T. Vajakas, *J. Appl. Crystallogr.*, 1999, **32**, 345-350	Siemens Difrac-AT 1 & 3, Bruker DiffracPlus 1.01 RAW, Siemens UXD, DBWS + WYRIET, RIETAN, XRS 82, Allmann DIFFRAC, ICDD*.REF, ICDD*.PD3, SCANPI, Y only, X-Y pairs, DiffracINEL, HUBER G600 and G670, Synchrotron SRS, PROFIT, FULLPROF, Guinier Tübingen, GSAS standard, DIFFaX, Philips*.RD, Philips*.UDF, Seifert ASCII, EXTRA, STOE Binary v1.04
CMPR	CMPR, Brian Toby, NIST Center for Neutron Research, 100 Bureau Drive, Stop 8562, National Institute of Standards and Technology, Gaithersburg, MD, 20899-8562, USA	SPEC, BT-1, pdCIF, COM-CAT, CPI, DBWS/Fullprof, APS DND, GSAS EXP, GSAS raw data, NIST/ICP
Fityk	Marcin Wojdyr, Institute of High Pressure Physics, Warsaw, Poland, http://www.unipress.waw.pl/fityk/	X-Y, RIT, CPI, MCA, Siemens/Bruker RAW
Fullprof Suite/Win-PLOTR	WinPLOTR: A Windows tool for powder diffraction pattern analysis, T. Roisnel and J. Rodriguez-Carvajal, *EPDIC 7: European Powder Diffraction*, Pts 1 and 2 Materials Science Forum 378-3: 118-123, Part 1&2, 2001	X-Y, Old D1A, D1B, 布鲁克海文 (Brookhaven)同步辐射光源, G4.1, D2B, RX (Socabim), VCT, GSAS, CPI, Panalytical, 归一化的 ISIS

软件	参考信息	数据格式
OpenGenie	Open GENIE Reference Manual, F. A. Akeroyd, R. L. Ashworth, S. I. Campbell, S. D. Johnston, C. M. Moreton-Smith, R. G. Sergeant 和 D. S. Sivia, Rutherford Appleton Laboratory Technical Report RAL-TR-1999-031	ISIS Raw File, GENIE-II, Open GE-NIE
Powder 3D	Powder3D 1.0: a multi-pattern data reduction and graphical presentation software, B. Hinrichsen, R. E. Dinnebier and M. Jansen, 2004; http://www.fkf.mpg.de/xray/html/powder3d.html	CHI, XY, XYE, DAT, GSA, UXD
Powder Cell	POWDER CELL: a program for the representation and manipulation of crystal structures and calculation of the resulting X-ray powder patterns. , W. Kraus and G. Nolze, *J. Appl. Crystallogr.* , 1996, **29**, 301-303	Diffrac AT&Plus, STOE Raw, XY, UDF, CPI, Riet7/LHPM, APX 63 VAL
Powder v4	PowderV2: a suite of applications for powder X-ray diffraction calculations, N. Dragoe, *J. Appl. Crystallogr.* , 2001, **34**, 535	DBWS, GSAS CW, GSAS CW, GSAS ESD, GSAS ALT, LHPM, Philips RD/SD binary, Philips UDF, MXP18 Binary, RIET7, Scintag, Siemens ASCII, Sietronics CPI, WPPF/Profit, Y free ascii, XY free ascii, XYZ free ascii. Line; X, XY, XYZ.
PowderX	PowderX: Windows-95-based program for powder X-ray diffraction data processing, C. Dong, *J. Appl. Crystallogr.* , 1999, **32**, 838	Mac Science ASCII, BD90 (Raw), X-Y, Rigaku (DAT), Sietronics (CPI), TsingHua Rigaku (USR) Siemens ASCII (UXD), Siemens Binary (RAW), Philips ASCII (UDF), Philips Binary (RD) Mac Science Raw, RIET7(DAT), ORTEC Maestro(CHN)

软件	参考信息	数据格式
Pulwin	PULWIN：a program for analyzing powder X-ray diffraction patterns，S. Brückner，*Powder Diffr.*，2000，**15**（4），218-219	X-Y，X，INEL CPS 120（∗. adf），PHILIPS（∗. udf），SIEMENS（∗. uxd）
WinFIT	WinFit 1. 2. 1，S. Krumm，（June 1997），Institut für Geologie，Scholssgarten 5，91054，Erlangen，Germany	DFA，SIEMENS RAW，TRU，X Y，ICDD PD3，ZDS，CRI，Philips UDF and RD，Stoe RAW，MDI Jade，MacDIFF DIF，XDA
XFIT	Axial Divergence in a Conventional X-ray Powder Diffractometer. II. Realization and Evaluation in a Fundamental-Parameter Profile Fitting Procedure，R. W. Cheary and A. A. Coelho，*J. Appl. Crystallogr.*，1998，**31**，862-868，和 R. W. Cheary and A. A. Coelho，1996，Programs XFIT and FOURYA，deposited in CCP14 Powder Diffraction Library，Engineering and Physical Sciences Research Council，Daresbury Laboratory，Warrington，England	RIET 7，XDD，XDA，SCN，CPI，CAL，CPT，XY

表 17. 10　现有的寻峰与谱峰线形分析软件

软件	参考信息	寻峰	谱峰线形分析	数据格式
AXES	H. Mändar and T. Vajakas，AXES：a software toolbox in powder diffraction，*Newsletter Int. Union Crystallogr.，Commission Powder Diffr.*，1998，**20**，31-32 和 AXES1. 9：new tools for estimation of crystallite size and shape by Williamson－Hall analysis，H. Mändar，J. Felsche，V. Mikli and T. Vajakas，*J. Appl. Crystallogr.*，1999，**32**，345-350		有	Siemens Difrac AT-1 & 3，Bruker DifracPlus 1. 01 RAW，Siemens UXD，DBWS + WYRIET，RIETAN，XRS 82，Allmann DIFFRAC，ICDD∗. REF，ICDD∗. PD3，SCANPI，Y only，X-Y pairs，DifracINEL，HUBER G600 and G670，Synchrotron SRS，PROFIT，FULLPROF，Guinier Tübingen，GSAS standard，DIFFaX，Philips∗. RD，Philips∗. UDF，Seifert ASCII，EXTRA，STOE Binary v1. 04

507

软件	参考信息	寻峰	谱峰线形分析	数据格式
CMPR	CMPR and Portable Logic, Brian Toby, NIST Center for Neutron Research, 100 Bureau Drive, Stop8562, National Institute of Standards and Technology, Gaithersburg, MD, 20899-8562, USA		有	SPEC, BT-1, pdCIF, COMCAT, CPI, DBWS/Fullprof, APS DND, GSAS EXP, GSAS raw data, NIST/ICP
Fitykt	Marcin Wojdyr, Institute of High Pressure Physics, Warsaw, Poland, http://www. unipress. waw. pl/fityk/	有	有	X-Y, RIT, CPI, MCA, Siemens/Bruker RAW
Fullprof Suite/Winplotr	WinPLOTR: a Windows tool for powder diffraction pattern analysis, T. Roisnel and J. Rodriguez Carvajal, *EPDIC 7*: *European Powder Diffraction*, Pts 1 and 2 Materials Science Forum 378-3: 118-123, Part 1&2 2001	有	有	X-Y, Old D1A, D1B, 布鲁克海文同步辐射光源, G4. 1, D2B, RX（Socabim）, VCT, GSAS, CPI, Panalytical, 归一化 ISIS
GSAS RawPlot	General Structure Analysis System（GSAS）, A. C. Larson and R. B. Von Dreele, Los Alamos National Laboratory Report LAUR 86-748（1994）		有	GSAS
Powder3D	Powder3D 1. 0: A multi-pattern data reduction and graphical presentation software, B. Hinrichsen, R. E. Dinnebier and M. Jansen, 2004; http://www. fkf. mpg. de/xray/html/powder3d. html	有		CHI, XY, XYE, DAT, GSA, UXD

软件	参考信息	寻峰	谱峰线形分析	数据格式
Powder v4	PowderV2：a suite of applications for powder X-ray diffraction calculations，N. Dragoe，*J. Appl. Crystallogr.*，2001，**34**，535	有		DBWS，GSAS CW，GSAS CW，GSAS ESD，GSAS ALT，LHPM，Philips RD/SD binary，Philips UDF，MXP18 Binary，RIET7，Scintag，Siemens ASCII，Sietronics CPI，WPPF/Proit，Y free ascii，XY free ascii，XYZ free ascii. Line；X，XY，XYZ
PowderX	PowderX：Windows-95-based program for powder X-ray diffraction data processing，C. Dong，*J. Appl. Crystallogr.*，1999，**32**，838	有		Mac Science ASCII，BD90（Raw），X-Y，Rigaku（DAT），Sietronics（CPI），TsingHua Rigaku（USR）Siemens ASCII（UXD），Siemens Binary（RAW），Philips ASCII（UDF），Philips Binary（RD）Mac Science Raw，RIET7（DAT），ORTEC Maestro（CHN）
PRO-FIT	Whole-powder-pattern fitting without reference to a structural model：Application to X-ray powder diffractometer data，H. Toraya，*J. Appl. Crystallogr.* 1986，**19**，440-447		有	Profit
PULWIN	PULWIN：a program for analyzing powder X-ray diffraction patterns，S. Brückner，*Powder Diffr.*，2000，**15**(4)，218-219		有	X-Y，X，INEL CPS 120(*. adf)，PHILIPS(*. udf)，SIEMENS(*. uxd)
SHADOW	Simultaneous Crystallite Size，Strain and Structure Analysis from X-ray Powder Diffraction Patterns，S. A. Howard and R. L. Snyder，NYS College of Ceramics Technical Publication，New York State College of Ceramics，Alfred University，Alfred，NY 14802，USA		有	XDA

软件	参考信息	寻峰	谱峰线形分析	数据格式
WinFit	WinFit 1. 2. 1, S. Krumm, (June 1997), Institut für Geologie,Scholssgarten 5,91054, Erlangen,Germany		有	DFA, SIEMENS RAW, TRU, X-Y, ICDD PD3, ZDS, CRI, Philips UDF and RD, Stoe RAW, MDI Jade, MacDIFF DIF,XDA
XFIT	Axial Divergence in a Conventional X-ray Powder Diffractometer. II. Realization and Evaluation in a Fundamental-Parameter Profile Fitting Procedure, R. W. Cheary and A. A. Coelho, *J. Appl. Crystallogr.*, 1998, **31**, 862-868, 和 R. W. Cheary and A. A. Coelho, 1996, Programs XFIT and FOURYA, deposited in CCP14 Powder Diffraction Library, Engineering and Physical Sciences Research Council, Daresbury Laboratory, Warrington,England		有	RIET 7, XDD, XDA, SCN, CPI,CAL,CPT

表 17. 11　现有的粉末指标化软件

软件	参考信息	从属软件包
Dicvol 91	Indexing of powder diffraction patterns for low-symmetry lattices by the successive dichotomy method. A. Boultif and D. Louër, *J. Appl Crystallogr.*,1991,**24**,987-993	CMPR, Crysire, Fullprof Suite-Winplotr,Powder v4
Dicvol 2004	Powder pattern indexing with the dichotomy method,A. Boultif and D. Louer, *J. Appl Crystallogr.*,2004,**37**,724-731	
Eflect/Index	EFLECH/INDEX: a program pair for peak search/fit and indexing, J. Bergmann and R. Kleeberg, *Newsletter Int. Union Crystallogr.*, *Commission Powder Diffr.*,1999,No. 21,p. 5	

软件	参考信息	从属软件包
Fjzn	The Crysire 2002 System for Automatic Powder Indexing: User's Manual, R. Shirley, (2002) The Lattice Press, 41 Guildford Park Avenue, Guildford, Surrey GU2 7NL, England	Crysire
Ito	A Fully Automatic Program for Finding the Unit Cell from Powder Data, J. W. Visser, *J. Appl. Crystallogr.*, 1969, **2**, 89-95	Crysire, Fullprof Suite-Winplotr, Powder v4
Kohl/TMO	Trial and error indexing program for powder patterns of monoclinic substances, F. Kohlbeck and E. M. Hörf *J. Appl Crystallogr.*, 1978, **11**, 60-61	Crysfire
Lzon	New powder indexing programs for any symmetry which combine grid-search with successive dichotomy, R. Shirley and D. Louër, *Acta Crystallogr.*, *Sect. A*, 1978, **34**, S382	Crysfire
MAUD（全谱指标化）	MAUD (Material Analysis Using Diffraction): a user friendly Java program for Rietveld Texture Analysis and more, L. Lutterotti, S. Matthies and H. -R. Wenk, *Proceeding of the Twelfth International Conference on Textures of Materials (ICOTOM-12)*, 1999, Vol. 1, p. 1599	
McMaille	Monte Carlo Indexing with McMaille, A. Le Bail, *Powder Diffr.* 2004, **19**, 249-254	生成 Chekcell 软件所需的汇总性文件
Supercell	SuperCell, J. Rodriguez-Carvajal, Laboratoire Léon Brillouin, Saclay, France, December 1998 和 WinPLOTR: a Windows tool for powder diffraction pattern analysis, J. Rodriguez-Carvajal and T. Roisnel, *EPDIC 7: European Powder Diffraction*, Pts 1 and 2 Materials Science Forum 378-3: 118-123, Part 1&2 2001	Fullprof Suite-Winplotr
Taup/Powder	Enhancements in powder-pattern indexing, D. Taupin, *J. Appl. Crystallogr.*, 1989, **22**, 455-459 和 A powder-diagram automatic-indexing routine, D. Taupin, *J. Appl. Crystallogr.*, 1973, **6**, 380-385	Crysire

软件	参考信息	从属软件包
Topas（迭代最小二乘 SVD 指标化）	Indexing of powder diffraction patterns by iterative use of singular value decomposition, A. A. Coelho, *J. Appl. Crystallogr.*, 2003, **36**, 86-95, TOPAS-Academic by Alan Coelho, ISIS and TOPAS V3: General proile and structure analysis software for powder diffraction data. User's Manual,（2005）Bruker AXS,Karlsruhe,Germany	
Topas（蒙特卡罗全谱指标化）	TOPAS-Academic by Alan Coelho, ISIS and TOPAS V3: General proile and structure analysis software for powder diffraction data. User's Manual,（2005）Bruker AXS,Karlsruhe,Germany	
Treor 90	TREOR: a semi-exhaustive trial-and-error powder indexing program for all symmetries, P. -E. Werner, L. Eriksson and M. Westdahl, *J. Appl. Crystallogr.* 1985,**18**,367-370	CMPR, Crysfire, Fullprof Suite-Winplotr, Powder v4, Powder X
Treor 2000	New techniques for indexing: N-TREOR in EXPO, A. Altomare, C. Giacovazzo, A. Guagliardi, A. G. G. Moliterni, R. Rizzi and P. - E. Werner, *J. Appl. Crystallogr.*, 2000, **33**, 1180-1186	EXPO2000
VMRIA/AU-TOX	AUTOX: a program for autoindexing reflections from multiphase polycrystals, V. B. Zlokazov, *Comput. Phys. Commun*, 1995, **85**, 415-422 和 Renewed interest in powder diffraction data indexing, J. Bergmann, A. Le Bail, R. Shirley and V. B. Zlokazov, *Z. Kristallogr*, 2004, 219, 783-790	
X-Cell	X-Cell: a novel indexing algorithm for routine tasks and dificult cases, M. A. Neumann, *J. Appl. Crystallogr.*, 2003, **36**, 356-365	

表 17. 12　现有的粉末指标化软件包

软件包	参考信息	内含指标软件/特色
AXES	H. Mändar and T. Vajakas, AXES: a software toolbox in powder diffraction, *Newsletter Int. Union Crystallogr.*, *Commission Powder Diffr.* 1998, **20**, 31-32 和 AXES1. 9: new tools for estimation of crystallite size and shape by Williamson − Hall analysis, H. Mändar, J. Felsche, V. Mikli and T. Vajakas, *J. Appl. Crystallogr.*, 1999, **32**, 345-350	Dicvol, Ito, Treor
CMPR	CMPR, Brian Toby, NIST Center for Neutron Research, 100 Bureau Drive, Stop 8562, National Institute of Standards and Technology, Gaithersburg, MD, 20899-8562, USA	Dicvol, Ito, Treor
Crysfire	The Crysire 2002 System for Automatic Powder Indexing: User's Manual, R. Shirley, (2002) The Lattice Press, 41 Guildford Park Avenue, Guildford, Surrey GU2 7NL, England	Dicvol91, FJZN, Ito12, Kohl/TMO, Lzon, Taup, Treor 90
Powder v4	PowderV2: a suite of applications for powder X-ray diffraction calculations, N. Dragoe, *J. Appl. Crystallogr.*, 2001, **34**, 535	Dicvol, Ito, Treor
PowderX	PowderX: Windows-95-based program for powder X-ray diffraction data processing, C. Dong, *J. Appl. Crystallogr.*, 1999, **32**, 838	Treor
Fullprof Suite/Winplotr	WinPLOTR: a Windows tool for powder diffraction pattern analysis, T. Roisnel and J. Rodriguez-Carvajal, *EPDIC 7: European Powder Diffraction*, Pts 1 and 2 Materials Science Forum 378-3: 118-123, Part 1&2 2001	Dicvol, Treor, Ito, Supercell
Chekcell	LMGP-Suite Suite of Programs for the interpretation of X-ray Experiments, J. Laugier and B. Bochu, ENSP/Laboratoire des Matériaux et du Génie Physique, BP 46. 38042 Saint Martin d'Hčres, France	图形界面执行 Crysfire 和 McMaille 指标软件并且进行结果分析

17.3.9 空间群识别

大多数指标化软件给出了晶胞参数，但是没有提供空间群信息。目前，由粉末衍射数据确定空间群有如下两种主流方法。

17.3.9.1 非全谱空间群识别

经典的空间群识别就是对比理论允许的和实验观测的 *HKL* 数据值，这种过去几乎是纯人工的过程在目前大部分可以用现代化的软件自动完成。笔者倾向于使用 Jean Laugier 和 Bernard Bochu 提供的 Chekcell 软件。该软件同时提供了手动和自动空间群识别的图形用户界面，并且允许用户考虑超晶胞和子晶胞的可能性，还可以联用 Ton Spek 提供的 LEPAGE 软件进一步对结果进行处理。另外，指标化软件 Topas 在指标化结果列表中也会给出一些可能空间群的提示，而 Extsym 软件则提供了一种从粉末衍射数据优化空间群识别结果的算法——利用 Pawley 拟合的结果给出最可能的空间群（参见表 17.13）。

表 17.13　现有的非全谱空间群识别软件和资源

软件	参考信息
Absen（内含于 Ortex）	ABSEN: a PC computer program for listing systematic absences and space-group determination, P. McArdle, *J. Appl. Crystallogr.* , 1996, **29**, 306
Chekcell	LMGP-Suite Suite of Programs for the interpretation of X-ray Experiments, J. Laugier and B. Bochu, ENSP/Laboratoire des Matériaux et du Génie Physique, BP 46. 38042 Saint Martin d'Hčres, France
Extsym	A probabilistic approach to space-group determination from powder diffraction data, A. J. Markvardsen, W. I. F. David, J. Johnston and K. Shankland, *Acta Crystallogr.* , *Sect. A*, 2001, **57**, 47
International Tables vol A.	*International Tables for Crystallography Volume A: Space-group symmetry*, ed. Theo Hahn, Published for the International Union of Crystallography by Springer. Fifth edition, April 2002, ISBN 0-7923-6590-9
ISOTROPY	ISOTROPY, H. T. Stokes and D. M. Hatch, (2002), http://stokes. byu. edu/isotropy. html

软件	参考信息
MAUD	MAUD (Material Analysis Using Diffraction): a user friendly Java program for Rietveld Texture Analysis and more, L. Lutterotti, S. Matthies and H.-R. Wenk, *Proceeding of the Twelfth International Conference on Textures of Materials (ICOTOM-12)*, 1999, Vol. 1, p. 1599
Platon	Single-crystal structure validation with the program PLATON, A. L. Spek, *J. Appl. Crystallogr.*, 2003, **36**, 7-13
Topas	Indexing of powder diffraction patterns by iterative use of singular value decomposition, A. A. Coelho, *J. Appl. Crystallogr.*, 2003, **36**, 86-95, TOPAS-Academic by Alan Coelho, ISIS and TOPAS V3: General proile and structure analysis software for powder diffraction data. User's Manual, (2005) Bruker AXS, Karlsruhe, Germany
WinGX	WinGX suite for small-molecule single-crystal crystallography, L. J. Farrugia, *J. Appl. Crystallogr.*, 1999, 32, 837-838

17.3.9.2　全谱空间群识别

当谱峰明显重叠时,通过手动输入所有可能的空间群,具有 Le Bail 或者 Pawley 拟合模块的 Rietveld 软件能实现全谱空间群识别。Le Bail 或者 Pawley 拟合运行后将给出各个可能空间群的拟合参数以及 Rietveld 精修结果的对比图,从而给出最可能的空间群。某些 Rietveld 软件,例如 MAUD 可以自动完成此类操作。

17.3.10　空间群信息软件和数据库

多个软件（参见表 17.14）能够输出空间群信息。建议最好先后使用两个以上的这些软件，以便核对结果的一致性。

17.3.11　晶胞参数精修

几乎所有的晶胞参数精修软件默认采用以某种格式提供的谱峰位置数据集。笔者个人喜欢的快速精修晶胞参数的工具是 Jean Laugier 和 Bernard Bochu 提供的图形化的 Windows 版本的 Celref 软件。该软件同时能解释空间群并且包含了自动对比理论和实验 *HKL* 峰位置的工具。如果使用了内标,那么 Bernhard Rupp 提供的 XLAT 软件非常有用,尽管它已经是"一辆老爷车"了。不过,当考虑运行速度或者需要基于大量数据精修晶胞参数时,建议采用全谱拟合法（例如 Le Bail 拟合）。相关软件参见表 17.15。

表 17.14　现有的空间群描述软件和数据库

软件	参考信息	界面	输入说明
Bilbao Crystallographic Server	Bilbao Crystallographic Server, Euskal Herriko Unibertsitatea/University of the Basque Country, 2005, http://www.cryst.ehu.es/	网页访问	各种空间群相关的工具，包括空间群检索、空间群的 Wyckoff 位置说明以及母群与子群关系说明等
cctbx – sgtbx Explore symmetry	The Computational Crystallography Toolbox: crystallographic algorithms in a reusable software framework, R. W. Grosse-Kunstleve, N. K. Sauter, N. W. Moriarty, P. D. Adams, *J. Appl. Crystallogr.*, 2002, **35**, 126-136	网页访问，可获得源代码	提供 Herman – Mauguin（H – M）、Hall 符号、空间群序号、Schönflies 符号、对称操作符
GETSPEC	A real-space computer-based symmetry algebra, U. D. Altermatt and I. D. Brown, *Acta Crystallogr.*, *Sect. A*, 1987, **43**, 125-130	提供 Fortran 源代码，LMGP 软件包的 Wgetspec 程序是它的独立可执行版本	提供许多不同的晶胞设置，Herman – Mauguin（H – M）、Hall 符号、空间群序号
Hypertext Book of Crystallographic Space Group Diagrams and Tables	J. K. Cockcroft, *A Hypertext Book of Crystallographic Space Group Diagrams and Tables*, Dept of Crystallography, Birkbeck College, London, UK, 1999	超文本标记语言（HTML）格式，载于光盘中	包含了空间群不同坐标轴和原点设置的图表，但是没有一般和特殊位置列表
International Tables vol A.	*International Tables for Crystallography Volume A: Space-group symmetry* ed. Theo Hahn, Published for the International Union of Crystallography by Springer. Fifth edition April 2002, ISBN 0-7923-6590-9	提供空间群图表的书籍，IUCr 用户可以在线访问	给出了一般与特殊位置
SGInfo	Algorithms for Deriving Crystallographic Space-Group Information, R. W. Grosse-Kunstleve, *Acta Crystallogr.*, A, 1999, **55**, 383-395	网页访问，独立可执行程序和源代码随 cctbx 和 sgtbx 提供	提供 Herman – Mauguin（H – M）、Hall 符号、空间群序号、Schönflies 符号、对称操作符

软件	参考信息	界面	输入/说明
Space Group Explorer	Space Group Explorer, (2005), Calidris, http://www.calidrisem.com/archive.htm	标准 MS-Windows 程序	提供 Herman – Mauguin（H-M）, Hall 符号, 空间群序号
Space Group Info	Crystallographic Fortran 90 Modules Library（CrysFML）: a simple toolbox for crystallographic computing programs, J. Rodríguez-Carvajal and J. González-Platas, *IUCr Comput. Commission Newsletter*, 2003, **1**, 63-69, 和 WinPLOTR: a Windows tool for powder diffraction pattern analysis, T. Roisnel and J. Rodriguez-Carvajal, *EPDIC 7: European Powder Diffraction*, Pts 1 and 2 Materials Science Forum 378-3: 118-123, Part 1&2 2001	独立可执行程序	提供 Herman – Mauguin（H-M）, Hall 符号, 空间群序号
Superspace groups for 1D and 2D Modulated Structures	Crystallography of Quasiperiodic Structures, A. Yamamoto, *Acta Crystallogr.*, *Sect. A*, 1996, 52, 509-560	基于超文本标记语言（HTML）的文本文件	一维调制结构的所有超空间群（756 个超空间群, 不包括成对的对映异构体）; 暂行的所有二维调制结构的超空间群列表（3 355 个超空间群, 不包括成对的对映异构体）; 暂行的所有三维调制结构的超空间群列表（11 764 个超空间群, 不包括成对的对映异构体）
W getspec	LMGP-Suite Suite of Programs for the interpretation of X-ray Experiments, J. Laugier and B. Bochu, ENSP/Laboratoire des Matériaux et du Génie Physique, BP 46. 38042 Saint Martin d'Hčres, France and A real-space computer-based symmetry algebra, U. D. Altermatt and I. D. Brown, *Acta Crystallogr.*, *Sect. A*, 1987, **43**, 125-130	Windows 版独立可执行软件	提供许多不同的晶胞设置, 通过鼠标操作即可完成 Herman – Mauguin（H – M）, Hall 符号和空间群序号等的选定

517

表 17. 15　现有晶胞参数精修软件

软件	参考信息	可否覆盖原始衍射数据	可否使用内标
Celref	LMGP-Suite Suite of Programs for the interpretation of X-ray Experiments, J. Laugier and B. Bochu, ENSP/Laboratoire des Matériaux et du Génie Physique, BP 46. 38042 Saint Martin d'Hềres, France	可以	
Eracel	CELREF: unit cell reinement program written in FORTRAN for the IBM360, J. Laugier (1976), CELREF: a Fortran program for unit cell refinement, J. Laugier and A. Filhol, 20/10/78 和 ERACEL: a port of the CELREF unit cell refinement software, A. Le Bail, 1982-1983, Laboratoire des Oxydes et Fluorures, CNRS UMR 6010, Université du Maine, Faculté des Sciences, Avenue Olivier Messiaen, 72085 LE MANS Cedex 9, France		
LAPOD	Powder pattern programs, J. I. Langford, *J. Appl. Crystallogr.*, 1971, **4**, 259-260 和 The accuracy of cell dimensions determined by Cohen's method of least squares and the systematic indexing of powder data, J. I. Langford, *J. Appl. Crystallogr.*, 1973, **6**, 190-196		
LAPODS	LAPODS: a computer program for refinement of lattice parameters using optimal regression, C. Dong and J. I. Langford, *J. Appl. Crystallogr.*, 2000, **33**, 1177-1179		
Powder v4	PowderV2: a suite of applications for powder X-ray diffraction calculations, N. Dragoe, *J. Appl. Crystallogr.*, 2001, **34**, 535		可以
Refcel	The PROFIL Suite of Programs by Jeremy Karl Cockcroft, Department of Crystallography, Birkbeck College, Malet Street, London WC1E 7HX, United Kingdom		

软件	参考信息	可否覆盖原始衍射数据	可否使用内标
UNITCELL	Unit cell refinement from powder diffraction data: the use of regression diagnostics, T. J. B. Holland and S. A. T. Redfern, *Mineral. Mag.*, 1997, **61**, 65-77 The determination of unit-cell parameters from Bragg relection data using a standard reference material but without a calibration curve, H. Toraya, *J. Appl. Crystallogr.*, 1993, **26**, 583-590		
XLAT	XLAT: Least Squares Refinement of Cell Constants, B. Rupp, *Scripta Metall.*, 1988, **22**, I		可以

17.3.12 全谱拟合 (Pawley、Le Bail)

全谱拟合的应用非常广泛，包括含重叠峰的晶胞参数精修、空间群识别、提取衍射强度用于求解结构以及结构预精修的谱图拟合等。下面介绍两种主要方法。

17.3.12.1 Le Bail 拟合软件

如果没有以某种方式来提供 Le Bail 拟合功能，那么这个 Rietveld 软件多少就显得落伍了（参见表17.16）。实践中发现如果软件具有在下一轮拟合前复原强度值的能力，那么就可以提高 Le Bail 拟合过程的稳定性和有效性。GSAS 和 Fullprof 是两个常用的 Le Bail 拟合功能出色的 Rietveld 软件。使用 GSAS 的用户要注意运行 POWPREF 时将重置 Le Bail 强度值，相应地，Fullprof 可以通过特定的标记来重置或者复原 Le Bail 强度值。另外，Armel Le Bail 提供了"Overlap"软件。这是一个基于 Le Bail 拟合法扣除过度重叠衍射峰的小工具，可用于某些利用一系列 *HKL* 及其强度值来求解结构的场合。

表 17.16 现有的 Le Bail 拟合软件

软件	参考信息
ARITVE	Modelling the Silica Glass Structure by the Rietveld Method. A. Le Bail, *J. Non-Cryst. Solids*, 1995, **183**, 39-42 和 Reverse Monte Carlo and Rietveld Modelling of the NaPbM₂F₉(M = Fe, V) Fluoride Glass Structures, A. Le Bail, *J. Non-Cryst. Solids*, 2000, **271**, 249-259

软件	参考信息
BGMN	BGMN：a new fundamental parameters based Rietveld program for laboratory X-ray sources，its use in quantitative analysis and structure investigations，J. Bergmann，P. Friedel and R. Kleeberg，*Int. Union Crystallogr.*，*Commission Powder Diffr. Newsletter* 1998，No. **20**，pp. 5-8
EXPO/EX-PO2004	EXPO：a program for full powder pattern decomposition and crystal structure solution，A. Altomare，M. C. Burla，M. Camalli，B. Carrozzini，G. L. Cascarano，C. Giacovazzo，A. Guagliardi，A. G. G. Moliterni，G. Polidori and R. Rizzi，*J. Appl. Crystallogr.*，1999，**32**，339-340 和 Automatic structure determination from powder data with EXPO2004，A. Altomare，R. Caliandro，M. Camalli，C. Cuocci，C. Giacovazzo，A. G. G. Moliterni and R. Rizzi，*J. Appl. Crystallogr.*，2004，**37**，1025-1028
EXTRACT	EXTRACT：A Fortran Program for the Extraction of Integrated Intensities from a Powder Pattern，Ch. Baerlocher，(1990) Institut für Kristallographie，ETH，Zürich，Switzerland
Fullprof	FULLPROF：A Program for Rietveld Refinement and Pattern Matching Analysis，J. Rodriguez-Carvajal，Abstracts of the Satellite Meeting on Powder Diffraction of the XV Congress of IUCr，(1990) Toulouse，France，p. 127
GeneFP	GENEFP：a full-proile fitting program for X-ray powder patterns using the genetic algorithm，Z. J. Feng and C. Dong，*J. Appl. Crystallogr.*，2006，**39**，615-617
GSAS	General Structure Analysis System (GSAS)，A. C. Larson and R. B. Von Dreele，Los Alamos National Laboratory Report LAUR 86-748 (1994)
Jana	Jana2000. The crystallographic computing system. V. Petricek，M. Dusek，and L Palatinus，(2000) Institute of Physics，Praha，Czech Republic and Reinement of modulated structures against X-ray powder diffraction data with JANA2000，M. Dusek，V. Petrícek，M. Wunschel，R. E. Dinnebier and S. van Smaalen，*J. Appl. Crystallogr.*，2001，**34**，398-404
Overlap	Overlap，A. Le Bail，Laboratoire des Fluorures，Université du Maine，72017 Le Mans Cedex，France 1987，Version D，July 1999
Powder Cell	POWDER CELL：a program for the representation and manipulation of crystal structures and calculation of the resulting X-ray powder patterns，W. Kraus and G. Nolze，*J. Appl. Crystallogr.*，1996，**29**，301-303

软件	参考信息
RIETAN（GPL'd)	A Rietveld analysis program RIETAN-98 and its applications to zeolites, F. Izumi and T. Ikeda, *Mater. Sci. Forum*, 2000, **321-324**, 198-203 和 F. Izumi, "Development and Applications of the Pioneering Technology of Structure Refinement from Powder Diffraction Data," *J. Ceram. Soc. Jpn.*, 2003, **111**, 617-623
Rietica	LHPM：a Computer Program for Rietveld Analysis of X-ray and Neutron Powder Diffraction Patterns, B. A. Hunter and C. J. Howard（February 2000）, Lucas Heights Research Laboratories, Australian Nuclear Science and Technology Organisation 和 Rietica：A visual Rietveld program, Brett Hunter, *Int. Union Crystallogr.*, *Commission Powder Diffr. Newsletter*, 1998, No. 20, p. 21
Topas	TOPAS-Academic by Alan Coelho, ISIS and TOPAS V3：General proile and structure analysis software for powder diffraction data. User's Manual, （2005）Bruker AXS, Karlsruhe, Germany
WinMprof	WinMProf：a visual Rietveld software, A. Jouanneaux, *Int. Union Crystallogr.*, *Commission Powder Diffr. Newsletter*, 1999, No. 21, p. 13
XND	XND code：from X-ray laboratory data to incommensurately modulated phases. Rietveld modelling of complex materials, J. -F. Bérar and G. Baldinozzi, *Int. Union Crystallogr.*, *Commission Powder Diffr. Newsletter*, 1998, No. 20, pp. 3-5

17.3.12.2 Pawley 软件

虽然 Pawley 拟合法很早就出现了，但是早期囿于计算能力的限制，而且已有的 Rietveld 软件设计模式也难于实现这个功能，因此，这种常规拟合法的普及性较低。目前，Rietveld 软件中包含这种功能的有 GSAS 等（参见表 17.17）。

表 17.17　现有的 **Pawley** 拟合软件

软件	参考信息
GSAS	General Structure Analysis System（GSAS）, A. C. Larson and R. B. Von Dreele, Los Alamos National Laboratory Report LAUR 86-748（1994）
PRODD	Extraction and use of correlated integrated intensities with powder diffraction data, J. P. Wright, *Z. Kristallogr.*, 2004, **219**（12）, 791-802

软件	参考信息
Simpro	Simultaneous structure reinement of neutron, synchrotron and X-ray powder diffraction patterns, J. K. Maichle, J. Ihringer and W. Prandl, *J. Appl. Crystallogr.* ,1988, **21**, 22-27 和 A quantitative measure for the goodness of fit in proile reinements with more than 20 degrees of freedom, J. Ihringer, *J. Appl. Crystallogr.* ,1995, **28**, 618-619
Topas	TOPAS-Academic by Alan Coelho, ISIS and TOPAS V3: General proile and structure analysis software for powder diffraction data. User's Manual, (2005) Bruker AXS, Karlsruhe, Germany
WPPF	Whole-powder-pattern fitting without reference to a structural model: Application to X-ray powder diffractometer data, H. Toraya, *J. Appl. Crystallogr.* , 1986, **19**, 440-447

17.3.13　织构分析软件

表 17.18 列出了一系列常见的利用软件进行全谱分析的极图处理程序。

表 17.18　现有的织构与极图分析软件

软件	参考信息
BEARTEX	BEARTEX: a Windows-based program system for quantitative texture analysis, H. -R. Wenk, S. Matthies, J. Donovan and D. Chateigner, *J. Appl. Crystallogr.* ,1998, **31**, 262-269
GSAS	General Structure Analysis System (GSAS), A. C. Larson and R. B. Von Dreele, Los Alamos National Laboratory Report LAUR 86-748 (1994)
LABOTEX	LaboTex: The Texture Analysis Software, K. Pawlik and P. Ozga, Göttinger Arbeiten zur Geologie und Paläontologie, SB4, 1999
MAUD for Java (GPL'd)	MAUD (Material Analysis Using Diffraction): a user friendly Java program for Rietveld Texture Analysis and more, L. Lutterotti, S. Matthies and H. -R. Wenk, *Proceeding of the Twelfth International Conference on Textures of Materials (ICOTOM-12)* ,1999, Vol. 1, p. 1599
POFINT	POFINT: a MS-DOS program tool for Pole Figure INTerpretation and file transformations, D. Chateigner, 1994-2005, http://www. ecole. ensicaen. fr/~chateign/qta/pofint/

软件	参考信息
PopLA	popLA, Preferred Orientation Package-Los Alamos, U. F. Kocks, J. S. Kallend, H. -R. Wenk, A. D. Rollett, and S. I. Wright, Los Alamos National Laboratory, Los Alamos, NM, 87545, USA, LA-CC-89-18（1998）
STEREOPOLE	STEREOPOLE：software for the analysis of X-ray diffraction pole figures with IDL, I. Salzmann and R. Resel, *J. Appl. Crystallogr.*, 2004, **37**, 1029-1033
TexTools	TexTools, Resmat Corporation,（2005）Suite 320, 3637 University Montreal, QC, Canada, H3A 2B3, http://www. resmat. com/
TexturePlus	TexturePlus, M. D. Vaudin, Ceramics Division, National Institute of Standards and Technology, Gaithersburg, MD 20899-8522, USA. 该程序可从如下网址中得到：http://www. ceramics. nist. gov/staff/vaudin. htm, 也可写信索取：E-mail：mark. vaudin@ nist. gov; fax：（301）775-5334

17.3.14 尺寸-应变分析

大多数 Rietveld 软件能执行尺寸-应变分析，虽然有的需要基于软件输出结果做一些手动计算。某些粉末衍射谱峰线形分析软件也提供了简易的尺寸-应变分析功能。表 17.19 摘录了各种有代表性的软件。

表 17.19　现有的尺寸-应变分析软件

软件	参考信息
BGMN	BGMN：a new fundamental parameters based Rietveld program for laboratory X-ray sources, its use in quantitative analysis and structure investigations, J. Bergmann, P. Friedel and R. Kleeberg, *Int. Union Crystallogr.*, *Commission Powder Diffr. Newsletter*, 1998, No. 20, pp. 5-8
BREADTH	BREADTH：a program for analyzing diffraction line broadening, D. Balzar, *J. Appl. Crystallogr.*, 1995, **28**, 244-245
CMWP-fit	MWP-fit：a program for multiple whole-proile fitting of diffraction peak profiles by *ab initio* theoretical functions, G. Ribárik, T. Ungár and J. Gubicza, *J. Appl. Crystallogr.*, 2001, **34**, 669-676

软件	参考信息
Fullprof Suite	Line broadening analysis using Fullprof: Determination of microstructural properties, J. Rodriguez-Carvajal and T. Roisnel, *European Powder Diffraction EPDIC 8*, Materials Science Forum 443-4: 123-126, 2004 和 WinPLOTR: a Windows tool for powder diffraction pattern analysis, T. Roisnel and J. Rodriguez-Carvajal, *EPDIC 7: European Powder Diffraction*, Pts 1 and 2 Materials Science Forum 378-3: 118-123, Part 1&2 2001
GENEFP	GENEFP: a full-proile fitting program for X-ray powder patterns using the genetic algorithm, Z. J. Feng and C. Dong, *J. Appl. Crystallogr.* , 2006, **39**, 615-617
MAUD	MAUD (Material Analysis Using Diffraction): a user friendly Java program for Rietveld Texture Analysis and more, L. Lutterotti, S. Matthies and H. -R. Wenk, *Proceeding of the Twelfth International Conference on Textures of Materials (ICOTOM-12)* , 1999, Vol. 1, p. 1599
MudMaster	MudMaster: a program for calculating crystallite size distributions and strain from the shapes of X-ray diffraction peaks. D. D. Eberl, V. Drits, J. Srodon, and R. Nüesch, U. S. Geological Survey Open-File Report 96-171, (1996) 46 pp 和 XRD measurement of mean thickness, thickness distribution and strain for illite and illite/smectite crystallites by the Bertaut-Warren-Averbach technique. V. Drits, D. D. Eberl and J. Srodon, *Clays Clay Minerals*, 1998, **46**, 38-50
Powder Cell	POWDER CELL: a program for the representation and manipulation of crystal structures and calculation of the resulting X-ray powder patterns, W. Kraus and G. Nolze, *J. Appl. Crystallogr.* , 1996, **29**, 301-303
Topas	A fundamental parameters approach to X-ray line-proile fitting, R. W. Cheary and A. A. Coelho, *J. Appl. Crystallogr.* , 1992, **25**, 109-121, Fundamental Parameters Line Proile Fitting in Laboratory Diffractometers, R. W. Cheary, A. A. Coelho and J. P. Cline, J. Res. *Natl. Inst. Stand. Technol.* , 2004, **109**, 1-25 和 Convolution based proile fitting, A. Kern, A. A. Coelho and R. W. Cheary, in *Diffraction Analysis of the Microstructure of Materials* , ed. E. J. Mittemeijer, and P. Scardi, Materials Science, Springer, 2004, ISBN3-540-40510-4, 17-50
WinFIT	WinFit 1. 2. 1, S. Krumm, (June 1997), Institut für Geologie, Scholssgarten 5, 91054, Erlangen, Germany

17. 3. 15　单晶软件包——粉末衍射分析的帮手

　　各种单晶软件包都有与结构分析相关的软件，包括给出约化胞、检查结构是否解析完整、可视化结构以及结构有效性验证。因为绝大多数 Rietveld 软件并不提供任何与结构有效性相关的操作，所以需要利用 MS-Windows 平台下的WinGX 或者 UNIX 平台下的 Platon/System S 等单晶软件包（参见表 17.20）来弥补。

表 17. 20　现有的单晶软件包

软件	参考信息	包含或可联用的结构解析软件	包含或可联用的结构精修软件
Crystals	CRYSTALS version 12: software for guided crystal structure analysis, P. W. Betteridge, J. R. Carruthers, R. I. Cooper, K. Prout and D. J. Watkin, *J. Appl. Crystallogr.*, 2003, **36**, 1487	Sir92, Sir97, Shelxs86, Shelxs97, Superflip	Crystals
DS ∗SYSTEM	DS5：direct-searcher automatic system version 5 for small molecules running on Windows personal computers, K. Okada and P. Boochathum, *J. Appl. Crystallogr.*, 2005, **38**, 842-846	ShakePSD, ShakePSDL, Multan	LSBF
LinGX （GPL'd）	LinGX: a free crystallographic GUI, Ralf Müller, (2005), http://www. xtal. rwthaachen. de/LinGX/	Sir97, Sir2004, Shelxs97	Shelxl97, Fullprof, Jana2000
NRCVax	NRCVAX：an interactive program system for structure analysis, E. J. Gabe, Y. Le Page, J. -P. Charland, F. L. Lee and P. S. White, *J. Appl. Crystallogr.*, 1989, **22**, 384-387	NRCVAX Solver （Multan like）	NRCVax

软件	参考信息	包含或可联用的结构解析软件	包含或可联用的结构精修软件
ORTEX	ORTEX2.1：a 1677-atom version of ORTEP with automatic cell outline and cell packing for use on a PC, P. McArdle, *J. Appl. Crystallogr.*, 1994, **27**, 438-439	Shelxs86, Shelxs97	Shelxl97
Platon/System S	Single-crystal structure validation with the program PLATON, A. L. Spek, *J. Appl. Crystallogr.*, 2003, 36, 7-13	Sir97, Sir2004, Shelxs86, Shelxs97, Dirdif, Flipper	Shelxl97
Sir2004/CAOS	SIR2004：an improved tool for crystal structure determination and refinement, M. C. Burla, R. Caliandro, M. Camalli, B. Carrozzini, G. L. Cascarano, L. De Caro, C. Giacovazzo, G. Polidori and R. Spagna, *J. Appl. Crystallogr.*, 2005, **38**, 381-388	Sir2004	CAOS
WinGX	WinGX suite for small-molecule single-crystal crystallography, L. J. Farrugia, *J. Appl. Crystallogr.*, 1999, **32**, 837-838	Dirdif, Shelxs86, Shelxs97, ShelxD, Patsee, Sir92, Sir97, Sir2004	Shelxs97, Crystals, Jana2000, Xtal
Xtal(GPL'd)	Xtal3.7 System. S. R. Hall, D. J. du Boulay and R. Olthof-Hazekamp, Eds., University of Western Australia. (2000) http://xtal.sourceforge.net/	Crisp, Patsee, Shape	CRILSQ, CRYLSQ, LSLS

17.3.16 粉末衍射软件包

虽然面向粉末衍射，并且涵盖粉末衍射分析所需的大部分操作的软件包相当少，但还是确实有几个，可参考表 17.21。

表 17. 21 现有的粉末衍射软件包

软件	参考信息	内含功能
AXES	H. Mändar and T. Vajakas，AXES：a software toolbox in powder diffraction，Newsletter *Int. Union Crystallogr.* ，*Commission Powder Diffr.* ，1998，No. 20，31-32 和 AXES1. 9：new tools for estimation of crystallite size and shape by Williamson－Hall analysis，H. Mändar，J. Felsche. V. Mikli and T. Vajakas，*J. Appl. Crystallogr.* ，1999，**32**，345 350	可连用大量软件，自身具有数据处理和显示的功能
CPMR/EX-PGUI/GSAS	CMPR and Portable Logic，Brian Toby，NIST Center for Neutron Research，100 Bureau Drive，Stop 8562，National Institute of Standards and Technology，Gaithersburg，MD，20899-8562，USA，EXPGUI，a graphical user interface for GSAS，B. H. Toby，*J. Appl. Crystallogr.* ，2001 **34**，210-213 and General Structure Analysis System（GSAS），A. C. Larson and R. B. Von Dreele，Los Alamos National Laboratory Report LAUR 86-748（1994）	包含了从数据输入到结构精修、傅里叶等高线图绘制以及可视化等功能，常规的结构解析利用其他软件完成
DANSE（Distributed Data Analysis for Neutron Scattering Experiments）	A Virtual Test Facility for the Simulation of Dynamic Response in Materials，J. Cummings，M. Aivazis，R. Samtaney，R. Radovitzky，S. Mauch，D. Meiron，*J. Supercomputing* ，August 2002，Volume **23**，Issue 1	将中子散射分析软件集成起来的平台
Topas	TOPAS-Academic by Alan Coelho，ISIS and TOPAS V3：General profile and structure analysis software for powder diffraction data. User's Manual，（2005）Bruker AXS，Karlsruhe，Germany	包含了从数据输入到结构解析、结构精修和可视化的功能，不能绘制傅里叶等高线图
WinPLOTR/Fullprof	FULLPROF：A Program for Rietveld Reinement and Pattern Matching Analysis，J. Rodriguez-Carvajal，Abstracts of the Satellite Meeting on Powder Diffraction of the XV Congress of IUCr，（1990）Toulouse，France，p. 127 和 WinPLOTR：a Windows tool for powder diffraction pattern analysis，T. Roisnel and J. Rodriguez-Carvajal，*EPDIC 7：European Powder Diffraction* ，Pts 1 and 2 Materials Science Forum 378-3：118-123，Part 1&2 2001	包含了从数据输入到结构精修、傅里叶等高线图绘制以及可视化等功能，常规的结构解析利用其他软件完成

17.3.17 粉末衍射专用结构解析软件

专用于粉末衍射结构解析的软件种类繁多，其中相当一部分专注于处理特定的物相（有机物、沸石等）。当开始解析结构时，直接法软件 EXPO 用起来最容易也最快速。如果直接法不灵，再次的尝试可能需要使用正空间法的软件，例如同时可以用于无机和有机材料并且开放的 FOX 软件（参见表 17.22）。

表 17.22　现有粉末结构解析软件

软件	参考信息	方法和/或特色
BGMN	BGMN: a new fundamental parameters based Rietveld program for laboratory X-ray sources, its use in quantitative analysis and structure investigations, J. Bergmann, P. Friedel and R. Kleeberg, *Int. Union Crystallogr.*, *Commission Powder Diffr. Newsletter*, 1998, No. 20, pp. 5-8	基于直接法与能量最小化
Dash	Routine determination of molecular crystal structures from powder diffraction data, W. I. F. David, K. Shankland, N. Shankland, *Chem. Commun.*, 1998, 931-932	适用于有机物和药物分子
Endeavour	Combined Method for "*Ab initio*" Structure Solution from Powder Diffraction Data, H. Putz, J. C. Schoen, M. Jansen, *J. Appl. Crystallogr.*, 1999, **32**, 864-870	基于直接法与能量最小化
EXPO/EXPO2004	EXPO: a program for full powder pattern decomposition and crystal structure solution, A. Altomare, M. C. Burla, M. Camalli, B. Carrozzini, G. L. Cascarano, C. Giacovazzo, A. Guagliardi, A. G. G. Moliterni, G. Polidori and R. Rizzi, *J. Appl. Crystallogr.*, 1999, **32**, 339-340 和 Automatic structure determination from powder data with EXPO2004, A. Altomare, R. Caliandro, M. Camalli, C. Cuocci, C. Giacovazzo, A. G. G. Moliterni and R. Rizzi, *J. Appl. Crystallogr.*, 2004, **37**, 1025-1028	基于直接法与正空间法
ESPOIR (GPL'd)	ESPOIR: a program for solving structures by monte Carlo analysis of powder diffraction data, A. Le Bail, *Mater. Sci. Forum*, 2001, **378-381**, 65-70	基于正空间法
Focus	Zeolite structure determination from powder diffraction data: Applications of the FOCUS method, R. W. Grosse-Kunstleve, L. B. McCusker, Ch. Baerlocher, *J. Appl. Crystallogr.* 1999, **32**, 536-542	利用化学信息，用于沸石结构

软件	参考信息	方法和/或特色
Fox(GPL'd)	FOX, 'free objects for crystallography': a modul arapproach to *ab initio* structure determination from powder diffraction, V. Favre-Nicolin and R. Cerný, *J. Appl. Crystallogr.*, 2002, **35**, 734-743	基于正空间法,动态占位校正和原子合并
Fullprof Suite	FULLPROF: A Program for Rietveld Reinement and Pattern Matching Analysis, J. Rodriguez-Carvajal, Abstracts of the Satellite Meeting on Powder Diffraction of the XV Congress of IUCr, (1990) Toulouse, France, p. 127	磁结构的正空间解析法
Gest	GEST: a program for structure determination from powder diffraction data using genetic algorithm, Z. J. Feng and C. Dong, *J. Appl. Crystallogr.*, 2007, **40**, 583-588	基于正空间法,主要采用遗传算法解析有机物结构
GRINSP	Inorganic structure prediction with GRINSP, A. Le Bail, *J. Appl. Crystallogr.*, 2005, **38**, 389-395	预测无机化合物结构以便进一步采用"搜索-匹配"类型的结构解析法
Organa	Organa: a program package for structure determination from powder diffraction data by direct-space methods, V. Brodski, R. Peschar and H. Schenk, *J. Appl. Crystallogr.*, 2005, **38**, 688-693	基于正空间法
Powder Solve	PowderSolve: a complete package for crystal structure solution from powder diffraction patterns, G. E. Engel, S. Wilke, O. König, K. D. M. Harris and F. J. J. Leusen, *J. Appl. Crystallogr.*, 1999, **32**, 1169-1179	基于正空间法
RMCPOW	RMCA Version 3, R. L. McGreevy, M. A. Howe and J. D. Wicks, (1993), available at http://www.studsvik.uu.se/和 Reverse Monte Carlo modelling of neutron powder diffraction data, A. Mellergård and R. L. McGreevy, *Acta Crystallogr.*, Sect. A, 1999, **55**, 783	磁结构的正空间解析法
Ruby	Ruby, Materials Data, Inc., 1224 Concannon Blvd., Livermore, CA 94550	基于直接法和正空间法

软件	参考信息	方法和/或特色
SARAh	A new protocol for the determination of magnetic structures using Simulated Annealing and Representational Analysis-SARAh, A. S. Wills, *Physica B*, 2000, **276**, 680	基于正空间法
Superlip	Superlip: computer program for solution of crystal structures by charge flipping in arbitrary dimensions, L. Palatinus and G. Chapuis (2006), http:/superspace. epl. ch/superlip 和 Charge flipping combined with histogram matching to solve complex crystal structures from powder diffraction data, Ch. Baerlocher, L. B. McCusker, L. Palatinus, *Z. Kristallogr.*, 2007, **222**(2), 47-53	采用电荷翻转 (charge flipping) 算法提取强度值来解析空间群为 *P*1 的结构, 这种算法也适用于无公度和准晶结构的解析
TOPAS	Whole-profile structure solution from powder diffraction data using simulated annealing, A. A. Coelho, *J. Appl. Crystallogr.*, 2000, **33**, 899-908, TOPAS-Academic by Alan Coelho, ISIS and TOPAS V3: General proile and structure analysis software for powder diffraction data. User's Manual, (2005) Bruker AXS, Karlsruhe, Germany	基于正空间法、能量最小化和电荷翻转法
WinCSD/ CSD	Use of the CSD program package for structure determination from powder data. L. G. Akselrud, P. Zavalii, Yu. N. Grin, V. K. Pecharsky, B. Baumgartner, E. Wolfel, 2nd European Powder Diffraction Conference: Abstract of papers, -Enschede, The Netherlands, 41, (1992); *Mater. Sci. Forum*, 1993, **133-136**, 335-340	基于直接法和帕特逊法
ZEFSA II	A biased Monte Carlo scheme for zeolite structure solution, M. Falcioni and M. W. Deem, *J. Chem. Phys.*, 1999, **110** (3), 15	基于正空间法、用于沸石结构

17.3.18 使用单晶软件的结构解析

虽然在粉末衍射领域，直接基于粉末衍射的结构解析软件大行其道，但是在可以获得一系列 *HKL* 和强度值的场合下，单晶结构解析程序还是有用武之地的，足以胜任解析任务（参见表 17.23）。单晶软件不仅允许使用直接法，而且还提供帕特逊法以及基于帕特逊峰的碎片搜索法。另外，Armel Le Bail 提供的 Overlap 软件（见表 17. 16）可以去掉过度重叠的衍射峰，对采用单晶软件解析结构的一些场合会有帮助。

表 17. 23　现有的单晶结构解析软件

软件	参考信息	方法和/或特色
Crisp（GPL'd）	CRISP：Crystal Iterative Solution Program，Doug du Boulay & Syd Hall，Xtal 3. 7 System. Eds. S. R. Hall，du Boulay & R. Olthof-Hazekamp. University of Western Australia	直接法
Crunch	CRUNCH：solving structures using Karle-Hauptman matrices，R. A. G. de Graaff and R. de Gelder，*Acta Crystallogr. Sect. A*，1996，**46**（Suppl. ），C-53	直接法
Dirdif	The DIRDIF-99 program system，P. T. Beurskens，G. Beurskens，R. de Gelder，S. Garcia-Granda，R. O. Gould，R. Israel and J. M. M. Smits（1999），Crystallography Laboratory，University of Nijmegen，The Netherlands	帕特逊法、碎片搜索法
Patsee	Structure solution with PATSEE，E. Egert，K. Wagner and J. Hirschler，*Z. Kristallogr.* ，2001，**216**（11），565-572	碎片搜索法
Shake'n'Bake（SnB）	The design and implementation of SnB v2. 0，C. M. Weeks and R. Miller，*J. Appl. Crystallogr.* ，1999，**32**，120-124	直接法、Shake'n'Bake
ShakePSD	DS5：direct-searcher automatic system version 5 for small molecules running on Windows personal computers，K. Okada and P. Boochathum，*J. Appl. Crystallogr.* ，2005，**38**，842-846	直接法、Shake'n'Bake 法
Shelxs86/Shelxs97/ShelxD	SHELX97：Programs for Crystal Structure Analysis（Release 97-2）. G. M. Sheldrick，Institut für Anorganische Chemie der Universität Tammanstrasse 4，D-3400 Göttingen Germany，1998；SHELXS86. Program for the solution of crystal structures. G. M. Sheldrick，（1986），Univ. of Göttingau Federal Republic of Germany and Substructure solution with SHELXD，T. R. Schneider and G. M. Sheldrick，*Acta Crystallogr.* ，*Sect. D*，2002，**58**，1772-1779	直接法、帕特逊法、SnB（Shake'n'Bake）法

软件	参考信息	方法和/或特色
Sir92/Sir97/Sir2004	SIR92：a program for automatic solution of crystal structures by direct methods，A. Altomare，G. Cascarano，C. Giacovazzo，A. Guagliardi，M. C. Burla，G. Polidori and M. Camalli，*J. Appl. Crystallogr.*，1994，**27**. 435，SIR97：a new tool for crystal structure determination and refinement，A. Altomare，M. C. Burla，M. Camalli，G. L. Cascarano，C. Giacovazzo，A. Guagliardi，A. G. G. Moliterni，G. Polidori and R. Spagna，*J. Appl. Crystallogr.*，1999，**32**，115-119 和 SIR2004：an improved tool for crystal structure determination and refinement，M. C. Burla，R. Caliandro，M. Camalli，B. Carrozzini，G. L. Cascarano，L. De Caro，C. Giacovazzo，G. Polidori and R. Spagna，*J. Appl. Crystallogr.*，2005，**38**，381-388	直接法、SnB（Shake'n'Bake）法

17.3.19　二维到三维分子模型的建立

当解析有机的包括有机金属化合物时，将二维模型转为适合某些现有结构解析软件（参见表 17.24）所需的三维模型数据有助于节省时间。不过，对于更复杂的分子，这种转换的确有出错的可能。因此，用户必须在结构解析软件中允许分子实现所需的变动。

表 17.24　现有的二维转三维分子模型生成软件

软件	参考信息	提示
Dirdif	The DIRDIF-99 program system，P. T. Beurskens，G. Beurskens，R. de Gelder，S. Garcia-Granda，R. O. Gould，R. Israel and J. M. M. Smits（1999），Crystallography Laboratory，University of Nijmegen，The Netherlands	内建数据库，DOS 命令行界面风格
Momo	MOMO-Molecular Modelling Program，Version 2.00，E. Gemmel，H. Beck，M. Bolte and E. Egert，Universität Frankfurt（1999）	以 Patsee 软件输出的结果作为输入信息
Xdrawchem/WinDrawChem and Build3D	XDrawChem（software），Bryan Herger，（2002）http://xdrawchem. sourceforge. net/	开放，具有三维建模功能

17.3.20 单晶精修软件和参与结构建模的辅助软件

相比于粉末衍射软件，现阶段的单晶精修软件在常规结构精修方面更为高明（参见表 17.25）。在精修的初始阶段，相比于直接使用现有的 Rietveld 软件，首先通过 Le Bail 或者 Pawley 拟合提取出一系列强度值，然后采用 Shelxl 或者 Crystals 等单晶软件来寻找缺失原子并且图形化检查所得结构的做法可以节省大量时间。这个时候也可以考虑使用 Armel Le Bail 提供的、能够去除过度重叠衍射峰的 Overlap 软件（参见表 17.16）

表 17.25 现有的单晶精修和结构建模软件

软件	参考信息
Crystals	CRYSTALS version 12：software for guided crystal structure analysis，P. W. Betteridge，J. R. Carruthers，R. I. Cooper，K. Prout and D. J. Watkin，*J. Appl. Crystallogr.*，2003，**36**，1487
Platon/System S	Single-crystal structure validation with the program PLATON，A. L. Spek，*J. Appl. Crystallogr.*，2003，**36**，7-13
Shelxl97	SHELX97：Programs for Crystal Structure Analysis（Release 97-2）. G. M. Sheldrick，Institut für Anorganische Chemie der Universität Tammanstrasse 4，D-3400 Göttingen Germany，1998
Sir2004/CAOS	SIR2004：an improved tool for crystal structure determination and refinement，M. C. Burla，R. Caliandro，M. Camalli，B. Carrozzini，G. L. Cascarano，L. De Caro，C. Giacovazzo，G. Polidori and R. Spagna，*J. Appl. Crystallogr.*，2005，**38**，381-388 和 Crystallographic software for a mincomputer，S. Cerrini and R. Spagna（1977），IV Eur. Crystallgr. Meet.，Oxford，UK，Abstract A-212
Xtal（GPL'd）	Xtal3.7 System. S. R. Hall，D. J. du Boulay and R. Olthof-Hazekamp，Eds.，University of Western Australia.（2000）http://xtal. sourceforge. net/
WinGX	WinGX suite for small-molecule single-crystal crystallography，L. J. Farrugia，*J. Appl. Crystallogr.*，1999，**32**，837-838

17.3.21 Rietveld 结构精修

一般来说，GSAS（使用 Brian Toby 开发的 EXPGUI 图形用户界面）、Fullprof 和 Topas 是目前被最广泛使用的通用型 Rietveld 软件，许多 Rietveld 软件则具有地区分布性（例如 Rietica/LHPM 在澳洲流行，而 RIETAN 则在日本流行，参见表 17.26）。另外，某些 Rietveld 软件针对特定的结构类型专门做了优化

表 17.26　现有的 Rietveld 结构精修软件

软件	参考信息	方法和/或特色	有无傅里叶电子密度图功能
ARITVE	ARITVE User Guide, A. Le Bail, Universite du Maine, France (2000)	玻璃结构建模	
BGMN	BGMN: a new fundamental parameters based Rietveld program for laboratory X-ray sources, its use in quantitative analysis and structure investigations, J. Bergmann, P. Friedel and R. Kleeberg, *Int. Union Crystallogr.*, *Commission Powder Diffr. Newsletter* 1998, No. **20**, pp. 5-8	提供宏语言的基本参数 Rietveld 法	有
BRASS	BRASS 2003: The Bremen Rietveld Analysis and Structure Suite, J. Birkenstock, R. X. Fischer and T. Messner, *Ber. DMG, Beih. z. Eur. J. Mineral.*, 2003, **15** (1), 21	适用于无机材料	有
DBWS	DBWS-9411, an Upgrade of the DBWS, R. A. Young, A. Sakthivel, T. S. Moss and C. O. Paiva-Santos (1995)	通用型精修	
DDM	Full-proile reinement by derivative difference minimization, L. A. Solovyov, *J. Appl. Crystallogr.*, 2004, **37**, 743-749	基于差值导数最小化	
DEBVIN	DEBVIN: a program for Rietveld refinement with generalized coordinates subjected to geometrical restraints, S. Brückner and A. Immirzi, *J. Appl. Crystallogr.*, 1997, **30**, 207-208	适用于高聚物	
DIFFaX+	Simultaneous reinement of structure and microstructure of layered materials, M. Leoni, A. F. Gualtieri and N. Roveri, *J. Appl. Crystallogr.*, 2004, **37**, 166-173	适用于无序层状材料	
EXPGUI	EXPGUI, a graphical user interface for GSAS, B. H. Toby, *J. Appl. Crystallogr.*, 2001, **34**, 210-213	Windows, Linux 和 Mac 平台下 GSAS 的图形用户界面	

软件	参考信息	方法和/或特色	有无傅里叶电子密度图功能
EXPO/EX-PO2004	EXPO: a program for full powder pattern decomposition and crystal structure solution, A. Altomare, M. C. Burla, M. Camalli, B. Carrozzini, G. L. Cascarano, C. Giacovazzo, A. Guagliardi, A. G. G. Moliterni, G. Polidori and R. Rizzi, *J. Appl. Crystallogr.*, 1999, **32**, 339-340 和 Automatic structure determination from powder data with EXPO2004, A. Altomare, R. Caliandro, M. Camalli, C. Cuocci, C. Giacovazzo, A. G. G. Moliterni and R. Rizzi, *J. Appl. Crystallogr.*, 2004, **37**, 1025-1028	EXPO 所解析结构的精修	有
Fullprof	FULLPROF: A Program for Rietveld Refinement and Pattern Matching Analysis, J. Rodriguez-Carvajal, Abstracts of the Satellite Meeting on Powder Diffraction of the XV Congress of IUCr, (1990) Toulouse, France, p. 127 和 WinPLOTR: a Windows tool for powder diffraction pattern analysis, T. Roisnel and J. Rodriguez-Carvajal, *EPDIC 7: European Powder Diffraction*, Pts 1 and 2 Materials Science Forum 378-3: 118-123, Part 1&2 2001	适用于一般、微结构、磁性和无公度结构，基于 Win-PLOTR 软件提供的 GUI 交互界面	有
GSAS	General Structure Analysis System (GSAS), A. C. Larson and R. B. Von Dreele, Los Alamos National Laboratory Report LAUR 86-748 (1994)	提供组合精修，可用于蛋白质结构，允许施加大量限制，GUI 交互界面采用 Brian Toby 的 EXPGUI	有
IC-POWLS	IC-POWLS: a program for calculation and refinement of commensurate and incommensurate structures using powder diffraction data, W. Kockelmann, E. Jansen, W. Schäfer and G. Will, Berichte des Forschungszentrums Jülich, Report Jül-3024 (1995)	适用于无公度和磁性结构	有

软件	参考信息	方法和/或特色	有无傅里叶电子密度图功能
Jana	Jana2000. The crystallographic computing system. V. Petricek, M. Dusek, and L Palatinus, (2000) Institute of Physics, Praha, Czech Republic 和 Reinement of modulated structures against X-ray powder diffraction data with JANA2000, M. Dusek, V. Petrícek, M. Wunschel, R. E. Dinnebier and S. van Smaalen, *J. Appl. Crystallogr.*, 2001,**34**,398-404	适用于无公度和复合结构	有
Koalariet	A fundamental parameters approach to X-ray line-proile fitting, R. W. Cheary and A. A. Coelho,*J. Appl. Crystallogr.*,1992,**25**,109-121	基本参数 Rietveld 法,不再更新	
MAUD for Java(GPL'd)	MAUD (Material Analysis Using Diffraction): a user friendly Java program for Rietveld Texture Analysis and more, L. Lutterotti, S. Matthies and H.-R. Wenk, *Proceeding of the Twelfth International Conference on Textures of Materials* (*ICOTOM-12*),1999,Vol.1,p.1599	GUI 交互界面和微结构建模	
MXD(MiXe D crystallographic executive for diffraction)	MXD: a general least-squares program for non-standard crystallographic refinements, P. Wolfers,*J. Appl. Crystallogr.*,1990,**23**,554-557	磁性和无公度相,单晶与粉末衍射	
PFLS	Application of total pattern fitting to X-ray powder diffraction data, H. Toraya and F. Marumo, *Rep. Res. Lab. Engin. Mat.*, *Tokyo Inst. Tech.*, 1980, 5, 55-64 和 Crystal structure refinement of alpha-Si_3N_4 using synchrotron radiation powder diffraction data: unbiased refinement strategy, H. Toraya, *J. Appl. Crystallogr.*, 2000,**33**,95-102	通用型 Rietveld 精修	

软件	参考信息	方法和/或特色	有无傅里叶电子密度图功能
Powder Cell	POWDER CELL: a program for the representation and manipulation of crystal structures and calculation of the resulting X-ray powder patterns. , W. Kraus and G. Nolze, *J. Appl. Crystallogr.* , 1996, **29** , 301-303	通用型 Rietveld 精修	
PREMOS	Rietveld analysis of the modulated structure in the superconducting oxide $Bi_2 (Sr, Ca)_3 Cu_2 O_{8+x}$, A. Yamamoto, M. Onoda, E. Takayama-Muromachi, F. Izumi, T. Ishigaki and H. Asano, *Phys. Rev. B*, 1990, **42** , 4228-4239	适用于无公度调制结构	
PRODD	PRODD: Proile Reinement of Diffraction Data using the Cambridge Crystallographic Subroutine Library (CCSL) , J. P. Wright and J. B. Forsyth, Rutherford Appleton Laboratory Report RAL-TR-2000-012, Version 1. 0, May 2000	注重发展概念与算法	
Profil	The PROFIL Suite of Programs by Jeremy Karl Cockcroft, Department of Crystallography, Birkbeck College, Malet Street, London WC1E 7HX, United Kingdom	提供有机和金属有机物所需的限制性精修	
Riet7/SR5/ LHPM	LHPM: a Computer Program for Rietveld Analysis of X-ray and Neutron Powder Diffraction Patterns, R. J. Hill, and C. J. Howard (1986) AAEC Report No. M112 和 QPDA: A User Friendly, Interactive Program for Quantitative Phase and Crystal Size/Strain Analysis of Powder Diffraction Data, I. C. Madsen and R. J. Hill, *Powder Diffr.* , 1990, **5** , 195-199	通用型精修	

537

软件	参考信息	方法和/或特色	有无傅里叶电子密度图功能
RIETAN (GPL'd)	A Rietveld analysis program RIETAN-98 and its applications to zeolites, F. Izumi and T. Ikeda, *Mater. Sci. Forum*, 2000, **321-324**, 198-203 和 F. Izumi, "Development and Applications of the Pioneering Technology of Structure Reinement from Powder Diffraction Data," *J. Ceram. Soc. Jpn.*, 2003, **111**, 617-623	基于最大熵法（MEM）的全谱拟合软件，使用 PRIMA 和 VENUS 分别进行 MEM 分析与结构及电子密度可视化	有
Rietica/LHPM	LHPM: a Computer Program for Rietveld Analysis of X-ray and Neutron Powder Diffraction Patterns, B. A. Hunter and C. J. Howard（February 2000），Lucas Heights Research Laboratories, Australian Nuclear Science and Technology Organisation 和 Rietica: A visual Rietveld program, Brett Hunter, *Int. Union Crystallogr.*, *Commission Powder Diffr. Newsletter*, 1998, No. 20, p. 21	GUI 交互界面	有
Simref	Simultaneous structure refinement of neutron, synchrotron and X-ray powder diffraction patterns, J. K. Maichle, J. Ihringer and W. Prandl, *J. Appl. Crystallogr.*, 1988, **21**, 22-27 和 A quantitative measure for the goodness of fit in profile refinements with more than 20 degrees of freedom, J. Ihringer, *J. Appl. Crystallogr.*, 1995, **28**, 618-619	适用于无公度和复合结构，可以对多组粉末衍射数据集同时进行精修	
Topas	A fundamental parameters approach to X-ray line-proile fitting, R. W. Cheary and A. A. Coelho, *J. Appl. Crystallogr.*, 1992, **25**, 109-121, Fundamental Parameters Line Proile Fitting in Laboratory Diffractometers, R. W. Cheary, A. A. Coelho and J. P. Cline, *J. Res. Natl. Inst. Stand. Technol.*, 2004, **109**, 1-25, TOPAS-Academic by Alan Coelho, ISIS and TOPAS V3: General proile and structure analysis software for powder diffraction data. User's Manual, (2005) Bruker AXS, Karlsruhe, Germany	提供宏语言的基本参数 Rietveld 法	

软件	参考信息	方法和/或特色	有无傅里叶电子密度图功能
VMRIA	VMRIA:a program for a full proile analysis of powder multiphase, neutron-diffraction time-of-flight (direct and Fourier) spectra, V. B. Zlokazov, V. V. Chernyshev, *J. Appl. Crystallogr.*, 1992, **25**, 447-451 和 DELPHI-based visual object-oriented programming for the analysis of experimental data in low energy physics, V. B. Zlokazov, *Nucl. Instrum. Methods Phys. Res. A*, 2003, **502**(2-3), 723-724	TOF 数据的 Rietveld 精修	
WinMprof	WinMProf: a visual Rietveld software, A. Jouanneaux, *Int. Union Crystallogr.*, *Commission Powder Diff. Newsletter*, 1999, No. 21, 13	提供有机和金属有机物所需的限制性精修	有
XND	XND code: from X-ray laboratory data to incommensurately modulated phases, J. -F. Bérar and G. Baldinozzi, *Int. Union Crystallogr.*, *Commission Powder Diff. Newsletter*, 1998, No. 20, 3-5	适用于无公度和复合结构，多组粉末衍射数据集同时精修	
XRS-82/ DLS-76	The X-ray Rietveld System XRS-82, Ch. Baerlocher, (1982) Institut für Kristallographie und Petrographie, ETH-Zentrum, Zürich and DLS-76. A Fortran Program for the Simulation of Crystal Structures by Geometric Refinement. Ch. Baerlocher, A. Hepp and W. M. Meier, (1977) Institut für Knstallographie, ETH, Zürich, Switzerland	适用于沸石结构	

539

设计（例如 Jana 和 XND 关注无公度相，DEBVIN 关注高聚物，而 XRS-82 则关注沸石结构）。第一次尝试 Rietveld 精修不仅相当困难而且很容易出错，因此，搞清楚自己周围的人都采用哪些软件并且首先加以使用是可取的做法。这种做法能确保从本地资源中获得指南类的帮助。另一种可选的教学资源就是强调上机实践 Rietveld 操作的讲习班。不过，对于与会议联合举行的上机实践 Rietveld 操作的讲习班，参与者不要抱太大希望，因为很多时候，在实践的当天，讲习班组织者和出席者会发现原定的计算机资源成了泡影①。

17.3.22 对分布函数软件

由于缺乏可获得的、用户界面友好的数据处理和分析软件，对分布函数分析成了粉末衍射技术的一个陌生领域。不过，现在这种局势正缓慢得到改善，这主要归功于 Robert McGreevy、Simon Billinge、Thomas Proffen 和 Reinhard Neder 团队在发展软件方面的工作（具体可参见表 17.27）。

表 17.27 现有的对分布函数软件

软件	参考信息
DERB 和 DERFFT	Powerful new software for the simulation of WAXS and SAXS diagrams, D. Espinat, F. Thevenot, J. Grimoud and K. El Malki, *J. Appl. Crystallogr.*, 1993, **26**, 368-383
DISCUS	DISCUS: a program for diffuse scattering and defect structure simulations-Update, Th. Proffen and R. B. Neder, *J. Appl. Crystallogr.*, 1999, **32**, 838 和 DISCUS: a program for diffuse scattering and defect structure simulations, Th. Proffen and R. B. Neder, *J. Appl. Crystallogr.*, 1997, **30**, 171
MCGRtof	MCGRtof: Monte Carlo $G(r)$ with resolution corrections for time-of-light neutron diffractometers, M. G. Tucker, M. T. Dove and D. A. Keen, *J. Appl. Crystallogr.*, 2001, **34**, 780-782
PDFFIT/PDFgui	PDFFIT: a program for full profile structural refinement of the atomic pair distribution function, Th. Proffen and S. J. L. Billinge, *J. Appl. Crystallogr.*, 1999, **32**, 572. 和 PDFgui and PDFit2 replace PDFFIT: C. L. Farrow, P. Juhas, J. W. Liu, D. Bryndin, E. S. Božin, J. Bloch, Th. Proffen and S. J. L. Billinge, *J. Phys: Condens. Matter*, 2007, **19**, 335219

---

① 基于台式机的时代的确如此，这也是现在讲习班都会要求自备笔记本的原因。——译者注

软件	参考信息
PDFgetN	PDFgetN：a user-friendly program to extract the total scattering structure function and the pair distribution function from neutron powder diffraction data，P. F. Peterson，M. Gutmann，Th. Proffen and S. J. L. Billinge，*J. Appl. Crystallogr.*，2000，**33**，1192
PDFgetX2	PDFgetX2：a GUI-driven program to obtain the pair distribution function from X-ray powder diffraction data，X. Qiu，J. W. Thompson and S. J. L. Billinge，*J. Appl. Crystallogr.*，2004，**37**，678
RAD	RAD：a program for analysis of X-ray diffraction data from amorphous materials for personal computers，V. Petkov，*J. Appl. Crystallogr.*，1989，**22**，387
RMC	Reverse Monte Carlo modelling of neutron powder diffraction data，A. Mellergård and R. L. McGreevy，*Acta Crystallogr.*，*Sect. A*，1999，**55**，783-789
RMC + +	G. Evrard，L. Pusztai，Reverse Monte Carlo Modelling of the structure of disordered materials with RMC + +：a new implementation of the algorithm in C + +，*J. Phys.*：*Condens. Matter*，2005，**17**（5），S1-S13
RMCproile	Reverse Monte Carlo modelling of crystalline disorder，D. A. Keen，M. G. Tucker and M. T. Dove，*J. Phys. Condens. Matter*，2005，**17**（5），S15-S22
RMCAW95	Reverse Monte Carlo modelling of neutron powder diffraction data，A. Mellergård and R. L. McGreevy，*Acta Crystallogr.*，*Sect. A*，1999，55，783-789

17.3.23　使用单晶软件及辅助软件进行加氢

对大多数 Rietveld 软件来说，自动或者手动加氢是一个"梦魇"。相反，针对单晶应用的软件则要简易、省时得多——对于碳氢甚至氢化物都是如此。对于所计算氢原子位置有效性的验证，现代单晶解析方法通常是尽力让所有的氢原子在傅里叶电子密度图中显示出来。这对于粉末衍射来说是不可能的，只能依靠用户在处理计算加氢时更细心（参见表 17.28）。

表 17.28　现有的加氢软件

软件	参考信息
Crystals	CRYSTALS version 12：software for guided crystal structure analysis，P. W. Betteridge，J. R. Carruthers，R. I. Cooper，K. Prout and D. J. Watkin，*J. Appl. Crystallogr.*，2003，**36**，1487

软件	参考信息
Hydrogen/CalcOH	Modeling hydroxyl and water H atoms, M. Nardelli, *J. Appl. Crystallogr.*, 1999, **32**, 563-571
Platon/System S	Single-crystal structure validation with the program PLATON, A. L. Spek, *J. Appl. Crystallogr.*, 2003, **36**, 7-13
Shelxl97	SHELX97: Programs for Crystal Structure Analysis (Release 97-2) G. M. Sheldrick Institut für Anorganische Chemie der Universität, Tamman-strasse 4, D-3400 Göttingen, Germany, 1998
Sir2002/CAOS	SIR2004: an improved tool for crystal structure determination and refine-ment, M. C. Burla, R. Caliandro, M. Camalli, B. Carrozzini, G. L. Cascara-no, L. De Caro, C. Giacovazzo, G. Polidori and R. Spagna, *J. Appl. Crystal-logr.*, 2005, **38**, 381-388
Xhydex	Indirect Location of Hydride Ligands in Metal Cluster Complexes, A. G. Orpen, *J. Chem. Soc.*, *Dalton Trans.*, 1980, 2509-2516
Xtal (GPL'd)	Xtal3. 7 System. S. R. Hall, D. J. du Boulay and R. Olthof-Hazekamp, Eds , University of Western Australia (2000) http://xtal sourceforge net/
WinGX: GUI Hydro-gen/CalcOH; GUI Xhydex	WinGX suite for small-molecule single-crystal crystallography, L. J. Farru-gia, *J. Appl. Crystallogr.*, 1999, **32**, 837-838

17. 3. 24　免费的独立粉末和单晶傅里叶电子密度图生成和显示软件

虽然相对于单晶数据产生的傅里叶电子密度图而言，粉末衍射数据得到的傅里叶电子密度图具有更多的噪声，但还是可以用于定位缺失的原子。除了 Fullprof、BRASS、GSAS 和 Jana 已经集成了傅里叶电子密度图生成与显示软件以外，也可以尝试一下免费的独立生成傅里叶电子密度图的程序。另外，还有免费独立的傅里叶电子密度图浏览器，其中的 DRAWxtl 和 Marching Cubes 值得首先尝试一下。Fujio Izumi 在 2005 年 11 月出版的 *IUCr Commission on Powder Diffraction Newsletter* 一期中发表的一篇文章也介绍了一个基于 MPF 最大熵法线形拟合来提供傅里叶密度电子图的软件。在利用粉末衍射数据解析和精修复杂晶体结构方面，这个软件给出了不同于常规 Rietveld 精修的另一个可行途径（参见表 17. 29）。

表 17.29 现有的傅里叶电子密度图软件

软件	参考信息	说明/特色
DRAWxtl	DRAWxtl：an open-source computer program to produce crystal structure drawings，L W Finger，M Kroeker and B. H. Toby，*J. Appl. Crystallogr.*，2007，**40**，188-192	支持 GSAS GRD、Jana、Vasp、Fullprof、CIF FoFc、O、Jana FoFc 和 Exciting 输出结果
FOUE	FOUE：program for conversion of GSAS binary Fourier Map files to other formats，Scott Belmonte（2000）	将 GSAS 的二进制傅里叶图文件转为 ASCII DUMP、WinGX 和 Marching Cubes/Crystals 支持的文件格式
Fox	FOX，'free objects for crystallography'：a modular approach to *ab initio* structure determination from powder diffraction，V. Favre-Nicolin and R. Cerný，*J. Appl. Crystallogr.*，2002，**35**，734-743	支持 GSAS 的傅里叶图文件
GFourier/Fullprof Suite	GFourier，J. Gonzalez-Platas and J. Rodriguez-Carvajal，University of La Laguana，Tenerife，Spain and Laboratoire Léon Brillouin，Saclay，France，March 2004 和 WinPLOTR：a Windows tool for powder diffraction pattern analysis，T. Roisnel and J. Rodriguez-Carvajal，*EPDIC 7：European Powder Diffraction*，Pts 1 and 2 Materials Science Forum 378-3：118-123，Part 1&2 2001	采用 Fullprof 规定格式的 *hkl* 与结构因子值作为输入信息
MCE（Marching Cubes）	MCE：program for fast interactive visualization of electron and similar density maps，optimized for small molecules，M. Husák and B. Kratochvíl，*J. Appl. Crystallogr.*，2003，**36**，1104	支持 Crystals/WinGX ASCII FOU、GSAS Fourier 和 GSAS GRD 输出文件
OpenDX	2002 OpenDX. org	面向大数据的通用科学图形显示软件，Jana 能输出 OpenDX 支持的傅里叶图文件
Platon/Fourier3D	Single-crystal structure validation with the program PLATON，A. L. Spek，*J. Appl. Crystallogr.*，2003，**36**，7-13 和 Fourier3D：visualisation of electron density and solvent accessible voids in small molecule crystallography，D. M. Tooke and A. L. Spek，Fourier3D，*J. Appl. Crystallogr.*，2005，**38**，572-573	采用 Shelx 规定的 FCF 文件以生成电子密度图

软件	参考信息	说明/特色
VENUS	F. Izumi and R. A. Dilanian, "Structure refinement based on the maximum-entropy method from powder diffraction data" in *Recent Research Developments in Physics*, Transworld Research Network, Trivandrum, 2002, Vol. 3, Part II, pp. 699-726 和 F. Izumi, "Beyond the ability of Rietveld analysis: MEM-based pattern fitting," *Solid State Ionics*, 2004, **172**, 1-6	包括最大熵法,软件能输出各种 3D 网格数据文件,包括 MEED、ALBA、MacMol-Plt、SCAT、VASP、VEND 3D、WIEN2k 和 XCrySDen 的 XSF
WinGX	WinGX suite for small-molecule single-crystal crystallography, L. J. Farrugia, *J. Appl. Crystallogr.*, 1999, **32**, 837-838	采用 Shelx 规定的 FCF 文件或者 WinGX 下的 MAP 文件以生成电子密度图

17.3.25　定量物相分析

因为绝大多数现有的 Rietveld 软件同时提供了定量物相分析的功能——虽然某些可能需要一些人工计算工作，所以表 17.30 给出的主要是偏重于定量物相分析的程序。这些软件其中既有基于 Rietveld 的，也有采用其他方法的。

表 17.30　现有的定量物相分析软件（也可以参考 Rietveld 结构精修软件清单）

软件	参考信息	方法	是否免费
BGMN	BGMN: a new fundamental parameters based Rietveld program for laboratory X-ray sources, its use in quantitative analysis and structure investigations, J. Bergmann, P. Friedel and R. Kleeberg, *Int. Union Crystallogr.*, *Commission Powder Diffr. Newsletter*, 1998, No. 20, pp. 5-8	Rietveld	
Fullpat	FULLPAT: a full-pattern quantitative analysis program for X-ray powder diffraction using measured and calculated patterns, S. J. Chipera and D. L. Bish, *J. Appl. Crystallogr.*, 2002, **35**, 744-749	全谱拟合,使用刚玉作为内标	是

软件	参考信息	方法	是否免费
MAUD	MAUD (Material Analysis Using Diffraction): a user friendly Java program for Rietveld Texture Analysis and more, L. Lutterotti, S. Matthies and H. -R. Wenk, *Proceeding ofthe Twelfth International Conference on Textures of Materials (ICOTOM-12)*, 1999, Vol. 1, p. 1599	Rietveld	是
Quanto	Quanto: a Rietveld program for quantitative phase analysis of polycrystalline mixtures, A. Altomare, M. C. Burla, C. Giacovazzo, A. Guagliardi, A. G. G. Moliterni, G. Polidori and R. Rizzi, *J. Appl. Crystallogr.*, 2001, **34**, 392-397	Rietveld	是
Powder Cell	POWDER CELL: a program for the representation and manipulation of crystal structures and calculation of the resulting X-ray powder patterns. , W. Kraus and G. Nolze, *J. Appl. Crystallogr.*, 1996, **29**, 301-303	Rietveld	是
Rietquan	Quantitative analysis of silicate glass in ceramic materials by the Rietveld method, L. Lutterotti, R. Ceccato, R. Dal Maschio and E. Pagani, *Mater. Sci. Forum.*, 1998, **278-281**, 93-98	Rietveld	是
RIQAS	RIQAS, Materials Data, Inc. , 1224 Concannon Blvd. , Livermore, CA 94550, USA	Rietveld	
Rockjock	User guide to RockJock: a program for determining quantitative mineralogy from X-ray diffraction data, D. D. Eberl, USGS Open File Report OF 03-78, (2003) 40p 和 Quantitative mineralogy of the Yukon River system: Changes with reach and season, and determining sediment provenance, D. D. Eberl, *Am. Mineral.*, 2004, **89**(11-12), 1784-1794	全谱拟合并使用红锌矿做内标	是

软件	参考信息	方法	是否免费
Siroquant	Computer Programs for Standardless Quantitative Analysis of Minerals Using the Full Powder Diffraction Proile, J. C. Taylor, *Powder Diffr.*, 1991, **6**, 2-9	Rietveld	
Topas	TOPAS V3: General proile and structure analysis software for powder diffraction data. User's Manual, (2005) Bruker AXS, Karlsruhe, Germany	Rietveld	

17.3.26 粉末谱图计算

虽然大多数 Rietveld 软件是可以计算粉末谱图的，但是专用软件会更方便一些。Powder Cell 就是一个面向粉末谱图计算的优秀程序。不过，如果想精确计算基于非管式 X 射线波长的谱图，建议考虑 Poudrix 软件（参见表17.31）。

表 17.31　现有粉末谱图计算软件（也可参考 Rietveld 结构精修软件清单）

软件	参考信息	支持的结构文件格式
Lazy Pulverix	LAZY PULVERIX: a computer program, for calculating X-ray and neutron diffraction powder patterns, K. Yvon, W. Jeitschko and E. Parthé, *J. Appl. Crystallogr.*, 1977, **10**, 73-74	Lazy Pulverix
Lazy Pulverix via the ICSD web interface	LAZY PULVERIX: a computer program, for calculating X-ray and neutron diffraction powder patterns, K. Yvon, W. Jeitschko and E. Parthé, *J. Appl. Crystallogr.*, 1977, **10**, 73-74 和 ICSD for WWW, Inorganic Crystal Structure Database, Hewat, A. (2002). http://icsd.ill.fr/icsd/ 及 http://icsdweb.fiz-karlsruhe.de/	CCSL, CIF, ICSD, Shelx, Lazy Pulverix, Rietveld-ILL, SERC-Cambridge, DBWS, Fullprof, PDB

软件	参考信息	支持的结构文件格式
包含于 WinGX 的 Lazy Pulverix 的 Windows 版本	LAZY PULVERIX：a computer program，for calculating X-ray and neutron diffraction powder patterns，K. Yvon，W. Jeitschko and E. Parthé，*J. Appl. Crystallogr.*，1977，**10**，73-74 和 WinGX suite for small-molecule single-crystal crystallography，L. J. Farrugia，*J. Appl. Crystallogr.*，1999，**32**，837-838	Shelx，CIF，CSD FDAT，CSSR XR
Platon	Single-crystal structure validation with the program PLATON，A. L. Spek，*J. Appl. Crystallogr.*，2003，**36**，7-13	Platon，CIF，Shelx，CSD FDAT，PDB
Windows 版 Powder Cell	POWDER CELL：a program for the representation and manipulation of crystal structures and calculation of the resulting X-ray powder patterns.，W. Kraus and G. Nolze，*J. Appl. Crystallogr.*，1996，**29**，301-303	Powder Cell，Shelx，ICSD（TXT）
Powdis and Powutl/ORTEX Suite	POWDIS and POWUTL-PC programs for the display and simulation of X-ray powder patterns，P. McArdle and D. Cunningham，*J. Appl. Crystallogr.*，1998，**31**，826	Shelx
Windows 版 Poudrix	LMGP-Suite Suite of Programs for the interpretation of X-ray Experiments，J. Laugier and B. Bochu，ENSP/Laboratoire des Matériaux et du Génie Physique，BP 46. 38042 Saint Martin d'Hčres，France	Shelx，Powder Cell，Lazy Pulverix LZY，CIF

17. 3. 27　结构有效性

相比于单晶软件已经集成了基于计算机的结构有效性验证功能而言，粉末衍射软件的发展有些滞后，只能借用单晶软件来补充。Ton Spek 提供的 Platon 软件是检查晶体结构并验证其有效性的最好程序之一，遗憾的是，该软件更适合于有机物和金属有机物。Platon 软件同时提供了 Addsym 功能，可以用于发现缺失的对称要素——建议作为一种强制性检查由粉末衍射数据解析和精修所得结构的方法。另外，Platon 软件也集成了 Erwin Parthe（1928—2006）的 Structure-Tidy 软件，从而简化了有关结构的比较工作，并且使得判断无机聚合物或者金属间化合物的结构是否已经解析完整变得更为容易。其他可以检查几何结构以及分析键价的软件也有现成的（参见表 17.32）。

表 17.32　现有的结构有效性检查软件

软件	参考信息	主要特色/说明
Addsym（with Platon）	MISSYM1.1：a flexible new release，Y. Le Page，*J. Appl. Crystallogr.*，1988，**21**，983-984，Computer derivation of the symmetry elements implied in a structure description，Y. Le Page，*J. Appl. Crystallogr.*，1987，**20**，264-269 和 Single-crystal structure validation with the program PLATON，A. L. Spek，*J. Appl. Crystallogr.*，2003，**36**，7-13	通用晶体结构有效性检查软件的标准，集成了查找解析和精修所得的结构中所缺失的（更高）对称性的 Addsym 软件
Bond Str/Fullprof	Bond Str：distances，angles and bond-valence calculations，J. Rodriguez-Carvajal，Laboratoire Léon Brillouin，Saclay，France，March 2005 和 WinPLOTR：A Windows tool for powder diffraction pattern analysis，T. Roisnel and J. Rodriguez-Carvajal，*EPDIC 7：European Powder Diffraction*，Pts 1 and 2 Materials Science Forum 378-3：118-123，Part 1&2 2001	基于键价计算
Bond Valence Wizard	Program for predicting interatomic distances in crystals by the bond valence method，I. P. Orlov，K. A. Popov and V. S. Urusov，*J. Struct. Chem*，1998，**39**（4），575-579 和 Predicting bond lengths in inorganic crystals，I. D. Brown，*Acta Crystallogr.*，*Sect. B*，1977，**33**，1305-1310	基于键价计算
CHKSYM	CHKSYM：a PC program that checks the symmetry properties of the unit cell and its contents，P. McArdle，P. Daly and D. Cunningham，*J. Appl. Crystallogr.*，2002，**35**，378	检查精修所得结构的对称要素
Crystals	CRYSTALS version 12：software for guided crystal structure analysis，P. W. Betteridge，J. R. Carruthers，R. I. Cooper，K. Prout and D. J. Watkin，*J. Appl. Crystallogr.*，2003，**36**，1487	链接 CCDC Mogul

软件	参考信息	主要特色/说明
dSNAP	dSNAP: a computer program to cluster and classify Cambridge Structural Database searches, G. Barr, W. Dong, C. J. Gilmore, A. Parkin and C. C. Wilson, *J. Appl. Crystallogr.*, 2005, **38**, 833-841	基于 CCDC 的有机物和金属有机物结构数据库检查得到的结构
MISSYM	MISSYM1.1: a flexible new release, Y. Le Page, *J. Appl. Crystallogr.*, 1988, **21**, 983-984 和 Computer derivation of the symmetry elements implied in a structure description, Y. Le Page, *J. Appl. Crystallogr*, 1987, **20**, 264-269	原始算法源自 Y. LePage, Platon 中的 Addsym 工具可实现
Mogul	Retrieval of Crystallographically-Derived Molecular Geometry Information, I. J. Bruno, J. C. Cole, M. Kessler, J. Luo, W. D. S. Motherwell, L. H. Purkis, B. R. Smith, R. Taylor, R. I. Cooper, S. E. Harris and A. G. Orpen, *J. Chem. Inf. Comput. Sci.*, 2004, **44**(6), 2133-2144	基于剑桥数据库验证键长、键角和扭转角的有效性
Ortex	ORTEX2.1: a 1677-atom version of ORTEP with automatic cell outline and cell packing for use on a PC, P. McArdle, *J. Appl. Crystallogr.*, 1994, **27**, 438-439	内含空隙搜索
softBV	Relationship between bond valence and bond softness of alkali halides and chalcogenides, St. Adams, *Acta Crystallogr, Sect. B*, 2001, **57**, 278-287	基于网页输入 Shelx 文件和 CIF 文件的键价计算
SVDdiagnostic	SVDdiagnostic: a program to diagnose numerical conditioning of Rietveld refinements, P. H. J. Mercier, Y. Le Page, P. S. Whitield and L. D. Mitchell, *J. Appl. Crystallogr.*, 2006, **39**, 458-465	诊断出错的 Rietveld 精修
Valence	VALENCE: a program for calculating bond valences, I. D. Brown, *J. Appl. Crystallogr.*, 1996, **29**, 479-480	基于键价参数
VaList	VaList, A. S. Wills and I. D. Brown, CEA, France, 1999, Program available from ftp://ftp.ill.fr/pub/dif/valist/	基于键价计算

软件	参考信息	主要特色/说明
WinGX	WinGX suite for small-molecule single-crystal crystallography, L. J. Farrugia, *J. Appl. Crystallogr.*, 1999, **32**, 837-838	集成或者联用包括 Platon 在内的许多不同的有效性验证软件

17.3.28 晶体结构可视化——贯穿结构解析与精修过程

除 Fullprof Suite、MAUD 和 BRASS 软件的新版本以外，与现代单晶软件包不同，大多数 Rietveld 软件无法以实时显示结构图的方式图形化描述精修的进展。因此，使用独立的结构浏览程序会有所裨益。在现有的这类软件中，Windows 版本的 ORTEP-Ⅲ由于支持包括 GSAS 在内的各种晶体结构文件格式（参见表 17.33）而成为有力的工具。

表 17.33　用于在结构解析和精修过程中可视化晶体结构的软件

软件	参考信息	支持的结构文件格式
Gretep	LMGP-Suite Suite of Programs for the interpretation of X-ray Experiments, J. Laugier and B. Bochu, ENSP/Laboratoire des Matériaux et du Génie Physique, BP 46. 38042 Saint Martin d'Hčres, France	Poudrix, Shelx, Lazy Pulvarix, Powder Cell, CIF
Windows 版 ORTEP-Ⅲ	Windows 版 ORTEP-Ⅲ: a version of ORTEP-Ⅲ with a Graphical User Interface (GUI), L. J. Farrugia, *J. Appl. Crystallogr.*, 1997, **30**, 565	Shelx, CIF, GX, SPF/Platon, ORTEP, CSD/CCDC FDAT, CSSR XR, Crystals, GSAS, Sybol MOL/MOL2, MDL MOL, XYZ file, Brookhaven PDB, Rietica-LHPM, Fullprof
Platon	Single-crystal structure validation with the program PLATON, A. L. Spek, *J. Appl. Crystallogr.*, 2003, **36**, 7-13 和 A. L. Spek, (1998) PLATON, A Multipurpose Crystallographic Tool, Utrecht University, Utrecht, The Netherlands	CIF, Shelx, PDB, Platon SPF
Powder Cell	POWDER CELL: a program for the representation and manipulation of crystal structures and calculation of the resulting X-ray powder patterns, W. Kraus and G. Nolze, *J. Appl. Crystallogr.*, 1996, **29**, 301-303	Powder Cell, Shelx, ICSD TXT

17.3.29 晶体结构的可视化和照片级仿真渲染

绝大多数商业化的显示晶体结构的软件的功能是"只有用户想不到的，没有软件做不到的"。不过，对于共享软件，要做到这一点就必须联用好几个软件才行（例如，一个软件提供带注释的球棍模型，另一个则给出多面体示意图）。大多数显示结构的软件都能够输入 CIF 文件。画完图后，建议最好检查下键长和键角的结果，并且使用其他软件输出的结果来交叉验证本结构示意图的正确性。这种做法对于以多面体模式显示结构的软件更为重要。在这种模式下，某些潜在的错误仅仅与其他软件（参见表 17.34）生成的同样晶体结构的示意图做了对比后才能被发现。

表 17.34 现有晶体结构的可视化与照片级仿真渲染的软件

软件	参考信息	球棍模型	ADPs/ORTEPs	多面体模型	磁结构	共享
ATOMS	ATOMS, Shape Software, 521 Hidden Valley Road, Kingsport TN 37663 USA, http://www. shapesoftware. com/	有	有	有	有	
Balls and Sticks	Balls&Sticks: easy-to-use structure visualization and animation program, T. C. Ozawa and S. J. Kang, *J. Appl. Crystallogr.* ,2004,**37**,679	有		有		是
BALSAC	BALSAC software by K. Hermann, Fritz-Haber-Institut der MPG, Berlin（C）Copyright 1991-2004 Klaus Hermann. All Rights Reserved	有				是
Cameron	CAMERON, D. J. Watkin, C. K. Prout and L. J. Pearce,1996, Chemical Crystallography Laboratory, Oxford, UK	有	有			是
Carine	CaRIne Crystallography（c）C. Boudias and D. Monceau, 1989-2004: The crystallographic software for research and teaching − 3D Modeling: Unit cells, Crystals, Surfaces, Interfaces − Simulation and analysis: X-Ray diffraction patterns, Stereographic projections, Reciprocal lattices. http://pro. wanadoo. fr/carine. crystallography/	有		有		

软件	参考信息	球棍模型	ADPs/ORTEPs	多面体模型	磁结构	共享
Crystallographica	Crystallographica：a software toolkit for crystallography，*J. Appl. Crystallogr.*，1997，**30**，418-419	有	有	有		
Crystal Maker	CrystalMaker 6 for Mac OS X. CrystalMaker Software Ltd.，5 Begbroke Science Park，Sandy Lane，Yarnton，OX5 1PF，UK	有		有	有	
Crystal Studio	Crystal Studio-Crystallography Software Package，(C) 1999-2005，Crystal Systems Co.，Ltd.，(C) 1999-2005，Crystal Systems Co.，Ltd.，(www. crystalsoftcorp. com)，PO Box 7006，Wattle Park，VIC 3128，Australia	有	有	有		
CrystMol	CrystMol，6209 Litchield Lane，Kalamazoo，MI，49009-9159，US	有	有			
Diamond	Diamond－Crystal and Molecular Structure Visualization Crystal Impact－K. Brandenburg and H. Putz GbR，Postfach 1251，D-53002 Bonn	有	有	有		
DrawXTL	DrawXTL：an open-source computer program to produce crystal structure drawings，L. W. Finger，M. Kroeker and B. H. Toby，*J. Appl. Crystallogr.*，2007，**40**，188-192	有	有	有	有	是
FpStudio	FpStudio，L. C. Chapon and J. Rodriguez-Carvajal，Rutherford Appleton Laboratory，UK and Laboratoire Léon Brillouin，Saclay，France，March 2005	有	有		有	是

软件	参考信息	球棍模型	ADPs/ORTEPs	多面体模型	磁结构	共享
GRETEP	LMGP-Suite Suite of Programs for the interpretation of X-ray Experiments, J. Laugier and B. Bochu, ENSP/Laboratoire des Matériaux et du Génie Physique, BP 46. 38042 Saint Martin d'Hčres, France	有	有			是
Mercury	New software for searching the Cambridge Structural Database and visualising crystal structures, I. J. Bruno, J. C. Cole, P. R. Edgington, M. K. Kessler, C. F. Macrae, P. McCabe, J. Pearson and R. Taylor, *Acta Crystallogr.*, *Sect. B*, 2002, **58**, 389-397	有	有			是
MolXtl	MolXtl: molecular graphics for small-molecule crystallography, D. W. Bennett, *J. Appl. Crystallogr.*, 2004, **37**, 1038	有				是
OLEX	OLEX: new software for visualization and analysis of extended crystal structures, O. V. Dolomanov, A. J. Blakem, N. R. Champness and M. Schröder, *J. Appl. Crystallogr.*, 2003, **36**, 1283-1284	有				是
ORTEP-Ⅲ	M. N. Burnett and C. K. Johnson, ORTEP-Ⅲ: Oak Ridge Thermal Ellipsoid Plot Program for Crystal Structure Illustrations, Oak Ridge National Laboratory Report ORNL-6895, 1996	有	有			是
Windows 版 ORTEP-Ⅲ	Windows 版 ORTEP-Ⅲ: a version of ORTEP-Ⅲ with a Graphical User Interface (GUI), L. J. Farrugia, *J. Appl. Crystallogr.*, 1997, **30**, 565	有	有			是

软件	参考信息	球棍模型	ADPs/ORTEPs	多面体模型	磁结构	共享
ORTEX/Oscail X	ORTEX2.1: a 1677-atom version of ORTEP with automatic cell outline and cell packing for use on a PC, P. McArdle, *J. Appl. Crystallogr.*, 1994, **27**, 438-439 和 "A method for the prediction of the crystal structure of ionic organic compounds? The crystal structures of o-toluidinium chloride and bromide and polymorphism of bicifadine hydrochloride", P. McArdle, K. Gilligan, D. Cunningham, R. Dark and M. Mahon, *CrystEngComm*, 2004, **6**, 303	有	有			是
Platon/Pluton	Single-crystal structure validation with the program PLATON, A. L. Spek, *J. Appl. Crystallogr.*, 2003, **36**, 7-13 and A. L. Spek, 1998, PLATON, A Multipurpose Crystallographic Tool, Utrecht University, Utrecht, The Netherlands	有	有			是
Powder Cell	POWDER CELL: a program for the representation and manipulation of crystal structures and calculation of the resulting X-ray powder patterns., W. Kraus and G. Nolze, *J. Appl. Crystallogr.*, 1996, **29**, 301-303	有				是
PRJMS	"Structure factor of modulated crystal structures" by A. Yamamoto, *Acta Crystallogr. Sect. A*, 1982, **38**, 87-92	有				是
Schakal	"SCHAKAL 99: a computer program for the graphic representation of molecular and sold state structure models", E. Keller, Universitaet Freiburg, Germany, 1999	有	有			是

软件	参考信息	球棍模型	ADPs/ORTEPs	多面体模型	磁结构	共享
Struplo	STRUPLO 2003：a new program for crystal structure drawing, R. X. Fischer and T. Messner, Ber. DMG, Beih. z. *Eur. J. Mineral.*, 2003, **15**（1）,54	有	有	有		是
Windows 版 Struplo	STRUPLO84：a Fortran plot program for crystal structure illustrations in polyhedral representation, R. X. Fischer, *J. Appl. Crystallogr.*, 1985, **18**, 258-262; VRML as a tool for exploring complex structures, A. Le Bail, *Acta Crystallogr.*, Sect. A, 1996, **52**, suppl. C78 和 WinGX suite for small-molecule single-crystal crystallography, L. J. Farrugia, *J. Appl. Crystallogr.*, 1999, **32**, 837-838			有		是
Struvir	VRML as a tool for exploring complex structures, A. Le Bail, *Acta Crystallogr.*, Sect. A, 1996, **52**, suppl. C78 和 STRUPLO84, a Fortran plot program for crystal structure illustrations in polyhedral representation, R. X. Fischer, *J. Appl. Crystallogr.*, 1985, **18**, 258-262			有		是
Venus（包括 PRIMA）	Structure refinement based on the maximum-entropy method from powder diffraction data, F. Izumi and R. A. Dilanian, in *Recent Research Developments in Physics*, Transworld Research Network, Trivandrum, 2002, Vol. 3, Part Ⅱ, pp. 699-726 和 Beyond the ability of Rietveld analysis：MEM-based pattern fitting, F. Izumi, *Solid State Ionics*, 2004, **172**, 1-6	有	有	有	有	是

软件	参考信息	球棍模型	ADPs/ORTEPs	多面体模型	磁结构	共享
XmLmctep	LMCTEP: a software for crystal structure representation, A. Soyer, *J. Appl. Crystallogr.*, 1993, **26**, 495	有	有			是
X-Seed	X-Seed: a software tool for supramolecular crystallography, L. J. Barbour, *J. Supramol. Chem.*, 2001, **1**, 189. 和 Molecular graphics: from science to art, J. L. Atwood and L. J. Barbour, *Cryst. Growth Des.* 2003, **3**, 3	有	有			
Xtal-3D	Databases linked to electronic publications, A. Hewat, *Acta Crystallogr. Sect. A*, 2002, **58**, (Supplement), C216	有	有	有	有	是
XtalDraw	The American Mineralogist Crystal Structure Database. R. T. Downs and M. Hall Wallace, *Am. Mineral.*, 2003, **88**, 247-250	有	有	有		是

17.3.30 辅助资源

表 17.35 列出了一些有用的资源，涵盖了基于因特网的论坛清单、招聘、指南和教程。

表 17.35　因特网上可用于粉末衍射的辅助资源

软件	概述（网页链接参见本章附录）
CCP14 (Collaborative Computational Project Number 14 for Single Crystal and Powder Diffraction)	查阅现有晶体学软件的首选站点之一；提供了单晶和粉末衍射晶体学软件的链接和镜像网站；同时包含了某些软件的教程以及现有软件清单
晶体学 Nexus 光盘，面向无上网条件的晶体学者	免费的光盘，包含了因特网上可获取的各种单晶和粉末衍射软件及其相应的资源，主要面向发展中国家的学者与学生

软件	概述（网页链接参见本章附录）
谷歌搜索引擎	当前以相关命中率作为衡量标准的最好的因特网搜索引擎（注意不要使自己提供的科学方面的关键词与更主流的非科学方面的词语互相关联）
因特网教程：Powder Diffraction Course	教导从粉末衍射基础到 Rietveld 精修的因特网教程
因特网教程：Quantitatively Determine the Crystallographic Texture of materials	教导利用织构法来分析材料的因特网教程
因特网教程：Structure Determination by Powder Diffractometry（SDPD）	教导从粉末衍射数据解析晶体结构的因特网教程
IUCr（International Union of Crystallography）	晶体学者（包括粉末衍射学者）的主要团体组织
IUCr Commission on Powder Diffraction Newsletter	免费的有关粉末衍射的新闻通讯，有在线版和印刷版，一般每期一个主题，同时也提供具有普适性的公告和有意义的文章
IUCr Commission on Crystallographic Computing Newsletter	免费的在线新闻通讯，面向致力于（或者即将从事）开发晶体学软件以及热衷于了解现有晶体学软件正在发展项目的人员
IUCr Sincris Crystallographic Software Library	提供软件链接，所涉及的晶体学相关的软件非常广泛（不仅是单晶和粉末衍射领域）
IUCr Crystallography World Wide Educational Resources	提供各种晶体学教学资源的门户
IUCr Crystallography World Wide Employment Resources	查询晶体学相关招聘信息的首选站点
Kcristal：提供粉末衍射软件的 Linux 版本及终端并可免费下载的光盘文件	免费提供 Linux 版本的单晶和粉末晶体学软件的光盘，所含晶体学程序以及 DOS/Windows 转向 Linux 的终端软件的多样性超乎想象，参考文献：Kcristal：Linux 'live CD' for powder crystallography, V. H. S. Utuni, A. V. C. Andrade, H. P. S. Correa and C. O. Paiva-Santos, *J. Appl. Crystallogr.*, 2005, **38**, 706-707

557

软件	概述（网页链接参见本章附录）
Rietveld Users Mailing List	既可以学习现有 Rietveld 软件、相关成果以及各种问题的解答，又可以见识有关晶体学论题的切磋过程
Sci. techniques. xtallography Internet newsgroup	面向一般晶体学领域，内含粉末衍射。虽然影响很小，但是不失为一个查看软件发布、工作聘任和公开的问题软件的好地方
SDPD（Structure Determination by Powder Diffractometry）mailing list	提供结构解析建议和要点以及软件的发布、更新和工作聘任的优秀站点
Armel Le Bail 提供的粉末衍射数据解析结构的策略	提供来自世界级专家和粉末衍射数据解析结构的领头人之一的建议和示例

附录 C　本章所述软件和资源的网址

Absen：http://www. nuigalway. ie/cryst/software. htm

ADM-connect：http://www. RMSKempten. de/

　　http://freenet-homepage. de/RMSKempten /admvbal. html

Addsym：包含于 Platon 中

American Mineralogist Crystal Structure Database：

　　http://www. geo. arizona. edu/AMS/

ARITVE：http://sdpd. univ-lemans. fr/aritve. html

ATOMS：http://www. shapesoftware. com/

AUTOX：包含于 VMRIA 中，后者网址为

　　http://www. ccp14. ac. uk/ccp/web-mirrors/vmria/

AXES：http://www. physic. ut. ee/ ~ hugo/axes/

BABEL：参见 OpenBabel

Balls and Sticks：http://www. toycrate. org/

BALSAC：http://www. fhi-berlin. mpg. de/ ~ hermann/Balsac/

BGMN：http://www. bgmn. de/

BEARTEX：http://eps. berkeley. edu/ ~ wenk/TexturePage/beartex. htm

Bede Search/Match：http://www. bede. co. uk/

Bilbao Crystallographic Server：http://www. cryst. ehu. es/

Bond Str：包含于 Fullprof Suite 中

Bond Valence Wizard：http://orlov. ch/bondval/

BRASS：http://www. brass. uni-bremen. de/

BREADTH：http://www. du. edu/ ~ balzar/breadth. htm

Cameron：包含于 Crystals 和 WinGX 中

CAOS：包含于 Sir2004 中，属于独立程序，http://www. ic. cnr. it/caos/

Carine：http://pros. orange. fr/carine. crystallography/

CCDC/Cambridge Structure Database：http://www. ccdc. cam. ac. uk/

CCP14 (Collaborative Computational Project Number 14 for Single Crystal and Powder Diffraction) ：http://www. ccp14. ac. uk/

cctbx-sgtbx Explore symmetry：http://cci. lbl. gov/cctbx/explore_symmetry. html

CDS (EPSRC funded Chemical Database Service)：http://cds. dl. ac. uk/

Celref：http://www. ccp14. ac. uk/tutorial/lmgp/#celref
http://www. ccp14. ac. uk/ccp/web-mirrors/lmgp-laugier-bochu/

Chekcell：http://www. ccp14. ac. uk/tutorial/lmgp/#chekcell
http://www. ccp14. ac. uk/ccp/web-mirrors/lmgp-laugier-bochu/

CHKSYM：http://www. nuigalway. ie/cryst/software. htm

CMPR & Portable LOGIC：http://www. ncnr. nist. gov/xtal/software/cmpr/

CMWP-fit：http://www. renyi. hu/cmwp

COD (Crystallography Open Database)：http://www. crystallography. net/

ConTEXT：http://www. context. cx/

ConvX：http://www. ccp14. ac. uk/ccp/web-mirrors/convx/

Crisp：http://xtal. sourceforge. net/

Crunch：http://www. bfsc. leidenuniv. nl/software/crunch/

Cryscon：http://www. shapesoftware. com/

Crysfire：http://www. ccp14. ac. uk/tutorial/crys/
http://www. ccp14. ac. uk/ccp/web-mirrors/crys-r-shirley/

Crystallographic Nexus CD-ROM for crystallographers isolated from the Internet：
http://lachlan. bluehaze. com. au/stxnews/nexus/

Crystal Maker：http://www. crystalmaker. co. uk/

Crystals：http://www. xtl. ox. ac. uk/

Crystal Studio：http://www. crystalsoftcorp. com/CrystalStudio/

CRYSTMET：http://www. tothcanada. com/

Crystallographica and Crystallographica Search-Match：
http://www. crystallographica. co. uk/

CrystMol：http://www. crystmol. com/

DANSE：http://wiki. cacr. caltech. edu/danse/index. php/Main_Page

Dash：http://www. ccdc. cam. ac. uk/products/powder_diffraction/dash/

Datasqueeze：http://www. datasqueezesoftware. com/

DBWS：http://www. physics. gatech. edu/downloads/young/DBWS. html

DEBVIN：http://users. uniud. it/bruckner/debvin. html

DERB 和 DERFFT：http://www. ccp14. ac. uk/ccp/web-mirrors/derb-derfft/

DDM：http://icct. krasn. ru/eng/content/persons/Sol_LA/ddm. html

Diamond：http://www. crystalimpact. com/

Dicvol 91：可访问网址很多，包括 http://sdpd. univ-lemans. fr/ftp/dicvol91. zip

Dicvol 2004：http://www. ccp14. ac. uk/ccp/web-mirrors/dicvol/

Dicvol 2006：http://www. ccp14. ac. uk/ccp/web-mirrors/dicvol/

DIFFaX + :需联系 Matteo Leoni（matteo. leoni@ unitn. it）

DIFFRAC^{plus} SEARCH：http://www. bruker-axs. de/

Dirdif：http://www. xtal. science. ru. nl/documents/software/dirdif. html

DISCUS：http://www. uni-wuerzburg. de/mineralogie/crystal/discus/
　　ftp://ftp. lanl. gov/public/tproffen/

DPLOT：http://www. dplot. com/

DrawXTL：http://www. lwfinger. net/drawxtl/

DRXWin：http://icmuv. uv. es/drxwin/

dSNAP：http://www. chem. gla. ac. uk/snap/

DS*SYSTEM：http://www. ccp14. ac. uk/ccp/web-mirrors/okada/

Eflect/Index：http://www. bgmn. de/related. html

Endeavour：http://www. crystalimpact. com/endeavour/

Eracel：http://sdpd. univ-lemans. fr/ftp/eracel. zip

Explore symmetry:参见 cctbx

EXPGUI：http://www. ncnr. nist. gov/programs/crystallography/software/expgui/

EXPO/EXPO2004：http://www. ic. cnr. it/

EXTRACT：http://www. crystal. mat. ethz. ch/Software/XRS82/

Extsym：http://www. markvardsen. net/projects/ExtSym/main. html

FIT2D：http://www. esrf. fr/computing/scientific/FIT2D/

Fjzn：http://www. ccp14. ac. uk/tutorial/crys/
　　http://www. ccp14. ac. uk/ccp/web-mirrors/crys-r-shirley/

Fityk：http://www. unipress. waw. pl/fityk/

Focus：http://olivine. ethz. ch/LFK/software/和 http://cci. lbl. gov/Brwgk/focus/

FOUE：http://www. ccp14. ac. uk/ccp/web-mirrors/scott-belmonte-software/foue/

Fourier3D：http：//www. cryst. chem. uu. nl/tooke/fourier3d/

Fox：http：//objcryst. sourceforge. net/Fox/

FpStudio：包含于 Fullprof Suite 中

Fullpat：http：//www. ccp14. ac. uk/ccp/web-mirrors/fullpat/

Fullprof Suite：http：//www. ill. fr/dif/Soft/fp/

GeneFP：http：//crystallography. zhenjie. googlepages. com/GeneFP. html

GEST：http：//crystallography. zhenjie. googlepages. com/GEST. html

GETSPEC：http：//www. ccp14. ac. uk/ccp/web-mirrors/i_d_brown/getspec/（参见
   Windows 版 Wgetspec 软件）

Gfourier：包含于 Fullprof Suite 中，属于独立程序，http：//www. ill. fr/dif/Soft/fp/

Google Search Engine：http：//www. google. com/

Gretep：http：//www. ccp14. ac. uk/tutorial/lmgp/#gretep
   http：//www. ccp14. ac. uk/ccp/web-mirrors/lmgp-laugier-bochu/

GRINSP：http：//sdpd. univ-lemans. fr/grinsp/和 http：//www. cristal. org/grinsp/

GSAS：http：//www. ncnr. nist. gov/xtal/software/downloads. html
   http：//www. ccp14. ac. uk/solution/gsas/
   http：//www. ccp14. ac. uk/ccp/ccp14/ftp-mirror/gsas/public/gsas/

Hydrogen/CalcOH：
   http：//www. ccp14. ac. uk/ccp/ccp14/ftp-mirror/nardelli/pub/nardelli/，其 GUI
   版本包含于 WinGX 中

Hypertext Book of Crystallographic Space Group Diagrams and Tables：
   http：//img. chem. ucl. ac. uk/sgp/

ICDD Powder Diffraction Files on CD-ROM：http：//www. icdd. com/

IC-POWLS：需联系 Winfried Kockelmann （W. Kockelmann@ rl. ac. uk）

ICSD （Inorganic Crystal Structure Database）：
   http：//www. fiz-informationsdienste. de/en/DB/icsd/和 http：//icsd. ill. fr/

Incommensurate phases database：http：//www. mapr. ucl. ac. be/ ~ crystal/

International Tables vol A.：http：//it. iucr. org/

因特网教程：Powder Diffraction Course：
   http：//pd. chem. ucl. ac. uk/pd/welcome. htm

因特网教程：Quantitatively Determine the Crystallographic Texture of materials：
   http：//www. ecole. ensicaen. fr/ ~ chateign/qta/

ISOTROPY：http：//stokes. byu. edu/isotropy. html

Ito：可访问网址很多，其中包括 http：//sdpd. univ-lemans. fr/ftp/ito13. zip

IUCr （International Union of Crystallography）：http：//www. iucr. org/

IUCr Commission on Crystallographic Computing Newsletter：

　http：//www. iucr. org/iucr-top/comm/ccom/newsletters/

IUCr Commission on Powder Diffraction Newsletter：

　http：//www. iucr. org/iucr-top/comm/cpd/html/newsletter. html

　http：//www. iucr-cpd. org/Newsletters. htm

IUCr Sincris Crystallographic Software Library：http：//www. iucr. org/sincris-top/

IUCr Crystallography World Wide Educational Resources：

　http：//www. iucr. org/cww-top/edu. index. html

IUCr Crystallography World Wide Employment Resources：

　http：//www. iucr. org/cww-top/job. index. html

Jade：http：//www. materialsdata. com/products. htm

Jana：http：//www-xray. fzu. cz/jana/Jana2000/jana. html

　　ftp：//ftp. fzu. cz/pub/cryst/jana2000/

Kcristal－Linux versions and ports of powder diffraction software on free downloadable

　CD. ：http：//labcacc. iq. unesp. br/kcristal/

Koalariet：不再更新，http：//www. ccp14. ac. uk/ccp/web-mirrors/xfit-koalariet/，其

　继承者就是现在的 Rietveld 软件 Topas

Kohl/TMO：http：//www. ccp14. ac. uk/ccp/web-mirrors/kohl-tmo/

LABOTEX：http：//www. labosoft. com. pl/

LAMA Incommensurate Structures Database：http：//www. cryst. ehu. es/icsdb/

LAPOD：http：//www. ccp14. ac. uk/ccp/web-mirrors/lapod-langford/

LAPODS：http：//www. ccp14. ac. uk/ccp/web-mirrors/powderx/lapod/

Lazy Pulverix：Erwin Parthe（1928-2006）。该软件也包含于各种程序中，其中就

　有 WinGX 和 ICSD for Web

LinGX：http：//www. xtal. rwth-aachen. de/LinGX/

Lzon：http：//www. ccp14. ac. uk/tutorial/crys/

　http：//www. ccp14. ac. uk/ccp/web-mirrors/crys-r-shirley/

MacDiff：http：//servermac. geologie. uni-frankfurt. de/Staff/Homepages/Petschick/

　RainerE. html

MacPDF：http：//www. esm-software. com/macpdf/

MATCH！：http：//www. crystalimpact. com/match/

MAUD：http：//www. ing. unitn. it/～maud/

MCE-Marching Cubes：http：//www. vscht. cz/min/mce

MCGRtof：需联系 Matt Tucker，E-mail：m. g. tucker@ rl. ac. uk

McMaille：http：//sdpd. univ-lemans. fr/McMaille/

MDI DataScan：http://www. materialsdata. com/ds. htm

Mercury：http://www. ccdc. cam. ac. uk/products/mercury/

MINCRYST：http://database. iem. ac. ru/mincryst/

Mogul：http://www. ccdc. cam. ac. uk/products/csd_system/mogul/

MolXtl：http://www. uwm. edu/Dept/Chemistry/molxtl/

Momo：http://www. chemie. uni-frankfurt. de/egert/html/momo. html

MS Excel：http://office. microsoft. com/

MudMaster：ftp://brrcrftp. cr. usgs. gov/pub/ddeberl/MudMaster/

MXD（MiXeD crystallographic executive for diffraction）：http://cristallo. grenoble.
    cnrs. fr/LDC /PRODUC_SCIENTIFIQUE/Programme_Wolfers/ProgCristallo. html

Missym：包含于 NRCVax 中，Platon 中也含有另外一个改进版，名为 Addsym

Nickel - Nichols Mineral Database：http://www. materialsdata. com/MINERALS. htm

NIH-Image：http://rsb. info. nih. gov/nih-image/

NRCVax：需联系 Peter White，E-mail：pwhite@ unc. edu

OLEX：http://www. ccp14. ac. uk/ccp/web-mirrors/lcells/

OpenBabel：http://openbabel. sourceforge. net/

OpenDX：http://www. opendx. org/

OpenGenie：http://www. isis. rl. ac. uk/OpenGENIE/

Organa：需联系 René Peschar，E-mail：rene@ science. uva. nl

ORTEP-Ⅲ：http://www. ornl. gov/ortep/ortep. html

ORTEP-Ⅲ的 Windows 版本：http://www. chem. gla. ac. uk/ ~louis/software/

ORTEX/Oscail-X：http://www. nuigalway. ie/cryst/software. htm

Overlap：http://sdpd. univ-lemans. fr/ftp/overlap. zip

Patsee：http://www. chemie. uni-frankfurt. de/egert/html/patsee. html

Pauling File：http://www. asminternational. org/

PC-1710 的 Windows 版本/PC-1800 的 Windows 版本：
    http://www. clw. csiro. au/services/mineral/products. html

PDB（Protein Data Bank）：http://www. rcsb. org/pdb/

PDFFIT：http://sourceforge. net/projects/discus/

PDFFIT2/PDFgui：http://www. diffpy. org

PDFgetN：http://sourceforge. net/projects/pdfgetn/

PDFgetX2：http://www. pa. msu. edu/cmp/billinge-group/programs/PDFgetX2/

PDFgui：http://www. diffpy. org

PFE：http://www. ccp14. ac. uk/ccp/web-mirrors/pfe/people/cpaap/pfe/

PFLS：http://www. crl. nitech. ac. jp/ ~toraya/software/

Platon/System S：http：//www. cryst. chem. uu. nl/platon/

    UNIX：ftp：//xraysoft. chem. uu. nl/pub/

    Win：http：//www. chem. gla. ac. uk/ ~ louis/software/

Platon/Fourier3D：参见 Fourier3D

Pluton：包含于 Platon 中,一些独立运行的版本也可以在其他软件中找到

POFINT：http：//www. ecole. ensicaen. fr/ ~ chateign/qta/pofint/

PopLA：http：//www. lanl. gov/orgs/mst/cms/poplalapp. html

Poudrix 的 Windows 版本：http：//www. ccp14. ac. uk/tutorial/lmgp/#gretep

    http：//www. ccp14. ac. uk/ccp/web-mirrors/lmgp-laugier-bochu/

Powder3D：http：//www. fkf. mpg. de/xray/html/powder3d. html

Powder Cell：http：//www. ccp14. ac. uk/ccp/web-mirrors/powdcell/a_v/v_1/pow-

    der/e_cell. html 和 ftp：//ftp. bam. de/Powder_Cell/

Powder Solve：http：//www. accelrys. com/products/cerius2/

Powder v4：http：//www. ccp14. ac. uk/ccp/web-mirrors/ndragoe/html/software. html

PowderX：http：//www. ccp14. ac. uk/ccp/web-mirrors/powderx/Powder/

Powdis 与 Powutl：http：//www. nuigalway. ie/cryst/software. htm

PowDLL：http：//users. uoi. gr/nkourkou/

POWF：http：//www. crystal. vt. edu/crystal/powf. html

PREMOS：http：//quasi. nims. go. jp/yamamoto/

PRIMA：参见 VENUS

PRODD：http：//www. ccp14. ac. uk/ccp/web-mirrors/prodd/ ~ jpw22/

Profil：http：//img. chem. ucl. ac. uk/www/cockcroft/profil. htm

    ftp：//img. cryst. bbk. ac. uk/

PRO-FIT：http：//www. crl. nitech. ac. jp/ ~ toraya/software/

Pulwin：http：//users. uniud. it/bruckner/pulwin. html

PW1050：需联系 Juergen Kopf 教授,E-mail：kopf@ xray. chemie. uni-hamburg. de,

    http：//aclinux1. chemie. uni-hamburg. de/ ~ xray/

Quanto：http：//www. ic. cnr. it/

RAD：http：//www. pa. msu. edu/ ~ petkov/software. html

RayfleX：http：//www. geinspectiontechnologies. com/

Refcel：http：//img. chem. ucl. ac. uk/www/cockcroft/profil. htm

    ftp：//img. cryst. bbk. ac. uk/

Riet7/SR5/LHPM：ftp：//ftp. minerals. csiro. au/pub/xtallography/sr5/

    http：//www. ccp14. ac. uk/ccp/ccp14/ftp-mirror/csirominerals-anon-ftp/pub/

    xtallography/sr5/

RIETAN：http://homepage. mac. com/fujioizumi/rietan/angle _ dispersive/angle _
    dispersive. html

Rietica：http://www. rietica. org/

Rietquan：http://www. ing. unitn. it/ ~ luttero/

Rietveld Users Mailing List：
    http://lachlan. bluehaze. com. au/stxnews/riet/welcome. htm

RIQAS：http://www. materialsdata. com/ri. htm

RMC：参见 ISIS 网站：http://www. isis. rl. ac. uk/

RMC + +：http://www. szfki. hu/ ~ nphys/rmc + +/opening. html

RMCAW95：http://sdpd. univ-lemans. fr/glasses/rmca/rmcaw95. html

RMCPOW：参见 ISIS 网站：http://www. isis. rl. ac. uk/

RMCprofile：需联系 Matt Tucker，E-mail：m. g. tucker@ rl. ac. uk

Rockjock：ftp://brrcrftp. cr. usgs. gov/pub/ddeberl/RockJock/

PRJMS：http://quasi. nims. go. jp/yamamoto/

Ruby：http://www. materialsdata. com/products. htm

SARAh：http://www. chem. ucl. ac. uk/people/wills/
    ftp://ftp. ill. fr/pub/dif/sarah/

Schakal：http://www. krist. uni-freiburg. de/ki/Mitarbeiter/Keller/

Sci. techniques. xtallography Internet newsgroup：news：sci. techniques. xtallography；
    其主页：http://lachlan. bluehaze. com. au/stxnews/stx/welcome. htm

SDPD（Structure Determination by Powder Diffractometry）邮件列表：
    http://www. cristal. org/sdpd/

SGInfo：http://cci. lbl. gov/sginfo/

sgtbx Explore symmetry：参见 cctbx

SHADOW：各个老版本散见于网上，其中包括 http://www. ccp14. ac. uk/ccp/
    ccp14/ftp-mirror/snyder/SOURCE/SHADOW/和 http://www. du. edu/ ~ balzar/
    breadth. htm。商业版本由 Materials Data 公司负责销售：http://www. materials-
    data. com/

Shake'n'Bake（SnB）：http://www. hwi. buffalo. edu/SnB/

ShakePSD：http://www. ccp14. ac. uk/ccp/web-mirrors/okada/

Shelxl97/Shelxs86/Shelxs97/ShelxD：http://shelx. uni-ac. gwdg. de/SHELX/

Simref：http://www. uni-tuebingen. de/uni/pki/simref/simref. html

SimPA：
    http://www. science. uottawa. ca/phy/eng/profs/desgreniers/SImPA/simpa. htm

Simpro：http://www. uni-tuebingen. de/uni/pki/simref/simpro. html

Sir92/Sir97/Sir2004/CAOS：http：//www. ic. cnr. it/

Siroquant：http：//www. sietronics. com. au/products/siroquant/sq. htm

SIeve：http：//www. icdd. com/

SoftBV：http：//kristall. uni-mki. gwdg. de/softbv/

Space Group Explorer：http：//www. calidris-em. com/archive. htm

Space Group Info：包含于 Fullprof Suite 中

SPEC：http：//www. certif. com/

STEREOPOLE：http：//www. if. tugraz. at/amd/stereopole/

Strategies in Structure Determination from Powder Data by A. Le Bail：
  http：//sdpd. univ-lemans. fr/iniref/tutorial/indexa. html

Structure Tidy：Erwin Parthe（1928-2006）。该软件也包含于 Platon 中。

Struplo：现在的最新版本包含于 Rietveld 软件包 BRASS 内,其网址为
  http：//www. brass. uni-bremen. de/

Struplo 的 Windows 版本：http：//www. chem. gla. ac. uk/ ~ louis/software/

Struvir：http：//sdpd. univ-lemans. fr/vrml/struvir. html
  http：//www. cristal. org/vrml/struvir. html

Supercell：http：//www. ill. fr/dif/Soft/fp/

Superflip：http：//superspace. epfl. ch/superflip/

Superspace groups for 1D and 2D Modulated Structures：
  http：//quasi. nims. go. jp/yamamoto/spgr. html

SVDdiagnostic：http：//www. tothcanada. com/software_exe/SVDdiagnostic. exe

Taup/Powder：
  http：//www. ccp14. ac. uk/ccp/ccp14/ftp-mirror/taupin-indexing/pub/powder/

Topas/Topas SVD Indexing：
  http：//www. dur. ac. uk/john. evans/topas_academic/topas_main. htm
  http：//members. optusnet. com. au/ ~ alancoelho/
  http：//www. bruker-axs. de/index. php?id = topas

TexTools：http：//www. resmat. com/

TexturePlus：http：//www. ceramics. nist. gov/webbook/TexturePlus/texture. htm

Traces：http：//www. gbcsci. com/

Treor90：散见于网上,其中包括 http：//sdpd. univ-lemans. fr/ftp/treor90. zip

Treor 2000：包含于 EXPO2000 中：http：//www. ic. cnr. it/

TXRDWIN：http：//www. omniinstruments. com/txrd. html
  http：//www. omniinstruments. com/demos. html

UNITCELL（Holland and Redfern）：

http：//www. esc. cam. ac. uk/astaff/holland/UnitCell. html

ftp：//www. esc. cam. ac. uk/pub/minp/UnitCell/

UNITCELL（Toraya）：http：//www. crl. nitech. ac. jp/~toraya/software/

VALENCE：http：//www. ccp14. ac. uk/ccp/web-mirrors/i_d_brown/bond_valence_
param/

VALIST：http：//www. chem. ucl. ac. uk/people/wills/

ftp：//ftp. ill. fr/pub/dif/valist/

VCTCONV：http：//www. ccp14. ac. uk/ccp/web-mirrors/convx/

VENUS（包括 PRIMA）：

http：//homepage. mac. com/fujioizumi/visualization/VENUS. html

VMRIA：http：//www. ccp14. ac. uk/ccp/web-mirrors/vmria/

Wgetspec：http：//www. ccp14. ac. uk/tutorial/lmgp/index. html#pdw

http：//www. ccp14. ac. uk/ccp/web-mirrors/lmgp-laugier-bochu/

WinCSD/CSD：http：//imr. chem. binghamton. edu/zavalij/CSD. html

WinDust32：http：//www. italstructures. com/

WinFIT：http：//www. geol. uni-erlangen. de/index. php?id = 58&L = 3

http：//www. geol. uni-erlangen. de/fileadmin /template/Geologie/software/win-
dows/winfit/winfit. zip

WinGX：http：//www. chem. gla. ac. uk/~louis/software/

Winplotr：包含于 Fullprof Suite 中(属于独立程序)

WinX^{Pow}：http：//www. stoe. com/

WinXRD：http：//www. thermo. com/

WPPF：http：//www. crl. nitech. ac. jp/~toraya/software/

Xcell：http：//www. accelrys. com/

XFIT:不再更新：http：//www. ccp14. ac. uk/tutorial/xfit-95/xfit. htm 并且可从

http：//www. ccp14. ac. uk/ccp/web-mirrors/xfit-koalariet/中下载

Xhydex：http://xray. chm. bris. ac. uk/software/XHYDEX/，其 GUI 版包含于
WinGX 中

XLAT：http：//ruppweb. dyndns. org/

http：//ruppweb. dyndns. org/new_comp/xlat_new. htm

http：//ruppweb. dyndns. org/ftp_warning. html

XmLmctep：http：//www. lmcp. jussieu. fr/~soyer/Lmctep_en. html

XND：ftp：//ftp. grenoble. cnrs. fr/xnd/

X'Pert HighScore：http：//www. panalytical. com/

Xplot 的 Windows 版本:http：//www. clw. csiro. au/services/mineral/xplot. html

Xpowder：http://www. xpowder. com/
Xdrawchem：WinDrawChem 与 Build3D：http://xdrawchem. sourceforge. net/
XRD2Dscan：http://www. ugr. es/ ~ anava/xrd2dscan. htm
XRS-82/DLS-76：http://www. crystal. mat. ethz. ch/Software/XRS82/
X-Seed：http://x-seed. net/
XSPEX：http://www. dianocorp. com/software. htm
Xtal ：http://xtal. sourceforge. net/
Xtal-3D：http://www. ill. fr/dif/3D-crystals/xtal-3d. html
XtalDraw：http://www. geo. arizona. edu/xtal/xtaldraw/xtaldraw. html
ZDS System：http://krystal. karlov. mff. cuni. cz/xray/zds/zdscore. htm
ZEFSA II：http://www. mwdeem. rice. edu/zefsaII/
Zeolite Structures Database：http://www. iza-structure. org/databases/

索　引

D

---

① 原文误为"composition"。——译者注

574

---

 ① 原文误为"film transistor arrays",应为"thin film transistor",后面同样改正,不再说明。——译者注

J

K

L

---

① 原文误为"K stripping data reduction",应为"$K\alpha_2$-stripping"。——译者注

---

① 原文误为"plane vectors"。——译者注

---

① 原文误将物相（phase）与相角的简写（phase）混为一谈。——译者注
② 原文误为"plan monochromators diffracted beams"。——译者注

---

① 原文化学式有误,后面同样改正,不再说明。——译者注
② 原文化学式有误,后面同样改正,不再说明。——译者注

---

① 原文误为"size/distribution extraction, peak fitting"。——译者注

② 原文拼写有误,后面同样改正,不再说明。——译者注

[①] 原文页面有误,应为"419-422"。——译者注
[②] 原文页面有误,应为"419-422"。——译者注
[③] 原文页面有误,应为"522-3,527-8"。——译者注

---

① 原文页面有误,应为"62"。——译者注

② 原文页面有误,应为"58-9"。——译者注

郑重声明

高等教育出版社依法对本书享有专有出版权。任何未经许可的复制、销售行为均违反《中华人民共和国著作权法》，其行为人将承担相应的民事责任和行政责任；构成犯罪的，将被依法追究刑事责任。为了维护市场秩序，保护读者的合法权益，避免读者误用盗版书造成不良后果，我社将配合行政执法部门和司法机关对违法犯罪的单位和个人进行严厉打击。社会各界人士如发现上述侵权行为，希望及时举报，本社将奖励举报有功人员。

反盗版举报电话　（010）58581999 58582371 58582488
反盗版举报传真　（010）82086060
反盗版举报邮箱　dd@ hep. com. cn
通信地址　北京市西城区德外大街4号　高等教育出版社法律事务与版权管理部
邮政编码　100120

材料科学经典著作选译